Springer-Lehrbuch

Eckhard Spring

Elektrische Maschinen

Eine Einführung

3. Auflage

Professor (em.) Dipl.-Ing.Eckard Spring
Fachhochschule Gießen Friedberg
University of Applied Sciences
Fachbereich Informationstechnik - Elektrotechnik - Mechatronik
Fachgebiet Elektrische Energietechnik/Electric Energy Systems

Privat:
Thüringer Str. 57
64297 Darmstadt
EckhardSpring@t-online.de

ISBN 978-3-642-00884-9   e-ISBN 978-3-642-00885-6
DOI 10.1007/978-3-642-00885-6
Springer Dordrecht Heidelberg London New York

Die Deutsche Nationalbibliothek verzeichnet diese Publikation in der Deutschen Nationalbibliografie; detaillierte bibliografische Daten sind im Internet über http://dnb.d-nb.de abrufbar.

© Springer-Verlag Berlin Heidelberg 1998, 2006, 2009
Dieses Werk ist urheberrechtlich geschützt. Die dadurch begründeten Rechte, insbesondere die der Übersetzung, des Nachdrucks, des Vortrags, der Entnahme von Abbildungen und Tabellen, der Funksendung, der Mikroverfilmung oder der Vervielfältigung auf anderen Wegen und der Speicherung in Datenverarbeitungsanlagen, bleiben, auch bei nur auszugsweiser Verwertung, vorbehalten. Eine Vervielfältigung dieses Werkes oder von Teilen dieses Werkes ist auch im Einzelfall nur in den Grenzen der gesetzlichen Bestimmungen des Urheberrechtsgesetzes der Bundesrepublik Deutschland vom 9. September 1965 in der jeweils geltenden Fassung zulässig. Sie ist grundsätzlich vergütungspflichtig. Zuwiderhandlungen unterliegen den Strafbestimmungen des Urheberrechtsgesetzes.
Die Wiedergabe von Gebrauchsnamen, Handelsnamen, Warenbezeichnungen usw. in diesem Werk berechtigt auch ohne besondere Kennzeichnung nicht zu der Annahme, dass solche Namen im Sinne der Warenzeichen- und Markenschutz-Gesetzgebung als frei zu betrachten wären und daher von jedermann benutzt werden dürften.

Einbandentwurf: WMXDesign GmbH, Heidelberg

Gedruckt auf säurefreiem Papier

Springer ist Teil der Fachverlagsgruppe Springer Science+Business Media (www.springer.com)

Vorwort

Das Wissen der Menschheit wächst explosionsartig. Das gilt insbesondere für die Naturwissenschaften und die Technik, darunter die Elektrotechnik. Man versucht der Fülle des Wissens durch Spezialisierung Herr zu werden. Diese Spezialisierung, die im Einzelfall wünschenswert und nötig sein kann, birgt jedoch Gefahren in sich. Mit zunehmender Spezialisierung kann der Überblick über das Ganze verlorengehen und Zusammenhänge werden unter Umständen nicht mehr gesehen. Eine Zusammenarbeit von Vertretern verschiedener Fachrichtungen oder Fächer, vielfach nötig, wird schwierig oder gar unmöglich, weil einer den anderen nicht mehr versteht. Groß ist auch die Gefahr, daß Spezialwissen veraltet und der Spezialist sich mit seiner Spezialisierung in eine Sackgasse manövriert hat. Aus diesem Grund ist die Spezialisierung in Ausbildung und im Beruf mit Vorsicht zu betreiben.

In der Ausbildung sollte vor allem ein breites Grundlagenwissen vermittelt werden, das die Voraussetzungen für eine erfolgreiche Tätigkeit auf möglichst vielen Feldern des gewählten Faches schafft und die Einarbeit in neue Arbeitsgebiete erleichtert. Dazu sind Lehrbücher nötig, die das Wesentliche eines Faches in fundierter Weise einfach darstellen und damit eine kräfte- und zeitsparende Aneignung des behandelten Stoffes erlauben. Ihre Aufgabe ist es nicht, alles und jedes erschöpfend darzulegen. Hier können im Bedarfsfall Spezialliteratur und Handbücher weiterhelfen und gute Dienste leisten.

In diesem Sinne habe ich mir wesentlich erscheinendes ausgewählt und dargestellt. Die immer komplexer werdenden Systeme der elektrischen Energietechnik – man denke an die ganze Kontinente überspannenden Verbundnetze der elektrischen Energieversorgung und die vielfach vernetzten Antriebe der Industrie – können nur dann sicher betrieben und erfolgreich weiterentwickelt werden, wenn die Wirkungsweise ihrer Komponenten, und dazu gehören vor allem die elektrischen Maschinen, geläufig ist.

Behandelt werden die Gleichstrommaschine, der Transformator, die Asynchronmaschine und die Synchronmaschine. Im Vordergrund der Darstellung steht das den Betreiber der Maschine interessierende Betriebsverhalten. Durch die Art der Darstellung soll vor allem das Verständnis für die physikalischen Vorgänge geweckt werden. Von einer vorwiegend mathematischen Darstellung wird deswegen Abstand genommen. Zahlreiche Beispiele sollen das Verständnis des Stoffes vertiefen und ein Gefühl für die üblichen Größenordnungen liefern. Nach Durcharbeiten des Buches soll der Leser nicht nur mit der Wirkungsweise der elektrischen Maschinen vertraut sein, sondern auch in der Lage sein, sie experimentell und rechnerisch zu untersuchen.

Bei der Verwirklichung meines Vorhabens hat mich meine Frau tatkräftig und selbstlos unterstützt, indem sie mir beim Schreiben des Manuskriptes mit einem Textverarbeitungssystem und beim Korrekturlesen geholfen hat. Dafür möchte ich ihr an dieser Stelle danken. Bedanken möchte ich mich auch beim Springer-Verlag für die angenehme und gute Zusammenarbeit.

Darmstadt, Januar 1998　　　　　　　　　　　　　　　　　　Eckhard Spring

Vorwort zur 3. Auflage

Ich freue mich, dass das Buch von seinen Lesern durchweg gut beurteilt wird. Hervorgehoben werden ausführlicher und verständlicher Text, gute Lesbarkeit, zahlreiche Beispiele und viele, das Beschriebene illustrierende Abbildungen. Da Wünsche oder Kritik an mich nicht herangetragen wurden, entspricht die dritte Auflage, von Aktualisierungen abgesehen, der zweiten. Für Anregungen zur Verbesserung des Buches bin ich dankbar.

Darmstadt, den 15.2.2009　　　　　　　　　　　　　　　　　Eckhard Spring

Inhaltsverzeichnis

Die elektrischen Maschinen – Eine Kurzgeschichte der elektrischen Energietechnik 1

1 Gleichstrommaschine 5

1.1 Elektromechanische Energiewandlung 5
    1.1.1 Generatorbetrieb 6
    1.1.2 Motorbetrieb 9
    1.1.3 Übergang vom Motor- in den Generatorbetrieb 14
1.2 Die Grundform der Gleichstrommaschine 16
    1.2.1 Generator 17
    1.2.2 Motor 19
1.3 Der Aufbau der Gleichstrommaschine 21
    1.3.1 Leiterschleife 22
    1.3.2 Doppel-T-Anker 23
    1.3.3 Ringanker 23
    1.3.4 Trommelanker 26
1.4 Gleichstromgenerator 28
    1.4.1 Fremderregter Generator 29
    1.4.2 Nebenschlußgenerator 34
    1.4.3 Reihenschlußgenerator 40
    1.4.4 Doppelschlußgenerator 43
1.5 Gleichstrommotor 45
    1.5.1 Fremderregter Motor 45
    1.5.2 Nebenschlußmotor 57
    1.5.3 Reihenschlußmotor 60
1.6 Die magnetischen Felder der Gleichstrommaschine 69
    1.6.1 Das Ankerfeld 71
    1.6.2 Wendepolwicklung 72
    1.6.3 Kompensationswicklung oder zusätzliche Erregerwicklung ... 73
    1.6.4 Klemmenbezeichnungen bei der Gleichstrommaschine 75
1.7 Verluste und Wirkungsgrad 76
    1.7.1 Die Ummagnetisierungsverlustleistung 77
    1.7.2 Die Wirbelstromverlustleistung 79
    1.7.3 Reibungsverlustleistung und weitere Verluste 81
    1.7.4 Der Leistungsfluß der Maschine 82

1.7.5 Der Wirkungsgrad der Maschine	83
1.8 Weitere Beispiele für den Einsatz der Gleichstrommaschine	94
2 Transformator	**103**
2.1 Idealer Transformator	104
2.1.1 Das Spannungsgleichgewicht	104
2.1.2 Der Transformator als Spannungswandler	109
2.1.3 Das Durchflutungsgleichgewicht	111
2.1.4 Der Transformator als Stromwandler	112
2.1.5 Der belastete Transformator	112
2.2 Realer Transformator	115
2.2.1 Eisenverlustleistung	115
2.2.1.1 Der Transformator mit Eisenverlustleistung im Leerlauf	119
2.2.1.2 Der Transformator mit Eisenverlustleistung bei Belastung	121
2.2.2 Kupfer- oder Stromwärmeverlustleistung in den Wicklungen	123
2.2.3 Magnetischer Streufluß	124
2.3 Ersatzschaltung des Transformators	130
2.3.1 Idealer Transformator mit gleichen Wicklungswindungszahlen	130
2.3.2 Realer Transformator mit gleichen Wicklungswindungszahlen	133
2.3.3 Idealer Transformator mit ungleichen Wicklungswindungszahlen	136
2.3.4 Realer Transformator mit ungleichen Wicklungswindungszahlen	142
2.3.5 Vereinfachte Ersatzschaltung	144
2.4 Untersuchung und Betrieb des Transformators	147
2.4.1 Der Leerlaufversuch	147
2.4.2 Der Kurzschlußversuch	150
2.4.3 Der Wirkungsgrad	155
2.4.4 Stoßkurzschlußstrom und Einschaltstromstoß	170
2.4.5 Parallelbetrieb von Transformatoren	175
2.4.6 Wanderwellenverhalten des Transformators	178
2.5 Spannungs- und Stromwandler	181
2.5.1 Spannungswandler	182
2.5.2 Stromwandler	183
2.6 Dreiphasenwechselstrom- oder Drehstromtransformator	184
2.7 Spartransformator	205
2.8 Wachstumsgesetze	213
2.9 Dreiwicklungstransformator	218
3 Asynchronmaschine	**227**
3.1 Aufbau und Wirkungsweise der Asynchronmaschine	228
3.1.1 Der Aufbau der Maschine	228
3.1.2 Das Spannungsgleichgewicht auf der Statorseite	229
3.1.3 Die Entstehung des Drehfeldes	230

Inhaltsverzeichnis

- 3.1.4 Das Drehfeld induziert in den Rotorleitern eine Spannung ... 235
- 3.1.5 Der Rotor dreht sich ... 236
- 3.1.6 Spannungs- und Durchflutungsgleichgewicht ... 243
- 3.1.7 Vor- und Nachteile des Asynchronmotors ... 244
- 3.2 Käfigläufer und Schleifringläufer ... 247
  - 3.2.1 Das Drehmoment ... 247
  - 3.2.2 Der Strom ... 251
  - 3.2.3 Käfigläufer ... 252
  - 3.2.4 Schleifringläufer ... 259
  - 3.2.5 Möglichkeiten der Drehzahlverstellung ... 260
  - 3.2.6 Drehrichtungsumkehr und Bremsen ... 262
- 3.3 Leistungsfluß des Asynchronmotors ... 262
- 3.4 Die Ersatzschaltung der Asynchronmaschine ... 270
  - 3.4.1 Entwicklung der Ersatzschaltung ... 271
  - 3.4.1.1 Die Ersatzschaltung für die Rotorseite ... 271
  - 3.4.1.2 Die vollständige Ersatzschaltung ... 274
  - 3.4.2 Leistungsfluß und Ersatzschaltung ... 275
  - 3.4.3 Berechnung des Betriebsverhaltens der Maschine mit Hilfe der Ersatzschaltung ... 278
  - 3.4.4 Die experimentelle Bestimmung der Ersatzschaltung ... 279
  - 3.4.4.1 Der Kurzschlußversuch ... 282
  - 3.4.4.2 Der Leerlaufversuch ... 285
  - 3.4.5 Vereinfachte Ersatzschaltung für große Asynchronmaschinen ... 289
- 3.5 Das Kreisdiagramm der Asynchronmaschine ... 294
  - 3.5.1 Die Impedanzortskurve für den Rotor ... 295
  - 3.5.2 Die Admittanzortskurve für den Rotor ... 296
  - 3.5.3 Die Ortskurve für den Rotorstrom ... 297
  - 3.5.4 Das vereinfachte Kreisdiagramm für Maschinen großer Leistung .. 298
  - 3.5.5 Das allgemeingültige Kreisdiagramm ... 301
  - 3.5.6 Generatorbetrieb der Maschine ... 302
  - 3.5.7 Bremsbetrieb ... 303
  - 3.5.8 Experimentelle Ermittelung des Kreisdiagramms ... 304
- 3.6 Die Asynchronmaschine als Generator ... 308
  - 3.6.1 Die Asynchronmaschine als Generator am Netz konstanter Spannung und Frequenz ... 309
  - 3.6.2 Die Asynchronmaschine als Generator im Inselbetrieb ... 312
- 3.7 Blindstromkompensation bei der Asynchronmaschine ... 318
- 3.8 Die Asynchronmaschine am Netz variabler Frequenz ... 322

4 Synchronmaschine ... 327

- 4.1 Aufbau und Wirkungsweise der Synchronmaschine ... 327
  - 4.1.1 Grundsätzlicher Aufbau ... 327
  - 4.1.2 Inselbetrieb und Betrieb am Netz konstanter Spannung und Frequenz ... 328

- 4.1.3 Drehfeld und Motorbetrieb 329
- 4.1.4 Generatorbetrieb 332
- 4.1.5 Dampf- und Wasserkraftgeneratoren 332
- 4.2 Ersatzschaltung der Vollpolmaschine 337
  - 4.2.1 Die Ersatzschaltung 337
  - 4.2.2 Die Leerlaufkennlinie 340
  - 4.2.3 Die Kurzschlußkennlinie 342
  - 4.2.4 Die Synchronreaktanz 345
- 4.3 Synchronisation 349
  - 4.3.1 Dunkelschaltung 351
  - 4.3.2 Gemischte Schaltung 353
- 4.4 Belastungseinstellung 354
  - 4.4.1 Wirkleistungsverhältnisse 354
  - 4.4.2 Blindleistungsverhältnisse 355
- 4.5 Das Stromdiagramm der Vollpolmaschine 359
  - 4.5.1 Das Zeigerdiagramm 359
  - 4.5.2 Das Stromdiagramm 360
  - 4.5.3 Die Belastungsgrenzen 362
  - 4.5.4 Belastungseinstellung im Stromdiagramm 363
- 4.6 Berechnung des Betriebsverhaltens der Vollpolmaschine 375
  - 4.6.1 Generator- und Motorbetrieb 377
  - 4.6.2 Blindleistungsabgabe und Blindleistungsaufnahme 380
- 4.7 Die Schenkelpolmaschine 388
  - 4.7.1 Die Synchronreaktanz der Vollpolmaschine 388
  - 4.7.2 Die Reaktanzen der Schenkelpolmaschine 389
  - 4.7.3 Messung der Reaktanzen der Schenkelpolmaschine 391
  - 4.7.4 Wirkleistung und Blindleistung 391
- 4.8 Der Kurzschluß 394
  - 4.8.1 Verlauf des Kurzschlußstroms 394
  - 4.8.2 Die Reaktanzen der Maschine 395
  - 4.8.3 Die Lenz´sche Regel 396
  - 4.8.4 Die Zeitkonstanten der Maschine 398
  - 4.8.5 Kurzschlußberechnung 398
- 4.9 Inselbetrieb 403
  - 4.9.1 Belastungskennlinien 404
  - 4.9.2 Regulierkennlinien 406

5 Einphasenwechselstrommotoren 409

- 5.1 Universalmotor 409
- 5.2 Asynchronmotor 411
- 5.3 Synchronmotor 417

Literatur 419

Sachverzeichnis 425

Die elektrischen Maschinen –
Eine Kurzgeschichte der elektrischen Energietechnik

Ein Blick aus einem Satelitten im Weltraum auf die Erde bei Nacht zeigt ungleichmäßig verteilt eine Unzahl von Lichtern. Zeichen dafür, in welchem Maß der Mensch von der Erde Besitz ergriffen hat. Hauptlichtquellen sind städtische Ballungsräume auf der Nordhalbkugel, Brandrodungen in Südamerika, das Abbrennen von Grasland in Afrika und das Abfackeln von Erdgas in Sibirien und am Persischen Golf. Der Segnungen der Zivilisation erfreuen sich vor allem die Menschen in den Ballungsräumen auf der Nordhalbkugel. Ihnen steht Tag und Nacht elektrische Energie zur Verfügung. In welchem Maß wir von dieser abhängig sind, ergibt sich daraus, daß in Deutschland für eine sichere Versorgung mit elektrischer Energie eine Leistung von etwa $1,5 kW$ pro Kopf der Bevölkerung bereitzuhalten ist. Bedenkt man daß der Mensch eine Dauerleistung von etwa $50 W$ zu erbringen imstande ist, so sieht man, daß jeder von uns, könnte er seinen Leistungsbedarf nicht aus dem elektrischen Energienetz decken, sich 30 Sklaven halten müßte. Zur Verfügung gestellt wird die elektrische Energie durch ganze Kontinente überspannende elektrische Energienetze. Wesentlicher Bestandteil dieser Netze sind elektrische Maschinen: Generatoren, die die Netze speisen, und Transformatoren, die die Übertragung der Energie über große Entfernungen und deren Verteilung möglich machen. Auch die Verbraucher im Netz sind neben Beleuchtungsanlagen, Elektroöfen und Elektrolyseanlagen vor allem elektrische Maschinen, die als Antriebe u.a. in der Industrie, im Verkehr und im Haushalt eingesetzt werden. Die Annehmlichkeiten der elektrischen Energie stehen der Menschheit erst seit gut 100 Jahren zur Verfügung.

Beleuchtungsanlagen waren die ersten Verbraucher. Sie wurden von Batterien gespeist. Auf der Suche nach leistungsfähigeren Quellen, die in Parallelschaltung mit den Batterien das Netz speisen, wurde der Gleichstromgenerator erfunden. Die Auslastung der Kraftwerke war schlecht, da elektrische Energie nur in den Abendstunden gebraucht wurde. Das änderte sich mit einem Schlag mit der Entdeckung, daß die Gleichstrommaschine, wenn an ihre Klemmen Gleichspannung gelegt wird, als Motor arbeitet. Bisherige Antriebe waren Dampfmaschinen, Wasserräder und Windräder. Der Elektroantrieb trat seinen Siegeszug an. Die Kraftwerke waren jetzt gut ausgenutzt und arbeiteten infolgedessen wirtschaftlich.

Der Versorgungsradius der Kraftwerke lag in der Größenordnung eines Kilometers, da Gleichstrommaschinen nur bis zu Spannungen von etwa $3000 V$ gebaut werden können und diese Spannung für eine wirtschaftliche Energieübertragung über größere Entfernungen nicht ausreicht. Im übrigen wäre auch eine höhere Spannung nicht hilfreich gewesen, da man sie aus Sicherheitsgründen dem Verbraucher nicht hätte zuführen können. Man war mit dem Gleichstrom in eine Sackgasse geraten.

Soll die Stromwärmeverlustleistung in den Energieübertragungsleitungen in erträglichen Grenzen bleiben, muß mit kleinen Leitungsströmen bei hohen Übertragungsspannungen gearbeitet werden. Als Faustformel bei der Wahl der Übertragungsspannung gilt: $1kV/1km$. Für eine $100km$ lange Übertragungsleitung ist demnach eine Übertragungsspannung in der Größenordnung von etwa $100kV$ zu wählen.

Der Transformator war erfunden. Für Wechselstrom jedoch gab und gibt es bis auf den heutigen Tag keinen mit vernünftigem Wirkungsgrad arbeitenden Motor. Auf der Suche nach einer geeigneten Maschine wurde ein Motor erfunden, der zu seinem Betrieb drei gleich große, um jeweils eine drittel Periodendauer gegeneinander zeitlich verschobene Wechselspannungen braucht. Er arbeitet mit gutem Wirkungsgrad, ist in der Einfachheit seines Aufbaus kaum zu überbieten und ist infolgedessen billig und robust. Die zu seinem Betrieb nötigen Spannungen liefert das Dreiphasen-Wechselstrom- oder Drehstromnetz. Der Motor ist der Dreiphasen-Wechselstrom- oder Drehstrom-Asynchronmotor. Wo immer man kann, setzt man diesen Motor ein. Er wird für Leistungen zwischen $1kW$ und $10MW$ und Spannungen bis zu einigen kV gebaut. Seinetwegen sind elektrische Energienetze weltweit vor allem Drehstromnetze. In Deutschland übliche Netzspannungen sind $400V$, $10kV$, $20kV$, $30kV$, $110kV$, $220kV$ und $380kV$. Bedarf für höhere Übertragungsspannungen als $380kV$ besteht in Deutschland nicht. In anderen Teilen der Welt, vor allem in Ländern, in denen bei der Erschließung von Wasserkräften in entlegenen Gebieten zur Nutzung in Ballungszentren große Entfernungen zu überbrücken sind, werden Übertragungsspannungen von zur Zeit bis zu $1200kV$ angewandt.

Die in den Kraftwerken arbeitenden, das Netz speisenden Generatoren sind Synchronmaschinen. Die größten von ihnen stehen in unseren Kernkraftwerken, haben eine Leistung von etwa $1500MVA$ und können eine Millionenstadt versorgen. Diese Maschinen können für Spannungen bis zu $30kV$ gebaut werden. In Deutschland liefern Kernkraftwerke etwa 30% der elektrischen Leistung, Braunkohle- und Steinkohlekraftwerke etwa 60% und die übrigen, vor allem Wasserkraftwerke, etwa 10% der elektrischen Leistung.

Der Drehstrom-Asynchronmotor hat dem Gleichstrommotor zunächst keine Konkurrenz gemacht. Es bestand Aufgabenteilung. Der Asynchronmotor wurde überall da eingesetzt, wo man im Betrieb mit einer einzigen Drehzahl auskam. Das traf für die meisten Anwendungsfälle zu. Mußte jedoch die Drehzahl während des Betriebes in weiten Grenzen ständig geändert werden, nahm man den Gleichstrommotor, da sich bei ihm die Drehzahl in einfacher Weise über die Spannung steuern läßt. Beim Asynchronmotor hätte dazu eine Spannung mit variabler Frequenz zur Verfügung gestellt werden müssen, was auf wirtschaftliche Weise nicht möglich war. Inzwischen jedoch stehen durch die Entwicklung von Halbleiterbauelementen Frequenzumrichter zur Verfügung, die es erlauben, die Asynchronmaschine mit variabler Frequenz wirtschaftlich zu betreiben. Dadurch bedingt nimmt der Anteil der drehzahlvariablen Antriebe mit Asynchronmaschine zu. Der Gleichstrommaschine ist auf diese Weise ein mächtiger Konkurrent erwachsen und es ist von Fall zu Fall nach technischen und wirtschaftlichen Gesichtspunkten zu entscheiden, ob die eine oder die andere Maschine eingesetzt wird.

Technische und wirtschaftliche Gründe haben dazu geführt, daß sich unsere elektrischen Energieversorgungsnetze aus Gleichstromnetzen zu Dreiphasenwechselstrom- oder Drehstromnetzen entwickelt haben. Doch auch der Anwendung des Wechselstroms sind Grenzen gesetzt. Bei sehr großen Übertragungsentfernungen, d.h. bei Leitungslängen von etwa 1000km Länge an aufwärts, treten bei der Energieübertragung mit Wechselstrom Schwierigkeiten im Hinblick auf die Stabilität der Energieübertragung auf. Die Verhältnisse sind ähnlich denen bei einer mechanischen Kupplung, die aus zwei Stäben besteht, die sich um eine gemeinsame Achse mit konstanter Winkelgeschwindigkeit drehen und deren Enden durch eine Feder miteinander verbunden sind. Der eine Stab sei der antreibende, der andere der bremsende. Solange keine Leistung übertragen wird, ist der Winkel zwischen den Stäben Null. Mit wachsender Leistung wächst der Winkel. Bei einem Winkel von 90° ist die maximal übertragbare Leistung erreicht. Wird der Versuch gemacht, eine noch größere Leistung zu übertragen, so wird das System instabil. Im mechanischen Analogon wird mit abnehmender Federsteifigkeit, im Fall der Leitung mit zunehmender Leitungslänge die maximal übertragbare Leistung kleiner. Die geschilderten Schwierigkeiten treten bei der Energieübertragung mit Gleichstrom nicht auf. Deswegen kehrt man bei sehr großen Übertragungsentfernungen wieder zum Gleichstrom zurück, mit dem man ursprünglich begonnen hat. Das speisende Drehstromnetz am Anfang der Leitung wird mit dieser über einen Gleichrichter verbunden, das Leistung aufnehmende Drehstromnetz am Ende der Leitung ist mit dieser über einen Wechselrichter verbunden. Bei dieser Hochspannungsgleichstromübertragung HGÜ arbeitet man mit Übertragungsspannungen bis zu etwa $+/-$ 750kV. HGÜ ist auch bei Seekabelverbindungen wegen der bei Wechselstrom auftretenden hohen Ladeströme und dielektrischen Verlustleistung üblich, des weiteren bei der Kupplung von Netzen unterschiedlicher Frequenz oder mit unterschiedlichem Frequenzregelungskonzept.

Aus wirtschaftlichen Gründen besteht ein Anreiz, Kraftwerke mit möglichst großer Leistung zu bauen, da mit zunehmender Maschinengröße der Wirkungsgrad steigt und die auf die Leistung bezogenen Kosten sinken. Das bei großen Kraftwerken schwierige Problem der Reservehaltung wird in Deutschland dadurch gelöst, daß die Netze der verschiedenen Versorgungsunternehmen miteinander zu einem nationalen Verbundnetz verbunden werden, in dem im Bedarfsfall zwischen den Partnern ein Leistungsaustausch möglich ist. Darüberhinaus besteht aber auch ein internationaler Verbund nationaler Netze. In Europa gibt es beispielsweise ein westeuropäisches Verbundnetz, ein Verbundnetz der skandinavischen Länder, ein britisches Verbundnetz und ein Verbundnetz der Gemeinschaft Unabhängiger Staaten (GUS). Diese Verbundnetze sind zum Teil wiederum miteinander verknüpft. Auf diese Weise ist aus kleinen Anfängen ein großes komplexes Netz entstanden, daß sich vom Nordkap bis nach Sizilien und vom Atlantik zum Ural erstreckt.

Ein ungestörter Netzbetrieb setzt voraus, daß die von den Verbrauchern in Anspruch genommene Leistung stets in dem Augenblick bereitgestellt wird, in dem sie gebraucht wird, andernfalls kommt es zu Störungen. Indikator für eine ausgeglichene Wirkleistungsbilanz ist die Frequenz. Frequenzabfall zeigt Leistungsmangel,

Frequenzanstieg Leistungsüberschuß an. Neben der Frequenz ändert sich nach Laständerungen auch die zum Zwecke der Abrechnung nach Höhe und Zeitdauer vertraglich festgelegte Austauschleistung zwischen den Teilnetzen. Durch eine Regelung werden die Einspeiseleistungen der Generatoren so geändert, daß Frequenz und Austauschleistung nach einer Laständerung wieder ihre Sollwerte annehmen.

Die Planung und sichere Betriebsführung von Netzen der geschilderten Größe verlangt vom Ingenieur hohes technisches Können und wirkungsvolle technische Hilfsmittel. Dazu zählen leistungsfähige Rechner. Sie werden in der Netzplanung und Netzbetriebsführung eingesetzt. In der Planung lassen sich alle denkbaren Betriebsfälle im normalen und gestörten Zustand des Netzes durchspielen, wobei die Größe des Netzes diesen Rechnungen keine Grenze setzt. Die Betriebsführung wird durch Rechner automatisiert, die kritische Netzzustände erkennen und geeignete Maßnahmen einleiten, ohne daß es nachfolgend zu Folgestörungen kommt. Bei den Elektroantrieben ist eine ähnliche Entwicklung zu beobachten. Auch hier werden in zunehmendem Maße Rechner eingesetzt. Sie haben die Aufgabe zu regeln und zu steuern. Auf diese Weise wird auch hier die Automatisierung vorangetrieben.

1 Gleichstrommaschine

Historisch betrachtet ist die Gleichstrommaschine die älteste elektrische Maschine. Die ersten Kraftwerksgeneratoren (1882 New York, 1884 Berlin) und auch die ersten Elektromotoren waren Gleichstrommaschinen. Doch schon bald erkannte man, daß man mit dem Gleichstrom bei der elektrischen Energieversorgung in eine Sackgasse geraten war. Elektrische Energie läßt sich über größere Entfernungen wirtschaftlich nur mit hohen Spannungen übertragen. Die aber vermag der Gleichstromgenerator nicht zu liefern. Gleichstrommaschinen lassen sich bis zu einer Spannung von maximal etwa $3kV$ bauen. Aus diesem Grund war man gezwungen, zu einer Energieversorgung mit Wechselstrom überzugehen, genauer gesagt, zu einer Versorgung mit Dreiphasenwechselstrom oder Drehstrom, denn für diesen gab es, anders als beim Einphasenwechselstrom, einen mit vernünftigem Wirkungsgrad arbeitenden Motor, den Asynchronmotor. In den Kraftwerken trat an die Stelle des Gleichstomgenerators der Synchrongenerator in Verbindung mit einem sogenannten Maschinentransformator, der die Maschinenspannung auf die zur wirtschaftlichen Energieübertragung benötigte Spannung heraufsetzte. Der Gleichstrommotor wurde durch den in seinem Aufbau einfacheren und deswegen billigeren Asynchronmotor ersetzt. Damit aber hatte der Gleichstrommotor nicht ausgedient. Er behauptete sich neben dem Asynchronmotor und wurde immer dann eingesetzt, wenn die Drehzahl in weitem Bereich ständig zu ändern war, was beim Asynchronmotor auf Schwierigkeiten stieß. Da es für drehzahlvariable Elektroantriebe viele Anwendungen gibt, ist die Gleichstrommaschine bis auf den heutigen Tag weit verbreitet. So findet man Gleichstromantriebe z.B. bei Bahnen, Walzwerken und Zechenförderanlagen. Dank der Fortschritte in der Leistungselektronik macht ihr allerdings inzwischen auch auf diesem Gebiet die Asynchronmaschine, aber auch die Synchronmaschine, in Verbindung mit einem Frequenzumrichter drehzahlvariabel betrieben, zunehmend Konkurrenz. Die Entscheidung darüber, welche Maschine einzusetzen ist, ist nach technischen und wirtschaftlichen Gesichtspunkten zu fällen.

Gleichstrommaschinen werden bis zu Leistungen von etwa $20MW$ und einer Spannung von etwa $3000V$ gebaut.

1.1 Elektromechanische Energiewandlung

Der Aufbau der Gleichstrommaschine ist recht verwickelt. Wenn wir ihre Wirkungsweise verstehen wollen, empfiehlt es sich, zunächst mit einem einfachen Modell der

Maschine zu beginnen. Dieses einfache Modell haben wir vor uns, wenn wir einen langgestreckten elektrischen Leiter, z.B. einen Metallstab, in ein homogenes magnetisches Feld bringen. So wie die Maschine selbst kann auch das Modell sowohl als Generator als auch als Motor betrieben werden. Wir wollen mit dem Generatorbetrieb beginnen.

1.1.1 Generatorbetrieb

Wenn wir den Leiter (Bild 1.1) mit konstanter Geschwindigkeit senkrecht zu den Feldlinien und senkrecht zur Leiterachse bewegen, wird in dem Leiter eine Spannung induziert.

$$U_q = B \cdot l \cdot v \qquad (1.1)$$

Darin sind U_q die induzierte Spannung oder Quellenspannung bzw. die Urspannnung, weil sie die Ursache eines Stromes sein kann, B die magnetische Flußdichte, l die aktive Leiterlänge, d.i. die Länge des Leiters, soweit er sich im Feld befindet, und v die Leitergeschwindigkeit.

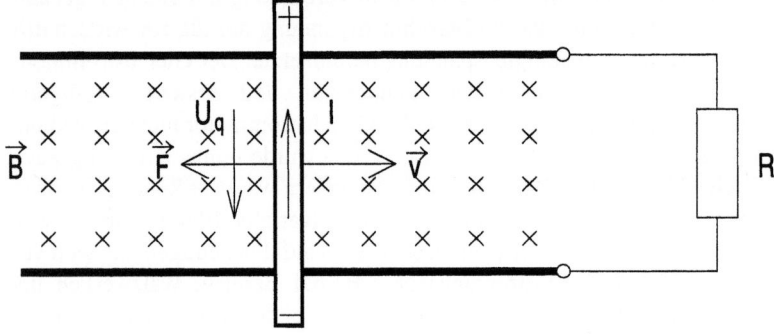

Bild 1.1 Generator

Die Spannung können wir über Gleitschienen abnehmen und an einen Widerstand R legen. Durch den Widerstand fließt dann ein Strom I. Die Stromrichtung können wir nach der Rechtsschraubenregel bestimmen: Wird der Geschwindigkeitspfeil $\vec{v}$ auf dem kürzesten Weg in die Richtung des magnetischen Feldes $\vec{B}$ gedreht, dann gibt die Bewegungsrichtung einer Rechtsschraube (das ist die übliche Schraube) bei diesem Drehsinn die Richtung des Stromes I bzw. des Strompfeils $\vec{I}$ an. Mit der Richtung des Stromes haben wir indirekt auch die Richtung der Spannung bestimmt. Bei einem Generator fließt der Strom aus der Plusklemme heraus und in die Minusklemme hinein. Infolgedessen ist das obere Ende des Leiters mit einem Plus (+), das untere mit einem Minus (−) zu bezeichnen. Wir können die

1.1 Elektromechanische Energiewandlung

Spannungsrichtung auch durch einen Richtungspfeil angeben, wobei dieser vereinbarungsgemäß von Plus nach Minus weist, in unserem Bild also von oben nach unten.

Wir nehmen an, daß die Flußdichte $1T$ und die aktive Leiterlänge $1m$ beträgt. Bewegen wir den Leiter mit einer Geschwindigkeit von $1m/s$, so wird in ihm eine Spannung Gl. (1.1) von

$$U_q = 1T \cdot 1m \cdot 1\frac{m}{s} = 1V$$

induziert. Diese Spannung treibt, wenn wir an die Gleitschienen einen Widerstand von 1Ω anschließen und annehmen, daß der Leiter selbst widerstandslos ist, durch den Widerstand einen Strom von

$$I = \frac{U_q}{R} = \frac{1V}{1\Omega} = 1A$$

Dabei wird vom Generator an den Widerstand eine Leistung von

$$P = U_q \cdot I = 1V \cdot 1A = 1W$$

abgegeben. Offen ist dabei, woher diese Leistung, die der Generator abgibt, stammt. Wir wollen jetzt und auch in Zukunft annehmen, daß die Bewegung des Leiters reibungslos erfolgt. Unter dieser Voraussetzung könnte der Eindruck entstehen, als wäre die Erzeugung der Leistung ohne Energieaufwand möglich. Daß das ein Trugschluß wäre, ergibt sich daraus, daß auf den stromdurchflossenen Leiter im Magnetfeld eine Kraft F wirkt (Bild 1.1).

$$F = I \cdot B \cdot l \qquad (1.2)$$

Strom, magnetisches Feld und Kraft sind einander rechtsschraubig zugeordnet: Wird der Strompfeil $\vec{I}$ auf dem kürzesten Weg in die Richtung des magnetischen Feldes $\vec{B}$ gedreht, dann gibt die Bewegungsrichtung einer Rechtsschraube bei diesem Drehsinn die Richtung der Kraft $\vec{F}$ an. Diese Kraft nun ist der Leiterbewegung entgegengerichtet, d.h., wir müssen eine gleich große Gegenkraft ausüben, um den Leiter zu bewegen, in unserem Fall

$$F = 1A \cdot 1T \cdot 1m = 1N$$

Die mechanische Leistung, die wir dem Generator dabei zuführen, ist

$$P = F \cdot v = 1N \cdot 1\frac{m}{s} = 1W$$

Das ist genau die Leistung, die der Generator als elektrische Leistung abgibt. Sein Wirkungsgrad ist also 1 oder 100%. Dieser gute, tatsächlich nicht zu erreichende Wirkungsgrad rührt daher, daß wir angenommen haben, daß der Leiter reibungslos auf den Schienen gleitet und keinen ohmschen Widerstand hat.

Lassen wir, um den wirklichen Verhältnissen besser Rechnung zu tragen, die Annahme, daß der Leiter widerstandslos ist, fallen, so haben wir einen Generator mit innerem Widerstand, wobei der innere Widerstand dem Leiterwiderstand entspricht. Die Klemmenspannung U, d.i. hier die an den Gleitschienen verfügbare Spannung, ist dann um den Spannungsabfall $I \cdot R_i$ am inneren Widerstand R_i kleiner als die Urspannung des Generators

$$U = U_q - I \cdot R_i \qquad (1.3)$$

oder mit Gl. (1.1)

$$U = B \cdot l \cdot v - I \cdot R_i$$

Bei einem inneren Widerstand von $0{,}1\Omega$ wäre, wenn wir annehmen, daß der Generator wieder so belastet ist, daß der Generatorstrom $1A$ ist, die Klemmenspannung

$$U = 1T \cdot 1m \cdot 1\frac{m}{s} - 1A \cdot 0{,}1\Omega = 0{,}9V$$

Multiplizieren wir beide Seiten der Gl. (1.3) mit I, dann erhalten wir

$$U \cdot I = U_q \cdot I - I^2 \cdot R_i$$

Darin ist

$$U \cdot I = 0{,}9V \cdot 1A = 0{,}9W$$

die vom Generator an den Klemmen abgegebene Leistung,

$$U_q \cdot I = 1V \cdot 1A = 1W$$

die sogenannte innere Leistung des Generators, die bei der von uns angenommenen reibungslosen Leiterbewegung der dem Generator zugeführten mechanischen Leistung entspricht, und

$$I^2 \cdot R_i = (1A)^2 \cdot 0{,}1\Omega = 0{,}1W$$

1.1 Elektromechanische Energiewandlung

die Stromwärmeverlustleistung des Generators. Die vom Generator abgegebene Leistung ist danach so groß wie die dem Generator zugeführte Leistung abzüglich der Verlustleistung. Der Wirkungsgrad als Quotient der an den Klemmen abgegeben elektrischen Leistung P_{el} und der zugeführten mechanischen Leistung P_{mech} ist

$$\eta = \frac{P_{el}}{P_{mech}} = \frac{0{,}9W}{1W} = 0{,}9$$

Er ist umso besser, je kleiner der innere Widerstand und damit die Verlustleistung ist. Mit einem kleinen inneren Widerstand wird überdies erreicht, daß die Klemmenspannung, was meist erwünscht ist, nur wenig von der Belastung abhängt.

1.1.2 Motorbetrieb

Wollen wir haben, daß unsere Anordnung als Motor arbeitet, dann müssen wir über die Gleitschienen eine Spannung an den Leiter legen, z.B. eine Spannung von $U = 1V$ (Bild 1.2).

Da der Leiter einen Widerstand von $R_i = 0{,}1\Omega$ hat, fließt dann ein Strom von

$$I = \frac{U}{R_i} = \frac{1V}{0{,}1\Omega} = 10A$$

über den Leiter. Dieser Strom fließt aber nur im allerersten Augenblick. Da der Leiter sich in einem Magnetfeld befindet, wirkt auf ihn eine Kraft Gl. (1.2)

$$F = 10A \cdot 1T \cdot 1m = 10N$$

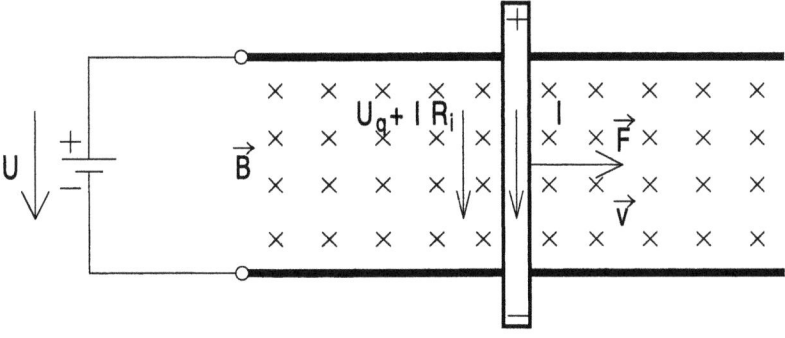

Bild 1.2 Motor

Unter der Wirkung dieser Kraft setzt sich der Leiter nach rechts in Bewegung. Bei dieser Bewegung wird in ihm eine Spannung Gl. (1.1) $U_q = B \cdot l \cdot v$ induziert, die der angelegten Spannung entgegengerichtet ist und deswegen Gegenurspannung genannt wird. Da angelegte Spannung auf der einen Seite und Gegenurspannung und Spannungsabfall auf der anderen Seite stets im Gleichgewicht sein müssen,

$$U = U_q + I \cdot R_i \qquad (1.4)$$

hat die mit wachsender Geschwindigkeit zunehmende Gegenurspannung einen kleiner werdenden Spannungsabfall $I \cdot R_i$ am Leiterwiderstand R_i und damit einen kleiner werdenden Strom I zur Folge. Mit dem Strom wird die Kraft auf den Leiter und damit die Leiterbeschleunigung kleiner. Wenn – wie immer reibungslose Bewegung vorausgesetzt – Strom und damit Kraft und Beschleunigung Null geworden sind, hat der Leiter seine Endgeschwindigkeit erreicht. Das ist dann der Fall, wenn angelegte Spannung und Gegenurspannung gleich groß sind,

$$U = U_q$$

oder, mit Gl. (1.1),

$$U = B \cdot l \cdot v$$

Daraus folgt für die Endgeschwindigkeit

$$v = \frac{U}{B \cdot l} = \frac{1V}{1T \cdot 1m} = 1\frac{m}{s}$$

Die Verhältnisse bei Motorbetrieb lassen sich mit einer Ersatzschaltung des Maschinenmodells, in der das Modell durch die Reihenschaltung einer widerstandslosen Spannungsquelle mit der Gegenurspannung $U_q = B \cdot l \cdot v$ und eines Widerstands R_i nachbildet wird, anschaulich darstellen (Bild 1.3). Die Ersatzschaltung liegt an der Gleichspannung U.

Bisher war der Motor unbelastet. Wir wollen ihn jetzt belasten. Er soll als Kranmotor über eine Rolle eine Last mit einer Gewichtskraft von $1N$ heben (Bild 1.4). Dazu muß die Spannung so an den Leiter gelegt werden, daß der Strom in der angegebenen Richtung, d.h. von vorne nach hinten, fließt. Dann wirkt auf den im Magnetfeld befindlichen stromdurchflossenen Leiter nach der Rechtsschraubenregel eine nach links gerichtete Kraft. Da im allerersten Augenblick des Anlaufs die Gegenurspannung noch Null ist, muß der Spannungsabfall am Leiterwiderstand allein der angelegten Spannung das Gleichgewicht halten: $U = I \cdot R_i$ (Bild 1.3). Das bedeutet, daß im ersten Augenblick ein großer Strom fließen muß.

1.1 Elektromechanische Energiewandlung

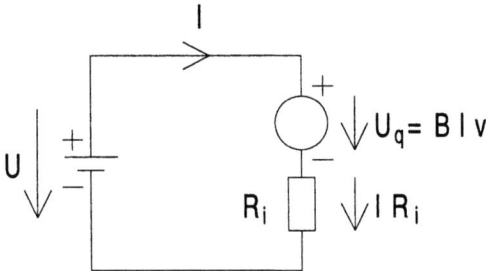

Bild 1.3 Motorbetrieb der Gleichstrommaschine

$$I = \frac{U}{R_i} = \frac{1V}{0,1\Omega} = 10A$$

Die von diesem Strom herrührende Kraft Gl. (1.2) ist

$$F_{el} = I \cdot B \cdot l = 10A \cdot 1T \cdot 1m = 10N$$

Zusätzlich, aber in entgegengesetzter Richtung, d.h. nach rechts gerichtet, wirkt auf den Leiter die Gewichtskraft $F_{mech} = 1N$ (Bild 1.4). Die resultierende Kraft ist

$$F_{el} - F_{mech} = 10N - 1N = 9N$$

Unter der Wirkung dieser Kraft setzt sich der Leiter in Bewegung. Die Leitergeschwindigkeit wächst und mit ihr die Gegenurspannung. Durch das Spannungsgleichgewicht Gl. (1.4) erzwungen, werden bei wachsender Gegenurspannung der Spannungsabfall $I \cdot R_i$ und damit der Strom I kleiner. Damit nehmen die vom Strom herrührende Kraft F_{el} und die Beschleunigung ab. Sobald die resultierende Kraft Null ist, ist auch die Beschleunigung Null und die Endgeschwindigkeit erreicht. Aus dem dann herrschenden Kräftegleichgewicht

$$F_{el} = F_{mech}$$

oder, mit Gl. (1.2),

$$I \cdot B \cdot l = F_{mech}$$

ergibt sich für den sich schließlich einstellenden Leiter- oder Motorstrom

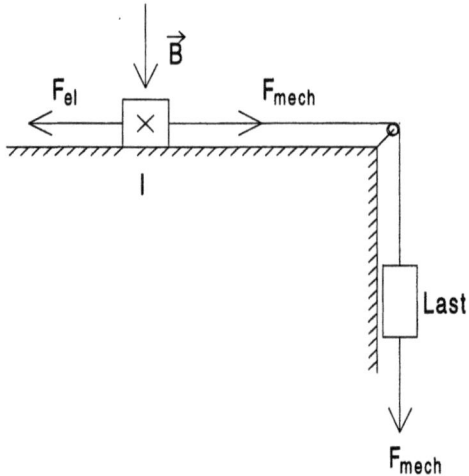

Bild 1.4 Kranantrieb

$$I = \frac{F_{mech}}{B \cdot l} = \frac{1N}{1T \cdot 1m} = 1A$$

Bemerkenswert ist, daß der Strom des Kranmotors weder von der Spannung noch vom Leiterwiderstand abhängt. Er wird allein durch die Größe der Last bestimmt.

Die sich nach der Anlaufphase einstellende Leiter- oder Motorgeschwindigkeit bzw. die Geschwindigkeit, mit der die Last gehoben wird, können wir aus dem Spannungsgleichgewicht für den Motorbetrieb Gl. (1.4) berechnen.

$$U = U_q + I \cdot R_i$$

oder, mit Gl. (1.1),

$$U = B \cdot l \cdot v + I \cdot R_i$$

Danach ist die Motorgeschwindigkeit und damit die Geschwindigkeit, mit der die Last gehoben wird,

$$v = \frac{U - I \cdot R_i}{B \cdot l} = \frac{1V - 1A \cdot 0{,}1\Omega}{1T \cdot 1m} = 0{,}9 \frac{m}{s}$$

1.1 Elektromechanische Energiewandlung

Multipliziert man beide Seiten der das Spannungsgleichgewicht im Motorbetrieb beschreibenden Gl. (1.4) mit dem Strom I, so erhält man die Leistungsbilanz der Maschine im Motorbetrieb.

$$U \cdot I = U_q \cdot I + I^2 \cdot R_i$$

Hierin sind

$$U \cdot I = 1V \cdot 1A = 1W$$

die aus der Spannungsquelle aufgenommene Leistung,

$$U_q \cdot I = B \cdot l \cdot v \cdot I = 1T \cdot 1m \cdot 0{,}9\frac{m}{s} \cdot 1A = 0{,}9W$$

oder

$$F_{mech} \cdot v = 1N \cdot 0{,}9\frac{m}{s} = 0{,}9W$$

die mechanische Leistung, die der Motor abgibt, und

$$I^2 \cdot R_i = (1A)^2 \cdot 0{,}1\Omega = 0{,}1W$$

die Stromwärmeverlustleistung. Daraus ergibt sich für den Wirkungsgrad des Motorbetriebs

$$\eta = \frac{P_{mech}}{P_{el}} = \frac{0{,}9W}{1W} = 0{,}9$$

Da man im Hinblick auf den Wirkungsgrad des Motors bemüht ist, seinen inneren Widerstand möglichst klein zu machen, beträgt bei ausgeführten Maschinen der Spannungsabfall am inneren Widerstand bei Betrieb mit Nennstrom nur etwa 1 bis 10% der Nennspannung der Maschine.

$$I_{Nenn} \cdot R_i \approx 0{,}01 \ldots 0{,}10 \cdot U_{Nenn}$$

Der Spannungsabfall am inneren Widerstand der Maschine ist danach in erster Näherung stets vernachlässigbar klein – so auch hier, wo der Spannungsabfall

$$I \cdot R_i = 1A \cdot 0{,}1\Omega = 0{,}1V$$

nur das 0,1fache oder 10% der angelegten Spannung 1V beträgt. Es hält also im wesentlichen die Gegenurspannung allein der angelegten Spannung das Gleichgewicht.

$$U = U_q$$

oder, mit Gl. (1.1),

$$U = B \cdot l \cdot v$$

Bei einer Vergrößerung der angelegten Spannung muß auch die Gegenurspannung wachsen. Das ist nur möglich, wenn die Motorgeschwindigkeit zunimmt. Auf eine Verdoppelung der angelegten Spannung muß der Leiter mit einer Verdoppelung seiner Geschwindigkeit antworten, damit die Gegenurspannung doppelt so groß wird. Eine Vergrößerung der Motorgeschwindigkeit können wir aber auch ohne Änderung der angelegten Spannung dadurch erreichen, daß wir die magnetische Flußdichte verringern. Setzen wir die Flußdichte auf die Hälfte herab, dann muß der Leiter sich doppelt so schnell bewegen, damit die Gegenurspannung ihren Wert behält. Von beiden Möglichkeiten der Verstellung der Motorgeschwindigkeit macht man Gebrauch.

1.1.3 Übergang vom Motor- in den Generatorbetrieb

Wollen wir die Last, nachdem wir sie gehoben haben, wieder absenken, so müssen wir die Richtung der Geschwindigkeit, d.h. ihr Vorzeichen, ändern. Gehen wir vereinfachend von der Vorstellung aus, daß die Gegenurspannung allein der angelegten Spannung das Gleichgewicht hält,

$$U = U_q \text{ bzw. } U = B \cdot l \cdot v$$

dann erkennen wir besonders deutlich, daß wir eine Geschwindigkeitsumkehr dadurch herbeiführen können, daß wir das Vorzeichen der angelegten Spannung bzw. ihre Richtung ändern. Das läßt sich leicht bewerkstelligen, wenn unsere Spannungsquelle ein aus dem Drehstromnetz gespeister Stromrichter mit verstellbarer Ausgangsspannung ist. Wir haben dann eine Spannungsquelle, deren Spannung wir zwischen einem positiven und einem negativen Maximalwert stufenlos verstellen können. Schon beim Heben der Last ist das vorteilhaft. Wir werden dann nicht gleich die volle Spannung an den Motor legen, sondern die Spannung von Null an beginnend langsam steigern und vermeiden auf diese Weise den großen Anlaufstrom und die damit verbundene große Anlaufbeschleunigung. Mit zunehmender Spannung wächst die Motorgeschwindigkeit und damit die Geschwindigkeit, mit

1.1 Elektromechanische Energiewandlung

der die Last gehoben wird. Bei der vollen Spannung ist die maximale Geschwindigkeit erreicht. Vor dem Absetzen der Last werden wir die Spannung und damit die Geschwindigkeit herabsetzen. Bei der Spannung Null – widerstandsloser Leiter vorausgesetzt – ist die Geschwindigkeit Null. Die Last wird nicht weiter gehoben und kann vom Lasthaken abgenommen werden.

Sobald wir die Richtung der Ausgangsklemmenspannung des Stromrichters, unserer Spannungsquelle, ändern, wird die Last abgesenkt (Bild 1.5). Die Geschwindigkeit, mit der dies geschieht, hängt, wie schon beim Heben, von der Höhe der Spannung ab, die wir einstellen. Bei kleiner Spannung wird die Last langsam gesenkt, bei großer Spannung schnell. Die Stromrichtung bleibt von der Richtungsänderung der Spannung unbeeinflußt. Sie hängt allein von der Richtung ab, in der die Gewichtskraft der Last wirkt Gl. (1.2), und da diese unabhängig davon, ob die Last gehoben oder gesenkt wird, immer die gleiche ist, ist auch die Stromrichtung immer die gleiche. So kommt es, daß beim Heben der Last die Plusklemme der Maschine dort ist, wo der Strom in die Maschine eintritt, und die Minusklemme dort ist, wo der Strom aus der Maschine austritt. Das sind die Verhältnisse, wie wir sie bei einem Verbraucher, z.B. einem ohmschen Widerstand, haben. Die Maschine arbeitet als Motor und bezieht Leistung von der Spannungsquelle, bei der der Strom aus der Plusklemme heraus- und in die Minusklemme hineinfließt – Kennzeichen eines Generators. Die Verhältnisse ändern sich, sobald wir die Spannungsrichtung, bei unveränderter Stromrichtung, umkehren, weil wir die Last absenken wollen. Der Strom tritt jetzt an der Minusklemme in die Maschine ein und an der Plusklemme aus der Maschine aus. Die Maschine arbeitet als Generator und gibt Leistung ab, und zwar an die Spannungsquelle, bei der der Strom aus dem Minuspol heraus- und und in den Pluspol hineinfließt – Kennzeichen eines Verbrauchers. Während die Maschine beim Heben der Last als Motor arbeitet und die dazugehörige Leistung aus der Spannungsquelle bezieht, geht sie beim Senken der Last, von dieser angetrieben, in den Generatorbetrieb über. Sie gibt dabei die Leistung, die beim Absenken der Last frei wird, an die Spannungsquelle ab, in unserem Fall über den Stromrichter an das Drehstromnetz. Wäre die Spannungsquelle eine wiederaufladbare Batterie bzw. ein Akkumulator mit verstellbarer Ausgangsspannung, so würde die Batterie beim Heben der Last entladen, beim Absenken der Last geladen.

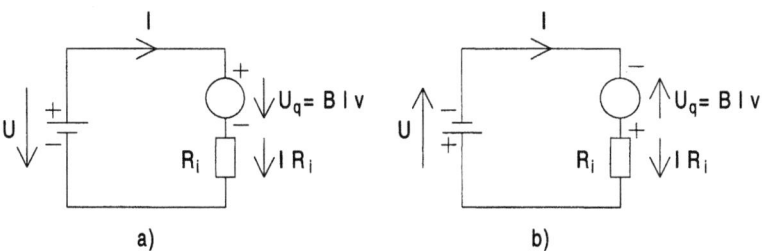

Bild 1.5 Krananstrieb. a) Heben der Last: Motorbetrieb. b) Senken der Last: Generatorbetrieb.

Eine andere Art der Belastung liegt vor, wenn der Motor, ausgehend vom Leerlauf, angetrieben wird. Hat der Motor (Bild 1.2) unbelastet seine Endgeschwindigkeit erreicht, hält die Gegenurspannung allein der angelegten Spannung das Gleichgewicht. Die Ersatzschaltung des Maschinenmodells (Bild 1.6) läßt erkennen, was geschieht, wenn ausgehend von dieser im Leerlauf erreichten Endgeschwindigkeit der Leiter durch Zufuhr mechanischer Leistung auf eine noch höhere Geschwindigkeit gebracht wird. Die Gegenurspannung wird dann größer als die angelegte Spannung. Die Gegenurspannung wird jetzt zur treibenden Urspannung, der die Spannung der Spannungsquelle und der Spannungsabfall am Maschinenwiderstand das Gleichgewicht halten.

$$U_q = U + I \cdot R_i$$

Die Maschine ist vom Motorbetrieb in den Generatorbetrieb übergegangen. Dabei hat der Strom seine Richtung geändert. Die Spannungsquelle, die im Motorbetrieb Leistung abgegeben hat, nimmt beim Generatorbetrieb der Maschine Leistung auf. Dieser Übergang vom Motor- in den Generatorbetrieb ist nur bei einer Spannungsquelle möglich, die den Strom in beiden Richtungen führen kann. Das ist zum Beispiel bei einer wiederaufladbaren Batterie oder bei einem wegen der Möglichkeit der Stromumkehr sogenannten Umkehrstromrichter der Fall. Die Antriebsmaschine eines Elektrofahrzeugs mit Batterie würde, wenn es bergauf geht, als Motor arbeiten, bei der Fahrt in der Ebene, idealisierend reibungslose Bewegung vorausgesetzt, im Leerlauf betrieben, und wenn es bergab geht, in den Generatorzustand übergehen.

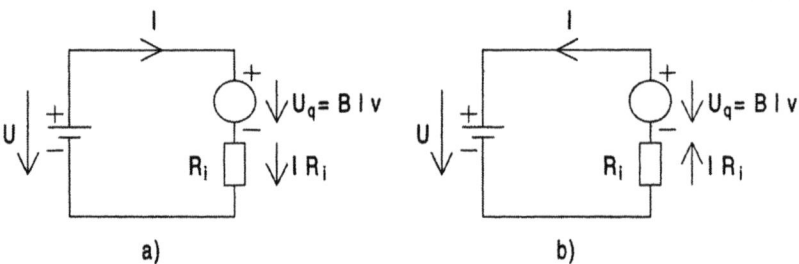

Bild 1.6 Gleichstrommaschine a) Motorbetrieb: $U_q \leq U$, b) Generatorbetrieb: $U_q \geq U$

1.2 Die Grundform der Gleichstrommaschine

Die meisten elektrischen Maschinen arbeiten nicht mit einer geradlinigen, sondern mit einer drehenden Bewegung. Die Grundform dieser Maschine ist die im magnetischen Feld drehbar gelagerte Leiterschleife.

1.2 Die Grundform der Gleichstrommaschine

1.2.1 Generator

Wir nehmen an, daß eine Rechteckleiterschleife in einem homogenen magnetischen Feld mit konstanter Winkelgeschwindigkeit ω rotiert (Bild 1.7). Dann wird in den Teilen der Schleife, die Feldlinien schneiden - das sind die Leiter a und b - eine Spannung induziert. Diese Spannung hat ihren größten Wert, wenn sich die Leiter a und b senkrecht zum Feld bewegen. Das ist der Fall, wenn der die Schleifenstellung angebende Winkel $\omega \cdot t = 90^0$ oder $\omega \cdot t = 270^0$ beträgt, wobei t die von einer horizontalen Ausgangslage der Schleife aus zählende Zeit darstellt. Die Spannung ist Null, wenn sich die Leiter a und b in Richtung des Feldes bewegen und infolgedessen keine Feldlinien schneiden, d.h. bei Schleifenstellungen, die durch die Winkel 0^0, 180^0 und 360^0 beschrieben sind. Bei allen anderen Schleifenstellungen hat die Spannung einen Wert, der zwischen Null und dem Maximalwert liegt. Die beiden Enden der Leiterschleife sind jeweils mit einem Schleifring verbunden. Die beiden Ringe sitzen auf der Achse der Schleife und sind gegeneinander isoliert. Über feststehende Kontakte, die auf den Ringen schleifen und Bürsten genannt werden, wird die in der Schleife induzierte Spannung abgegriffen und einem Verbraucher, d.h. einem Widerstand R, zugeführt. Durch den Widerstand fließt ein Strom. Die Richtung des Stroms hängt von der Schleifenstellung ab und läßt sich für die Leiter a und b und damit für den ganzen Stromkreis nach der Rechtsschraubenregel bestimmen. Dabei ergibt sich, daß die in den Leitern a und b induzierten Spannungen gleichsinnig wirken. Der im Stromkreis fließende Strom ändert periodisch seine Richtung und Stärke (Bild 1.8). Sein Wert schwankt zwischen Null und einem in jeder der beiden Richtungen gleich großen Maximalwert. Die beschriebene Anordnung stellt einen Wechselstromgenerator dar.

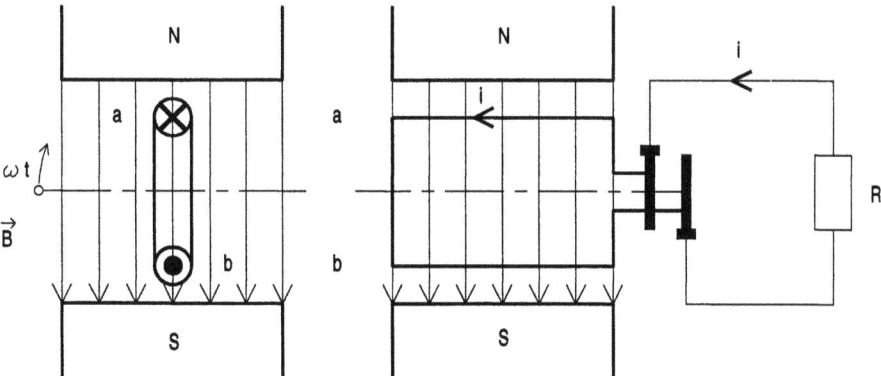

Bild 1.7 Wechselstromgenerator: Im Magnetfeld rotierende Leiterschleife. Die in der Schleife induzierte Spannung wird über Schleifringe abgenommen

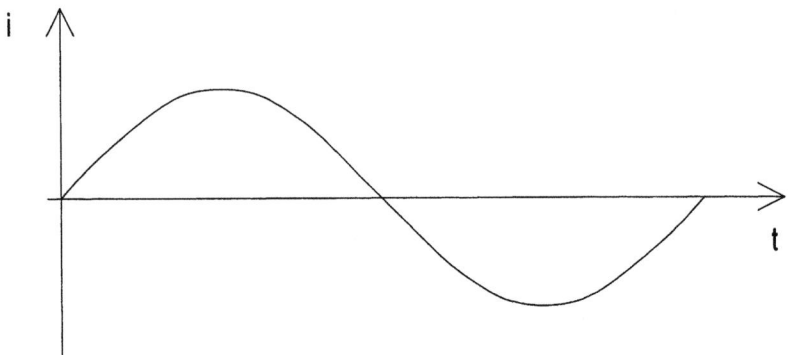

Bild 1.8 Zeitlicher Verlauf des Stroms durch einen Widerstand, der über Schleifringe an eine im Magnetfeld rotierende Leiterschleife angeschlossen ist

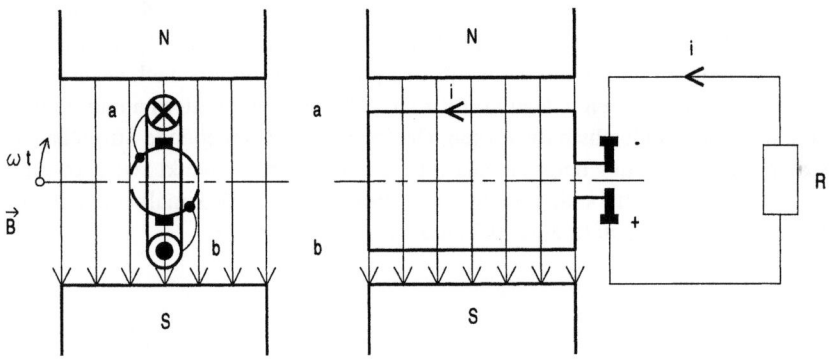

Bild 1.9 Gleichstromgenerator: Im Magnetfeld rotierende Leiterschleife. Die in der Schleife induzierte Spannung wird über einen Stromwender abgenommen

Will man einen Gleichstromgenerator haben, dann muß man die Anordnung ändern. Man benutzt statt zweier Schleifringe einen (Bild 1.9). Dieser eine Schleifring wird diametral aufgeschnitten, so daß zwei voneinander isolierte Hälften entstehen. Die beiden Enden der Rechteckschleife werden mit je einer Schleifringhälfte verbunden. Auf jeder Schleifringhälfte schleift eine Bürste. Während die Schleife und der Schleifring ihre Lage im Raum ändern, stehen die Bürsten still. Jede der beiden Bürsten ist in stetem Wechsel mit einem der beiden Leiter a und b verbunden. Während der Strom in den Leitern und damit in der Leiterschleife periodisch seine Richtung wechselt, ist die untere Bürste stets mit dem Leiter verbunden, bei dem der Strom aus der Schleife austritt, und die obere Bürste ist stets mit dem Leiter verbunden, bei dem der Strom in die Schleife eintritt. Da bei einem Generator der Strom aus

1.2 Die Grundform der Gleichstrommaschine

der Plusklemme herausfließt und in die Minusklemme hineinfließt, ist die untere Bürste mit Plus (+) und die obere Bürste mit Minus (–) zu bezeichnen. Der durch den an die Bürsten angeschlossenen Widerstand R fließende Strom ist ein in immer gleicher Richtung fließender Strom. Sein Wert schwankt zwischen Null und einem Maximalwert (Bild 1.10). Der Strom pulsiert. Insofern liefert die betrachtete Grundform des Generators einen nur unvollkommenen Gleichstrom. Denn unter einem Gleichstrom versteht man einen Strom von nicht nur stets gleicher Richtung, sondern auch gleicher Stärke. Die beiden gegeneinander isolierten Ringhälften nennt man Stromwender, auch Kollektor oder Kommutator, weil sie bewirken, daß der in der Schleife fließende, seine Richtung periodisch wechselnde Strom ausserhalb der Schleife in stets gleicher Richtung fließt.

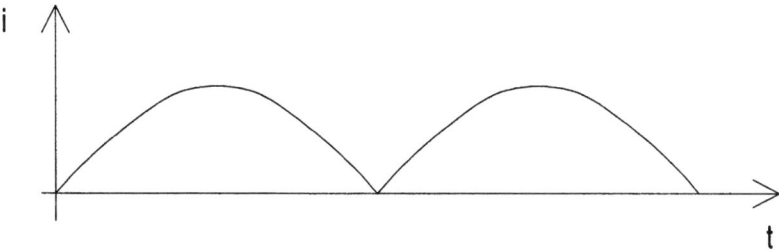

Bild 1.10 Zeitlicher Verlauf des Stroms durch einen Widerstand, der über einen Stromwender an eine im Magnetfeld rotierende Leiterschleife angeschlossen ist

1.2.2 Motor

Auch die Grundform des Gleichstrommotors kommt ohne Stromwender nicht aus. Zu diesem Ergebnis kommen wir, wenn wir zu der zunächst betrachteten Anordnung mit zwei Schleifringen zurückkehren und uns die Frage vorlegen, ob diese Anordnung als Motor betrieben werden kann. Dazu schicken wir durch die Schleife einen Gleichstrom I (Bild 1.11). Auf die stromdurchflossenen Leiter a und b der Schleife wirkt dann, da sie sich in einem Magnetfeld befinden, eine Kraft – auf die Schleife mithin ein Drehmoment. Beschreibt man die Schleifenstellung durch einen Winkel α und zählt diesen Winkel von der labilen Gleichgewichtslage der Schleife aus (Bild 1.12a), dann ist das Drehmoment für $\alpha = 0°$ Null. Die Schleife muß durch einen Anstoß aus dem labilen Gleichgewicht gebracht werden. Es tritt dann ein Drehmoment auf, daß die Schleife in dem Drehsinn dreht, in dem sie angestoßen wurde. Das Drehmoment wächst und erreicht bei $\alpha = 90°$ einen Höchstwert (Bild 1.11). Von da an nimmt es wieder ab und ist bei $\alpha = 180°$ Null (Bild 1.12b). In dieser Stellung ist die Schleife im stabilen Gleichgewicht. Während bis hierhin Drehmoment frei wurde, muß bei einer weiteren Drehung der Schleife um weitere 180° Drehmoment aufgewandt werden – es sei denn, die Stromrichtung in den Leitern a und b bzw. in der Schleife wird umgekehrt. Daraus ergibt sich, daß die Anordnung mit zwei Schleifringen als Motor nicht arbeitet.

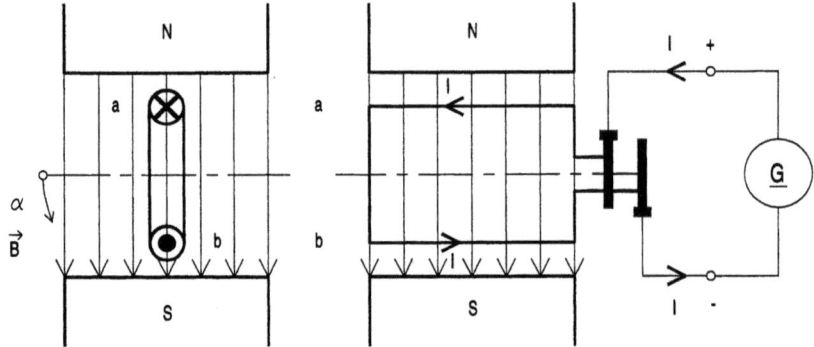

Bild 1.11 Stromdurchflossene Leiterschleife im Magnetfeld. Die Leiterschleife ist über Schleifringe an eine Gleichstromquelle (Konstantstromquelle) angeschlossen

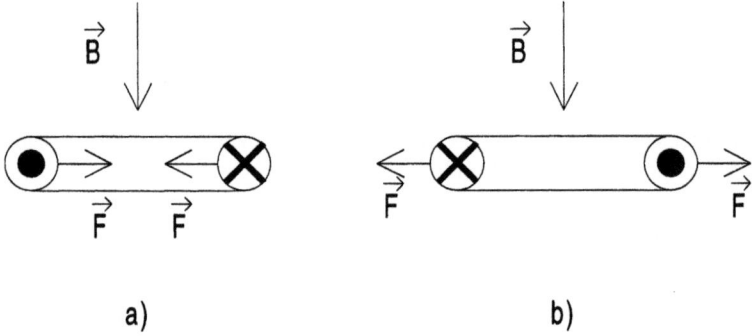

Bild 1.12 Stromdurchflossene Leiterschleife im homogenen Magnetfeld: a) labiles Gleichgewicht b) stabiles Gleichgewicht

Die Anordnung mit Stromwender dagegen (Bild 1.13) kann als Motor betrieben werden. Bei ihr bewirkt der Stromwender nach einer Drehung der Schleife um jeweils 180° eine Umkehr der Stromrichtung in den Leitern a und b. Die Umkehr der Stromrichtung erfolgt jeweils dann, wenn die Schleife ihre stabile Gleichgewichtslage erreicht hat bzw. infolge ihrer Massenträgheit durch diese Lage hindurchläuft. Nach Umkehr der Stromrichtung wird aus der stabilen eine labile Gleichgewichtslage. Auf die Schleife wirkt ein Drehmoment im ursprünglichen Drehsinn. Unter dem Einfluß dieses Drehmoments macht die Schleife eine andauernde Drehbewegung. Wir haben einen Gleichstrommotor vor uns. Das Drehmoment, das der Motor abgibt, ist allerdings nicht konstant – es pulsiert (Bild 1.14).

1.3 Der Aufbau der Gleichstrommaschine

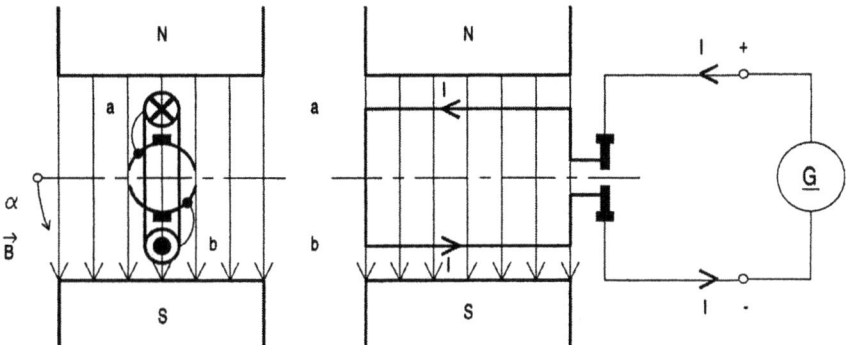

Bild 1.13 Stromdurchflossene Leiterschleife im Magnetfeld. Die Leiterschleife ist über einen Stromwender an eine Gleichstromquelle (Konstantstromquelle) angeschlossen

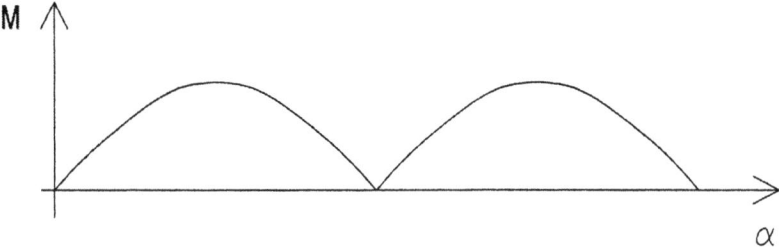

Bild 1.14 Drehmoment auf eine stromdurchflossene Leiterschleife im Magnetfeld in Abhängigkeit von der Schleifenstellung. Der Strom wird über einen Stromwender zugeführt

Die Grundform der Gleichstrommaschine ist höchst unvollkommen. Als Generator liefert sie einen pulsierenden Strom. Gewünscht wird ein Gleichstrom. Als Motor gibt sie, mit Gleichstrom gespeist, ein pulsierendes Drehmoment ab. Gewünscht wird ein konstantes Moment. Bei nur einer Leiterschleife ist die im Generatorbetrieb erreichbare Spannung vergleichsweise gering. Gleiches gilt für das Drehmoment im Motorbetrieb. Aus diesem Grund muß sich die praktisch ausgeführte Maschine von der Grundform unterscheiden.

1.3 Der Aufbau der Gleichstrommaschine

Im folgenden wollen wir die unzulängliche Grundform der Gleichstrommaschine in mehreren Schritten zu der in der Praxis üblichen Form entwickeln.

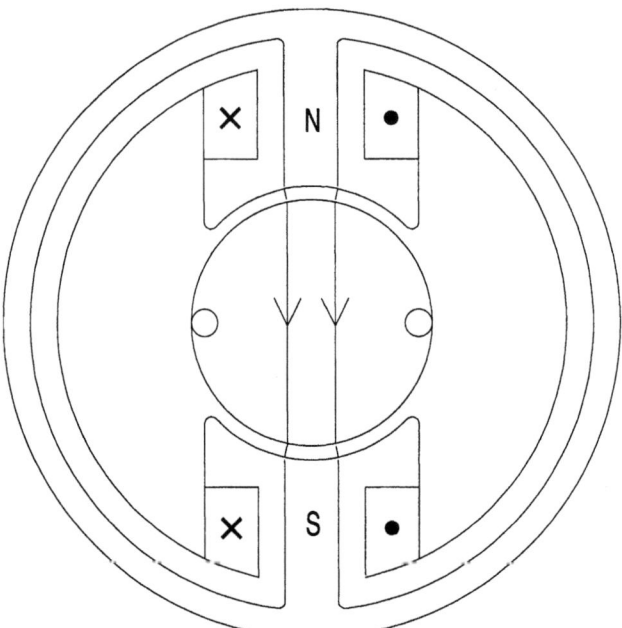

Bild 1.15 Maschine: Anker mit einer Leiterschleife

1.31 Leiterschleife

Das magnetische Feld der Maschine ist in der Regel das Feld eines Elektromagneten. Um den Durchflutungsbedarf für die Erzeugung dieses Feldes klein zu halten, muß man dafür sorgen, daß der magnetische Fluß soweit als möglich in Eisen verläuft. Man baut die Maschine aus einem um seine Achse drehbar gelagerten Vollzylinder und einem diesen umschließenden unbeweglichen Hohlzylinder auf (Bild 1.15). Beide sind aus Eisen. Auf der Innenseite des Hohlzylinders sind eiserne Pole befestigt. Sie tragen die Wicklung zur Erregung des magnetischen Flusses. Dieser bildet sich aus, sobald die Erregerwicklung von Strom durchflossen wird. Er verläuft vom einen Pol - dem Nordpol, aus dem er austritt - über den Vollzylinder zum anderen Pol - dem Südpol, in den er eintritt - und teilt sich im Hohlzylinder in zwei gleich große Teilflüsse auf, die sich dann wieder zum Gesamtfluß vereinigen.

Die beiden Leiter a und b der Grundform der Maschine sind auf der Mantelfläche des Vollzylinders in Nuten untergebracht und liegen parallel zur Zylinderachse. Die hinteren Enden der Leiter sind an der rückwärtigen Stirnfläche des Zylinders miteinander zu einer Rechteckleiterschleife verbunden. Die vorderen Enden der Leiter sind an je eine Ringhälfte des Stromwenders angeschlossen.

Den Vollzylinder mit der Leiterschleife nennt man den Anker, die Leiterschleife die Ankerwicklung. Der den Anker umschließende Hohlzylinder ist das Joch. Da der Luftspalt zwischen den Polen und dem Anker einen erheblichen magnetischen

1.3 Der Aufbau der Gleichstrommaschine

Widerstand darstellt, verringert man, um den Durchflutungsbedarf zur Erzeugung des Feldes klein zu halten, den Widerstand dadurch, daß man den dem Anker zugewandten Polenden eine große Querschnittsfläche gibt. Diesen Teil der Pole nennt man den Polschuh. Der eingeschnürte Teil der Pole ist der Polschenkel. Der magnetische Fluß tritt im Luftspalt senkrecht aus dem Eisen aus und senkrecht in das Eisen ein. Aus diesem Grund bilden die Bewegungsrichtung der Leiter und die Richtung des magnetischen Feldes im Luftspalt einen rechten Winkel. Nur unter dieser Voraussetzung gilt die für die Berechnung der in den Leitern induzierten Spannung angegebene Beziehung Gl. (1.1). Sie ist demnach erfüllt. Entsprechendes gilt für die auf die stromdurchflossenen Leiter wirkende Kraft. Sie läßt sich nach der mit Gl. (1.2) angegebenen Beziehung nur dann berechnen, wenn Strom- und Feldrichtung senkrecht aufeinanderstehen. Das ist hier der Fall. Den Anker nennt man auch Rotor oder Läufer. Der feststehende Teil der Maschine ist der Stator oder Ständer. Mit dem Stator fest verbunden sind die Bürsten, die im Raum stillstehen, während sich die Ankerleiter und der Stromwender bewegen.

1.3.2 Doppel-T-Anker

Bei nur einer Leiterschleife ist die im Generatorbetrieb erreichbare Spannung vergleichsweise gering. Entsprechendes gilt für das im Motorbetrieb abgegebene Drehmoment. Hier läßt sich Abhilfe schaffen, wenn man in den Vollzylinder an zwei einander diametral gegenüberliegenden Stellen des Umfangs parallel zur Achse zwei breite tiefe Nuten einfräst und die Leiterschleife durch eine Spule mit vielen Windungen ersetzt, die man in den Nuten unterbringt (Bild 1.16). Auf diese Weise entsteht der wegen seiner Querschnittsform so genannte Doppel-T-Anker. Er wurde 1856 von Werner von Siemens (1816-1892) erfunden.

Die Maschine mit Doppel-T-Anker stellt jedoch noch keine befriedigende Lösung dar, da sie als Generator einen pulsierenden Strom liefert und als Motor ein ebenfalls pulsierendes Drehmoment abgibt. Verlangt wird eine Maschine, die als Generator einen Gleichstrom liefert und als Motor ein konstantes Moment abgibt. Das Problem wurde mit dem Ringanker gelöst.

1.3.3 Ringanker

Der eiserne Zylinder zwischen den Magnetpolen wurde durch einen eisernen Ring ersetzt und dieser Ring wurde mit einer in sich geschlossenen Wicklung bewickelt (Bild 1.17). In unserem Beispiel hat die Wicklung 12 Windungen. Der Stromwender bekommt in diesem Fall 12 Segmente. Jedes Segment ist mit dem Ende einer und dem Anfang der nächsten Windung verbunden. Die beiden Bürsten teilen die Wicklung in zwei parallele Zweige auf. Bei Drehung des Ankers wird in jeder Windung eine Spannung induziert. Dabei nehmen nur die äußeren Windungsteile, die Feld-

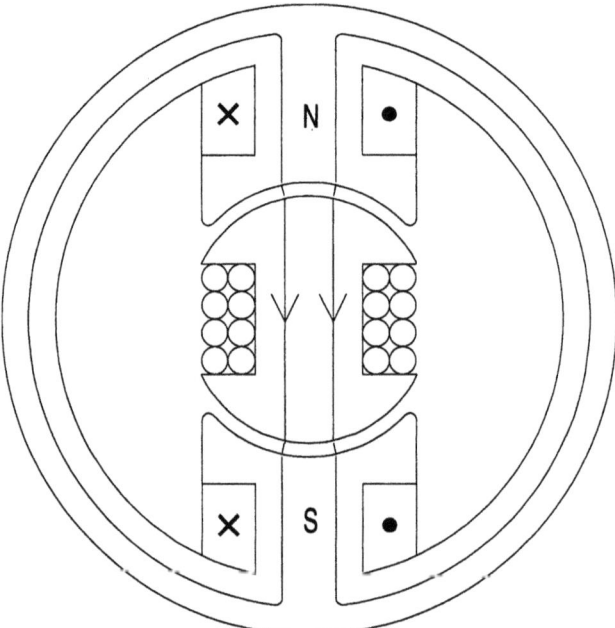

Bild 1.16 Maschine mit Doppel-T-Anker

linien schneiden, an der Spannungsbildung teil, nicht aber die inneren, die im feldfreien Raum liegen. Die Windungsspannungen eines Zweiges addieren sich zur Zweigspannung. Beide Zweige stellen Spannungsquellen dar. Die Quellen sind parallel geschaltet. Da die Zweigspannungen bzw. die Urspannungen der Quellen gleich groß sind, fließt, solange an die Bürsten kein Belastungswiderstand angeschlossen ist, kein Strom. Ein Strom fließt erst nach Anschluß eines Verbrauchers.

Maßgebend für die Größe der Windungsspannungen ist nach Gl. (1.1) die Flußdichte, d.h. hier die Flußdichte am Umfang des Eisenrings. Da sie unter den Polmitten am größten ist, sind auch dort die Windungsspannungen am größten. Zwischen den Polmitten ist die Flußdichte Null und infolgedessen sind in diesem Bereich auch die Windungsspannungen Null. Während die Flußdichteverteilung am Umfang des Eisenrings ihre Lage im Raum nicht ändert, dreht sich der Eisenring und mit ihm die Windungen. Dadurch ändert sich für jede der Windungen ständig die Flußdichte und damit die in ihr induzierte Spannung. Betrachtet man ein Zeitintervall, in dem gerade eine nachfolgende Windung an die Stelle einer vorausgehenden getreten ist, dann haben sich nach Ablauf dieses Intervalls zwar die einzelnen Windungsspannungen geändert - ihre Summe ist jedoch unverändert geblieben. Die Abweichung von der Summenspannung am Anfang bzw. Ende des betrachteten Zeitintervalls ist während des Intervalls um so geringer, je dichter die Windungen gewickelt sind oder je größer die Windungszahl ist. Denn bei dicht nebeneinander liegenden Windungen ändert sich für jede Windung die Flußdichte und damit die

1.3 Der Aufbau der Gleichstrommaschine

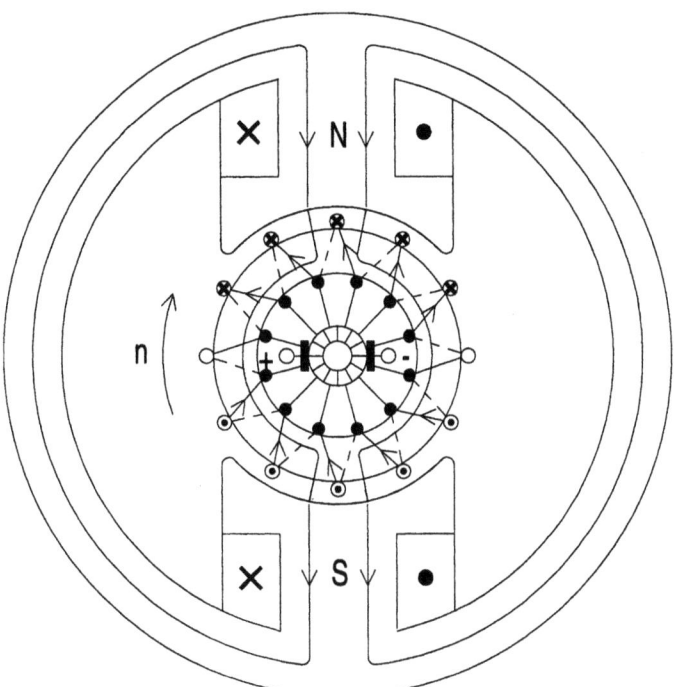

Bild 1.17 Gleichstrommaschine mit Ringanker (Generatorbetrieb)

Windungsspannung nur wenig. Aus all dem wird ersichtlich, daß der angeschlossene Verbraucher bei hinreichend großer Windungszahl praktisch an einer Gleichspannung liegt und damit von einem Gleichstrom durchflossen wird.

Soll die Maschine als Motor betrieben werden, dann muß ihr über die Bürsten ein Strom zugeführt werden. Auch in diesem Fall teilt sich dieser je zur Hälfte auf die beiden Ringhälften auf. Die an den äußeren, im Feld liegenden Windungsteilen angreifenden Kräfte sind bei ausreichend großer Windungszahl in ihrer Summe von der Ringstellung annähernd unabhängig. Damit ist das vom Motor abgegebene Drehmoment nahezu gleichmäßig.

Der Ringanker ist eine Erfindung des Italieners Antonio Pacinotti (1841-1912), Professor für Physik, der 1859 die ersten Versuche mit seiner Maschine machte. Nachteilig beim Ringanker ist, daß die auf der Innenseite des Ringes gelegenen Windungsteile unwirksam sind. Sie vergrößern lediglich den Widerstand der Strombahn. Aus diesem Grund konnte sich der Ringanker nicht durchsetzen und man griff wieder auf den massiven Eisenvollzylinder, den Trommelanker, zurück. Damit bekam die Gleichstrommaschine ihre endgültige Gestalt. Diesen letzten bedeutenden Entwicklungsschritt tat 1872 Friedrich von Hefner-Alteneck (1845-1904), Chefkonstrukteur bei Siemens.

1.3.4 Trommelanker

Die Manteloberfläche des Zylinders oder der Trommel ist gleichmäßig mit axial ausgerichteten Kupferleitern belegt, die in Nuten liegen und gegen das Eisen isoliert sind (Bild 1.18). Die Leiter werden in geeigneter Weise miteinander verbunden. Die Art und Weise, wie diese Verbindung vorgenommen wird, wird hier nicht näher erläutert, da die Kenntnis des Wicklungsaufbaus zum Verständnis des Verhaltens der Maschine nicht unbedingt erforderlich ist. Den sich beim Betrieb der Maschine drehenden Zylinder mit den Leitern nennt man den Anker, Rotor oder Läufer der Maschine. Die miteinander verbundenen Ankerleiter stellen die Ankerwicklung dar. Die Trommelankerwicklung ist wie die Ringankerwicklung eine in sich geschlossene Wicklung mit grundsätzlich gleicher, aber nicht so einfach zu übersehender Wirkungsweise.

Wenn sich bei der Drehung des Ankers die Leiter der Ankerwicklung im Feld der stromdurchflossenen Erregerwicklung bewegen, wird in ihnen eine Spannung induziert. Die Richtung der bei Anschluß eines Verbrauchers an die Ankerwicklung fließenden Leiterströme läßt sich z.B. nach der Rechtsschraubenregel bestimmen. Faßt man dabei einen bestimmten Leiter ins Auge, so sieht man, daß der Strom in ihm, solange er sich unter dem Nordpol befindet, in einer Richtung fließt und die entge-

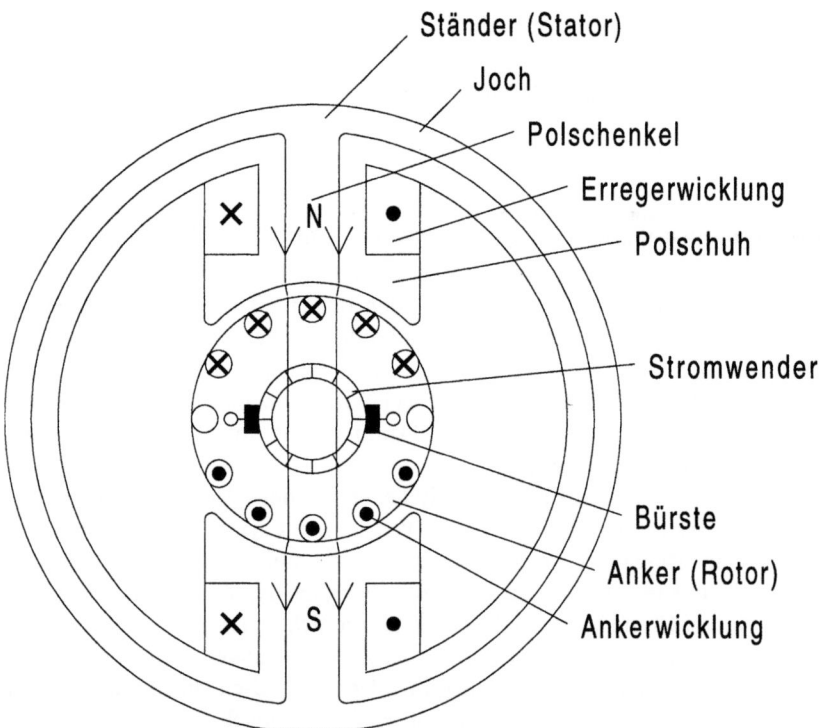

Bild 1.18 Gleichstrommaschine mit Trommelanker (Generatorbetrieb)

1.3 Der Aufbau der Gleichstrommaschine

gengesetzte Richtung hat, sobald er unter dem Südpol ist. Entsprechendes gilt für alle anderen Leiter. Der Strom in der Ankerwicklung ist also ein Wechselstrom. Will man Verbraucher mit Gleichstrom versorgen, so muß man diesen Wechselstrom gleichrichten. Das besorgt der uns schon von den früheren Ausführungen der Gleichstrommaschine her bekannte, der Ankerwicklung nachgeschaltete mechanische Gleichrichter, der Stromwender, Kommutator oder Kollektor genannt wird. Er ist im Prinzip nichts anderes, als ein auf der Ankerachse sitzender Kupferring, der durch axial zur Ankerachse geführte Schnitte in eine Vielzahl von Segmenten zerlegt worden ist. Die Segmente werden gegeneinander isoliert und mit den Ankerleitern verbunden. Auf dem sich beim Betrieb der Maschine drehenden Ring schleifen feststehende Kohlebürsten, über die bei Generatorbetrieb die erzeugte Gleichspannung abgenommen und bei Motorbetrieb die zum Betrieb notwendige Gleichspannung zugeführt wird.

Am Stromwender treten bei Betrieb der Maschine Funken auf, das sogenannte Bürstenfeuer. Den ersten Gleichstrommaschinen wurde im Prüfprotokoll bescheinigt: Maschine funkt gut. Das war ein gewaltiger Irrtum. Kommutatorsegmente und Bürsten werden durch diese Funken zerstört, sie verbrennen mehr oder weniger langsam. Das Bürstenfeuer muß also möglichst klein gehalten werden. Ganz vermeiden läßt es sich nicht. Aus diesem Grund ist der Stromwender das schwächste Teil der Maschine. Die Kohlebürsten müssen gelegentlich durch neue ersetzt werden, der Stromwender muß unter Umständen glattgeschliffen oder auf der Drehbank überdreht werden.

Kleingehalten wird das Bürstenfeuer dadurch, daß die Bürsten so angeordnet werden, daß sie mit den Leitern in Verbindung stehen, in denen keine Spannung induziert wird. Das sind die Leiter, die sich in dem Gebiet des Ankerumfangs zwischen den Erregerpolen befinden, in dem das Erregerfeld Null ist (Bild 1.18). Man nennt dieses Gebiet die neutrale Zone. Von den Bürsten sagt man, daß sie in der neutralen Zone liegen, obschon sie, durch den hier nicht besprochenen Aufbau der Wicklung bedingt, tatsächlich vor den Polmitten stehen.

Bei Belastung der Maschine im Generator- und Motorbetrieb werden die Ankerleiter von Strom durchflossen. Dabei haben die Leiterströme unter einem Pol alle die gleiche Richtung (Bild 1.18). Beim Hinüberwechseln eines Leiters aus dem Bereich eines Pols in den Bereich des anderen Pols ändert sich die Stromrichtung im Leiter. Die Änderung der Stromrichtung wird Stromwendung genannt. Die Stromwendung vollzieht sich beim Durchgang des Leiters durch die neutrale Zone.

Gleichstrommaschinen werden nicht nur zweipolig gebaut. Mit zunehmender Maschinengröße wird bei vorgegebener Flußdichte im Luftspalt der Fluß der Maschine immer größer. Für diesen Fluß muß eine entsprechend große Jochquerschnittsfläche vorgesehen werden. Der Querschnitt kann kleiner gehalten werden, wenn man der Maschine mehr als zwei Pole gibt. Auf dem Ständerumfang werden abwechselnd Nord- und Südpole verteilt (Bild 1.19). Der magnetische Fluß, der von einem Nordpol ausgeht, verzweigt sich in zwei gleich große Teilflüsse über die benachbarten Südpole und tritt dann wieder in den Nordpol ein. Große Maschinen bekommen mehr als zwei Pole. Je größer die Maschine, desto größer die Polzahl.

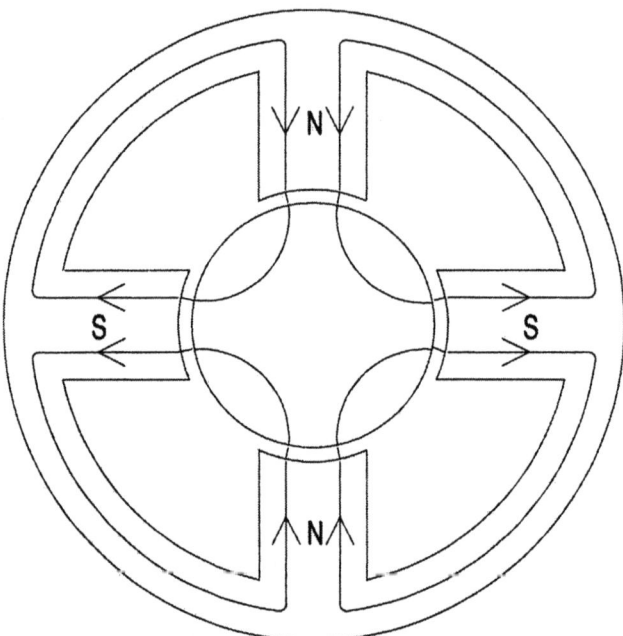

Bild 1.19 Vierpolige Maschine

1.4 Gleichstromgenerator

Von den beiden möglichen Betriebsarten der Gleichstrommaschine wird zunächst der Generatorbetrieb untersucht. Dazu muß die Gleichstrommaschine mit einer Antriebsmaschine gekuppelt werden. Die in einem Ankerleiter bei Drehung des Ankers im Erregerfeld induzierte Spannung $U_{qLeiter}$ ist nach Gl. (1.1) durch das Produkt der am Ort des Leiters herrschenden Flußdichte B, der aktiven Leiterlänge l und der Leitergeschwindigkeit v gegeben.

$$U_{qLeiter} = B \cdot l \cdot v$$

Für die in der Verbindung der Ankerleiter, der Ankerwicklung der Maschine, induzierte Spannung U_q gilt entsprechendes. Sie wird durch das Produkt einer Maschinenkonstanten k_u, des Erregerflusses Φ und der Ankerdrehzahl n bestimmt.

$$U_q = k_u \cdot \Phi \cdot n \tag{1.5}$$

Bei Generatoren interessiert vor allem, in welcher Weise die Klemmenspannung vom Belastungsstrom abhängt. Die diesen Zusammenhang beschreibende Kennli-

1.4.1 Fremderregter Generator

Der Generatorbetrieb der Maschine setzt voraus, daß die Erregerwicklung von einem Strom durchflossen wird. Wir wollen annehmen, daß eine fremde Spannungsquelle zur Verfügung steht und die Erregerwicklung der Maschine an diese angeschlossen ist und von einem konstanten Strom durchflossen wird. Dann ist auch der Erregerfluß und mit ihm die Generatorurspannung U_q (Gl. 1.5) konstant. Die Klemmenspannung U des Generators ist um den Spannungsabfall $I_A \cdot R_A$, den der Anker- oder Belastungsstrom I_A am ohmschen Widerstand R_A der Ankerwicklung macht, kleiner als seine Quellen- oder Urspannung U_q.

$$U = U_q - I_A \cdot R_A \tag{1.6}$$

oder, unter Berücksichtigung von Gl. (1.5),

$$U = k_u \cdot \Phi \cdot n - I_A \cdot R_A$$

Da der Spannungsabfall $I_A \cdot R_A$ am ohmschen Widerstand R_A des Ankerkreises proportional mit dem Ankerstrom I_A wächst, nimmt die Klemmenspannung U mit wachsendem Ankerstrom linear ab. Die Belastungskennlinie $U = f(I_A)$ ist infolgedessen eine Gerade, deren Neigung um so stärker ist, je größer der Widerstand der Ankerwicklung ist (Bild 1.20). Da man im allgemeinen eine von der Belastung unabhängige Klemmenspannung haben möchte, wird man sich bemühen, den

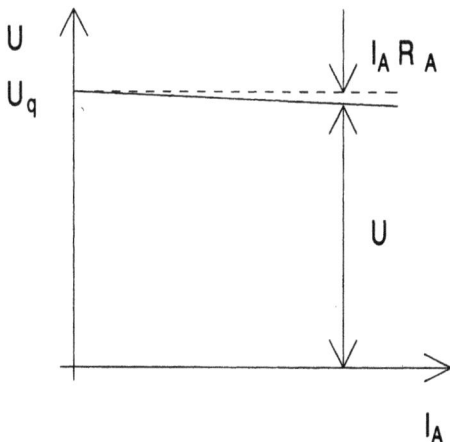

Bild 1.20 Belastungskennlinie des fremderregten Generators

Ankerwicklungswiderstand möglichst klein zu machen. Auch im Hinblick auf den Wirkungsgrad der Maschine ist ein kleiner Widerstand anzustreben, da dann die Stromwärmeverlustleistung $I_A^2 \cdot R_A$ im Ankerkreis klein ist.

Einen kleinen Ankerwicklungswiderstand erreicht man dadurch, daß man den Leitern, aus denen die Wicklung aufgebaut ist, eine große Querschnittsfläche gibt, d.h. die Maschine reichlich mit Kupfer ausstattet. Diese mit Kupfer reichlich ausgestattete Maschine ist allerdings in der Anschaffung teuer, im Betrieb dagegen – wegen des guten Wirkungsgrades – billig. Umgekehrt ist eine Maschine, bei der nur wenig Kupfer verbaut wurde, in der Anschaffung billig, im Betrieb jedoch teuer. Aus all dem ergibt sich, daß die Bestimmung der zu verbauenden Kupfermenge sowohl unter technischen als auch wirtschaftlichen Gesichtspunkten vorzunehmen ist.

Bei ausgeführten Maschinen beträgt der Spannungsabfall an der Ankerwicklung bei Nennstrom etwa 1 bis 10% der Nennspannung. Er ist im allgemeinen umso kleiner, je größer die Maschine ist.

Beispiel 1.1: Ein fremderregter Gleichstromgenerator hat folgende Nenndaten: $4kW$ $230V$ $1450 min^{-1}$. Der Ankerwicklungswiderstand ist $R_A = 1{,}00 \Omega$. Berechnen Sie a) den Nennstrom der Maschine, b) die Klemmenspannung bei Leerlauf und bei Belastung der Maschine mit halbem Nennstrom und c) die Stromwärmeverlustleistung im Ankerkreis bei Nennbetrieb.

Lösung: a) Bei Nennbetrieb gibt der Generator eine Leistung von $4kW$ bei einer Spannung von $230V$ ab. Sein Nennstrom ist $4kW/230V = 17{,}4A$. Diesen Strom kann die Maschine dauernd führen, ohne sich unzulässig zu erwärmen. Bei zu starker Erwärmung würde die Isolation der Wicklung zerstört. Die höchstzulässige Betriebstemperatur einer Maschine liegt je nach verwendetem Isolierstoff etwa zwischen 90 und $180^0 C$. Eine auch nur geringfügige Überschreitung der höchstzulässigen Betriebstemperatur im Dauerbetrieb kann zu einer erheblichen Herabsetzung der Lebensdauer der Maschine führen.

b) Die Leerlaufspannung U_0 der Maschine ist nach Gl. (1.6)

$$U_0 = U_q = U + I_A \cdot R_A$$

$$U_0 = U_q = 230V + 17{,}4A \cdot 1{,}00\Omega = 247V \triangleq \frac{247V}{230V} = 1{,}07$$

Sie liegt um 7% über der Nennspannung. Bei halbem Nennstrom ist die Klemmenspannung

$$U = U_q - I_A \cdot R_A = 247V - 0{,}5 \cdot 17{,}4A \cdot 1{,}00\Omega = 238V$$

1.4 Gleichstromgenerator

c) Die Stromwärmeverlustleistung im Ankerkreis bei Nennbetrieb ist

$$I_A{}^2 \cdot R_A = (17,4A)^2 \cdot 1,00\Omega = 303W$$

bezogen auf die Nennleistung

$$\frac{303W}{4kW} = 0,0757 \mathrel{\widehat{=}} 7,57\%$$

Die Urspannung des Generators können wir, da die Drehzahl der Antriebsmaschine im allgemeinen festliegt, nur über den Erregerstrom verstellen. Entweder über einen zusätzlichen, einstellbaren Widerstand im Erregerkreis oder aber dadurch, daß wir die Erregerwicklung an eine Gleichspannungsquelle mit veränderbarer Ausgangsspannung legen.

Die Frage danach, in welcher Weise die Urspannung der Maschine vom Erregerstrom abhängt, beantworten wir durch einen Versuch. Da die Urspannung nur bei unbelastetem Generator an den Ankerwicklungsklemmen in Erscheinung tritt und gemessen werden kann, wird die die Abhängigkeit zwischen Erregerstrom und Urspannung beschreibende Kennlinie im Leerlauf aufgenommen. Die deswegen so genannte Leerlaufkennlinie $U_q = f(I_E)$ des Generators (Bild 1.21b) entspricht in ihrem Aussehen der Magnetisierungskennlinie $\Phi = f(I_E)$ der Maschine (Bild 1.21a) und ist wie diese nicht linear. Die Ähnlichkeit der Kennlinien rührt daher, daß die Urspannung dem magnetischen Fluß proportional ist Gl. (1.5). Schon bei stromloser Erregerwicklung wird in der Ankerwicklung eine Spannung induziert. Sie hat ihre Ursache in einem, wenn auch schwachen Magnetfeld im Luftspalt der Maschine, das zurückbleibt, wenn das Eisen einmal magnetisiert wurde. Die durch den Restmagnetismus oder Remanenzfluß des Eisens induzierte Spannung ist klein und beträgt nur wenige Prozent der Nennspannung der Maschine. Wenn der Erregerstrom von Null an beginnend vergrößert wird, nimmt mit wachsendem Strom der magnetische Fluß und damit die Spannung zu. Die Zuordnung von Spannung und Strom wird durch den unteren Ast der Leerlaufkennlinie beschrieben. Verringern wir den Erregerstrom wieder, so nimmt auch die Spannung ab. Nur ist die Zuordnung von Spannung und Strom nicht mehr die alte. Die Zuordnung wird jetzt durch den oberen Ast der Leerlaufkennlinie beschrieben. Die Spannung, die wir bei Verkleinerung des Erregerstroms bei einem bestimmten Erregerstrom messen, ist größer als die Spannung, die wir bei der vorangegangenen Vergrößerung des Erregerstroms gemessen haben. Diese Erscheinung nennt man die Hysterese des Eisens. Da die beiden Äste der Leerlaufkennlinie sehr dicht beieinander liegen, wird häufig eine mittlere Leerlaufkennlinie angegeben. Bei der Aufnahme der Leerlaufkennlinie muß man darauf achten, daß man den Erregerstrom zunächst nur im Sinne einer Vergrößerung und daran anschließend nur im Sinne einer Verkleinerung ändert. Nur dann liegen die den gemessenen Wertepaaren von Spannung und Strom zugeordne-

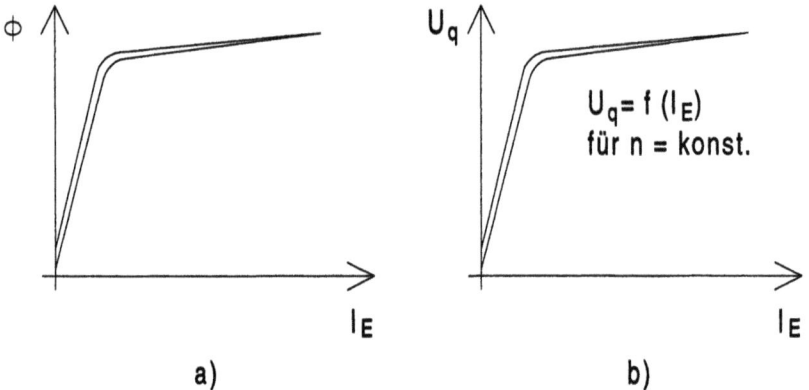

Bild 1.21 Magnetisierungskennlinie (a) und Leerlaufkennlinie (b) des fremderregten Generators

ten Punkte auf Kurven, wie sie Bild 1.21 zeigt. Außerdem muß man daran denken, daß die Spannung nicht nur vom magnetischen Fluß, sondern auch von der Drehzahl abhängt Gl. (1.5). Wenn die Drehzahl der Antriebsmaschine mit der Nenndrehzahl des Generators nicht übereinstimmt, sind die gemessenen Spannungswerte auf die Nenndrehzahl des Generators umzurechnen.

Beispiel 1.2: Fremderregter Gleichstromgenerator $4kW$ $230V$ 1450min^{-1}. Für die Aufnahme der Leerlaufkennlinie $U_q = f(I_E)$ der Maschine steht eine Antriebsmaschine mit einer Drehzahl, die der Nenndrehzahl 1450min^{-1} der Maschine entspricht, nicht zur Verfügung, wohl aber eine Antriebsmaschine mit einer Drehzahl von 1500min^{-1}. Infolgedessen müssen alle Spannungswerte auf die Nenndrehzahl umgerechnet werden. Gemessen wird u.a. das Wertepaar $1,40A / 252V$. Wie groß ist der der Nenndrehzahl zugeordnete Spannungswert?

Lösung: Der korrigierte Spannungswert ist

$$\frac{1450 \text{min}^{-1}}{1500 \text{min}^{-1}} \cdot 252V = 244V$$

In Schaltbildern wird die Gleichstrommaschine durch einen Kreis mit angedeuteten Bürsten, das Symbol für die Ankerwicklung, und das Schaltzeichen für eine Spule, Symbol für die Erregerwicklung, dargestellt (Bild 1.22). Die Klemmen der Ankerwicklung werden mit A1 und A2, die der Erregerwicklung mit F1 und F2 bezeichnet.

1.4 Gleichstromgenerator

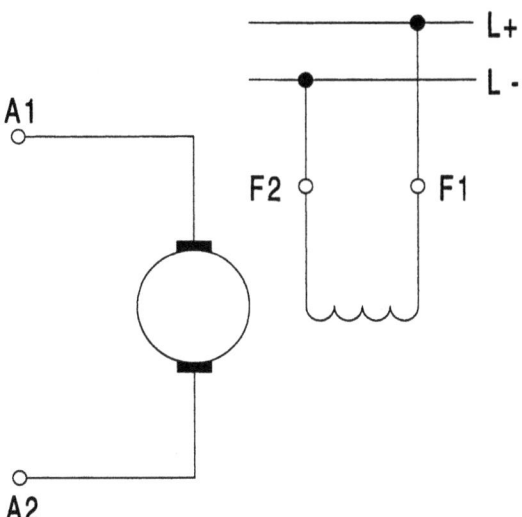

Bild 1.22 Fremderregter Generator

Nachteilig bei dem von uns untersuchten Generator ist, daß zu seinem Betrieb eine Gleichspannungsquelle nötig ist, die die Erregerwicklung speist. Man muß also, um eine Gleichspannung zu erzeugen, auf eine schon vorhandene Gleichspannung zurückgreifen. Diese steht häufig nicht zur Verfügung. Umgehen läßt sich diese Schwierigkeit dadurch, daß der Generator seine Erregerwicklung selbst speist. In diesem Fall spricht man von einem selbsterregten Generator. Der eben untersuchte Generator war ein fremderregter Generator, da seine Erregerwicklung aus einer fremden Quelle gespeist wurde (Bild 1.22). Der selbsterregte Generator ist entweder ein Nebenschlußgenerator oder ein Reihenschlußgenerator. Beim Nebenschluß-

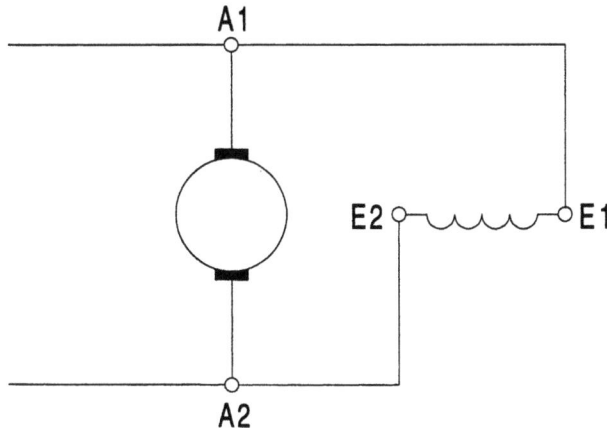

Bild 1.23 Nebenschlußgenerator

generator liegt die Erregerwicklung, deren Klemmen mit E1 und E2 bezeichnet werden, im Nebenschluß oder parallel zur Ankerwicklung (Bild 1.23). Beim Reihenschlußgenerator wird die Erregerwicklung, deren Klemmen mit D1 und D2 bezeichnet werden, mit der Ankerwicklung in Reihe geschaltet (Bild 1.24).

Die Entdeckung, daß die Maschine sich selbst erregen kann, galt seinerzeit als bahnbrechend. Werner von Siemens (1816-1892) machte sie 1866 für den Reihenschlußgenerator, Sir Charles Wheatstone (1802-1875), Professor für Physik, unabhängig von ihm im gleichen Jahr für den Nebenschlußgenerator. Von der von Siemens gemachten Entdeckung – er sprach im Zusammenhang mit der Selbsterregung vom dynamoelektrischen Prinzip und die die Selbsterregung nutzenden Maschinen wurden Dynamomaschinen oder kurz Dynamos genannt – erfuhr die Öffentlichkeit durch Berichte, die am 17. Januar 1867 der Berliner Akademie der Wissenschaften und am 14. Februar der Royal Society in London vorgelegt wurden. Auf der Sitzung der Royal Society berichtete auch Wheatstone erstmalig von seiner Arbeit. Das dynamoelektrische Prinzip ermöglichte den Bau von Großmaschinen und mit seiner Entdeckung war die elektrische Energietechnik oder Starkstromtechnik, wie sie damals zur Abgrenzung zur Schwachstromtechnik, der elektrischen Nachrichtentechnik, genannt wurde, geboren. Der Name des Dynamowerks – so die offizielle Bezeichnung – der Firma Siemens in Berlin-Siemensstadt, in dem Großmaschinen gefertigt werden, erinnert daran.

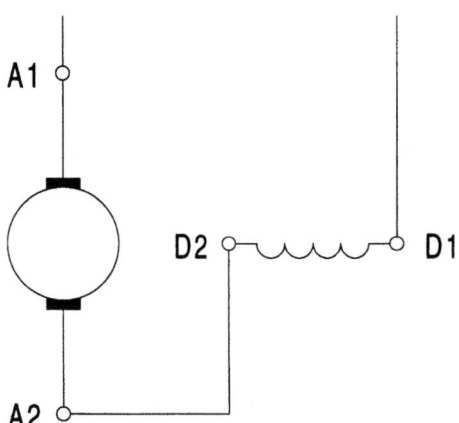

Bild 1.24 Reihenschlußgenerator

1.4.2 Nebenschlußgenerator

Während die Erregerwicklung des fremderregten Generators an einer konstanten, d.h. von der Belastung unabhängigen Spannung liegt, sind die Verhältnisse beim Nebenschlußgenerator anders. Bei ihm liegt die Erregerwicklung an der Klemmen-

1.4 Gleichstromgenerator

spannung der Maschine (Bild 1.23). Da diese mit zunehmender Belastung abnimmt, nehmen auch Erregerstrom und damit Erregerfluß und in der Ankerwicklung induzierte Spannung oder Urspannung mit der Belastung ab. Daraus folgt, daß beim Nebenschlußgenerator die Abnahme der Klemmenspannung nicht allein durch den Spannungsabfall in der Ankerwicklung bewirkt wird, wie beim fremderregten Generator, sondern zusätzlich dadurch, daß die Urspannung der Maschine mit wachsender Belastung kleiner wird. Aus diesem Grund fällt die Klemmenspannung, die beim fremderregten Generator linear mit dem Ankerstrom abnimmt, beim Nebenschlußgenerator mit zunehmender Belastung stärker als linear ab (Bild 1.25).

Beim fremderregten Generator (Bild 1.22) sind Ankerstrom und Belastungs- oder Verbraucherstrom identisch. Für den Nebenschlußgenerator (Bild 1.23) trifft das nicht zu. Der Ankerstrom I_A des Nebenschlußgenerators verzweigt sich in zwei Teilströme. Der eine, der Belastungsstrom I, fließt über den Verbraucher, der andere, der Erregerstrom I_E, fließt über die Erregerwicklung.

$$I_A = I + I_E$$

Selbst wenn der Verbraucher- oder Belastungsstrom Null wird, d.h. bei Leerlauf der Maschine, fließt durch die Ankerwicklung noch der Erregerstrom. Aus diesem Grund wird beim Nebenschlußgenerator der Ankerstrom allenfalls so klein wie der Erregerstrom bei Leerlauf (Bild 1.25).

Zu einer der Belastungskennlinie des fremderregten Generators (Bild 1.20) vergleichbaren Darstellung kommen wir, wenn wir für den Nebenschlußgenerator die Abhängigkeit der Klemmenspannung nicht vom Anker-, sondern vom Verbraucherstrom angeben (Bild 1.26).

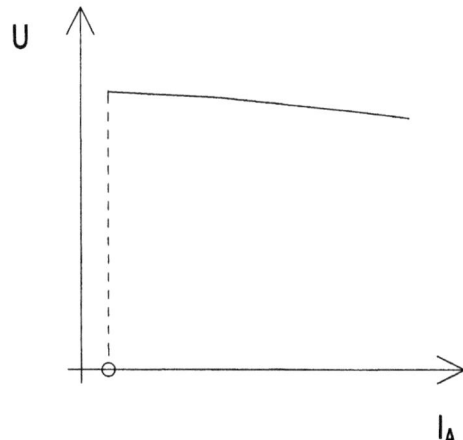

Bild 1.25 Belastungskennlinie des Nebenschlußgenerators

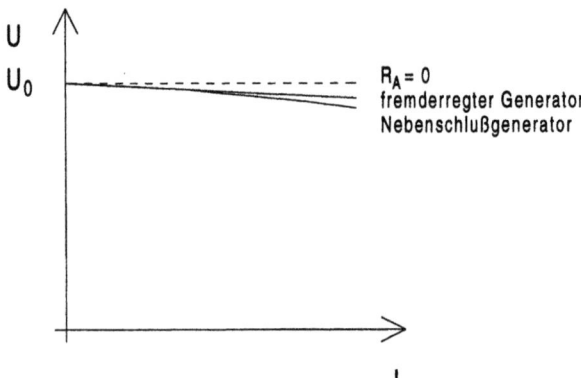

Bild 1.26 Belastungskennlinien einer als fremderregter Generator und als Nebenschluß-generator betriebenen Gleichstrommaschine

---

Beispiel 1.3: Ein Nebenschlußgenerator $450kW$ $460V$ $500\,\text{min}^{-1}$ hat einen Ankerkreiswiderstand von $R_A = 0{,}0172\Omega$ und einen Erregerkreiswiderstand von $R_E = 72{,}3\Omega$.

a) Wie groß ist bei Nennbetrieb der Strom, mit dem der Generator das Netz speist, und wie groß sind der zugehörige Erreger- und Ankerkerkreisstrom sowie die Generatorurspannung?

b) Wie groß ist die Stromwärmeverlustleistung im Anker- und im Erregerkreis der Maschine bei Nennbetrieb?

Lösung: a) Der Netzstrom bei Nennbetrieb bzw. der Nennstrom der Maschine ist

$$I = \frac{P}{U} = \frac{450kW}{460V} = 978A$$

Durch die Erregerwicklung fließt ein Strom von

$$I_E = \frac{U}{R_E} = \frac{460V}{72{,}3\Omega} = 6{,}36A$$

durch die Ankerwicklung ein Strom von

$$I_A = I + I_E = 978A + 6{,}36A = 984A$$

Der Erregerstrom ist also klein im Vergleich zum Maschinennennstrom. Das gilt allgemein für Nebenschlußmaschinen, denn es soll ja die Leistung, die im Erreger-

1.4 Gleichstromgenerator

kreis umgesetzt wird und als Verlustleistung zu betrachten ist, klein im Vergleich zur abgegebenen Leistung sein. In unserem Beispiel beträgt der auf den Nennstrom der Maschine bezogene Erregerstrom

$$I_E = \frac{6,36A}{978A} = 0,00650 \triangleq 0,650\%$$

Die Generatorurspannung bei Nennbetrieb ist

$$U_q = U + I_A \cdot R_A$$

$$U_q = 460V + 984A \cdot 0,0172\Omega = 477V \triangleq \frac{477V}{460V} = 1,04 \triangleq 104\%$$

Sie liegt um 4% über der Nennspannung.

b) Die Verlustleistung im Ankerkreis ist

$$P_{CuA} = I_A^2 \cdot R_A = (984A)^2 \cdot 0,0172\Omega = 16,7kW$$

bezogen auf die Nennleistung der Maschine

$$P_{CuA} = \frac{16,7kW}{450kW} = 0,0370 \triangleq 3,70\%$$

Die Verlustleistung im Erregerkreis ist

$$P_{CuE} = 460V \cdot 6,36A = 2,93kW$$

bezogen auf die Nennleistung der Maschine

$$P_{CuE} = \frac{2,93kW}{450kW} = 0,00650 \triangleq 0,650\% \;.$$

Wie bei der fremderregten Maschine ist die Spannungsabhängigkeit des Nebenschlußgenerators von der Belastung umso geringer, je kleiner der

Ankerwicklungswiderstand ist. Bei widerstandsloser Ankerwicklung wäre die Spannung belastungsunabhängig und so groß wie die Leerlaufspannung U_0 (Bild 1.26).

Bei dieser Gelegenheit stellt sich die Frage nach dem Zustandekommen der Selbsterregung. Die Erregerwicklung ist ja zunächst stromlos. Wie kann unter diesen Umständen in der Ankerwicklung eine Spannung induziert werden?

Die Spannung entsteht dadurch, daß im Luftspalt der Maschine, wie wir bereits gesehen haben, auch bei stromloser Erregerwicklung ein schwaches Magnetfeld besteht, daß vom Remanenzfluß des Eisens herrührt. Der Remanenzfluß ist die Ursache dafür, daß in der Ankerwicklung schon bei stromloser Erregerwicklung eine Spannung induziert wird. Diese Spannung treibt einen Strom durch die Erregerwicklung. Wenn die Erregerwicklung richtig geschaltet ist, verstärkt der Strom den Remanenzfluß und damit die Spannung. Die größere Spannung hat einen größeren Erregerstrom zur Folge und dieser einen noch größeren Fluß und eine noch größere Spannung und so weiter. Die Maschine erregt sich selbst. Dabei wächst die Spannung nicht über alle Grenzen, sondern nimmt einen endlichen Wert an. Die Größe der sich einstellenden Leerlaufspannung ergibt sich aus folgender Überlegung.

Im Leerlauf sind Ankerwicklung und Erregerwicklung in Reihe geschaltet (Bild 1.23). Dabei stellt die Ankerwicklung eine Spannungsquelle mit Innenwiderstand dar, d.h. die Reihenschaltung einer idealen Spannungsquelle mit einem Widerstand in der Größe des Ankerwicklungswiderstands. Durch beide Wicklungen fließt der gleiche Strom. Da der Widerstand der Erregerwicklung wesentlich größer ist als der der Ankerwicklung, fällt praktisch die gesamte in der Ankerwicklung induzierte Spannung an der Erregerwicklung ab. Der Zusammenhang zwischen dieser Spannung U_q und dem Erregerstrom I_E wird infolgedessen durch zwei Kennlinien beschrieben: Durch die Leerlaufkennlinie $U_q = f(I_E)$, die wegen der Proportionalität zwischen induzierter Spannung und magnetischem Fluß Gl. (1.5) der

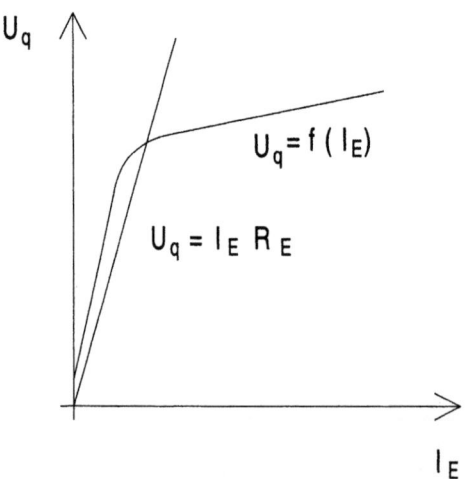

Bild 1.27 Selbsterregung des Nebenschlußgenerators

1.4 Gleichstromgenerator

Magnetisierungskennlinie $\Phi = f(I_E)$ der Maschine entspricht, und durch die Widerstandsgerade $U_q = I_E \cdot R_E$ der Erregerwicklung mit dem Widerstand R_E (Bild 1.27). Da beide Zuordnungen erfüllt sein müssen, stellt sich als Betriebspunkt der Schnittpunkt beider Kennlinien als der beiden Kennlinien gemeinsame Punkt ein.

Verstellen läßt sich die Leerlaufspannung durch einen zusätzlichen, veränderbaren Widerstand im Erregerkeis. Eine Vergrößerung des Widerstands im Erregerkreis ist gleichbedeutend mit einer Vergrößerung der Steigung der Widerstandsgeraden (Bild 1.28). Wenn ohne zusätzlichen Widerstand die Widerstandsgerade 1 gilt und sich die Spannung U_{q1} einstellt, dann gilt nach Vergrößerung des Widerstands die Widerstandsgerade 2 mit der kleineren Spannung U_{q2} und nach weiterer Widerstandsvergrößerung die Widerstandsgerade 3 mit der noch kleineren Spannung U_{q3}. Die kleinste Spannung, die sich auf diese Weise einstellen läßt, ist die Remanenzspannung U_{q0}.

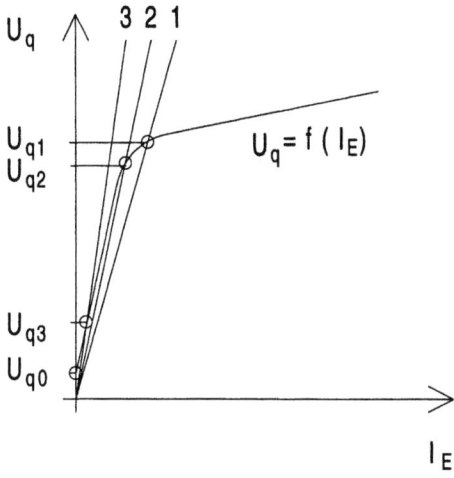

Bild 1.28 Verstellen der Leerlaufspannung beim Nebenschlußgenerator durch einen zusätzlichen, veränderbaren Widerstand im Erregerkreis

Wenn die Erregerwicklung so geschaltet ist, daß die durch den Remanenzfluß induzierte Spannung einen Strom durch die Erregerwicklung treibt, der den Remanenzfluß schwächt, findet Selbsterregung nicht statt. Das heißt aber nicht, daß an den Klemmen der Maschine keine Spannung erscheint. Mit schwächer werdendem Erregerfluß wird auch die induzierte Spannung kleiner. Der Betriebspunkt ergibt sich wieder als Schnittpunkt von Leerlaufkennlinie und Widerstandsgerade (Bild 1.29). Die Spannung U_{q2} der Maschine beträgt nur wenige Prozent der Nennspannung und ist kleiner als die Remanenzspannung U_{q0}, die bei abgeklemmter Erregerwicklung gemessen werden kann. Die Maschine hat sich nicht erregt.

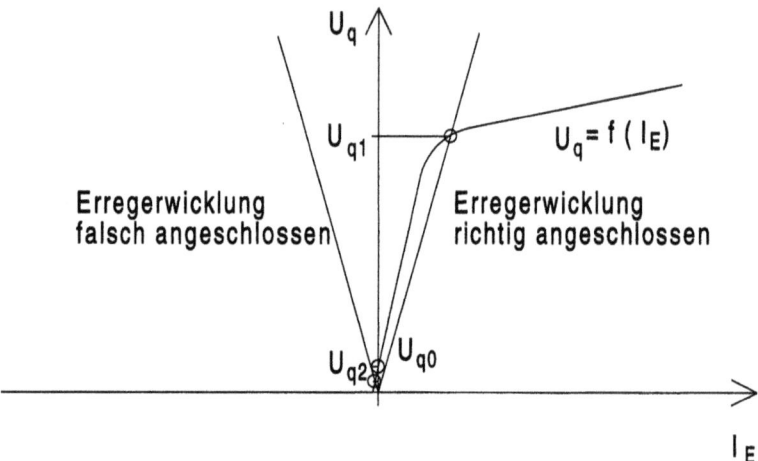

Bild 1.29 Nebenschlußgenerator: Ausbleiben der Erregung bei falschem Anschluß der Erregerwicklung

Es gibt noch andere mögliche Gründe für die ausbleibende Selbsterregung. Es kann z.B. vorkommen, daß kein Remanenzfluß vorhanden ist. In diesem Fall hilft eine Gleichspannungsquelle, die kurzzeitig an die Erregerwicklung angeschlossen wird. Danach ist remanenter Fluß dann wieder vorhanden. Möglich ist auch, daß der Widerstand im Erregerkreis zu groß ist. Die Maschine erregt sich dann nur bis zu einer Spannung in Höhe der Remanenzspannung oder wenig darüber (Bild 1.28: Widerstandsgerade 3). In gleicher Weise wirkt sich ein offener oder hochohmiger Ankerzweig aus, der vorliegt, wenn der Kommutator verschmutzt ist oder die Bürsten nur locker auf dem Kommutator aufliegen oder gar fehlen.

1.4.3 Reihenschlußgenerator

Beim Reihenschlußgenerator sind Ankerwicklung und Erregerwicklung in Reihe geschaltet (Bild 1.24). Der Strom I, der durch die Ankerwicklung fließt, fließt auch durch die Erregerwicklung. Der Ankerstrom ist der Erregerstrom der Maschine. Die die Abhängigkeit der in der Ankerwicklung induzierten Spannung vom Strom beschreibende Kennlinie $U_q = f(I)$ (Bild 1.30) entspricht der Magnetisierungskennlinie $\Phi = f(I_E)$ der Maschine. Nur wenn der Widerstand der Ankerwicklung und der Widerstand der Erregerwicklung Null wären, wäre die Klemmenspannung der Maschine so groß wie die in der Ankerwicklung induzierte Spannung. Tatsächlich jedoch haben beide Wicklungen Widerstand und die Klemmenspannung U der Maschine ist um den Spannungsabfall $I \cdot (R_A + R_E)$, den der Strom I an den ohmschen Widerständen R_A und R_E von Anker- und Erregerwicklung macht, kleiner als die in der Ankerwicklung induzierte Spannung U_q.

$$U = U_q - I \cdot (R_A + R_E) \tag{1.7}$$

1.4 Gleichstromgenerator

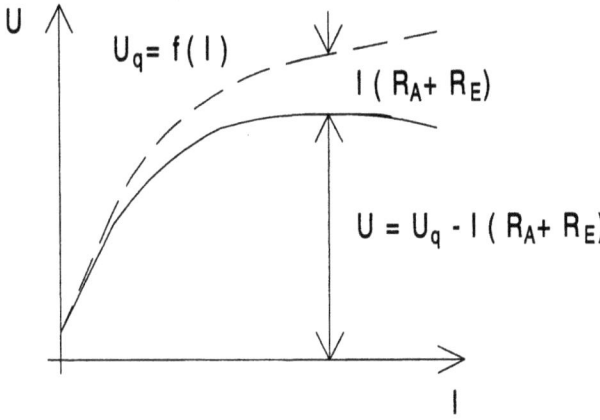

Bild 1.30 Belastungskennlinie des Reihenschlußgenerators

Wollte man die die Abhängigkeit der in der Ankerwicklung induzierten Spannung vom Strom beschreibende Kennlinie $U_q = f(I)$ durch Messung ermitteln, dann müßte man die Maschine als fremderregte Maschine betreiben und in einem Leerlaufversuch, d.h. bei offenen Ankerwicklungsklemmen, die Klemmenspannung in Abhängigkeit vom Erregerstrom messen. Charakteristisch für den Reihenschlußgenerator ist, daß sich die Klemmenspannung mit dem Belastungsstrom stark ändert (Bild 1.30). Solange die Zunahme der in der Ankerwicklung induzierten Spannung größer ist als die Spannungsminderung durch den Spannungsabfall, steigt die Klemmenspannung mit wachsendem Belastungsstrom. Sobald die Spannungszunahme kleiner ist als die Spannungsminderung, fällt die Klemmenspannung.

Da beim Reihenschlußgenerator, anders als beim Nebenschlußgenerator, die Erregerwicklung vom gesamten Ankerstrom durchflossen wird, kommt man zur Bildung der für den Erregerfluß nötigen Durchflutung mit wenigen Windungen aus. Deren Querschnitt muß so bemessen sein, daß die Verlustleistung in der Erregerwicklung möglichst klein ist. Aus diesem Grund besteht die Erregerwicklung aus wenigen Windungen dicken Drahtes. Ihr Widerstand liegt in der Größenordnung des Widerstandes der Ankerwicklung. Ein Nebenschlußgenerator mit gleicher Nennleistung und Nennspannung hat eine Erregerwicklung mit vergleichsweise vielen Windungen dünnen Drahtes. Bei ihm soll vom Ankerstrom nur ein kleiner Anteil als Erregerstrom abgezweigt werden, damit die Verlustleistung im Erregerkreis, die sich als Produkt von Maschinenspannung und Erregerstrom berechnet, klein ist. Bei kleinem Strom jedoch sind zur Bildung der für den Erregerfluß nötigen Durchflutung viele Windungen nötig.

Beispiel 1.4: Eine Reihenschlußmaschine mit einer Nennspannung von $600V$ und einem Nennstrom von $180A$ arbeitet als Generator unter Nennbedingungen auf einen Widerstand. Der Ankerwicklungswiderstand ist $R_A = 0{,}120\Omega$, der Erregerwicklungswiderstand $R_E = 0{,}141\Omega$. Für Nennbetrieb der Maschine sind zu berechnen a) die von der Maschine an den Klemmen abgegebene Leistung, b) der Spannungsabfall an den Wicklungen, c) die Generatorurspannung und d) der Leistungsumsatz in den Wicklungen.

Lösung: a) Die Nennleistung der Maschine ist

$P = U \cdot I = 600V \cdot 180A = 108 kW$

b) An der Ankerwicklung fällt eine Spannung von

$I \cdot R_A = 180A \cdot 0{,}120\Omega = 21{,}6V$

an der Erregerwicklung eine Spannung von

$I \cdot R_E = 180A \cdot 0{,}141\Omega = 25{,}4V$

ab. Der Gesamtspannungsabfall an den Wicklungswiderständen der Maschine ist

$21{,}6V + 25{,}4V = 47{,}0V \triangleq \dfrac{47{,}0V}{600V} = 0{,}0783 \triangleq 7{,}83\%$

c) Die Generatorurspannung ist

$U_q = U + I \cdot (R_A + R_E)$

$U_q = 600V + 180A \cdot (0{,}120 + 0{,}141)\Omega$

$U_q = 647V \triangleq \dfrac{647V}{600V} = 1{,}08 \triangleq 108\%$

d) In der Ankerwicklung wird eine Leistung von

$I^2 \cdot R_A = (180A)^2 \cdot 0{,}120\Omega = 3{,}89 kW$

1.4 Gleichstromgenerator

umgesetzt, in der Erregerwicklung eine Leistung von

$$I^2 \cdot R_E = (180A)^2 \cdot 0{,}141\Omega = 4{,}57 kW$$

insgesamt eine Leistung von

$$3{,}89 kW + 4{,}57 kW = 8{,}46 kW \triangleq \frac{8{,}46 kW}{108 kW} = 0{,}0783 \triangleq 7{,}83\%$$

Der Reihenschlußgenerator wird wegen der starken Abhängigkeit seiner Klemmenspannung von der Belastung nur selten eingesetzt. Gewünscht wird in der Regel eine Spannungsquelle, deren Spannung sich mit der Belastung nur wenig oder gar nicht ändert. Dennoch ist die Reihenschlußerregung, wie wir im folgenden sehen werden, von Bedeutung.

1.4.4 Doppelschlußgenerator

Wie wir gesehen haben, nimmt die Klemmenspannung des Nebenschlußgenerators mit zunehmender Belastung ab, die Klemmenspannung des Reihenschlußgenerators dagegen zu. Rüstet man einen Nebenschlußgenerator mit einer zusätzlichen Erregerwicklung aus, die man in Reihe mit dem Generator schaltet (Bild 1.31), so kann man erreichen, daß die Klemmenspannung von der Belastung unabhängig ist. Man nennt den Generator kompoundiert (Bild 1.32). Bei leichtem Spannungsanstieg spricht man von einem überkompoundierten Generator, bei leichtem Spannungsabfall von einem unterkompoundierten Generator. In all diesen Fällen sind Nebenschluß- und Reihenschlußerregerwicklung so geschaltet, daß ihre Felder gleichsinnig sind und sich infolgedessen verstärken. Man spricht von Verbundschaltung. Wenn die Wicklungen so geschaltet sind, daß ihre Felder gegensinnig

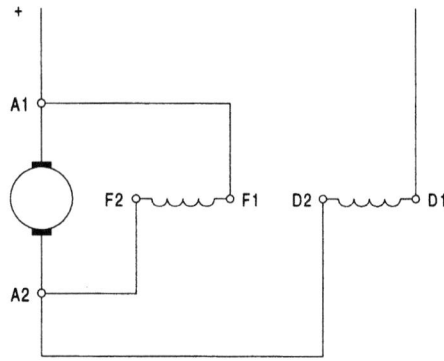

Bild 1.31 Doppelschlußgenerator

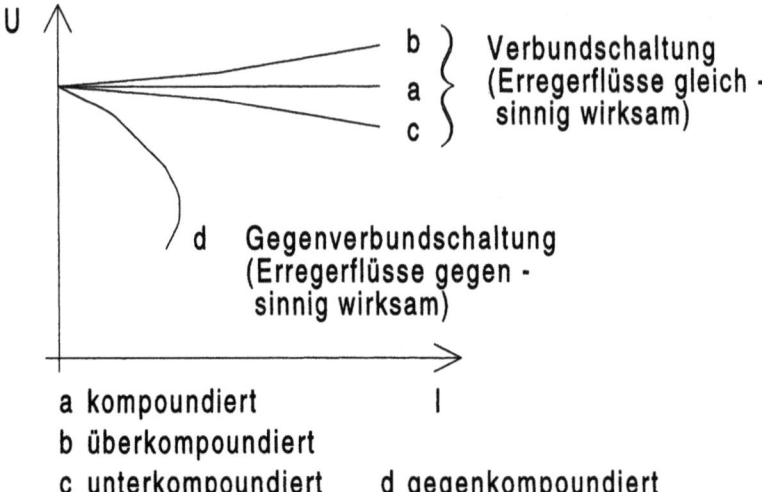

Bild 1.32 Belastungskennlinien für Doppelschlußgeneratoren

sind und sich schwächen, nennt man die Schaltung eine Gegenverbundschaltung. Bei der Gegenverbundschaltung fällt die Klemmenspannung mit wachsender Belastung stärker ab als beim Nebenschlußgenerator. Die Maschine ist gegenkompoundiert.

Beim Doppelschluß- oder Kompoundgenerator sind zwei Schaltungen möglich. Die Nebenschlußerregerwicklung wird entweder der Ankerwicklung allein (Bild 1.33a) oder aber der Reihenschaltung von Ankerwicklung und Reihenschlußerregerwicklung (Bild 1.33b) parallelgeschaltet. Das Verhalten des Generators ist bei beiden Schaltungen grundsätzlich das gleiche, weswegen im allgemeinen auch nicht angegeben wird, welche der beiden Schaltungen vorliegt. In der englischen

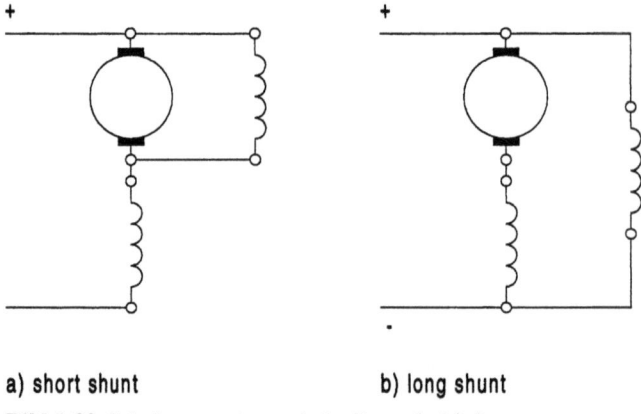

a) short shunt   b) long shunt

Bild 1.33 Schaltungsvarianten beim Doppelschlußgenerator

bzw. amerikanischen Sprache jedoch unterscheidet man zwischen dem *short-shunt compound generator*, bei dem die Nebenschlußerregerwicklung parallel zur Ankerwicklung allein liegt, und dem *long-shunt compound generator*, bei dem die Nebenschlußerregerwicklung der Reihenschaltung von Ankerwicklung und Reihenschlußerregerwicklung parallel geschaltet ist.

1.5 Gleichstrommotor

Beim Gleichstromgenerator hängt, wie wir gesehen haben, das Verhalten der Maschine in starkem Maß davon ab, wie Ankerwicklung und Erregerwicklung geschaltet sind. Das gilt auch für den Motorbetrieb. Da bei der fremderregten Maschine die Verhältnisse besonders einfach zu übersehen sind, wollen wir zunächst diese im Motorbetrieb untersuchen. Dazu brauchen wir zwei Spannungsquellen, von denen wir die eine mit der Erregerwicklung, die andere mit der Ankerwicklung verbinden (Bild 1.34).

1.5.1 Fremderregter Motor

Da man sich im Hinblick auf den Wirkungsgrad der Maschine darum bemüht, den Widerstand der Ankerwicklung möglichst klein zu machen, machen wir keinen großen Fehler, wenn wir zunächst annehmen, daß die Wicklung widerstandslos ist. Auf diese Weise sehen wir von Unwesentlichem ab und bekommen einen klaren Einblick in das Verhalten der Maschine.

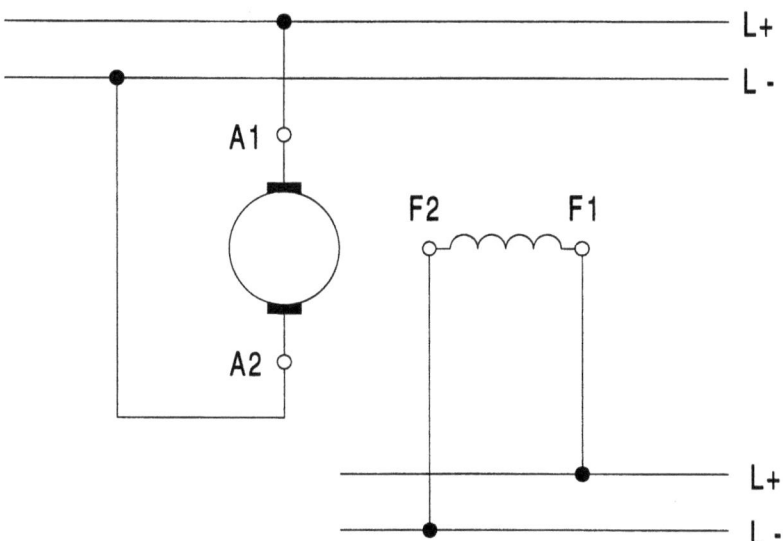

Bild 1.34 Fremderregter Motor

Während bei einem Widerstand das Spannungsgleichgewicht in der Weise zustande kommt, daß der Strom, der durch den Widerstand fließt, an dem Widerstand einen Spannungsabfall in Höhe der angelegten Spannung macht, muß das Spannungsgleichgewicht bei der Maschine wegen der widerstandslosen Wicklung in anderer Weise zustande kommen. Es stellt sich in der Weise ein, daß der Anker sich im Erregerfeld so schnell dreht, daß in der Ankerwicklung eine Spannung in Höhe der angelegten Spannung induziert wird. Der Netzspannung U auf der einen Seite wird auf der anderen Seite von der induzierten Spannung oder Gegenurspannung U_q das Gleichgewicht gehalten: $U = U_q$. Die Spannung, die bei rotierendem Anker in der Ankerwicklung induziert wird, ist Gl. (1.5)

$$U_q = k_u \cdot \Phi \cdot n$$

Damit lautet das Spannungsgleichgewicht

$$U = k_u \cdot \Phi \cdot n \tag{1.8}$$

Es läßt in dieser Form erkennen, von welchen Größen die Motordrehzahl abhängt. Der Rotor der Maschine muß sich, bei vorgegebenem Erregerfluß, umso schneller drehen, je größer die an die Ankerwicklung gelegte Spannung ist. In gleichem Sinne wirkt eine Minderung des Erregerflusses. Je kleiner der Erregerfluß, desto größer muß, bei vorgegebener Spannung an der Ankerwicklung, die Motordrehzahl sein. Die Motordrehzahl läßt sich demnach über die an der Ankerwicklung liegende Spannung und über den Erregerfluß verstellen.

Auffallend und überraschend ist, daß die Drehzahl nicht von der Belastung des Motors abhängt. Ein Maß für die Belastung ist der Motorstrom. Je stärker der Motor belastet wird, desto größer ist der Strom, den der Motor führt. Der Strom aber kommt in der Formulierung für das Spannungsgleichgewicht Gl. (1.8) nicht vor.

An dem von uns gewonnenen Bild vom Drehzahlverhalten der Maschine ändert sich nichts Wesentliches, wenn wir den bisher vernachlässigten Ankerwicklungswiderstand berücksichtigen. Der an die Ankerwicklung angelegten Netzspannung hält dann nicht allein die in der Wicklung induzierte Gegenurspannung $U_q = k_u \cdot n \cdot \Phi$ das Gleichgewicht, sondern außerdem der vom Ankerstrom I_A am Ankerwicklungswiderstand R_A hervorgerufene Spannungsabfall $I_A \cdot R_A$.

$$U = U_q + I_A \cdot R_A \tag{1.9}$$

$$U = k_u \cdot n \cdot \Phi + I_A \cdot R_A \tag{1.10}$$

Wenn mit zunehmender Belastung des Motors der Strom und damit der Spannungsabfall wächst, muß bei konstanter Netzspannung die Gegenurspannung kleiner werden. Das aber bedeutet, daß die Drehzahl kleiner werden muß. Der Drehzahlabfall mit zunehmender Belastung ist gering. Er ist um so geringer, je klei-

1.5 Gleichstrommotor

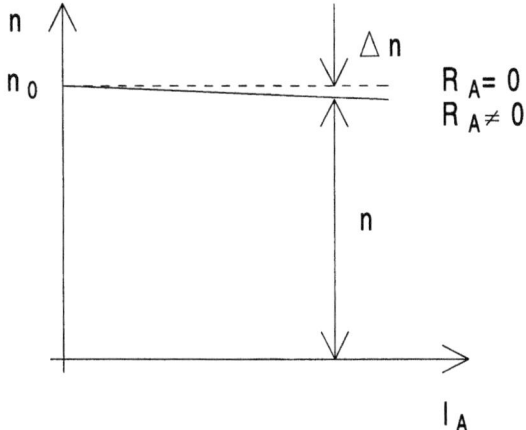

Bild 1.35 Belastungs- oder Drehzahlkennlinie des fremderregten Motors und des Nebenschlußmotors

ner der Ankerwicklungswiderstand und damit der Spannungsabfall an der Ankerwicklung ist. Bei ausgeführten Maschinen beträgt der Spannungsabfall bei Belastung mit Nennstrom nur etwa 1 bis 10% der Maschinennennspannung. Dabei gelten die kleineren Werte für große Maschinen, die größeren Werte für kleine Maschinen. Die angegebenen Zahlen zeigen, daß es durchaus zulässig ist, die Ankerwicklung in erster Näherung als widerstandslos anzunehmen.

Das Drehzahlverhalten des Motors wird durch die Belastungskennlinie beschrieben (Bild 1.35). Sie gibt an, in welcher Weise die Drehzahl vom Motorstrom, der ein Maß für die Motorbelastung ist, abhängt. Diese Abhängigkeit ergibt sich aus der Gleichung für das Spannungsgleichgewicht des Motors Gl. (1.10).

$$n = \frac{U - I_A \cdot R_A}{k_u \cdot \Phi} \tag{1.11}$$

$$n = \frac{U}{k_u \cdot \Phi} - \frac{I_A \cdot R_A}{k_u \cdot \Phi}$$

Bei Leerlauf ist der Ankerstrom Null. Die Leerlaufdrehzahl ist

$$n_0 = \frac{U}{k_u \cdot \Phi}$$

Bei Belastung des Motors ist die Drehzahl um die Drehzahländerung

$$\Delta n = \frac{I_A \cdot R_A}{k_u \cdot \Phi}$$

kleiner als die Leerlaufdrehzahl. Da die Drehzahländerung linear mit dem

Belastungsstrom wächst, fällt die Drehzahl selbst mit zunehmendem Strom linear ab. Die Drehzahlkennlinie ist eine schwach geneigte Gerade. Sie ist um so schwächer geneigt, je kleiner der Ankerwicklungswiderstand ist. Belastet man die Maschine vom Leerlauf ausgehend solange, bis sie ihren Nennstrom führt, so beträgt die Drehzahländerung etwa 1 bis 10% der Leerlaufdrehzahl. Das ergibt sich daraus, daß der Spannungsabfall am Ankerwicklungswiderstand bei Nennstrom, wie wir schon wissen, etwa 1 bis 10% der Maschinennennspannung beträgt.

Beispiel 1.5: Fremderregter Gleichstrommotor 760kW 1000min^{-1} 440V 1850A Ankerwicklungswiderstand $R_A = 8{,}22 m\Omega$.

1. Wie groß sind bei Nennbetrieb der Maschine die Gegenurspannung und der Spannungsabfall an der Ankerwicklung?

2. Berechnen Sie die Leerlaufdrehzahl und die Drehzahl für eine Belastung, bei der der halbe Nennstrom fließt.

Die Drehzahl der Maschine kann mit Hilfe der an der Ankerwicklung liegenden Spannung und mit Hilfe des Erregerflusses verstellt werden.

3. Wie groß ist die Motordrehzahl, wenn an der Ankerwicklung eine Spannung liegt, die der halben Nennspannung entspricht, und der Motor so belastet ist, daß der Nennstrom fließt?

4. Durch Verkleinerung des Erregerstroms wird der Erregerfluß auf die Hälfte seines Nennwertes verringert. Wie groß ist die Drehzahl, wenn bei Nennspannung an der Ankerwicklung der Motor so belastet wird, daß der Nennstrom fließt?

Lösung: Zu 1. Der Spannungsabfall an der Ankerwicklung bei Nennstrom ist

$$I_A \cdot R_A = 1850A \cdot 8{,}22 \cdot 10^{-3} \Omega$$

$$I_A \cdot R_A = 15{,}2V \triangleq \frac{15{,}2V}{440V} = 0{,}0346 pu \triangleq 3{,}46\%$$

Er ist klein und beträgt nur 3,46% der an der Ankerwicklung der Maschine liegenden Spannung. Das ist nicht verwunderlich, da es sich um eine große Maschine handelt. Die Gegenurspannung ist nach Gl. (1.9)

$$U_q = U - I_A \cdot R_A = 440V - 15{,}2V$$

$$U_q = 425V \triangleq \frac{425V}{440V} = 0{,}965 pu \triangleq 96{,}5\%$$

Das heißt, daß im wesentlichen die in der Ankerwicklung induzierte Gegenurspannung der an der Wicklung liegenden Netzspannung das Gleichgewicht hält.

1.5 Gleichstrommotor

Zu 2. Die Drehzahl des Motors läßt sich für alle Belastungszustände nach Gl. (1.11) berechnen. Die Maschinenkonstante k_u und der Erregerfluß Φ sind zwar unbekannt, ihr Produkt jedoch, und das genügt, läßt sich mit Gl. (1.11) aus den Nenndaten der Maschine bestimmen.

$$k_u \cdot \Phi = \frac{U - I_A \cdot R_A}{n} = \frac{440V - 1850A \cdot 8{,}22 \cdot 10^{-3}\Omega}{1000\,\text{min}^{-1}} = 0{,}425V \cdot \text{min}$$

Die Drehzahl bei Leerlauf ($I_A = 0$) ist

$$n_0 = \frac{U}{k_u \cdot \Phi} = \frac{440V}{0{,}425V \cdot \text{min}}$$

$$n_0 = 1035\,\text{min}^{-1} \triangleq \frac{1035\,\text{min}^{-1}}{1000\,\text{min}^{-1}} = 1{,}035\,pu \triangleq 103{,}5\%$$

Die Drehzahl ändert sich demnach zwischen Vollast und Leerlauf nur wenig. Die Drehzahländerung beträgt, bezogen auf die Nenndrehzahl, 3,5%. Die Drehzahl bei einer Belastung, bei der der halbe Nennstrom fließt, ist

$$n_{0,5} = \frac{U - I_A \cdot R_A}{k_u \cdot \Phi} = \frac{440V - 0{,}5 \cdot 1850A \cdot 8{,}22 \cdot 10^{-3}\Omega}{0{,}425V \cdot \text{min}} = 1017\,\text{min}^{-1}$$

Zu 3. Bei halber Nennankerkreisspannung und einer Belastung, bei der der Nennstrom fließt, ist die Drehzahl

$$n = \frac{U - I_A \cdot R_A}{k_u \cdot \Phi} = \frac{0{,}5 \cdot 440V - 1850A \cdot 8{,}22 \cdot 10^{-3}\Omega}{0{,}425V \cdot \text{min}} = 482\,\text{min}^{-1}$$

d.h. rund die Hälfte der Nenndrehzahl.

Zu 4. Die Drehzahl bei halbem Nennerregerfluß, Nennankerkreisspannung und einer Belastung, bei der der Nennstrom fließt, beträgt

$$n = \frac{U - I_A \cdot R_A}{k_u \cdot \Phi} = \frac{440V - 1850A \cdot 8{,}22 \cdot 10^{-3}\Omega}{0{,}5 \cdot 0{,}425V \cdot \text{min}} = 1999\,\text{min}^{-1}$$

d.i. praktisch das Doppelte der Nenndrehzahl. Diese Drehzahl darf nicht über der für die Maschine im Hinblick auf die auftretenden Fliehkräfte maximal zulässigen Drehzahl liegen. In diesem Fall – d.h., wenn der Hersteller der Maschine eine Erhöhung der Drehzahl über die Nenndrehzahl hinaus mittels Feldschwächung vorgesehen hat – genügt die Angabe der Nenndrehzahl allein nicht. Der Betreiber der Maschine muß auch die maximal zulässige Drehzahl kennen.

Wenn die Netzspannung an die Ankerwicklung des Motors gelegt wird, ist die Gegenurspannung der Maschine zunächst Null, da die Drehzahl Null ist. Erst mit zunehmender Drehzahl wächst die Gegenurspannung. Im ersten Augenblick muß ein Strom fließen, der so groß ist, daß der von ihm am ohmschen Widerstand der Ankerwicklung hervorgerufene Spannungsabfall allein der Netzspannung das Gleichgewicht hält. Dieser Anlaufstrom ist so groß, daß er die Maschine zerstören würde. Er muß deswegen auf zulässige Werte begrenzt werden, z.B. dadurch, daß der Ankerkreis der Maschine an eine Spannungsquelle gelegt wird, deren Spannung von Null an beginnend bis zur Nennspannung verstellt werden kann, oder durch einen zusätzlichen Widerstand im Ankerkreis. Dieser Anlaßwiderstand muß verstellbar sein und wird während des Hochlaufs der Maschine bis zum Wert Null verringert.

Beispiel 1.6: Motor von Beispiel 1.5.
 1. Wie groß ist der Anlaufstrom des Motors?
 2. Der Anlaufstrom soll auf den 2fachen Wert des Nennstroms begrenzt werden. Wie groß muß der Anlaßwiderstand sein? Bis zu welcher Drehzahl läuft der Motor mit Anlaßwiderstand hoch, wenn er so belastet wird, daß der Nennstrom fließt?

Lösung: Zu 1. Der Anlaufstrom ergibt sich aus dem Spannungsgleichgewicht für den Ankerkreis Gl. (1.10). Im ersten Augenblick des Anlaufs ist die Drehzahl und damit die Gegenurspannung Null und der Spannungsabfall am Ankerwicklungswiderstand allein hält der Netzspannung das Gleichgewicht: $U = I_A \cdot R_A$. Der Anlaufstrom ist

$$I_A = \frac{U}{R_A} = \frac{440V}{8{,}22 \cdot 10^{-3}\Omega} = 53{,}5 kA = \frac{53{,}5 kA}{1850 A} = 28{,}9\, pu$$

Er beträgt das 28,9fache des Nennstroms.

Zu 2. Für den Motor mit Anlaßwiderstand R lautet das Spannungsgleichgewicht

$$U = U_q + I_A \cdot (R_A + R) = k_u \cdot n \cdot \Phi + I_A(R_A + R)$$

1.5 Gleichstrommotor

Im ersten Augenblick des Anlaufs, $n = 0$, ist

$$U = I_A \cdot (R_A + R)$$

Daraus ergibt sich der zur Begrenzung des Anlaufstroms auf den 2fachen Wert des Nennstroms nötige Anlaßwiderstand

$$R = \frac{U}{I_A} - R_A = \frac{440V}{2 \cdot 1850A} - 8{,}22 \cdot 10^{-3}\Omega = 0{,}111\Omega$$

Mit diesem Anlaßwiderstand läuft der Motor bei Belastung mit Nennstrom bis zur Drehzahl

$$n = \frac{U - I_A \cdot (R_A + R)}{k_u \cdot \Phi}$$

hoch. Die Größe $k_u \cdot \Phi = 0{,}425 V \cdot \min$ wurde bereits im Beispiel 1.5 berechnet.

$$n = \frac{440V - 1850A \cdot (0{,}00822\Omega + 0{,}111\Omega)}{0{,}425 V \cdot \min} = 516 \min^{-1}$$

Diese Drehzahl liegt erheblich unter der Nenndrehzahl von $1000 \min^{-1}$. Daraus wird ersichtlich, daß mit einem zusätzlichen Widerstand im Ankerkreis die Drehzahl in wirkungsvoller Weise verändert werden kann. Nachteilig bei dieser Art der Drehzahlverstellung ist der Leistungsumsatz im Widerstand. Diese Leistung ist als Verlustleistung zu betrachten. In unserem Beispiel wird aus dem Netz eine Leistung von

$$U \cdot I_A = 440V \cdot 1850A = 814 kW$$

bezogen und von dieser Leistung werden

$$I_A^2 \cdot R = (1850A)^2 \cdot 0{,}111\Omega = 380 kW$$

im Widerstand umgesetzt, während der Motor nur eine Leistung von

$$(814 - 380) kW = 434 kW$$

aufnimmt. Der Wirkungsgrad der Anordnung beträgt lediglich

$$\eta = \frac{434kW}{814kW} = 0{,}533 \triangleq 53{,}3\%$$

Die Drehzahlverstellung mit Hilfe eines zusätzlichen Widerstandes im Ankerkreis ist unwirtschaftlich.

Beim Motorbetrieb interessiert nicht nur die Drehzahl, sondern auch das Drehmoment, das der Motor abgibt. Die auf einen vom Strom durchflossenen Ankerleiter im Erregerfeld wirkende Kraft ist nach Gl. (1.2) durch das Produkt von Strom I_A, der am Ort des Leiters herrschenden Flußdichte B und aktiver Leiterlänge l gegeben.

$$F = I_A \cdot B \cdot l$$

Für das Drehmoment M der Maschine gilt sinngemäß

$$M = k_m \cdot I_A \cdot \Phi \tag{1.12}$$

Es ist durch das Produkt einer Maschinenkonstanten k_m, des Ankerstroms I_A und des Erregerflusses Φ der Maschine gegeben.

Bei der von uns betrachteten fremderregten Maschine ist der Erregerfluß vom Ankerstrom unabhängig. Das bedeutet, daß bei sich ändernder Belastung der Erregerfluß konstant bleibt. Infolgedessen ist die Drehmomentkennlinie, die die Abhängigkeit des Drehmoments vom Ankerstrom angibt, Gl. (1.12), eine Gerade (Bild 1.36).

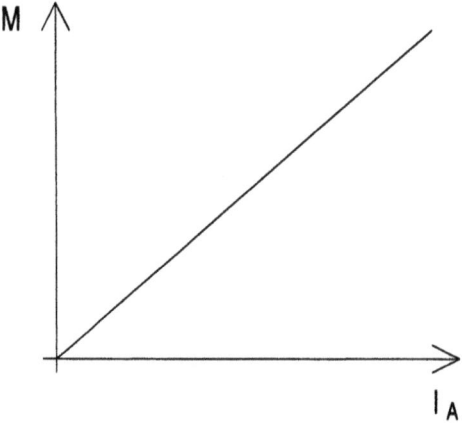

Bild 1.36 Drehmomentkennlinie des fremderregten Motors und des Nebenschlußmotors

1.5 Gleichstrommotor

Beispiel 1.7: Motor von Beispiel 1.5.
1. Welches Nennmoment hat der Motor?
2. Welches Anlaufmoment entwickelt er, wenn der Anlaufstrom auf den doppelten Nennstrom begrenzt wird?

Lösung: Zu 1. Die von dem Motor abgegebene mechanische Leistung ist durch das Produkt von Drehmoment und Winkelgeschwindigkeit gegeben.

$$P = M \cdot \omega = M \cdot 2 \cdot \pi \cdot n$$

Daraus folgt für das Drehmoment

$$M = \frac{P}{2 \cdot \pi \cdot n}$$

Für die Berechnung des Nennmoments sind die Nennleistung und die Nenndrehzahl des Motors einzusetzen.

$$M = \frac{760kW}{2 \cdot \pi \cdot \frac{1000}{60} \cdot s^{-1}} = 7{,}26 kN \cdot m$$

Zu 2. Das Drehmoment des Motors läßt sich für alle Belastungszustände mit Gl. (1.12) berechnen. Die Maschinenkonstante k_m und der Erregerfluß Φ sind zwar unbekannt, ihr Produkt jedoch, und das genügt, läßt sich mit Gl. (1.12) mit den Nenndaten der Maschine bestimmen.

$$k_m \cdot \Phi = \frac{M}{I_A} = \frac{7260 N \cdot m}{1850 A} = 3{,}92 \cdot \frac{N \cdot m}{A}$$

Damit besteht die Möglichkeit, mit Hilfe von Gl. (1.12) zu jedem Ankerstrom das zugehörige Drehmoment zu berechnen. Für einen Anlaufstrom, der das Doppelte des Nennstroms beträgt, ist das Anlaufmoment

$$M = 3{,}92 \cdot \frac{N \cdot m}{A} \cdot 2 \cdot 1850 A$$

$$M = 14{,}5 kN \cdot m \triangleq \frac{14{,}5 kN \cdot m}{7{,}26 kN \cdot m} = 2{,}00 \triangleq 200\%$$

Es ist doppelt so groß wie das Nennmoment.

Beispiel 1.8: Fremderregter Gleichstrommotor $35 kW$ $1440 \min^{-1}$ $220V$ $187A$
$R_A = 58,8 m\Omega$

Der Motor arbeitet als Kranmotor und windet eine Last hoch. Er ist so belastet, daß der Ankerkreis vom halben Nennstrom durchflossen wird. Wie ändern sich Ankerstrom und Motordrehzahl, wenn von diesem Betriebszustand ausgehend
 1. in den Ankerkreis ein zusätzlicher Widerstand von $2,00\Omega$ gelegt wird?
 2. die am Ankerkreis liegende Spannung auf $110V$ verringert wird?
 3. der Erregerstrom auf die Hälfte seines ursprünglichen Wertes eingestellt wird? Nehmen Sie einen linearen Verlauf der Magnetisierungskennlinie an.
 4. die Last, die der Motor hochzuwinden hat, verdoppelt wird?

Lösung: Für den Kranmotor sind die Verhältnisse insofern leicht zu übersehen, als das dem Motor abverlangte Drehmoment allein von der am Kranhaken hängenden Last abhängt. Es ist nicht von der Drehzahl abhängig, d.h. von der Geschwindigkeit, mit der die Last hochgezogen wird. Im Ausgangszustand fließt im Ankerkreis ein Strom von $I_A = 0,5 \cdot 187A = 93,5A$. Bevor die Drehzahl

$$n = \frac{U - I_A \cdot R_A}{k_u \cdot \Phi}$$

im Ausgangszustand berechnet werden kann, muß noch mit den Nenndaten des Motors das Produkt $k_u \cdot \Phi$ bestimmt werden.

$$k_u \cdot \Phi = \frac{U - I_A \cdot R_A}{n}$$

$$k_u \cdot \Phi = \frac{220V - 187A \cdot 58,8 \cdot 10^{-3}\Omega}{1440 \min^{-1}} = 0,145 V \cdot \min$$

Damit ergibt sich für die Drehzahl

$$n = \frac{220V - 93,5A \cdot 58,8 \cdot 10^{-3}\Omega}{0,145 V \cdot \min} = 1480 \min^{-1}$$

Zu 1. Ein zusätzlicher Widerstand im Ankerkreis hat keinen Einfluß auf die Größe des Ankerstroms. Die Größe des Ankerstroms wird allein durch die Größe der Last bestimmt, das ergibt sich aus Gl. (1.12),

$$I_A = \frac{M}{k_m \cdot \Phi}$$

1.5 Gleichstrommotor

Da die Last unverändert geblieben ist, bleibt auch der Ankerstrom unverändert $I_A = 93,5A$. Für die Motordrehzahl gilt

$$n = \frac{U - I_A \cdot (R_A + R)}{k_u \cdot \Phi}$$

Darin ist R der Zusatzwiderstand.

$$n = \frac{220V - 93,5A \cdot (0,0588\Omega + 2,00\Omega)}{0,145V \cdot \min} = 190 \min^{-1}$$

Die Drehzahl ist, verglichen mit der ursprünglichen von $1480 \min^{-1}$, so gering, weil der größte Teil der anliegenden Spannung von $220V$ an dem zusätzlichen Widerstand von $2,00\Omega$ abfällt, nämlich $93,5A \cdot 2,00\Omega = 187V$. Da der Spannungsabfall am Ankerwicklungswiderstand $93,5A \cdot 58,8 \cdot 10^{-3}\Omega = 5,50V$ beträgt, muß der Rotor sich nur noch so schnell drehen, daß die kleine Gegenurspannung von $220V - 187V - 5,50V = 27,5V$ induziert wird. Der zusätzliche Widerstand im Ankerkreis hat keinen Einfluß auf die dem Netz entnommene Leistung von $U \cdot I_A = 220V \cdot 93,5A = 20,6kW$. Sie ist unverändert geblieben, da der Ankerkreisstrom nur von der Höhe der Last abhängt und diese unverändert geblieben ist. Bei zunehmender Vergrößerung des zusätzlichen Widerstandes im Ankerkreis wird von der aus dem Netz bezogenen Leistung ein zunehmender Anteil $I_A^2 \cdot R$ im Widerstand umgesetzt, so daß schließlich zum Heben der Last nichts mehr übrigbleibt. Die Drehzahl ist dann Null, die Last schwebt und wird nicht weiter gehoben. Bei weiterer Vergrößerung des Widerstandes kann der Leistungsumsatz im Widerstand aus dem Netz allein nicht mehr gedeckt werden. Der zusätzliche Bedarf wird jetzt durch die bei sinkender Last freiwerdende Leistung gedeckt. Die Maschine ist vom Motorbetrieb beim Heben der Last in den Generatorbetrieb beim Absenken der Last übergegangen. Netz und Maschine speisen gemeinsam den Widerstand. Bei diesem Betrieb ist die Geschwindigkeit, mit der die Last abgesenkt wird, umso größer, je größer der zusätzliche Widerstand im Ankerkreis der Maschine ist.

Zu 2. Eine Verringerung der an der Ankerwicklung liegenden Spannung kann in der Weise vorgenommen werden, daß die Maschine an einem Stromrichter mit verstellbarer Ausgangsspannung betrieben wird. Die Verringerung der Ankerkreisspannung hat, das ergibt sich aus Gl. (1.12), keinen Einfluß auf den Ankerstrom. Der Ankerstrom bleibt unverändert $I_A = 93,5A$. Die Drehzahl ist

$$n = \frac{U - I_A \cdot R_A}{k_u \cdot \Phi} = \frac{110V - 93,5A \cdot 58,8 \cdot 10^{-3}\Omega}{0,145V \cdot \min} = 721 \min^{-1}$$

Das bedeutet, daß bei Herabsetzung der Spannung auf die Hälfte die Drehzahl etwa auf die Hälfte ihres ursprünglichen Wertes abfällt. Die Drehzahl und damit die Geschwindigkeit, mit der die Last gehoben wird, könnte durch weitere Verkleinerung der Ausgangsspannung des Stromrichters weiter abgesenkt werden. Ideale Verhältnisse, d.h. widerstandsloser Ankerkreis, vorausgesetzt, ist bei Spannung Null die Drehzahl Null. Die Last wird nicht weiter gehoben, sie schwebt. Bis dahin wurde die zum Heben der Last nötige Leistung über den im Gleichrichterbetrieb am Drehstromnetz betriebenen Stromrichter aus dem Drehstromnetz bezogen. Im Schwebezustand der Last ist diese Leistung Null. Wird die Ausgangsspannung des Stromrichters ausgehend vom Wert Null mit umgekehrter Polarität vergrößert, dann kehrt auch die gleich große Gegenurspannung und damit die Drehzahl der Maschine bei unveränderter Stromrichtung ihre Richtung um. Die Last wird gesenkt. Dabei wird mechanische Leistung frei. Diese Leistung gibt die Maschine, die vom Motorbetrieb beim Heben der Last in den Generatorbetrieb beim Absenken der Last übergegangen ist, an den Stromrichter ab, der jetzt im Wechselrichterbetrieb arbeitet und diese Leistung ins Drehstromnetz speist.

Zu 3. Bei einer linear verlaufenden Magnetisierungskennlinie ist eine Verringerung des Erregerstroms auf die Hälfte gleichbedeutend mit einer Verringerung des Erregerflusses auf die Hälfte. Da das Lastmoment aber unverändert bleibt, muß nach Gl. (1.12) der Ankerstrom auf den doppelten Wert anwachsen. Da vorher der halbe Nennstrom geflossen ist, muß jetzt der volle Nennstrom $I_A = 187 A$ fließen. Die Drehzahl bei dem auf die Hälfte reduzierten Erregerfluß ist

$$n = \frac{U - I_A \cdot R_A}{k_u \cdot \Phi} = \frac{220V - 187A \cdot 58{,}8 \cdot 10^{-3} \Omega}{0{,}5 \cdot 0{,}145 V \cdot \min} = 2883 \min^{-1}$$

und beträgt rund das Doppelte der ursprünglichen Drehzahl. Eine weitere Erhöhung der Drehzahl durch Flußschwächung wäre nicht zulässig, da dann im Ankerkreis ein Strom flösse, der größer wäre, als der im Dauerbetrieb maximal zulässige – der Nennstrom. Darauf muß, neben der Einhaltung der maximal zulässigen Drehzahl, bei der Drehzahlverstellung über den Erregerfluß geachtet werden.

Zu 4: Eine Verdoppelung der Last bei unverändertem Erregerfluß hat nach Gl. (1.12) eine Verdoppelung des Ankerstroms zur Folge. Es fließt also statt des halben Nennstroms der volle Nennstrom $I_A = 187 A$. Die Drehzahl ist

$$n = \frac{U - I_A \cdot R_A}{k_u \cdot \Phi} = \frac{220V - 187A \cdot 58{,}8 \cdot 10^{-3} \Omega}{0{,}145 V \cdot \min} = 1440 \min^{-1}$$

Das entspricht der Nenndrehzahl $1440 \min^{-1}$ der Maschine. Die Abweichung von der ursprünglichen Drehzahl von $1480 \min^{-1}$ bei Halblast ist nur gering und beträgt, bezogen auf die Nenndrehzahl, lediglich

$$\frac{1480\,\text{min}^{-1}-1440\,\text{min}^{-1}}{1440\,\text{min}^{-1}} = 0{,}0278\,pu \triangleq 2{,}78\%$$

Die darin zum Ausdruck kommende geringe Abhängigkeit der Drehzahl von der Belastung ist charakteristisch für den fremderregten Motor.

1.5.2 Nebenschlußmotor

Zum Betrieb des Motors braucht man nicht unbedingt zwei Spannungsquellen. Man kommt auch mit einer aus. Anker- und Erregerwicklung liegen dann an der gleichen Spannungsquelle (Bild 1.37). Die Erregerwicklung ist der Ankerwicklung parallel geschaltet bzw. liegt im Nebenschluß zur Ankerwicklung. In dieser Schaltung ist der Motor ein Nebenschlußmotor. Der Motorstrom I setzt sich aus dem Ankerstrom I_A und dem Erregerstrom I_E zusammen.

$$I = I_A + I_E$$

Der Vorteil des Nebenschlußmotors, daß er mit einer Spannungsquelle auskommt, wird allerdings mit einem Nachteil erkauft. Während beim fremderregten Motor eine einfache Möglichkeit, die Drehzahl verlustlos zu variieren, dadurch gegeben ist, daß Ankerkreis- und Erregerkreisspannung unabhängig voneinander verstellt werden können, ist diese Art der Drehzahlverstellung beim Nebenschlußmotor nicht möglich. Beim Nebenschlußmotor kann die Drehzahl über einen Widerstand im Erregerkreis, den sogenannten Feldsteller, und über einen Widerstand im Anker-

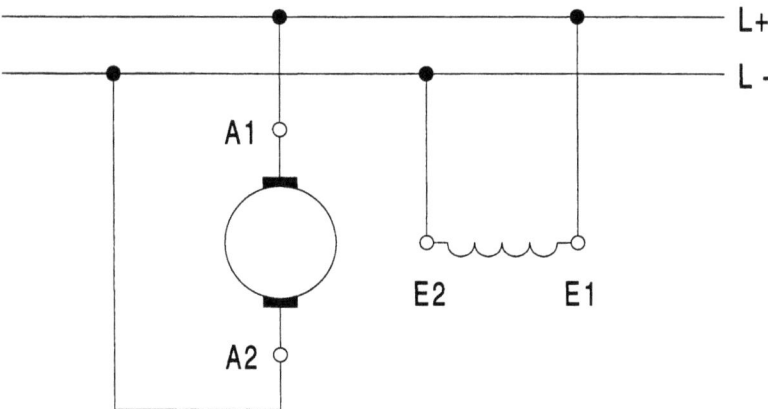

Bild 1.37 Nebenschlußmotor

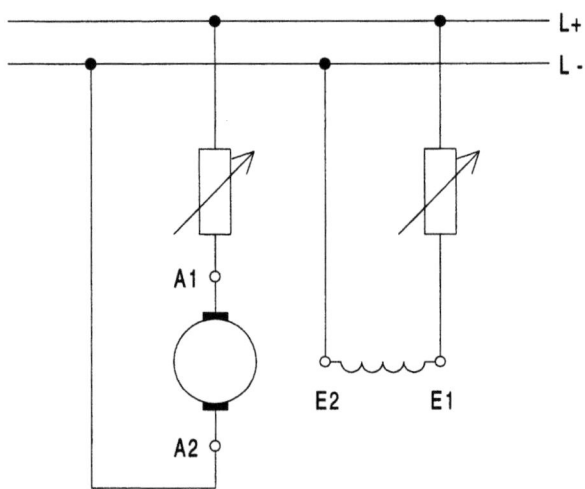

Bild 1.38 Nebenschlußmotor mit Anlasser und Feldsteller

kreis verstellt werden (Bild 1.38). Der Widerstand im Ankerkreis dient beim Anlauf des Motors als Anlaßwiderstand.

Charakteristisch für den fremderregten Motor ist, daß die Erregerwicklung an einer von der Belastung unabhängigen Spannung liegt und der Erregerfluß sich infolgedessen mit der Belastung nicht ändert. Da das für den Nebenschlußmotor gleichermaßen gilt, haben die Drehzahl- und die Drehmomentkennlinie des Nebenschlußmotors das gleiche Aussehen wie die entsprechenden Kennlinien des fremderregten Motors (Bilder 1.35/1.36).

Beispiel 1.9: Nebenschlußmotor $3kW$ 1450min^{-1} $220V$ $17A$. Ankerwicklungswiderstand $R_A = 1,00\Omega$, Erregerwicklungswiderstand $R_E = 175\Omega$

1. Der Motor wird so belastet, daß der Nennstrom fließt. Wie groß sind Anker- und Erregerstrom? Wie groß ist die in der Ankerwicklung induzierte Gegenurspannung?

2. Der Motor wird so belastet, daß der halbe Nennstrom fließt. Wie groß sind Anker- und Erregerstrom? Welche Drehzahl stellt sich bei dieser Belastung ein?

Lösung: Zu 1. Der Erregerstrom ist

$$I_E = \frac{220V}{175\Omega} = 1,26A \triangleq \frac{1,26A}{17A} = 0,0739\,pu \triangleq 7,39\%$$

Der Erregerstrom ist, verglichen mit dem Nennstrom der Maschine, klein. Er beträgt hier 7,39% des Nennstroms. Den Ankerstrom erhalten wir, wenn wir vom

1.5 Gleichstrommotor

Motorstrom den Erregerstrom abziehen

$$I_A = I - I_E = 17A - 1{,}26A = 15{,}7A$$

Die in der Ankerwicklung induzierte Gegenspannung ergibt sich aus dem Spannungsgleichgewicht für den Motorbetrieb Gl. (1.9).

$$U_q = U - I_A \cdot R_A = 220V - 15{,}7A \cdot 1{,}00\Omega = 204V$$

Zu 2. Der Erregerstrom ist von der Belastung unabhängig $I_E = 1{,}26A$. Der Ankerstrom ist

$$I_A = I - I_E = 0{,}5 \cdot 17A - 1{,}26A = 7{,}24A$$

Für die Drehzahl gilt

$$n = \frac{U - I_A \cdot R_A}{k_u \cdot \Phi}$$

Die Konstante $k_u \cdot \Phi$ wird mit den Nenndaten der Maschine berechnet.

$$k_u \cdot \Phi = \frac{U - I_A \cdot R_A}{n} = \frac{220V - 15{,}7A \cdot 1{,}00\Omega}{1450\,\text{min}^{-1}} = 0{,}141 V \cdot \text{min}$$

Damit ergibt sich für die Drehzahl

$$n = \frac{220V - 7{,}24A \cdot 1{,}00\Omega}{0{,}141 V \cdot \text{min}}$$

$$n = 1509\,\text{min}^{-1} \;\hat{=}\; \frac{1509\,\text{min}^{-1}}{1450\,\text{min}^{-1}} = 1{,}04\,pu \;\hat{=}\; 104\%$$

Die Drehzahl bei Halblast ist um nur 4% größer als die bei Vollast.

1.5.3 Reihenschlußmotor

Beim Reihenschlußmotor sind Ankerwicklung und Erregerwicklung in Reihe geschaltet (Bild 1.39). Der Strom I, der durch die Ankerwicklung fließt, fließt auch durch die Erregerwicklung. Da die Größe des Stroms sich mit der Belastung ändert, ändert sich auch der Erregerfluß mit der Belastung. Er ist nicht mehr, wie beim fremderregten Motor und beim Nebenschlußmotor, konstant.

Der Zusammenhang zwischen Erregerfluß Φ und Belastungsstrom I wird durch eine Kennlinie beschrieben, die der Magnetisierungskennlinie der Maschine entspricht (Bild 1.40). Diese Kennlinie ist mathematisch exakt nicht beschreibbar. Zur Vereinfachung der Betrachtung wollen wir sie durch eine idealisierte Kennlinie ersetzen. Wir nehmen an, daß unterhalb des Sättigungsbereiches der Fluß linear mit dem Belastungsstrom anwächst und im Sättigungsbereich der Fluß vom Belastungsstrom unabhängig, d.h. konstant ist.

Mit dieser Annahme können wir ohne nähere Untersuchung sagen, daß der Motor im Sättigungsgebiet wegen des konstanten Erregerflusses ein Verhalten zeigen muß, daß dem Verhalten von fremderregtem Motor und Nebenschlußmotor entspricht. Das bedeutet, daß mit zunehmender Belastung, d.h. mit zunehmendem Strom, im Sättigungsgebiet die Drehzahl nur wenig abfällt und das Drehmoment näherungsweise proportional mit dem Strom zunimmt. Die Eigenschaften, die ihn vom fremderregten Motor und vom Nebenschlußmotor unterscheiden, wird der Reihenschlußmotor unterhalb des Sättigungsgebietes zeigen, in dem Bereich, in dem der Erregerfluß sich mit der Belastung ändert.

Unterhalb des Sättigungsbereichs ist der Erregerfluß dem Belastungsstrom proportional.

$$\Phi = k_\Phi \cdot I$$

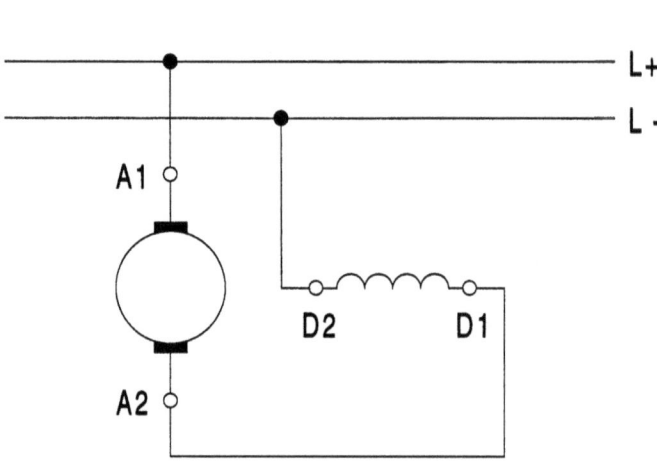

Bild 1.39 Reihenschlußmotor

1.5 Gleichstrommotor

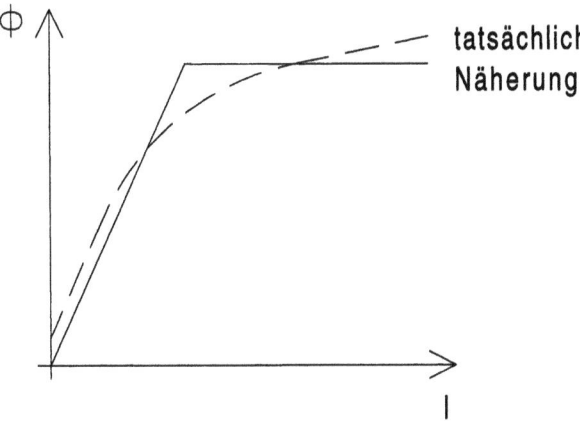

Bild 1.40 Reihenschlußmotor: Abhängigkeit des Erregerflusses vom Belastungsstrom

Die Größe k_Φ ist eine Maschinenkonstante. Die Drehzahl des Motors wird durch das Spannungsgleichgewicht (Gl. 1.10) bestimmt. Dabei müssen wir daran denken, daß an dem Spannungsgleichgewicht auch der Spannungsabfall an der Erregerwicklung mit dem Widerstand R_E der Erregerwicklung beteiligt ist.

$$U = k_u \cdot \Phi \cdot n + I \cdot (R_A + R_E)$$

Daraus folgt für die Drehzahl

$$n = \frac{U - I \cdot (R_A + R_E)}{k_u \cdot \Phi} \tag{1.13}$$

bzw. wegen der Proportionalität zwischen Erregerfluß und Belastungsstrom

$$n = \frac{U - I \cdot (R_A + R_E)}{k_u \cdot k_\Phi \cdot I} = \frac{U}{k_u \cdot k_\Phi \cdot I} - \frac{I \cdot (R_A + R_E)}{k_u \cdot k_\Phi \cdot I}$$

Führen wir die Konstanten

$$a = \frac{U}{k_u \cdot k_\Phi} \quad \text{und} \quad b = \frac{R_A + R_E}{k_u \cdot k_\Phi}$$

ein, so ergibt sich für die Drehzahl

$$n = \frac{a}{I} - b$$

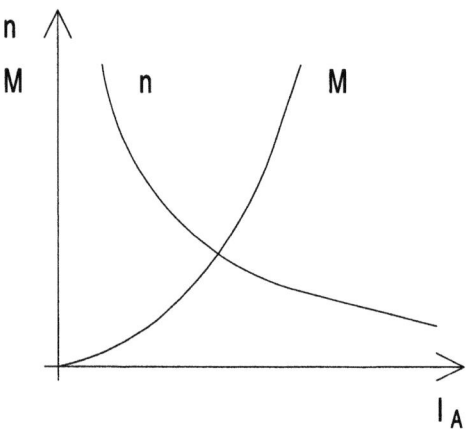

Bild 1.41 Drehzahl- und Drehmomentkennlinie des Reihenschlußmotors

Die Drehzahlkennlinie $n = f(I)$ ist danach eine Hyperbel (Bild 1.41). Wir entnehmen dem Kennlinienverlauf, daß die Drehzahl des Reihenschlußmotors mit zunehmender Belastung stark abfällt. Bei Entlastung erreicht sie derart hohe Werte, daß die Gefahr der Zerstörung der Maschine durch Fliehkraftwirkung besteht. Der Reihenschlußmotor darf deswegen nie vollkommen entlastet werden. Der leerlaufende Motor nimmt eine unzulässig hohe Drehzahl an. Man sagt, er geht durch. Neben der Nenndrehzahl muß deswegen auch die höchstzulässige Drehzahl angegeben werden, bis zu der der Motor entlastet werden darf.

Das Drehzahlverhalten des Reihenschlußmotors läßt sich auch anschaulich erklären. Da die Widerstände von Anker- und Erregerwicklung im Hinblick auf den Wirkungsgrad der Maschine so bemessen sind, daß die an ihnen auftretenden Spannungsabfälle verglichen mit der Netzspannung klein sind, können die Wicklungen näherungsweise als widerstandslos betrachtet werden. Der Anker der Maschine muß sich so schnell drehen, daß die in der Ankerwicklung induzierte Spannung so groß wie die anliegende Netzspannung ist. Bei größer werdender Belastung wird der Strom, der über die Erregerwicklung fließt, und damit der Erregerfluß der Maschine größer. Der Anker muß sich dann langsamer drehen, damit das Spannungsgleichgewicht gewahrt bleibt. Umgekehrt wird bei kleiner werdender Belastung der Strom und damit der Erregerfluß kleiner. Der Anker muß sich jetzt schneller drehen. Bei vollkommener Entlastung schließlich fließt kein Strom, der Erregerfluß ist verschwunden, der Anker müßte sich theoretisch unendlich schnell drehen. Tatsächlich jedoch verschwindet auch bei stromloser Maschine der Erregerfluß nicht. Es ist stets noch der Remanenzfluß vorhanden. Er sorgt dafür, daß die Drehzahl nicht unendlich, sondern endlich wird. Aber sie ist verglichen mit der Nenndrehzahl sehr groß.

Bei kleinen Maschinen, bei denen Lager-, Luft- und Bürstenreibung schon eine nennenswerte Belastung darstellen, besteht die Gefahr des Durchgehens nicht. Bei größeren Maschinen kann man sie dadurch vermeiden, daß man zusätzlich zu der Reihenschlußerregerwicklung eine Nebenschlußerregerwicklung vorsieht (Bild

1.5 Gleichstrommotor

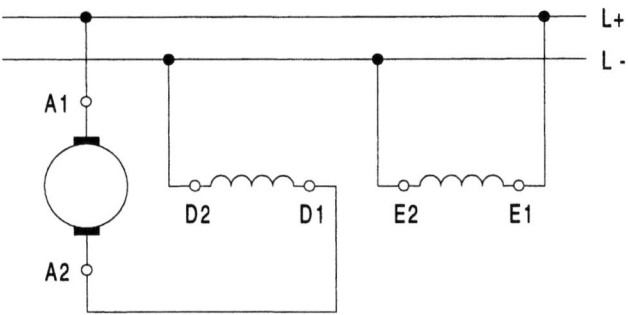

Bild 1.42 Reihenschlußmotor mit zusätzlicher Nebenschlußerregerwicklung

1.42) und auf diese Weise dafür sorgt, daß stets ein Grundfeld vorhanden ist. Diese Nebenschlußerregerwicklung muß so geschaltet werden, daß ihr Feld das der Reihenschlußerregerwicklung verstärkt. Andernfalls bewirkt man das Gegenteil von dem, was man erreichen wollte. Die Maschine geht bei Entlastung noch früher durch als beim Betrieb ohne zusätzliche Nebenschlußerregerwicklung. Die Nebenschlußerregerwicklung muß so bemessen sein, daß der von ihr herrührende zusätzliche Fluß die Leerlaufdrehzahl n_0 des Motors auf einen zulässigen Wert begrenzt (Bild 1.43).

Das Drehmoment des Reihenschlußmotors ist unterhalb des Sättigungsgebietes mit Gl. (1.12)

$$M = k_m \cdot I \cdot \Phi = k_m \cdot I \cdot k_\Phi \cdot I$$

Fassen wir die beiden Konstanten zu einer Konstanten

$$c = k_m \cdot k_\Phi$$

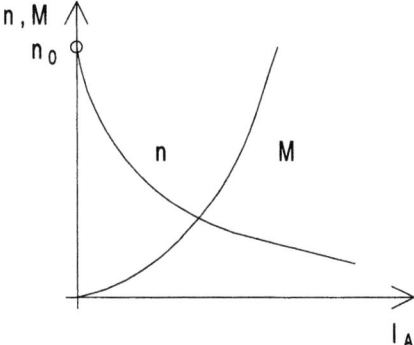

Bild 1.43 Drehzahl- und Drehmomentkennlinie des Reihenschlußmotors mit zusätzlicher Nebenschlußerregerwicklung

zusammen, so erhalten wir

$$M = c \cdot I^2$$

Das Drehmoment des Reihenschlußmotors (Bild 1.41) wächst unterhalb des Sättigungsgebiets quadratisch mit dem Belastungsstrom, im Sättigungsgebiet, so wie bei fremderregtem Motor und Nebenschlußmotor (Bild 1.36), linear mit dem Strom. Die Drehmomentkennlinie des Reihenschlußmotors mit zusätzlicher Nebenschlußerregerwicklung (Bild 1.43) ist der des Motors mit reiner Reihenschlußerregung (Bild 1.41) sehr ähnlich.

Beispiel 1.10: Reihenschlußmotor $80kW$ 970min^{-1} $220V$ $408A$. Ankerwicklungswiderstand $R_A = 22{,}6m\Omega$, Erregerwicklungswiderstand $R_E = 9{,}61m\Omega$.

Es wird angenommen, daß der Motor bei Strömen, die kleiner als der Nennstrom sind, unterhalb des Sättigungsbereichs arbeitet und dort Proportionalität zwischen Strom und Erregerfluß besteht. Weiter wird angenommen, daß der Motor bei Strömen, die größer als der Nennstrom sind, im Sättigungsbereich arbeitet und dort der Erregerfluß konstant ist.

1. Wie groß sind Drehzahl und Drehmoment, wenn der Motor so belastet wird, daß der halbe Nennstrom fließt?
2. Der Motor wird kurzzeitig so überlastet, daß der 1,5fache Nennstrom fließt. Wie groß sind Drehzahl und Drehmoment?

Lösung: Die Drehzahl ergibt sich aus dem Spannungsgleichgewicht für den Reihenschlußmotor und wird mit Gl. (1.13) berechnet.

$$n = \frac{U - I \cdot (R_A + R_E)}{k_u \cdot \Phi}$$

Das Produkt $k_u \cdot \Phi$ ist für Nennbetrieb

$$k_u \cdot \Phi = \frac{U - I \cdot (R_A + R_E)}{n}$$

$$k_u \cdot \Phi = \frac{220V - 408A \cdot (0{,}0226\Omega + 0{,}00961\Omega)}{970 \text{min}^{-1}} = 0{,}213 V \cdot \text{min}$$

und hängt, woran wir bei der weiteren Rechnung denken müssen, von der Belastung ab, da der Erregerfluß sich mit der Belastung ändert. Gleiches gilt für das Produkt $k_m \cdot \Phi$ in Gl. (1.12) für das Drehmoment

$$M = k_m \cdot I \cdot \Phi$$

1.5 Gleichstrommotor

Für Nennbetrieb ist dieses Produkt

$$k_m \cdot \Phi = \frac{M}{I}$$

wobei zu seiner Berechnung das Nennmoment und der Nennstrom einzusetzen sind. Das Nennmoment fehlt uns allerdings noch. Es ergibt sich aus der Nennleistung und der Nenndrehzahl.

$$M = \frac{P}{2 \cdot \pi \cdot n} = \frac{80 kW}{2 \cdot \pi \cdot \frac{970}{60} s^{-1}} = 788 N \cdot m$$

Damit ist

$$k_m \cdot \Phi = \frac{788 N \cdot m}{408 A} = 1{,}93 \cdot \frac{N \cdot m}{A}$$

Zu 1. Bei halbem Nennstrom ist der Erregerfluß nur halb so groß wie bei Nennbetrieb. Daraus folgt für die Drehzahl

$$n = \frac{220V - 0{,}5 \cdot 408A \cdot (0{,}0226\Omega + 0{,}00961\Omega)}{0{,}5 \cdot 0{,}213 V \cdot min} = 2004 \, min^{-1}$$

und für das Drehmoment

$$M = 0{,}5 \cdot 1{,}93 \cdot \frac{N \cdot m}{A} \cdot 0{,}5 \cdot 408A = 197 N \cdot m$$

Die Drehzahl bei Halblast ist etwa doppelt so groß wie die bei Nennbetrieb, das Drehmoment beträgt ein Viertel des Nennmomentes.

Zu 2: Bei Überlast arbeitet der Motor im Sättigungsgebiet. Der Erregerfluß ist von der Belastung unabhängig und so groß wie bei Nennbetrieb. Für eine Belastung, bei der der 1,5fache Nennstrom fließt, ist die Drehzahl

$$n = \frac{220V - 1{,}5 \cdot 408A \cdot (0{,}0226\Omega + 0{,}00961\Omega)}{0{,}213 V \cdot min} = 940 \, min^{-1}$$

und damit nur wenig kleiner als bei Nennlast und das Drehmoment

$$M = 1{,}93 \cdot \frac{N \cdot m}{A} \cdot 1{,}5 \cdot 408A = 1181 N \cdot m$$

Wie beim fremderregten Motor und beim Nebenschlußmotor muß auch beim Reihenschlußmotor der Anlaufstrom auf zulässige Werte begrenzt werden. Das geschieht entweder dadurch, daß der Motor an eine Spannungsquelle angeschlossen wird, deren Spannung von Null an beginnend bis zur Nennspannung verstellt werden kann, oder dadurch, daß dem Motor ein Anlaßwiderstand vorgeschaltet wird (Bild 1.44). Eine Verstellung der Drehzahl wird durch Änderung der am Motor liegenden Spannung oder durch Änderung des Erregerflusses vorgenommen. Der Erregerfluß läßt sich ändern, wenn man der Erregerwicklung einen verstellbaren Widerstand parallel schaltet (Bild 1.44). Eine Drehzahlverstellung mit Hilfe des Anlaßwiderstandes hat den Nachteil, daß im Anlaßwiderstand Leistung umgesetzt wird. Diese Leistung ist Verlustleistung und beeinträchtigt den Wirkungsgrad des Motorbetriebs.

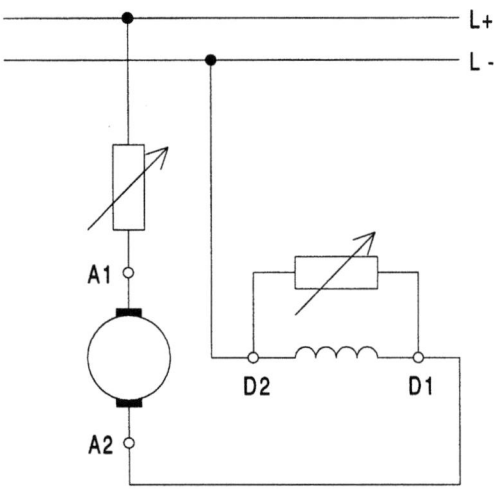

Bild 1.44 Reihenschlußmotor mit Anlasser und Feldsteller

Beispiel 1.11: Reihenschlußmotor von Beispiel 1.10.

1. Das Anlaufmoment des Motors soll auf das 2fache Nennmoment begrenzt werden. Wie groß muß der Anlaßwiderstand sein?

2. Der Motor windet als Kranmotor eine Last hoch und arbeitet dabei unter Nennbedingungen. Wie ändern sich Strom und Drehzahl, wenn ausgehend von diesem Betriebszustand

a) die Spannung von $220V$ auf $110V$ verstellt wird?

1.5 Gleichstrommotor

b) der Erregerwicklung ein Widerstand von 9,61 $m\Omega$ parallel geschaltet wird?
c) in den Stromkreis der Maschine ein zusätzlicher Widerstand von 0,5Ω geschaltet wird? Das kann z.B. ein Stellwiderstand sein, für den vorher der Wert Null eingestellt war.

Lösung: Zu 1. Der Anlaufstrom des Motors ist größer als der Nennstrom. Infolgedessen arbeitet der Motor beim Anlauf im Sättigungsgebiet. Der Erregerfluß und damit auch das Produkt $k_m \cdot \Phi$ ist daher so groß wie bei Nennbetrieb: $k_m \cdot \Phi = 1{,}93 \, N \cdot m/A$. Es wurde im Beispiel 1.10 berechnet. Ebenfalls dort berechnet wurde das Nennmoment und zwar mit $788 N \cdot m$. Damit ergibt sich für den Anlaufstrom bei einem Anlaufmoment in Höhe des 2fachen Nennmoments mit Gl. (1.12)

$$I = \frac{M}{k_m \cdot \Phi} = \frac{2 \cdot 788 N \cdot m}{1{,}93 \cdot \frac{N \cdot m}{A}} = 817 A$$

Den zur Begrenzung des Anlaufstroms auf diesen Wert nötigen Anlaßwiderstand R können wir nach Formulierung des Spannungsgleichgewichts für den Motor berechnen.

$$U = k_u \cdot \Phi \cdot n + I \cdot (R_A + R_E + R)$$

Im ersten Augenblick des Anlaufs ist die Drehzahl Null.

$$U = I \cdot (R_A + R_E + R)$$

Daraus folgt für den Anlaßwiderstand

$$R = \frac{U}{I} - R_A - R_E = \frac{220V}{817A} - 0{,}0226\Omega - 0{,}00961\Omega = 0{,}237\Omega$$

Zu 2a. Eine Herabsetzung der Spannung auf den halben Nennwert hat, das ergibt sich aus Gl. (1.12), keinen Einfluß auf den Strom $I = 408 A$. Zur Berechnung der Drehzahl wird Gl. (1.13) benutzt, wobei das Produkt $k_u \cdot \Phi = 0{,}213 V \cdot \min$ schon aus Beispiel 1.10 bekannt ist.

$$n = \frac{U - I \cdot (R_A + R_E)}{k_u \cdot \Phi}$$

$$n = \frac{110V - 408A \cdot (0{,}0226\Omega + 0{,}00961\Omega)}{0{,}213V \cdot \min} = 455 \min^{-1}$$

Die Drehzahl wird, in recht guter Näherung, auf die Hälfte ihres ursprünglichen Wertes herabgesetzt.

Zu 2b. Nach Zuschalten des Parallelwiderstandes fließt, da Erregerwicklungswiderstand und Parallelwiderstand gleich groß sind, über jeden der beiden Widerstände der halbe Ankerstrom.

Für das Drehmoment gilt

$$M = k_m \cdot \Phi \cdot I$$

Dabei ist, da über die Erregerwicklung nur der halbe Strom fließt,

$$\Phi = k_\Phi \cdot 0{,}5 \cdot I$$

und damit das Drehmoment

$$M = k_m \cdot k_\Phi \cdot 0{,}5 \cdot I \cdot I$$

Daraus ergibt sich für den Strom

$$I = \sqrt{\frac{M}{k_m \cdot k_\Phi \cdot 0{,}5}}$$

Da für den normalen Betrieb, d.h. ohne Parallelwiderstand, und unterhalb des Sättigungsbereichs gilt

$$M = k_m \cdot k_\Phi \cdot I^2$$

und sich daraus mit Hilfe der Nenndaten das Produkt $k_m \cdot k_\Phi$ berechnen läßt

$$k_m \cdot k_\Phi = \frac{M}{I^2} = \frac{788 N \cdot m}{(408A)^2} = 4{,}73 \cdot 10^{-3} \cdot \frac{N \cdot m}{A^2}$$

ist der Strom

$$I = \sqrt{\frac{788 N \cdot m}{4{,}73 \cdot 10^{-3} \cdot \frac{N \cdot m}{A^2} \cdot 0{,}5}} = 577 A$$

Die Drehzahl ist

$$n = \frac{U - I \cdot (R_A + \frac{R_E \cdot R}{R_E + R})}{k_u \cdot \Phi}$$

$$n = \frac{220V - 577A \cdot (0{,}022{,}6\Omega + \frac{0{,}00961\Omega \cdot 0{,}00961\Omega}{0{,}00961\Omega + 0{,}00961\Omega})}{0{,}213 V \cdot \min \cdot \frac{0{,}5 \cdot 577 A}{408 A}}$$

$n = 1360 \min^{-1}$

Dabei wird bei der Berechnung der Maschinenkonstanten $k_u \cdot \Phi$ von dem unter Nennbedingungen, d.h. bei Nennstrom $408A$, geltenden Wert $0{,}213 V \cdot \min$ ausgegangen und dieser auf den Erregerstrom $0{,}5 \cdot 577 A$ umgerechnet.

Zu 2c. Durch einen zusätzliche Widerstand im Stromkreis wird der Strom $I = 408A$, das ergibt sich aus Gl. (1.12), nicht beeinflußt. Die Drehzahl ist

$$n = \frac{U - I \cdot (R_A + R_E + R)}{k_u \cdot \Phi}$$

$$n = \frac{220V - 408A \cdot (0{,}0226\Omega + 0{,}00961\Omega + 0{,}5\Omega)}{0{,}213 V \cdot \min} = 13{,}4 \min^{-1}$$

1.6 Die magnetischen Felder der Gleichstrommaschine

Die Bürsten der Gleichstrommaschine werden, um das Bürstenfeuer klein zu halten, stets so angeordnet, daß sie mit den Leitern in Verbindung stehen, in denen keine Spannung induziert wird. Das sind die Leiter, die sich in dem Gebiet des Ankerumfangs befinden, in dem das Erregerfeld Null ist (Bild 1.45). Man nennt dieses Gebiet die neutrale Zone. In der neutralen Zone treten Erregerfeldlinien weder in das

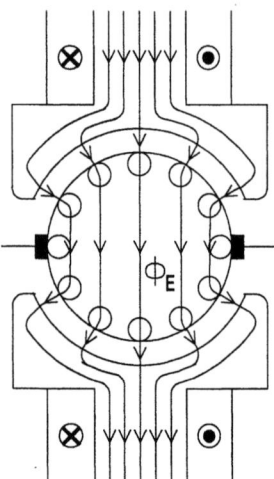

Bild 1.45 Erregerfeld

Ankereisen ein noch aus dem Ankereisen aus. Von den Bürsten sagt man, daß sie in der neutralen Zone liegen, obschon sie, durch den hier nicht besprochenen Aufbau der Wicklung bedingt, vor den Polmitten stehen.

Werden die Ankerleiter von Strom durchflossen, dann haben die Leiterströme unter einem Pol alle die gleiche Richtung (Bild 1.46). Beim Hinüberwechseln eines Leiters aus dem Bereich eines Poles in den Bereich des anderen Poles ändert sich die Stromrichtung im Leiter. Die Änderung der Stromrichtung wird Stromwendung genannt. Die Stromwendung vollzieht sich beim Durchgang des Leiters durch die neutrale Zone.

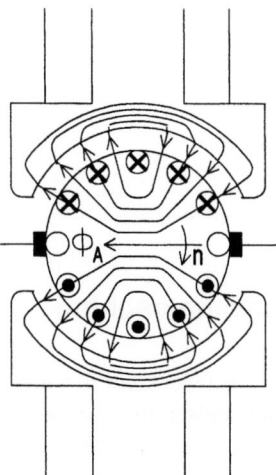

Bild 1.46 Ankerfeld (Generatorbetrieb der Maschine mit dem Erregerfeld von Bild 1.45)

1.6.1 Das Ankerfeld

Bisher wurde angenommen, daß das magnetische Feld der Maschine, das Erregerfeld, nur von der stromdurchflossenen Erregerwicklung herrührt (Bild 1.45). Tatsächlich jedoch ist auch die stromdurchflossene Ankerwicklung mit einem Feld, dem Ankerfeld, verknüpft (Bild 1.46). Es ähnelt dem Feld einer stromdurchflossenen Zylinderspule, die in der Mitte geweitet worden ist.

Die Ankerleiter bewegen sich infolgedessen nicht nur im Feld der Erregerwicklung, sondern auch in ihrem eigenen Feld, dem Feld der Ankerwicklung. Dabei wird in den Leitern eine Spannung induziert, die sogenannte Ankerfeldspannung (Bild 1.47b). Sie entsteht auch in den Leitern, die sich in der neutralen Zone befinden, und ist so gerichtet, daß sie der mit der Stromwendung in diesen Leitern verbundenen Stromänderung entgegenwirkt. Dadurch wird die Stromwendung erschwert. Als Folge dessen treten an den Bürsten Funken auf. Kommutatorsegmente und Bürsten werden durch diese Funken mehr oder weniger langsam zerstört. Die Richtung der in den einzelnen Ankerleitern induzierten Ankerfeldspannung läßt sich nur indirekt über die Richtung des Leiterstroms bestimmen, den die Spannung bei kurzgeschlossenen Leiterenden bewirken würde. Zwischen Leiterbewegung, Ankerfeldrichtung und Stromrichtung besteht eine rechtsschraubige Zuordnung (Bild 1.47a). Daraus ergibt sich die Richtung der Ankerfeldspannung. Da bei einem Generator der Strom aus der Plusklemme heraus- und in die Minusklemme hineinfließt, sind in der linken Ankerhälfte die vorderen Enden der Ankerleiter mit einem Plus (+) und die hinteren, nicht sichtbaren Enden, mit einem Minus (-) zu bezeichnen (Bild 1.47b). In der rechten Ankerhälfte ist es umgekehrt. Dort sind die vorderen Leiterenden mit Minus (-) und die hinteren, nicht sichtbaren Leiterenden, mit Plus

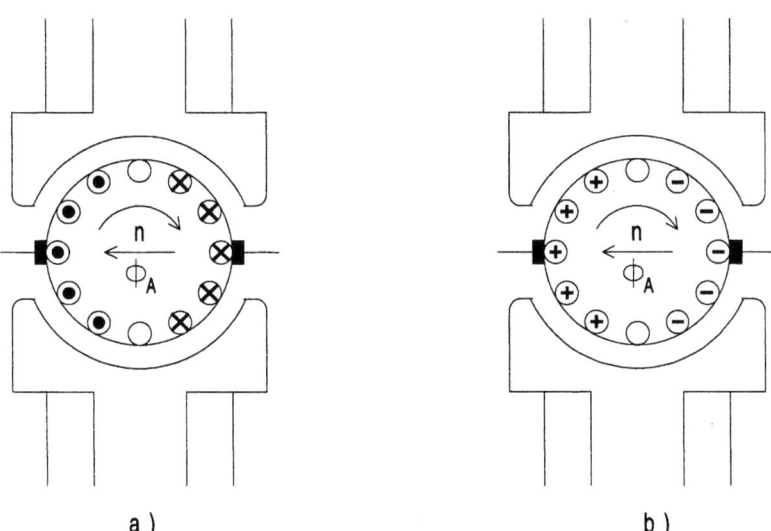

Bild 1.47 a) Ankerfeldstrom b) Ankerfeldspannung (Generatorbetrieb der Maschine mit dem Erregerfeld von Bild 1.45)

(+) zu bezeichnen. Nach außen treten die in den Ankerleitern induzierten Ankerfeldspannungen nicht in Erscheinung, da sie sich in den zwischen den Bürsten liegenden Ankerzweigen jeweils gerade aufheben. Das kann man sich anhand der Ringankerwicklung (Bild 1.17) klarmachen, bei der die Verhältnisse die gleichen, aber einfacher zu übersehen sind.

1.6.2 Wendepolwicklung

Wenn die Gleichstrommaschine funkenfrei arbeiten soll, muß das Ankerfeld im Bereich der neutralen Zone kompensiert werden. Zu diesem Zweck werden zwischen den die Erregerwicklung tragenden Hauptpolen Hilfspole untergebracht (Bild 1.48). Die Hilfspole sitzen im Bereich der neutralen Zone und tragen Wicklungen. Die Wicklungen liegen mit der Ankerwicklung in Reihe und werden vom Ankerstrom durchflossen. Sie müssen so geschaltet werden, daß ihr Feld dem Ankerfeld entgegengerichtet ist. Die Hilfspole heißen Wendepole, die Reihenschaltung der Hilfspolwicklungen stellt die Wendepolwicklung dar. Durch die Reihenschaltung von Wendepolwicklung und Ankerwicklung wird erreicht, daß sich das Wendepolfeld bei wechselnder Belastung der Maschine in gleicher Weise ändert wie das Ankerfeld und dieses im Bereich der neutralen Zone stets kompensiert.

Mit der Kompensation des Ankerfeldes im Bereich der neutralen Zone ist das Problem der Stromwendung jedoch noch nicht vollkommen gelöst. Die Ankerleiter

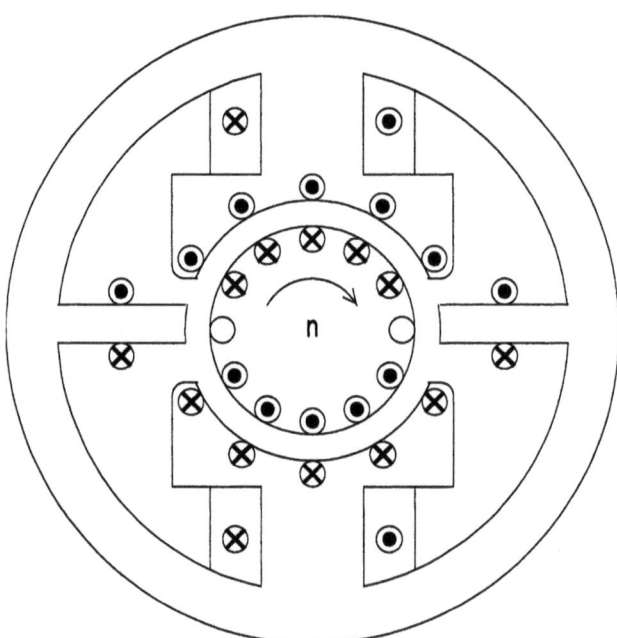

Bild 1.48 Gleichstrommaschine mit Wendepol- und Kompensationswicklung (Generatorbetrieb)

1.6 Die magnetischen Felder der Gleichstrommaschine

sind in Eisen eingebettet, das eine gute magnetische Leitfähigkeit besitzt. Wenn sie von Strom durchflossen werden, bildet sich um sie herum ein kräftiger magnetischer Fluß aus. Für die Leiter, die sich durch die neutrale Zone bewegen, bewirkt die mit der Stromwendung verbundene Stromänderung eine Änderung dieses Flusses. Der sich ändernde Fluß durchsetzt die geschlossene Strombahn, in deren Verlauf der jeweils durch die neutrale Zone gehende Leiter liegt und induziert in dieser und damit im Leiter eine Spannung. Diese Spannung wirkt nach der Lenz'schen Regel ihrer Ursache, d.h. der Flußänderung bzw. der Stromänderung, entgegen. Damit erschwert sie die Stromwendung und trägt zur Bildung von Bürstenfeuer bei. Sie muß deswegen durch eine gleich große, aber entgegengesetzte Spannung neutralisiert werden. Zur Erzeugung dieser Spannung wird das Wendepolfeld benutzt. Es wird stärker gemacht als zur Aufhebung des Ankerfeldes nötig. Die Maschine arbeitet dann nahezu funkenfrei.

1.6.3 Kompensationswicklung oder zusätzliche Erregerwicklung

Durch das Wendepolfeld wird das Ankerfeld zwar im Bereich der neutralen Zone kompensiert, nicht aber im Bereich der Erregerpole. Dort überlagern sich Erregerfeld (Bild 1.45) und Ankerfeld (Bild 1.46). In der einen Polhälfte sind die Felder gegensinnig, in der anderen gleichsinnig. Auf den ersten Blick könnte man meinen, daß der Flußminderung in der einen Polhälfte ein gleich großer Flußzuwachs in der anderen Polhälfte gegenübersteht. Die Verhältnisse sind jedoch anders.
Die Gleichstrommaschine wird in der Regel im Bereich beginnender Sättigung betrieben. Wegen des nichtlinearen Zusammenhangs zwischen Fluß Φ und Durchflutung Θ in diesem Bereich (Bild 1.49) ergibt sich der Gesamtfluß nicht als Summe der Teilflüsse. Man muß vielmehr die Durchflutungen von Erreger- und Ankerwicklung als Ursache der ihnen zugeordneten Flüsse überlagern. In der einen Polhälfte schwächt die Ankerdurchflutung die Erregerdurchflutung Θ_E um einen bestimmten Betrag $\Delta\Theta$, in der anderen verstärkt sie sie um den gleichen Betrag. Die Flußschwächung $\Delta\Phi_-$ in der einenPolhälfte ist größer als die Flußverstärkung $\Delta\Phi_+$ in der anderen Polhälfte. Insgesamt wird der Erregerfluß also geschwächt. Diese Minderung des Erregerflusses bedeutet für den Generatorbetrieb der Maschine Spannungsminderung, für den Motorbetrieb Drehzahlerhöhung. Beides ist unerwünscht. Beim fremderregten Motor und beim Nebenschlußmotor kann die Feldschwächung dazu führen, daß von einer bestimmten Belastung an die Drehzahl bei wachsender Last nicht mehr abfällt, sondern ansteigt (Bild 1.50). Damit besteht die Gefahr, daß der Motor eine unzulässig hohe Drehzahl annimmt, d.h. durchgeht. Zur Unterdrückung der Schwächung des Erregerfeldes durch das Ankerfeld sind zwei Maßnahmen üblich. Die eine besteht darin, daß man die Maschine mit einer sogenannten Kompensationswicklung ausstattet. Dazu werden in den Polschuhen axial ausgerichtete Leiter untergebracht (Bild 1.48). Sie werden vom Ankerstrom durchflossen und so geschaltet, daß ihr Feld das der Ankerwicklung im Bereich der Polschuhe kompensiert. Die Wirkung ist die gleiche wie bei zwei gleichen, konzentrisch angeordneten Zylinderspulen, die von gleich großen elektrischen Strömen

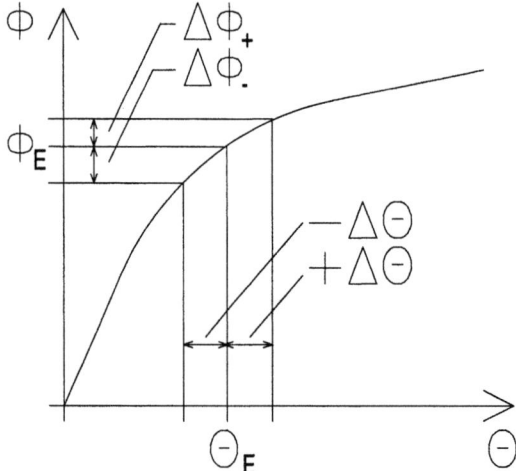

Bild 1.49 Feldschwächung

gegensinnig durchflossen werden und bei denen das Feld der einen Spule das der anderen kompensiert. Eine Kompensationswicklung ist teuer und deswegen nur bei großen Maschinen zu finden. Die andere Maßnahme, von der bei kleineren Maschinen Gebrauch gemacht wird, ist einfach und billig und besteht darin, daß die fremderregte oder Nebenschlußmaschine mit einer zusätzlichen Reihenschlußerregerwicklung ausgerüstet wird. Man spricht dann von einer Doppelschlußmaschine. Über die auf den Polschenkeln sitzende Haupterregerwicklung werden

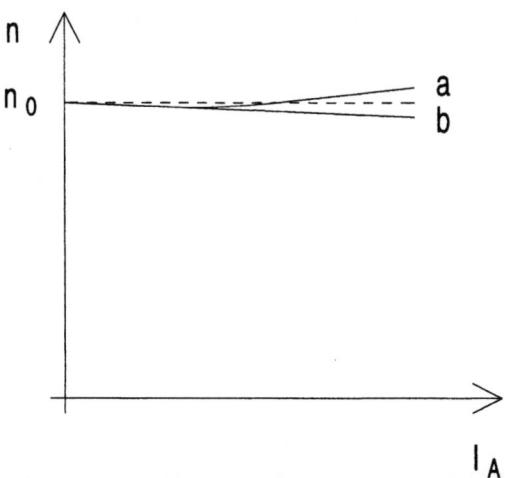

Bild 1.50 Fremderregter Motor und Nebenschlußmotor: Durch Ankerrückwirkung verursachter Drehzahlanstieg bei wachsender Belastung (a) kann durch eine Kompensationswicklung oder durch eine zusätzliche Reihenschlußerregerwicklung in Verbundschaltung verhindert werden (b).

1.6 Die magnetischen Felder der Gleichstrommaschine

noch einige Windungen dicken Drahtes für die Reihenschlußerregerwicklung gewickelt. Sie muß so geschaltet werden, daß sie den Fluß der eigentlichen Erregerwicklung verstärkt. Die Maschine ist dann eine Doppelschlußmaschine in Verbundschaltung. Eine Gegenverbundschaltung liegt vor, wenn die Reihenschlußerregerwicklung so geschaltet ist, daß ihr Fluß den der Haupterregerwicklung schwächt. Die Gegenverbundschaltung ist wegen der Gefahr des instabilen Verhaltens der Maschine bei Motorbetrieb nicht üblich. Neben dem fremderregten Motor und dem Nebenschlußmotor mit zusätzlicher Reihenschlußerregerschaltung gibt es noch den schon im Zusammenhang mit dem Reihenschlußmotor besprochenen Reihenschlußmotor mit zusätzlicher Nebenschlußerregerwicklung in Verbundschaltung (Bild 1.42). Er geht im Leerlauf, anders als der reine Reihenschlußmotor, nicht durch und hat eine Leerlaufdrehzahl. Während eine Kompensationswicklung nur bei größeren Maschinen zu finden ist, sind Wendepole, von Kleinmaschinen mit einer Leistung, die kleiner als etwa 1 kW ist, abgesehen, allgemein üblich.

Die mit dem Auftreten des Ankerfeldes verbundenen Erscheinungen werden unter dem Begriff Ankerrückwirkung zusammengefaßt und sind durchweg unerfreulich. Bei Maschinen, die keine Kompensationswicklung haben, tritt neben den beschriebenen noch eine weitere unangenehme Erscheinung auf. Die in einem Ankerleiter bei Drehung des Ankers im Motor- oder Generatorbetrieb induzierte Spannung hängt von der örtlichen Flußdichte ab. Flußschwächung in der einen Polhälfte und Flußverstärkung in der anderen bei stromdurchflossenen Ankerleitern haben zur Folge, daß beim Durchgang durch die eine Polhälfte eine vergleichsweise kleine Spannung induziert wird, beim Durchgang durch die andere eine vergleichsweise große. Der ungleichmäßigen Flußdichteverteilung unter den Polschuhen und damit über dem Ankerumfang entspricht eine ebenso ungleichmäßige Verteilung der in den Ankerleitern induzierten Spannung über dem Ankerumfang. Da die Ankerleiter mit den Stromwendersegmenten verbunden sind, verteilt sich die zwischen den Bürsten liegende Spannung ebenfalls ungleichmäßig über die Segmente des Stromwenders. Dadurch kann es dazu kommen, daß die zulässige Spannung zwischen benachbarten Segmenten überschritten wird und diese durch einen Lichtbogen überbrückt werden. In einer Kettenreaktion können sich weitere Lichtbögen ausbilden, die sich schließlich zu einem Rundfeuer auswachsen. Am Ende dieser Entwicklung kann schließlich ein einziger großer Lichtbogen zwischen den Bürsten Maschine und Netz kurzschließen. Die Maschine muß so ausgelegt und betrieben werden, daß es dazu nicht kommt.

1.6.4 Klemmenbezeichnungen bei der Gleichstrommaschine

Auch die Klemmen von Wendepol- und Kompensationswicklung haben, wie die von Anker- und Erregerwicklung, genormte Bezeichnungen:

Ankerwicklung	A1, A2
Wendepolwicklung	B1, B2
Kompensationswicklung	C1, C2

Reihenschlußerregerwicklung   D1, D2
Nebenschlußerregerwicklung   E1, E2
fremderregte Erregerwicklung   F1, F2

Da Wendepol- und Kompensationswicklung mit der Ankerwicklung in Reihe liegen und Bestandteil des Ankerkreises sind, wurden sie in den vorausgegangenen Abschnitten zur Gleichstrommaschine, anders als sonst üblich, der Einfachheit und Übersichtlichkeit halber nicht gesondert dargestellt. Die Klemmen des Ankerkreises wurden mit A1 und A2 bezeichnet und zwischen diesen Klemmen hat man sich die Reihenschaltung von Ankerwicklung, Wendepolwicklung und, falls vorhanden, Kompensationswicklung vorzustellen (Bild 1.51).

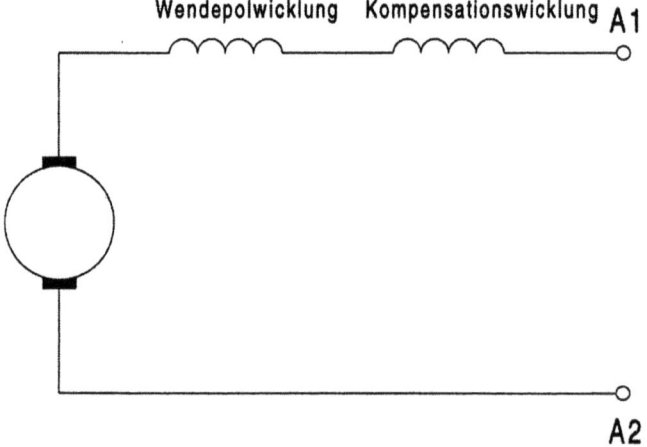

Bild 1.51 Ankerkreis mit Wendepol- und Kompensationswicklung

1.7 Verluste und Wirkungsgrad

Im Betrieb erwärmt sich die Maschine – unerwünschterweise, denn das bedeutet, daß ein Teil der im Generator- oder Motorbetrieb aufgenommenen Leistung in der Maschine selbst umgesetzt wird und bei der vorgenommenen Energiewandlung als Verlust zu verbuchen ist. Überdies ist darauf zu achten, daß die Betriebstemperatur der Maschine nicht zu hoch wird, da die Leiterisolation je nach Isolierstoff nur Temperaturen von etwa 90 bis $180°C$ verträgt.

Es ist naheliegend, die Stromwärmeverlustleistung in den Wicklungen als Ursache für die Erwärmung anzunehmen. Aber nicht nur in den Wicklungen entsteht Wärme, sondern auch im Ankereisen. Am deutlichsten wird das beim fremderregten, im Leerlauf betriebenen Generator. Im Leerlauf ist die Ankerwicklung stromlos. Es entsteht in ihr infolgedessen keine Stromwärmeverlustleistung. Dennoch erwärmt sich das Ankereisen. Aus diesem Grund müßte der Maschine, obschon sie keine elektrische Leistung abgibt, auch bei reibungslosem Lauf mechanische Leistung zugeführt werden, und zwar in einer Größe, die der Wärmeleistung entspricht, die das Ankereisen an die Umgebung abgibt.

1.7.1 Die Ummagnetisierungsverlustleistung

Das Entstehen von Wärme im Ankereisen läßt sich mit Hilfe der Elementarmagnete erklären, aus denen das Eisen besteht. Die zunächst regellos angeordneten Elementarmagnete werden durch das Erregerfeld einheitlich in Richtung des Feldes ausgerichtet (Bild 1.52). Das Eisen wird magnetisiert. Eine Drehung der Elementarmagnete durch Drehung des Feldes bei stillstehendem Anker wäre wegen der Reibungskräfte im Eisen nur unter Aufwand von Energie möglich. Diese Energie muß auch aufgewandt werden, wenn – wie in unserem Fall – das Feld stillsteht und der Anker gedreht wird. In diesem Fall werden die Elementarmagnete durch das Erregerfeld zwar festgehalten, ändern aber im Eisenkörper ihre Lage. Wesentlich ist diese Lageänderung und nicht, wie sie zustandekommt. Das Ankereisen wird demnach bei Drehung des Ankers unter Aufwand von Energie ständig ummagnetisiert. Erfahrungsgemäß wächst die für eine Umdrehung des Ankers aufzuwendende Energie etwa mit dem Quadrat der Flußdichte des magnetischen Feldes.

$$W_H \sim B^2 \quad \text{(Exponent 2 ist Näherung)} \tag{1.14}$$

Der Wert des Exponenten hängt von der Eisensorte ab und ist in der Regel etwas größer als 2.

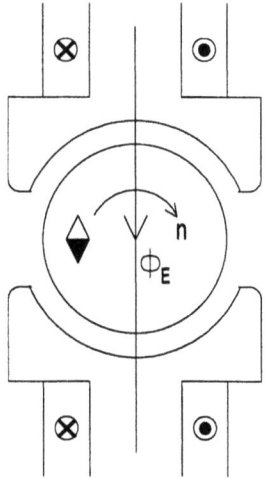

Bild 1.52 Bei Drehung des Ankers im Erregerfeld erwärmt sich das Ankereisen

Soll der Anker in einem bestimmten Zeitabschnitt nicht eine, sondern zwei Umdrehungen machen, so ist die doppelte Energie und damit auch die doppelte Leistung aufzuwenden. Danach wächst die zur Drehung des Ankers nötige Leistung etwa mit dem Quadrat der magnetischen Flußdichte und proportional mit der Drehzahl.

$$P_H \sim B^2 \cdot n \quad \text{(Exponent 2 ist Näherung)} \tag{1.15}$$

Die zur Drehung des Ankers nötige Leistung wird im Eisen in Wärme umgesetzt. Da sie zur Ummagnetisierung des Eisens aufzuwenden ist und zur gewünschten Energiewandlung nicht beiträgt, wird sie Ummagnetisierungsverlustleistung oder Hystereseverlustleistung genannt. Hystereseverlustleistung – weil die Ummagnetisierungsenergie der von der Hystereseschleife des Eisens (Bild 1.53) eingeschlossenen Fläche proportional ist. Die von der Hystereseschleife eingeschlossene Fläche wiederum ist etwa dem Quadrat der Flußdichte proportional, wobei unter der Flußdichte der beim Durchlaufen der Magnetisierungskurve erreichte Maximalwert der Flußdichte zu verstehen ist: Ummagnetisierungsenergie ~ Flächeninhalt Hystereseschleife ~ $\hat{B}^2$ (Exponent 2 ist Näherung). Zum Bau der Maschine muß ein Eisen mit möglichst kleiner Hystereseverlustleistung, d.h. mit möglichst schmaler Hystereseschleife verwandt werden. Doch dies allein genügt nicht. Diese Erfah-

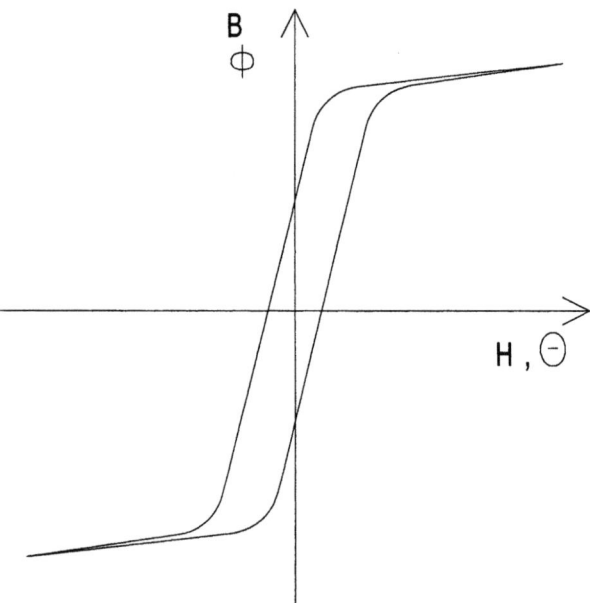

Bild 1.53 Die von der Hystereseschleife eingeschlossene Fläche ist ein Maß für die zur Ummagnetisierung des Eisens nötige Energie

1.7 Verluste und Wirkungsgrad

rung machte man beim Bau der ersten Gleichstrommaschinen. Beim Betrieb der Maschine wurde das Ankereisen nach wie vor heiß. Eine physikalische Erklärung dafür hatte man nicht. Man rückte dem Übel in der Weise zu Leibe, daß man den Anker mit Wasser kühlte. Doch das war keine Lösung des Problems. Es dauerte eine Weile, bis man erkannte, daß elektrische Ströme im Ankereisen die Wurzel des Übels waren.

1.7.2 Die Wirbelstromverlustleistung

Zur Erklärung der Entstehung elektrischer Ströme im Ankereisen führen wir in Gedanken einen diametralen Schnitt durch die Drehachse des einen Vollzylinder darstellenden Ankers (Bild 1.54a). Die dabei entstehende Querschnittsfläche können wir uns aus einer Vielzahl konzentrischer Rechteckleiterschleifen bestehend denken (Bild 1.54b). Bei Drehung des Ankers im Erregerfeld wird in jeder dieser Leiterschleifen eine Spannung induziert. Da die Leiterschleifen in sich kurzgeschlossen sind, fließt in jeder der Schleifen ein Kurzschlußstrom. Diese Ströme bilden sich wirbelförmig aus und heißen deswegen Wirbelströme. Sie fließen nicht nur in der betrachteten Querschnittsfläche, sondern in allen Querschnittsflächen, die dadurch entstehen, daß der Anker diametral so geschnitten wird, daß die Drehachse in der Schnittfläche liegt. Die Wirbelströme heizen das Eisen kräftig auf. Die in einer Leiterschleife induzierte Spannung ist der Flußdichte des Erregerfeldes und der Ankerdrehzahl proportional. Der der Spannung proportionale Strom ist die Ursache von Stromwärmeverlustleistung in der widerstandsbehafteten Leiterschleife. Sie wächst mit dem Quadrat des Stromes. Was für eine gedachte Leiterschleife gilt, gilt natürlich auch für alle anderen. Aus alldem ergibt sich, daß die Wirbelstromverlustleistung dem Quadrat der magnetischen Flußdichte und dem Quadrat der Ankerdrehzahl proportional ist.

$$P_W \sim B^2 \cdot n^2 \tag{1.16}$$

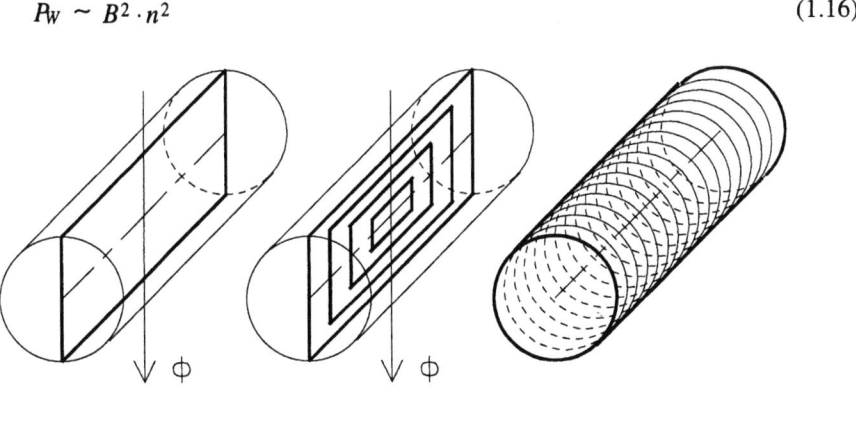

Bild 1.54 Wirbelstrombildung und deren Unterdrückung durch "Blechen" des Ankers

Anders als bei der Ummagnetisierungsverlustleistung Gl. (1.15) gilt hier der Exponent 2 streng.

Ohne Maßnahmen zur Verringerung der Wirbelstromverlustleistung ist ein ordentlicher Betrieb der Maschine nicht möglich. Ein Mittel zur Verringerung der Verluste besteht darin, den spezifischen Widerstand des Ankereisens durch den Zusatz von Silizium zu vergrößern. Ein zusätzliches, noch wirksameres Mittel ist der Ersatz des massiven Eisenzylinders durch ein Blechpaket (Bild 1.54c). Das Blechpaket entsteht dadurch, daß kreisförmige Scheiben aus dünnem Blech übereinander geschichtet werden. Die Bleche sind gegeneinander isoliert, beispielsweise durch eine Lackschicht. Auf diese Weise werden die ursprünglichen Wirbelstrombahnen unterbrochen. Ganz wird die Wirbelstrombildung nicht unterbunden. Auch in den Blechen fließen noch Wirbelströme. Ihre Wirkung ist umso geringer, je dünner die Bleche sind. Eine gewisse Blechdicke – die Grenze liegt üblicherweise bei 0,5 mm – darf allerdings nicht unterschritten werden. Sonst besteht die Gefahr, daß die Bleche bei der Bearbeitung brechen. Das gilt auch, wenn der Siliziumgehalt der Bleche zu hoch ist, denn Silizium macht die Bleche spröde.

Ummagnetisierungs- oder Hystereseverlustleistung und Wirbelstromverlustleistung zusammen bilden die Eisenverlustleistung.

$$P_{Fe} = P_H + P_W \qquad (1.17)$$

Da die Ummagnetisierungsleistung näherungsweise mit dem Quadrat der Flußdichte zunimmt und die Wirbelstromverlustleistung exakt mit dem Quadrat der Flußdichte wächst, gilt für die Eisenverlustleistung als Summe der beiden eine ungefähr quadratische Abhängigkeit von der Flußdichte.

$$P_{Fe} \sim B^2 \quad \text{(Exponent 2 ist Näherung)} \qquad (1.18)$$

Eisenverluste entstehen nicht nur im Eisen des Ankers bzw. Rotors, sondern auch im Statoreisen. Das klingt zunächst überraschend, denn das Feld im Statoreisen sieht beim ersten Blick wie ein Gleichfeld aus. Doch das stimmt nicht ganz. Der magnetische Widerstand des Luftspalts im Bereich der Polschuhe ist örtlich nicht konstant (Bild 1.55). Es wechseln in regelmäßiger Folge Abschnitte, deren Widerstand groß ist, mit Abschnitten, deren magnetischer Widerstand weniger groß ist. Stellen großen Widerstands sind dort, wo Nuten liegen, in die die Ankerleiter eingebettet sind. Die Stellen geringeren Widerstands befinden sich zwischen den Nuten, im Bereich der sogenannten Zähne. Hier überquert wegen des geringen Widerstands der magnetische Fluß den Luftspalt bevorzugt. Infolgedessen tritt hier auch die größte Flußdichte auf. Die Maschine wird so ausgelegt, daß die Zahnflußdichte etwa $2T$ beträgt. Das bedeutet, daß die Zähne sich im Bereich beginnender Sättigung befinden. Die mittlere Flußdichte im Luftspalt beträgt dann, wenn wir davon ausgehen, daß Zähne und Zahnlücken etwa gleich breit sind, ungefähr $1T$. Die Konzentration des magnetischen Flusses im Bereich der Zähne bringt es mit sich, daß auch an der Oberfläche des Polschuhs die Flußverteilung ungleichmäßig ist und Stellen gro-

1.7 Verluste und Wirkungsgrad

ßer Flußdichte mit solchen geringer Dichte abwechseln. Da sich der Rotor der Maschine dreht, wandern in der Polschuhoberfläche die Stellen unterschiedlicher Flußdichte. Das bedeutet, daß an einer bestimmten Stelle der Oberfläche die Flußdichte periodisch zwischen einem Maximal- und einem Minimalwert schwankt. Für diese Stelle ist der Fluß ein Wechselfluß und es treten infolgedessen hier und an allen anderen Stellen der Polschuhoberfläche Wirbelströme auf, die die Polschuhe erwärmen. Um die damit verbundene Wirbelstromverlustleistung klein zu halten, müssen auch die Polschuhe aus Blechen aufgebaut, d.h. geblecht werden. Nun ist es aus fabrikatorischen Gründen einfacher, statt des Polschuhs allein gleich den ganzen Pol aus Blechen aufzubauen. Ja, man geht zum Teil sogar noch einen Schritt weiter. Bei großen Gleichstrommaschinen, deren Drehzahl über den Erregerfluß geregelt werden soll, wird wegen der damit verbundenen Notwendigkeit einer schnellen Änderung des Erregerflusses der ganze Stator, d.h. auch das Joch, geblecht. Auf diese Weise werden Wirbelstöme im Statoreisen klein gehalten, die nach der Lenz'schen Regel so gerichtet sind, daß sie einer Änderung des magnetischen Flusses entgegenzuwirken suchen.

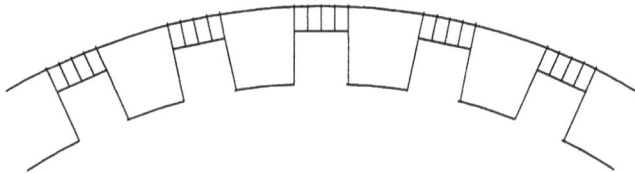

Bild 1.55 Ungleichmäßige Verteilung des magnetischen Flusses an den Polschuhkanten

1.7.3 Reibungsverlustleistung und weitere Verluste

Beim Betrieb der Maschine tritt außer der Stromwärmeverlustleistung in den Wicklungen und der Eisenverlustleistung noch Reibungsverlustleistung auf. Sie entsteht durch Lager- und Luftreibung sowie Bürstenreibung und ist drehzahlabhängig. Hinzu kommt noch die Bürstenübergangsverlustleistung, die sich als Produkt von Bürstenspannungsabfall und über die Bürste fließendem Strom ergibt. Bei zwei Bürsten ist die Bürstenübergangsverlustleistung

$$P_{Bürste} = 2 \cdot U_{Bürste} \cdot I \tag{1.19}$$

Dabei ist der Bürstenspannungsabfall von der Belastung praktisch unabhängig und wird bei Kohlebürsten in der Regel zu $1V$ angenommen. Bislang noch nicht erfaßte Verluste werden als Zusatzverluste bezeichnet. Sie sind so klein, daß ihre Erfassung durch Messung auf Schwierigkeiten stößt. Sie werden aus diesem Grund pauschal mit einem bestimmten Wert angenommen, z. B. mit 1% der abgegebenen

Leistung. Zusatzverluste entstehen beispielsweise in den von Wechselstrom durchflossenen Ankerleitern infolge Stromverdrängung. Die Stromwärmeverlustleistung in der Ankerwicklung wird mit dem durch eine Gleichstrom-Gleichspannungs-Messung ermittelten Ankerkreiswiderstand berechnet. Bei der Gleichstrom-Gleichspannungs-Messung wird der von einem über die Ankerwicklung fließenden Gleichstrom hervorgerufene Spannungsabfall gemessen und der Wicklungswiderstand dann als Quotient von Spannungsabfall und Strom berechnet. Der bei Stromverdrängung wirksame Widerstand ist wegen der dann nicht mehr gleichmäßigen Stromverteilung über die Ankerleiterquerschnittsfläche größer als der durch eine Gleichstrom-Gleichspannungs-Messung ermittelte und infolgedessen ist auch die tatsächliche Stromwärmeverlustleistung im Ankerkreis der Maschine größer als die berechnete.

1.7.4 Der Leistungsfluß der Maschine

Im folgenden wollen wir den Leistungsfluß für eine fremderregte Maschine im Generator- und Motorbetrieb betrachten.

Im Generatorbetrieb wird der Maschine an der Welle mechanische Leistung P_{mech} und an den Klemmen der Erregerwicklung elektrische Leistung, die Erregerleistung P_{Err}, zugeführt (Bild 1.56). An den Klemmen des Ankerkreises gibt sie

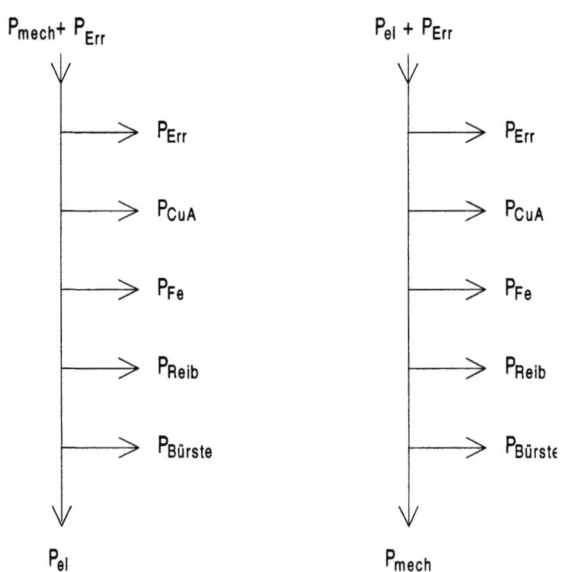

Bild 1.56 Leistungsfluß der fremderregten Maschine

1.7 Verluste und Wirkungsgrad

elektrische Leistung P_{el} ab. Vergleicht man die abgegebene mit der aufgenommenen Leistung, so stellt man fest, daß die abgegebene Leistung kleiner als die aufgenommene ist. Die Leistungsdifferenz stellt die Verlustleistung dar. Zur Verlustleistung zählen die in der Erregerwicklung umgesetzte Stromwärmeverlustleistung P_{Err}, die im Ankerkreis umgesetzte Stromwärmeverlustleistung P_{CuA}, die Eisenverlustleistung P_{Fe}, bestehend aus Ummagnetisierungs- und Wirbelstromverlustleistung, die Reibungsverlustleistung P_{Reib}, hervorgerufen durch Lager- und Luftreibung sowie Bürstenreibung, die Bürstenübergangsverlustleistung $P_{Bürste}$ und die Zusatzverlustleistung P_{Zusatz}, die wir hier und im folgenden als vernachlässigbar klein betrachten wollen.

Im Motorbetrieb nimmt die Maschine über den Ankerkreis die elektrische Leistung P_{el} und über den Erregerkreis die elektrische Leistung P_{Err} auf und gibt an der Welle mechanische Leistung P_{mech} ab (Bild 1.56). Auch hier ist die abgegebene Leistung kleiner als die aufgenommene. Die Differenz stellt die Verlustleistung dar. Zieht man von der aufgenommenen Leistung die Stromwärmeverlustleistung in der Erregerwicklung P_{Err}, die Stromwärmeverlustleistung im Ankerkreis P_{CuA}, die Eisenverlustleistung P_{Fe}, die Reibungsverlustleistung P_{Reib} und die Bürstenübergangsverlustleistung $P_{Bürste}$ ab, so erhält man die an der Welle abgegebene mechanische Leistung P_{mech}.

1.7.5 Der Wirkungsgrad der Maschine

Unter dem Wirkungsgrad der Maschine versteht man das Verhältnis von abgegebener Leistung zu aufgenommener Leistung.

$$\eta = \frac{P_{ab}}{P_{auf}} \tag{1.20}$$

Das gilt sowohl für den Generator- als auch den Motorbetrieb der Maschine. Es macht keine Schwierigkeiten, die vom Generator abgegebene und die vom Motor aufgenommene elektrische Leistung zu bestimmen. Dazu genügen ein Spannungs- und ein Strommesser. Das Produkt von Spannung und Strom stellt die gesuchte Leistung dar. Schwieriger wird das bei der mechanischen Leistung, die der Generator an der Welle aufnimmt und der Motor an der Welle abgibt. Sie kann als Produkt von Winkelgeschwindigkeit und Drehmoment ermittelt werden. Dabei stellt die Ermittlung der Winkelgeschwindigkeit über die Drehzahl mit einem Drehzahlmesser kein Problem dar, wohl aber die Ermittlung des Drehmoments. Sie ist aufwendiger als die Ermittlung der übrigen Größen. Deswegen geht man in der Regel nach dem sogenannten Einzelverlustverfahren vor. Im Generatorbetrieb ermittelt man die abgegebene elektrische Leistung durch Messung von Spannung und Strom und bekommt die aufgenommene mechanische Leistung dadurch, daß man alle durch Messung und Rechnung ermittelten Einzelverluste zur abgegebenen Leistung hinzuaddiert. Für den Motorbetrieb verfährt man entsprechend. Durch Spannungs- und Strommessung wird die aufgenommene elektrische Leistung bestimmt. Zieht man von dieser alle Verluste ab, so hat man die an der Welle abgegebene mechanische Leistung.

Die Stromwärmeverlustleistung in den Wicklungen wird über Wicklungsstrom und ohmschen Wicklungswiderstand ermittelt und ist durch das Produkt von Stromquadrat und Widerstand gegeben.

$$P_{Cu} = I^2 \cdot R \tag{1.21}$$

Eisen- und Reibungsverlustleistung werden in der Regel zusammen in einem Leerlaufversuch im Motorbetrieb ermittelt. Beide hängen von der Drehzahl ab, die Eisenverlustleistung darüberhinaus von der Flußdichte des magnetischen Feldes bzw. vom Erregerstrom. Infolgedessen muß der Leerlaufversuch unter den Betriebsbedingungen, d.h. mit der Drehzahl und dem Erregerstrom gemacht werden, für die die Eisen- und Reibungsverlustleistung ermittelt werden soll. Zieht man von der im Leerlauf aufgenommenen Leistung die Stromwärmeverlustleistung ab, so erhält man die Eisen- und Reibungsverlustleistung.

Besonders übersichtlich hinsichtlich der Bestimmung der Eisen- und Reibungsverlustleistung sind die Verhältnisse bei der fremderregten Maschine. Für den Leerlaufversuch zur Ermittelung der Eisen- und Reibungsverlustleistung muß zunächst einmal der Erregerstrom eingestellt werden, für den die Verlustleistung ermittelt werden soll. Anschließend wird die Spannung am Ankerkreis der Maschine solange gesteigert, bis die Drehzahl erreicht ist, für die die Eisen- und Reibungsverlustleistung bestimmt werden soll. Diese Spannung wird gemessen, außerdem der im Leerlauf im Ankerkreis fließende Strom. Das Produkt dieser beiden Größen stellt die im Ankerkreis aufgenommene Leistung P_{el} dar (Bild 1.56), die wir im Falle des Leerlaufs mit P_0 bezeichnen wollen. Zieht man von ihr die Stromwärmeverlustleistung im Ankerkreis sowie die Bürstenübergangsverlustleistung ab, so erhält man die Eisen- und Reibungsverlustleistung.

$$P_{Fe+Reib} = P_0 - P_{CuA} - P_{Bürste} = U_A \cdot I_A - I_A^2 \cdot R_A - 2 \cdot U_B \cdot I_A \tag{1.22}$$

Eine Trennung von Eisen- und Reibungsverlustleistung ist möglich, wenn der Leerlaufversuch mit verschiedenen Spannungen und einer Drehzahl gemacht wird, die der entspricht, für die die Reibungsverlustleistung bestimmt werden soll. Zur Einhaltung der Drehzahl bei Variation der Spannung ist der Erregerstrom entsprechend nachzustellen. Trägt man die durch Versuch und Rechnung ermittelte Eisen- und Reibungsverlustleistung Gl. (1.22) in Abhängigkeit vom Erregerfluß Φ bzw. in Abhängigkeit von der Gegenurspannung U_q, die dem Fluß proportional ist Gl. (1.5), auf, so ergibt sich eine parabelähnlich verlaufende Kennlinie (Bild 1.57a). Die Gegenurspannung erhält man, wenn man von der an den Ankerkreis angelegten Spannung, die hier variiert wird, jeweils den Spannungsabfall am ohmschen Ankerkreiswiderstand und den Spannungsabfall an den Bürsten abzieht.

$$U_q = U_A - I_A \cdot R_A - 2 \cdot U_B \tag{1.23}$$

1.7 Verluste und Wirkungsgrad

Der parabelähnliche Verlauf der Kennlinie erklärt sich dadurch, daß die Eisenverlustleistung näherungsweise quadratisch mit der Erregerflußdichte Gl. (1.18) und damit näherungsweise quadratisch mit dem Erregerfluß Φ bzw. der Gegenurspannung U_q zunimmt, während die Reibungsverlustleistung, die nur von der Drehzahl abhängt, konstant ist. Die Reibungsverlustleistung kann im Schnittpunkt der Kennlinie $P_{Fe+Reib} = f(\Phi)$ bzw. $P_{Fe+Reib} = f(U_q)$ mit der Ordinate abgelesen werden. Da Kennlinienpunkte problemlos nur für größere Fluß- bzw. Spannungswerte aufgenommen werden können, ist zur Bestimmung der Reibungsverlustleistung eine Extrapolation der Kennlinie zu kleineren Fluß- bzw. Spannungswerten nötig, um diesen Schnittpunkt zu gewinnen. Diese Extrapolation kann mit erheblicher Ungenauigkeit behaftet sein. Es empfiehlt sich deswegen, die Eisen- und Reibungsverlustleistung nicht über der Spannung U_q, sondern über deren Quadrat U_q^2 aufzutragen: $P_{Fe+Reib} = f(U_q^2)$. Wegen der ungefähr quadratischen Abhängigkeit der Eisenverlustleistung von der Spannung U_q ergibt sich für diese Kennlinie näherungsweise eine Gerade, deren Extrapolation zu kleineren Spannungswerten hin keine Schwierigkeiten bereitet (Bild 1.57b). Wenn die Kennlinie $P_{Fe+Reib} = f(U_q^2)$ nicht exakt geradlinig verläuft, so liegt das an der Ummagnetisierungsverlustleistung, die ja, anders als die Wirbelstromverlustleistung, nicht streng mit dem Quadrat der Erregerflußdichte und damit mit dem Quadrat des Erregerflusses bzw. der Gegenurspannung wächst.

Beispiel 1.12: Fremderregter Gleichstrommotor $440V$ $126A$ $1500 min^{-1}$. Erregernennspannung $440V$. Ankerkreiswiderstand $162 m\Omega$ bei $20°C$. Erregerwicklungswiderstand 252Ω bei $20°C$. Zur Ermittlung der Eisen- und Reibungsverlustleistung bei Betrieb der Maschine mit Nennerregerstrom und Nenndrehzahl wurde ein Leerlaufversuch mit Nennerregerstrom und Nenndrehzahl gemacht. Dazu wurde die Spannung solange gesteigert, bis die Nenndrehzahl erreicht war. Das war bei $415V$ der Fall, der dabei gemessene Strom betrug $4,96A$.

Berechnen Sie für eine Belastung des Motors, bei der der Nennstrom, der 0,75fache und 0,5fache Nennstrom fließt: a) die abgegebene Leistung b) das Drehmoment c) den Wirkungsgrad. Betriebstemperatur der Maschine: $75°C$.

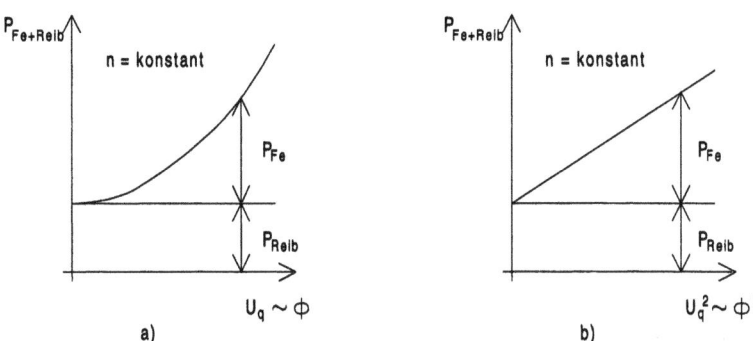

Bild 1.57 Trennung von Eisen- und Reibungsverlustleistung

Lösung: Zunächst müssen die Wicklungswiderstände für die angegebene Betriebstemperatur, die sogenannten Warmwiderstände, mit Hilfe der bei Raumtemperatur, hier 20°C, gemessenen sogenannten Kaltwiderstände berechnet werden. Dabei wird von einer im Zusammenhang mit elektrischen Maschinen gebräuchlichen Art der Berechnung des Warmwiderstands Gebrauch gemacht. Zwischen Widerstand und Temperatur besteht im Bereich üblicher Betriebstemperaturen bei reinen Metallen ein linearer Zusammenhang. Aus der diesen Zusammenhang beschreibenden Kennlinie (Bild 1.58) ergibt sich mit Hilfe des Strahlensatzes für den Zusammenhang zwischen Warm- und Kaltwiderstand bei Kupfer

$$\frac{R_{warm}}{R_{kalt}} = \frac{235^0C + \vartheta_{warm}}{235^0C + \vartheta_{kalt}}$$

oder

$$R_{warm} = R_{kalt} \cdot \frac{235^0C + \vartheta_{warm}}{235^0C + \vartheta_{kalt}} \tag{1.24}$$

Darin ist 235°C eine für Kupfer geltende Materialkonstante. Sie beträgt bei Aluminium 245°C. Da bei Gleichstrommaschinen das Leitermaterial in der Regel Kupfer ist, ist bei 75°C der Ankerkreiswiderstand

$$R_A(75^0C) = 162m\Omega \cdot \frac{235^0C + 75^0C}{235^0C + 20^0C} = 198m\Omega$$

und der Erregerwicklungswiderstand

$$R_E(75^0C) = 252\Omega \cdot \frac{235^0C + 75^0C}{235^0C + 20^0C} = 307\Omega$$

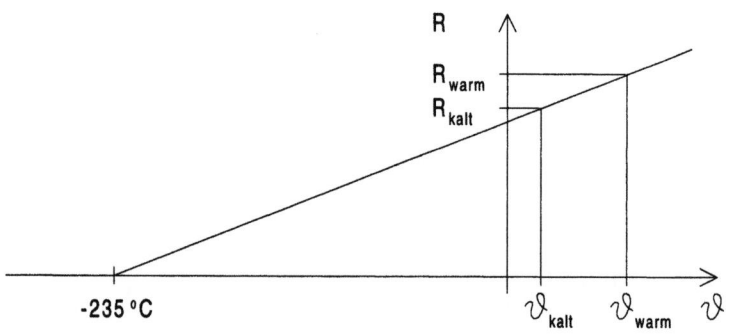

Bild 1.58 Wicklungswiderstand in Abhängigkeit von der Temperatur

1.7 Verluste und Wirkungsgrad

Bei der Ermittelung der Eisen- und Reibungsverlustleistung der Maschine wird mit dem Kaltwiderstand und nicht mit dem Warmwiderstand des Ankerkreises gerechnet, weil man dann bei der Bestimmung der Verlustleistung auf der sicheren Seite liegt.

$$P_{Fe+Reib} = P_0 - I_A^2 \cdot R_A - 2 \cdot U_{Bürste} \cdot I_A$$

$$P_{Fe+Reib} = 415V \cdot 4{,}96A - (4{,}96A)^2 \cdot 162m\Omega - 2 \cdot 1V \cdot 4{,}96A$$

$$P_{Fe+Reib} = 2{,}06kW - 0{,}00399kW - 0{,}00992kW = 2{,}04kW$$

Die im Leerlaufversuch aufgenommene Leistung entspricht praktisch der Eisen- und Reibungsverlustleistung der Maschine. Die Stromwärmeverlustleistung im Ankerkreis und die Bürstenübergangsleistung sind vernachlässigbar klein.

Zu a) Die vom Motor an der Welle abgegebene mechanische Leistung erhält man, wenn man von der aufgenommenen elektrischen Leistung die Verlustleistung der Maschine abzieht.

$$P_{mech} = P_{auf} - P_{Verl}$$

Die aufgenommene elektrische Leistung setzt sich aus der im Ankerkreis und der im Erregerkreis aufgenommenen Leistung zusammen.

$$P_{auf} = P_{el} + P_{Err}$$

oder ausführlicher

$$P_{auf} = U_A \cdot I_A + \frac{U_E^2}{R_E}$$

Die Verlustleistung stellt die Summe von Stromwärmeverlustleistung im Erreger- und Ankerkreis, Eisen- und Reibungsverlustleistung und Bürstenübergangsverlustleistung dar.

$$P_{Verl} = \frac{U_E^2}{R_E} + I_A^2 \cdot R_A + P_{Fe+Reib} + 2 \cdot U_{Bürste} \cdot I_A$$

Bildet man, um die an der Welle abgegebene mechanische Leistung zu bekommen, die Differenz von aufgenommener elektrischer Leistung und Verlustleistung, so sieht man, daß die im Erregerkreis aufgenommene Leistung auf die mechanische Leistung keinen Einfluß hat.

$$P_{mech} = U_A \cdot I_A - (I_A^2 \cdot R_A + P_{Fe+Reib} + 2 \cdot U_{Bürste} \cdot I_A)$$

Die an der Welle abgegebene mechanische Leistung des Motors ist bei einer Belastung, bei der der Nennstrom fließt,

$$P_{mech1,0} = 440V \cdot 126A - (126A)^2 \cdot 198m\Omega - 2,04kW - 2 \cdot 1V \cdot 126A$$

$$P_{mech1,0} = 55,4kW - 3,14kW - 2,04kW - 0,252kW = 50,0kW$$

Das ist die Nennleistung des Motors. Sie wird auf dem Leistungsschild der Maschine angegeben. Bei 0,75fachem Nennstrom ist die abgegebene mechanische Leistung

$$P_{mech0,75} = 440V \cdot 0,75 \cdot 126A - (0,75 \cdot 126A)^2 \cdot 198m\Omega - 2,04kW$$
$$- 2 \cdot 1V \cdot 0,75 \cdot 126A$$

$$P_{mech0,75} = 37,6kW$$

Bei 0,5fachem Nennstrom ist die abgegebene Leistung

$$P_{mech0,5} = 440V \cdot 0,5 \cdot 126A - (0,5 \cdot 126A)^2 \cdot 198m\Omega - 2,04kW$$
$$- 2 \cdot 1V \cdot 0,5 \cdot 126A$$

$$P_{mech0,5} = 24,8kW$$

Zu b) Das vom Motor abgegebene Drehmoment M erhält man, wenn man die abgegebene mechanische Leistung P_{mech} durch die Winkelgeschwindigkeit $\omega = 2 \cdot \pi \cdot n$ dividiert.

$$M = \frac{P_{mech}}{2 \cdot \pi \cdot n}$$

1.7 Verluste und Wirkungsgrad

Das Drehmoment ist bei Nennlast

$$M_{1,0} = \frac{50{,}0 kW}{2 \cdot \pi \cdot \frac{1500}{60} \cdot s^{-1}} = 318 Nm$$

Das Drehmoment bei 0,75facher und 0,5facher Nennlast ist

$$M_{0,75} = \frac{37{,}6 kW}{2 \cdot \pi \cdot \frac{1500}{60} \cdot s^{-1}} = 239 Nm$$

bzw.

$$M_{0,5} = \frac{24{,}8 kW}{2 \cdot \pi \cdot \frac{1500}{60} \cdot s^{-1}} = 158 Nm$$

Genaugenommen hätten für Teillast die entsprechenden Drehzahlen eingesetzt werden müssen und nicht die für Vollast. Da jedoch beim fremderregten Motor die Drehzahl nur wenig von der Belastung abhängt, kommt man bei genauer Rechnung zu praktisch den gleichen Ergebnissen, sodaß der Aufwand für die Berechnung der Teillastdrehzahlen kaum lohnt.

Zu c) Bei der Berechnung des Wirkungsgrades als Quotient von abgegebener mechanischer Leistung zu aufgenommener elektrischer Leistung ist die elektrische Leistung die Summe von im Ankerkreis und im Erregerkreis aufgenommener Leistung.

$$\eta = \frac{P_{mech}}{U_A \cdot I_A + \frac{U_{Err}^2}{R_E}}$$

Damit ergibt sich für den Wirkungsgrad bei Nennlast

$$\eta_{1,0} = \frac{50{,}0 kW}{440V \cdot 126A + \frac{(440V)^2}{307 \Omega}} = 0{,}892 \hat{=} 89{,}2\%$$

bei 0,75facher Nennlast

$$\eta_{0,75} = \frac{37,6kW}{440V \cdot 0,75 \cdot 126A + \frac{(440V)^2}{307\Omega}} = 0,891 \triangleq 89,1\%$$

und bei 0,5facher Nennlast

$$\eta_{0,5} = \frac{24,8kW}{440V \cdot 0,5 \cdot 126A + \frac{(440V)^2}{307\Omega}} = 0,875 \triangleq 87,5\%$$

Berechnet man die Abhängigkeit des Wirkungsgrades von der abgegebenen mechanischen Leistung $\eta = f(P_{mech})$ in der angegebenen Weise, so ergibt sich, daß vom Leerlauf $P_{mech} = 0$ ausgehend, bei dem der Wirkungsgrad Null ist, mit steigender Last der Wirkungsgrad steil ansteigt und ein Plateau erreicht. Ist dieses Plateau erreicht, ändert sich der Wirkungsgrad nur noch wenig. Das auftretende Maximum ist in der Regel wenig ausgeprägt und seine Lage dann schwer zu erkennen.

Beispiel 1.13: Ein Verbrennungsmotor wird mit einem fremderregten Generator, der auf einen Widerstand arbeitet, belastet. Bei einem Strom von 380A wird an den Klemmen des Generators eine Spannung von 230V gemessen, die Drehzahl des Maschinenaggregates ist 1500min^{-1}. Wie groß ist die von dem Verbrennungsmotor abgegebene Leistung? Der Ankerkreiswiderstand des Generators ist 34,6mΩ. Seine Eisen- und Reibungsverlustleistung wurde durch einen Leerlaufversuch im Motorbetrieb mit 1500min^{-1} und Betriebserregerfluß ermittelt. Dazu wurde die am Ankerkreis liegende Spannung solange gesteigert, bis die Drehzahl 1500min^{-1} erreicht war. Das war bei 242V der Fall. Der dabei fließende Ankerstrom war 15,4A.

Lösung: Die Eisen- und Reibungsverlustleistung der Maschine erhält man, wenn man von der im Leerlauf im Motorbetrieb aufgenommenen Ankerkreisleistung die Stromwärmeverlustleistung im Ankerkreis und die Bürstenübergangsverlustleistung abzieht.

$$P_{Fe+Reib} = P_0 - P_{CuA} - P_{Bürste} = P_0 - I_A^2 \cdot R_A - 2 \cdot U_{Bürste} \cdot I_A$$

$$P_{Fe+Reib} = 243V \cdot 15,4A - (15,4A)^2 \cdot 34,6m\Omega - 2 \cdot 1V \cdot 15,4A$$

$$P_{Fe+Reib} = 3,74kW - 0,00821kW - 0,0308kW = 3,70kW$$

1.7 Verluste und Wirkungsgrad

Die der Maschine im Generatorbetrieb an der Welle zugeführte mechanische Leistung ergibt sich als Summe von abgegebener Klemmenleistung und Verlustleistung in der Maschine, die sich zusammensetzt aus Stromwärmeverlustleistung im Ankerkreis, Eisen- und Reibungsverlustleistung und Bürstenübergangsverlustleistung.

$$P_{mech} = U_A \cdot I_A + P_{CuA} + P_{Fe+Reib} + P_{Bürste}$$

$$P_{mech} = 230V \cdot 380A + (380A)^2 \cdot 34{,}6m\Omega + 3{,}70kW + 2 \cdot 1V \cdot 380A$$

$$P_{mech} = 87{,}4kW + 5{,}00kW + 3{,}70kW + 0{,}760kW$$

$$P_{mech} = 96{,}9kW$$

Die Verbrennungskraftmaschine gibt eine Leistung von $96{,}9kW$ ab.

Beispiel 1.14: Fremderregter Gleichstromgenerator $1250kW$ $500V$ 1200min^{-1} $R_A = 8{,}80m\Omega$. Eisen- und Reibungsverlustleistung $P_{Fe+Reib} = 30kW$. Erregerleistung $P_{Err} = 4{,}50kW$. Wirkungsgrad bei Nennbetrieb? Bei welcher Belastung tritt der maximale Wirkungsgrad auf und wie groß ist er?

Lösung: Der Wirkungsgrad im Generatorbetrieb ist durch den Quotienten von abgegebener elektrischer Leistung und aufgenommener Leistung bestimmt. Die aufgenommene Leistung setzt sich aus der an der Welle aufgenommenen mechanischen Leistung und der im Erregerkreis aufgenommenen elektrischen Leistung zusammen.

$$\eta = \frac{P_{el}}{P_{mech} + P_{Err}}$$

Die abgegebene elektrische Leistung ist durch das Produkt von Ankerkreisklemmenspannung und Ankerkreisstrom gegeben.

$$P_{el} = U_A \cdot I_A$$

Hier, bei Nennbetrieb, entspricht sie der Nennleistung der Maschine. Die mechanische Leistung erhält man, wenn man zu der an den Klemmen des Ankerkreises abgegebenen elektrischen Leistung alle in der Maschine auftretenden Verluste außer der Erregerleistung addiert. Die auftretenden Verluste sind Eisen- und Reibungsverlustleistung, Stromwärmeverlustleistung im Ankerkreis und Bürstenübergangsverlustleistung.

$$P_{mech} = P_{el} + P_{Fe+Reib} + P_{CuA} + P_{Bürste}$$

Damit ergibt sich für den Wirkungsgrad

$$\eta = \frac{U_A \cdot I_A}{U_A \cdot I_A + P_{Fe+Reib} + I_A^2 \cdot R_A + 2 \cdot U_{Bürste} \cdot I_A + P_{Err}}$$

Mit dem Nennstrom des Generators

$$I_A = \frac{1250kW}{500V} = 2{,}50kA$$

ergibt sich für den Wirkungsgrad bei Nennbetrieb

$$\eta_{Nenn} = \frac{1250kW}{1250kW + 30kW + (2{,}50kA)^2 \cdot 8{,}80m\Omega + 2 \cdot 1V \cdot 2{,}50kA} \ldots$$

$$\ldots \overline{+ 4{,}50kW}$$

$$\eta_{Nenn} = \frac{1250kW}{1250kW + 30kW + 55{,}0kW + 5{,}00kW + 4{,}50kW}$$

$$\eta_{Nenn} = 0{,}930 \triangleq 93{,}0\%$$

Der maximale Wirkungsgrad tritt bei der Belastung auf, bei der die Ableitung des Wirkungsgrades nach dem Ankerkreisstrom, der ja ein Maß für die Belastung ist, Null ist.

$$\frac{d\eta}{dI_A} = 0$$

Einfacher ist die Ermittlung des Wirkungsgradmaximums, wenn wir Zähler und Nenner des Ausdrucks für den Wirkungsgrad durch I_A dividieren. Wir erhalten dann

$$\eta = \frac{U_A}{U_A + \dfrac{P_{Fe+Reib} + P_{Err}}{I_A} + I_A \cdot R_A + 2 \cdot U_B}$$

1.7 Verluste und Wirkungsgrad

Der Wirkungsgrad hat seinen größten Wert dann, wenn der Nenner im Ausdruck für den Wirkungsgrad seinen kleinsten Wert oder sein Minimum hat. Es ist also die Ableitung des Nennerausdrucks zu bilden und gleich Null zu setzen.

$$\frac{dNenner}{dI_A} = 0$$

$$-\left(P_{Fe+Reib} + P_{Err}\right) \cdot I_A^{-2} + R_A = 0$$

Daraus ergibt sich

$$I_A^2 \cdot R_A = P_{Fe+Reib} + P_{Err}$$

Danach ist der Wirkungsgrad für die Belastung am größten, bei der die vom Quadrat des Stromes abhängige Verlustleistung – das ist die Stromwärmeverlustleistung im Ankerkreis – so groß wie die belastungsunabhängige Verlustleistung – das sind Eisen- und Reibungsverlustleistung und Erregerleistung – ist. Da die dem Strom proportionale Verlustleistung, die Bürstenübergangsverlustleistung, in der Regel vernachlässigbar klein ist, läßt sich die Bedingung für das Auftreten des Wirkungsgradmaximums einfacher formulieren: Der Wirkungsgrad ist bei der Belastung am größten, bei der die belastungsabhängige Verlustleistung so groß wie die belastungsunabhängige Verlustleistung ist. Das ist ein bemerkenswertes Ergebnis. Es gilt nicht nur hier in dem besonderen Fall. Es gilt vielmehr für alle Schaltungen der Gleichstrommaschine im Generator- und Motorbetrieb und darüberhinaus für alle elektrischen Maschinen, z.B. für den Transformator und für die Asynchron- sowie Synchronmaschine im Motor- und Generatorbetrieb. Im Fall unseres Generators ergibt sich aus der Bedingung für das Auftreten des Wirkungsgradmaximums für den Ankerkreisstrom, bei dem dieses Maximum auftritt

$$I_A = \sqrt{\frac{P_{Fe+Reib} + P_{Err}}{R_A}} = \sqrt{\frac{30,0kW + 4,50kW}{8,80m\Omega}}$$

$$I_A = 1,98kA \triangleq \frac{1,98kA}{2,50kA} = 0,792 \triangleq 79,2\%$$

Das Wirkungsgradmaximum tritt hier bei einem Ankerkreisstrom auf, der das 0,792fache des Nennstroms oder 79,2% des Nennstroms beträgt. Es ist nicht selten, daß die Maschine so ausgelegt ist, daß das Wirkungsgradmaximum nicht im Nennbetriebspunkt, sondern bei einer Last auftritt, die etwa das 0,75 bis 0,8fache der Nennlast beträgt. Man geht dabei von Seiten des Herstellers von der Vorstellung aus, daß der Betreiber aus Gründen der Vorsicht eine Maschine kauft, deren Leistung etwas größer als nötig ist. Infolgedessen wird die Maschine nicht mit Nennlast, sondern mit Teillast betrieben. In diesem Fall ist es günstig, wenn das Wirkungsgradmaximum schon vor Erreichen der Nennlast auftritt.

$$\eta_{max} = \frac{500V \cdot 0{,}792 \cdot 2{,}50kA}{500V \cdot 0{,}792 \cdot 2{,}50kA + 30{,}0kW + (0{,}792 \cdot 2{,}50kA)^2 \cdot 8{,}80m\Omega} \ldots$$

$$\frac{\ldots}{+ 2 \cdot 1V \cdot 0{,}792 \cdot 2{,}50kA + 4{,}50kW}$$

$\eta_{max} = 0{,}931 \hat{=} 93{,}1\%$

Vergleicht man den maximalen Wirkungsgrad mit dem Wirkungsgrad bei Nennlast, so sieht man, daß der Unterschied sehr gering ist, Zeichen dafür, daß das Wirkungsgradmaximum wenig ausgeprägt ist.

1.8 Weitere Beispiele für den Einsatz der Gleichstrommaschine

Im folgenden werden einige Beispiele für den Einsatz der Gleichstrommaschine gegeben. Dabei geht es nicht um die detaillierte Lösung eines Problems. Im Vordergrund steht vielmehr die Förderung des Verständnisses der bisher geschilderten grundsätzlichen Wirkungsweise der Maschine. Da das Verhalten der fremderregten Gleichstrommaschine besonders einfach zu übersehen ist und die Maschine in dieser Schaltung bevorzugt eingesetzt wird, wird in allen Beispielen vom Einsatz einer fremderregten Gleichstrommaschine ausgegangen.

Der Einfachheit und Übersichtlichkeit halber nehmen wir für alle Beispiele an, daß der Ankerkreis keinen ohmschen Widerstand besitzt. Unter dieser näherungsweise zutreffenden Voraussetzung kommt das Spannungsgleichgewicht im Ankerkreis der Maschine dadurch zustande, daß die Gegenurspannung $u_q = k_u \cdot n \cdot \Phi$ alleine der angelegten Spannung u das Gleichgewicht hält.

$u = k_u \cdot n \cdot \Phi$

Wird die Drehzahl der Maschine allein über die Ankerkreisspannung verstellt und nicht auch noch über den Erregerfluß, wie im Beispiel 1.18, so bedeutet das, daß bei vorgegebenem Drehzahl- bzw. Geschwindigkeitsverlauf die am Ankerkreis

1.8 Weitere Beispiele für den Einsatz der Gleichstrommaschine

liegende Spannung den gleichen zeitlichen Verlauf wie die Drehzahl bzw. die Geschwindigkeit haben muß.

Bei allen Beispielen wird davon ausgegangen, daß für den Ankerkreis eine Spannungsquelle zur Verfügung steht, deren Spannung zwischen einem positiven und einem gleich großen negativen Höchstwert variiert werden kann und die in der Lage ist, den Strom in beiden Richtungen zu führen.

Beispiel 1.15: Elektrofahrzeug auf ebener Strecke
Ein Elektroauto mit fremderregter Gleichstrommaschine fährt auf ebener Straße (Bild 1.59).

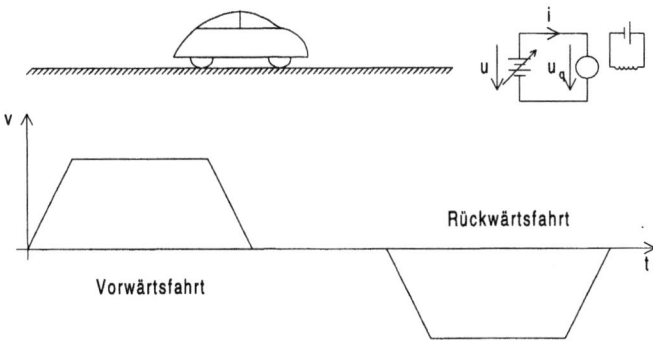

Bild 1.59 Elektrofahrzeug auf ebener Strecke mit vorgegebenem zeitlichen Verlauf der Fahrgeschwindigkeit v

Die Reibung wird der Einfachheit halber zu Null angenommen. Vorgegeben ist die Geschwindigkeit des Fahrzeugs in Abhängigkeit von der Zeit. Das Fahrzeug soll zunächst mit einer bestimmten Geschwindigkeit vorwärts, dann mit der gleichen Geschwindigkeit rückwärts fahren. Während der in beiden Bewegungsrichtungen gleich langen Beschleunigungs- und Bremsphase soll die Geschwindigkeit von Null an linear bis zum Endwert zunehmen bzw. von der Endgeschwindigkeit ausgehend linear auf den Wert Null abnehmen. Die Drehzahl der Antriebsmaschine wird über die Ankerkreisspannung verstellt. Vom Ankerkreis wird angenommen, daß er keinen ohmschen Widerstand hat. Die Erregerwicklung der Maschine liegt an konstanter Spannung. Anzugeben ist, in welcher Weise die Ankerkreisspannung u in Abhängigkeit von der Zeit t verstellt werden muß, damit sich das Fahrzeug in der vorgegebenen Weise bewegt. Darüberhinaus sind die zeitlichen Verläufe von Ankerkreisstrom i und im Ankerkreis umgesetzter Leistung als Produkt von Ankerkreisspannung und Ankerkreisstrom $p = u \cdot i$ anzugeben.

Lösung (Bild 1.60): Motordrehzahl n und damit Fahrzeuggeschwindigkeit v sind der Ankerkreisspannung u proportional.

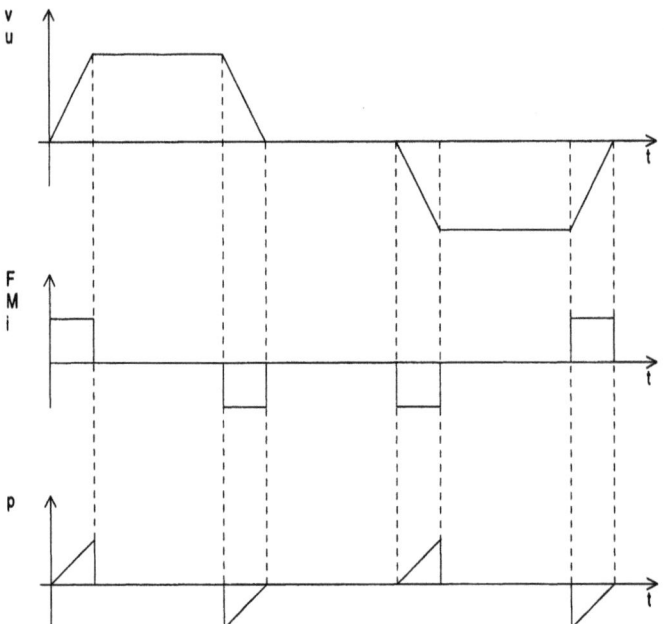

Bild 1.60 Elektrofahrzeug auf ebener Strecke: Zeitliche Verläufe von Ankerkreisspannung u, Antriebskraft F, Drehmoment M, Ankerkreisstrom i und vom Ankerkreis aufgenommener Leistung p bei vorgegebenem zeitlichen Verlauf der Fahrzeuggeschwindigkeit v.

$$n \sim v \sim u \tag{1.25}$$

Alle drei Größen haben deshalb den gleichen zeitlichen Verlauf. Die Spannung muß so verstellt werden, daß ihr zeitlicher Verlauf dem gewünschten zeitlichen Verlauf der Geschwindigkeit entspricht. Proportionalität herrscht auch zwischen dem Ankerkreisstrom i und der zur Bewegung des Fahrzeugs in der durch den zeitlichen Geschwindigkeitsverlauf vorgegebenen Weise nötigen Kraft F und damit dem Drehmoment M der Maschine.

$$i \sim F \sim M \tag{1.26}$$

Wegen der angenommenen reibungslosen Bewegung des Fahrzeugs sind zur Fortbewegung, sieht man von der Beschleunigungs- bzw. Bremsphase ab, keine Kraft und folglich auch kein Antriebsmoment nötig. Infolgedessen fließt auch kein Ankerkreisstrom. Nur im Beschleunigungs- bzw. Bremszeitintervall ist eine wegen der linearen zeitlichen Änderung der Geschwindigkeit konstante Beschleunigungs- bzw. Bremskraft bzw. das dazugehörende Drehmoment nötig. Sie kommen dadurch zustande, daß ein entsprechender Strom fließt.

1.8 Weitere Beispiele für den Einsatz der Gleichstrommaschine

Die im Ankerkreis aufgenommene Leistung ist das Produkt von Ankerkreisspannung und Ankerkreisstrom. Spannung und Strom sind während der Beschleunigungsphase bei Vorwärtsfahrt positiv, bei Rückwärtsfahrt negativ. Die Leistung als Produkt beider Größen ist in beiden Fällen positiv. Die Maschine arbeitet im Motorbetrieb und nimmt Leistung auf, die sie von der Spannungsquelle des Ankerkreises bezieht. Während der Bremsphase bei Vorwärtsfahrt ist die Spannung positiv und der Strom negativ, bei Rückwärtsfahrt ist die Spannung negativ und der Strom positiv. Die Leistung als Produkt beider Größen ist in beiden Fällen negativ. Die Maschine arbeitet im Generatorbetrieb. Sie gibt die beim Bremsen durch die zeitliche Änderung der kinetischen Energie des Fahrzeugs freiwerdende mechanische Leistung an ihren Klemmen als elektrische Leistung an die Spannungsquelle des Ankerkreises ab. Die Spannungsquelle für den Ankerkreis kann eine Akkumulatorenbatterie in Verbindung mit einem Stromrichter, einem Gleichstromsteller für Vierquadrantenbetrieb sein, d.i. ein Gleichstromsteller für Vorwärts- und Rückwärtsfahrt und Bremsbetrieb in beiden Fahrtrichtungen.

Beispiel 1.16: Elektrofahrzeug auf unebener Strecke
Das Elektroauto von Beispiel 1.15 mit fremderregter Gleichstrommaschine soll in unebenem Gelände mit konstanter Geschwindigkeit fahren (Bild 1.61). Die Drehzahl der Antriebsmaschine wird über die Ankerkreisspannung variiert. Vom Ankerkreis wird angenommen, daß er keinen ohmschen Widerstand hat. Die Erregerwicklung der Maschine liegt an konstanter Spannung. Anzugeben ist, in welcher Weise die Ankerkreisspannung verstellt werden muß, damit sich das Fahrzeug in unebenem Gelände mit konstanter Geschwindigkeit bewegt. Darüberhinaus sind in Abhängigkeit vom Weg s die Verläufe von Ankerkreisstrom und im Ankerkreis umgesetzter Leistung als Produkt von Ankerkreisspannung und Ankerkreisstrom anzugeben.

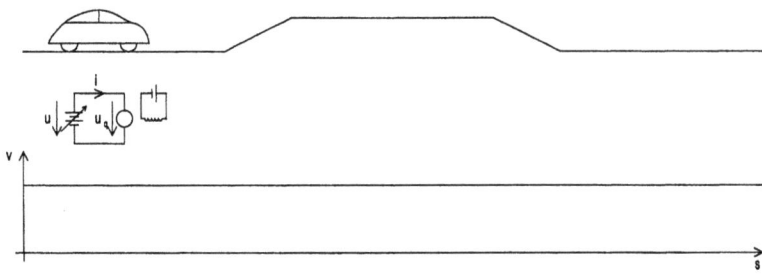

Bild 1.61 Elektrofahrzeug auf unebener Strecke. Vorgegeben: Konstante Fahrzeuggeschwindigkeit

Lösung (Bild 1.62): Motordrehzahl und damit Fahrzeuggeschwindigkeit sind der Ankerkreisspannung proportional Gl. (1.25). Alle drei Größen hängen deshalb in gleicher Weise vom Weg ab. Folglich muß, wenn die Fahrzeuggeschwindigkeit konstant sein soll, die Ankerkreisspannung so eingestellt werden, daß sich die gewünschte Geschwindigkeit einstellt, und dann konstant gehalten werden. Wegen der vorausgesetzten reibungslosen Bewegung sind bei der Fahrt auf ebener Strecke keine Antriebskraft bzw. kein Antriebsmoment nötig. Das hat zur Folge, daß bei der Fahrt auf ebener Strecke kein Ankerkreisstrom fließt. Eine Änderung tritt ein, sobald das Fahrzeug bergauf oder bergab fährt. Zur Bergauffahrt ist bei konstanter Steigung, wie hier, und bei vorgegebener konstanter Geschwindigkeit eine konstante Antriebskraft und damit ein konstantes Antriebsmoment nötig. Es kommt dadurch zustande, daß ein konstanter Ankerkreisstrom fließt. Bei Bergabfahrt unter den gleichen Bedingungen wie bei der Bergauffahrt ist eine konstante Bremskraft und damit ein konstantes Bremsmoment nötig, die dadurch bewirkt werden, daß ein konstanter Ankerkreisstrom von gleicher Größe wie bei der Bergauffahrt, aber entgegengesetzter Richtung fließt. Bei der Bergauffahrt arbeitet die Gleichstrommaschine als Motor und nimmt aus der Ankerkreisspannungsquelle Leistung auf. Bei der Bergabfahrt arbeitet die Gleichstrommaschine im Generatorbetrieb und gibt Leistung an die Ankerkreisquelle ab. Die im Motorbetrieb aufgenommene und im Generatorbetrieb abgegebene elektrische Leistung entspricht der zeitlichen Änderung der potentiellen Energie des Fahrzeugs. Auch hier kann die Spannungsquelle für den Ankerkreis eine Akkumulatorenbatterie in Verbindung mit einem Stromrichter, einem Gleichstromsteller für Vierquadrantenbetrieb, sein.

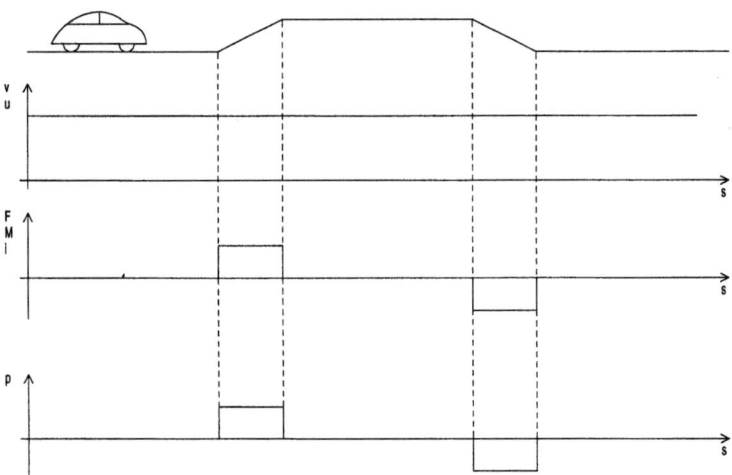

Bild 1.62 Elektrofahrzeug auf unebener Strecke. Abhängigkeit von Ankerkreisspannung u, Antriebskraft F, Antriebsmoment M, Ankerkreisstrom i und vom Ankerkreis aufgenommener Leistung p vom Weg s bei vorgegebener konstanter Fahrgeschwindigkeit v.

Beispiel 1.17: Fördermaschine
Eine Fördermaschine soll eine Last heben und senken. Die zeitliche Abhängigkeit der Geschwindigkeit, mit der das geschehen soll, ist vorgegeben (Bild 1.63). Die

1.8 Weitere Beispiele für den Einsatz der Gleichstrommaschine

Drehzahl der Maschine und damit die Geschwindigkeit, mit der die Last gehoben und gesenkt wird, wird über die Ankerkreisspannung eingestellt. Vom Ankerkreis wird angenommen, daß er keinen ohmschen Widerstand hat. Die Erregerwicklung der Maschine liegt an konstanter Spannung. Anzugeben ist, in welcher Weise die Ankerkreisspannung zur Einhaltung des vorgegebenen Fahrprogramms zu verstellen ist. Welche zeitlichen Verläufe ergeben sich dabei beim Heben und Senken der Last für die aufzuwendende Kraft, das Drehmoment der Maschine, den Ankerkreisstrom und die im Ankerkreis aufgenommene Leistung?

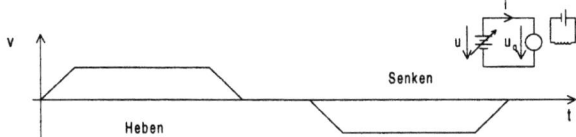

Bild 1.63 Fördermaschine. Vorgegebener zeitlicher Verlauf der Geschwindigkeit v beim Heben und Senken der Last.

Lösung (Bild 1.64): Die Motordrehzahl und damit die Geschwindigkeit, mit der die Last gehoben oder gesenkt wird, sind der Ankerkreisspannung proportional Gl. (1.25). Alle drei Größen hängen deshalb bei vorgegebener Geschwindigkeit in gleicher Weise von der Zeit ab.

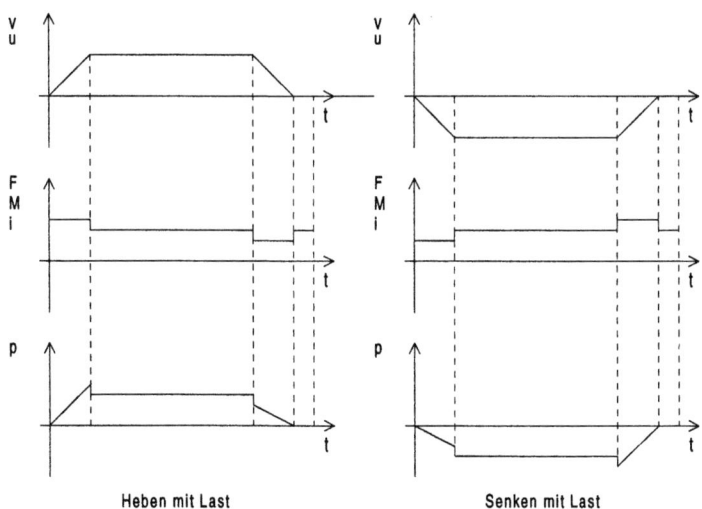

Bild 1.64 Fördermaschine. Zeitliche Abhängigkeit von Ankerkreisspannung u, aufzuwendender Kraft F, Antriebsmoment M, Ankerkreisstrom i und im Ankerkreis aufgenommener Leistung p bei vorgegebener Geschwindigkeit v, mit der die Last gehoben oder abgesenkt wird.

Die Ankerkreisspannung muß demnach in einer dem gewünschten Geschwindigkeitsverlauf entsprechenden Weise verstellt werden. Beim Heben und Absenken der Last mit konstanter Geschwindigkeit ist eine konstante Kraft und damit ein konstantes Moment erforderlich. Wegen der Proportionalität zwischen Drehmoment und Ankerkreisstrom Gl. (1.26) stellt sich deswegen in den Zeitintervallen konstanter Geschwindigkeit ein konstanter, der Last proportionaler Ankerkreisstrom ein. In den Zeitintervallen, in denen die Last beschleunigt oder abgebremst wird, sind zusätzlich zur Kraft, die zum Halten der Last nötig ist, eine Beschleunigungskraft oder eine Bremskraft erforderlich, die umso größer sind, je schneller die Geschwindigkeitsänderung erfolgt. Beschleunigungs- oder Bremskraft haben entsprechende Ankerkreisströme zur Folge, die sich dem Laststrom bei konstanter Geschwindigkeit überlagern. Die vom Ankerkreis aufgenommene Leistung ergibt sich als Produkt von Ankerkreisspannung und Ankerkreisstrom. Beim Heben der Last mit konstanter Geschwindigkeit nimmt der Ankerkreis Leistung auf, die Maschine arbeitet im Motorbetrieb. Beim Absenken der Last mit konstanter Geschwindigkeit wird Leistung frei. Die Maschine arbeitet als Generator. Der Ankerkreis gibt an die an ihn angeschlossene Spannungsquelle Leistung ab. In der Beschleunigungs- und Bremsphase beim Heben der Last bleibt es beim Motorbetrieb der Maschine. Auch beim Absenken der Last bleibt es in der Beschleunigungs- und Bremsphase beim Generatorbetrieb der Maschine. Wenn allerdings beim Heben am Ende der Aufwärtsbewegung genügend stark gebremst wird, kann die Maschine in den Generatorbetrieb übergehen. Beim Absenken der Last kann bei genügend großer Beschleunigung zu Beginn des Absenkens die Maschine in den Motorbetrieb übergehen.

Beispiel 1.18: Walzantrieb
Das Diagramm $v = f(t)$ bzw. $n = f(t)$ (Bild 1.65 oben) zeigt das Fahrprogramm eines Walzmotors. Von einer konstanten Schleichgeschwindigkeit ausgehend soll die Geschwindigkeit mit gleichbleibender Beschleunigung in einer bestimmten Zeit bis zur Arbeitsgeschwindigkeit vergrößert werden. Die Geschwindigkeit wird während eines festgelegten Zeitintervalls konstant gehalten und anschließend durch gleichbleibendes Bremsen in einem Zeitintervall, das dem Beschleunigungszeitintervall entspricht, wieder auf die Schleichgeschwindigkeit zurückgeführt. Die Drehzahl des Motors wird bis zu seiner Grunddrehzahl über die Ankerkreisspannung verstellt, darüberhinaus über das Erregerfeld. Das Walzmoment ist drehzahlunabhängig konstant. Anzugeben ist, in welcher Weise Ankerkreisspannung und Erregerfluß in Abhängigkeit von der Zeit verstellt werden müssen, damit das verlangte Fahrprogramm eingehalten wird. Weiter sind die sich bei diesem Fahrprogramm einstellenden zeitlichen Verläufe von Drehmoment und Ankerkreisstrom anzugeben.

Lösung (Bild 1.65): Die Ankerkreisspannung muß bis zum Erreichen der Grunddrehzahl der Maschine dem gewünschten Drehzahlverlauf entsprechend verstellt werden. Bei Erreichen der Grunddrehzahl ist auch die maximal einstellbare Anker-

1.8 Weitere Beispiele für den Einsatz der Gleichstrommaschine

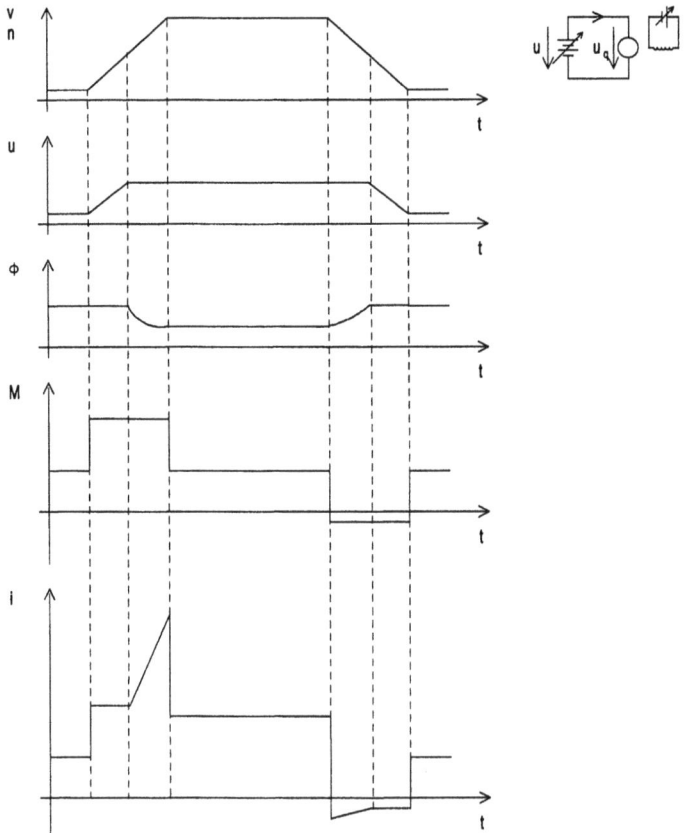

Bild 1.65 Walzantrieb mit Fahrprogramm $v = f(t)$ bzw. $n = f(t)$ Verstellung der Drehzahl über die Ankerkreisspannung u und den Felderregerfluß Φ. Zeitliche Verläufe von Drehmoment M und Ankerkreisstrom i.

kreisspannung erreicht. Die weitere Drehzahlsteigerung wird über die Schwächung des Erregerflussses durch Verringerung der am Erregerkreis der Maschine liegenden Spannung vorgenommen. Während der Zeitintervalle konstanter Drehzahl tritt ein Drehmomentbedarf auf, der dem konstanten Walzmoment entspricht und dadurch gedeckt wird, daß sich ein entsprechender Ankerkreisstrom einstellt, der dem Walzmoment proportional ist. Während der Beschleunigungs- und Bremsphasen tritt ein zusätzlicher Drehmomentbedarf für das Beschleunigen bzw. Bremsen auf. Er hat einen zusätzlichen Ankerkreisstrom zum Beschleunigen bzw. Bremsen zur Folge, dessen Größe mit der Geschwindigkeit der vorgenommenen Drehzahländerungen wächst. Nur im Bereich unterhalb der Grunddrehzahl mit konstantem Erregerfluß entspricht der zeitliche Verlauf des Ankerkreisstromes dem des Drehmomentbedarfs. Im Bereich der Feldschwächung bei Drehzahlen oberhalb der Grunddrehzahl muß sich der Ankerkreisstrom so einstellen, daß das Produkt von

Ankerstrom und Erregerfluß dem Drehmomentbedarf proportional ist. Das ist bei vorgegebenem Drehmomentbedarf gleichbedeutend mit zunehmendem Ankerkreisstrom bei zunehmender Feldschwächung. Dabei muß darauf geachtet werden, daß der Ankerkreis der Maschine nicht überlastet wird. Die vom Ankerkreis der Maschine aufgenommene Leistung ergibt sich als Produkt von Ankerkreisspannung und Ankerkreisstrom. Sie ist, wie der Strom, unter den hier angenommenen Verhältnissen während der Bremsphase negativ. Beim Bremsen geht hier die Maschine vom Motorbetrieb in den Generatorbetrieb über. Ankerkreis und Erregerkreis der Maschine können durch je einen Stromrichter versorgt werden. Der Ankerkreis durch einen sogenannten Umkehrstromrichter. Er besteht aus zwei antiparallel geschalteten Stromrichtern, für jede Stromrichtung einer, und liefert eine Gleichspannung, die zwischen einem positiven Maximalwert und einem gleich großen negativen Maximalwert kontinuierlich variiert werden kann. Über den auf der Wechselspannungsseite ans Drehstromnetz angeschlossenen Stromrichter wird bei Motorbetrieb Leistung aus dem Drehstromnetz bezogen, bei Generatorbetrieb Leistung ins Drehstromnetz eingespeist. Zur Versorgung des Erregerkreises genügt ein Gleichrichter mit verstellbarer Ausgangsspannung.

2 Transformator

Die Versorgung mit elektrischer Energie kann entweder mit Gleichstrom oder mit Wechselstrom vorgenommen werden. Eine wirtschaftliche Energieübertragung über große Entfernungen ist wegen der quadratisch mit dem Strom wachsenden Stromwärmeverlustleistung in den Energieübertragungsleitungen nur bei kleinen Strömen möglich. Das setzt bei vorgegebener Übertragungsleistung, die das Produkt von Übertragungsspannung und Leiterstrom darstellt, eine hohe Übertragungsspannung voraus. Gleichstromgeneratoren lassen sich bis zu Spannungen von etwa $3kV$, Wechselstromgeneratoren bis zu Spannungen von etwa $30kV$ bauen. In beiden Fällen ist die Spannung für eine wirtschaftliche Energieübertragung nicht groß genug. Doch selbst wenn sie es wäre, könnte man sie den meisten Verbrauchern aus Sicherheitsgründen nicht zuführen. Bei Gleichstrom gibt es für dieses Problem keine einfache Lösung. Anders beim Wechselstrom. Mit einem Transformator lassen sich Spannungen vorgegebener Größe beliebig vergrößern und verkleinern. Aus diesem Grund sind elektrische Energieversorgungsnetze weltweit fast ausschließlich Wechselstromnetze. Zwischen den Kraftwerksgenerator und die Energieübertragungsleitung wird ein Transformator geschaltet, der die Maschinenspannung auf die gewünschte Übertragungsspannung hinaufsetzt, und am Ende der Energieübertragungsleitung setzt ein Transformator die Übertragungsspannung auf die gewünschte Verbraucherspannung herab. Mit der Spannungswandlung verbunden ist eine Stromwandlung. Das ergibt sich daraus, daß beim idealen Transformator, bei dem weder Wirk- noch Blindverlustleistung auftritt, das Produkt von Spannung und Strom auf der Oberspannungsseite das gleiche ist wie auf der Unterspannungsseite. Beim realen Transformator, bei dem Wirk- und Blindverlustleistung auftritt, die jedoch beide klein im Vergleich zur aufgenommenen oder abgegebenen Leistung sind, unterscheiden sich die Produkte von Spannung und Strom auf der Ober- und Unterspannungsseite so wenig, daß sie als gleich angenommen werden können. Transformatoren werden bis zu Leistungen von etwa $1500MVA$ und Spannungen von etwa $1000kV$ gebaut. Das Jahr 1885 gilt als das Geburtsjahr des Transformators und die drei ungarischen Ingenieure Blathy, Deri und Zipernowsky gelten als seine Erfinder. Die Grundidee des Transformators steckt im Induktionsgesetz, das 1831 von Michael Faraday (1791-1867) entdeckt wurde.

Spannung und Strom in elektrischen Energienetzen müssen überwacht werden. Häufig sind sie so groß, daß sie einer Meßeinrichtung direkt nicht zugeführt werden können. Auch in diesen Fällen wird der Transformator eingesetzt. Wenn er zur Herabsetzung einer Spannung benutzt wird, nennt man ihn einen Spannungswandler. Wenn er zur Herabsetzung eines Stromes dient, spricht man von einem Stromwandler. In beiden Fällen handelt es sich um einen Transformator, der sich dadurch auszeichnet, daß seine Wirk- und Blindverlustleistung kleiner ist als bei den sonst üblichen Transformatoren.

2.1 Idealer Transformator

Ein Transformator besteht aus einem geschlossenen Eisenkern und zwei darauf sitzenden Wicklungen. Beim Betrieb des Transformators nimmt eine der Wicklungen, die Eingangswicklung, elektrische Leistung auf, während die andere, die Ausgangswicklung, elektrische Leistung abgibt. Die elektrische Leistung, die auf der Ausgangsseite entnommen wird, wird von der Eingangsseite bezogen. Da zwischen der Eingangs- und der Ausgangswicklung keine leitende Verbindung besteht, wird die Leistung von der einen auf die andere Seite induktiv übertragen. Diese Art der Leistungsübertragung ist nur bei Wechselspannung möglich. Folglich braucht der Transformator zu seinem Betrieb Wechselspannung.

2.1.1 Das Spannungsgleichgewicht

Zur Erklärung der Wirkungsweise des Transformators sei zunächst angenommen, daß auf dem Eisenkern nur eine Wicklung sitzt (Bild 2.1). Diese Wicklung habe keinen ohmschen Widerstand. Bei ausgeführten Transformatoren stellt diese Annahme eine gute Näherung dar. Wir legen die Wicklung an eine Wechselspannungsquelle. Was geschieht?

Legt man einen ohmschen Widerstand an eine Wechselspannungsquelle, dann fließt ein Strom, der sich so einstellt, daß der Spannungsabfall, den er am Widerstand hervorruft, in jedem Augenblick genauso groß wie die treibende Spannung der Quelle ist. Man spricht in diesem Zusammenhang vom Spannungsgleichgewicht. Der treibenden Spannung der Quelle auf der einen Seite hält auf der anderen Seite ein gleich großer Spannungsabfall das Gleichgewicht.

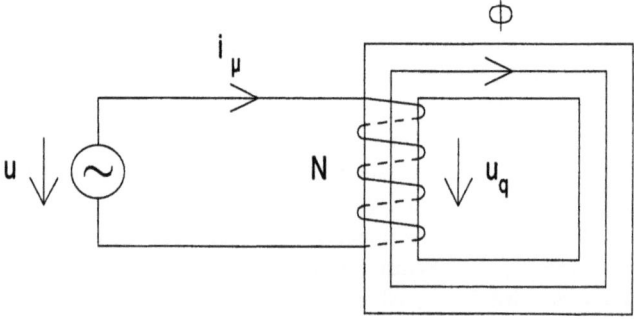

Bild 2.1 Widerstandslose Spule mit Eisenkern an Wechselspannung

2.1 Idealer Transformator

Beim Anschluß der Transformatorwicklung an die Wechselspannungsquelle (Bild 2.1) muß sich ebenfalls ein Spannungsgleichgewicht ergeben. Nur kann es nicht in der eben beschriebenen Weise zustandekommen, da idealisierend, aber in guter Näherung den tatsächlichen Verhältnissen Rechnung tragend, angenommen wurde, daß die Wicklung keinen ohmschen Widerstand hat. Das Spannungsgleichgewicht stellt sich in diesem Fall in der Weise ein, daß sich im Eisenkern ein sich zeitlich ändernder magnetischer Fluß ausbildet, der in der Wicklung eine Spannung oder Gegenurspannung induziert, die der angelegten Spannung in jedem Augenblick das Gleichgewicht hält. Im Zusammenhang mit Spulen, und die Wicklung ist nichts anderes als eine Spule mit Eisenkern, wird die Gegenurspannung auch induktiver Spannungsabfall genannt. Der treibenden Spannung oder Urspannung u der Quelle auf der einen Seite hält auf der anderen Seite die Gegenurspannung u_q das Gleichgewicht.

$$u = u_q \tag{2.1}$$

Die Spannung u der Spannungsquelle ist in der Regel eine sich sinusförmig mit der Zeit ändernde Wechselspannung.

$$u = \hat{u} \cdot \sin \omega \cdot t = \hat{u} \cdot \sin 2 \cdot \pi \cdot f \cdot t = \hat{u} \cdot \sin 2 \cdot \pi \cdot \frac{t}{T} \tag{2.2}$$

Hierin ist $\hat{u}$ der Scheitelwert der Spannung, ω die sogenannte Kreisfrequenz, d.h. die mit $2 \cdot \pi$ multiplizierte Frequenz f

$$\omega = 2 \cdot \pi \cdot f \tag{2.3}$$

und T die Periodendauer der Wechselspannung, die der Frequenz umgekehrt proportional ist.

$$T = \frac{1}{f} \tag{2.4}$$

Den Zusammenhang zwischen dem magnetischen Fluß Φ im Eisenkern und der in der Wicklung mit der Windungszahl N induzierten Spannung u_q beschreibt das Faraday'sche Induktionsgesetz.

$$u_q = N \cdot \frac{d\Phi}{dt} \tag{2.5}$$

Da das Spannungsgleichgewicht die Gleichheit von induzierter Gegenurspannung Gl.(2.5) und angelegter Spannung Gl.(2.2) fordert,

$$N \cdot \frac{d\Phi}{dt} = \hat{u} \cdot \sin \omega \cdot t \tag{2.6}$$

ergibt sich für den magnetischen Fluß bei sinusförmiger Wechselspannung eine ebenfalls sinusförmige Abhängigkeit von der Zeit.

$$\Phi = -\frac{\hat{u}}{\omega \cdot N} \cdot \cos \omega \cdot t = \frac{\hat{u}}{\omega \cdot N} \cdot \sin\left(\omega \cdot t - \frac{\pi}{2}\right) \tag{2.7}$$

Dabei eilt der Fluß der Spannung, je nachdem, ob die beiden Größen im Liniendiagramm in Abhängigkeit vom elektrischen Winkel $\omega \cdot t$ oder von der Zeit t dargestellt werden, um $\pi/2$ bzw. 90° oder um eine Viertelperiode $T/4$ nach (Bild 2.2). Für den Scheitelwert des Flusses $\hat{\Phi}$ gilt, das folgt aus Gl. (2.7) in Verbindung mit Gl. (2.3) und mit

$$\hat{u} = \sqrt{2} \cdot U \tag{2.8}$$

worin U der Effektivwert der Spannung ist,

$$\hat{\Phi} = \frac{\hat{u}}{\omega \cdot N} = \frac{\sqrt{2} \cdot U}{2 \cdot \pi \cdot f \cdot N} = \frac{U}{4{,}44 \cdot f \cdot N} \tag{2.9}$$

Bemerkenswert ist, daß der Scheitelwert des sich im Eisenkern ausbildenden magnetischen Flusses der Spannung, die an die Wicklung gelegt wird, proportional ist.

$$\hat{\Phi} \sim U \tag{2.10}$$

Eine Verdoppelung der Spannung hat eine Verdoppelung des Flusses, eine Halbierung der Spannung eine Halbierung des Flusses zur Folge. Bemerkenswert ist weiter, daß die Größe des Flusses unabhängig von dem magnetischen Widerstand ist, den der Fluß vorfindet.

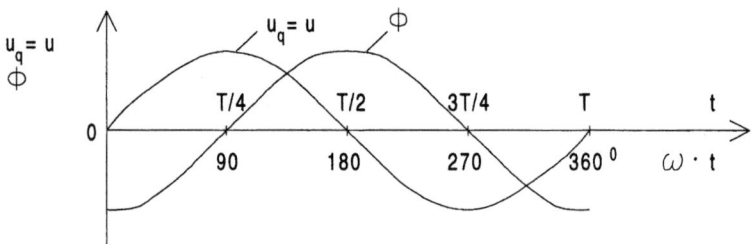

Bild 2.2 Der treibenden Spannung u an einer widerstandslosen Spule hält eine gleich große Gegenurspannung u_q das Gleichgewicht. Zur Erzeugung der Gegenurspannung muß sich ein magnetischer Fluß Φ ausbilden, der der Gegenurspannung um 90° nacheilt

2.1 Idealer Transformator

Zur Erzeugung des magnetischen Flusses ist ein Magnetisierungsstrom nötig. Seine Größe hängt von dem magnetischen Widerstand ab, den der Fluß vorfindet. Je größer der Widerstand, desto größer der Strom. Die Durchflutung Θ, das Produkt von Magnetisierungsstrom i_μ und Wicklungswindungszahl N, ist durch das Produkt von magnetischem Fluß Φ und magnetischem Widerstand R_m gegeben.

$$\Theta = i_\mu \cdot N = \Phi \cdot R_m \tag{2.11}$$

Besonders übersichtlich lassen sich die Verhältnisse in einem Zeigerdiagramm darstellen (Bild 2.3). An die Wicklung wird eine Spannung U gelegt. Dieser Spannung hält eine gleich große Gegenurspannung U_q das Gleichgewicht. Sie wird durch einen magnetischen Fluß Φ induziert, der der Spannung um 90° nacheilt. Zur Erzeugung des Flusses ist ein Magnetisierungsstrom I_μ nötig, der mit dem Fluß in Phase ist. Beide erreichen gleichzeitig ihren Scheitelwert und gehen gleichzeitig durch Null. Ganz korrekt ist die Darstellung des Magnetisierungsstroms im Zeigerdiagramm nicht. Im Zeigerdiagramm lassen sich nur sinusförmig von der Zeit abhängige Größen darstellen. Ist diese Bedingung für die Spannung erfüllt, so ist sie auf Grund der Verknüpfung beider Größen durch das Induktionsgesetz auch für den magnetischen Fluß gegeben, nicht aber für den Magnetisierungsstrom. Der Zusammenhang zwischen dem Magnetisierungsstrom und dem Fluß ist ein nichtlinearer, der durch die Magnetisierungskennlinie des Eisens beschrieben wird. Auf Grund dieser nichtlinearen Abhängigkeit ergibt sich bei sinusförmigem Fluß ein nicht sinusförmiger Magnetisierungsstrom. Er kann nach Fourier in eine Grundschwingung mit der Frequenz der Quellenspannung und Oberschwingungen zerlegt werden, von denen, das ergibt die Analyse, nur die mit ungeradzahliger Ordnungszahl auftreten, besonders ausgeprägt die mit den Ordnungszahlen 3 und 5. Im Zeigerdiagramm wird nur die Grundschwingung des Magnetisierungsstroms dargestellt.

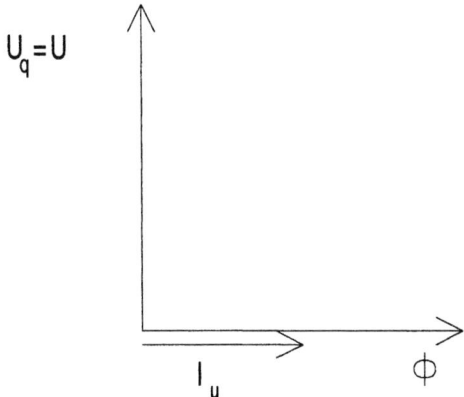

Bild 2.3 Zeigerbild der widerstandslosen Spule an Wechselspannung

Beispiel 2.1: Die Eingangswicklung eines Transformators hat eine Nennspannung von 5,00kV 50Hz und 80 Windungen. Wie groß ist der Scheitelwert des magnetischen Flusses im Kern und welche Querschnittsfläche muß der Kern haben, wenn der Scheitelwert der Flußdichte 1,5T sein soll? Durch die Magnetisierungskurve des Eisenkerns ist der Flußdichte 1,5T eine magnetische Feldstärke von 35A/m (Effektivwert) zugeordnet. Wie groß ist der Magnetisierungsstrom des Transformators, wenn die mittlere Feldlinienlänge im Eisen 4,7m ist?

Lösung: Der sich im Kern ausbildende magnetische Fluß ist der an die Eingangswicklung angelegten Spannung proportional. Sein Scheitelwert ist nach Gl. (2.9)

$$\hat{\Phi} = \frac{\sqrt{2} \cdot U}{2 \cdot \pi \cdot f \cdot N} = \frac{\sqrt{2} \cdot 5{,}00kV}{2 \cdot \pi \cdot 50Hz \cdot 80} = 0{,}281 V \cdot s$$

Für den Scheitelwert der Flußdichte gilt

$$\hat{B} = \frac{\hat{\Phi}}{A}$$

Darin ist A die Querschnittsfläche des Eisenkerns. Der Kern muß für die vorgegebene, für Transformatoren übliche Flußdichte, eine Querschnittsfläche von

$$A = \frac{\hat{\Phi}}{\hat{B}} = \frac{0{,}281 V \cdot s}{1{,}5T} = 0{,}188 m^2$$

haben. Die angegebene magnetische Feldstärke stellt den für die gewünschte Flußdichte nötigen, auf die mittlere Feldlinienlänge bezogenen Durchflutungsbedarf dar. Der Durchflutungsbedarf ist

$$\Theta = H \cdot l = 35 \frac{A}{m} \cdot 4{,}7m = 165 A$$

Diese Durchflutung ist das Produkt von Magnetisierungsstrom und Windungszahl der Eingangswicklung

$$\Theta = I_\mu \cdot N$$

Daraus ergibt sich für den Magnetisierungsstrom

$$I_\mu = \frac{\Theta}{N} = \frac{165 A}{80} = 2{,}06 A$$

2.1.2 Der Transformator als Spannungswandler

Auf dem Eisenschenkel, auf dem die erste Wicklung sitzt, wird jetzt eine zweite untergebracht, mit gleichem Wicklungssinn, deren ohmscher Widerstand ebenfalls Null ist (Bild 2.4). Der die erste Wicklung durchsetzende Fluß durchsetzt auch die zweite Wicklung und induziert auch in dieser eine Spannung. Diese wird, da sie bei Anschluß eines Verbrauchers Ursache eines Stromes ist, auch Urspannung genannt. Hat die erste Wicklung oder Eingangswicklung die Windungszahl N_1 und die zweite oder Ausgangswicklung die Windungszahl N_2, so wird durch den magnetischen Fluß Φ in der Eingangswicklung eine der angelegten Spannung entsprechende Gegenurspannung u_{q1} und in der Ausgangswicklung die Urspannung u_{q2} induziert.

$$u_{q1} = N_1 \cdot \frac{d\Phi}{dt} \qquad (2.12)$$

$$u_{q2} = N_2 \cdot \frac{d\Phi}{dt} \qquad (2.13)$$

Das Verhältnis der Spannungen von Ausgangswicklung und Eingangswicklung entspricht dem Windungszahlenverhältnis der zugehörigen Wicklungen. Da die Spannungen Augenblickswerte darstellen, gilt das für jeden Augenblick.

$$\frac{u_{q2}}{u_{q1}} = \frac{N_2}{N_1} \qquad (2.14)$$

Wenn sich die Spannungen in jedem Augenblick wie die zugehörigen Windungszahlen verhalten, dann verhalten sich auch die Effektivwerte U_{q1} und U_{q2} der Spannungen, die Mittelwerte darstellen, wie die zugehörigen Windungszahlen.

$$\frac{U_{q2}}{U_{q1}} = \frac{N_2}{N_1} \qquad (2.15)$$

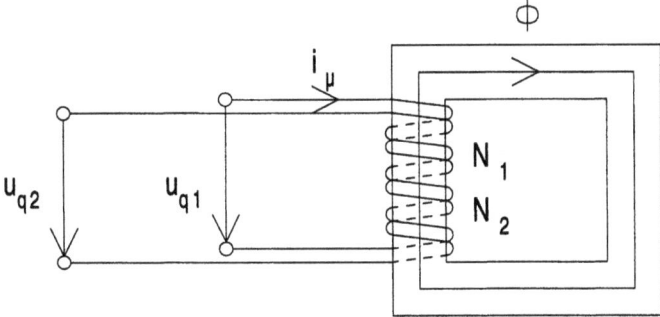

Bild 2.4 Idealer Transformator im Leerlauf

Der Transformator ist danach ein Spannungswandler, mit dem Spannungen beliebig vergrößert oder verkleinert werden können.

Das Betriebsverhalten des noch unbelasteten Transformators wird anschaulich durch das Zeigerdiagramm dargestellt (Bild 2.5). Auf der Eingangsseite des Transformators sind angelegte Spannung U_1 und Gegenurspannung U_{q1} gleich groß. Die Gegenurspannung wird durch einen magnetischen Fluß Φ induziert, der den Spannungen um 90° nacheilt und zu dessen Erzeugung ein Magnetisierungsstrom I_μ nötig ist, der mit dem Fluß in Phase ist. Der magnetische Fluß induziert in der Ausgangswicklung eine Urspannung U_{q2}. Nimmt man, um einfache Verhältnisse beim Zeichnen des Zeigerdiagramms zu haben, an, daß die Windungszahlen der Wicklungen auf der Ein- und Ausgangsseite des Transformators gleich sind, dann ist die in der Ausgangswicklung induzierte Urspannung genauso groß wie angelegte Spannung und Gegenurspannung auf der Eingangsseite.

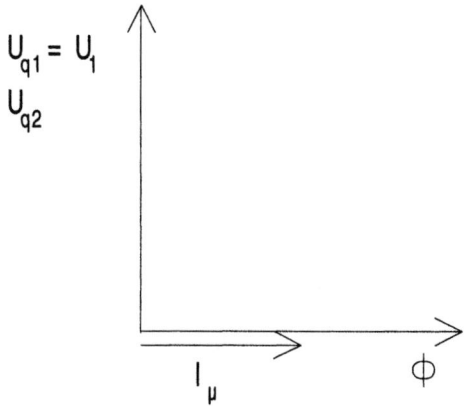

Bild 2.5 Zeigerbild des idealen Transformators im Leerlauf

Beispiel 2.2: Die Ausgangswicklung des Transformators von Beispiel 2.1 hat $N_2 = 1600$ Windungen. Wie groß ist die Spannung an den Ausgangsklemmen des Transformators, wenn an den Eingangsklemmen die Nennspannung liegt?

Lösung: Die in einer Windung der Eingangswicklung durch den magnetischen Fluß induzierte Spannung, die sogenannte Windungsspannung, ist

$$\frac{U_{q1}}{N_1} = \frac{5{,}00 kV}{80} = 62{,}5 V$$

Diese Spannung wird, da der magnetische Fluß für beide Wicklungen der gleiche ist, auch in jeder Windung der Ausgangswicklung induziert. Da diese 1600 hintereinander geschaltete Windungen hat, ist die Spannung an den Klemmen der Ausgangswicklung

$$U_{q2} = 62{,}5V \cdot 1600 = 100 kV$$

2.1.3 Das Durchflutungsgleichgewicht

Wenn an die Ausgangswicklung ein Verbraucher angeschlossen wird, z.B. ein Wechselstrommotor, der durch die Reihenschaltung eines ohmschen Widerstandes und einer Induktivität nachgebildet werden kann, dann fließt auf der Ausgangsseite ein Strom i_2 (Bild 2.6). Er würde den magnetischen Fluß im Kern ändern. Damit aber wäre das Spannungsgleichgewicht auf der Eingangsseite des Transformators gestört. Aus diesem Grund hat der Strom i_2 auf der Ausgangsseite einen Zusatzstrom i_{z1} auf der Eingangsseite - zusätzlich zum Magnetisierungsstrom - zur Folge, der den Strom auf der Ausgangsseite in seiner Wirkung kompensiert. Dazu muß sich der Zusatzstrom so einstellen, daß die von ihm herrührende Durchflutung in jedem Augenblick genauso groß wie die Durchflutung des Stroms auf der Ausgangsseite ist.

$$i_{z1} \cdot N_1 = i_2 \cdot N_2 \qquad (2.16)$$

Außerdem müssen die Durchflutungen in jedem Augenblick gegensinnig sein. Umkreist der Strom in der Ausgangswicklung in einem bestimmten Augenblick den Eisenkern beispielsweise im Uhrzeigersinn, so muß der Zusatzstrom in der Eingangswicklung den Eisenkern im Gegenuhrzeigersinn umfließen. In diesem Zusammenhang spricht man vom Durchflutungsgleichgewicht. Spannungs- und Durchflutungsgleichgewicht bestimmen das Verhalten des Transformators. Der auf der Eingangsseite des Transformators fließende Strom i_1 setzt sich aus dem Magnetisierungsstrom i_μ und dem Zusatzstrom i_{z1} zusammen.

$$i_1 = i_\mu + i_{z1} \qquad (2.17)$$

Das Durchflutungsgleichgewicht Gl. (2.16), das für die Augenblickswerte der Ströme gilt, kann auch mit den Effektivwerten der Ströme formuliert werden

$$I_{z1} \cdot N_1 = I_2 \cdot N_2 \qquad (2.18)$$

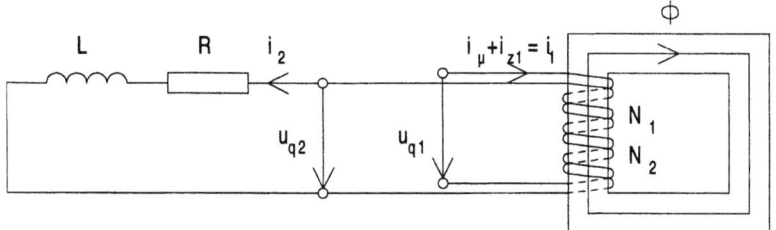

Bild 2.6 Idealer Transformator mit ohmsch-induktiver Belastung

2.1.4 Der Transformator als Stromwandler

Aus dem Duchflutungsgleichgewicht Gl. (2.18) folgt, daß sich der Strom in der Ausgangswicklung zum Zusatzstrom in der Eingangswicklung umgekehrt wie die zugehörigen Windungszahlen verhält.

$$\frac{I_2}{I_{z1}} = \frac{N_1}{N_2} \qquad (2.19)$$

Der Transformator ist demnach nicht nur ein Spannungswandler Gl. (2.15), sondern auch ein Stromwandler Gl. (2.19). Dabei sind über das Windungszahlenverhältnis nicht der Strom auf der Ausgangsseite und der Strom auf der Eingangsseite miteinander verknüpft, sondern der Strom auf der Ausgangsseite mit dem Zusatzstrom auf der Eingangsseite. Die häufig gebrauchte Formulierung, nach der sich die Ströme in den Wicklungen umgekehrt wie die zugehörigen Windungszahlen verhalten, ist nicht richtig. Sie gilt nur näherungsweise, wenn der Zusatzstrom in der Eingangswicklung groß im Vergleich zum Magnetisierungsstrom ist. Diese Bedingung ist beim Betrieb des Transformators mit, z.B., seinem Nennstrom erfüllt, nicht aber im Leerlauf, bei dem der Strom auf der Ausgangsseite Null ist und auf der Eingangsseite der Magnetisierungsstrom fließt.

2.1.5 Der belastete Transformator

Im Zeigerbild des belasteten Transformators (Bild 2.7) sind auf der Eingangsseite des Transformators Gegenurspannung U_{q1} und angelegte Spannung U_1 gleich groß. Die Gegenurspannung wird durch einen magnetischen Fluß Φ induziert, der den Spannungen um 90° nacheilt und zu dessen Erzeugung ein Magnetisierungsstrom I_μ nötig ist, der mit dem Fluß in Phase ist. Der magnetische Fluß induziert in

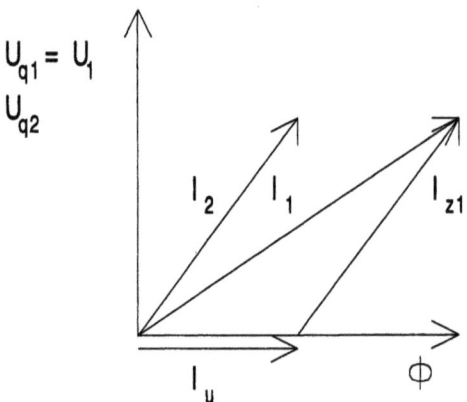

Bild 2.7 Zeigerbild des idealen Transformators mit ohmsch-induktiver Belastung

2.1 Idealer Transformator

der Ausgangswicklung eine Urspannung U_{q2}, die unter der getroffenen Annahme, daß die Windungszahlen der Wicklungen auf der Ein- und Ausgangsseite des Transformators übereinstimmen, ebenso groß wie angelegte Spannung und Gegenurspannung auf der Eingangsseite ist. Diese Spannung U_{q2} ist bei belastetem Transformator die Ursache für einen Strom I_2 auf der Ausgangsseite, der bei der angenommenen ohmsch-induktiven Belastung der Spannung um einen bestimmten Phasenverschiebungswinkel nacheilt. Der Strom auf der Ausgangsseite hat einen, bei der hier angenommenen Übereinstimmung der Windungszahlen auf der Ein- und Ausgangsseite, gleich großen Zusatzstrom I_{z1} auf der Eingangsseite zur Folge. Der Strom I_1 auf der Eingangsseite setzt sich aus dem Magnetisierungsstrom I_μ und diesem Zusatzstrom I_{z1} zusammen.

Beispiel 2.3: An den Klemmen der Oberspannungsseite des Transformators $5,00kV/100kV$ $N_1 = 80/N_2 = 1600$ $50Hz$ der Beispiele 2.1 und 2.2 wird bei Nennspannung eine Leistung von $\underline{S}_2 = (4,80 + j3,60)MVA$ entnommen. Wie groß sind die Ströme auf der Ausgangs- und Eingangsseite des Transformators und die Spannungen auf der Eingangsseite des Transformators? Welche Leistung wird auf der Eingangsseite aufgenommen?

Lösung: Bei der angenommenen ohmsch-induktiven Last werden $4,80MW$ Wirkleistung und $3,60M$ var Blindleistung abgenommen. Für die an den Ausgangsklemmen des Transformators entnommene Leistung gilt

$$\underline{S}_2 = \underline{U}_{q2} \cdot \underline{I}_2^*$$

Hierin ist $\underline{I}_2^*$ der zum Ausgangsstrom $\underline{I}_2$ konjugiert komplexe Ausdruck. Legen wir den Zeiger für die Ausgangsspannung als Bezugsgröße in die reelle Achse

$$\underline{U}_{q2} = 100kV \cdot \underline{/0^0} = 100kV$$

so ist

$$\underline{I}_2^* = \frac{\underline{S}_2}{\underline{U}_{q2}} = \frac{(4,80 + 3,60)MVA}{100kV} = 60,0A \cdot \underline{/36,9^0}$$

und der Ausgangsstrom

$$\underline{I}_2 = 60,0A \cdot \underline{/-36,9^0}$$

Der Ausgangsstrom ist demnach $60,0A$. Er eilt der Ausgangsspannung um $36,9°$ nach. Der Ausgangsstrom hat einen Zusatzstrom auf der Eingangsseite zur Folge, der sich aus dem Durchflutungsgleichgewicht ergibt, das früher mit Gl. (2.18) nur für die Effektivwerte der Ströme formuliert wurde, aber in allgemeinerer Form auch für die Effektivwertzeiger der Ströme gilt.

$$\underline{I}_{z1} \cdot N_1 = \underline{I}_2 \cdot N_2$$

Daraus folgt für den Zusatzstrom

$$\underline{I}_{z1} = \frac{N_2}{N_1} \cdot \underline{I}_2 = \frac{1600}{80} \cdot 60{,}0A \cdot \underline{/-36{,}9^0} = 1200A \cdot \underline{/-36{,}9^0}$$

Der Strom auf der Eingangsseite des Transformators setzt sich aus dem Magnetisierungsstrom, der schon vom Beispiel 2.1 her bekannt ist und der Eingangsspannung um 90° nacheilt

$$\underline{I}_\mu = 2{,}06A \cdot \underline{/-90{,}0^0}$$

und diesem Zusatzstrom zusammen.

$$\underline{I}_1 = \underline{I}_\mu + \underline{I}_{z1} = 2{,}06A \cdot \underline{/-90{,}0^0} + 1200A \cdot \underline{/-36{,}9^0}$$

$$\underline{I}_1 = 1201A \cdot \underline{/-37{,}0^0}$$

Der Strom auf der Eingangsseite des Transformators beträgt 1201A und eilt der Eingangsspannung um 37,0° nach. Die in einer Windung der Ausgangswicklung induzierte Spannung, die Windungsspannung, ist 100kV/1600. Sie wird auch, da beide Wicklungen vom gleichen magnetischen Fluß durchsetzt werden, in jeder Windung der Eingangswicklung induziert. Da diese 80 hintereinander geschaltete Windungen hat, ist die in der Eingangswicklung insgesamt induzierte Spannung oder Gegenurspannung

$$U_{q1} = \frac{100kV}{1600} \cdot 80 = 5{,}00kV$$

Unter Berücksichtigung des Phasenwinkels gilt

$$\underline{U}_{q1} = \frac{\underline{U}_{q2}}{N_2} \cdot N_1 = \frac{100kV \cdot \underline{/0^0}}{1600} \cdot 80 = 5{,}00kV \cdot \underline{/0^0} = 5{,}00kV$$

2.2 Realer Transformator

Da angelegte Spannung und Gegenurspannung des Spannungsgleichgewichts wegen übereinstimmen, ist die angelegte Spannung

$$\underline{U}_1 = 5,00 kV \cdot \underline{/0^0} = 5,00 kV$$

Die auf der Eingangsseite aufgenommene Leistung ist

$$\underline{S}_1 = \underline{U}_1 \cdot \underline{I}_1^* = 5,00 kV \cdot \underline{/0^0} \cdot 1201 A \cdot \underline{/+37,0^0} = (4,80 + j3,61) MVA$$

Der Transformator nimmt danach auf der Eingangsseite eine Wirkleistung von 4,80MW auf. Das entspricht der auf der Ausgangsseite abgegebenen Wirkleistung von ebenfalls 4,80MW. Es tritt keine Wirkverlustleistung auf. Anders ist es mit der Blindleistung. Aufgenommen werden 3,61M var, abgegeben 3,60M var. Die Differenz, 0,01M var, ist Blindleistung, die zur Erzeugung des magnetischen Flusses im Kern nötig ist und sich als Produkt von Eingangsspannung und Magnetisierungsstrom ergibt

$$U_1 \cdot I_\mu = 5,00 kV \cdot 2,06 A = 0,0103 M \text{ var}$$

2.2 Realer Transformator

Der reale Transformator verhält sich im wesentlichen wie der beschriebene ideale Transformator. Im einzelnen sind jedoch Korrekturen anzubringen, die für den Betrieb des Transformators von großer Bedeutung sind.

2.2.1 Eisenverlustleistung

Beim Betrieb des Transformators erwärmt sich der Eisenkern. Man kann ihn sich aus Elementarmagneten bestehend vorstellen. Diese Elementarmagnete werden durch den den Eisenkern durchsetzenden, seine Richtung periodisch ändernden magnetischen Fluß ständig gegen innere Reibungskräfte im Eisen umorientiert. Dazu ist Energie nötig. Man nennt sie die Ummagnetisierungsenergie. Der für eine vollständige Drehung der Elementarmagnete nötige Energieaufwand W wächst, das zeigt der Versuch, ungefähr mit dem Quadrat des Scheitelwertes $\hat{B}$ der magnetischen Flußdichte.

$$W \sim \hat{B}^2 \quad \text{(Exponent 2 ist Näherung)} \quad (2.20)$$

Der Exponent ist ein Näherungswert und hängt von der Eisensorte und der Höhe der Flußdichte ab. Bei einer üblichen Flußdichte von $1{,}5T$ ist der Exponent in der Regel etwas größer als 2. Da die Flußdichte $\hat{B}$ dem Fluß $\hat{\Phi}$ und der Fluß wiederum der an der Eingangswicklung liegenden Spannung U_1 proportional ist Gl. (2.10)

$$\hat{B} \sim \hat{\Phi} \sim U_1 \qquad (2.21)$$

gilt auch, daß die Ummagnetisierungsenergie ungefähr mit dem Quadrat der an der Eingangswicklung liegenden Spannung wächst.

$$W \sim U_1^2 \quad \text{(Exponent 2 ist Näherung)} \qquad (2.22)$$

Die zur Ummagnetisierung nötige Leistung P_H ergibt sich, wenn man den Energieaufwand für eine vollständige Drehung der Elementarmagnete durch die dazu nötige Zeit, das ist die Periodendauer T der an der Eingangswicklung liegenden Spannung bzw. des magnetischen Flusses, dividiert.

$$P_H \sim \frac{U_1^2}{T} \quad \text{(Exponent 2 ist Näherung)} \qquad (2.23)$$

Da die Periodendauer durch den Kehrwert der Frequenz f gegeben ist,

$$T = \frac{1}{f} \qquad (2.24)$$

kann man die Energie auch, statt sie durch die Periodendauer zu dividieren, mit der Frequenz multiplizieren.

$$P_H \sim U_1^2 \cdot f \quad \text{(Exponent 2 ist Näherung)} \qquad (2.25)$$

Die zur Ummagnetisierung des Eisens nötige Leistung wächst demnach ungefähr proportional mit dem Quadrat der an der Eingangswicklung liegenden Spannung und ist der Frequenz der Spannung proportional. Die Leistung wird dem Netz, an das der Transformator angeschlossen ist, entnommen und im Eisenkern umgesetzt. Daher die unerwünschte Erwärmung des Kerns. Man kann zeigen, daß der Flächeninhalt der Hystereseschleife des Eisens (Bild 2.8) der für eine einmalige Ummagnetisierung des Kerns nötigen Energie entspricht. Will man die Ummagnetisierungs- oder Hystereseverlustleistung klein halten, so muß man ein Eisen mit möglichst schmaler Hystereseschleife wählen.

2.2 Realer Transformator

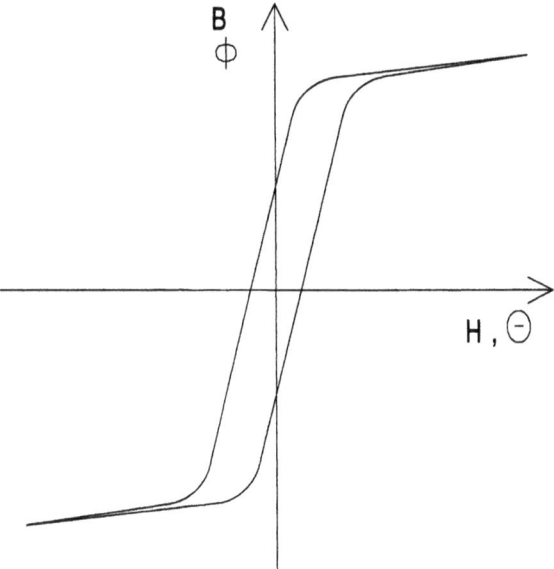

Bild 2.8 Hystereseschleife des Eisens

Die Hystereseverlustleistung ist jedoch nicht die alleinige Ursache für die Erwärmung des Eisenkerns. Schneidet man in Gedanken aus einer Querschnittsfläche des Eisens eine konzentrische Leiterschleife heraus (Bild 2.9), so sieht man, daß diese Leiterschleife magnetische Flußlinien umfaßt. Da der Fluß ein sich zeitlich ändernder Fluß ist, induziert er in der gedachten Leiterschleife eine Spannung. Diese hat einen Strom zur Folge. Da die Schleife ohmschen Widerstand hat, entsteht in der Schleife Stromwärmeverlustleistung. Ströme der Art wie der Strom in der gedachten Leiterschleife fließen konzentrisch über die gesamte Querschnittsfläche des Eisens verteilt. Sie umkreisen den magnetischen Fluß und werden Wirbelströme genannt. Die von ihnen herrührende Stromwärmeverlustleistung im Eisenkern ist die Wirbelstromverlustleistung. Auch sie wird aus dem Netz bezogen. Will man die Wirbelstromverlustleistung klein halten, so muß man die Ausbildung von Wirbelströmen erschweren. Das geschieht in der Weise, daß man den Eisenkern nicht als massiven Kern ausführt, sondern aus voneinander isolierten Blechen aufbaut, die parallel zu den magnetischen Flußlinien ausgerichtet sind. Damit sind die Wirbelstrombahnen im Großen unterbrochen. Da man bei der Blechdicke aus verarbeitungstechnischen Gründen unter eine Blechstärke von etwa 0,25 mm nicht gehen kann, fließen in kleinen Bereichen immer noch Wirbelströme. Die mit ihnen verbundene Stromwärmeverlustleistung hält sich jedoch in Grenzen. Ein weiteres Mittel zur Reduzierung der Wirbelstromverlustleistung besteht darin, dem Eisen Silizium zuzusetzen und auf diese Weise den spezifischen Widerstand des Eisens zu erhöhen. Silizium kann nur in beschränktem Maß zugesetzt werden, da es das Eisen spröde macht und dadurch die Verarbeitung der Bleche erschwert.

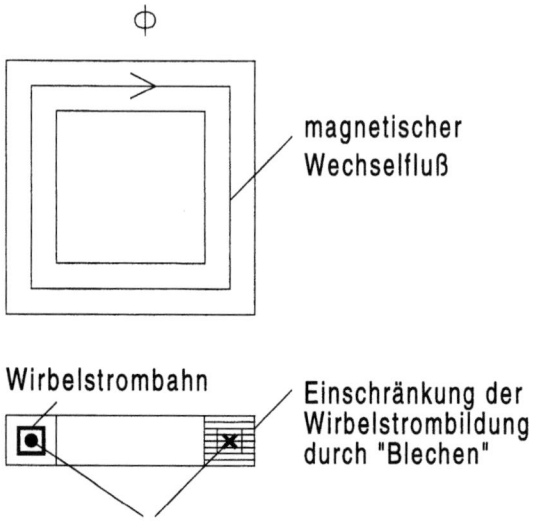

Bild 2.9 Wirbelstromverlustleistung

Die die Wirbelstromverlustleistung direkt beeinflussenden Größen sind – man denke an die im Gedankenexperiment herausgeschnittene Leiterschleife – der magnetische Fluß im Eisenkern und seine Frequenz. Ohne Fluß gäbe es keine Wirbelströme und ein Fluß der Frequenz Null, d.h. ein Gleichfluß, ist nicht mit Wirbelströmen verknüpft. Da die in der Schleife induzierte Spannung dem Fluß proportional ist, der Schleifenstrom der Spannung proportional ist und die Stromwärmeverlustleistung mit dem Quadrat des Stromes wächst, wächst die Wirbelstromverlustleistung mit dem Quadrat des Flusses. Da dieser aber der an der Eingangswicklung liegenden Spannung proportional ist, wächst die Wirbelstromverlustleistung mit dem Quadrat der Eingangsspannung.

$$P_W \sim U_1^2 \qquad (2.26)$$

Die in der Leiterschleife induzierte Spannung ist der Flußfrequenz und damit der mit dieser übereinstimmenden Frequenz der Eingangsspannung proportional. Damit ist auch der Schleifenstrom der Frequenz proportional. Da die Stromwärmeverlustleistung in der Schleife mit dem Quadrat des Schleifenstroms wächst, wächst die Wirbelstromverlustleistung mit dem Quadrat der Frequenz der Eingangsspannung.

$$P_W \sim f^2 \qquad (2.27)$$

Zusammenfassend ergibt sich eine quadratische Abhängigkeit der Wirbelstromverlustleistung sowohl von der Eingangsspannung als auch von der Frequenz der Eingangsspannung.

2.2 Realer Transformator

$$P_W \sim U_1^2 \cdot f^2 \tag{2.28}$$

Hystereseverlustleistung P_H und Wirbelstromverlustleistung P_W zusammen bilden die Eisenverlustleistung P_{Fe} des Transformators.

$$P_{Fe} = P_H + P_W \tag{2.29}$$

Da beide dem Quadrat der Eingangsspannung proportional sind, wobei das für die Hystereseverlustleistung nur näherungsweise gilt, für die Wirbelstromverlustleistung aber streng, wächst die Eisenverlustleistung näherungsweise mit dem Quadrat der Spannung.

$$P_{Fe} \sim U_1^2 \quad \text{(Exponent 2 ist Näherung)} \tag{2.30}$$

Die Eisenverlustleistung ist, wenn der Transformator an einem Netz konstanter Spannung und Frequenz betrieben wird – was die Regel ist – konstant und von der Belastung, für die die Wicklungsströme ein Maß sind, unabhängig.

2.2.1.1 Der Transformator mit Eisenverlustleistung im Leerlauf

Bei Leerlauf des Transformators macht sich die Eisenverlustleistung in der Weise bemerkbar, daß auf der Eingangsseite neben dem Magnetisierungsstrom I_μ, der ein reiner Blindstrom ist, der der Spannung U_1 an der Eingangswicklung bzw. der gleichgroßen Gegenurspannung U_{q1} um 90° nacheilt und der Erzeugung des magnetischen Flusses Φ im Eisenkern dient, ein Wirkstrom zur Deckung der Eisenverlustleistung fließt, der Eisenverluststrom I_{Fe}, der mit der Eingansspannung in Phase ist (Bild 2.10).

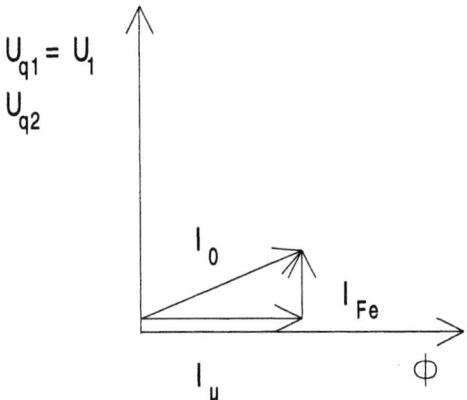

Bild 2.10 Transformator mit Eisenverlustleistung im Leerlauf

Das Produkt von Eingangsspannung und Eisenverluststrom stellt die Eisenverlustleistung dar.

$$P_{Fe} = U_1 \cdot I_{Fe} \qquad (2.31)$$

Magnetisierungs- und Eisenverluststrom zusammen bilden den Leerlaufstrom I_0 des Transformators.

$$\underline{I}_0 = \underline{I}_\mu + \underline{I}_{Fe} \qquad (2.32)$$

Gleiche Windungszahlen von Eingangs- und Ausgangswicklung vorausgesetzt ist die vom magnetischen Fluß im Eisenkern in der Ausgangswicklung induzierte Spannung U_{q2} so groß wie die Spannungen auf der Eingangsseite des Transformators.

Beispiel 2.4: Transformator 5,00kV / 100kV 50Hz. Bei einem Leerlaufversuch mit Nennspannung von der Unterspannungsseite aus fließt bei einer Leistungsaufnahme von 8,80kW ein Leerlaufstrom von 2,71A. Berechnen Sie den Eisenverluststrom und den Magnetisierungsstrom des Transformators.

Lösung: Die im Leerlaufversuch vom Transformator aufgenommene Leistung P_0 dient zur Deckung der Eisenverlustleistung, die durch das Produkt von Spannung U_1 an den Eingangsklemmen und Eisenverluststrom I_{Fe} gegeben ist.

$$P_0 = U_1 \cdot I_{Fe}$$

Da Leistung und Spannung bekannt sind, kann daraus der Eisenverluststrom berechnet werden.

$$I_{Fe} = \frac{P_0}{U_1} = \frac{8,80kW}{5,00kV} = 1,76A$$

Der Magnetisierungsstrom I_μ wird mit Hilfe des Leerlaufstroms I_0 und des Eisenverluststroms I_{Fe} ermittelt (Bild 2.10).

$$I_\mu = \sqrt{I_0^2 - I_{Fe}^2} = \sqrt{2,71^2 - 1,76^2}\, A = 2,06A$$

2.2.1.2 Der Transformator mit Eisenverlustleistung bei Belastung

Nach Anlegen der Spannung U_1 auf der Eingangsseite des Transformators kommt das Spannungsgleichgewicht in der Weise zustande, daß sich im Kern des Transformators ein magnetischer Wechselfluß Φ ausbildet, der in der Eingangswicklung eine gleich große Gegenurspannung U_{q1} induziert (Bild 2.11). Zur Erzeugung des Flusses ist der Leerlaufstrom I_0 nötig, der aus zwei Komponenten besteht, dem Magnetisierungsstrom I_μ zur Erzeugung des Flusses und dem Eisenverluststrom I_{Fe} zur Deckung der Eisenverlustleistung. Der die Eingangswicklung durchsetzende Fluß durchsetzt auch die Ausgangswicklung und induziert in dieser ebenfalls eine Spannung, die Urspannung U_{q2}. Sie ist, gleiche Windungszahlen der Eingangs- und Ausgangswicklung vorausgesetzt, genauso groß wie die Spannungen auf der Eingangsseite des Transformators. Schließt man nun an die Klemmen der Ausgangswicklung z.B. eine ohmsch-induktive Belastung an, ein häufig vorkommender Lastfall, so fließt auf der Ausgangsseite ein der Ausgangsspannung nacheilender Strom I_2. Dieser würde den magnetischen Fluß im Eisenkern verändern und damit das Spannungsgleichgewicht auf der Eingangsseite stören, wenn nicht auf der Eingangsseite ein Zusatzstrom I_{z1} flösse, der den Strom auf der Ausgangsseite in seiner Wirkung kompensiert. Dazu muß sich ein Durchflutungsgleichgewicht einstellen, bei dem die Durchflutung herrührend vom Zusatzstrom auf der Eingangsseite genauso groß ist wie die Durchflutung herrührend vom Strom auf der Ausgangsseite. Bei der hier angenommenen Übereinstimmung der Windungszahlen der Eingangs- und Ausgangswicklung ist der Zusatzstrom auf der Eingangsseite so groß wie der Laststrom auf der Ausgangsseite. Leerlaufstrom und Zusatzstrom auf der Eingangsseite zusammen bilden den Strom I_1 auf der Eingangsseite.

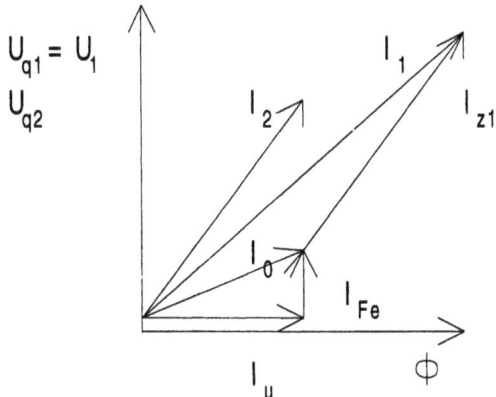

Bild 2.11 Transformator mit Eisenverlustleistung bei ohmsch-induktiver Belastung

Beispiel 2.5: Der Transformator $5{,}00kV / 100kV$ $N_1 = 80 / N_2 = 1600$ $50Hz$ des Beispiels 2.4 liegt auf der Unterspannungsseite an Nennspannung. Auf der Oberspannungsseite wird eine Leistung von $\underline{S}_2 = (4{,}80 + j3{,}60)MVA$ entnommen. Berechnen Sie den Strom und die Leistungsaufnahme auf der Eingangsseite des Transformators.

Lösung: Zunächst führen wir die an den Klemmen der Unterspannungswicklung liegende Spannung als Bezugsgröße mit dem Phasenwinkel 0° ein: $\underline{U}_1 = 5{,}00kV \cdot \underline{/0^0}$. Dann gilt für die gleich große Gegenurspannung $\underline{U}_{q1} = 5{,}00kV \cdot \underline{/0^0}$ und für die in der Oberspannungswicklung induzierte Spannung

$$\underline{U}_{q2} = \frac{\underline{U}_{q1}}{N_1} \cdot N_2 = \frac{5{,}00kV \cdot \underline{/0^0}}{80} \cdot 1600 = 100kV \cdot \underline{/0^0}$$

Der Strom auf der Ausgangsseite und der Zusatzstrom auf der Eingangsseite werden in gleicher Weise berechnet wie im Beispiel 2.3 und sind die gleichen wie dort. Der Strom auf der Eingangsseite des Transformators setzt sich aus dem Leerlaufstrom, der die Summe von Magnetisierungsstrom und Eisenverluststrom darstellt,

$$\underline{I}_0 = \underline{I}_\mu + \underline{I}_{Fe} = 2{,}06A \cdot \underline{/-90{,}0^0} + 1{,}76A \cdot \underline{/0^0} = 2{,}71A \cdot \underline{/-49{,}5^0}$$

und dem Zusatzstrom auf der Eingangsseite zusammen.

$$\underline{I}_1 = \underline{I}_0 + \underline{I}_{z1} = 2{,}71A \cdot \underline{/-49{,}5^0} + 1200A \cdot \underline{/-36{,}9^0}$$

$$\underline{I}_1 = 1203A \cdot \underline{/-36{,}9^0}$$

Die auf der Eingangsseite aufgenommene Leistung ist

$$\underline{S}_1 = \underline{U}_1 \cdot \underline{I}_1^* = 5{,}00kV \cdot \underline{/0^0} \cdot 1203A \cdot \underline{/+36{,}9^0} = (4{,}81 + j3{,}61)MVA$$

Die Differenz zwischen aufgenommener und abgegebener Leistung ist die im Transformator umgesetzte Verlustleistung

$$\underline{S}_{Verl} = \underline{S}_1 - \underline{S}_2 = (4{,}81 + j3{,}61)MVA - (4{,}80 + j3{,}60)MVA$$

$$\underline{S}_{Verl} = (0{,}01 + j0{,}01)MVA$$

Sie ist klein im Vergleich zu der von der Eingangsseite auf die Ausgangsseite übertragenen Leistung und ergibt sich deswegen aus dieser Rechnung nur ungenau.

Die Wirkverlustleistung von $0{,}01 MW$ stellt die Eisenverlustleistung dar und beträgt, wie wir aus Beispiel 2.4 wissen, tatsächlich $8{,}80 kW = 0{,}00880 MW$. Die Blindverlustleistung von $0{,}01 M$ var stellt den Blindleistungsbedarf zur Erzeugung des magnetischen Flusses im Kern dar und ist als Produkt von Eingangsspannung und Magnetisierungsstrom, wie wir aus Beispiel 2.3 wissen, $0{,}0103 M$ var.

2.2.2 Kupfer- oder Stromwärmeverlustleistung in den Wicklungen

Die beim Betrieb auftretende Erwärmung des Transformators geht nicht allein vom Eisenkern aus. Die bisherige Annahme, daß die Wicklungen keinen ohmschen Widerstand haben, ist nur näherungsweise richtig. Der ohmsche Widerstand macht sich dadurch bemerkbar, daß sich die stromdurchflossenen Wicklungen erwärmen. Der in einer Wicklung fließende Strom I ruft am ohmschen Widerstand R der Wicklung einen Spannungsabfall U_R hervor, der durch das Produkt von Strom und Widerstand gegeben ist

$$U_R = I \cdot R \tag{2.33}$$

Multipliziert man den Spannungsabfall mit dem Strom, so erhält man die in der Wicklung umgesetzte Leistung

$$P_{Cu} = U_R \cdot I = I^2 \cdot R \tag{2.34}$$

Sie stellt unerwünschte Stromwärmeverlustleistung dar und wird, da sie im Leitermaterial der Wicklung entsteht und dieses in der Regel Kupfer ist, auch Kupferverlustleistung genannt. Die Stromwärmeverlustleistung ist, anders als die Eisenverlustleistung, die belastungsunabhängig ist, belastungsabhängig und wächst mit dem Quadrat des Stromes. Aus diesem Grund sind der Belastung des Transformators Grenzen gesetzt. Durch Überlastung gefährdet sind dabei weder das Leitermaterial der Wicklungen noch das Eisen des Kerns, sondern der Isolierstoff der Wicklungen. Er verträgt nur eine bestimmte maximale Temperatur. Wird sie auch nur geringfügig überschritten, so wird die Lebensdauer des Isolierstoffs und damit die des Transformators, die bei etwa 20 Jahren liegt, erheblich herabgesetzt. Der Transformator kann infolgedessen ausgehend vom Leerlauf nur bis zu einem bestimmten Maximalwert des Stroms in der Ausgangswicklung belastet werden. Diesen Strom, den Nennstrom, kann er dauernd führen, ohne sich unzulässig zu erwärmen. Er wird in der Regel nicht direkt angegeben, sondern indirekt dadurch, daß man neben der Nennspannung auch das Produkt von Nennspannung und Nennstrom der Wicklung angibt, die Nennleistung der Wicklung. Die Nennleistung der Ausgangswicklung ist auch die Nennleistung der Eingangswicklung und stellt die Nennleistung des Transformators dar. Wenn man statt der Nennströme des Transformators seine Nennleistung angibt, so ist das sinnvoll, da sie neben der indirekten

Angabe über die Höhe der Nennströme auch – das folgt aus den Wachstumsgesetzen für elektrische Maschinen – eine Angabe über die geometrischen Abmessungen des Transformators enthält: je größer die Leistung, desto größer der Transformator.

Beispiel 2.6: Transformator $5{,}00kV$ / $100kV$ $50Hz$ $6{,}00MVA$. Geben Sie die Nennströme für die Oberspannungs- und Unterspannungsseite des Transformators an.

Lösung: Die Nennleistung des Transformators stellt das Produkt von Nennspannung und Nennstrom für die Oberspannungs- bzw. die Unterspannungsseite dar: $S = U \cdot I$. Daraus folgt für den Nennstrom $I = S / U$. Der Nennstrom der Oberspannungsseite ist

$$I(OS) = \frac{6{,}00MVA}{100kV} = 60{,}0A$$

der der Unterspannungsseite

$$I(US) = \frac{6{,}00MVA}{5{,}00kV} = 1200A$$

2.2.3 Magnetischer Streufluß

Die bisherige Annahme, daß der magnetische Fluß, der die Eingangswicklung durchsetzt, auch die Ausgangswicklung durchsetzt, ist nicht ganz richtig. Sie wäre richtig, wenn der magnetische Widerstand des Eisenkerns Null bzw. die magnetische Leitfähigkeit des Eisens unendlich groß wäre. Tatsächlich finden wir wegen der endlichen magnetischen Leitfähigkeit des Eisens einen Teil des magnetischen Flusses auch außerhalb des Eisenkerns. Man unterscheidet zwischen dem Hauptfluß, der sich nur im Eisen ausbreitet und mit beiden Wicklungen verkettet ist, und dem Streufluß, der nur zum Teil im Eisen verläuft und sich über die Luft schließt und mit jeweils nur einer Wicklung verkettet ist. Besonders stark ausgeprägt ist der Streufluß bei Transformatoren, bei denen die Wicklungen auf getrennten Schenkeln sitzen (Bild 2.12). Die Schenkel sind die Teile des Eisenkerns, die im Bereich der Wicklungen liegen. Die sie verbindenden Teile sind die Joche. Transformatoren werden, um den Streufluß klein zu halten, in der Regel so gebaut, daß die Wicklungen nicht auf getrennten Schenkeln untergebracht sind, sondern übereinander, wobei die eine Hälfte einer Wicklung auf dem einen Schenkel und die andere Hälfte auf dem anderen Schenkel sitzt. Aus isolationstechnischen Gründen liegt dabei die Oberspannungswicklung über der Unterspannungswicklung. Bei dieser Anordnung ist der Streufluß umso kleiner, je kleiner der Luftspalt zwischen den übereinanderliegenden Wicklungen ist.

2.2 Realer Transformator

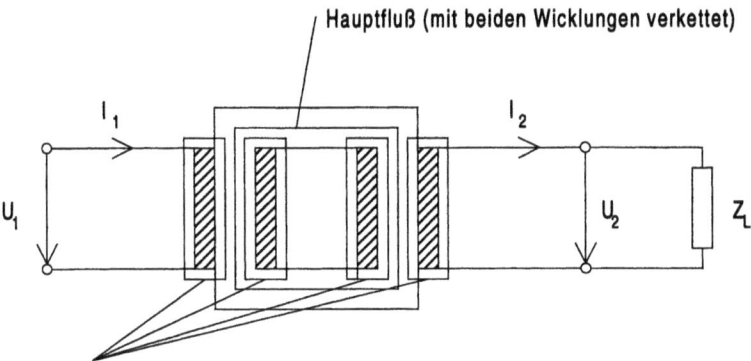

Bild 2.12 Realer Transformator: Die Wicklungen haben ohmschen Widerstand, der magnetische Fluß verläuft nicht nur im Eisen

Der Einfluß der ohmschen Widerstände und der Streuflüsse der Wicklungen auf das Verhalten des Transformators kann durch in Reihe mit den Wicklungen des idealen Transformators geschaltete ohmsche Widerstände, die den Wicklungswirkwiderständen entsprechen, und Spulen, in die die Streuflüsse verlegt werden, berücksichtigt werden (Bild 2.13). Die Größe der Wicklungsstreuinduktivitäten L ist durch den Quotienten des Quadrates der jeweiligen Wicklungswindungszahl N und des magnetischen Widerstands R_m bestimmt, den der zugehörige Streufluß vorfindet, wobei der Widerstand der Luftstrecke maßgebend ist und der der Eisenstrecke wegen der hohen magnetischen Leitfähigkeit des Eisens in guter Näherung vernachlässigt werden kann.

$$L = \frac{N^2}{R_m} \qquad (2.35)$$

Diesen Streuinduktivitäten sind induktive Streuwiderstände oder Streureaktanzen zugeordnet

$$X = \omega \cdot L = 2 \cdot \pi \cdot f \cdot L \qquad (2.36)$$

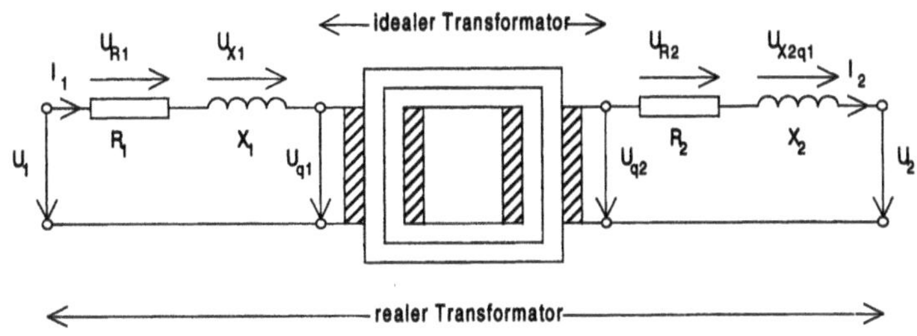

Bild 2.13 Der reale Transformator verhält sich wie ein idealer Transformator mit vor- bzw. nachgeschalteten ohmschen Widerständen und Spulen

Während der angelegten Spannung U_1 auf der Eingangsseite beim idealen Transformator die Gegenurspannung U_{q1} alleine das Gleichgewicht hält, sind es beim realen Transformator die Gegenurspannung U_{q1} und die Spannungsabfälle U_{R1} und U_{X1} an den der Eingangswicklung des idealen Transformators vorgeschalteten Widerständen R_1 und X_1. Diese Spannungsabfälle sind allerdings beim normalen, d.h. ungestörten Betrieb des Transformators klein im Vergleich zur angelegten Spannung. Es hält also auch beim realen Transformator im wesentlichen die Gegenurspannung der angelegten Spannung das Gleichgewicht. Sowohl beim idealen wie auch beim realen Transformator verhalten sich die Urspannung U_{q2} auf der Ausgangsseite und die Gegenurspannung U_{q1} auf der Eingangsseite wie die zugehörigen Windungszahlen. Beim idealen Transformator stellen diese Spannungen die Klemmenspannungen dar und es verhalten sich infolgedessen auch die Klemmenspannungen wie die zugehörigen Windungszahlen. Beim realen Transformator dagegen unterscheiden sich die Klemmenspannungen von den Urspannungen durch die Spannungsabfälle, die an den den Wicklungen des idealen Transformators vor- bzw. nachgeschalteten Widerständen auftreten. Da die Spannungsabfälle auf der Eingangs- und Ausgangsseite beim normalen Betrieb des Transformators klein im Vergleich zu den Nennspannungen der Wicklungen sind, gilt auch für die Klemmenspannungen – wenn auch nicht streng, so doch in guter Näherung – daß sie sich wie die zugehörigen Windungszahlen verhalten.

Beispiel 2.7: Transformator $5,00 kV / 100 kV$ $N_1 = 80 / N_2 = 1600$
$50 Hz$ $6,00 MVA$
Wicklungsstreureaktanzen: $X_1 = 0,237 \Omega$ $X_2 = 94,9 \Omega$
Wicklungswirkwiderstände: $R_1 = 0,0104 \Omega$ $R_2 = 4,17 \Omega$
Magnetisierungsstrom $I_\mu = 2,06 A$ und Eisenverluststrom
$I_{Fe} = 1,76 A$ (Beispiel 2.4)
Wie groß muß die Klemmenspannung auf der Unterspannungsseite des Transformators sein, wenn an den Klemmen der Oberspannungsseite bei einer Last von $(4,80 + j \cdot 3,60) MVA$ Nennspannung herrschen soll? Wie groß ist die auf der Unterspannungsseite aufgenommene Leistung?

Lösung: Hier unterscheidet sich wegen der Spannungsabfälle an den Widerständen der Ausgangswicklung die Klemmenspannung von der in der Ausgangswicklung induzierten Spannung. Wir führen die Ausgangsklemmenspannung als Bezugsgröße mit dem Phasenwinkel $0°$ ein: $\underline{U}_2 = 100 kV \cdot \underline{/0^0} = 100 kV$. Für die auf der Ausgangsseite abgenommene Leistung gilt $\underline{S}_2 = \underline{U}_2 \cdot \underline{I}_2^*$. Daraus folgt für den Laststrom auf der Ausgangsseite

$$\underline{I}_2 = \left(\frac{\underline{S}_2}{\underline{U}_2}\right)^* = \frac{\underline{S}_2^*}{\underline{U}_2^*} = \frac{(4,80 - j3,60) MVA}{100 kV \cdot \underline{/0^0}} = 60,0 A \cdot \underline{/-36,9^0}$$

2.2 Realer Transformator

Mit ihm lassen sich der Spannungsabfall am Wicklungswirkwiderstand und der Spannungsabfall an der Wicklungsstreureaktanz der Ausgangsseite berechnen

$$\underline{U}_{R2} = \underline{I}_2 \cdot R_2 = 60{,}0A \cdot \underline{/-36{,}9^0} \cdot 4{,}17\Omega = 0{,}250kV \cdot \underline{/-36{,}9^0}$$

$$\underline{U}_{X2} = \underline{I}_2 \cdot jX_2 = 60{,}0A \cdot \underline{/-36{,}9^0} \cdot j94{,}9\Omega = 5{,}69kV \cdot \underline{/53{,}1^0}$$

Die in der Ausgangswicklung induzierte Spannung ergibt sich als Summe der Spannungsabfälle an den Widerständen der Ausgangswicklung und der Ausgangsklemmenspannung

$$\underline{U}_{q2} = \underline{U}_{R2} + \underline{U}_{X2} + \underline{U}_2$$

$$\underline{U}_{q2} = 0{,}250kV \cdot \underline{/-36{,}9^0} + 5{,}69kV \cdot \underline{/53{,}1^0} + 100kV \cdot \underline{/0^0}$$

$$\underline{U}_{q2} = 104kV \cdot \underline{/2{,}43^0}$$

Die in einer Windung der Ausgangswicklung mit 1600 Windungen induzierte Spannung, die Windungsspannung, ist, sieht man vom Phasenwinkel ab, 104kV / 1600. Die in einer Windung der Eingangswicklung induzierte Spannung ist, da sie vom gleichen magnetischen Fluß durchsetzt wird, die gleiche. Da die Eingangswicklung 80 Windungen hat, ist die in ihr induzierte Spannung oder Gegenurspannung

$$\frac{104kV}{1600} \cdot 80 = 5{,}19kV$$

Unter Berücksichtigung des Phasenwinkels gilt für die Gegenurspannung auf der Eingangsseite

$$\underline{U}_{q1} = \frac{\underline{U}_{q2}}{N_2} \cdot N_1 = \frac{104kV \cdot \underline{/2{,}43^0}}{1600} \cdot 80 = 5{,}19kV \cdot \underline{/2{,}43^0}$$

Der Zusatzstrom auf der Eingangsseite ist, das folgt aus dem Durchflutungsgleichgewicht,

$$\underline{I}_{z1} = \frac{N_2}{N_1} \cdot \underline{I}_2 = \frac{1600}{80} \cdot 60{,}0A \cdot \underline{/-36{,}9^0} = 1200A \cdot \underline{/-36{,}9^0}$$

Der Strom auf der Eingangsseite setzt sich aus dem Leerlaufstrom, der die Summe von Magnetisierungsstrom und Eisenverluststrom darstellt,

$$\underline{I}_0 = \underline{I}_\mu + \underline{I}_{Fe}$$

und dem Zusatzstrom auf der Eingangsseite zusammen.

$$\underline{I}_1 = \underline{I}_0 + \underline{I}_{z1}$$

Der Magnetisierungsstrom eilt der Gegenurspannung $\underline{U}_{q1}$ auf der Eingangsseite um 90° nach

$$\underline{I}_\mu = 2{,}06A \cdot \underline{/2{,}43^0 - 90{,}0^0} = 2{,}06A \cdot \underline{/-87{,}6^0}$$

und der Eisenverluststrom ist mit ihr in Phase

$$\underline{I}_{Fe} = 1{,}76A \cdot \underline{/2{,}43^0}$$

Damit ergibt sich für den Leerlaufstrom

$$\underline{I}_0 = 2{,}06A \cdot \underline{/-87{,}6^0} + 1{,}76A \cdot \underline{/2{,}43^0} = 2{,}71A \cdot \underline{/-47{,}1^0}$$

und den Strom auf der Eingangsseite

$$\underline{I}_1 = 2{,}71A \cdot \underline{/-47{,}1^0} + 1200A \cdot \underline{/-36{,}9^0} = 1203A \cdot \underline{/-36{,}9^0}$$

Dieser Strom macht an dem Wirkwiderstand und an der Streureaktanz der Eingangswicklung die Spannungsabfälle

$$\underline{U}_{R1} = \underline{I}_1 \cdot R_1 = 1203A \cdot \underline{/-36{,}9^0} \cdot 0{,}0104\Omega = 0{,}0125 kV \cdot \underline{/-36{,}9^0}$$

$$\underline{U}_{X1} = \underline{I}_1 \cdot jX_1 = 1203A \cdot \underline{/-36{,}9^0} \cdot j0{,}237\Omega = 0{,}285 kV \cdot \underline{/53{,}1^0}$$

Die Eingangsklemmenspannung setzt sich aus diesen Spannungsabfällen und der Gegenurspannung der Eingangsseite zusammen.

$$\underline{U}_1 = \underline{U}_{R1} + \underline{U}_{X1} + \underline{U}_{q1}$$

2.2 Realer Transformator

$$\underline{U}_1 = 0{,}0125kV \cdot \underline{/-36{,}9^0} + 0{,}285kV \cdot \underline{/53{,}1^0} + 5{,}19kV \cdot \underline{/2{,}43^0}$$

$$\underline{U}_1 = 5{,}38kV \cdot \underline{/4{,}69^0} \triangleq \frac{5{,}38kV}{5{,}00kV} \cdot \underline{/4{,}69^0} = 1{,}08 \cdot \underline{/4{,}69^0}$$

Bei der angenommenen Last muß demnach an den Eingangsklemmen, soll an den Ausgangsklemmen Nennspannung $100kV$ herrschen, eine Spannung liegen, die um 8% über der Nennspannung liegt. Die auf der Eingangsseite aufgenommene Leistung ist

$$\underline{S}_1 = \underline{U}_1 \cdot \underline{I}_1^* = 5{,}38kV \cdot \underline{/4{,}69^0} \cdot 1203A \cdot \underline{/+36{,}9^0}$$

$$\underline{S}_1 = (4{,}84 + j4{,}30)MVA$$

Die im Transformator umgesetzte Verlustleistung ergibt sich als Differenz von aufgenommener und abgegebener Leistung

$$\underline{S}_{Verl} = \underline{S}_1 - \underline{S}_2 = (4{,}84 + j4{,}30)MVA - (4{,}80 + j3{,}60)MVA$$

$$\underline{S}_{Verl} = (0{,}04 + j0{,}70)MVA$$

Die Wirkverlustleistung beträgt danach $0{,}04MW$ und die Blindverlustleistung $0{,}70M$ var. Die Wirkverlustleistung setzt sich im einzelnen zusammen aus der Stromwärmeverlustleistung in der Ausgangswicklung

$$P_{Cu2} = I_2^2 \cdot R_2 = (60{,}0A)^2 \cdot 4{,}17\Omega = 15{,}0kW$$

der Stromwärmeverlustleistung in der Eingangswicklung

$$P_{Cu1} = I_1^2 \cdot R_1 = (1203A)^2 \cdot 0{,}0104\Omega = 15{,}1kW$$

und der Eisenverlustleistung

$$P_{Fe} = U_{q1} \cdot I_{Fe} = 5{,}19kV \cdot 1{,}76A = 9{,}13kW$$

Die Summe der einzelnen Posten für die Wirkverlustleistung ist

$$P_{Verl} = P_{Fe} + P_{Cu1} + P_{Cu2} = 9{,}13kW + 15{,}1kW + 15{,}0kW$$

$P_{Verl} = 39{,}2 kW = 0{,}0392 MW \approx 0{,}04 MW$

Die Blindverlustleistung setzt sich im einzelnen zusammen aus der in der Streureaktanz der Ausgangswicklung umgesetzten Blindleistung

$I_2{}^2 \cdot X_2 = (60{,}0 A)^2 \cdot 94{,}9 \Omega = 0{,}342 M$ var

der in der Streureaktanz der Eingangswicklung umgesetzten Blindleistung

$I_1{}^2 \cdot X_1 = (1203 A)^2 \cdot 0{,}237 \Omega = 0{,}343 M$ var

und der Magnetisierungsblindleistung zur Erzeugung des magnetischen Flusses

$U_{q1} \cdot I_\mu = 5{,}19 kV \cdot 2{,}06 A = 0{,}0107 M$ var

Die gesamte Blindverlustleistung als Summe der einzelnen Posten ist

$Q_{Verl} = 0{,}0107 M$ var $+ 0{,}343 M$ var $+ 0{,}342 M$ var

$Q_{Verl} = 0{,}696 M$ var $\approx 0{,}70 M$ var

2.3 Ersatzschaltung des Transformators

Das Verständnis der Wirkungsweise des Transformators wird dadurch erschwert, daß Eingangs- und Ausgangsseite nicht leitend miteinander verbunden, sondern induktiv gekoppelt sind. Im folgenden soll eine Ersatzschaltung für den Transformator mit leitender Verbindung zwischen Eingangs- und Ausgangsseite entwickelt werden, die es erlaubt, das Betriebsverhalten des Transformators in einfacher Weise zu überblicken. Unter der Ersatzschaltung soll hier eine Schaltung verstanden werden, die auf das Netz, an dem der Transformator liegt, in gleicher Weise wirkt wie der Transformator selbst. Die Schaltung wird in vier Schritten entwickelt.

2.3.1 Erster Schritt: Idealer Transformator mit gleichen Wicklungswindungszahlen

Zunächst wird angenommen, daß die Wicklungswindungszahlen auf der Eingangs- und Ausgangsseite des Transformators übereinstimmen und daß die Wicklungswirkwiderstände und Wicklungsstreureaktanzen vernachlässigbar klein sind.

2.3 Ersatzschaltung des Transformators

Im Leerlauf nimmt der Transformator den Leerlaufstrom auf. Der Leerlaufstrom $\underline{I}_0$ besteht aus zwei Anteilen: dem Magnetisierungsstrom $\underline{I}_\mu$, der der Spannung der Eingangsseite um 90° nacheilt und dem Eisenveruststrom $\underline{I}_{Fe}$, der mit der Spannung in Phase ist (Bild 2.10). Für das Netz ändern sich die Verhältnisse nicht, wenn der Transformator durch die Parallelschaltung eines induktiven Widerstands X_μ und eines Wirkwiderstands R_{Fe} ersetzt wird (Bild 2.14). Der induktive Widerstand muß so bemessen sein, daß über ihn ein Strom in der Größe des Magnetisierungsstroms fließt. Der Wirkwiderstand muß so bemessen sein, daß er von einem Strom in der Größe des Eisenveruststroms durchflossen wird. Unter dieser Voraussetzung ist die Schaltung eine Ersatzschaltung des Transformators. An den Eingangsklemmen liegen die Eingangsspannung $\underline{U}_1$ und die mit ihr übereinstimmende Gegenurspannung $\underline{U}_{q1}$, an den Ausgangsklemmen die gleich große Urspannung $\underline{U}_{q2}$ und die mit ihr übereinstimmende Klemmenspannung $\underline{U}_2$.

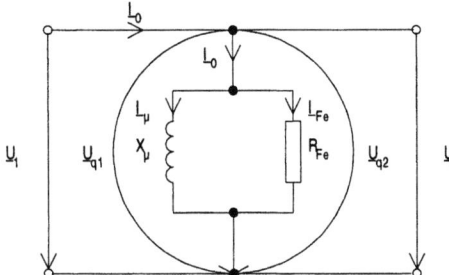

Bild 2.14 Ersatzschaltung für den idealen Transformator mit gleichen Wicklungswindungszahlen

Bei Belastung der Ausgangsseite der Ersatzschaltung fließt ein Strom $\underline{I}_2$ (Bild 2.15). Dieser Strom fließt auch auf der Eingangsseite der Ersatzschaltung. Er hat dort nur einen anderen Namen. Er trägt die Bezeichnung $\underline{I}_{z1}$ und entspricht dem Zusatzstrom auf der Eingangsseite des belasteten Transformators. Leerlaufstrom $\underline{I}_0$ und Zusatzstrom $\underline{I}_{z1}$ bilden zusammen den Strom $\underline{I}_1$ auf der Eingangsseite: $\underline{I}_1 = \underline{I}_0 + \underline{I}_{z1}$.

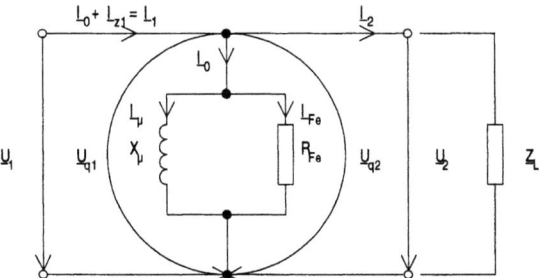

Bild 2.15 Ersatzschaltung für den idealen Transformator mit gleichen Wicklungswindungszahlen. Ausgangsseite belastet

Beispiel 2.8: Transformator mit gleichen Wicklungswindungszahlen auf der Eingangs- und Ausgangsseite ($N_1 = N_2 = 80$): $5,00kV / 5,00kV$ $50Hz$ $6,00MVA$. In einem Leerlaufversuch mit Nennspannung wurden ein Leerlaufstrom von $2,71A$ und eine Leistungsaufnahme von $8,80kW$ gemessen. Die Wicklungswirkwiderstände und Wicklungsstreureaktanzen werden als vernachlässigbar klein betrachtet. a) Geben Sie die Daten der Ersatzschaltung des Transformators an. b) Berechnen Sie mit Hilfe der Ersatzschaltung für den Fall, daß die Eingangsklemmen des Transformators an Nennspannung liegen und daß an den Ausgangsklemmen des Transformators eine Leistung von $\underline{S}_2 = (4,80 + j \cdot 3,60)MVA$ entnommen wird, die Ströme auf der Ausgangs- und Eingangsseite des Transformators.

Lösung: a) Die im Leerlauf aufgenommene Leistung ist Wirkleistung und wird im Wirkwiderstand der Ersatzschaltung umgesetzt.

$$P_0 = \frac{U_1^2}{R_{Fe}}$$

Daraus folgt für den Wirkwiderstand

$$R_{Fe} = \frac{U_1^2}{P_0} = \frac{(5,00kV)^2}{8,80kW} = 2841\Omega$$

und den Eisenverluststrom

$$I_{Fe} = \frac{U_1}{R_{Fe}} = \frac{5,00kV}{2841\Omega} = 1,76A$$

Der induktive Widerstand der Ersatzschaltung wird über den Magnetisierungsstrom berechnet, für den gilt (Bild 2.10)

$$I_\mu = \sqrt{I_0^2 - I_{Fe}^2} = \sqrt{2,71^2 - 1,76^2} \, A = 2,06A$$

Daraus folgt für den induktiven Widerstand

$$X_\mu = \frac{U_1}{I_\mu} = \frac{5,00kV}{2,06A} = 2427\Omega$$

b) Für die auf der Ausgangsseite entnommene Leistung gilt

$$\underline{S}_2 = \underline{U}_2 \cdot \underline{I}_2^*$$

2.3 Ersatzschaltung des Transformators

Daraus ergibt sich für den Strom auf der Ausgangsseite

$$\underline{I}_2 = \frac{\underline{S}_2^*}{\underline{U}_2^*}$$

Mit der Ausgangsspannung, die mit der Eingangsspannung übereinstimmt, als Bezugsgröße mit dem Phasenwinkel 0°

$$\underline{U}_2 = U_2 \cdot \underline{/0^0} = U_2$$

folgt daraus für den Strom auf der Ausgangsseite

$$\underline{I}_2 = \frac{\underline{S}_2^*}{U_2} = \frac{(4{,}80 - 3{,}60)MVA}{5{,}00 kV} = 1200 A \cdot \underline{/-36{,}9^0}$$

Dieser Strom ist auf der Eingangsseite der Zusatzstrom

$$\underline{I}_{z1} = 1200 A \cdot \underline{/-36{,}9^0}$$

der zusammen mit dem Leerlaufstrom

$$\underline{I}_0 = I_{Fe} - j \cdot I_\mu = 1{,}76 A - j \cdot 2{,}06 A = 2{,}71 A \cdot \underline{/-49{,}5^0}$$

den Strom auf der Eingangsseite

$$\underline{I}_1 = \underline{I}_0 + \underline{I}_{z1} = 2{,}71 A \cdot \underline{/-49{,}5^0} + 1200 A \cdot \underline{/-36{,}9^0}$$

$$\underline{I}_1 = 1203 A \cdot \underline{/-36{,}9^0}$$

bildet.

2.3.2 Zweiter Schritt: Realer Transformator mit gleichen Wicklungswindungszahlen

Die Voraussetzung, daß der Transformator ein idealer Transformator ist, bei dem die Wicklungswirkwiderstände und Wicklungsstreureaktanzen vernachlässigbar klein sind, wird fallengelassen.

Die Ersatzschaltung für den realen Transformator mit gleichen Windungszahlen auf der Eingangs- und Ausgangsseite erhält man, indem man dem Eingang der Ersatzschaltung des idealen Transformators den Wirkwiderstand R_1 und die Streureaktanz X_1 der Eingangswicklung vorschaltet und dem Ausgang der Ersatzschaltung den Wirkwiderstand R_2 und die Streureaktanz X_2 der Ausgangswicklung nachschaltet (Bild 2.16).

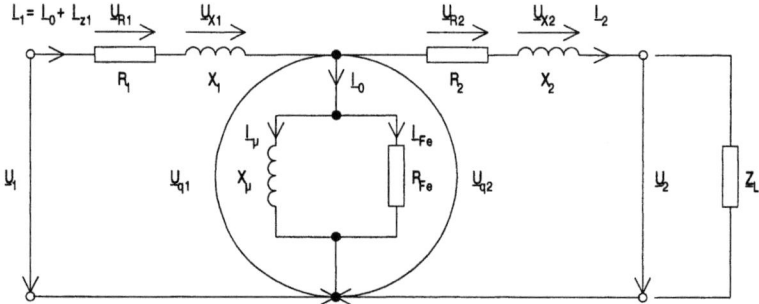

Bild 2.16 Ersatzschaltung für den realen Transformator mit gleichen Wicklungswindungszahlen

Beispiel 2.9: Transformator von Beispiel 2.8. Anders als im vorigen Beispiel sollen jetzt die Wicklungswiderstände berücksichtigt werden. Wicklungswirkwiderstände $R_1 = R_2 = 0{,}0104\Omega$, Wicklungsstreureaktanzen $X_1 = X_2 = 0{,}237\Omega$. a) Berechnen Sie mit Hilfe der Ersatzschaltung für den Fall, daß an den Ausgangsklemmen des Transformators bei Nennspannung $5{,}00kV$ eine Leistung von $\underline{S}_2 = (4{,}80 + j \cdot 3{,}60)MVA$ entnommen wird, die Ströme und Spannungen auf der Ausgangs- und Eingangsseite des Transformators. b) Die Last kann durch eine Impedanz nachgebildet werden. Berechnen Sie diese Impedanz.

Lösung: a) Der Strom auf der Ausgangsseite des Transformators ist, macht man die Ausgangsspannung wieder zur Bezugsgröße mit dem Phasenwinkel 0°, vom vorigen Beispiel her bekannt.

$$\underline{I}_2 = 1200A \cdot \underline{/-36{,}9^0}$$

Dieser Strom macht an den Längsimpedanzen der Ausgangsseite die Spannungsabfälle

$$\underline{U}_{R2} = \underline{I}_2 \cdot R_2 = 1200A \cdot \underline{/-36{,}9^0} \cdot 0{,}0104\Omega = 12{,}5V \cdot \underline{/-36{,}9^0}$$

$$\underline{U}_{X2} = \underline{I}_2 \cdot j \cdot X_2 = 1200A \cdot \underline{/-36{,}9^0} \cdot j \cdot 0{,}237\Omega = 284V \cdot \underline{/53{,}1^0}$$

2.3 Ersatzschaltung des Transformators

Damit läßt sich die Spannung am Querzweig der Ersatzschaltung als Summe dieser Spannungsabfälle und der Ausgangsspannung berechnen

$$\underline{U}_{q2} = \underline{U}_{R2} + \underline{U}_{X2} + \underline{U}_2$$

$$\underline{U}_{q2} = 12{,}5V \cdot /\!-36{,}9^0 + 284V \cdot /53{,}1^0 + 5000V \cdot /0^0$$

$$\underline{U}_{q2} = 5185V \cdot /2{,}43^0$$

Auf der Eingangsseite hat diese Spannung die Bezeichnung $\underline{U}_{q1}$

$$\underline{U}_{q1} = \underline{U}_{q2} = 5185V \cdot /2{,}43^0$$

Mit ihrer Hilfe lassen sich der Magnetisierungsstrom

$$\underline{I}_\mu = \frac{\underline{U}_{q1}}{j \cdot X_\mu} = \frac{5185V \cdot /2{,}43^0}{j \cdot 2427\Omega} = 2{,}14A \cdot /\!-87{,}6^0$$

und der Eisenverluststrom

$$\underline{I}_{Fe} = \frac{\underline{U}_{q1}}{R_{Fe}} = \frac{5185V \cdot /2{,}43^0}{2841\Omega} = 1{,}83A \cdot /2{,}43^0$$

und daraus der Leerlaufstrom

$$\underline{I}_0 = \underline{I}_\mu + \underline{I}_{Fe} = 2{,}14A \cdot /\!-87{,}6^0 + 1{,}83A \cdot /2{,}43^0 = 2{,}81A \cdot /\!-47{,}1^0$$

berechnen. Der Leerlaufstrom und der Zusatzstrom auf der Eingangsseite, der genauso groß wie der Strom auf der Ausgangsseite ist,

$$\underline{I}_{z1} = \underline{I}_2 = 1200A \cdot /\!-36{,}9^0$$

bilden zusammen den Strom auf der Eingangsseite

$$\underline{I}_1 = \underline{I}_0 + \underline{I}_{z1} = 2{,}81A \cdot /\!-47{,}1^0 + 1200A \cdot /\!-36{,}9^0$$

$$\underline{I}_1 = 1203A \cdot /\!-36{,}9^0$$

Mit dem Strom auf der Eingangsseite lassen sich die Spannungsabfälle an den Längsimpedanzen der Eingangsseite berechnen

$$\underline{U}_{R1} = \underline{I}_1 \cdot R_1 = 1203A \cdot \underline{/-36,9^0} \cdot 0,0104\Omega = 12,5V \cdot \underline{/-36,9^0}$$

$$\underline{U}_{X1} = \underline{I}_1 \cdot j \cdot X_1 = 1203A \cdot \underline{/-36,9^0} \cdot j \cdot 0,237\Omega = 285V \cdot \underline{/53,1^0}$$

Die Summe dieser Spannungsabfälle und der Spannung am Querzweig ist die Spannung am Eingang der Ersatzschaltung bzw. die Eingangsklemmenspannung des Transformators.

$$\underline{U}_1 = \underline{U}_{R1} + \underline{U}_{X1} + \underline{U}_{q1}$$

$$\underline{U}_1 = 12,5V \cdot \underline{/-36,9^0} + 285V \cdot \underline{/53,1^0} + 5185V \cdot \underline{/2,43^0}$$

$$\underline{U}_1 = 5380V \cdot \underline{/4,69^0} \triangleq \frac{5380V}{5000V} \cdot \underline{/4,69^0} = 1,08 \cdot \underline{/4,69^0}$$

Diese muß, soll bei der vorgegebenen Last auf der Ausgangsseite Nennspannung herrschen, um 8% größer als die Nennspannung sein.

b) Die Impedanz, durch die die Last nachgebildet werden kann, ist durch den Quotienten von Ausgangsklemmenspannung und Ausgangsstrom gegeben

$$\underline{Z}_L = \frac{\underline{U}_2}{\underline{I}_2} = \frac{5000V \cdot \underline{/0^0}}{1200A \cdot \underline{/-36,9^0}} = 4,17\Omega \cdot \underline{/36,9^0} = 3,33\Omega + j \cdot 2,50\Omega$$

Sie kann durch die Reihenschaltung eines Wirkwiderstandes von $3,33\Omega$ und einer induktiven Reaktanz von $2,50\Omega$ realisiert werden.

2.3.3 Dritter Schritt: Idealer Transformator mit ungleichen Wicklungswindungszahlen

Es wird angenommen, daß die Wicklungswindungszahl auf der Ausgangsseite des Transformators von der auf der Eingangsseite abweicht. Die Wicklungswirkwiderstände und Wicklungsstreureaktanzen sind vernachlässigbar klein.

Die Ersatzschaltung für den idealen Transformator mit gleichen Wicklungswindungszahlen wird beibehalten (Bild 2.17). Dann stellen die auf der Ausgangsseite der Ersatzschaltung auftretenden Größen Spannung und Strom nicht die Aus-

2.3 Ersatzschaltung des Transformators 137

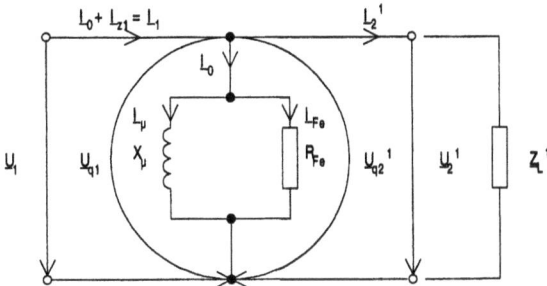

Bild 2.17 Ersatzschaltung für den idealen Transformator mit ungleichen Wicklungswindungszahlen

gangsgrößen des Transformators dar, sondern fiktive Größen, die sich ergeben würden, wenn die Wicklungswindungszahlen übereinstimmen oder, anders ausgedrückt, das Wicklungswindungszahlenverhältnis eins (1) wäre. Auf diesen Umstand, daß die auf der Ausgangsseite der Ersatzschaltung auftretenden Größen nicht den Originalgrößen auf der Ausgangsseite des Transformators entsprechen, sondern nur fiktive Größen sind, die sich beim Wicklungswindungszahlenverhältnis eins (1) ergeben würden, macht eine hochgesetzte eins (^{1}) in Verbindung mit der betreffenden Größe aufmerksam. Zwischen der an den Ausgangsklemmen der Ersatzschaltung abgegebenen Leistung $\underline{S}_2^1 = \underline{U}_2^1 \cdot \underline{I}_2^{1*}$ und der an den Ausgangsklemmen des Transformators abgegebenen Leistung $\underline{S}_2 = \underline{U}_2 \cdot \underline{I}_2^*$ dagegen besteht kein Unterschied, sie stimmen überein. Das muß so sein, da diese Leistung über die Eingangsseite der Ersatzschaltung bzw. des Transformators aus dem Netz bezogen wird und für das Netz nicht feststellbar sein darf, ob der Transformator selbst oder seine Ersatzschaltung angeschlossen ist. Die Transformatorausgangsgrößen lassen sich mit Hilfe der Ausgangsgrößen der Ersatzschaltung und mit Hilfe des Wicklungswindungszahlenverhältnisses ermitteln. Ist die Ausgangsseite des Transformators die Oberspannungsseite, so sind die Transformatorausgangsspannungen Urspannung U_{q2} und Klemmenspannung U_2 größer als die entsprechenden Spannungen U_{q2}^1 und U_2^1 auf der Ausgangsseite der Ersatzschaltung, z.B. doppelt so groß. Der Transformatorausgangsstrom I_2 ist dann, da die Ausgangsleistung von Ersatzschaltung und Transformator als Produkt von Ausgangsspannung und Ausgangsstrom gleich ist, kleiner als der Strom I_2^1 auf der Ausgangsseite der Ersatzschaltung, im angenommenen Beispiel nur halb so groß. Die Lastimpedanz des Transformators als Quotient von Ausgangsklemmenspannung und Ausgangsstrom ist größer als die Lastimpedanz der Ersatzschaltung, im angenommenen Beispiel viermal so groß. Ist die Ausgangsseite des Transformators die Unterspannungsseite, so sind die Transformatorausgangsspannungen Urspannung U_{q2} und Klemmenspannung U_2 kleiner als die entsprechenden Spannungen U_{q2}^1 und U_2^1 auf der Ausgangsseite der Ersatzschaltung, z.B. halb so groß. Der Transformatorausgangsstrom I_2 ist dann, da auch in diesem Fall die Ausgangsleistung von Ersatzschaltung und Transformator als Produkt von Ausgangsspannung und Ausgangsstrom gleich ist, größer als der Strom I_2^1 auf der Ausgangsseite der Ersatzschaltung, im angenommenen Beispiel doppelt so groß. Die Lastimpedanz des Transformators als Quotient von Ausgangsklemmenspannung und Ausgangsstrom ist hier kleiner als die Lastimpedanz der Ersatzschaltung, im angenommenen Beispiel beträgt sie nur ein Viertel von dieser. Man nennt die mit den Transformatorausgangsgrößen nicht übereinstimmenden Ausgangsgrößen der Ersatzschaltung die von der Ausgangsseite des Transformators auf die Eingangsseite umgerechneten Größen. Spannung und Strom werden mit dem Wicklungswindungszahlenverhältnis umgerechnet, Widerstände, das ergaben die Beispiele, werden mit dem Quadrat des Windungszahlenverhältnisses umgerechnet.

Beispiel 2.10: Transformator mit unterschiedlichen Wicklungswindungszahlen auf der Eingangs- und Ausgangsseite: $5{,}00kV / 100kV$ ($N_1 = 80 / N_2 = 1600$) $50Hz$ $6{,}00MVA$. Die Daten der Ersatzschaltung wurden in einem Leerlaufversuch mit Nennspannung von der Unterspannungsseite aus ermittelt. Dabei wurden ein Leerlaufstrom von $2{,}71A$ und eine Leistungsaufnahme von $8{,}80kW$ gemessen. Die Wicklungswirkwiderstände und Wicklungsstreureaktanzen werden als vernachlässigbar klein betrachtet. a) Geben Sie die Daten der Ersatzschaltung des Transformators für die Unterspannungsseite an. b) Berechnen Sie mit Hilfe der Ersatzschaltung für den Fall, daß an den Klemmen der Unterspannungsseite des Transformators Nennspannung liegt und an den Klemmen der Oberspannungsseite eine Leistung von $\underline{S}_2 = (4{,}80 + j \cdot 3{,}60)MVA$ entnommen wird, die Spannungen und Ströme auf der Ausgangs- und Eingangsseite des Transformators. c) Die Last kann durch eine Impedanz nachgebildet werden. Berechnen Sie diese Impedanz für die Ober- und Unterspannungsseite des Transformators und für die Ausgangsseite der Ersatzschaltung.

Lösung: a) Die Ersatzschaltung des Transformators wird in gleicher Weise ermittelt wie die im Beispiel 2.8 und ist die gleiche wie dort: $X_\mu = 2427\Omega$ $R_{Fe} = 2841\Omega$.

b) Die auf der Oberspannungsseite des Transformators abgenommene Leistung $\underline{S}_2$ wird aus dem Netz, an das die Unterspannungswicklung angeschlossen ist, bezogen. Ersetzt man den Transformator durch seine Ersatzschaltung, so darf das Netz von diesem Ersatz nichts merken. Das bedeutet, daß die auf der Ausgangsseite der Ersatzschaltung (Bild 2.17) des Transformators abgenommene Leistung $\underline{S}_2^1$, die wie beim Transformator selbst gleichfalls über die Eingangsseite aus dem Netz bezogen wird, genauso groß wie die Transformatorlast sein muß: $\underline{S}_2^1 = \underline{S}_2$. Da in der Ersatzschaltung die Ausgangsklemmenspannung $\underline{U}_2^1$ der Eingangsklemmenspannung $\underline{U}_1$ entspricht, $\underline{U}_2^1 = \underline{U}_1$, gilt für den Strom auf der Ausgangsseite der Ersatzschaltung

$$\underline{I}_2^1 = \frac{\underline{S}_2^{1*}}{\underline{U}_2^{1*}} = \frac{\underline{S}_2^*}{\underline{U}_1^*}$$

2.3 Ersatzschaltung des Transformators

Mit der Ausgangs- bzw. Eingangsklemmenspannung als Bezugsgröße mit dem Phasenwinkel 0°

$$\underline{U}_2^1 = \underline{U}_1 = 5{,}00kV \cdot \underline{/0^0} = 5{,}00kV$$

ergibt sich für den Strom

$$\underline{I}_2^1 = \frac{(4{,}80 - j \cdot 3{,}60)MVA}{5{,}00kV} = 1200A \cdot \underline{/-36{,}9^0}$$

Da die Ausgangsseite des Transformators die Oberspannungsseite ist, ist die Ausgangsspannung $\underline{U}_2$ des Transformators größer als die Ausgangsspannung $\underline{U}_2^1$ der Ersatzschaltung, der Ausgangsstrom $\underline{I}_2$ des Transformators kleiner als der Ausgangsstrom $\underline{I}_2^1$ der Ersatzschaltung. Die Transformatorgrößen sind mit den Ersatzschaltungsgrößen über das Wicklungswindungszahlenverhältnis verknüpft.

$$\underline{U}_2 = \underline{U}_2^1 \cdot \frac{N_2}{N_1} = 5{,}00kV \cdot \frac{1600}{80} = 100kV$$

$$\underline{I}_2 = \underline{I}_2^1 \cdot \frac{N_1}{N_2} = 1200A \cdot \underline{/-36{,}9^0} \cdot \frac{80}{1600} = 60{,}0A \cdot \underline{/-36{,}9^0}$$

Der Ausgangsstrom $\underline{I}_2^1$ der Ersatzschaltung ist der Zusatzstrom $\underline{I}_{z1}$ auf der Eingangseite des Transformators

$$\underline{I}_{z1} = \underline{I}_2^1 = 1200A \cdot \underline{/-36{,}9^0}$$

Der Eingangsstrom $\underline{I}_1$ des Transformators setzt sich aus dem Leerlaufstrom $\underline{I}_0$, bestehend aus Magnetisierungsstrom $\underline{I}_\mu$ und Eisenverluststrom $\underline{I}_{Fe}$

$$\underline{I}_0 = \underline{I}_\mu + \underline{I}_{Fe} = \frac{\underline{U}_1}{j \cdot X_\mu} + \frac{\underline{U}_1}{R_{Fe}}$$

$$\underline{I}_0 = \frac{5{,}00kV}{j \cdot 2427\Omega} + \frac{5{,}00kV}{2841\Omega} = 2{,}06A \cdot \underline{/-90{,}0^0} + 1{,}76A \cdot \underline{/0^0}$$

$$\underline{I}_0 = 2{,}71A \cdot \underline{/-49{,}5^0}$$

und dem Zusatzstrom zusammen

$$\underline{I}_1 = \underline{I}_0 + \underline{I}_{z1} = 2{,}71A \cdot \underline{/-49{,}5^0} + 1200A \cdot \underline{/-36{,}9^0}$$

$$\underline{I}_1 = 1203A \cdot \underline{/-36{,}9^0}$$

c) Die Last auf der Oberspannungsseite des Transformators kann durch eine Impedanz nachgebildet werden. Sie ist durch den Quotienten von Klemmenspannung und Strom auf der Oberspannungsseite gegeben

$$\underline{Z}_L = \frac{\underline{U}_2}{\underline{I}_2} = \frac{100kV}{60{,}0A \cdot \underline{/-36{,}9^0}} = 1667\Omega \cdot \underline{/36{,}9^0} = (1333 + j \cdot 1001)\Omega$$

Realisiert werden kann die Impedanz durch die Reihenschaltung eines Wirkwiderstandes von 1333Ω und einer induktiven Reaktanz von 1001Ω. Auf der Netz- oder Eingangsseite macht sich diese Impedanz wie eine Impedanz bemerkbar, die sich als Quotient von Netzspannung und Zusatzstrom auf der Eingangsseite des Transformators ergibt

$$\underline{Z}_L^{\;1} = \frac{\underline{U}_1}{\underline{I}_{z1}}$$

Drückt man die Eingangsspannung $\underline{U}_1$ durch die Ausgangsspannung $\underline{U}_2$ aus, indem man die mit Hilfe der Ausgangsspannung gewonnene Windungsspannung $\underline{U}_2/N_2$ mit der Eingangswicklungswindungszahl N_1 multipliziert

$$\underline{U}_1 = \frac{\underline{U}_2}{N_2} \cdot N_1 = \underline{U}_2 \cdot \frac{N_1}{N_2}$$

und drückt man den Zusatzstrom auf der Eingangsseite $\underline{I}_{z1}$ durch den Strom auf der Ausgangsseite $\underline{I}_2$ aus, die beide durch das Durchflutungsgleichgewicht

$$\underline{I}_{z1} \cdot N_1 = \underline{I}_2 \cdot N_2$$

miteinander verknüpft sind,

$$\underline{I}_{z1} = \frac{\underline{I}_2 \cdot N_2}{N_1} = \underline{I}_2 \cdot \frac{N_2}{N_1}$$

so ergibt sich für diese Impedanz

2.3 Ersatzschaltung des Transformators

$$\underline{Z}_L^{\,1} = \frac{\underline{U}_2 \cdot \frac{N_1}{N_2}}{\underline{I}_2 \cdot \frac{N_2}{N_1}} = \frac{\underline{U}_2}{\underline{I}_2} \cdot \left(\frac{N_1}{N_2}\right)^2 = \underline{Z}_L \cdot \left(\frac{N_1}{N_2}\right)^2$$

$$\underline{Z}_L^{\,1} = 1667\Omega \cdot \underline{/36{,}9^0} \cdot \left(\frac{80}{1600}\right)^2 = 4{,}17\Omega \cdot \underline{/36{,}9^0}$$

$$\underline{Z}_L^{\,1} = 3{,}33\Omega + j \cdot 2{,}50\Omega$$

Man nennt die Impedanz $\underline{Z}_L^{\,1}$ die von der Ausgangs- auf die Eingangsseite des Transformators umgerechnete Lastimpedanz $\underline{Z}_L$. Umgerechnet wird mit dem Quadrat des Windungszahlenverhältnisses. Der Transformator ist folglich nicht nur ein Spannungs- und Stromwandler, sondern auch ein Impedanz- bzw. Widerstandswandler. Die Lastimpedanz auf der Oberspannungsseite des Transformators $\underline{Z}_L = (1333 + j \cdot 1001)\Omega$ wirkt auf das Netz auf der Unterspannungsseite des Transformators wie eine Impedanz $\underline{Z}_L^{\,1} = (3{,}33 + j \cdot 2{,}50)\Omega$.

Die Lastimpedanz auf der Ausgangsseite der Ersatzschaltung ist

$$\underline{Z}_L^{\,1} = \frac{\underline{U}_2^{\,1}}{\underline{I}_2^{\,1}} = \frac{5{,}00 kV}{1200 A \cdot \underline{/-36{,}9^0}} = (3{,}33 + j \cdot 2{,}50)\Omega$$

Sie ist mit der von der Ausgangsseite auf die Eingangsseite umgerechneten Lastimpedanz des Transformators identisch.

Faßt man die Regeln für die Umrechnung von elektrischen Größen von einer Seite des Transformators auf die andere zusammen, so gilt: Spannungen und Ströme werden mit dem Windungszahlenverhältnis umgerechnet, Impedanzen mit dem Quadrat des Windungszahlenverhältnisses. Bei der Umrechnung von der Unterspannungsseite auf die Oberspannungsseite werden die Spannungen größer, die Ströme kleiner und die Impedanzen als Quotient von Spannung und Strom größer. Bei der Umrechnung von der Oberspannungsseite auf die Unterspannungsseite werden die Spannungen kleiner, die Ströme größer und die Impedanzen als Quotient von Spannung und Strom kleiner.

2.3.4 Vierter Schritt: Realer Transformator mit ungleichen Wicklungswindungszahlen

Nachdem die Ersatzschaltung für den idealen Transformator mit ungleichen Windungszahlen bekannt ist, läßt sich auch die Ersatzschaltung für den realen Transformator angeben. Der Eingangsseite der Ersatzschaltung für den idealen Transformator sind der Wirkwiderstand R_1 und die Streureaktanz X_1 der Eingangswicklung vorzuschalten (Bild 2.18). Den Wirkwiderstand R_2 und die Streureaktanz X_2 der Ausgangswicklung kann man als mit zur Belastungsimpedanz gehörig betrachten. Da in der Ersatzschaltung nicht die Belastungsimpedanz selbst, sondern die auf die Eingangsseite des Transformators umgerechnete Belastungsimpedanz erscheint, gilt für die Impedanzen der Ausgangswicklung das gleiche. An ihrer Stelle erscheinen in der Ersatzschaltung die auf die Eingangsseite umgerechneten Impedanzen

$$R_2^1 = R_2 \cdot \left(\frac{N_1}{N_2}\right)^2 \quad \text{und} \quad X_2^1 = X_2 \cdot \left(\frac{N_1}{N_2}\right)^2$$

Diese Impedanzen sind dem Ausgang der Ersatzschaltung für den idealen Transformator nachzuschalten.

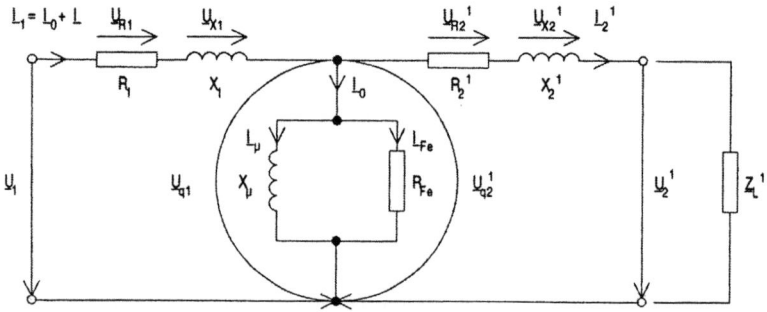

Bild 2.18 Ersatzschaltung für den realen Transformator mit ungleichen Wicklungswindungszahlen

---

Beispiel 2.11: Transformator $5{,}00 kV / 100 kV$ ($N_1 = 80 / N_2 = 1600$) $50 Hz$ $6{,}00 MVA$

Daten der Ersatzschaltung des Transformators für die Unterspannungsseite:
$X_1 = X_2^1 = 0{,}237 \Omega$ $\qquad R_1 = R_2^1 = 0{,}0104 \Omega$
$X_\mu = 2427 \Omega$ $\qquad R_{Fe} = 2841 \Omega$

2.3 Ersatzschaltung des Transformators

Wie groß muß die Klemmenspannung auf der Unterspannungsseite des Transformators sein, wenn an den Klemmen der Oberspannungsseite bei einer Last von $(4{,}80 + j \cdot 3{,}60)MVA$ Nennspannung herrschen soll?

Lösung: Die gesuchte Eingangsklemmenspannung wird mit Hilfe der Ersatzschaltung des Transformators (Bild 2.18) berechnet. Für die Last gilt

$$\underline{S}_2 = \underline{U}_2^{\,1} \cdot \underline{I}_2^{\,1*}$$

Daraus folgt für den Strom

$$\underline{I}_2^{\,1} = \frac{\underline{S}_2^{\,*}}{\underline{U}_2^{\,1*}}$$

Führen wir die Ausgangsspannung als Bezugsgröße mit dem Phasenwinkel 0° ein, dann ist

$$\underline{U}_2^{\,1} = \underline{U}_2 \cdot \frac{N_1}{N_2} = 100kV \cdot \underline{/0^0} \cdot \frac{80}{1600} = 5{,}00kV \cdot \underline{/0^0} = 5{,}00kV$$

und damit

$$\underline{I}_2^{\,1} = \frac{(4{,}80 - j \cdot 3{,}60)MVA}{5{,}00kV} = 1200A \cdot \underline{/-36{,}9^0}$$

Die Spannung am Querzweig der Ersatzschaltung erhält man als Summe der Spannungsabfälle, die der Ausgangsstrom an den Widerständen der Ausgangsseite macht, und der Ausgangsklemmenspannung.

$$\underline{U}_{q1} = \underline{U}_{q2}^{\,1} = \underline{U}_{R2}^{\,1} + \underline{U}_{X2}^{\,1} + \underline{U}_2^{\,1} = \underline{I}_2^{\,1} \cdot (R_2^{\,1} + j \cdot X_2^{\,1}) + \underline{U}_2^{\,1}$$

$$\underline{U}_{q1} = \underline{U}_{q2}^{\,1} = 1200A \cdot \underline{/-36{,}9^0} \cdot (0{,}0104 + j \cdot 0{,}237)\Omega + 5000V$$

$$\underline{U}_{q1} = \underline{U}_{q2}^{\,1} = 5185V \cdot \underline{/2{,}43^0}$$

Der Leerlaufstrom ist

$$\underline{I}_0 = \underline{I}_\mu + \underline{I}_{Fe} = \frac{\underline{U}_{q1}}{j \cdot X_\mu} + \frac{\underline{U}_{q1}}{R_{Fe}}$$

$$\underline{I}_0 = \frac{5185V \cdot \underline{/2,43^0}}{j \cdot 2427\Omega} + \frac{5185V \cdot \underline{/2,43^0}}{2841\Omega}$$

$$\underline{I}_0 = 2,14A \cdot \underline{/-87,6^0} + 1,83A \cdot \underline{/2,43^0}$$

$$\underline{I}_0 = 2,81A \cdot \underline{/-47,1^0}$$

Der Eingangsstrom setzt sich aus dem Leerlaufstrom und dem Zusatzstrom auf der Eingangsseite, der dem Ausgangsstrom entspricht

$$\underline{I}_{z1} = \underline{I}_2^1 = 1200A \cdot \underline{/-36,9^0}$$

zusammen

$$\underline{I}_1 = \underline{I}_0 + \underline{I}_{z1} = 2,81A \cdot \underline{/-47,1^0} + 1200A \cdot \underline{/-36,9^0}$$

$$\underline{I}_1 = 1203A \cdot \underline{/-36,9^0}$$

Die Eingangsklemmenspannung wird als Summe der Spannungsabfälle, die dieser Strom an den Widerständen der Eingangsseite macht, und der Spannung am Querzweig berechnet.

$$\underline{U}_1 = \underline{U}_{R1} + \underline{U}_{X1} + \underline{U}_{q1} = \underline{I}_1 \cdot (R_1 + j \cdot X_1) + \underline{U}_{q1}$$

$$\underline{U}_1 = 1203A \cdot \underline{/-36,9^0} \cdot (0,0104 + j \cdot 0,237)\Omega + 5185V \cdot \underline{/2,43^0}$$

$$\underline{U}_1 = 5380V \cdot \underline{/4,69^0} \triangleq \frac{5380V}{5000V} \cdot \underline{/4,69^0} = 1,08 \cdot \underline{/4,69^0}$$

Die Spannung auf der Eingangsseite des Transformators muß demnach um 8% über der Nennspannung liegen, damit bei der angenommenen Last an den Ausgangsklemmen Nennspannung herrscht.

2.3.5 Vereinfachte Ersatzschaltung

Bei praktisch ausgeführten Transformatoren sind die Impedanzen X_μ und R_{Fe} im Querzweig der Ersatzschaltung (Bild 2.18) wesentlich größer als die Impedanzen R_1, X_1, R_2^1 und X_2^1 im Längszweig. Aus diesem Grund können für den im Leerlauf und den im Kurzschluß betriebenen Transformator vereinfachte Ersatzschaltungen angegeben werden. Im Leerlauf spielen die Längsimpedanzen auf der Ausgangsseite der Ersatzschaltung ohnehin keine Rolle und die Längsimpedanzen

2.3 Ersatzschaltung des Transformators

auf der Eingangsseite sind im Vergleich zu den Querimpedanzen so klein, daß sie vernachlässigt werden können. Die vereinfachte Ersatzschaltung für den leerlaufenden Transformator besteht daher nur aus dem Querzweig mit der Parallelschaltung der Impedanzen X_μ und R_{Fe} (Bild 2.19).

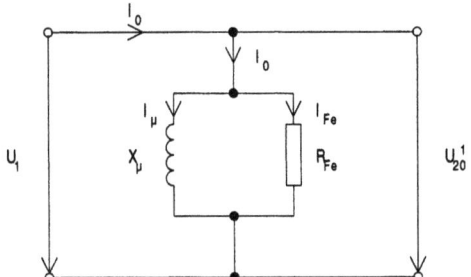

Bild 2.19 Vereinfachte Ersatzschaltung für den leerlaufenden Transformator

Trennt man bei einem Kurzschluß an den Ausgangsklemmen der Ersatzschaltung den Querzweig heraus, so ändern sich die Strom- und Spannungsverhältnisse der Schaltung praktisch nicht. Infolgedessen kann man im Kurzschlußfall mit einer vereinfachten Ersatzschaltung für den Transformator arbeiten, die nur aus dem Längszweig mit der Reihenschaltung der Impedanzen R_1, X_1, R_2^1 und X_2^1 besteht. Dabei kann man die Wirkwiderstände zu einem Gesamtwirkwiderstand

$$R = R_1 + R_2^1$$

und die induktiven Widerstände zu einem induktiven Gesamtwiderstand

$$X = X_1 + X_2^1$$

zusammenfassen (Bild 2.20).

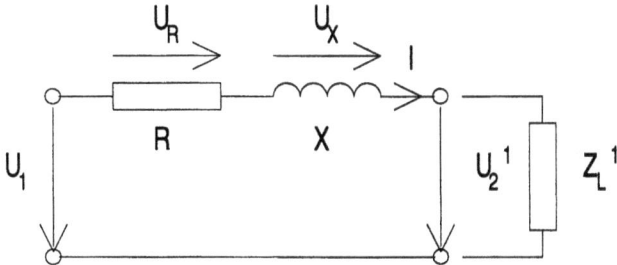

Bild 2.20 Vereinfachte Ersatzschaltung für den kurzgeschlossenen und den belasteten Transformator

Das Ersatzschaltbild für den kurzgeschlossenen Transformator wird auch für den belasteten Transformator benutzt, da der Leerlaufstrom verglichen mit dem Laststrom in der Regel klein ist. Von der vollständigen Ersatzschaltung des Transformators macht man nur selten Gebrauch.

Beispiel 2.12: Das Problem des Beispiels 2.11 ist mit der vereinfachten Ersatzschaltung für den belasteten Transformator zu lösen.

Lösung: Die gesuchte Eingangsklemmenspannung wird mit Hilfe der vereinfachten Ersatzschaltung des Transformators (Bild 2.20) berechnet. Für die Last gilt

$$\underline{S}_2 = \underline{U}_2^1 \cdot \underline{I}^*$$

Daraus folgt für den Strom

$$\underline{I} = \frac{\underline{S}_2^*}{\underline{U}_2^{1*}}$$

Führen wir die Ausgangsspannung als Bezugsgröße mit dem Phasenwinkel 0° ein, dann ist

$$\underline{U}_2^1 = \underline{U}_2 \cdot \frac{N_1}{N_2} = 100kV \cdot \underline{/0^0} \cdot \frac{80}{1600} = 5,00kV \cdot \underline{/0^0} = 5,00kV$$

und damit

$$\underline{I} = \frac{(4,80 - j \cdot 3,60)MVA}{5,00kV} = 1200A \cdot \underline{/-36,9^0}$$

Mit

$$R = R_1 + R_2^1 = 0,0104\Omega + 0,0104\Omega = 0,0208\Omega$$

und

$$X = X_1 + X_2^1 = 0,237\Omega + 0,237\Omega = 0,474\Omega$$

ergibt sich die Eingangsspannung als Summe der Spannungsabfälle an der Längsimpedanz der Ersatzschaltung und der Ausgangsspannung

$$\underline{U}_1 = \underline{I} \cdot (R + j \cdot X) + \underline{U}_2{}^1$$

$$\underline{U}_1 = 1200 A \cdot \underline{/-36{,}9^0} \cdot (0{,}0208 + j \cdot 0{,}474)\Omega + 5000 V$$

$$\underline{U}_1 = 5379 V \cdot \underline{/4{,}69^0} \triangleq \frac{5379 V}{5000 V} \cdot \underline{/4{,}69^0} = 1{,}08 \cdot \underline{/4{,}69^0}$$

Das Ergebnis weicht von dem der mühevolleren Rechnung mit der vollständigen Ersatzschaltung praktisch nicht ab.

2.4 Untersuchung und Betrieb des Transformators

Die den Transformator charakterisierenden Größen werden durch einen Leerlauf- und durch einen Kurzschlußversuch ermittelt. Im Leerlaufversuch werden der Leerlaufstrom, die Eisenverlustleistung und das Übersetzungsverhältnis ermittelt, im Kurzschlußversuch der im Fall eines Klemmenkurzschlusses auftretende Kurzschlußstrom und die Stromwärmeverlustleistung in den Wicklungen. Mit Hilfe dieser Daten können die Widerstände der Ersatzschaltung des Transformators sowie der Wirkungsgrad des Transformators abhängig von seiner Belastung berechnet werden.

2.4.1 Der Leerlaufversuch

Beim Leerlaufversuch wird bei offenen Ausgangsklemmen an die Eingangsklemmen eine Spannung U_1 in Höhe der Nennspannung des Transformators gelegt (Bild 2.21). Dabei werden gemessen: die Spannung auf der Ausgangsseite im Leerlauf U_{20}, der Leerlaufstrom I_0 und die bei Leerlauf aufgenommene Leistung P_0. Der Leerlaufstrom ist, da er wegen der nichtlinearen Magnetisierungskennlinie des Eisens nicht sinusförmig verläuft, mit einem Effektivwertmesser zu messen. Während Spannungsmesser und Strommesser je zwei Anschlüsse haben, hat der Leistungsmesser vier Anschlüsse, zwei für die Spannung und zwei für den Strom. Er bildet das Produkt von Spannung, Strom und Leistungsfaktor und zeigt infolgedessen die vom Transformator aufgenommene Wirkleistung an. Die Stromklemmen werden wie die Klemmen eines Strommessers so angeschlossen, daß der Strompfad des Leistungsmessers in einer der Zuleitungen zur Eingangswicklung liegt und damit der Eingangsstrom über ihn fließt. Die Spannungsklemmen werden wie die Klemmen eines Spannungsmessers so angeschlossen, daß der Spannungspfad des Leistungsmessers parallel zur Eingangswicklung liegt und ihm damit die Eingangsspannung zugeführt wird. Das ungekürzte Verhältnis der Nenneingangsspannung

U_{1Nenn} zur zugehörigen Ausgangsspannung U_{20Nenn} nennt man das Übersetzungsverhältnis $\ddot{u}$ des Transformators. Es stimmt praktisch mit dem Windungszahlenverhältnis überein, läßt sich aber leichter ermitteln als dieses.

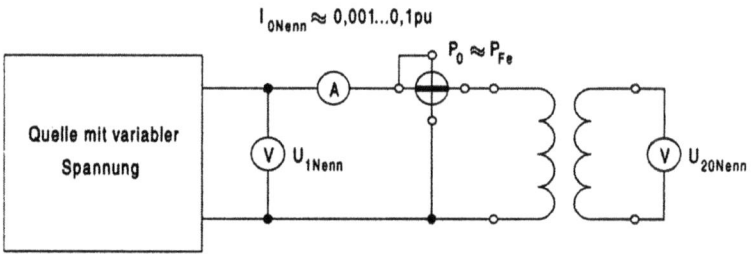

Bild 2.21 Leerlaufversuch

$$\ddot{u} = \frac{U_{1Nenn}}{U_{20Nenn}} \approx \frac{N_1}{N_2} \quad (2.37)$$

Transformatoren werden in der Regel so ausgelegt, daß bei Nennbetrieb, d.h. bei Nennspannung und Nennstrom, die Eisenverlustleistung die gleiche Größenordnung hat wie die Stromwärmeverlustleistung in den Wicklungen, die Kupferverlustleistung. Da der Leerlaufstrom etwa 0,1 bis 10% des Nennstroms beträgt, wobei die kleineren Werte für große Transformatoren gelten, ist die Kupferverlustleistung, die quadratisch mit dem Strom wächst, bei Leerlauf gegenüber der Eisenverlustleistung vernachlässigbar klein. Beträgt beispielsweise im ungünstigsten Fall der Leerlaufstrom 10% oder 1/10 des Nennstroms, so beträgt die Stromwärmeverlustleistung bei Leerlauf nur $(1/10)^2$ bzw. 1/100 der Stromwärmeverlustleistung bei Nennbetrieb bzw. der von der Größenordnung her gleich großen Eisenverlustleistung. Die im Leerlaufversuch mit Nennspannung gemessene Leistung P_0 entspricht daher in sehr guter Näherung der Eisenverlustleistung P_{Fe} bei Nennbetrieb.

$$P_0 \approx P_{Fe} \quad (2.38)$$

Der Leerlaufstrom I_0 setzt sich aus dem Magnetisierungsstrom I_μ und dem Eisenverluststrom I_{Fe} zusammen (Bild 2.10). Nur der Eisenverluststrom als Wirkstrom, der mit der Spannung in Phase ist, trägt zur Leistungsbildung bei. Die im Leerlauf aufgenommene Leistung stellt das Produkt von Eingangsspannung und Eisenverluststrom dar.

$$P_0 = U_1 \cdot I_{Fe} \quad (2.39)$$

2.4 Untersuchung und Betrieb des Transformators

Daraus folgt für den Eisenverluststrom

$$I_{Fe} = \frac{P_0}{U_1} \tag{2.40}$$

und den Magnetisierungsstrom (Bild 2.10)

$$I_\mu = \sqrt{I_0^2 - I_{Fe}^2} \tag{2.41}$$

Mit dem Magnetisierungsstrom und dem Eisenverluststrom lassen sich die Querimpedanzen in der Ersatzschaltung des Transformators berechnen. Aus der vereinfachten Ersatzschaltung für den leerlaufenden Transformator (Bild 2.19) ergibt sich für die Magnetisierungs- oder Hauptreaktanz

$$X_\mu = \frac{U_1}{I_\mu} \tag{2.42}$$

und für den Eisenverlustwiderstand

$$R_{Fe} = \frac{U_1}{I_{Fe}} \tag{2.43}$$

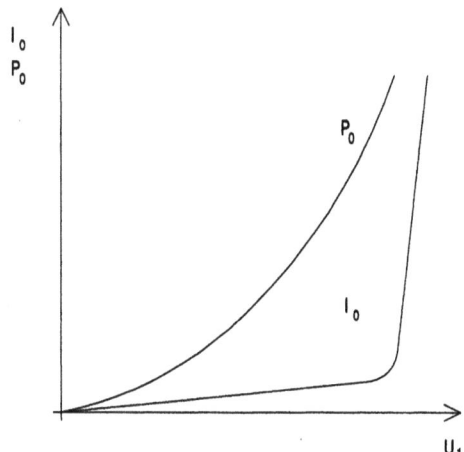

Bild 2.22 Leerlaufkennlinien des Transformators

Vergrößert man im Leerlaufversuch die Spannung an den Eingangsklemmen von Null an beginnend, dann stellt man fest, daß die Zuordnung von Spannung U_1 und Leerlaufstrom I_0 durch eine Kennlinie gegeben ist, die der mit Wechselstrom aufgenommenen Magnetisierungskennlinie des Transformatoreisenkerns ähnlich ist (Bild 2.22). Man erkennt diese Ähnlichkeit am besten dann, wenn man sich die Abhängigkeit des Leerlaufstroms von der Spannung in einem Koordinatensystem vorstellt, bei dem die Bezeichnungen der Achsen vertauscht sind, in dem also die Abhängigkeit der Spannung vom Strom dargestellt ist. Die Ähnlichkeit rührt daher, daß zwischen Spannung und Fluß bzw. Flußdichte einerseits und Strom und Durchflutung bzw. magnetischer Feldstärke andererseits Proportionalität besteht. Strenggenommen wird die Magnetisierungskennlinie des Eisens allerdings durch die Abhängigkeit des Magnetisierungsstroms I_μ und nicht des Leerlaufstroms I_0 von der Spannung U_1 beschrieben. Da jedoch im allgemeinen der Leerlaufstrom, bestehend aus Magnetisierungs- und Eisenverluststrom, nur wenig größer als der Magnetisierungsstrom ist, entspricht der Leerlaufstrom vielfach praktisch dem Magnetisierungsstrom. Die im Leerlauf aufgenommene Leistung P_0 wächst, da sie praktisch nur zur Deckung der Eisenverlustleistung dient und diese etwa quadratisch mit der Spannung zunimmt (Gl. 2.30), ebenfalls ungefähr quadratisch mit der Spannung (Bild 2.22).

Der Leerlaufversuch kann sowohl von der Unterspannungs- als auch von der Oberspannungsseite des Transformators aus gemacht werden. Da die für den Versuch von der Unterspannungsseite her nötige Spannung eher zur Verfügung steht als die für den Versuch von der Oberspannungsseite her, wird der Versuch in der Regel von der Unterspannungsseite aus gemacht. Die im Versuch aufgenommene Leistung, die Eisenverlustleistung, ist unabhängig davon, von welcher Seite aus der Versuch gemacht wird.

2.4.2 Der Kurzschlußversuch

Den Kurzschlußstrom des Transformators wird man aus Gründen der Vorsicht nicht in der Weise ermitteln, daß man an die Eingangsseite eine Spannung in Höhe der Nennspannung legt und dann die Ausgangsseite kurzschließt. Die dabei auf der Ausgangs- und Eingangsseite fließenden Ströme betragen ein Mehrfaches der Nennströme. Die Wicklungen werden dabei nicht nur thermisch stark beansprucht, sondern vor allem auch dynamisch. Zwischen den gleichsinnig vom Strom durchflossenen Windungen einer Wicklung bestehen anziehende Kräfte. Infolgedessen wirken auf beide Wicklungen Kräfte in axialer Richtung, die die Wicklungen zusammenzudrücken suchen (Bild 2.23). Da die in der Regel übereinandersitzenden Wicklungen, sieht man vom Leerlaufstrom ab, auf Grund des Durchflutungsgleichgewichts in jedem Augenblick von gegensinnig fließenden Strömen durchflossen werden, herrschen zwischen den Wicklungen abstoßende Kräfte. Diese Kräfte suchen die innere Wicklung radial zusammenzudrücken und die äußere Wicklung radial zu sprengen. Im normalen Betrieb ist die Größe dieser Kräfte bescheiden. Im Kurzschluß dagegen erreichen diese Kräfte, die mit dem Quadrat des

2.4 Untersuchung und Betrieb des Transformators

Stromes wachsen, beachtliche Werte, bei großen Transformatoren mehrere Millionen Newton. Der Transformator muß so gebaut werden, daß er im Kurzschlußfall, mit dessen gelegentlichem Auftreten im Betrieb gerechnet werden muß, den sich dabei ergebenden Belastungen bis zum Abschalten des Kurzschlußstroms durch ein Schutzorgan, d.h. nach Ablauf von Bruchteilen einer Sekunde, gewachsen ist. Im Versuch wird man den Transformator diesen Belastungen unnötig nicht aussetzen wollen und ihn schonend behandeln.

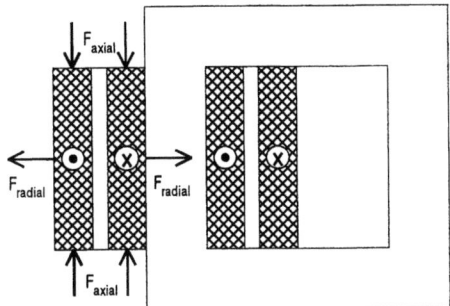

Bild 2.23 Mechanische Beanspruchung der Wicklungen durch Stromkräfte

Der Kurzschlußversuch wird aus diesem Grund in der Weise vorgenommen, daß die Klemmen der Ausgangswicklung kurzgeschlossen werden und an die Klemmen der Eingangswicklung eine Spannung gelegt wird, die von Null an beginnend langsam so lange vergrößert wird, bis auf der Eingangsseite und damit auch auf der Ausgangsseite der Nennstrom fließt (Bild 2.24).

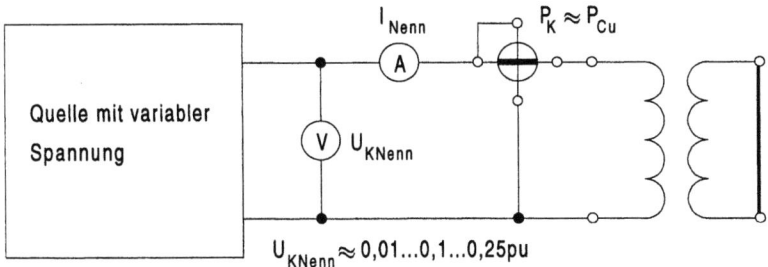

Bild 2.24 Kurzschlußversuch

Dabei steigt der Strom linear mit der Spannung an (Bild 2.25), ein Ergebnis, daß, erinnert man sich an die Ersatzschaltung des Transformators, entweder die vollständige (Bild 2.18) oder die vereinfachte für den Kurzschlußfall (Bild 2.20), nicht überrascht. Die Spannung, bei der im Kurzschlußversuch der Nennstrom fließt, ist die sogenannte Kurzschlußspannung des Transformators. Auf Grund des linearen Zusammenhangs zwischen Strom und Spannung kann mit dieser Kurzschlußspannung der Kurzschlußstrom berechnet werden, der im Betrieb auftritt, bei dem an den Klemmen der Eingangswicklung die volle Spannung, d.h. Nennspannung, liegt.

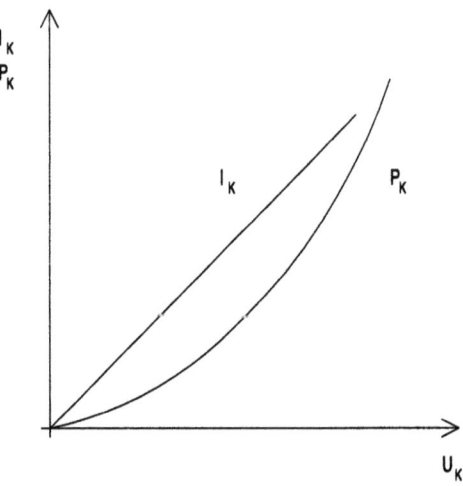

Bild 2.25 Kurzschlußkennlinien des Transformators

Die Kurzschlußspannung wird als bezogene Größe angegeben. Man bezieht auf die Nennspannung der Eingangsseite und gibt den Quotienten von Kurzschlußspannung und Nennspannung an. Wenn beispielsweise auf dem Leistungsschild eines Transformators mit einer Nenneingangsspannung von $5,00 kV$, einer Nennausgangsspannung von $100 kV$ und einer Nennleistung von $6,00 MVA$ eine Kurzschlußspannung von 10% oder 0,10 angegeben ist, dann bedeutet das, daß im Kurzschlußversuch die Nennströme $6,00 MVA/5,00 kV = 1200 A$ auf der Eingangsseite und $6,00 MVA/100 kV = 60,0 A$ auf der Ausgangsseite bei einer Spannung von $0,10 \cdot 5,00 kV = 0,500 kV = 500 V$ auf der Eingangsseite fließen. Bei normalem Betrieb des Transformators liegt an den Eingangsklemmen des Transformators aber nicht eine Spannung von $500V$, sondern eine Spannung von $5,00 kV = 5000V$, also eine Spannung, die zehnmal größer ist. Werden in diesem Fall durch eine Betriebsstörung die Ausgangsklemmen kurzgeschlossen, dann fließen Ströme, die zehnmal größer als die Nennströme im Kurzschlußversuch sind. Auf der Ausgangsseite fließt ein Strom von $10 \cdot 60,0 A = 600 A$, auf der Eingangsseite ein Strom von $10 \cdot 1200 A = 12,0 kA$. Die Kurzschlußspannung bzw. die bezogene Kurzschlußspannung ist ein Maß für den Kurzschlußstrom eines Transformators bei Klemmenkurzschluß. Je kleiner die Kurzschlußspannung, desto größer der Kurzschlußstrom.

2.4 Untersuchung und Betrieb des Transformators

Die Ersatzschaltung für den Transformator (Bild 2.18), insbesondere die vereinfachte Ersatzschaltung für den kurzgeschlossenen Transformator (Bild 2.20), läßt erkennen, wie die Kurzschlußspannung konstruktiv beeinflußt werden kann. Sie ist umso größer, je größer die Widerstände im Längszweig der Schaltung sind. Den Wicklungswirkwiderstand wird man im Hinblick auf den Wirkungsgrad des Transformators möglichst klein machen. Das geeignete Mittel zur Beeinflussung der Kurzschlußspannung ist die induktive Streureaktanz. Sie ist umso größer, je größer der Streufluß des Transformators ist. Transformatoren, bei denen die Wicklungen auf getrennten Schenkeln sitzen, was selten ist, haben einen besonders großen Streufluß und deswegen eine sehr große Kurzschlußspannung. Transformatoren, bei denen die Wicklungen übereinander sitzen, die übliche Bauweise, haben einen umso kleineren Streufluß, je kleiner der Luftspalt zwischen den Wicklungen ist. Über die Größe dieses Luftspalts kann konstruktiv die Größe der Kurzschlußspannung und damit des Kurzschlußstroms beeinflußt werden. Im Hinblick auf den Spannungsabfall im Transformator ist eine kleine Kurzschlußspannung erwünscht, im Hinblick auf die Begrenzung des Kurzschlußstroms eine große. Man muß einen Kompromiß schließen. Die Kurzschlußspannung ausgeführter Transformatoren liegt etwa zwischen 1 und 10%, bei großen Transformatoren beträgt sie bis zu 25%.

Die im Kurzschlußversuch mit Nennstrom vom Transformator aufgenommene Leistung entspricht praktisch der Stromwärmeverlustleistung oder Kupferverlustleistung, die bei Nennbetrieb in den Wicklungswirkwiderständen umgesetzt wird. Der Transformator nimmt zwar auch Leistung zur Deckung der Eisenverluste auf. Die Eisenverlustleistung ist jedoch im Kurzschlußversuch gegenüber der Kupferverlustleistung zu vernachlässigen. Der Grund hierfür ist, wie schon im Zusammenhang mit dem Leerlaufversuch erwähnt, daß die Eisenverlustleistung bei Nennbetrieb, d.h. bei Betrieb mit Nennspannung und Nennstrom, die gleiche Größenordnung hat wie die Kupferverlustleistung. Im Kurzschlußversuch ist sie jedoch wesentlich kleiner als diese, da sie etwa quadratisch von der Spannung abhängt und der Kurzschlußversuch bei einer verglichen mit der Nennspannung kleinen Spannung gemacht wird. Beträgt die Kurzschlußspannung beispielsweise 10% oder 1/10 der Nennspannung, so hat die Eisenverlustleistung im Kurzschlußversuch mit Nennstrom nur noch $(1/10)^2$ oder 1/100 ihrer Größe bei Nennspannung oder der von der Größenordnung her gleich großen Stromwärmeverlustleistung in den Wicklungen bei Nennstrom. Die im Kurzschlußversuch aufgenommene Leistung nimmt, da sie praktisch der in den Wicklungen umgesetzten Stromwärmeverlustleistung entspricht

$$P_K \approx P_{Cu} \tag{2.44}$$

und diese dem Quadrat des Stroms proportional ist, wegen der Proportionalität zwischen Spannung und Kurzschlußstrom quadratisch mit der Spannung zu (Bild 2.25).

Mit Hilfe der Daten des Kurzschlußversuchs können die Widerstände im Längszweig der Transformatorersatzschaltung berechnet werden. Die im Kurzschlußversuch aufgenommene Wirkleistung P_K wird im Wirkwiderstand R der vereinfachten Ersatzschaltung für den Kurzschlußfall (Bild 2.20) umgesetzt und ist durch das Produkt von Stromquadrat und Widerstand gegeben.

$$P_K = I_K^2 \cdot R \tag{2.45}$$

Da Leistung und Strom gemessen wurden, kann mit ihrer Hilfe der Widerstand berechnet werden.

$$R = \frac{P_K}{I_K^2} \tag{2.46}$$

Die Längsreaktanz X läßt sich aus der Längsimpedanz Z, die durch den Quotienten von Eingangsspannung und Eingangsstrom gegeben ist

$$Z = \frac{U_K}{I_K} \tag{2.47}$$

und dem Wirkwiderstand berechnen

$$X = \sqrt{Z^2 - R^2} = \sqrt{\left(\frac{U_K}{I_K}\right)^2 - R^2} \tag{2.48}$$

Der Kurzschlußversuch kann, wie auch der Leerlaufversuch, sowohl von der Ober- als auch von der Unterspannungsseite aus gemacht werden. Da auf der Oberspannungsseite der Strom kleiner ist als auf der Unterspannungsseite und daher die Bereitstellung des Stromes eher möglich ist und die dabei einzustellende Spannung in der Regel verfügbar ist, wird der Versuch häufig von der Oberspannungsseite aus gemacht. Die im Versuch aufgenommene Leistung, die Stromwärmeverlustleistung in den Wicklungen, ist unabhängig davon, von welcher Seite aus der Versuch gemacht wird.

Beispiel 2.13: Transformator $5,00kV / 100kV$ $50Hz$ $6,00MVA$
Kurzschlußversuch mit Nennstrom von der Unterspannungsseite
aus: $U_K = 571V$ $P_K = 30,0kW$
Geben Sie die Längsimpedanz des Transformators an.

Lösung: Die Kurzschlußspannung ist

$$U_K = 571V \triangleq \frac{571V}{5,00kV} = 0,114 \triangleq 11,4\%$$

2.4 Untersuchung und Betrieb des Transformators

und liegt damit im üblichen Bereich. Der Nennstrom auf der Unterspannungsseite ist

$$I_{Nenn} = \frac{6{,}00 MVA}{5{,}00 kV} = 1200 A$$

Für den Wirkwiderstand der Längsimpedanz gilt

$$R = \frac{P_K}{I_K^2} = \frac{30{,}0 kW}{(1200 A)^2} = 0{,}0208 \Omega$$

und für die Reaktanz

$$X = \sqrt{Z^2 - R^2} = \sqrt{\left(\frac{U_K}{I_K}\right)^2 - R^2} = \sqrt{\left(\frac{571 V}{1200 A}\right)^2 - (0{,}0208 \Omega)^2}$$

$$X = 0{,}475 \Omega$$

Danach ist die Längsimpedanz des Transformators

$$\underline{Z} = (0{,}0208 + j0{,}475) \Omega$$

2.4.3 Der Wirkungsgrad

Der Wirkungsgrad des Transformators gibt das Verhältnis von abgegebener Wirkleistung zu aufgenommener Wirkleistung an.

$$\eta = \frac{P_{ab}}{P_{auf}} \qquad (2.49)$$

Da die Leistung, die der Transformator aufnimmt, sich aus der Leistung, die er abgibt, und seiner Verlustleistung zusammensetzt, kann für den Wirkungsgrad auch

$$\eta = \frac{P_{ab}}{P_{ab} + P_{Verl}} \qquad (2.50)$$

geschrieben werden. Drückt man schließlich die abgegebene Leistung als Produkt von Klemmenspannung, Strom und Leistungsfaktor auf der Ausgangsseite aus und die Verlustleistung als Summe von Eisenverlustleistung und Stromwärmeverlustleistung in den Wicklungen oder Kupferverlustleistung, so ergibt sich für den Wirkungsgrad

$$\eta = \frac{U_2 \cdot I_2 \cdot \cos\varphi_2}{U_2 \cdot I_2 \cdot \cos\varphi_2 + P_{Fe} + P_{Cu}} \qquad (2.51)$$

Die Eisenverlustleistung ist belastungsunabhängig und entspricht bei Betrieb des Transformators mit Nennspannung praktisch der im Leerlaufversuch mit Nennspannung aufgenommenen Leistung. Die Kupferverlustleistung bei Nennbetrieb P_{CuNenn} entspricht praktisch der im Kurzschlußversuch mit Nennstrom aufgenommenen Leistung. Die Kupferverlustleistung ist belastungsabhängig und ändert sich mit dem Quadrat des Stromes

$$P_{Cu} = P_{CuNenn} \cdot \left(\frac{I_2}{I_{2Nenn}}\right)^2 \qquad (2.52)$$

Daraus ergibt sich für den Wirkungsgrad

$$\eta = \frac{U_2 \cdot I_2 \cdot \cos\varphi_2}{U_2 \cdot I_2 \cdot \cos\varphi_2 + P_{Fe} + P_{CuNenn} \cdot \left(\frac{I_2}{I_{2Nenn}}\right)^2} \qquad (2.53)$$

Die Belastung, bei der der maximale Wirkungsgrad auftritt, findet man, indem man die Ableitung des Wirkungsgrades nach dem Belastungsstrom I_2 bildet, diese gleich Null setzt und aus der so gewonnenen Gleichung den gesuchten Belastungsstrom berechnet. Unangenehm ist, daß die unabhängige Veränderliche I_2 sowohl im Zähler- als auch im Nennerausdruck für den Wirkungsgrad vorkommt. Man erleichtert sich die Rechnung, wenn man Zähler und Nenner durch I_2 dividiert. Man erhält dann

$$\eta = \frac{U_2 \cdot \cos\varphi_2}{U_2 \cdot \cos\varphi_2 + \dfrac{P_{Fe}}{I_2} + P_{CuNenn} \cdot \dfrac{I_2}{I_{2Nenn}^2}} \qquad (2.54)$$

Jetzt kommt der Belastungsstrom im Zählerausdruck für den Wirkungsgrad nicht mehr vor und man kann die Bedingung für das Wirkungsgradmaximum so formulieren, daß man sagt, daß der Wirkungsgrad seinen größten Wert dann hat, wenn der Nenner seinen kleinsten Wert hat. Es genügt also, daß Minimum des Nenners zu

2.4 Untersuchung und Betrieb des Transformators

suchen. Dazu bilden wir die Ableitung des Nennerausdrucks und setzen diese gleich Null.

$$\frac{dNenner}{dI_2} = -\frac{P_{Fe}}{I_2^2} + \frac{P_{CuNenn}}{I_{2Nenn}^2} = 0 \tag{2.55}$$

Daraus ergibt sich

$$P_{CuNenn} \cdot \left(\frac{I_2}{I_{2Nenn}}\right)^2 = P_{Fe} \tag{2.56}$$

Das ist ein bemerkenswertes Resultat. Es besagt: Der Wirkungsgrad ist dann am größten, wenn die belastungsabhängige Verlustleistung genauso groß wie die belastungsunabhängige Verlustleistung ist. Diese einfache Gesetzmäßigkeit gilt nicht nur für den Transformator, sondern für alle elektrischen Maschinen. Für den Belastungsstrom, bei dem der maximale Wirkungsgrad auftritt, gilt demnach

$$\frac{I_2}{I_{2Nenn}} = \sqrt{\frac{P_{Fe}}{P_{CuNenn}}} \tag{2.57}$$

Ist beispielsweise die Kupferverlustleistung bei Nennbetrieb viermal größer als die Eisenverlustleistung, so tritt der maximale Wirkungsgrad bei einem Laststrom auf, der dem halben Nennstrom entspricht. Eine solche Auslegung des Transformators hinsichtlich der Verlustleistung ist sinnvoll, wenn anzunehmen ist, daß der Transformator überwiegend mit Halblast betrieben wird. Daß der Leistungsfaktor $\cos\varphi_2$ der Last einen Einfluß auf den Wirkungsgrad hat Gl. (2.51) bzw. Gl. (2.53), leuchtet ein, wenn man sich zwei Extreme vor Augen hält, nämlich den der rein induktiven und den der rein kapazitiven Last. In beiden Fällen wird an den Ausgangsklemmen, unabhängig von der Größe des Ausgangsstroms, keine Wirkleistung abgegeben und der Wirkungsgrad ist infolgedessen unabhängig von der Belastung immer Null. Charakteristisch für die Abhängigkeit des Wirkungsgrades von der Belastung ist, wie für alle elektrischen Maschinen, daß ausgehend vom Wirkungsgrad Null bei Leerlauf mit wachsender Belastung der Wirkungsgrad steil ansteigt und schnell ein Plateau erreicht, auf dem sich nicht mehr viel ändert. Das Wirkungsgradmaximum ist meist so wenig ausgeprägt, daß man seine Lage kaum erkennt.

Beispiel 2.14: Transformator $5{,}00kV / 100kV$ $50Hz$ $6{,}00MVA$
Zur Ermittlung der Eisenverlustleistung beim Betrieb des Transformators mit Nennspannung wurde ein Leerlaufversuch mit Nennspannung von der Unterspannungsseite aus gemacht. Dabei wurde bei einem Leerlaufstrom von $2{,}71A$ eine Leistungs-

aufnahme von $8{,}80kW$ gemessen. Zur Ermittlung der Stromwärmeverlustleistung in den Wicklungen bei Nennstrom wurde, ebenfalls von der Unterspannungsseite aus, ein Kurzschlußversuch mit Nennstrom gemacht. Die dabei bei einer Kurzschlußspannung von $571V$ aufgenommene Leistung betrug $30{,}0kW$. a) Bestätigen Sie durch eine Überschlagsrechnung, daß die im Leerlaufversuch gemessene Leistung praktisch der Eisenverlustleistung entspricht und die im Kurzschlußversuch gemessene Leistung praktisch der Stromwärmeverlustleistung in den Wicklungen bzw. der Kupferverlustleistung entspricht. b) Berechnen Sie den Wirkungsgrad des Transformators für Nennlast und einen Leistungsfaktor von $\cos\varphi = 0{,}8$ induktiv. c) Bei welcher Belastung tritt bei einem Leistungsfaktor von $\cos\varphi = 0{,}8$ induktiv der maximale Wirkungsgrad auf und wie groß ist er?

Lösung: a) Die Stromwärmeverlustleistung im Leerlaufversuch ist

$$P_{Cu} = P_{CuNenn} \cdot \left(\frac{I}{I_{Nenn}}\right)^2 = 30{,}0kW \cdot \left(\frac{2{,}71A}{1200A}\right)^2 = 0{,}153W$$

In Wirklichkeit ist die Stromwärmeverlustleistung geringer, da die im Kurzschlußversuch ermittelte Leistung in beiden Wicklungen umgesetzt wird, während beim Leerlaufversuch nur eine Wicklung Strom führt. Die Eisenverlustleistung erhält man, indem man von der im Leerlauf aufgenommenen Leistung die Stromwärmeverlustleistung bzw. Kupferverlustleistung abzieht.

$$P_{Fe} = P_0 - P_{Cu} = 8{,}80kW - 0{,}153W \approx 8{,}80kW$$

Verglichen mit der im Leerlaufversuch gemessenen Leistungsaufnahme von $8{,}80kW$ ist die hier überschlägig ermittelte Stromwärmeverlustleistung so gering, daß man ruhigen Gewissens behaupten kann, daß die im Leerlaufversuch aufgenommene Leistung praktisch die Eisenverlustleistung ist. Eine Berechnung der Eisenverlustleistung kann man sich infolgedessen sparen.

Die im Kurzschlußversuch aufgenommene Eisenverlustleistung ist

$$P_{Fe} = P_0 \cdot \left(\frac{U_1}{U_{1Nenn}}\right)^2 = 8{,}80kW \cdot \left(\frac{571V}{5{,}00kV}\right)^2 = 114W$$

Die Stromwärmeverlustleistung in den Wicklungen oder die Kupferverlustleistung im Kurzschlußversuch erhält man, wenn man von der im Kurzschlußversuch aufgenommenen Leistung die Eisenverlustleistung abzieht.

$$P_{Cu} = P_K - P_{Fe} = 30{,}0kW - 114W \approx 30{,}0kW$$

2.4 Untersuchung und Betrieb des Transformators

Die im Kurzschlußversuch aufgenommene Leistung entspricht praktisch der Stromwärmeverlustleistung in den Wicklungen bzw. der Kupferverlustleistung, die Eisenverlustleistung ist vernachlässigbar klein.

b) Die vom Transformator im Leerlaufversuch mit Nennspannung aufgenommene Leistung entspricht praktisch der Eisenverlustleistung beim Betrieb des Transformators mit Nennspannung: $P_{Fe} = 8{,}80 kW$. Die im Kurzschlußversuch mit Nennstrom aufgenommene Leistung entspricht praktisch der Stromwärmeverlustleistung in den Wicklungen oder Kupferverlustleistung bei Betrieb des Transformators mit Nennstrom: $P_{CuNenn} = 30{,}0 kW$. Der Wirkungsgrad bei Nennlast ist

$$\eta = \frac{U_2 \cdot I_2 \cdot \cos\varphi_2}{U_2 \cdot I_2 \cdot \cos\varphi_2 + P_{Fe} + P_{CuNenn} \cdot \left(\frac{I_2}{I_{2Nenn}}\right)^2}$$

$$\eta = \frac{100 kV \cdot 60{,}0 A \cdot 0{,}8}{100 kV \cdot 60{,}0 A \cdot 0{,}8 + 8{,}80 kW + 30{,}0 kW} = 0{,}992 \triangleq 99{,}2\%$$

c) Die Belastung, bei der der größte Wirkungsgrad auftritt, ist dadurch gekennzeichnet, daß die belastungsabhängige Verlustleistung so groß wie die belastungsunabhängige Verlustleistung ist. Die belastungsabhängige Verlustleistung ist die Stromwärmeverlustleistung in den Wicklungen oder Kupferverlustleistung und die belastungsunabhängige Verlustleistung ist die Eisenverlustleistung.

$$P_{Cu} = P_{Fe} \text{ oder } P_{CuNenn} \cdot \left(\frac{I_2}{I_{2Nenn}}\right)^2 = P_{Fe}$$

Daraus

$$\frac{I_2}{I_{2Nenn}} = \sqrt{\frac{P_{Fe}}{P_{CuNenn}}} = \sqrt{\frac{8{,}80 kW}{30{,}0 kW}} = 0{,}542 \triangleq 54{,}2\%$$

Der maximale Wirkungsgrad tritt demnach bei einer Belastung auf, bei der auf der Ausgangsseite der 0,542fache Nennstrom fließt: $I_2 = 0{,}542 \cdot 60{,}0 A = 32{,}5 A$. Der maximale Wirkungsgrad ist für den angegebenen Leistungsfaktor von $\cos\varphi = 0{,}8$ induktiv

$$\eta_{max} = \frac{100 kV \cdot 0{,}542 \cdot 60{,}0 A \cdot 0{,}8}{100 kV \cdot 0{,}542 \cdot 60{,}0 A \cdot 0{,}8 + 8{,}80 kW + 30{,}0 kW \cdot (0{,}542)^2}$$

$$\eta_{max} = 0{,}993 \triangleq 99{,}3\%$$

Der maximale Wirkungsgrad unterscheidet sich nur wenig von dem bei Nennlast und es ist offensichtlich, daß das Maximum hier nur schwach ausgeprägt ist.

Beispiel 2.15: Transformator $2{,}5kVA$ $220V/42V$ $50Hz$. Leerlaufversuch mit Nennspannung, Spannung auf der Oberspannungsseite angelegt: $I_0 = 0{,}600A$ $P_0 = 45{,}0W$. Kurzschlußversuch mit Nennstrom, Spannung ebenfalls auf der Oberspannungsseite angelegt: $U_K = 8{,}00V$ $P_K = 75{,}0W$.
a) Berechnen Sie die Impedanzen der Ersatzschaltung für die Oberspannungsseite.
b) Geben Sie die Daten des Leerlauf- und Kurzschlußversuchs an, die sich ergeben hätten, wenn die Spannung auf der Unterspannungsseite angelegt worden wäre.
c) Berechnen Sie die Impedanzen der Ersatzschaltung für die Unterspannungsseite.
d) Geben Sie die Ersatzschaltung des Transformators für die Oberspannungs- und Unterspannungsseite mit bezogenen Größen an. Bezugsgrößen: die Nennleistung des Transformators und die jeweilige Nennspannung, aus diesen der jeweilige Nennstrom als Bezugsstrom und der Quotient von Nennspannung und zugehörigem Nennstrom als Bezugsimpedanz für die Ober- bzw. Unterspannungsseite.

Lösung: a) Die Widerstände des Längszweigs werden mit den Daten des Kurzschlußversuchs berechnet. Der Kurzschlußversuch wurde mit Nennstrom von der Oberspannungsseite aus gemacht. Der Nennstrom auf der Oberspannungsseite ist

$$I_{Nenn}(OS) = \frac{2{,}5kVA}{220V} = 11{,}4A$$

Daraus folgt für den Wirkwiderstand der Längsimpedanz

$$R = \frac{P_K}{I_K^2} = \frac{75{,}0W}{(11{,}4A)^2} = 0{,}577\Omega$$

und die Reaktanz

$$X = \sqrt{Z^2 - R^2} = \sqrt{\left(\frac{U_K}{I_K}\right)^2 - R^2} = \sqrt{\left(\frac{8{,}00V}{11{,}4A}\right)^2 - (0{,}577\Omega)^2}$$

$$X = 0{,}399\Omega$$

Reaktanz und Wirkwiderstand werden üblicherweise jeweils hälftig auf die Eingangs- und Ausgangsseite der Ersatzschaltung verteilt

2.4 Untersuchung und Betrieb des Transformators

$$X_1 = X_2{}^1 = \frac{X}{2} = \frac{0{,}399\,\Omega}{2} = 0{,}200\,\Omega$$

$$R_1 = R_2{}^1 = \frac{R}{2} = \frac{0{,}577\,\Omega}{2} = 0{,}289\,\Omega$$

Diese Aufteilung erscheint etwas willkürlich. Sie ist dadurch gerechtfertigt, daß das Verhalten des Transformators im allgemeinen durch die vereinfachte Ersatzschaltung für den Kurzschluß bzw. Nennlast oder Teillast (Bild 2.20) ausreichend genau beschrieben wird und sich für diese die Aufteilung der Widerstände ohnehin erübrigt. Die Art der Aufteilung der Widerstände hat demnach praktisch keinen Einfluß auf die Genauigkeit, mit der die Ersatzschaltung das Verhalten des Transformators nachbildet.

Die Impedanzen des Querzweigs werden mit Hilfe der Daten des Leerlaufversuchs ermittelt. Der Eisenverluststrom ist

$$I_{Fe} = \frac{P_0}{U_1} = \frac{45{,}0W}{220V} = 0{,}205 A$$

und der Magnetisierungsstrom

$$I_\mu = \sqrt{I_0{}^2 - I_{Fe}{}^2} = \sqrt{0{,}600^2 - 0{,}205^2}\,A = 0{,}564\,A$$

Daraus ergeben sich die Hauptreaktanz

$$X_\mu = \frac{U_1}{I_\mu} = \frac{220V}{0{,}564A} = 390\,\Omega$$

und der Eisenverlustwiderstand

$$R_{Fe} = \frac{U_1}{I_{Fe}} = \frac{220V}{0{,}205A} = 1073\,\Omega$$

Die ermittelte Ersatzschaltung (Bild 2.26) gilt nur für die Oberspannungsseite. Bei Nennspannung $220V$ an den Eingangsklemmen der Ersatzschaltung ist die Spannung auf der Ausgangsseite, abhängig von der Art der Belastung, unterschiedlich groß und bei ungestörtem Betrieb ungefähr $220V$, der Strom auf der Ausgangsseite bei Nennbetrieb $11{,}4A$ und die dazugehörende Lastimpedanz $Z_L{}^1 \approx 220V/11{,}4A = 19{,}3\,\Omega$. Weder die Spannung noch der Strom noch die Lastimpedanz auf der Ausgangsseite der Ersatzschaltung entspricht der Originalgröße

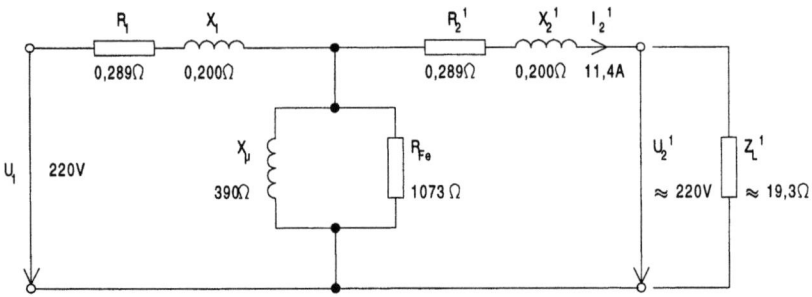

Bild 2.26 Ersatzschaltung des Transformators für die Oberspannungsseite

auf der Ausgangsseite des Transformators. Auf der Ausgangsseite der Ersatzschaltung erscheinen die von der Unterspannungsseite auf die Oberspannungsseite umgerechneten Größen. Die Originalgrößen ergeben sich über das Übersetzungsverhältnis des Transformators und sind für die Spannung ungefähr $42V$, für den Strom bei Nennbelastung der Nennstrom der Unterspannungsseite $2,5kVA/42V = 59,5A$ und für die dazugehörende Lastimpedanz $Z_L \approx 42V/59,5A = 0,706\Omega$.

b) Grundsätzlich können der Leerlauf- und der Kurzschlußversuch sowohl von der Oberspannungs- als auch von der Unterspannungsseite aus gemacht werden. Aus praktischen Gründen wird der Leerlaufversuch mit Nennspannung in der Regel von der Unterspannungsseite aus gemacht, da die dafür nötige Spannung in der vorhandenen Versuchsanlage eher zur Verfügung steht, einfacher gemessen werden kann und gefahrloser zu handhaben ist als die Spannung, die nötig wäre, wenn der Leerlaufversuch von der Oberspannungsseite aus gemacht würde. Für den Kurzschlußversuch gilt entsprechendes. Der Kurzschlußversuch mit Nennstrom wird in der Regel von der Oberspannungsseite aus gemacht, da der Nennstrom auf der Oberspannungsseite kleiner ist als der auf der Unterspannungsseite und infolgedessen in der vorhandenen Versuchsanlage eher zur Verfügung steht und leichter zu messen ist. Im vorliegenden Fall wurden beide Versuche von der Oberspannungsseite aus gemacht. Die Daten, die sich ergeben hätten, wenn beide Versuche von der Unterspannungsseite aus gemacht worden wären, ergeben sich aus den Daten der Versuche von der Oberspannungsseite. Im Leerlaufversuch mit Nennspannung von der Unterspannungsseite aus hätte die Nennspannung $42V$ der Unterspannungsseite angelegt werden müssen. Dabei wäre ein Leerlaufstrom geflossen, der sich aus dem des Versuchs von der Oberspannungsseite aus durch Umrechnung mit dem Übersetzungsverhätnis ergibt: $I_0 = 0,600A \cdot \dfrac{220V}{42V} = 3,14A$. Die im Leerlauf aufgenommene Leistung entspricht in beiden Fällen praktisch der Eisenverlustleistung und ist unabhängig davon, von welcher Seite der Leerlaufversuch gemacht wird: $P_0 = 45,0W$. Im Kurzschlußversuch mit Nennstrom von der Unterspannungsseite aus hätte die Spannung auf der Unterspannungsseite so lange gesteigert werden müssen, bis der Nennstrom der Unterspannungsseite $2,5kVA/42V = 59,5A$ ge-

2.4 Untersuchung und Betrieb des Transformators

flossen wäre. Das wäre bei einer Spannung der Fall gewesen, die sich aus der des Kurzschlußversuchs von der Oberspannungsseite aus ebenfalls durch Umrechnen mit dem Übersetzungsverhältnis ergibt: $U_K = 8{,}00V \cdot \dfrac{42V}{220V} = 1{,}53V$. In beiden Fällen ist die auf die jeweilige Nennspannung bezogene Kurzschlußspannung, die auf dem Leistungsschild des Transformators angegeben wird, die gleiche: $U_K = 8{,}00V/220V = 0{,}0364 \triangleq 3{,}64\%$ bzw. $U_K = 1{,}53V/42V = 0{,}0364 \triangleq 3{,}64\%$. Die im Kurzschlußversuch aufgenommene Leistung entspricht praktisch der Stromwärmeverlustleistung in den Wicklungen und ist unabhängig davon, von welcher Seite aus der Versuch gemacht wird: $P_K = 75{,}0W$.

c) Die Impedanzen der Ersatzschaltung für die Unterspannungsseite können entweder aus den Daten von Leerlauf- und Kurzschlußversuch berechnet werden, bei denen die Spannung auf der Unterspannungsseite angelegt wurde, oder durch Umrechnen der Impedanzen für die Oberspannungsseite auf die Unterspannungsseite mit dem Quadrat des Übersetzungsverhältnisses gewonnen werden. Hier wird von der Möglichkeit der Umrechnung mit dem Quadrat des Übersetzungsverhältnisses Gebrauch gemacht.

$$X_1 = X_2{}^1 = 0{,}200\Omega \cdot \left(\dfrac{42V}{220V}\right)^2 = 0{,}00729\Omega$$

Entsprechend

$$R_1 = R_2{}^1 = 0{,}289\Omega \cdot \left(\dfrac{42V}{220V}\right)^2 = 0{,}0105\Omega$$

$$X_\mu = 390\Omega \cdot \left(\dfrac{42V}{220V}\right)^2 = 14{,}2\Omega$$

$$R_{Fe} = 1073\Omega \cdot \left(\dfrac{42V}{220V}\right)^2 = 39{,}1\Omega$$

In der Ersatzschaltung für die Unterspannungsseite (Bild 2.27) ist bei Nennspannung $42V$ an den Eingangsklemmen der Ersatzschaltung die Spannung auf der Ausgangsseite der Ersatzschaltung, abhängig von der Art der Belastung, unterschiedlich groß und bei ungestörtem Betrieb ungefähr $42V$, der Strom auf der Ausgangsseite bei Nennbetrieb $59{,}5A$ und die dazu gehörende Lastimpedanz $Z_L{}^1 \approx 42V/59{,}5A = 0{,}706\Omega$.

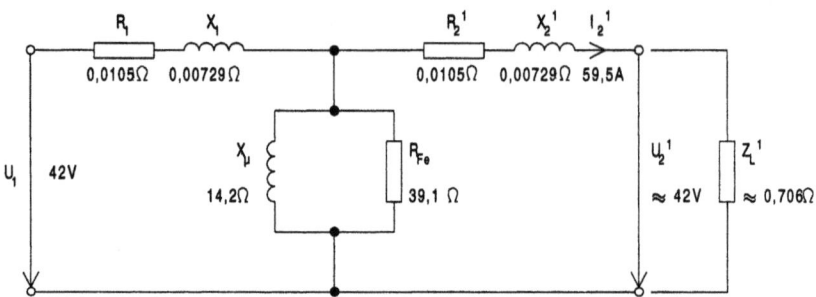

Bild 2.27 Ersatzschaltung des Transformators für die Unterspannungsseite

Weder die Spannung noch der Strom noch die Lastimpedanz auf der Ausgangsseite der Ersatzschaltung stellt die Originalgröße auf der Ausgangsseite des Transformators dar. Auf der Ausgangsseite der Ersatzschaltung erscheinen die von der Oberspannungsseite auf die Unterspannungsseite umgerechneten Größen. Die Originalgrößen ergeben sich über das Übersetzungsverhältnis des Transformators und sind für die Spannung ungefähr $220V$, für den Strom bei Nennbelastung $11,4A$ und für die dazugehörende Lastimpedanz $Z_L \approx 220V/11,4A = 19,3\Omega$.

d) Häufig ist das Arbeiten mit bezogenen Größen zweckmäßig. Die Kurzschlußspannung von Transformatoren ist dafür ein Beispiel. Als absolute Größe liegt sie in einem weiten Bereich. Ist z.B. die Kurzschlußspannung eines Transformators $1000V$, so ist die Beantwortung der Frage, ob das viel oder wenig ist, nicht möglich. Gibt man die Kurzschlußspannung jedoch als auf die Nennspannung bezogene Größe an, so ändern sich die Verhältnisse. Man hat ein bestimmtes Bild von der Größe der Kurzschlußspannung. Bei einer Nennspannung von $10000V$ wäre die bezogene oder relative Kurzschlußspannung $1000V/10000V = 0,100 pu \,\widehat{=}\, 10,0\%$ und läge damit im üblichen Bereich. Die Abkürzung *pu* (gelesen pe-u) steht für *per unit* und wird dann benutzt, wenn ausdrücklich darauf hingewiesen werden soll, daß es sich um eine bezogene, einheitenlose Größe handelt. Der Zusatz *pu* ist nicht unbedingt notwendig, da an dem Fehlen der Einheit ohnehin zu erkennen ist, daß es sich um eine bezogene Größe handelt, und kann folglich auch weggelassen werden.

Die Bezugsimpedanzen für die Oberspannungs- und Unterspannungsseite des Transformators ergeben sich aus Nennspannung und Nennstrom: für die Oberspannungsseite $220V/11,4A = 19,3\Omega$, für die Unterspannungsseite $42V/59,5A = 0,706\Omega$. Dividiert man nun die Widerstände der Ersatzschaltung für die Oberspannungsseite durch die Bezugsimpedanz für die Oberspannungsseite und verfährt für die Unterspannungsseite entsprechend, d.h. dividiert die Widerstände der Ersatzschaltung für die Unterspannungsseite durch den Bezugswiderstand für die Unterspannungsseite, so kommt man in beiden Fällen zu den gleichen Größen (Bild 2.28):

$R_1 = R_2 = 0,0150 pu \qquad X_1 = X_2 = 0,0104 pu$

$X_\mu = 20,2 pu \qquad R_{Fe} = 55,6 pu$

2.4 Untersuchung und Betrieb des Transformators

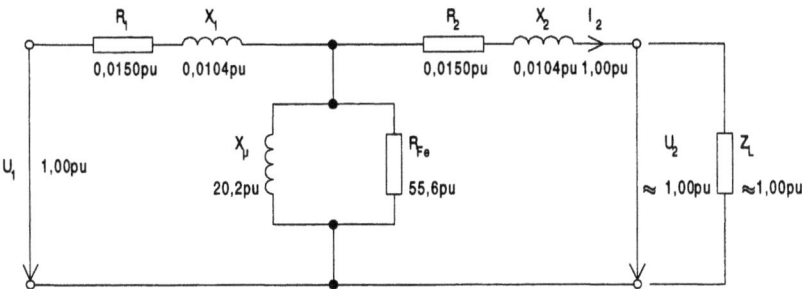

Bild 2.28 Ersatzschaltung des Transformators mit bezogenen Größen

Der Vorteil des Arbeitens mit bezogenen Größen im Zusammenhang mit der Ersatzschaltung des Transformators ist offensichtlich. Es gibt keinen Unterschied zwischen der Ersatzschaltung für die Oberspannungs- und der für die Unterspannungsseite. Beide sind gleich. Es muß infolgedessen auch nicht zwischen Originalgrößen und umgerechneten Größen unterschieden werden. Nennspannung an den Eingangsklemmen der Ersatzschaltung bedeutet beim Arbeiten mit bezogenen Größen, da für die Spannung die jeweilige Nennspannung die Bezugsgröße ist, $U_1 = 1{,}00\,pu$ und für die Ausgangsspannung, abhängig von der Belastung und bei ungestörtem Betrieb, $U_2 \approx 1{,}00\,pu$. Der bezogene Belastungsstrom auf der Ausgangsseite ist bei Nennbetrieb mit dem Nennstrom der jeweiligen Seite als Bezugsgröße $I_2 = 1{,}00\,pu$ und die dazugehörende Lastimpedanz $Z_L = U_2/I_2 \approx 1{,}00\,pu$.

Beispiel 2.16: Transformator $4kVA$ $220V/110V$ $50Hz$. Leerlaufversuch mit Nennspannung, Spannung auf der Unterspannungsseite angelegt: $I_0 = 3{,}20A$ $P_0 = 38{,}0W$. Kurzschlußversuch mit Nennstrom, Spannung auf der Oberspannungsseite angelegt: $U_K = 11{,}0V$ $P_K = 110W$.
 a) Nennströme auf der Ober- und Unterspannungsseite?
 b) Dauerkurzschlußströme auf der Ober- und Unterspannungsseite?
 c) Längsimpedanz des Transformators?
 d) Ausgangsspannung bei Belastung mit Nennstrom und rein induktiver, rein ohmscher und rein kapazitiver Last, wenn der Transformator auf der Eingangsseite an Nennspannung liegt?
 e) Wirkungsgrad bei Nennlast und $\cos\varphi = 0{,}8$ induktiv?
 f) Bei welcher Belastung mit $\cos\varphi = 0{,}8$ induktiv tritt der größte Wirkungsgrad auf und wie groß ist er?
 g) Machen Sie eine Abschätzung für die Stromwärmeverlustleistung beim Leerlaufversuch mit Nennspannung und für die Eisenverlustleistung beim Kurzschlußversuch mit Nennstrom.

Lösung: a) Die Nennströme auf der Oberspannungsseite (OS) und Unterspannungsseite (US) sind

$$I(OS) = \frac{4kVA}{220V} = 18,2A \qquad I(US) = \frac{4kVA}{110V} = 36,4A$$

b) Die bezogene oder relative Kurzschlußspannung ist

$$U_K = \frac{11,0V}{220V} = 0,0500\,pu \triangleq 5,00\%$$

Daraus ergibt sich der Dauerkurzschlußstrom, der sich nach Abklingen eines Ausgleichsvorgangs unmittelbar nach Kurzschlußeintritt im stationären Zustand schließlich einstellt, als bezogene Größe

$$I_{Kd} = \frac{I_{Nenn}}{U_K} = \frac{1,00}{0,0500} = 20,0\,pu$$

Der Dauerkurzschlußstrom beträgt demnach das 20fache des jeweiligen Nennstroms. Der Dauerkurzschlußstrom für die Oberspannungsseite ist danach

$$I_{Kd}(OS) = 20 \cdot 18,2A = 364A$$

der für die Unterspannungsseite

$$I_{Kd}(US) = 20 \cdot 36,4A = 728A$$

c) Die Längsimpedanz des Transformators als bezogene Größe ergibt sich aus den bezogenen Daten des Kurzschlußversuchs mit Nennstrom. Bezugsgrößen sind die Nennspannung und der Nennstrom der Oberspannungsseite und die Nennleistung des Transformators.

$$I_K = 1,00 \qquad U_K = \frac{11,0V}{220V} = 0,0500 \qquad P_K = \frac{110W}{4kVA} = 0,0275\,.$$

Daraus lassen sich der Wirkwiderstand und die Reaktanz der Längsimpedanz als bezogene Größen berechnen.

$$P_K = I_K^2 \cdot R \quad \rightarrow \quad R = \frac{P_K}{I_K^2} = \frac{0,0275}{1,00^2} = 0,0275\,pu$$

$$X = \sqrt{Z^2 - R^2} = \sqrt{\left(\frac{U_K}{I_K}\right)^2 - R^2} = \sqrt{\left(\frac{0,0500}{1,00}\right)^2 - 0,0275^2}$$

2.4 Untersuchung und Betrieb des Transformators

$X = 0{,}0418\, pu$

Die Längsimpedanz als bezogene Größe ist danach

$\underline{Z} = (0{,}0275 + j \cdot 0{,}0418)\, pu$

Mit der Bezugsimpedanz $220V/18{,}2A = 12{,}1\Omega$ für die Oberspannungsseite ist die Längsimpedanz für die Oberspannungsseite als absolute Größe

$\underline{Z} = (0{,}0275 + j \cdot 0{,}0418) \cdot 12{,}1\Omega = (0{,}332 + j \cdot 0{,}505)\Omega$

Die Längsimpedanz für die Unterspannungsseite als absolute Größe ist mit der Bezugsimpedanz $110V/36{,}4A = 3{,}02\Omega$ für die Unterspannungsseite

$\underline{Z} = (0{,}0275 + j \cdot 0{,}0418) \cdot 3{,}02\Omega = (0{,}0831 + j \cdot 0{,}126)\Omega$

d) Das Problem ist schwieriger, als es auf den ersten Blick erscheint. Die Frage nach der bei vorgegebener Ausgangsspannung und Last nötigen Eingangsspannung wäre wesentlich einfacher zu beantworten. Zur Lösung des Problems kann beispielsweise ein Zeigerdiagramm gezeichnet werden, in dem die Zeiger aller elektrischen Größen der vereinfachten Ersatzschaltung erscheinen. Aus diesem Zeigerbild läßt sich eine Beziehung für die Ausgangsspannung bei gegebener Eingangsspannung in Abhängigkeit von der Last ablesen. Hier soll ein anderer Lösungsweg beschritten werden. Man nimmt eine bestimmte Ausgangsspannung an, berechnet die dazugehörende Eingangsspannung und korrigiert sich dann. Bekommt man beispielsweise auf Grund der Rechnung eine Eingangsspannung, die doppelt so groß wie die tatsächliche ist, dann hat man offensichtlich nicht nur die berechnete Eingangsspannung, sondern auch die Ausgangsspannung durch Zwei zu dividieren, um die tatsächlichen Größen zu erhalten. Wir wollen für die Ausgangsspannung, von der wir wissen, daß sie in der Nähe der Nennspannung liegt, willkürlich Nennspannung und den Phasenwinkel 0° annehmen: $\underline{U}_2 = 1{,}00\, pu \cdot \underline{/0^0} = 1{,}00\, pu$. Die Eingangsspannung $\underline{U}_1$ ergibt sich als Summe von Ausgangsspannung und Spannungsabfall, den der Laststrom $\underline{I}$ an der Längsimpedanz $\underline{Z}$ des Transformators macht.

$\underline{U}_1 = \underline{U}_2 + \underline{I} \cdot \underline{Z}$

Für rein induktive Belastung mit Nennstrom, bei der der Laststrom der Ausgangsspannung um 90° nacheilt, gilt

$\underline{U}_1 = 1{,}00 + 1{,}00 \cdot \underline{/-90^0} \cdot (0{,}0275 + j \cdot 0{,}0418) = 1{,}04 \cdot \underline{/-1{,}51^0}$

Tatsächlich ist die Eingangsspannung eins: $U_1 = 1,00$. So wie man in diesem Fall die tatsächliche Eingangsspannung durch Division der berechneten Eingangsspannung durch 1,04 erhält, hat man auch die angenommene Ausgangsspannung durch 1,04 zu dividieren, um die tatsächliche Ausgangsspannung zu erhalten.

$$U_2 = \frac{1,00}{1,04} = 0,962\,pu$$

Die Spannung an den Ausgangsklemmen des Transformators ist danach bei Nennspannung an den Eingangsklemmen bei rein induktiver Belastung mit Nennstrom um rund 4% kleiner als die Nennspannung und beträgt, abhängig davon, ob die Oberspannungs- oder die Unterspannungsseite die Ausgangsseite ist, $U_2(OS) = 0,962 \cdot 220V = 212V$ oder $U_2(US) = 0,962 \cdot 110V = 106V$. Für rein ohmsche Belastung mit Nennstrom, bei der der Laststrom mit der Ausgangsspannung in Phase ist, ist $\underline{I} = 1,00 \cdot /0^0$, für rein kapazitive Belastung mit Nennstrom, bei der der Strom der Ausgangsspannung um 90° voreilt, ist $\underline{I} = 1,00 \cdot /+90^0$. Die Rechnung liefert für rein ohmsche Last $U_2 = 0,971\,pu$ und für rein kapazitive Last $U_2 = 1,04\,pu$. Danach ist bei rein ohmscher Last der Spannungsabfall an der Längsimpedanz nicht ganz so groß wie bei rein induktiver Last und bei rein kapazitiver Last ergibt sich sogar eine Spannungserhöhung, bei der die Ausgangsspannung um 4% über der Nennspannung liegt. Meist ist die Last gemischt ohmsch-induktiv, weil neben rein ohmschen Verbrauchern wie Beleuchtungsanlagen und Heizgeräten auch Motoren angeschlossen sind, die eine ohmsch-induktive Last darstellen. Der Fall der fast rein kapazitiven Last liegt vor, wenn nachts ein Generator über einen Transformator ein ausgedehntes städtisches Kabelnetz speist, in dem die meisten Verbraucher abgeschaltet sind. Hier muß man, will man Überspannungen und damit verbunden die Gefahr von Durch- und Überschlägen vermeiden, die Generatorspannung so weit reduzieren, daß die Abweichungen der Spannung von der Nennspannung das zulässige Maß nicht überschreitet.

e) Für den Wirkungsgrad gilt

$$\eta = \frac{P_{ab}}{P_{auf}} = \frac{P_{ab}}{P_{ab} + P_{Verl}}$$

oder in ausführlicher Schreibweise

$$\eta = \frac{U_2 \cdot I_2 \cdot \cos\varphi_2}{U_2 \cdot I_2 \cdot \cos\varphi_2 + P_{Fe} + P_{CuNenn} \cdot \left(\frac{I_2}{I_{2Nenn}}\right)^2}$$

2.4 Untersuchung und Betrieb des Transformators

Will man mit bezogenen Größen rechnen, so sind zunächst einmal die im Leerlauf- und Kurzschlußversuch aufgenommene Leistung als bezogene Größe auszurechnen.

$$P_0 = P_{Fe} = \frac{38,0W}{4kVA} = 0,00950\,pu$$

$$P_{KNenn} = P_{CuNenn} = \frac{110W}{4kVA} = 0,0275\,pu$$

Damit ergibt sich für den Wirkungsgrad bei Nennlast und $\cos\varphi = 0,8$ induktiv

$$\eta = \frac{1,00 \cdot 1,00 \cdot 0,8}{1,00 \cdot 1,00 \cdot 0,8 + 0,00950 + 0,0275} = 0,956 \stackrel{\wedge}{=} 95,6\%$$

Genaugenommen hätte die Ausgangsspannung für die vorgegebene Belastung zunächst ermittelt werden müssen. Dieser Aufwand lohnt nicht, da sich am Ergebnis kaum etwas ändern würde. Aus diesem Grund ist es allgemein üblich, in der angegebenen Weise zu verfahren, d.h. die Ausgangsspannung mit ihrem Nennwert, hier eins, anzunehmen.

f) Der maximale Wirkungsgrad tritt dann auf, wenn belastungsabhängige Kupferverlustleistung und belastungsunabhängige Eisenverlustleistung gleich sind

$$P_{CuNenn} \cdot \left(\frac{I_2}{I_{2Nenn}}\right)^2 = P_{Fe}$$

Daraus ergibt sich für die Belastung, bei der der maximale Wirkungsgrad auftritt

$$\frac{I_2}{I_{2Nenn}} = \sqrt{\frac{P_{Fe}}{P_{CuNenn}}} = \sqrt{\frac{0,00950}{0,0275}} = 0,588\,pu$$

Das bedeutet, daß der maximale Wirkungsgrad bei einer Belastung mit dem 0,588fachen Nennstrom oder mit 58,8% des Nennstroms auftritt. Der maximale Wirkungsgrad selbst ist

$$\eta_{max} = \frac{1,00 \cdot 0,588 \cdot 0,8}{1,00 \cdot 0,588 \cdot 0,8 + 0,00950 \cdot 2} = 0,961 \stackrel{\wedge}{=} 96,1\%$$

Verglichen mit dem Wirkungsgrad bei Nennlast hat sich keine große Änderung ergeben. Es wurde an anderer Stelle bereits festgestellt, daß charakteristisch für die Abhängigkeit des Wirkungsgrades von der Belastung für alle elektrischen Maschinen ist, daß ausgehend vom Wirkungsgrad Null bei Leerlauf mit wachsender Belastung der Wirkungsgrad steil ansteigt und schnell ein Plateau erreicht, auf dem sich nicht mehr viel ändert. Das Wirkungsgradmaximum ist meist wenig ausgeprägt.

g) Die Stromwärmeverlustleistung beim Leerlaufversuch mit Nennspannung ist wegen der quadratischen Abhängigkeit der Stromwärmeverlustleistung vom Strom

$$P_{CuNenn} \cdot \left(\frac{I_0}{I_{Nenn}}\right)^2 = 110W \cdot \left(\frac{3{,}20A}{36{,}4A}\right)^2 = 0{,}850W$$

Die Stromwärmeverlustleistung im Leerlaufversuch ist damit wesentlich kleiner als die im Leerlauf aufgenommene Leistung $P_0 = 38{,}0W$ und diese stellt infolgedessen im wesentlichen die Eisenverlustleistung dar. Tatsächlich ist die Stromwärmeverlustleistung noch kleiner als angegeben, da die im Kurzschlußversuch mit Nennstrom aufgenommene Leistung $P_{KNenn} = 110W$ in beiden Wicklungen umgesetzt wird, während beim Leerlaufversuch nur in einer Wicklung Stromwärmeverlustleistung entsteht. Die Eisenverlustleistung beim Kurzschlußversuch mit Nennstrom ist wegen der quadratischen Abhängigkeit der Eisenverlustleistung von der Spannung

$$P_{Fe} \cdot \left(\frac{U}{U_{Nenn}}\right)^2 = 38{,}0W \cdot \left(\frac{11{,}0V}{220V}\right)^2 = 0{,}0950W$$

Der Anteil der Eisenverlustleistung an der insgesamt im Kurzschlußversuch aufgenommenen Leistung von $P_K = 110W$ ist also verschwindend gering. Demnach ist die im Kurzschlußversuch aufgenommene Leistung im wesentlichen Stromwärmeverlustleistung.

2.4.4 Stoßkurzschlußstrom und Einschaltstromstoß

Im Zusammenhang mit dem Betrieb des Transformators wurden bisher nur stationäre Zustände betrachtet, d.h. Gleichgewichtszustände, die sich nach genügend langer Zeit einstellen. Nicht betrachtet wurden dynamische Vorgänge, d.h. Übergangsvorgänge, die z.B. auftreten, wenn an den Ausgangsklemmen des Transformators plötzlich ein Kurzschluß auftritt oder der Transformator ans Netz gelegt wird.

2.4 Untersuchung und Betrieb des Transformators

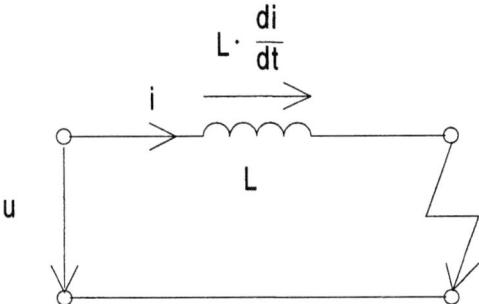

Bild 2.29 Kurzschluß an den Ausgangsklemmen eines Transformators

Der Kurzschluß eines Transformators ist selten. Da mit seinem Auftreten jedoch gelegentlich gerechnet werden muß und der Transformator den dabei auftretenden dynamischen und thermischen Beanspruchungen gewachsen sein muß, interessiert nicht nur der Dauerkurzschlußstrom, der sich nach genügend langer Zeit einstellt, sondern auch der diesem vorausgehende Übergangsvorgang. Die Berechnung dieses Übergangsvorgangs können wir, wie die des Dauerkurzschlußstroms, mit der vereinfachten, nur aus der Längsimpedanz bestehenden Ersatzschaltung des Transformators vornehmen (Bild 2.29). Dabei wollen wir aus Gründen der Einfachheit annehmen, daß diese Längsimpedanz rein induktiv ist, eine Annahme, die bei großen Transformatoren, an die wir hier vornehmlich denken wollen, näherungsweise erfüllt ist. Weiter wollen wir vereinfachend annehmen, daß der Transformator vor Eintritt des Kurzschlusses im Leerlauf betrieben wurde. Unter diesen Voraussetzungen eilt nach Eintritt des Kurzschlusses im stationären Endzustand der Strom der Spannung um eine viertel Periode nach (Bild 2.30).

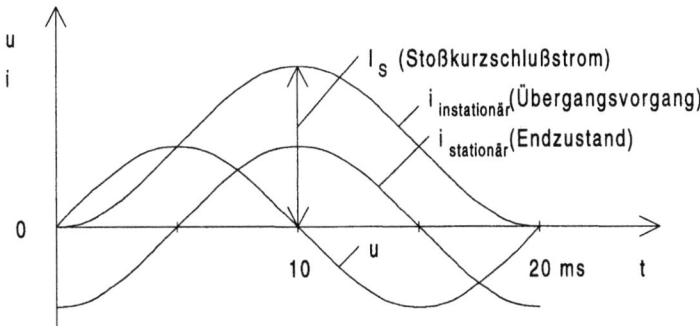

Bild 2.30 Kurzschlußstromverlauf nach Eintritt eines Kurzschlusses an den Ausgangsklemmen eines Transformators im Spannungsnulldurchgang

Tritt der Kurzschluß im Nulldurchgang der Spannung ein, dann müßte der Strom i, wenn der stationäre Zustand gleich eintreten soll, sprunghaft von Null auf seinen Maximalwert zunehmen. Da sich dabei der Energieinhalt $\frac{1}{2} \cdot L \cdot i^2$ der der Längsimpedanz zugeordneten Induktivität L plötzlich ändern müßte und das physikalisch nicht möglich ist, muß sich ein anderer Stromverlauf als im stationären Endzustand ergeben. Dabei kommt es nicht auf den Augenblickswert des Stromes an. Das zeigt das Spannungsgleichgewicht, bei dem der Netzspannung auf der einen Seite auf der anderen Seite die Spannung an der Induktivität das Gleichgewicht hält.

$$u = L \cdot \frac{di}{dt} \tag{2.58}$$

Durch das Spannungsgleichgewicht vorgegeben ist vielmehr die zeitliche Änderung des Stroms oder, anschaulich, die Steigung der den zeitlichen Verlauf des Stromes beschreibenden Kurve $i = f(t)$.

$$\frac{di}{dt} = \frac{u}{L} \tag{2.59}$$

Das Spannungsgleichgewicht ist danach auch dann erfüllt, wenn die den Verlauf des Dauerkurzschlußstroms beschreibende Kurve parallel zu sich selbst nach oben um eine Strecke verschoben wird, die dem Scheitelwert des Dauerkurzschlußstroms entspricht (Bild 2.30). In diesem Fall ist der Anfangswert des Kurzschlußstroms so groß wie der Strom vor Kurzschlußeintritt, nämlich Null. Von Null an beginnend steigt der Kurzschlußstrom an und erreicht nach einer Zeit, die der halben Periodendauer der Spannung entspricht, bei einer Netzfrequenz von $50 Hz$ nach einer Zeit von $10 ms$, seinen größten Wert. Er fällt dann wieder auf Null ab und schwankt periodisch zwischen dem Wert Null und dem Höchstwert. Man kann sich den Kurzschlußstrom als Überlagerung eines Gleichstroms mit einem Wechselstrom vorstellen. Der Gleichstrom hat die Größe des Scheitelwerts des Dauerkurzschlußstroms und der Wechselstrom entspricht dem Dauerkurzschlußstrom. Die ursprünglich vereinfachend gemachte Annahme, daß die Längsimpedanz rein induktiv ist, ist natürlich selbst bei großen Transformatoren streng nicht erfüllt. Infolgedessen nimmt das Gleichstromglied exponentiell mit einer Zeitkonstanten ab, die der Zeitkonstanten der Kurzschlußbahn entspricht. Bei vernachlässigbar kleinem Innenwiderstand der Spannungsquelle ist die Zeitkonstante durch den Quotienten der der Transformatorlängsimpedanz zugeordneten Induktivität und des ohmschen Widerstands der Längsimpedanz bestimmt.

$$\tau = \frac{L}{R} \tag{2.60}$$

2.4 Untersuchung und Betrieb des Transformators

Der nach Eintritt des Kurzschlusses auftretende größte Kurzschlußstrom ist der sogenannte Stoßkurzschlußstrom. Er kann allenfalls so groß wie der doppelte Scheitelwert des Dauerkurzschlußstroms sein, ist jedoch tatsächlich wegen des Abklingens des Gleichstromgliedes immer kleiner. Er stellt für den Transformator eine schwere Belastung dar. Gefährdet ist der Transformator vor allem durch die mit dem Quadrat des Stromes wachsenden mechanischen Kräfte zwischen den stromdurchflossenen Wicklungsleitern (Bild 2.23). Dabei wirken zwischen gegensinnig vom Strom durchflossenen Leitern abstoßende Kräfte, während zwischen gleichsinnig vom Strom durchflossenen Leitern anziehende Kräfte wirksam sind. So kommt es, daß bei zylindrisch übereinandersitzenden Wicklungen, die, sieht man vom Leerlauf ab, stets gegensinnig vom Strom durchflossen werden, abstoßende Kräfte herrschen, die im Kurzschlußfall die aus isolationstechnischen Gründen außensitzende Oberspannungswicklung zu sprengen drohen, während die innen sitzende Unterspannungswicklung starken, radial nach innen wirkenden Kompressionskräften ausgesetzt ist. Starke Kompressionskräfte wirken auch in axialer Richtung auf die Wicklungen, da deren Leiter gleichsinnig vom Strom durchflossen sind und sich infolgedessen anziehen. All diese Kräfte sind, da der Strom sich zeitlich ändert, ebenfalls zeitabhängig. Sie rütteln an den Wicklungen. Diese müssen den auftretenden Beanspruchungen gewachsen sein und dürfen sich dabei nicht dauernd verformen. Die Dauer dieser schweren Beanspruchung hängt von der Schnelligkeit des Schutzorgans ab, das den Kurzschlußstrom unterbricht. Bei einem Hochspannungs-Hochleistungs-Transformator ist dies ein Schalter. Wenn seine Kontakte öffnen, bildet sich zwischen diesen ein Lichtbogen, über den der Kurzschlußstrom zunächst weiterfließt. Der Lichtbogen verlischt, wenn die Schaltkontakte einen genügend großen Abstand voneinander haben, in einem der der Kontakttrennung folgenden Nulldurchgänge des Stroms. Während im stationären Zustand diese Nulldurchgänge bei einer Frequenz von $50Hz$ im Abstand von jeweils $10ms$ auftreten, sind die Verhältnisse bei rein induktiver Kurzschlußbahn und Kurzschlußeintritt im Spannungsnulldurchgang extrem ungünstig, da die Nulldurchgänge des Stroms nur alle $20ms$ auftreten, sodaß bei Nichtverlöschen des Lichtbogens in einem Stromnulldurchgang die nächste Chance der Stromunterbrechung erst $20ms$ später besteht. Insgesamt verstreicht eine Zeit von der Dauer von bis zu etwa 5 Perioden oder etwa $100ms$, bis der Kurzschlußstrom verlischt. Während dieser Zeit muß der Transformator den Beanspruchungen durch den Kurzschlußstrom gewachsen sein. Wesentlich günstiger sind die Verhältnisse, wenn der Kurzschluß im Scheitelwert der Spannung auftritt (Bild 2.31). Es können sich dann, ohne daß ein Gleichstromglied auftritt, gleich stationäre Verhältnisse einstellen.

Auch beim Einschalten des Transformators können kurzschlußartige Ströme auftreten. Der Einfachheit halber nehmen wir an, daß wir einen Transformator vor uns haben, der im Leerlauf betrieben wird und verlustlos arbeitet. Folglich hat die Eingangswicklung keinen ohmschen Widerstand und im Eisenkern treten keine Verluste auf (Bild 2.4). Im stationären Zustand kommt das Spannungsgleichgewicht dadurch zustande, daß sich im Eisenkern ein magnetischer Wechselfluß ausbildet, der in der Eingangswicklung eine Spannung induziert, die der angelegten Spannung das Gleichgewicht hält.

$$u = N \cdot \frac{d\Phi}{dt} \tag{2.61}$$

Bei sinusförmiger Wechselspannung verläuft der magnetische Fluß ebenfalls sinusförmig und eilt der Spannung um 90° nach (Bild 2.2). Beim Einschalten des Transformators hängt der Verlauf des magnetischen Flusses vom Zeitaugenblick des Einschaltens ab. Der ungünstigste Augenblick für das Einschalten ist der Nulldurchgang der Spannnung. Der magnetische Fluß hätte dann im stationären Zustand seinen Scheitelwert. Diesen kann er jedoch sprungartig nicht annehmen, da sich damit der Energieinhalt des magnetischen Feldes sprungartig ändern müßte, was physikalisch nicht möglich ist. Er muß vielmehr, wenn er vorher Null war, mit dem Wert Null beginnen. Auf den Augenblickswert des magnetischen Flusses kommt es aber garnicht an, entscheidend im Hinblick auf das Spannungsgleichgewicht ist die zeitliche Änderung des magnetischen Flusses oder die Steigung der Kurve, die den zeitlichen Verlauf des Flusses beschreibt.

$$\frac{d\Phi}{dt} = \frac{u}{N} \tag{2.62}$$

Zur Einhaltung des Spannungsgleichgewichts genügt es, wenn nach Einschalten des Transformators der Fluß mit dem Wert Null beginnend so wächst, daß seine zeitliche Änderung oder die Steigung der den Flußverlauf beschreibenden Kurve in jedem Augenblick so groß wie im stationären Zustand ist. Das ist der Fall, wenn die den zeitlichen Verlauf des Flusses $\Phi = f(t)$ beschreibende Kurve parallel zu sich selbst nach oben um eine Strecke verschoben wird, die dem Scheitelwert des Flusses $\hat{\Phi}$ entspricht. Der Fluß pendelt dann sinusförmig ständig zwischen Null und seinem doppelten Scheitelwert. Dabei ergeben sich hohe Stromspitzen, da der Transformator in der Regel so ausgelegt ist, daß sein Eisenkern schon beim Scheitelwert des Flusses in die beginnende Sättigung gerät. Wird nun der doppelte Scheitelwert des Flusses erreicht , so gerät der Eisenkern tief in die Sättigung und in einen Bereich, in dem der dem Fluß zugeordnete Magnetisierungsstrom sehr groß ist. Noch

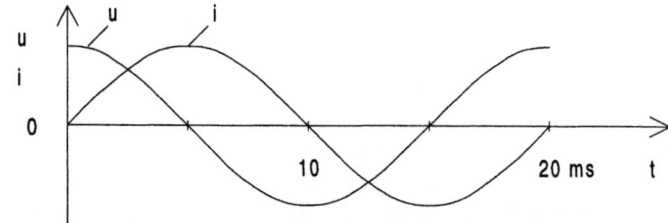

Bild 2.31 Kurzschlußstromverlauf nach Eintritt eines Kurzschlusses an den Ausgangsklemmen eines Transformators im Spannungsmaximum

2.4 Untersuchung und Betrieb des Transformators

schlimmer werden die Verhältnisse, wenn der Eisenkern vor dem Einschalten schon einen remanenten Fluß hatte, der beim Einschalten verstärkt wird. Dann ergibt sich der Maximalwert des Flusses als Summe von remanentem Fluß und doppeltem Scheitelwert des Flusses,

$$\Phi_{max} = \Phi_{rem} + 2 \cdot \hat{\Phi}$$

wobei im äußersten Fall der Remanenzfluß dem Scheitelwert des Flusses entspricht und dann ein Maximalwert des Flusses erreicht wird, der dem dreifachen Scheitelwert entspricht. Auf diese Weise können sich Einschaltströme ergeben, die genauso groß wie die Kurzschlußströme sind. Da der Transformator verlustbehaftet ist, klingen magnetischer Fluß und Magnetisierungsstrom mit einer Zeitkonstanten auf die stationären Werte ab, die, das ergibt sich aus den Wachstumsgesetzen für elektrische Maschinen, mit zunehmender Transformatorgröße ebenfalls zunimmt und bei großen Transformatoren im Minutenbereich liegt. Problemlos ist das Einschalten des Transformators im Spannungsscheitelwert, da hier im stationären Zustand der magnetische Fluß durch Null geht und sich infolgedessen ohne Übergangsvorgang gleich der stationäre Zustand einstellen kann. Erleichtert wird das Zuschalten im Spannungsmaximum, wenn es auf der Oberspannungsseite geschieht, dadurch, daß bei Annäherung der Schaltkontakte vor deren gegenseitiger Berührung vorzugsweise im Spannungsmaximum ein Durchschlag, das sogenannte Vorzünden, erfolgt.

2.4.5 Parallelbetrieb von Transformatoren

Wenn ein im Netz arbeitender Transformator überlastet ist, kann er durch einen mit größerer Leistung ersetzt werden oder es wird ihm ein zweiter parallel geschaltet. Welche der beiden Möglichkeiten zu wählen ist, ist nach technischen und wirtschaftlichen Gesichtspunkten zu entscheiden.

Transformatoren sind parallel geschaltet, wenn ihre Ober- und Unterspannungswicklungen jeweils parallel geschaltet sind. Voraussetzung dafür, daß Transformatoren parallel geschaltet werden können, ist, daß sie in ihren Nennspannungen auf der Ober- und Unterspannungsseite übereinstimmen.

Bei der Parallelschaltung zweier Transformatoren wird man wünschen, daß sich die beiden Transformatoren ihrer Nennleistung entsprechend an der Gesamtlast beteiligen. Das ist nur dann der Fall, wenn ihre bezogenen Kurzschlußspannungen und damit die bezogenen Längsimpedanzen ihrer Ersatzschaltungen übereinstimmen. Sofort erkennbar ist das für einen Extremfall der Belastung, den Kurzschluß. Wird mit der Parallelschaltung zweier Transformatoren ein Kurzschlußversuch gemacht, dann wird bei Vergrößerung der angelegten Spannung der Nennstrom zuerst bei dem Transformator mit der kleineren Kurzschlußspannung und damit der kleineren Längsimpedanz erreicht. Dieser Transformator ist also schon mit seinem Nennstrom belastet, während der andere noch einen Strom führt, der kleiner als der Nennstrom ist. Doch auch im normalen Betrieb sind, wie im Kurzschlußfall, durch die

Parallelschaltung erzwungen, die Spannungen auf der Ober- und Unterspannungsseite der Transformatoren und damit auch die Spannungsabfälle an den Längsimpedanzen ihrer Ersatzschaltungen gleich. Haben die Transformatoren bei ihren Nennbelastungen unterschiedliche Spannungsabfälle, d.h. unterschiedliche Kurzschlußspannungen, so führt bei einem Spannungsabfall, der der Kurzschlußspannung des Transformators mit der kleineren Kurzschlußspannung entspricht, dieser seinen Nennstrom und wird infolgedessen mit Vollast betrieben, während der mit der größeren Kurzschlußspannung seinen Nennstrom noch nicht erreicht hat und infolgedessen nur mit Teillast betrieben wird. Haben die Transformatoren z.B. die Kurzschlußspannungen $U_{K1} = 0{,}05\,pu \mathrel{\hat=} 5\%$ und $U_{K2} = 0{,}10\,pu \mathrel{\hat=} 10\%$, so wird der erste bei einem Spannungsabfall von 5% mit Vollast, der zweite jedoch nur mit Halblast betrieben.

Im allgemeinen ist auch bei gleicher bezogener Kurzschlußspannung und damit gleicher bezogener Längsimpedanz der Transformatoren die durch die Parallelschaltung übertragbare Scheinleistung als Summe von Wirk- und Blindleistung kleiner als die Summe der Nennleistungen der Transformatoren. Das rührt daher, daß im allgemeinen die Phasenverschiebungswinkel zwischen dem Spannungsabfall und den Transformatorströmen unterschiedlich sind und infolgedessen der Gesamtstrom kleiner als die algebraische Summe der Einzelströme ist. Gleiche Phasenverschiebungswinkel erreicht man, wenn die induktiven und die ohmschen Anteile der bezogenen Transformatorlängsimpedanzen gleich sind. In diesem Fall ist der Gesamtstrom gleich der algebraischen Summe der Teilströme und die übertragbare Leistung entspricht der Summe der Transformatornennleistungen

Beispiel 2.17: Zwei Einphasentransformatoren $16{,}7 MVA$ $6{,}35 kV / 34{,}6 kV$ sind parallel geschaltet. Auf der Oberspannungsseite wird eine Leistung von $(26{,}7 + j20{,}0)MVA$ entnommen. Die im Kurzschlußversuch von der Oberspannungsseite aus gemessenen Längsimpedanzen der Transformatoren sind $j4{,}32\Omega$ und $j5{,}76\Omega$.

a) Geben Sie unter der Voraussetzung, daß die Spannung auf der Lastseite der Nennspannung entspricht, für jeden der beiden Transformatoren den Laststrom an und vergleichen Sie ihn mit dem Nennstrom. Ist einer der Transformatoren überlastet? Wenn ja, welcher?

b) Wie groß muß die Spannung auf der Unterspannungsseite sein, damit die Spannung auf der Oberspannungsseite der Nennspannung entspricht?

Lösung: Mit der auf der Oberspannungsseite der Transformatoren entnommenen Leistung $\underline{S}_2 = \underline{U}_2 \cdot \underline{I}^*$ wird zunächst einmal der Strom auf der Oberspannungsseite berechnet. Dabei ist die Spannung auf der Ausgangsseite Bezugsgröße mit dem Phasenwinkel 0°.

$$\underline{I} = \frac{\underline{S}_2^*}{\underline{U}_2^*} = \frac{(26{,}7 - j20{,}0)MVA}{34{,}6 kV} = 966 A \cdot \underline{/-36{,}9^0}$$

2.4 Untersuchung und Betrieb des Transformators

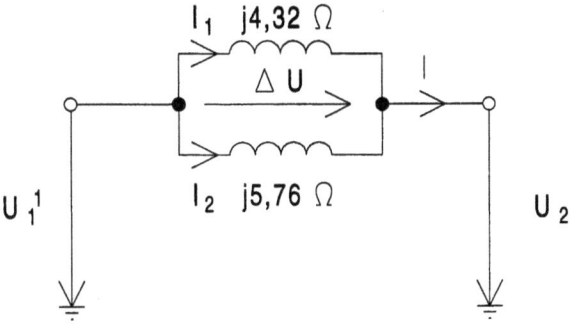

Bild 2.32 Ersatzschaltung der Parallelschaltung zweier Transformatoren

Dieser Strom macht an der Parallelschaltung der Längsimpedanzen der beiden Transformatoren (Bild 2.32) einen Spannungsabfall

$$\Delta \underline{U} = \underline{I} \cdot \underline{Z} = 966A \cdot \underline{/-36{,}9^0} \cdot j \cdot \frac{4{,}32 \cdot 5{,}76}{4{,}32 + 5{,}76}\Omega = 2{,}39kV \cdot \underline{/53{,}1^0}$$

Mit dieser Spannung, die an der Parallelschaltung der Längsimpedanzen der beiden Transformatoren liegt, können die über die Einzelimpedanzen fließenden Lastströme der beiden Transformatoren berechnet werden. Für den Transformator mit der kleineren Längsimpedanz ist der Laststrom

$$\underline{I}_1 = \frac{2{,}39kV \cdot \underline{/53{,}1^0}}{j \cdot 4{,}32\Omega} = 551A \cdot \underline{/-36{,}9^0} \quad \rightarrow \quad I_1 = 551A$$

für den Transformator mit der größeren Längsimpedanz ist der Laststrom

$$\underline{I}_2 = \frac{2{,}39kV \cdot \underline{/53{,}1^0}}{j \cdot 5{,}76\Omega} = 414A \cdot \underline{/-36{,}9^0} \quad \rightarrow \quad I_2 = 414A$$

Der Nennstrom der Transformatoren auf der Oberspannungsseite ist

$$\frac{16{,}7MVA}{34{,}6kV} = 483A$$

In bezogener Darstellung, Bezugsstrom der Nennstrom, ist der Laststrom für den Transformator mit der kleineren Längsimpedanz

$$I_1 = \frac{551A}{483A} = 1{,}14$$

und der Laststrom für den Transformator mit der größeren Längsimpedanz

$$I_2 = \frac{414A}{483A} = 0{,}857$$

Der Transformator mit der kleineren Längsimpedanz und damit kleineren Kurzschlußspannung ist überlastet.

b) Die Spannung auf der Eingangsseite der Transformatoren muß um den Spannungsabfall an der Parallelschaltung der beiden Längsimpedanzen größer sein als die Ausgangsspannung.

$$\underline{U}_1^1 = \underline{U}_2 + \Delta\underline{U} = 34{,}6kV + 2{,}39kV \cdot \underline{/53{,}1^0} = 36{,}1kV \cdot \underline{/3{,}04^0}$$

Diese Spannung muß noch mit dem Übersetzungsverhältnis der Transformatoren auf die Unterspannungsseite umgerechnet werden.

$$U_1 = 36{,}1kV \cdot \frac{6{,}35kV}{34{,}6kV} = 6{,}63kV$$

Die Spannung auf der Unterspannungsseite muß demnach $6{,}63kV$ sein, damit die Spannung auf der Oberspannungsseite bei der vorgegebenen Last der Nennspannung entspricht.

2.4.6 Wanderwellenverhalten des Transformators

Transformatoren in elektrischen Energienetzen sind in besonderer Weise durch Überspannungen gefährdet. Sie werden durch Schalthandlungen im Netz, vor allem aber durch Blitzentladungen bei Gewittern ausgelöst. Dabei muß der Blitz nicht unbedingt direkt in die Leitung einschlagen. Vielfach schlägt er in der Nähe der Leitung ein. Zu dieser Entladung kommt es, nachdem es in der Gewitterwolke über der Leitung infolge turbulenter Luftströmungen zu einer Ladungstrennung gekommen ist, nach der der obere Teil der Wolke positiv und der untere Teil der Wolke negativ geladen ist. Auf Grund dieser Ladungsverteilung wird die Erdoberfläche unter der Wolke durch Influenz positiv aufgeladen. Das gilt auch für die Leiterseile. Kommt es nun zu einer Blitzentladung zwischen Wolke und Erdboden und damit zu einem Ladungsausgleich zwischen Wolke und Erde, dann ist die Leitung an diesem Ladungsausgleich nicht beteiligt. Sie ist nach wie vor positiv aufgeladen und die Ladung fließt nach dem Blitzeinschlag hälftig nach beiden Seiten der Leitung ab – wie Wasser, das man in eine ebene Rinne geschüttet hat. Das gilt auch für die direkt unter der Leitung im Erdboden nach dem Blitzeinschlag durch Influenz entstandene negative Gegenladung. Zwischen beiden bildet sich wie bei einem Kondensator,

2.4 Untersuchung und Betrieb des Transformators

dessen Beläge geladen sind, ein elektrisches Feld. Die Spannung zwischen den Belägen des Kondensators ist seiner Ladung proportional. Entsprechendes gilt für die Leitung. Die durch Blitzeinschlag entstandene Spannung zwischen der Leitung und Erde kann, abhängig von der Betriebsspannung der Leitung, ein Vielfaches von dieser betragen. Je kleiner die Betriebsspannung, desto größer im Vergleich zu dieser die durch Blitzeinschlag entstandene Überspannung. Die mit den abfließenden Ladungen verknüpften Spannungswanderwellen breiten sich mit Lichtgeschwindigkeit nach beiden Seiten über die Leitung aus. Sie zeichnen sich durch eine steile Front, in der die Spannung innerhalb etwa einer Mikrosekunde auf ihren höchsten Wert ansteigt, und einen im Vergleich dazu flach abfallenden Rücken mit einer Rückenhalbwertzeit von etwa fünfzig Mikrosekunden aus, in der die Spannung auf die Hälfte ihres Maximalwertes abfällt. Am Ende der Leitung treffen die Spannungswanderwellen in der Regel auf einen Transformator. Er muß durch Überspannungsableiter, die die Spannung auf etwa das 2,5- bis 5fache des Scheitelwertes der normalen Betriebsspannung begrenzen, geschützt werden. Spannungswanderwellen werden auch bei den selteneren direkten Blitzeinschlägen, bei denen der Blitz in ein Leiterseil einschlägt, ausgelöst. In diesem Fall wird die Leitung durch den Blitzstrom, der 10 bis 100kA beträgt, direkt aufgeladen. Die Wahrscheinlichkeit für einen solchen direkten Blitzeinschlag vermindert ein an seinen Enden mit der Erde verbundenes sogenanntes Erdseil, das zum Schutz der Leitung von Leitungsmastspitze zu Leitungsmastspitze gezogen wird. Bei einem Blitzeinschlag in dieses Erdseil oder den Mast fließt der Blitzstrom über das Erdseil und den Mast zur Erde ab. Dabei kann das Potential des Mastes, der normalerweise Erdpotential hat, so weit angehoben werden, daß es zu einem sogenannten rückwärtigen Überschlag über den Isolator zum Leiterseil hin kommt. Auch in diesem Fall werden Wanderwellen ausgelöst. Kabelleitungen sind dem direkten Einfluß von Gewitterblitzentladungen dadurch, daß sie im Erdboden liegen, entzogen. Wanderwellen werden aber auch durch Schalthandlungen ausgelöst. Wird z.B. eine bis dahin spannungslose Leitung an Spannung gelegt, dann pflanzt sich der Zustand Spannung in Form einer Spannungswanderwelle über die Leitung fort, bei Freileitungen praktisch mit Lichtgeschwindigkeit, bei Kabeln mit etwa halber Lichtgeschwindigkeit.

Trifft eine Wanderwelle mit ihrer steilen Front, die idealisierend durch eine Rechteckwelle mit unendlich steiler Front und unendlich langer Rückenhalbwertzeit nachgebildet werden kann, auf die Eingangsklemmen eines Transformators, dann sind für die Spannungsverteilung über die Wicklung zunächst nicht die Induktivitäten der Wicklung, sondern deren Kapazitäten maßgebend (Bild 2.33). Jede Windung der Wicklung hat Induktivität und Kapazität – Kapazität zwischen den beiden Enden der Windung, die sogenannte Serienkapazität C_s, und Kapazität zwischen jedem der beiden Windungsenden und der Erde, die sogenannte Erdkapazität C_e. Die Induktivitäten stellen beim Eintreffen der steilen Wanderwellenfront praktisch unendlich große Widerstände dar und bleiben stromlos. Die Stromverteilung wird allein durch die Kapazitäten bestimmt. Der Einfachheit halber nehmen wir an, daß die Serien- und Erdkapazitäten gleich groß sind: $C_e = C_s$. Zur Ermittlung der Spannungsverteilung über der Länge l der an ihrem Ende geer-

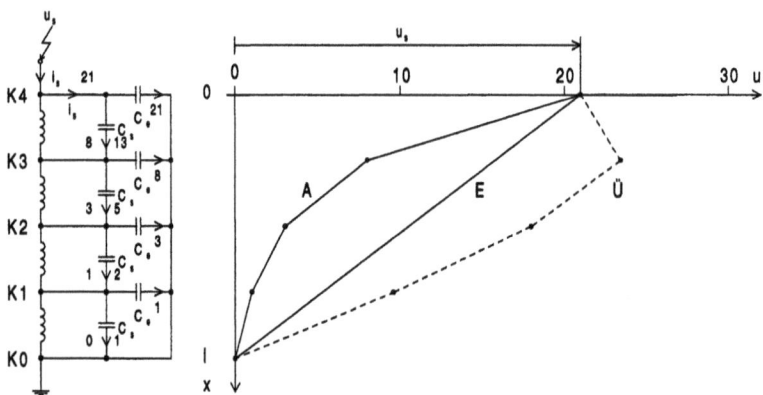

Bild 2.33 Eindringen einer Stoßspannung in eine Transformatorwicklung mit geerdetem Ende

deten Wicklung, gerechnet von den Eingangsklemmen aus, nehmen wir zunächst für die der Erde nächste Serienkapazität einen Strom und einen Spannungsabfall der Größe 1 an. Die an der mit dem Knoten K1 direkt verbundenen Erdkapazität liegende Spannung und ihr Strom sind dann beide ebenfalls 1. Der Knoten K1 hat das Potential 1. Über die Serienkapazität zwischen den Knoten K2 und K1 fließt der Strom 2. Er macht an der Serienkapazität einen Spannungsabfall der Größe 2. Das Potential des Knoten K2 ist infolgedessen 3 und an der direkt mit dem Knoten K2 verbundenen Erdkapazität liegt eine Spannung 3, die über diese Kapazität einen Strom der Größe 3 zur Folge hat usw.. Die Spannungsverteilung über der Wicklung (Bild 2.33, Kurve A) ist ungleichmäßig. Am stärksten beansprucht werden die Eingangswindungen. Sie sind deswegen am meisten gefährdet. Im Endzustand (Bild 2.33, Kurve E) stellt sich eine gleichmäßige Spannungsverteilung über alle Windungen ein, die allein durch die Windungsinduktivitäten bestimmt wird und auf die die Kapazitäten keinen Einfluß haben. Der Endzustand stellt sich in Form einer gedämpften Schwingung ein, bei der die Knotenpunktspotentiale um den Endzustand herum mit abnehmender Amplitude schwingen, bis sie den Endzustand erreicht haben. Beim ersten Überschwingen (Bild 2.33, Kurve Ü) werden allenfalls – bei dämpfungsloser Schwingung – Abweichungen der einzelnen Knotenpunktspotentiale vom Endzustand erreicht, die denen im Anfangszustand entsprechen. Die Verhältnisse entsprechen denen bei einer Spiralfeder, an die ein Gewicht gehängt wird. Auch hier stellt sich der Endzustand nach einem Übergangsvorgang in Form einer gedämpften Schwingung ein. Die zunächst ungünstige Spannungsverteilung über die Windungen der Wicklung kann vergleichmäßigt werden, wenn man auf die Kapazitäten der Wicklung konstruktiv Einfluß nimmt. Angestrebt wird eine von Anfang an möglichst gleichmäßige Spannungsverteilung. Wird sie erreicht, so nennt man den Transformator schwingungsarm. Daß der Transformator den beim Eintreffen von Wanderwellen an seinen Klemmen auftretenden Belastungen gewachsen ist, muß durch eine Prüfung nachgewiesen werden, bei der die Wanderwelle durch eine sogenannte Stoßspannung u_s nachgebildet wird. Die Stoßspannung ist mit einem Stoßstrom i_s verknüpft. Im Betrieb wird die Höhe der Wanderwellenspannung dadurch begrenzt, daß den Klemmen des Transformators ein Überspannungsableiter parallel geschaltet wird. Er besteht im Prinzip aus einer Lichtbogenstrecke, die bei einer vorgegebenen, durch den Elektrodenabstand bestimmten Spannung anspricht. Da der Lichtbogen nach Abbau der Überspannung bei der dann herrschenden Betriebsspannung nicht verlöschen würde, wird mit ihm in Reihe ein spannungsabhängiger Widerstand geschaltet, der bei Überspanung einen niedrigen und bei normaler Betriebsspannung einen so hohen Widerstandswert hat, daß der Lichtbogenstrom in einem seiner Nulldurchgänge verlischt.

2.5 Spannungs- und Stromwandler

Spannungs- und Stromwandler werden dann eingesetzt, wenn Spannungen oder Ströme gemessen werden sollen, die so groß sind, daß sie direkt nicht erfaßt werden können (Bild 2.34). Sie sind nichts anderes als hochwertige Transformatoren. Man erwartet von ihnen bei einer bestimmten Spannung oder bei einem bestimmten Strom auf der Eingangsseite eine nach Betrag und Phasenlage möglichst getreue Nachbildung dieser Größe im verkleinerten, vorgegebenen Maßstab auf der Ausgangsseite. Worauf es beim Bau eines Spannungs- oder Stromwandlers ankommt, läßt sich anhand der Ersatzschaltung des Transformators erkennen. Der Einfachheit halber wollen wir annehmen, daß die Wicklungswindungszahlen auf der Eingangs- und Ausgangsseite des Wandlers übereinstimmen. Damit könnte der Wandler seine Hauptaufgabe, verkleinerte Abbildung der Eingangsgröße auf den Ausgang, zwar nicht erfüllen. Doch hierauf kommt es uns nicht an. Uns geht es vielmehr darum, am Ausgang ein unabhängig vom Verkleinerungsmaßstab nach Betrag und Phasenlage getreues Abbild der Eingangsgröße zu bekommen. Es sollen zunächst die Verhältnisse für den Spannungswandler, dann die für den Stromwandler besprochen werden.

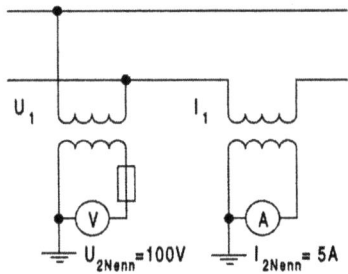

Bild 2.34 Spannungs- und Stromwandler

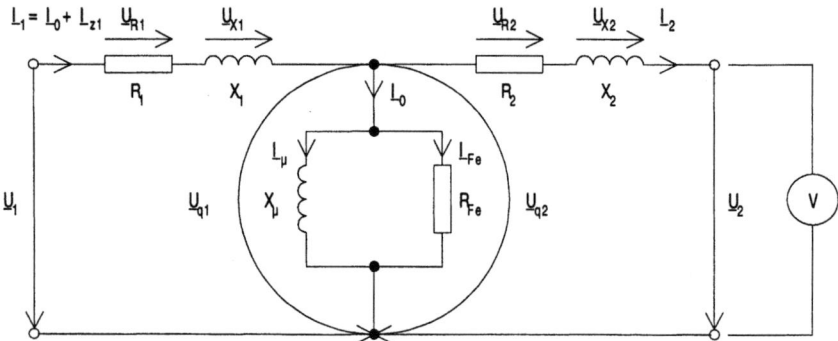

Bild 2.35 Spannungswandler

2.5.1 Spannungswandler

Im Falle des Spannungswandlers (Bild 2.35) wünscht man, daß die Ausgangsspannung $\underline{U}_2$ mit der Eingangsspannung $\underline{U}_1$ übereinstimmt, und zwar nach Betrag und Phasenlage. Je besser die Übereinstimmung ist, desto genauer ist der Wandler, desto kleiner der Wandlerfehler. Bei Erfassung der Ausgangsspannung mit einem idealen Spannungsmesser mit unendlich großem Innenwiderstand träte zwar an den Längswiderständen der Ausgangsseite der Ersatzschaltung kein Spannungsabfall auf, wohl aber an den Längswiderständen der Eingangsseite, hervorgerufen durch die über die Querwiderstände fließenden Ströme. Um diesen Spannungsabfall unterschiede sich die Ausgangsspannung von der Eingangsspannung. Will man ihn kleinhalten, muß man den über die Querwiderstände fließenden Strom klein halten bzw. diese Widerstände groß machen und die Längswiderstände klein machen. Der Querwiderstand, über den der Magnetisierungsstrom fließt, ist um so größer, je hochwertiger das für den Wandlerkern verwendete Eisen ist. Es muß ein Eisen sein, dessen Durchflutungsbedarf zur Erzeugung eines bestimmten Flusses möglichst klein ist. Der Eisenverlustwiderstand, über den der Eisenverluststrom fließt, ist ebenfalls um so größer, je hochwertiger das Wandlerkerneisen ist. Es muß ein Eisen mit möglichst geringer Eisenverlustleistung sein. Schließlich müssen der Eingangswicklungswiderstand und die Eingangsstreureaktanz möglichst klein sein, damit die an ihnen auftretenden Spannungsabfälle klein sind. Im Falle der Streureaktanz läuft das auf kleinen Streufluß und damit u.a. auch wieder auf hochwertiges Kernmaterial hinaus, d.h. ein Material mit möglichst großer magnetischer Leitfähigkeit. Doch nicht nur die Längswiderstände auf der Eingangsseite der Ersatzschaltung müssen möglichst klein sein, sondern auch die auf der Ausgangsseite. Denn der Spannungsmesser hat nur einen großen, nicht aber einen unendlich großen Widerstand. Infolgedessen fließt auch über diese Widerstände ein Strom. Er ist mit einem Spannungsabfall an diesen Widerständen verbunden. Soll die Ausgangsspannung möglichst gut mit der Eingangsspannung übereinstimmen, muß auch dieser Spannungsabfall möglichst klein sein. Zusammenfassend ergibt sich für die Ersatzschaltung des als Spannungswandler eingesetzten Transformators, daß die Querwiderstände möglichst groß und die Längswiderstände möglichst klein sein sollten. Je besser diese Forderung erfüllt ist, desto besser stimmt die Ausgangsspannung des Wandlers mit der Eingangsspannung überein.

2.5.2 Stromwandler

Im Falle des Stromwandlers (Bild 2.36) sind die an die Widerstände der Transformatorersatzschaltung zu stellenden Forderungen die gleichen wie im Falle des Spannungswandlers. Der Ausgangsstrom des Stromwandlers soll mit dem Eingangsstrom möglichst gut übereinstimmen, und zwar nach Betrag und Phasenlage. Dazu müssen die Querwiderstände in der Ersatzschaltung möglichst groß sein. Das allein jedoch genügt nicht. Durch die Längswiderstände in der Ersatzschaltung des als Stromwandler eingesetzten Transformators wird der Widerstand in der Bahn des zu erfassenden Stromes und damit der Strom selbst etwas verändert. Will man diese Änderung möglichst klein halten, müssen die Längswiderstände möglichst klein sein.

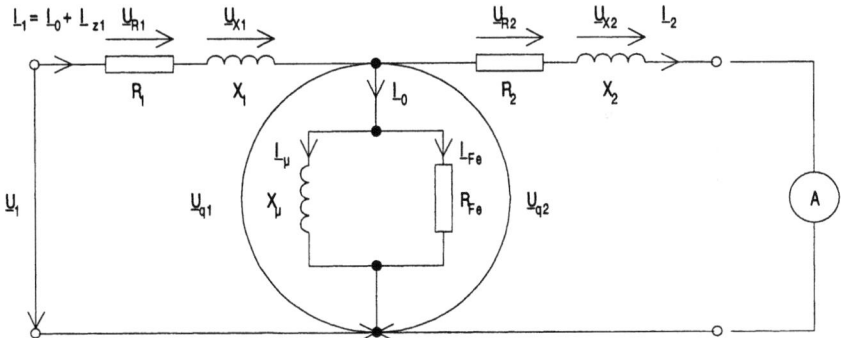

Bild 2.36 Stromwandler

Ein Stromwandler muß immer im Kurzschluß betrieben werden und darf keinesfalls im Leerlauf betrieben werden. Der Grund hierfür ist aus der Ersatzschaltung (Bild 2.36) ablesbar. Bei Kurzschluß der Ausgangsklemmen fließt praktisch der gesamte der Schaltung eingeprägte Eingangsstrom über die kleinen Längswiderstände. Bei offenen Ausgangsklemmen bzw. Leerlauf des Wandlers dagegen muß der Eingangsstrom über die großen Querwiderstände fließen. Der an diesen auftretende große Spannungsabfall wird an den Ausgangsklemmen wirksam und stellt dort eine Gefahr für die an dem Wandler hantierende Person dar. Im übrigen wird im Eisenverlustwiderstand bei offenen Ausgangsklemmen eine große Leistung umgesetzt. Sie entspricht einer großen Eisenverlustleistung im Wandlerkern. Die dadurch bewirkte Erwärmung des Kerns kann so groß sein, daß der Kern schmilzt. Während der Stromwandler im Kurzschluß zu betreiben ist, ist der Spannungswandler im Leerlauf bzw. mit einer hochohmigen Last zu betreiben. Gegen Überlast wird er auf der Ausgangsseite durch eine Sicherung geschützt (Bild 2.34).

2.6 Dreiphasenwechselstrom- oder Drehstromtransformator

Dreiphasenwechselstrom läßt sich mit Einphasenwechselstromtransformatoren transformieren. Man braucht für jede Phase oder jeden Stromkreis des Dreiphasensystems einen eigenen Transformator, insgesamt also drei. Die Wicklungen der drei Transformatoren werden auf der Oberspannungs- und Unterspannungsseite jeweils entweder zwischen je einem Außenleiter und dem Neutralleiter, d.h. in Sternschaltung, oder zwischen je zwei Außenleitern, d.h. in Dreieckschaltung, angeschlossen. Bei Anschluß der Wicklungen zwischen je einem Außenleiter und dem Neutralleiter ist der Neutralleiter ein den drei Phasen oder Stromkreisen gemeinsamer Leiter, in dem die Summe der Phasenströme fließt. Da diese Ströme bei symmetrischer Belastung gleich groß, aber um jeweils 120° gegeneinander in der Phase verschoben sind, ist ihre Summe Null und der Neutralleiter infolgedessen entbehrlich. In Hochspannungsnetzen und in Mittelspannungsnetzen, in denen man wegen der großen Zahl der Verbraucher von einer gleichmäßigen Verteilung der Last auf die drei Phasen oder Stromkreise und damit von einer symmetrischen Belastung ausgehen kann, fehlt er deswegen. In Niederspannungsnetzen dagegen kann es bei einer vergleichsweise kleinen Zahl von Verbrauchern zu einer ungleichmäßigen Verteilung der Last auf die drei Phasen oder Stromkreise und damit zu einer unsymmetrischen Belastung des Netzes kommen. Hier wird deswegen der Neutralleiter, in dem bei unsymmetrischer Last die Summe der Außenleiterströme im allgemeinen nicht Null ist, vorgesehen. Er hat darüberhinaus den Vorteil, daß zwei Spannungen unmittelbar verfügbar sind: neben der Leiter-Leiter-Spannung zwischen je zwei Außenleitern auch die Leiter-Erd-Spannung zwischen je einem Außenleiter und dem Neutralleiter.

Statt der drei Einphasentransformatoren kann man auch einen Dreiphasentransformator benutzen. Den Dreiphasentransformator kann man sich aus drei Einphasentransformatoren entstanden denken, von denen jeweils nur ein Schenkel bewickelt ist (Bild 2.37). Die unbewickelten Schenkel werden zu einem gemeinsamen Schenkel vereinigt. Der magnetische Fluß in diesem gemeinsamen Schenkel ist der Summenfluß der drei Einphasentransformatoren. Da die Eingangsspannungen der Transformatoren gleich groß und um jeweils 120° gegeneinander in der Phase ver-

2.6 Dreiphasenwechselstrom- oder Drehstromtransformator

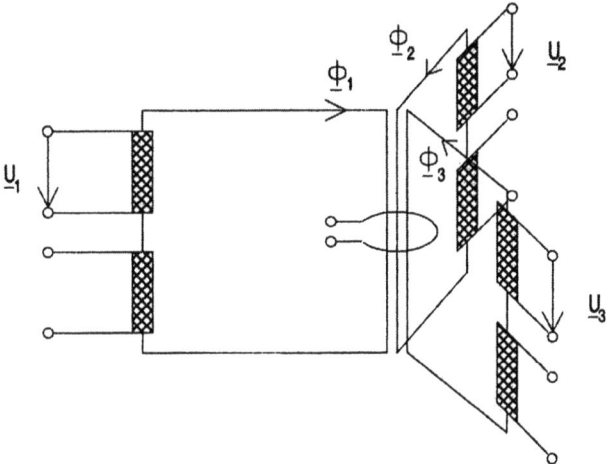

Bild 2.37 Zusammenbau von drei Einphasentransformatoren zu einem Dreiphasentransformator. Der Summenfluß in den drei unbewickelten Schenkeln ist Null. In einer diese Schenkel gemeinsam umfassenden Leiterschleife wird keine Spannung induziert

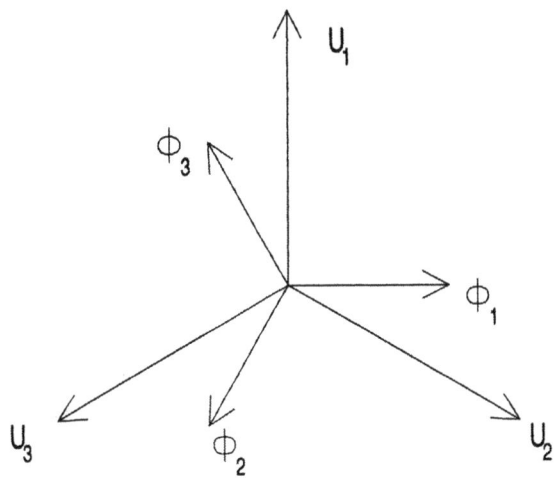

Bild 2.38 Zeigerdiagramm der Eingangsspannungen sowie der zugehörigen magnetischen Flüsse beim Dreiphasentransformator. Die Summe der Flüsse ist Null.

schoben sind, sind auch die zugehörigen magnetischen Flüsse gleich groß und um jeweils 120° gegeneinander in der Phase verschoben (Bild 2.38). Ihre Summe ist Null. Infolgedessen wird in einer um den gemeinsamen Schenkel gelegten Leiterschleife keine Spannung induziert (Bild 2.37). Der gemeinsame Schenkel ist überflüssig. Man läßt ihn weg (Bild 2.39) und ordnet die übrigen Schenkel aus Herstellungsgründen in einer Ebene an (Bild 2.40). Auf diese Weise spart man etwa die Hälfte des Eisens, das man für drei Einphasentransformatoren braucht. Der Dreiphasentransformator ist deswegen billiger, raumsparender, leichter und hat einen etwas besseren Wirkungsgrad als drei Einphaseneinheiten

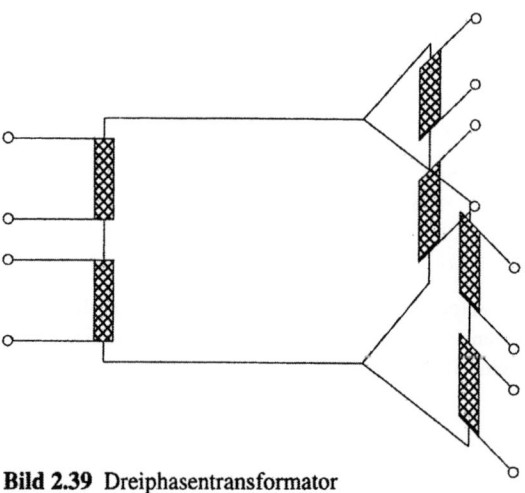

Bild 2.39 Dreiphasentransformator

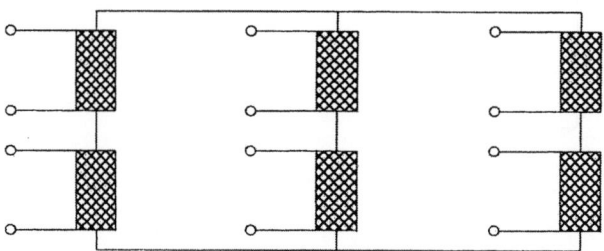

Bild 2.40 Dreiphasentransformator oder Drehstromtransformator

Während man in Europa dem Dreiphasentransformator den Vorzug gibt, zog man in den Vereinigten Staaten bisher die Verwendung von drei Einphasentransformatoren vor und spricht in diesem Zusammenhang von einer Transformatorbank. Die Verwendung der aus drei Einphasentransformatoren bestehenden Transformatorbank hat praktische Gründe. Für den Fall, daß ein Transformator infolge einer Störung ausfällt, muß ein Reservetransformator bereitstehen.

2.6 Dreiphasenwechselstrom- oder Drehstromtransformator

Das ist bei Verwendung eines Dreiphasentransformators ein Dreiphasentransformator, bei Verwendung von Einphasentransformatoren ein Einphasentransformator. Der dreiphasige Reservetransformator ist erheblich teurer als der einphasige. Da die Betriebssicherheit der Transformatoren durch verbesserte Konstruktion und Schutztechnik im Lauf der Zeit zugenommen hat, wird der Dreiphasentransformator seiner Vorzüge wegen inzwischen auch in den Vereinigten Staaten vermehrt eingesetzt. Da bei dreiphasigen Transformatoren mit zunehmender Leistung die Abmessungen so groß werden, daß der Transport vom Hersteller zum Betreiber des Transformators schwierig wird, zieht man bei sehr großen Leistungen drei Einphasentransformatoren vor.

Unabhängig davon, welche der beiden Lösungen vorliegt, Dreiphasentransformator oder Transformatorbank, bestehend aus drei Einphasentransformatoren, werden die Wicklungen auf der Oberspannungs- und Unterspannungsseite entweder in Stern, in Dreieck oder in Zickzack geschaltet. Es ist festgelegt, daß

die Sternschaltung mit Y oder y
die Dreieckschaltung mit D oder d
die Zickzackschaltung mit z

bezeichnet wird. Der große Buchstabe gibt die Schaltung der Oberspannungswicklung an, der kleine die der Unterspannungswicklung. Die Zickzackschaltung ist nur auf der Unterspannungsseite kleinerer Verteilungstransformatoren üblich, die das Mittelspannungsnetz mit dem Niederspannungsnetz verbinden. Bei ihr sind die Spulen der Unterspannungswicklung unterteilt und mit der einen Hälfte auf einem und mit der anderen Hälfte in Gegenschaltung auf einem anderen Schenkel untergebracht. Der Sternpunkt der Schaltung ist zugänglich und wird mit dem Neutralleiter des Niederspannungsnetzes verbunden (Bild 2.41). Von den zahlreichen möglichen Schaltungskombinationen sollen bevorzugt die Kombinationen – auch Schaltgruppen genannt – $Yy0$, $Dy5$, $Yd5$ und $Yz5$ angewandt werden. Die der Buchstabenfolge nachgestellte Zahl, multipliziert mit dem Winkel 30°, gibt den Phasenverschiebungswinkel zwischen einander entsprechenden Spannungen auf der Ober- und Unterspannungsseite an. Alle Schaltungen dürfen uneingeschränkt unsymmetrisch belastet werden bis auf die Stern-Stern-Schaltung. Bei dieser wirkt sich eine unsymmetrische Belastung ungünstig aus (Spannungsverzerrungen, zusätzliche Verlustleistung), es sei denn, der Transformator hat eine dritte Wicklung in Dreieckschaltung, eine sogenannte Ausgleichswicklung. Deswegen haben Transformatoren mit Stern-Stern-Schaltung, bei denen mit unsymmetrischer Belastung gerechnet werden muß, eine Dreiecksausgleichswicklung. Für die Anwendung der verschiedenen Schaltgruppen hat sich, abhängig vom Einsatz des Transformators, eingebürgert:

$Yz5$ Verteilertransformatoren, kleinere Einheiten ($\leq 250kVA$)
$Dy5$ Verteilertransformatoren, größere Einheiten ($\geq 250kVA$)
$Yd5$ Maschinentransformatoren
$Yy0$ Netzkupplungstransformatoren mit Ausgleichswicklung

Verteilertransformatoren stellen die Verbindung zwischen dem Niederspannungsnetz, z.B. 400V, und dem übergeordneten Mittelspannungsnetz, z.B. 10kV oder 20kV, her. Netzkupplungstransformatoren verbinden ein Mittelspannungsnetz mit einem Hochspannungsnetz, z.B. 110kV, oder ein Hochspannungsnetz, z.B. 110kV, mit einem anderen Hochspannungsnetz, z.B. 220kV oder 380kV. Maschinentransformatoren schließlich verbinden den Kraftwerksgenerator mit dem Hochspannungsnetz.

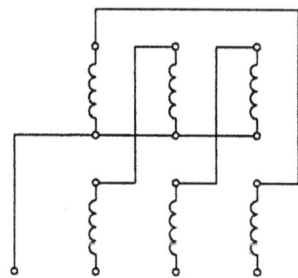

Bild 2.41: Zickzackschaltung: Die Spulen sind unterteilt und mit der einen Hälfte auf einem und mit der anderen Hälfte in Gegenschaltung auf einem anderen Schenkel untergebracht. Der Sternpunkt der Schaltung ist zugänglich.

Bei elektrischen Energienetzen unterscheidet man zwischen dem normalen, d.h. ungestörten, und dem gestörten Betrieb. Charakteristisch für den normalen Betrieb eines Dreiphasen- oder Drehstromnetzes ist eine in der Regel symmetrische Belastung des Netzes, bei der die Spannungen und Ströme der drei Stromkreise oder Phasen, sieht man von der Phasenverschiebung um jeweils 120° ab, gleich sind. In diesem Fall kann man sich bei der rechnerischen Untersuchung des Netzes auf einen Stromkreis bzw. eine Phase beschränken und arbeitet mit einer einphasigen Ersatzschaltung des Netzes. In dieser Ersatzschaltung wird auch der Dreiphasen- oder Drehstromtransformator durch eine einphasige Ersatzschaltung nachgebildet. Diese einphasige Betrachtung ist im gestörten Betrieb nur beim dreipoligen Kurzschluß möglich, bei dem drei Leiter miteinander oder zusätzlich noch mit Erde Verbindung haben. Auch in diesem Fall liegt eine symmetrische Belastung des Netzes vor. Der dreipolige Kurzschluß mit oder ohne Erdberührung tritt relativ selten auf. Die beim dreipoligen Kurzschluß auftretenden elektrodynamischen und thermischen Beanspruchungen jedoch sind in der Regel größer als bei allen anderen Fehlern. Aus diesem Grund gehört zu den Kurzschlußberechnungen für ein Netz immer auch die Untersuchung der Strom- und Spannungsverhältnisse bei einem dreipoligen Fehler. Der einpolige Fehler, bei dem ein Leiter Verbindung mit Erde hat, stellt einen unsymmetrischen Fehler dar. Er tritt von allen Fehlern am häufigsten auf und kann z.B. bei einem Freileitungsnetz dadurch zustande kommen, daß, ausgelöst durch eine Gewitterüberspannung, an einem Isolator ein Überschlag auftritt und es damit

2.6 Dreiphasenwechselstrom- oder Drehstromtransformator

verbunden zu einer leitenden Verbindung zwischen dem am Isolator befestigten Leiterseil und dem geerdeten Mast kommt. Andere unsymmetrische Fehler sind der zweipolige Fehler mit oder ohne Erdberührung. Bei unsymmetrischen Fehlern im gestörten Betrieb oder selten vorkommender unsymmetrischer Belastung im ungestörten Betrieb kann man sich auf eine einphasige Betrachtung des Netzes nicht mehr beschränken. Hier benutzt man das mathematische Verfahren der symmetrischen Komponenten, um die Ströme und Spannungen im Netz zu ermitteln. Wir wollen im folgenden eine symmetrische Belastung des Netzes voraussetzen, die bei ungestörtem Netzbetrieb die Regel ist und uns für den Fehlerfall auf den dreipoligen Kurzschluß beschränken.

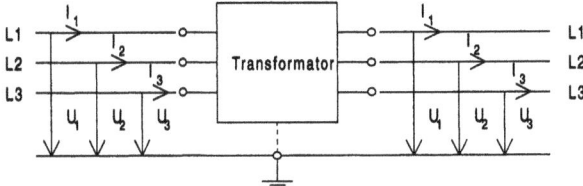

Bild 2.42 Dreiphasentransformator in allgemeiner Darstellung

Den Dreiphasen- oder Drehstromtransformator können wir uns, unabhängig von der Schaltung seiner Wicklungen, als einen Kasten mit drei Anschlußklemmen auf der Oberspannungsseite und drei Anschlußklemmen auf der Unterspannungsseite vorstellen (Bild 2.42). Hinter diesen Klemmen verbirgt sich eine Dreieck- , Stern- oder Zickzackschaltung. Die Art der Schaltung interessiert im Zusammenhang mit der hier allein betrachteten symmetrischen Belastung des Transformators im allgemeinen nicht. Die Klemmen werden sowohl auf der Oberspannungsseite als auch auf der Unterspannungsseite mit den jeweils drei Leitern bzw. Außenleitern L_1, L_2 und L_3 des Netzes auf der Ober- bzw. Unterspannungsseite verbunden. Unter Umständen ist auf einer der beiden Seiten oder auf beiden Seiten noch eine vierte Klemme vorhanden. Sie ist mit dem Sternpunkt einer Stern- oder Zickzackschaltung verbunden und wird entweder direkt, d.h. widerstandslos, oder über einen Widerstand mit Erde verbunden. Gelegentlich bleibt sie auch unverbunden. Bei Hochspannungsnetzen $380kV$, $220kV$ wird der Sternpunkt widerstandslos oder starr mit Erde verbunden. In Hochspannungsnetzen $110kV$ wird der Sternpunkt entweder starr oder über eine induktive Reaktanz, eine sogenannte Erdschlußlöschspule oder Petersen-Spule, geerdet. Bei Mittelspannungsnetzen $20kV$, $10kV$ wird der Sternpunkt über eine induktive Reaktanz geerdet, gelegentlich, d.h. bei von der Ausdehnung her kleinen Netzen, bleibt er unverbunden oder isoliert. In Niederspannungsnetzen $400V$ schließlich wird der Sternpunkt mit dem in der Regel geerdeten Neutralleiter verbunden und ist damit starr geerdet. In all diesen Fällen ist bei der hier allein betrachteten symmetrischen Belastung bei ungestörtem und gestörtem Netzbetrieb die Art der Sternpunktverbindung oder Sternpunktbehandlung ohne Belang, da in der Sternpunktverbindung und damit auch in der Erde ein Strom fließt, der die Summe der drei Leiterströme $\underline{I}_1$, $\underline{I}_2$ und $\underline{I}_3$ darstellt und diese im symmetrischen Lastfall Null ist. Dennoch ist die Vorstellung von jeweils drei Stromkreisen auf der Ober- und Unterspannungsseite des Transformators mit den Leitern L_1, L_2 und L_3 und der Erde als gemeinsamem Leiter, in dem die Summe der Leiterströme fließt, hilfreich. Da die Ströme, sieht man von der Phasenverschiebung um jeweils 120° ab, gleich groß sind, und das gleiche auch für die Stromkreisspannungen, das sind die Leiter-Erd-Spannungen, gilt, kann man sich auf die Betrachtung eines Stromkreises oder einer Phase beschränken. Kennt man den Strom für einen Stromkreis, so kennt man auch den für die anderen. Das gleiche gilt für die Spannung. Ist die Leistung für einen Stromkreis bekannt, die sogenannte einphasige Leistung, so ist auch die dreiphasige Leistung, und nur sie wird im allgemeinen angegeben, als Summe der drei Einphasenleistungen oder dreifache Einphasenleistung bekannt und umgekehrt. Bei dieser Art der Betrachtung können wir so rechnen, wie wir es vom Einphasenwechselstrom her gewohnt sind. Wir rechnen grundsätzlich nur mit dem Leiterstrom und der Leiter-Erd-Spannung. Die Schaltung der Wicklungen ist bei dieser Betrachtungsweise, bei der wir uns auf den Standpunkt stellen, daß der Transformator uns nur von außen an den Klemmen zugänglich ist und wir über die Schaltung seiner Wicklungen nichts wissen, belanglos. Die Phasenverschiebung zwischen einander entsprechenden Spannungen auf der Ober- und Unterspannungsseite, abhängig von der Schaltgruppe, ist in der Regel nicht von Interesse und insofern die Kenntnis der Schaltgruppe ebenfalls entbehrlich. Bei dieser einphasigen Betrachtung wird der Dreiphasen- oder Drehstromtransformator durch die vom Einphasentransformator her bekannte vollständige Ersatzschaltung (Bild 2.18) oder die vereinfachte Ersatzschaltung für den kurzgeschlossenen oder belasteten Transformator (Bild 2.20), d.h. durch eine einphasige Ersatzschaltung, nachgebildet. In dieser Schaltung sind, rechnet man mit absoluten Größen, die Eingangs- und Ausgangsspannung Leiter-Erd-Spannungen und die Ströme auf der Eingangs- und Ausgangsseite Leiterströme. Daran muß man denken, da es bei Dreiphasenwechsel- oder Drehstrom üblich ist, Spannungen als Leiter-Leiter-Spannungen oder verkettete Spannungen anzugeben, Ströme als Leiterströme.

Beispiel 2.18: Drehstromtransformator $100 kVA$ $10000V / 400V$ $50Hz$ $Yzn5$. Leerlaufversuch mit Nennspannung, Spannung auf der Unterspannungsseite angelegt: $I_0 = 3{,}75 A$ $P_0 = 320W$. Kurzschlußversuch mit Nennstrom, Spannung auf der Oberspannungsseite angelegt: $U_K = 400V$ $P_K = 1750W$.

a) Geben Sie die Nennströme und die Dauerkurzschlußströme für die Ober- und Unterspannungsseite an.

b) Skizzieren Sie eine Schaltung für den Leerlaufversuch, mit der Sie den Leerlaufstrom, die Eisenverlustleistung und das Übersetzungsverhältnis ermitteln können und skizzieren Sie eine Schaltung für den Kurzschlußversuch, mit der Sie die Kurzschlußspannung und die Stromwärmeverlustleistung in den Wicklungen ermitteln können.

c) Wie groß ist der Wirkungsgrad des Transformators bei Vollast und Halblast

2.6 Dreiphasenwechselstrom- oder Drehstromtransformator

und $\cos\varphi = 0{,}8$ induktiv?

d) Berechnen Sie die Längsimpedanz des Transformators.

e) Wie groß ist die Ausgangsspannung des Transformators bei Nennlast und $\cos\varphi = 0{,}8$ induktiv, wenn er auf der Eingangsseite an Nennspannung liegt?

Lösung: Der Transformator ist ein kleinerer Verteilungstransformator mit einer Sternschaltung der Spulen auf der Oberspannungsseite und einer Zickzackschaltung der Spulen auf der Unterspannungsseite. Der Sternpunkt der Zickzackschaltung auf der Unterspannungsseite ist herausgeführt und damit zugänglich. Darauf deutet das kleine n hin. Er kann an den in der Regel geerdeten Neutralleiter des Netzes angeschlossen werden. Auf der Oberspannungsseite ist der Sternpunkt der Sternschaltung nicht herausgeführt. Andernfalls würde hinter dem Y der Schaltgruppenbezeichnung noch ein N erscheinen.

a) Die Nennströme werden als Quotient von einphasiger Nennleistung und Leiter-Erd-Spannung berechnet.

$$I_{Nenn} = \frac{S_{(1)}}{U} = \frac{S/3}{U}$$

Für die Oberspannungsseite ist der Nennstrom

$$I_{Nenn}(OS) = \frac{100 kVA/3}{10{,}0 kV/\sqrt{3}} = 5{,}77 A$$

und für die Unterspannungsseite

$$I_{Nenn}(US) = \frac{100 kVA/3}{400V/\sqrt{3}} = 144 A$$

Die Dauerkurzschlußströme, die sich nach Abklingen eines Ausgleichsvorgangs unmittelbar nach Kurzschlußeintritt schließlich einstellen, werden mit Hilfe des jeweiligen Nennstroms und der bezogenen Kurzschlußspannung ermittelt. Die bezogene Kurzschlußspannung erhält man, indem man die im Kurzschlußversuch ermittelte Kurzschlußspannung durch die zugehörige Nennspannung dividiert. Da die angegebene Kurzschlußspannung, wenn nicht ausdrücklich etwas anderes festgestellt wird, eine Leiter-Leiter-Spannung ist, muß für die Bezugsspannung ebenfalls die Leiter-Leiter-Spannung eingesetzt werden – es sei denn, beide Spannungen würden als Leiter-Erd-Spannungen eingesetzt.

$$U_K = \frac{400V}{10{,}0 kV} = 0{,}0400\, pu \,\hat{=}\, 4{,}00\%$$

Der bezogene Dauerkurzschlußstrom ist

$$I_{Kd} = \frac{1}{U_K} = \frac{1}{0,0400} = 25,0\,pu$$

Der Dauerkurzschlußstrom beträgt demnach auf der Ober- und Unterspannungsseite des Transformators das 25fache des Nennstroms, als absolute Größe für die Oberspannungsseite

$$I_{Kd}(OS) = 25,0\,pu \triangleq 25,0 \cdot 5,77A = 144A$$

und für die Unterspannungsseite

$$I_{Kd}(US) = 25,0\,pu \triangleq 25,0 \cdot 144A = 3,61kA$$

b) Zwischen den zu untersuchenden Transformator und das Netz wird ein Stelltransformator geschaltet, mit dem die jeweils benötigte Spannung eingestellt werden kann.

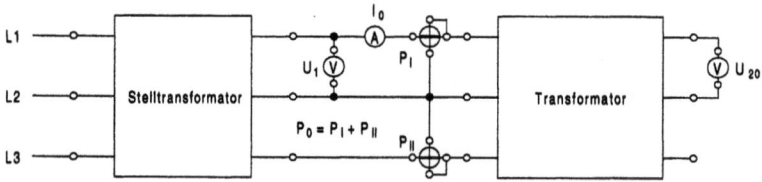

Bild 2.43 Leerlaufversuch: Schaltung zur Ermittelung des Leerlaufstroms, der Eisenverlustleistung und des Übersetzungsverhältnisses des Transformators.

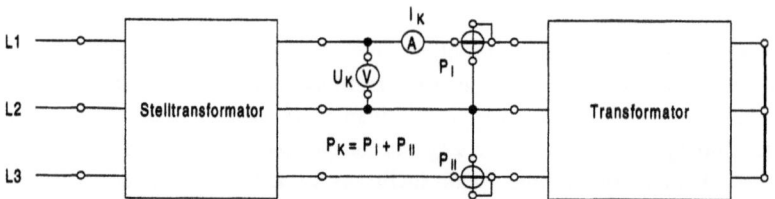

Bild 2.44 Kurzschlußversuch: Schaltung zur Ermittelung der Kurzschlußspannung und der Stromwärmeverlustleistung in den Wicklungen des Transformators.

c) Der Wirkungsgrad des Transformators ist durch den Quotienten von abgegebener Wirkleistung und aufgenommener Wirkleistung gegeben.

2.6 Dreiphasenwechselstrom- oder Drehstromtransformator

$$\eta = \frac{P_{ab}}{P_{auf}}$$

Dabei muß das, was an Wirkleistung abgegeben wird, auch aufgenommen werden. Zusätzlich muß die Wirkverlustleistung aufgenommen werden.

$$\eta = \frac{P_{ab}}{P_{ab} + P_{Verl}}$$

Die abgegebene Dreiphasenwirkleistung ist das dreifache der abgegebenen Einphasenwirkleistung, die als Produkt von Ausgangsspannung (Leiter-Erd-Spannung), Ausgangsstrom (Leiterstrom) und Leistungsfaktor auf der Ausgangsseite berechnet wird.

$$P_{ab} = P_{ab(1)} \cdot 3 = U_2 \cdot I_2 \cdot \cos\varphi_2 \cdot 3$$

Die Verlustleistung setzt sich zusammen aus der belastungsunabhängigen Eisenverlustleistung und der belastungsabhängigen Stromwärmeverlustleistung in den Wicklungen.

$$P_{Verl} = P_{Fe} + P_{CuNenn} \cdot \left(\frac{I_2}{I_{2Nenn}}\right)^2$$

Daraus ergibt sich für den Wirkungsgrad

$$\eta = \frac{U_2 \cdot I_2 \cdot \cos\varphi_2 \cdot 3}{U_2 \cdot I_2 \cdot \cos\varphi_2 \cdot 3 + P_{Fe} + P_{CuNenn} \cdot \left(\frac{I_2}{I_{2Nenn}}\right)^2}$$

Für Vollast ist der Wirkungsgrad

$$\eta = \frac{100 kVA \cdot 0{,}8}{100 kVA \cdot 0{,}8 + 320W + 1750W} = 0{,}975 \triangleq 97{,}5\%$$

für Halblast

$$\eta = \frac{100 kVA \cdot 0{,}5 \cdot 0{,}8}{100 kVA \cdot 0{,}5 \cdot 0{,}8 + 320W + 1750W \cdot 0{,}5^2} = 0{,}981 \triangleq 98{,}1\%$$

d) Die Längsimpedanz wird mit den Daten des von der Oberspannungsseite aus gemachten Kurzschlußversuchs berechnet. Die Daten werden zweckmäßigerweise in die durch Heraustrennen des Querzweiges vereinfachte, am Ausgang kurzgeschlossene einphasige Ersatzschaltung des Transformators eingetragen (Bild 2.20). Der in der Schaltung fließende Strom ist der im Teil a) bereits berechnete Nennstrom des Transformators für die Oberspannungsseite

$$I_{KNenn} = I_{Nenn}(OS) = 5{,}77 A$$

Am Eingang der Schaltung liegt die Kurzschlußspannung (Leiter-Erd-Spannung) $U_K = 400V/\sqrt{3}$ (LE), d. i. die Spannung, bei der im Kurzschlußversuch der Nennstrom geflossen ist. Von der im Kurzschlußversuch aufgenommenen dreiphasigen Wirkleistung wird im Wirkwiderstand der Ersatzschaltung die Einphasenleistung $P_{K(1)} = 1750W/3$ umgesetzt. Für sie gilt

$$P_{K(1)} = I_K^2 \cdot R$$

Daraus ergibt sich für den Wirkwiderstand

$$R = \frac{P_{K(1)}}{I_K^2} = \frac{1750W/3}{(5{,}77A)^2} = 17{,}5\Omega$$

und die Reaktanz

$$X = \sqrt{Z^2 - R^2} = \sqrt{\left(\frac{U_K}{I_K}\right)^2 - R^2} = \sqrt{\left(\frac{400V/\sqrt{3}}{5{,}77A}\right)^2 - (17{,}5\Omega)^2}$$

$$X = 36{,}0\Omega$$

Mit der Längsimpedanz des Transformators $\underline{Z} = (17{,}5 + j36{,}0)\Omega$ ist auch die vereinfachte Ersatzschaltung des Transformators (Bild 2.20) bekannt. Sie gilt nur für die Oberspannungsseite des Transformators. Bei Nennbetrieb liegt an ihrem Eingang eine Spannung von $U_1 = 10000V/\sqrt{3}$ und der Strom ist $I = 5{,}77A$. Die Spannung auf der Ausgangsseite der Ersatzschaltung ist vom Leistungsfaktor der Last abhängig und etwa so groß wie die Spannung auf der Eingangsseite: $U_2^1 \approx 10000V/\sqrt{3}$. Es ist dies nicht die Originalausgangsspannung des Transformators, sondern die auf die Oberspannungsseite umgerechnete Ausgangsspannung. Die Originalspannung ergibt sich aus der umgerechneten Spannung über das Übersetzungsverhältnis. Sie ist

$$U_2 \approx \frac{10000V}{\sqrt{3}} \cdot \frac{400V}{10000V} = 400V/\sqrt{3}$$

2.6 Dreiphasenwechselstrom- oder Drehstromtransformator

Entsprechendes gilt für den Strom. Der Strom auf der Ausgangsseite der Ersatzschaltung ist nicht der Originalausgangsstrom des Transformators, sondern der auf die Oberspannungsseite umgerechnete Ausgangsstrom. Der Originalstrom ergibt sich, wie die Spannung, ebenfalls aus der umgerechneten Größe über das Übersetzungsverhältnis. Er beträgt

$$5{,}77\,A \cdot \frac{10000V}{400V} = 144\,A$$

Die bezogene Längsimpedanz erhält man, wenn man die berechnete absolute Impedanz durch die Bezugsimpedanz der Oberspannungsseite, die sich als Quotient von Nennspannung (LE) und Nennstrom ergibt

$$\frac{10000V/\sqrt{3}}{5{,}77\,A} = 1{,}00\,k\Omega\,,$$

dividiert.

$$\underline{Z} = \frac{(17{,}5 + j36{,}0)\Omega}{1{,}00\,k\Omega} = (0{,}0175 + j0{,}0360)\,pu$$

Die Ersatzschaltung mit bezogenen Größen (Bild 2.20) gilt, wie wir vom Einphasentransformator her schon wissen, sowohl für die Ober- als auch für die Unterspannungsseite. Für Nennbetrieb ist die Eingangsspannung $U_1 = 1{,}00\,pu$, der Strom $I = 1{,}00\,pu$ und die Ausgangsspannung abhängig vom Leistungsfaktor der Last $U_2 \approx 1{,}00\,pu$. Zwischen Original- und umgerechneten Größen muß hier nicht unterschieden werden. Die absoluten Daten der vereinfachten Ersatzschaltung für die Unterspannungsseite (Bild 2.20) erhält man, wenn man die bezogene Längsimpedanz mit der Bezugsimpedanz für die Unterspannungsseite, die sich als Quotient von Nennspannung (LE) und Nennstrom ergibt

$$\frac{400V/\sqrt{3}}{144\,A} = 1{,}60\,\Omega\,,$$

multipliziert

$$\underline{Z} = (0{,}0175 + j0{,}0360)\,pu \cdot 1{,}60\,\Omega = (0{,}0281 + j0{,}0577)\,\Omega$$

Bei Nennbetrieb ist die Spannung auf der Eingangsseite der Ersatzschaltung $U_1 = 400V/\sqrt{3}$ und der Strom $I = 144\,A$. Die Spannung auf der Ausgangsseite der Ersatzschaltung ist abhängig vom Leistungsfaktor der Last $U_2^1 \approx 400V/\sqrt{3}$. Sie ist nicht die Originalausgangsspannung des Transformators, sondern die auf die Eingangsseite umgerechnete Ausgangsspannung. Die Originalspannung ergibt sich aus der umgerechneten Spannung und dem Übersetzungsverhältnis und ist

$$U_2 \approx \frac{400V}{\sqrt{3}} \cdot \frac{10000V}{400V} = 10000V/\sqrt{3}$$

Entsprechendes gilt für den Strom. Der Strom auf der Ausgangsseite der Ersatzschaltung ist nicht der Originalstrom auf der Ausgangsseite des Transformators, sondern der auf die Eingangsseite umgerechnete Ausgangsstrom. Der Originalstrom des Transformators ergibt sich aus dem auf die Eingangsseite umgerechneten und dem Übersetzungsverhältnis und ist

$$144A \cdot \frac{400V}{10000V} = 5{,}77A$$

e) Die Ausgangsspannung des an Nennspannung liegenden, mit Nennlast und $\cos\varphi_2 = 0{,}8$ induktiv betriebenen Transformators wird mit der vereinfachten Ersatzschaltung in bezogener Darstellung (Bild 2.20) ermittelt. Annahme: $\underline{U}_2 = 1{,}00\,pu \cdot \underline{/0^0}$. Der Phasenverschiebungswinkel zwischen Ausgangsspannung und Laststrom ist auf Grund des vorgegebenen Leistungsfaktors der Last

$$\cos\varphi_2 = 0{,}8 \quad \rightarrow \quad \varphi_2 = 36{,}9^0$$

Daraus ergibt sich für den Laststrom bei Nennlast

$$\underline{I} = 1{,}00\,pu \cdot /-36{,}9^0$$

und die Eingangsspannung

$$\underline{U}_1 = \underline{U}_2 + \underline{I} \cdot \underline{Z} = 1{,}00 \cdot \underline{/0^0} + 1{,}00 \cdot /-36{,}9^0 \cdot (0{,}0175 + j0{,}0360)$$

$$\underline{U}_1 = 1{,}04 \cdot \underline{/1{,}01^0}$$

Tatsächlich ist die Eingangsspannung $U_1 = 1{,}00$. Die Ausgangsspannung wurde offensichtlich zu hoch angenommen und zwar um den Faktor 1,04 zu hoch. Dividiert man nämlich die von der angenommenen Ausgangsspannung 1,00 ausgehend berechnete Eingangsspannung durch diesen Faktor, so erhält man die tatsächliche Eingangsspannung. Die tatsächliche Ausgangsspannung ist

$$U_2 = \frac{1{,}00}{1{,}04} = 0{,}965\,pu$$

2.6 Dreiphasenwechselstrom- oder Drehstromtransformator

und damit unter den angenommenen Betriebsbedingungen um 3,5% kleiner als die Nennspannung. Ist die Oberspannungsseite die Ausgangsseite, so ist die Ausgangsspannung

$$U_2 = 0{,}965 \cdot 10{,}0 kV = 9{,}65 kV$$

Ist die Unterspannungsseite die Ausgangsseite, so ist die Ausgangsspannung

$$U_2 = 0{,}965 \cdot 400V = 386V$$

Beispiel 2.19: Drehstromtransformator 2500kVA 20000V / 400V 50Hz Dyn5. Kurzschlußspannung 6%. Eisenverlustleistung bei Nennspannung 3800W. Stromwärmeverlustleistung bei Nennstrom 26500W.
a) Wie groß sind die Nennströme und die Dauerkurzschlußströme auf der Ober- und Unterspannungsseite?
b) Berechnen Sie den Wirkungsgrad des Transformators bei Vollast und $\cos\varphi = 0{,}8$ induktiv. Bei welcher Belastung tritt bei $\cos\varphi = 0{,}8$ induktiv der größte Wirkungsgrad auf und wie groß ist er?
c) Geben Sie die Längsimpedanz des Transformators an.
d) Wie groß ist näherungsweise der Stoßkurzschlußstrom?

Lösung: a) Die Nennströme auf der Ober- und Unterspannungsseite sind

$$I_{Nenn}(OS) = \frac{2500kVA/3}{20{,}0kV/\sqrt{3}} = 72{,}2A$$

$$I_{Nenn}(US) = \frac{2500kVA/3}{400V/\sqrt{3}} = 3{,}61kA$$

Der Dauerkurzschlußstrom als bezogene Größe ergibt sich aus der Kurzschlußspannung $U_K = 6{,}00\% \triangleq 0{,}0600\, pu$

$$I_{Kd} = \frac{I_{Nenn}}{U_K} = \frac{1{,}00}{0{,}0600} = 16{,}7\, pu$$

Er beträgt das 16,7fache des Nennstroms und ist für die Ober- bzw. Unterspannungsseite

$$I_{Kd}(OS) = 16{,}7 \cdot 72{,}2A = 1{,}20kA$$
$$I_{Kd}(US) = 16{,}7 \cdot 3{,}61kA = 60{,}1kA$$

b) Der Wirkungsgrad kann auf unterschiedliche Weise berechnet werden. Hier wird der Wirkungsgrad für einen Stromkreis oder eine Phase ausgerechnet und mit bezogenen Größen gearbeitet.

$$\eta = \frac{U_2 \cdot I_2 \cdot \cos\varphi_2}{U_2 \cdot I_2 \cdot \cos\varphi_2 + P_{Fe(1)} + P_{CuNenn(1)} \cdot I_2{}^2}$$

Dazu müssen Eisenverlustleistung bei Nennspannung und Stromwärmeverlustleistung in den Wicklungen bei Nennstrom zunächst einmal als bezogene Größen ausgedrückt werden.

$$P_{Fe(1)} = P_{Fe} = \frac{3800W}{2500kVA} = 0{,}00152\,pu$$

$$P_{Cu(1)} = P_{Cu} = \frac{26500W}{2500kVA} = 0{,}0106\,pu$$

Damit ergibt sich für den Wirkungsgrad bei Vollast und $\cos\varphi_2 = 0{,}8$ induktiv

$$\eta_{1,0} = \frac{1{,}00 \cdot 1{,}00 \cdot 0{,}8}{1{,}00 \cdot 1{,}00 \cdot 0{,}8 + 0{,}00152 + 0{,}0106 \cdot 1{,}00^2} = 0{,}985 \,\hat{=}\, 98{,}5\%$$

Der Wirkungsgrad erreicht seinen größten Wert, wenn die belastungsabhängige Verlustleistung, d.i. die Stromwärmeverlustleistung in den Wicklungen, ebenso groß ist wie die belastungsunabhängige Verlustleistung, d.i. die Eisenverlustleistung.

$$P_{CuNenn} \cdot I_2{}^2 = P_{Fe}$$

Daraus folgt für die Belastung, bei der der maximale Wirkungsgrad auftritt,

$$I_2 = \sqrt{\frac{P_{Fe}}{P_{CuNenn}}} = \sqrt{\frac{0{,}00152}{0{,}0106}} = 0{,}379$$

und für den maximalen Wirkungsgrad selbst

$$\eta_{max} = \frac{1{,}00 \cdot 0{,}379 \cdot 0{,}8}{1{,}00 \cdot 0{,}379 \cdot 0{,}8 + 0{,}00152 + 0{,}0106 \cdot 0{,}379^2}$$

$$\eta_{max} = 0{,}990 \,\hat{=}\, 99{,}0\%$$

2.6 Dreiphasenwechselstrom- oder Drehstromtransformator

Der maximale Wirkungsgrad tritt demnach bei einer Belastung auf, die dem 0,379fachen Nennstrom oder 37,9% des Nennstroms entspricht und unterscheidet sich nur wenig von dem bei Nennlast.

c) Zur Ermittlung der Längsimpedanz des Transformators wird mit bezogenen Größen gearbeitet. Dazu werden die Daten des Kurzschlußversuchs mit Nennstrom zweckmäßigerweise in die an ihrem Ausgang kurzgeschlossene vereinfachte Ersatzschaltung für den Kurzschluß eingetragen (Bild 2.20). Der Strom entspricht dem Nennstrom und ist in bezogener Darstellung $I_K = 1{,}00\,pu$, die am Eingang der Schaltung liegende Spannung ist die Kurzschlußspannung $U_K = 6{,}00\% \triangleq 0{,}0600\,pu$. Die von der Schaltung aufgenommene Wirkleistung wird im ohmschen Widerstand der Schaltung umgesetzt.

$$P_K = I_K^2 \cdot R$$

Daraus folgt für den ohmschen Widerstand

$$R = \frac{P_K}{I_K^2} = \frac{0{,}0106}{1{,}00^2} = 0{,}0106\,pu$$

und die Reaktanz

$$X = \sqrt{Z^2 - R^2} = \sqrt{\left(\frac{U_K}{I_K}\right)^2 - R^2} = \sqrt{\left(\frac{0{,}0600}{1{,}00}\right)^2 - 0{,}0106^2}$$

$$X = 0{,}0591\,pu$$

Die Längsimpedanz in bezogener Darstellung ist

$$\underline{Z} = (0{,}0106 + j0{,}0591)\,pu$$

Mit der Bezugsimpedanz für die Ober- bzw. Unterspannungsseite

$$\frac{20{,}0kV/\sqrt{3}}{72{,}2A} = 160\,\Omega\,(OS) \qquad \frac{400V/\sqrt{3}}{3{,}61kA} = 0{,}0640\,\Omega\,(US)$$

ergibt sich für die Längsimpedanz mit absoluten Daten für die Oberspannungsseite

$$\underline{Z} = (0{,}0106 + j0{,}0591) \cdot 160\,\Omega = (1{,}70 + j9{,}45)\,\Omega \qquad (OS)$$

und für die Unterspannungsseite

$$\underline{Z} = (0{,}0106 + j0{,}0591) \cdot 0{,}0640 \Omega = (0{,}678 + j3{,}78) m\Omega \quad (US)$$

d) Da der Wirkwiderstand der Längsimpedanz klein im Vergleich zur Reaktanz ist, genügt für eine näherungsweise Rechnung die Annahme einer rein induktiven Längsimpedanz. Der Stoßkurzschlußstrom des Transformators ist dann im ungünstigsten Fall doppelt so groß wie der Scheitelwert des Dauerkurzschlußstroms (Bild 2.30)

$$I_S \approx I_{Kd} \cdot \sqrt{2} \cdot 2 = \frac{U_1}{X} \cdot \sqrt{2} \cdot 2 = \frac{1{,}00}{0{,}0591} \cdot \sqrt{2} \cdot 2 = 47{,}9$$

und beträgt hier das 47,9fache des Nennstroms, für die Oberspannungsseite

$$I_S \approx 47{,}9 \cdot 72{,}2 A = 3{,}46 kA \quad (OS)$$

und für die Unterspannungsseite

$$I_S \approx 47{,}9 \cdot 3{,}61 kA = 173 kA \quad (US)$$

Unter Berücksichtigung des Wirkwiderstandes der Längsimpedanz und bei strenger Rechnung würde sich für den Stoßkurzschlußstrom ein kleinerer Wert ergeben. Der Dauerkurzschlußstrom ist dann kleiner und der Stoßkurzschlußstrom erreicht wegen des exponentiell abklingenden Gleichstromgliedes nur näherungsweise das Doppelte des Dauerkurzschlußstromscheitelwertes.

Beispiel 2.20: Drei Generatoren speisen über die Parallelschaltung zweier Transformatoren eine Leitung, an deren Ende über einen Transformator Verbraucher angeschlossen sind (Bild 2.45). Von den Verbrauchern wird eine Leistung von $(120 + j60) MVA$ abgenommen. Auch am Anfang der Leitung sind Verbraucher angeschlossen. Sie nehmen eine Leistung von $(150 + j60) MVA$ in Anspruch. Die Spannung auf der Unterspannungsseite des Transformators am Ende der Leitung soll genau $30 kV$ sein. Wie groß muß dann die Spannung an den Klemmen der Generatoren sein? Welche Leistung müssen die Generatoren ins Netz einspeisen?
Daten der Betriebsmittel: T1 und T2 je $150 MVA$ $230 kV / 10 kV$ $Yy0$, T3 $150 MVA$ $230 kV / 30 kV$ $Yy0$. Die Kurzschlußspannung aller drei Transformatoren ist 10% und rein induktiv. Das bedeutet, daß die Längsimpedanz der Transformatoren rein induktiv und als bezogene Größe, Bezugsgrößen die jeweiligen Nenndaten, $\underline{Z} = j0{,}10 pu$ ist. Bei der Leitung, einer Hochspannungsfreileitung, ist der ohmsche Widerstand gegenüber dem induktiven Widerstand $j60 \Omega$ vernachlässigbar klein.

2.6 Dreiphasenwechselstrom- oder Drehstromtransformator

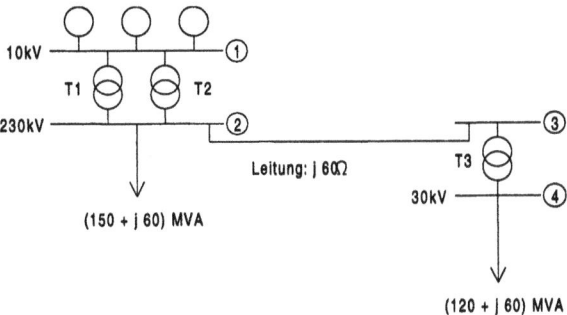

Bild 2.45 Drehstromnetz mit drei Spannungsebenen

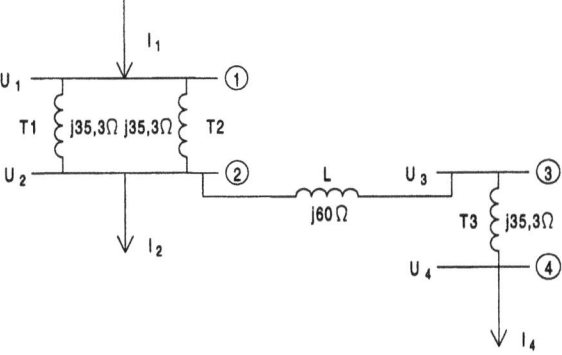

Bild 2.46 Einphasige Ersatzschaltung des Netzes von Bild 2.45

Lösung: Die Berechnung wird mit Hilfe der einphasigen Ersatzschaltung des Netzes (Bild 2.46) gemacht. Gerechnet wird mit absoluten Daten auf der $230kV$ Ebene.

Zunächst werden die Längsimpedanzen der Transformatoren für die $230kV$ Ebene berechnet

T3: $\underline{Z} = j0{,}10 \,\hat{=}\, j0{,}10 \cdot \dfrac{230kV/\sqrt{3}}{\dfrac{150MVA/3}{230kV/\sqrt{3}}} = j0{,}10 \cdot \dfrac{(230kV)^2}{150MVA} = j35{,}3\Omega$

T1/T2: $\underline{Z} = j0{,}10 \cdot \dfrac{(230kV)^2}{150MVA} = j35{,}3\Omega$

Die den Verbraucherleistungen zugeordneten Ströme ergeben sich aus $\underline{S} = \underline{U} \cdot \underline{I}^*$ zu

$$\underline{I} = \dfrac{\underline{S}^*}{\underline{U}^*}$$

Der Verbraucherstrom auf der Unterspannungsseite des Transformators T3 ist

$$\underline{I}_4 = \frac{(120 - j60)MVA/3}{30kV/\sqrt{3}} = 2{,}58kA \cdot \underline{/-26{,}6^0} \quad (30kV \text{ Seite})$$

umgerechnet auf die 230kV Seite

$$\underline{I}_4 = 2{,}58kA \cdot \frac{30kV}{230kV} \cdot \underline{/-26{,}6^0} = 337A \cdot \underline{/-26{,}6^0} \quad (230kV \text{ Seite})$$

Diesen Strom hätten wir auch direkt berechnen können.

$$\underline{I}_4 = \frac{(120MVA - j60)MVA/3}{230kV/\sqrt{3}} = 337A \cdot \underline{/-26{,}6^0}$$

Die Spannung im Knoten 2 am Anfang der Leitung unterscheidet sich von der Spannung im Knoten 4 auf der Ausgangsseite des Transformators T3 durch den Spannungsabfall, den dieser Strom an der Leitungsimpedanz und der Längsimpendanz des Transformators macht.

$$\underline{U}_2 = \underline{U}_4 + \Delta \underline{U}_{24}$$

$$\underline{U}_2 = \frac{230kV}{\sqrt{3}} + 337A \cdot \underline{/-26{,}6^0} \cdot j(60 + 35{,}3)\Omega$$

$$\underline{U}_2 = 150kV \cdot \underline{/11{,}0^0} \quad (LE)$$

Der Verbraucherstrom im Knoten 2 ist

$$\underline{I}_2 = \frac{(150 - j60)MVA/3}{150kV \cdot \underline{/-11{,}0^0}} = 359A \cdot \underline{/-10{,}8^0}$$

Der über die Parallelschaltung der Transformatoren fließende Strom setzt sich aus den beiden Verbraucherströmen zusammen.

$$\underline{I}_1 = \underline{I}_2 + \underline{I}_4 = 359A \cdot \underline{/-10{,}8^0} + 337A \cdot \underline{/-26{,}6^0} = 689A \cdot \underline{/-18{,}4^0}$$

Die Klemmenspannung der Generatoren unterscheidet sich von der Spannung am Anfang der Leitung im Knoten 2 durch den Spannungsabfall, den dieser Strom an der Parallelschaltung der Transformatoren macht.

2.6 Dreiphasenwechselstrom- oder Drehstromtransformator

$\underline{U}_1 = \underline{U}_2 + \Delta\underline{U}_{12}$

$\underline{U}_1 = 150 kV \cdot \underline{/11{,}0^0} + 689 A \cdot \underline{/-18{,}4^0} \cdot j\dfrac{35{,}3\Omega}{2}$

$\underline{U}_1 = 156 kV \cdot \underline{/14{,}9^0}$ (LE)

Sie ist noch auf die 10kV Seite umzurechnen.

$\underline{U}_1 = 156 kV \cdot \dfrac{10 kV}{230 kV} \cdot \underline{/14{,}9^0} = 6{,}78 kV \cdot \underline{/14{,}9^0}$ (LE)

Die Leiter-Leiter-Spannung oder verkettete Spannung ist

$U_1 = 6{,}78 kV \cdot \sqrt{3} = 11{,}8 kV$ (LL)

An den Klemmen der Generatoren ist demnach eine Spannung von $11{,}8 kV \triangleq \dfrac{11{,}8 kV}{10 kV} = 1{,}18\, pu$ einzustellen, damit bei den gegebenen Lastverhältnissen im Knoten 4 eine Spannung von 30kV herrscht. Die von den Generatoren abzugebende Leistung ist

$\underline{S}_G = \underline{U}_1 \cdot \underline{I}_1^* \cdot 3 = 6{,}78 kV \cdot \underline{/14{,}9^0} \cdot 689 A \cdot \dfrac{230 kV}{10 kV} \cdot \underline{/18{,}4^0} \cdot 3$

$\underline{S}_G = (270 + j177) MVA$

Sie setzt sich aus der Wirkleistung $P_G = 270 MW$ und der Blindleistung $Q_G = 177 M\,var$ zusammen. Die Wirkleistungsabgabe der Generatoren hätten wir auch ohne Rechnung angeben können. Da wir angenommen haben, daß die ohmschen Widerstände im Netz vernachlässigbar klein sind, tritt Stromwärmeverlustleistung im Netz nicht auf. Infolgedessen müssen die Generatoren nur die Summe der von den Verbrauchern in Anspruch genommenen Wirkleistungen und nicht auch noch im Netz auftretende Wirkverlustleistung liefern.

$P_{V2} + P_{V4} = 150 MW + 120 MW = 270 MW$

Anders sieht das bei der Blindleistung aus. Nicht nur die Verbraucher entnehmen dem Netz Blindleistung.

$Q_{V2} + Q_{V4} = 60 M\,var + 60 M\,var = 120 M\,var$

sondern auch in den induktiven Reaktanzen des Netzes wird Blindleistung verbraucht. In der Parallelschaltung der Transformatoren T1 und T2

$$(689A)^2 \cdot \frac{35,3\Omega}{2} \cdot 3 = 25,1M \text{ var}$$

in der Leitung

$$(337A)^2 \cdot 60\Omega \cdot 3 = 20,4M \text{ var}$$

und im Transformator T3

$$(337A)^2 \cdot 35,3\Omega \cdot 3 = 12,0M \text{ var}$$

Der gesamte Blindleistungsverbrauch in den induktiven Reaktanzen des Netzes oder die Blindverlustleistung im Netz ist

$$Q_{Verl} = (25,1 + 20,4 + 12,0)M \text{ var} = 57,5M \text{ var}$$

Die Generatoren müssen die Summe der von den Verbrauchern abgenommenen Blindleistungen und die Blindverlustleistung in den induktiven Reaktanzen des Netzes liefern.

$$Q_V = Q_{V1} + Q_{V2} + Q_{Verl} = (60 + 60 + 57,5)M \text{ var} = 178M \text{ var}$$

Für den Parallelbetrieb von Dreiphasenwechselstrom- oder Drehstromtransformatoren gilt all das, was schon im Zusammenhang mit dem Einphasenwechselstromtransformator festgestellt wurde. Die Bedingung gleicher Nennspannungen auf der Ober- und Unterspannungsseite schließt die Bedingung gleicher Phasenlage der Spannungen mit ein. Sie ist erfüllt, wenn die im Parallelbetrieb arbeitenden Transformatoren Schaltgruppen mit gleicher Kennzahl angehören. Haben zwei Drehstromtransformatoren beispielsweise die Nenndaten

I: $100kVA$ $10000V/400V$ $50Hz$ $Dy5$ $U_K = 0,036 pu \triangleq 3,6\%$

II: $200kVA$ $10000V/400V$ $50Hz$ $Yz5$ $U_K = 0,04 pu \triangleq 4\%$

so können sie im Parallelbetrieb arbeiten, da die Nennspannungen auf der Ober- und Unterspannungsseite und die Kennzahlen der Schaltgruppen übereinstimmen.

2.7 Spartransformator

Der Spartransformator hat seinen Namen daher, daß er, anders als der Zweiwicklungstransformator, mit nur einer Wicklung auskommt. Diese hat zwischen ihren Enden einen Abgriff. Die Eingangsseite des Spartransformators liegt zwischen den Wicklungsenden, die Ausgangsseite zwischen einem Wicklungsende und dem Abgriff – oder umgekehrt. Der auf die Nennleistung bezogene Materialaufwand für einen Spartransformator ist geringer, der Wirkungsgrad besser als bei einem Zweiwicklungstransformator. Der Spartransformator hat jedoch neben seinen Vorteilen auch stark ins Gewicht fallende Nachteile und wird deswegen seltener eingesetzt als der Zweiwicklungstransformator. Eingesetzt wird der Spartransformator z.B. als Netzkupplungstransformator zur Verbindung von Hochspannungsnetzen unterschiedlicher Spannung oder als Anlaßtransformator für Asynchronmotoren.

Man kann sich den Spartransformator aus einem Zweiwicklungstransformator entstanden denken (Bild 2.47). Wir wollen uns des besseren Verständnisses wegen zunächst einmal die Verhältnisse beim Zweiwicklungstransformator vor Augen halten. Der Zweiwicklungstransformator habe die Nenndaten $1000V / 200V \; 100kVA$. Der Nennstrom für die Oberspannungswicklung ist $100kVA/1000V = 100A$, der für die Unterspannungswicklung $100kVA/200V = 500A$. Beide Wicklungen wollen wir uns idealisierend als wirkwiderstandslos vorstellen. Der Anschaulichkeit halber wollen wir annehmen, daß die Wicklungswindungszahlen den Nennspannungsbeträgen entsprechen. Die Oberspannungswicklung hat danach 1000, die Unterspannungswicklung 200 Windungen. Wird die Oberspannungswicklung an Nennspannung $1000V$ gelegt, dann entsteht das Spannungsgleichgewicht auf der Eingangsseite dadurch, daß sich im Eisenkern des Transformators ein magnetischer Wechselfluß ausbildet, der in der Eingangswicklung eine gleich große

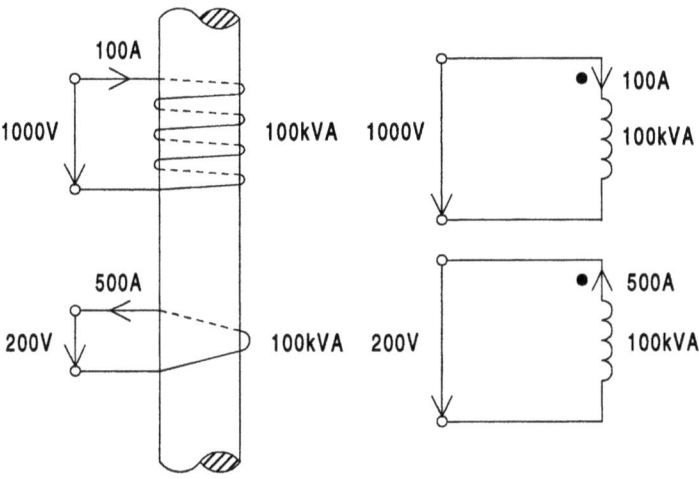

Bild 2.47 Spannungs- und Stromverhältnissse beim idealen Zweiwicklungstransformator

Gegenurspannung von $1000V$ induziert. Die von dem magnetischen Wechselfluß in einer Windung der Eingangswicklung induzierte Spannung, die Windungsspannung, ist $1000\overset{.}{V}/1000 = 1V$. Da der magnetische Fluß auch die Unterspannungswicklung durchsetzt, induziert er auch in dieser eine Spannung, in jeder Windung $1V$, insgesamt, da die Wicklung 200 Windungen hat, $200V$. Die an den Ausgangsklemmen der Unterspannungswicklung zur Verfügung stehende Spannung kann einem Verbraucher zugeführt werden. Bei der Belastung des Transformators ist darauf zu achten, daß der Nennstrom der Wicklungen nicht überschritten wird. In der Ausgangswicklung dürfen maximal $500A$ fließen. Der Strom in der Ausgangswicklung würde den magnetischen Wechselfluß im Eisenkern verändern und damit das Spannungsgleichgewicht auf der Eingangsseite stören, wenn nicht auf der Eingangsseite ein Strom aufträte, der den Strom auf der Ausgangsseite in seiner Wirkung aufhebt. Die Durchflutung, herrührend vom Strom in der Ausgangswicklung, muß durch eine gleich große, aber entgegengesetzt wirkende Durchflutung auf der Eingangsseite kompensiert werden. Das ist das Durchflutungsgleichgewicht. Bei Nennlast ist die Durchflutung auf der Ausgangsseite $500A \cdot 200 = 100000A$. Zur Erzeugung einer gleichgroßen Gegendurchflutung auf der Eingangsseite müssen in der Eingangswicklung mit 1000 Windungen $100A$ fließen. Bei Belastung des Transformators mit Nennstrom auf der Ausgangsseite fließt demnach auch auf der Eingangsseite der Nennstrom. Mit den Punkten an den Wicklungssymbolen wird eine Angabe über den Wicklungssinn der Wicklungen gemacht. Vereinbarungsgemäß gilt, daß bei Eintritt von Strömen in die miteinander induktiv gekoppelten Wicklungen an den durch die Punkte bezeichneten Klemmen die zugeordneten magnetischen Durchflutungen und die zugehörigen magnetischen Flüsse der Wicklungen die gleiche Richtung haben.

Im folgenden wird nun der Zweiwicklungstransformator $1000V / 200V$ $100kVA$ zu einem Spartransformator umgebaut (Bild 2.48). Dazu müssen die Ober- und Unterspannungswicklung in Reihe geschaltet werden, und zwar so, daß ihnen, in Reihenschaltung vom gleichen Strom durchflossen, im Eisenkern magnetische Flüsse gleicher Richtung zugeordnet sind. An die Reihenschaltung kann eine Spannung gelegt werden, die der Summe der Nennspannungen der beiden Wicklungen entspricht, hier $1000V + 200V = 1200V$. Das sei die Eingangsspannung. Das Spannungsgleichgewicht auf der Eingangsseite kommt – wirkwiderstandslose Wicklungen vorausgesetzt – in der Weise zustande, daß sich im Eisenkern des Transformators ein magnetischer Wechselfluß ausbildet, der eine Gegenurspannung in Höhe der angelegten Spannung $1200V$ induziert. Dann ist die in jeder der Wicklungswindungen vom magnetischen Wechselfluß induzierte Spannung, die Windungsspannung, $1200V/1200 = 1V$. In der Oberspannungswicklung mit 1000 Windungen wird infolgedessen eine Spannung $1000V$, in der Unterspannungswicklung mit 200 Windungen eine Spannung von $200V$ induziert. Wir betrachten die Klemmen der Oberspannungswicklung als Ausgang des Spartransformators. Die hier verfügbare Spannung von $1000V$ können wir einem Verbraucher zuführen. Bei der Belastung des Transformators müssen wir darauf achten, daß bei zunehmender Last, ausgehend vom Leerlauf, für keine der beiden Wicklungen der Nennstrom überschritten

2.7 Spartransformator

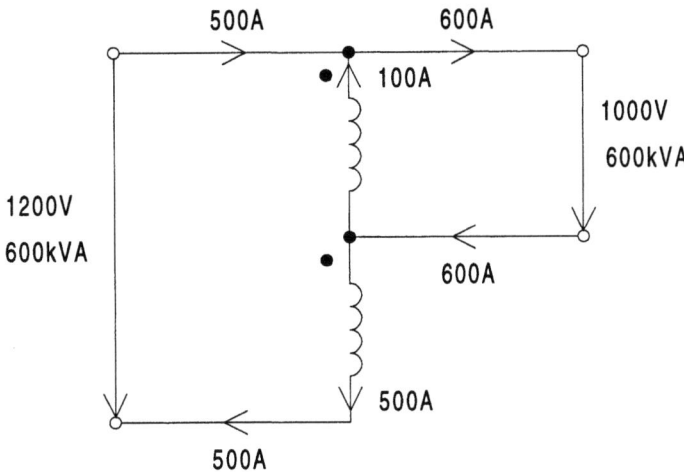

Bild 2.48 Spannungs- und Stromverhältnisse beim Spartransformator

wird. Die Belastungsgrenze ist bei einem Strom von $500A$ in der Unterspannungswicklung erreicht. Dieser Strom stellt in Verbindung mit der Windungszahl 200 der von ihm durchflossenen Unterspannungswicklung eine Durchflutung von $500A \cdot 200 = 100000A$ dar. Sie würde den magnetischen Fluß im Eisenkern verändern und damit das Spannungsgleichgewicht auf der Eingangsseite stören, wenn sie nicht durch eine Gegendurchflutung aufgehoben würde, die dadurch zustande kommt, daß in der Oberspannungswicklung ein Strom von $100A$ fließt, der in Verbindung mit der Windungszahl 1000 der Oberspannungswicklung eine Durchflutung von ebenfalls $100A \cdot 1000 = 100000A$, aber entgegengesetzter Richtung darstellt. Das Verhalten des Spartransformators wird, wie das des Zweiwicklungstransformators, durch das Spannungsgleichgewicht auf der Eingangsseite und durch das Durchflutungsgleichgewicht bestimmt. Bei Nennlast ist der Strom auf der Eingangsseite des Spartransformators $500A$, der Strom auf der Ausgangsseite $600A$, die an den Ausgangsklemmen abgegebene Leistung ist $1000V \cdot 600A = 600kVA$, die an den Eingangsklemmen aufgenommene Leistung ist $1200V \cdot 500A = 600kVA$. Der Spartransformator hat folglich eine Nennleistung von $600kVA$. Sie ist bei gleichem Materialaufwand 6mal größer als die des Zweiwicklungstransformators. Da die Verlustleistung, Eisenverlustleistung im Kern und Stromwärmeverlustleistung in den Wicklungen, bei gleicher Belastung der Wicklungen genauso groß wie beim Zweiwicklungstransformator ist, die abgegebene Leistung aber bei gleichem Leistungsfaktor der Last größer ist, ist der Wirkungsgrad des Spartransformators besser als der des Zweiwicklungstransformators.

Statt der Klemmen der Oberspannungswicklung hätten wir eben auch die Klemmen der Unterspannungswicklung als Ausgangsklemmen des Spartransformators betrachten können (Bild 2.49). An diesen steht eine Spannung von $200V$ zur Verfügung. Bei zunehmender Belastung des Transformators dürfen auch in diesem Fall allenfalls die Nennströme der Wicklungen fließen. Dieser Belastungsfall ist erreicht,

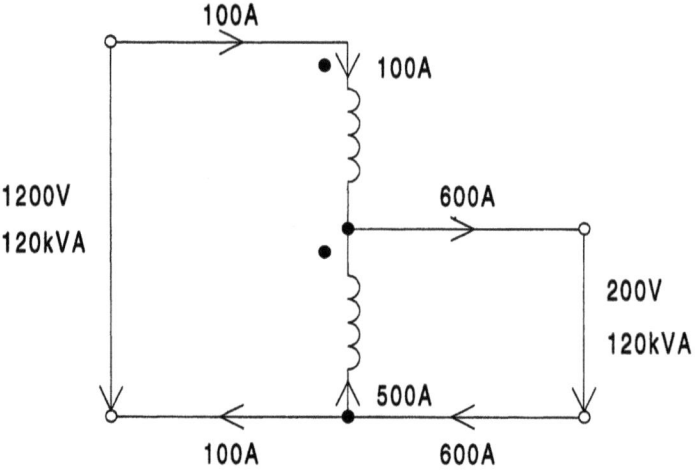

Bild 2.49 Spartransformator

wenn in der Oberspannungswicklung mit 1000 Windungen ein Strom von 100A fließt. Die ihm zugeordnete Durchflutung ist $100A \cdot 1000 = 100000A$. Sie würde den magnetischen Fluß im Eisenkern ändern und damit das Spannungsgleichgewicht auf der Eingangsseite stören, wenn nicht eine gleich große Gegendurchflutung, herrührend vom Strom in der Unterspannungswicklung, aufträte, die die Wirkung der Durchflutung, herrührend vom Strom in der Oberspannungswicklung, in ihrer Wirkung aufhöbe. Da die Unterspannungswicklung 200 Windungen hat, muß bei der vorgegebenen Durchflutung von 100000A der sie durchfließende Strom $100000A/200 = 500A$ sein. Danach ist der Strom auf der Eingangsseite des Spartransformators 100A und auf der Ausgangsseite, als Summe der Wicklungsströme, 600A. Die abgegebene Leistung ist $200V \cdot 600A = 120kVA$, die aufgenomme Leistung $1200V \cdot 100A = 120kVA$. Die Nennleistung des Spartransformators ist in diesem Fall 120kVA und damit nur 1,2mal größer als die Nennleistung des Zweiwicklungstransformators. Offenbar ist die Nennleistung des Spartransformators verglichen mit der des Zweiwicklungstransformators umso größer, je kleiner die Differenz zwischen den Spannungen von Ober- und Unterspannungsseite des Spartransformators ist.

Nachteilig beim Spartransformator ist der verglichen mit dem Zweiwicklungstransformator höhere Kurzschlußstrom. Wir wollen willkürlich annehmen, daß die bezogene, rein induktive Längsimpedanz des Zweiwicklungstransformators $j0,06 pu$ ist (Bild 2.50). Das entspricht einer Kurzschlußspannung von $0,06 pu$ oder 6%. Dann ist der Dauerkurzschlußstrom des Zweiwicklungstransformators $I_{Kd} = 1,00/0,06 = 16,7 pu$. Er beträgt demnach das 16,7fache des Nennstroms. Beim Spartransformator sind die Verhältnisse ungünstiger. Wir nehmen zunächst die Klemmen der Unterspannungswicklung als Ausgangsklemmen an (Bild 2.51). Bei einem Kurzschluß dieser Klemmen entsprechen die Verhältnisse – sieht man

2.7 Spartransformator

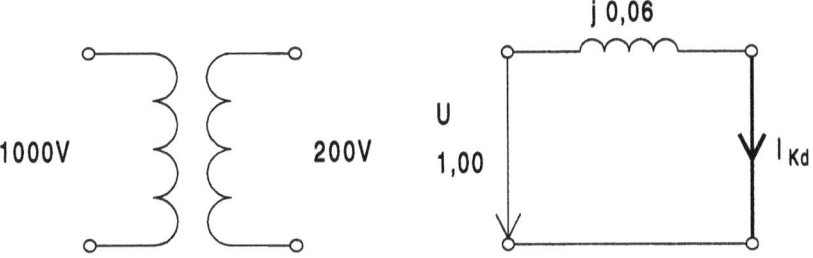

Bild 2.50 Kurzschlußverhältnisse beim Zweiwicklungstransformator

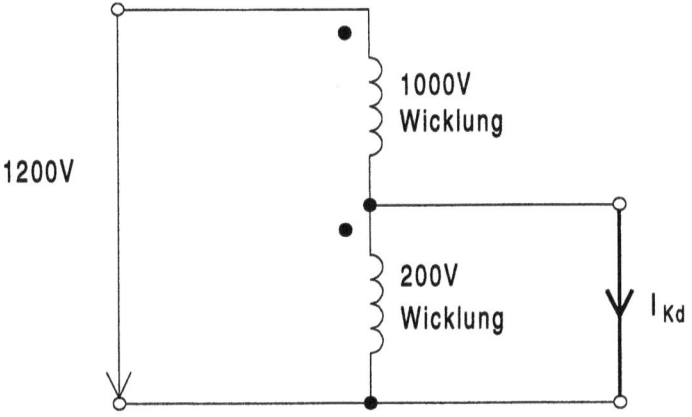

Bild 2.51 Kurzschlußverhältnisse beim Spartransformator

davon ab, daß beim Spartransformator eine leitende Verbindung zwischen den Wicklungen besteht – denen beim auf der Unterspannungsseite kurzgeschlossenen Zweiwicklungstransformator. Während aber im Kurzschlußfall beim Zweiwicklungstransformator an der Oberspannungswicklung eine Spannung von $1000V$ liegt, liegt beim Spartransformator an der Oberspannungswicklung eine Spannung von $1200V$. Infolgedessen ist beim Spartransformator der Dauerkurzschlußstrom größer als der des Zweiwicklungstransformators.

$$I_{Kd} = \frac{1200V}{1000V} \cdot 16{,}7 = 1{,}2 \cdot 16{,}7 = 20{,}0\,pu$$

Der Dauerkurzschlußstrom des Spartransformators beträgt das 1,2fache des Kurzschlußstroms beim Zweiwicklungstransformator. Seine Längsimpedanz ist entsprechend kleiner als die des Zweiwicklungstransformators: $0{,}06/1{,}2 = 0{,}0500\,pu$. Dem entspricht eine Kurzschlußspannung von 0,05 oder 5%. Die Wicklungen werden im Kurzschlußfall von einem Strom durchflossen, der das 20,0fache des Nennstroms beträgt.

Noch ungünstiger sind die Verhältnisse im Kurzschlußfall beim Spartransformator, wenn die Klemmen der Oberspannungswicklung die Ausgangsklemmen sind (Bild 2.52). Bei einem Kurzschluß dieser Klemmen entsprechen die Verhältnisse – sieht man wieder davon ab, daß beim Spartransformator eine leitende Verbindung zwischen den Wicklungen besteht – denen beim auf der Oberspannungsseite kurzgeschlossenen Zweiwicklungstransformator. Während aber im Kurzschlußfall beim Zweiwicklungstransformator an der Unterspannungswicklung eine Spannung von 200V liegt, liegt beim Spartransformator an der Unterspannungswicklung eine Spannung von 1200V. Infolgedessen ist beim Spartransformator der Dauerkurzschlußstrom wesentlich größer als der des Zweiwicklungstransformators.

$$I_{Kd} = \frac{1200V}{200V} \cdot 16{,}7 = 6 \cdot 16{,}7 = 100\,pu$$

Der Dauerkurzschlußstrom des Spartransformators beträgt das 6fache des Kurzschlußstroms beim Zweiwicklungstransformator. Seine Längsimpedanz ist erheblich kleiner als die des Zweiwicklungstransformators: $0{,}06/6 = 0{,}01\,pu$. Dem entspricht eine Kurzschlußspannung von $0{,}01\,pu$ oder 1%. Die Wicklungen werden im Kurzschlußfall von einem Strom durchflossen, der das 100fache des Nennstroms beträgt.

Neben dem hohen Kurzschlußstrom ist ein weiterer Nachteil des Spartransformators, daß bei einer Unterbrechung der Wicklung an den Klemmen der Unterspannungsseite eine gefährlich hohe Spannung in Höhe der Nennspannung der Oberspannungsseite auftreten kann (Bild 2.53).

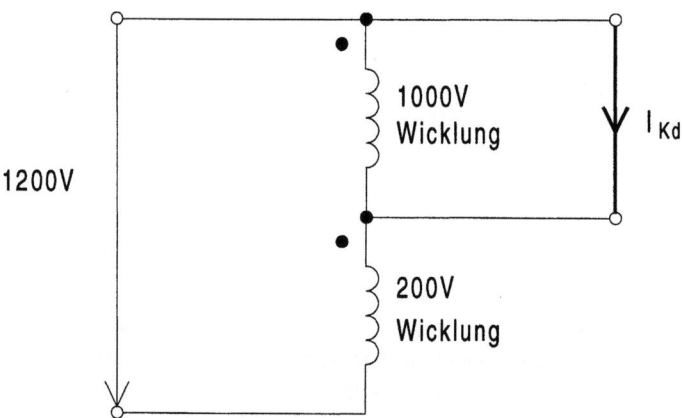

Bild 2.52 Spartransformator: Kurzschluß

2.7 Spartransformator

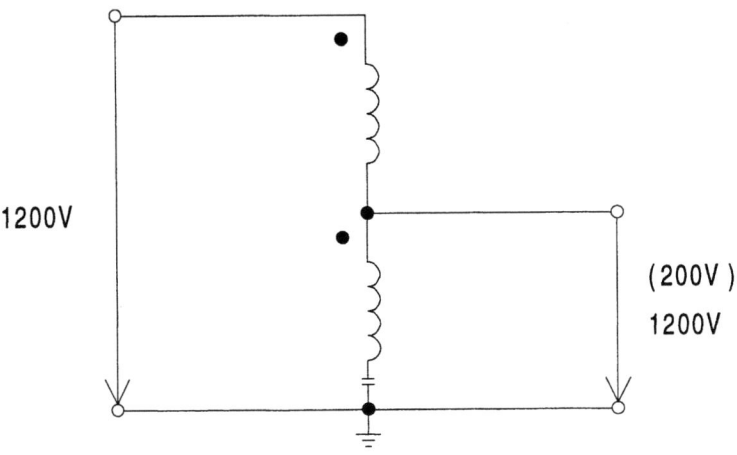

Bild 2.53 Spartransformator: Auftreten einer gefährlich hohen Spannung an den Klemmen der Unterspannungsseite.

Beispiel 2.21: Einphasentransformator $50kVA$ $2400V/240V$. Kurzschlußversuch mit Nennstrom von der Oberspannungsseite aus (Unterspannungsseite kurzgeschlossen): $48V$, $617W$. Leerlaufversuch mit Nennspannung von der Unterspannungsseite aus (Oberspannungsseite offen): $5,41A$, $186W$. Der Transformator soll als Spartransformator ein $2400V$ Netz mit einem $2640V$ Netz verbinden.

a) Geben Sie die Schaltung der Wicklungen und die Stromverteilung bei Nennbetrieb an.

b) Berechnen Sie die Nennleistung des Spartransformators.

c) Wie groß ist der Wirkungsgrad des Transformators bei Nennbetrieb und einem Leistungsfaktor von $\cos\varphi = 0,8$ induktiv bei galvanisch getrennten Wicklungen und bei Sparschaltung?

d) Um wieviel ist der Dauerkurzschlußstrom des Transformators in Sparschaltung größer als der des Transformators mit galvanisch getrennten Wicklungen?

Lösung: a) Die Nennströme für die Oberspannungsseite (OS) und die Unterspannungsseite (US) des Zweiwicklungstransformators sind

$$\frac{50kVA}{2400V} = 20,8A \text{ (OS)} \quad \text{und} \quad \frac{50kVA}{240V} = 208A \text{ (US)}$$

Bei der Belastung des Spartransformators darf keine der beiden Wicklungen überlastet werden. Mit dieser Überlegung ergibt sich als Nennstrom für die Oberspannungsseite des Spartransformators ein Strom von $208A$ bei einer Spannung von $2640V$, für die Unterspannungsseite ein Strom von $(208+20,8)A = 229A$ bei einer Spannung von $2400V$.

b) Die Nennleistung des Spartransformators ist das Produkt von Nennspannung und Nennstrom für die Ober- oder Unterspannungsseite.

$S = 2640V \cdot 208A = 549kVA \approx 550kVA$ bzw.

$S = 2400V \cdot 229A = 550kVA$

c) Für den Wirkungsgrad des Transformators gilt unabhängig von der Schaltung seiner Wicklungen

$$\eta = \frac{S \cdot \cos\varphi}{S \cdot \cos\varphi + P_{Fe} + P_{Cu}}$$

Für den Transformator mit galvanisch getrennten Wicklungen ist er

$$\eta = \frac{50kVA \cdot 0{,}8}{50kVA \cdot 0{,}8 + 186W + 617W} = 0{,}980 \triangleq 98{,}0\%$$

für den Spartransformator

$$\eta = \frac{550kVA \cdot 0{,}8}{550kVA \cdot 0{,}8 + 186W + 617W} = 0{,}998 \triangleq 99{,}8\%$$

d) Die bezogene Kurzschlußspannung des Transformators mit galvanisch getrennten Wicklungen ist

$$U_K = \frac{48V}{2400V} = 0{,}0200 \triangleq 2{,}00\%$$

sein Dauerkurzschlußstrom

$$I_{Kd} = \frac{1}{U_K} = \frac{1}{0{,}0200} = 50{,}0$$

Für den Spartransformator ist der Dauerkurzschlußstrom

$$I_{Kd} = \frac{2640V}{240V} \cdot 50{,}0 = 11{,}0 \cdot 50{,}0 = 550$$

und beträgt damit das 11fache des Dauerkurzschlußstroms des Transformators mit galvanisch getrennten Wicklungen.

Fassen wir zusammen, so ergeben sich bei einem Vergleich mit dem Zweiwicklungstransformator
- Vorteile: 1. Materialaufwand bezogen auf die Nennleistung (Scheinleistung) geringer. 2. Verlustleistung genauso groß, abgegebene Leistung größer, d.h. Wirkungsgrad besser.
- Nachteile: 1. Größerer Kurzschlußstrom, d.h. kleinere Kurzschlußimpedanz (Spartransformatoren müssen von vornherein mit großer Streuung entworfen werden). 2. Übertragung von gefährlich hoher Spannung von der Ober- auf die Unterspannungsseite möglich.

Dreiphasenwechselstrom- oder Drehstromspartransformatoren (Bild 2.54) werden als Netzkupplungstransformatoren und zum Anlassen von Asynchronmotoren (Bild 3.22) eingesetzt. Sie haben als Netzkupplungstransformatoren, z.B. zur Kupplung eines 380kV Netzes mit einem 220kV Netz bei einer Nennleistung von 1000MVA, in der Regel noch eine weitere Wicklung in Dreieckschaltung, die bei symmetrischer Last unwirksam ist und erst bei unsymmetrischen Fehlern und bei unsymmetrischer Last wirksam wird. An diese Wicklung können Kondensatoren oder Spulen zur Beeinflussung der Blindleistungsverhältnisse im Netz angeschlossen werden.

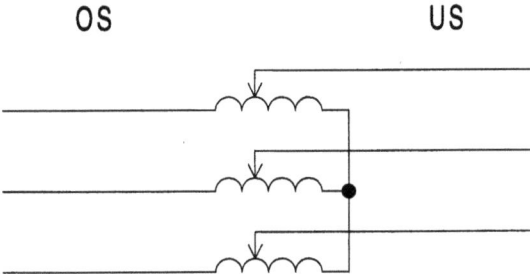

Bild 2.54 Dreiphasenwechselstrom- oder Drehstromspartransformator mit Oberspannungsseite (OS) und Unterspannungsseite (US).

2.8 Wachstumsgesetze

Die hier zu besprechenden Wachstumsgesetze gelten nicht nur für den Transformator, sondern in ähnlicher Weise für alle elektrischen Maschinen.

Die Leistung eines Transformators ist durch das Produkt von Nennspannung und Nennstrom gegeben, wobei in der Regel Oberspannungs- und Unterspannungswicklung die gleiche Nennleistung haben, die dann als die Nennleistung des Transformators gilt.

$$S = U \cdot I \qquad (2.63)$$

Der Scheitelwert des magnetischen Flusses des an sinusförmiger Wechselspannung liegenden Transformators hängt vom Effektivwert der Spannung, ihrer Frequenz und der Wicklungswindungszahl ab Gl. (2.9).

$$\hat{\Phi} = \frac{U}{4{,}44 \cdot f \cdot N} \tag{2.64}$$

Daraus folgt für die Spannung

$$U = 4{,}44 \cdot f \cdot N \cdot \hat{\Phi} \tag{2.65}$$

Drückt man den magnetischen Fluß durch das Produkt von magnetischer Flußdichte und Querschnittsfläche, die dem Fluß zur Verfügung steht, aus,

$$\hat{\Phi} = \hat{B} \cdot A_{Fe} \tag{2.66}$$

so erhält man für die Spannung

$$U = 4{,}44 \cdot f \cdot N \cdot \hat{B} \cdot A_{Fe} \tag{2.67}$$

Transformatoren werden so ausgelegt, daß die magnetische Flußdichte im Eisen etwa 1 bis $2T$ erreicht.

$$\hat{B} \approx 1...2T$$

Bei dieser Flußdichte befindet man sich ungefähr im Knie der Magnetisierungskurve $B = f(H)$ des Eisens und damit im Gebiet beginnender Sättigung, in dem der Durchflutungsbedarf zur Erzeugung des magnetischen Flusses überproportional ansteigt. So wie es für die Flußdichte im Eisen elektrischer Maschinen einen Anhaltswert gibt, gibt es auch für die Stromdichte in den Wicklungen elektrischer Maschinen und in Leitungen Anhaltswerte. Sie liegt etwa zwischen 1 und $10\,A/mm^2$, in vielen Fällen, so auch beim Transformator, in der Mitte dieses Bereiches bei $5A/mm^2$.

$$J \approx 1...10 \frac{A}{mm^2}$$

Mit der Stromdichte läßt sich der Strom in den Leitern als Produkt von Stromdichte und Leiterquerschnittsfläche schreiben.

$$I = J \cdot A_{Leiter} \tag{2.68}$$

2.8 Wachstumsgesetze

Für die Leistung des Transformators als Produkt von Spannung und Strom Gl. (2.63) ergibt sich mit den für Spannung Gl. (2.67) und Strom Gl. (2.68) gefundenen Ausdrücken

$$S = 4{,}44 \cdot f \cdot N \cdot \hat{B} \cdot A_{Fe} \cdot J \cdot A_{Leiter} \tag{2.69}$$

Das Produkt von Windungszahl und Leiterquerschnittsfläche stellt die gesamte Kupferquerschnittsfläche dar.

$$A_{Cu} = N \cdot A_{Leiter} \tag{2.70}$$

Mit ihr ist die Transformatorleistung

$$S = 4{,}44 \cdot f \cdot \hat{B} \cdot J \cdot A_{Fe} \cdot A_{Cu} \tag{2.71}$$

Faßt man die vorgegebenen Größen zu einer Konstanten zusammen,

$$K = 4{,}44 \cdot f \cdot \hat{B} \cdot J$$

so ergibt sich für die Transformatorleistung

$$S = K \cdot A_{Fe} \cdot A_{Cu} \tag{2.72}$$

Die Transformatorleistung ist der Querschnittsfläche des Eisenkerns und der über alle Wicklungswindungen aufsummierten gesamten Kupferquerschnittsfläche proportional.

$$S \sim A_{Fe} \cdot A_{Cu} \tag{2.73}$$

Hieraus ergibt sich, daß die Transformatorleistung als Produkt von Nennspannung und Nennstrom für die Ober- oder Unterspannungsseite ein Maß für die geometrischen Abmessungen des Transformators ist: je größer die Leistung, desto größer der Transformator. Verändert man die Größe des Transformators, z.B. in der Weise, daß man alle linearen Abmessungen verdoppelt, dann wächst offensichtlich, das ergibt sich aus Gl. (2.73), die Leistung um den Faktor $2^2 \cdot 2^2 = 2^4$, das Volumen um den Faktor 2^3, die Verlustleistung wächst, da sie dem Eisen- bzw. Leitervolumen proportional ist, ebenfalls um den Faktor 2^3 und die Oberfläche, wichtig im Hinblick auf die Abführung der Verlustleistung bzw. Kühlung, wächst um den Faktor 2^2. Allgemeiner ausgedrückt, bewirkt eine Vergrößerung aller linearen Abmessungen um den Faktor k eine Zunahme

der Leistung um den Faktor k^4

des Volumens um den Faktor k^3

der Verlustleistung um den Faktor k^3

der Oberfläche um den Faktor k^2

Das sind die sogenannten Wachstumsgesetze für elektrische Maschinen. Aus ihnen ergibt sich, daß das Volumen und damit der Werkstoffaufwand und der Preis für eine Maschine langsamer wachsen als ihre Leistung. Damit werden Maschinen mit zunehmender Leistung, bezieht man ihren Preis auf die Leistung, billiger. Von daher besteht ein Anreiz, möglichst große Maschinen zu bauen. Das gilt insbesondere für Kraftwerksgeneratoren und die ihnen nachgeschalteten Maschinentransformatoren. Ein weiterer Anreiz zum Bau großer Maschinen besteht darin, daß mit zunehmenden Abmessungen der Maschine auch die Verlustleistung langsamer wächst als die Leistung der Maschine. Damit ergeben sich mit zunehmender Maschinengröße ein zunehmend besserer Wirkungsgrad und damit sinkende auf die Maschinenleistung bezogene Betriebskosten. Ein Problem stellt bei wachsender Maschinengröße die Erwärmung der Maschine dar. Die Verlustleistung fließt über die Oberfläche der Maschine in die Umgebung ab. Die Oberfläche aber wächst bei zunehmender Maschinenleistung nicht in dem Maß wie die Verlustleistung. Aus diesem Grund muß mit zunehmender Maschinengröße ein zunehmend größerer Aufwand zur Kühlung der Maschine getrieben werden. Bei kleineren Transformatoren beispielsweise genügt die Kühlung durch die umgebende Luft. Größere Transformatoren werden in einen mit Öl gefüllten Kessel gesetzt. Öl kühlt nicht nur den Transformator besser als Luft, sondern ist darüberhinaus auch ein besserer Isolierstoff. Die Kühlung kann dadurch verbessert werden, daß man die Kesselwand, über die die Wärme abgeführt wird, wellt. Wenn das nicht ausreicht, werden Rohre an der Kesselwand angebracht, über die das im Kessel erwärmte und an die Oberfläche aufgestiegene Öl außen wieder zum Kesselboden zurückfließt. Diese Rohre werden, wenn die natürliche Luftkühlung nicht ausreicht, mit einem Lüfter beblasen oder mit Wasser gekühlt. Bei großen Kraftwerksgeneratoren wird die Kühlung dadurch verbessert, daß man die Luft im Maschineninneren durch Wasserstoffgas ersetzt oder die Leiter der Wicklungen hohl ausführt und durch die Hohlleiter Wasserstoffgas, Öl oder Wasser strömen läßt.

Der ohmsche Wicklungswiderstand eines Transformators nimmt bei einer Vergrößerung der linearen Abmessungen ab. Das ergibt sich daraus, daß der ohmsche Widerstand eines Leiters seiner Länge proportional und der Leiterquerschnittsfläche umgekehrt proportional ist.

$$R \sim \frac{l}{A} \tag{2.74}$$

Wachsen die linearen Abmessungen des Transformators um den Faktor k, so nimmt der ohmsche Widerstand um den Faktor $k^1/k^2 = 1/k$ ab. Bei Verdoppelung der linearen Abmessungen ist demnach der ohmsche Widerstand nur noch halb so groß wie vorher. Anders sind die Verhältnisse bei den Wicklungsstreureaktanzen. Sie sind, das ergibt sich aus Gl. (2.35) und Gl. (2.36), dem magnetischen Widerstand, den der Streufluß vorfindet, umgekehrt proportional

2.8 Wachstumsgesetze

$$X \sim \frac{1}{R_m} \tag{2.75}$$

Dabei ist der magnetische Widerstand der Luftstrecke ausschlaggebend, während der der Eisenstrecke wegen der hohen magnetischen Leitfähigkeit des Eisens vernachlässigt werden kann. Der magnetische Widerstand der Luftstrecke wächst wie der eines elektrischen Leiters proportional mit der Länge der Luftstrecke und ist der Querschnittsfläche, die dem magnetischen Fluß zur Verfügung steht, umgekehrt proportional Gl. (2.74).

$$R_m \sim \frac{l}{A} \tag{2.76}$$

Bei einer Verdoppelung der linearen Abmessungen ist der magnetische Widerstand, wie der Widerstand eines Leiters, nur noch halb so groß wie vorher und damit wird die Streureaktanz, die dem magnetischen Widerstand umgekehrt proportional ist, doppelt so groß wie vorher. D.h., bei Vergrößerung der linearen Abmessungen um den Faktor k wächst die Streuraktanz ebenfalls um den Faktor k. Mit zunehmender Maschinengröße zeigen Wicklungsstreureaktanz und ohmscher Wicklungswiderstand entgegengesetztes Verhalten. Während die Streureaktanz zunimmt, nimmt der ohmsche Widerstand ab. In der vereinfachten, nur aus der Längsimpedanz bestehenden Ersatzschaltung für den Transformator wird mit zunehmender Transformatorgröße der Wirkwiderstand zunehmend bedeutungsloser, die Reaktanz dagegen zunehmend einflußreicher. Die Längsimpedanz großer Transformatoren ist deswegen praktisch rein induktiv.

Ähnliche Überlegungen können auch für die Querimpedanzen des Transformators angestellt werden. Der Magnetisierungs- oder Hauptreaktanz sind der magnetische Hauptfluß und der magnetische Widerstand, den dieser vorfindet, zugeordnet. Da mit zunehmender Maschinengröße der magnetische Widerstand Gl. (2.76) abnimmt, nimmt die ihm umgekehrt proportionale Reaktanz Gl. (2.75) zu. Bei Vergrößerung der linearen Abmessungen um den Faktor k nimmt die Magnetisierungsreaktanz, wie die Streureaktanz, um den Faktor k zu. Da gleichzeitig die Nennspannung des Transformators Gl. (2.67) mit dem Faktor k^2 wächst, nimmt der Magnetisierungsstrom als Quotient von Spannung und Magnetisierungsreaktanz um den Faktor k zu. Bezieht man den Magnetisierungsstrom auf den Nennstrom, der mit dem Faktor k^2 wächst Gl. (2.68), dann nimmt der bezogene Magnetisierungsstrom mit dem Faktor $1/k$ ab. Zu einem entsprechenden Ergebnis kommt man für den bezogenen Eisenverluststrom. Da die Eisenverlustleistung mit dem Faktor k^3, die Nennspannung mit dem Faktor k^2 wächst, nimmt der Eisenverluststrom als Quotient von Eisenverlustleistung und Spannung Gl. (2.31) mit dem Faktor k zu. Da der Nennstrom mit dem Faktor k^2 wächst, nimmt der auf den Nennstrom bezogene Eisenverluststrom mit dem Faktor $1/k$ ab.

2.9 Dreiwicklungstransformator

Im elektrischen Energieversorgungsnetz sind nicht nur Zweiwicklungstransformatoren mit einer Ober- und einer Unterspannungswicklung zu finden, sondern auch Dreiwicklungstransformatoren (Bild 2.55).

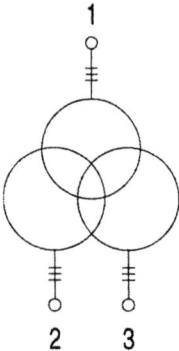

Bild 2.55 Dreiwicklungstransformator für Dreiphasenwechsel- oder Drehstrom

Maschinentransformatoren z.B. können Dreiwicklungstransformatoren sein. Der Maschinentransformator stellt im Kraftwerk die Verbindung zwischen dem Kraftwerksgenerator und dem von ihm gespeisten Hochspannungsnetz her. Da das Kraftwerk einen nicht unerheblichen Eigenbedarf an elektrischer Leistung hat, der bei 1 bis 10% der Kraftwerksleistung liegt, liegt es nahe, einen Teil der vom Generator abgegebenen Leistung für das Kraftwerk selbst abzuzweigen und über eine dritte Wicklung des Maschinentransformators abzunehmen. Der Eigenbedarf in z.B. einem Kohlekraftwerk entsteht unter anderem dadurch, daß Speisewasserpumpenantriebe mit einer Leistung bis zu 10 MW, die den im Kondensator zu Wasser kondensierten Turbinendampf zum Kessel zurücktransportieren müssen, oder Antriebe für Kohletransportbänder, Kohlemühlen, die die Kohle zu feinem Staub zermahlen, und Gebläse, die den Kohlenstaub in den Kessel blasen, mit elektrischer Energie versorgt werden müssen.

Auch Netzkupplungstransformatoren bekommen bei Sternschaltung von Ober- und Unterspannungswicklung eine dritte Wicklung, eine sogenannte Ausgleichswicklung, in Dreieckschaltung. Nur so dürfen sie mit unsymmetrischer Last betrieben werden. Bei normalem Betrieb ist die Last zwar symmetrisch, aber im Fehlerfall, d.h. bei Kurzschlüssen im Netz, ist der unsymmetrische Fehler, von denen der einpolige der häufigste ist, die Regel.

Die dritte Wicklung bei Netztransformatoren hat gelegentlich nicht nur die Aufgabe, den unsymmetrischen Betrieb im Fehlerfall zu ermöglichen, sondern dient darüberhinaus wie die dritte Wicklung des Maschinentransformators zur Versorgung von Verbrauchern. Es besteht aber auch die Möglichkeit, über diese dritte

2.9 Dreiwicklungstransformator

Wicklung des Netzkupplungstransformators je nach den Erfordernissen des Netzbetriebes dem Netz Blindleistung zuzuführen oder aus dem Netz Blindleistung abzunehmen. Sinkt in einem Netzknoten die Spannung unter einen gewünschten Wert, dann kann die Knotenspannung durch Zufuhr von Blindleistung angehoben werden. Steigt in einem Netzknoten die Spannung über einen gewünschten Wert hinaus an, z.B. nachts in einem nur schwach belasteten städtischen Kabelnetz, dann kann sie durch Abnahme von Blindleistung gesenkt werden. Will man dem Netz Blindleistung zuführen, dann schließt man an die dritte Wicklung Kondensatoren an, will man dagegen Blindleistung abnehmen, dann schließt man Spulen an. Statt der Kondensatoren oder Spulen kann man auch eine Synchronmaschine anschließen, die im Phasenschieberbetrieb arbeitend übererregt wie ein Kondensator Blindleistung abgibt und untererregt wie eine Spule Blindleistung aufnimmt, wobei Blindleistungsabgabe und -aufnahme über den Erregerstrom stetig verstellt werden können. Ein solcher Netzkupplungstransformator kann z.B. folgende Daten haben: 600MVA/ 600MVA/200MVA 380kV/220kV/30kV YNyn0d5. Bei diesem Transformator sind die Nennleistungen der Wicklungen nicht gleich, wie beim Zweiwicklungstransformator üblich. Auf der $380kV$ und $220kV$ Seite sind die Sternpunkte der Wicklung herausgeführt, kenntlich gemacht durch die Buchstaben N bzw. n. Die Phasenverschiebung zwischen einander entsprechenden Spannungen der 380kV und der 220kV Seite beträgt $0 \cdot 30^0 = 0^0$ und die zwischen einander entsprechenden Spannungen der 380kV und der 30kV Seite $5 \cdot 30^0 = 150^0$.

Die, bei Drehstromtransformatoren einphasige, Ersatzschaltung des Dreiwicklungstransformators ist die Sternschaltung von drei Impedanzen (Bild 2.56). Diese Impedanzen werden wie die Längsimpedanzen in der Ersatzschaltung des Zweiwicklungstransformators durch einen Kurzschlußversuch ermittelt. Anders als beim Zweiwicklungstransformator, bei dem man mit einer Messung auskommt, bei der eine Seite des Transformators kurzgeschlossen wird und an die andere Spannung gelegt wird, sind beim Dreiwicklungstransformator drei Messungen zu machen, bei denen jeweils eine Wicklung kurzgeschlossen und an eine Spannung gelegt wird, während die dritte Wicklung offen bleibt. Gemessen werden jeweils Strom, Spannung und Wirkleistungsaufnahme. Mit den so ermittelten Daten können die Impedanzen in der Ersatzschaltung des Dreiwicklungstransformators berechnet werden.

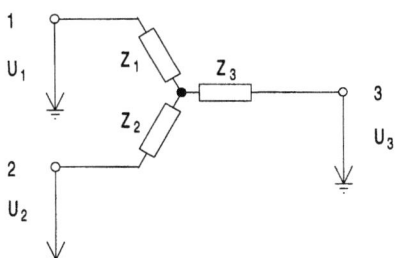

Bild 2.56 Ersatzschaltung des Dreiwicklungstransformators

Beispiel 2.22: Dreiphasen-Dreiwicklungstransformator:

Wicklung	Nennspannung (Leiter-Leiter) kV	Nennleistung MVA	Nennstrom kA
1	14,9	15,0	0,581
2	66,0	15,0	0,131
3	4,80	5,25	0,631

Mit dem Transformator wurden Kurzschlußversuche zur Ermittelung der Längsimpedanzen gemacht:

Messung	Impedanz hineingemessen in Wicklung	kurzgeschlossene Wicklung	offene Wicklung	I (Leiter) kA	U (Leiter-Leiter) kV
1	1	2	3	0,581	1,03
2	1	3	2	0,203 *	0,833
3	2	3	1	0,0459 **	2,51

Bei den Kurzschlußversuchen muß bedacht werden, daß die Wicklungen unterschiedliche Nennleistungen haben und bei den Versuchen keine der Wicklungen überlastet werden darf. Hier darf mit Rücksicht auf die Wicklung 3 in Messung 2 für die Wicklung 1 nicht der Nennstrom, sondern nur ein im Verhältnis der Nennleistungen der am Versuch beteiligten Wicklungen reduzierter Strom (*) eingestellt werden.

$$0,581 kA \cdot \frac{5,25 MVA}{15 MVA} = 0,203 kA$$

Entsprechendes gilt für die Messung 3. Auch hier darf mit Rücksicht auf die Wicklung 3 für die Wicklung 2 nicht der Nennstrom, sondern nur ein im Verhältnis der Nennleistungen der am Versuch beteiligten Wicklungen reduzierter Strom (**) eingestellt werden.

2.9 Dreiwicklungstransformator

$$0,131kA \cdot \frac{5,25MVA}{15MVA} = 0,0459kA$$

Mit den Daten der Kurzschlußversuche lassen sich die zwischen den Klemmen 1 und 2, 1 und 3 und 2 und 3 liegenden Impedanzen berechnen. Dabei nehmen wir der Einfachheit halber an, daß die Impedanzen rein induktiv sind.

$$\underline{Z}_{12} = j\frac{1,03kV/\sqrt{3}}{0,581kA} = j1,02\Omega \qquad (14,9kV \text{ Seite})$$

$$\underline{Z}_{13} = j\frac{0,833kV/\sqrt{3}}{0,203kA} = j2,37\Omega \qquad (14,9kV \text{ Seite})$$

$$\underline{Z}_{23} = j\frac{2,51kV/\sqrt{3}}{0,0459kA} = j31,6\Omega \qquad (66,0kV \text{ Seite})$$

$\underline{Z}_{23}$ umgerechnet auf die 14,9kV Seite

$$\underline{Z}_{23} = j31,6\Omega \cdot \left(\frac{14,9kV}{66,0kV}\right)^2 = j1,61\Omega \quad (14,9kV \text{ Seite})$$

Mit diesen Impedanzen können die Impedanzen $\underline{Z}_1$, $\underline{Z}_2$ und $\underline{Z}_3$ der Ersatzschaltung des Dreiwicklungstransformators berechnet werden.

$$\underline{Z}_{12} = \underline{Z}_1 + \underline{Z}_2$$

$$\underline{Z}_{13} = \underline{Z}_1 + \underline{Z}_3$$

$$\underline{Z}_{23} = \underline{Z}_2 + \underline{Z}_3$$

Löst man dieses Gleichungssystem nach den Unbekannten $\underline{Z}_1$, $\underline{Z}_2$ und $\underline{Z}_3$ auf, so ergibt sich

$$\underline{Z}_1 = \frac{1}{2} \cdot (\underline{Z}_{12} + \underline{Z}_{13} - \underline{Z}_{23})$$

$$\underline{Z}_2 = \frac{1}{2} \cdot (\underline{Z}_{12} + \underline{Z}_{23} - \underline{Z}_{13})$$

$$\underline{Z}_3 = \frac{1}{2} \cdot (\underline{Z}_{13} + \underline{Z}_{23} - \underline{Z}_{12})$$

Mit den vorliegenden Impedanzen für die 14,9kV Seite $\underline{Z}_{12}$, $\underline{Z}_{23}$ und $\underline{Z}_{13}$

$$\underline{Z}_1 = \frac{1}{2} \cdot j \cdot (1{,}02 + 2{,}37 - 1{,}61)\Omega = j0{,}890\Omega$$

$$\underline{Z}_2 = \frac{1}{2} \cdot j \cdot (1{,}02 + 1{,}61 - 2{,}37)\Omega = j0{,}130\Omega$$

$$\underline{Z}_3 = \frac{1}{2} \cdot j \cdot (2{,}37 + 1{,}61 - 1{,}02)\Omega = j1{,}48\Omega$$

Die berechneten Impedanzen gelten, darauf sei ausdrücklich noch einmal hingewiesen, nur für die 14,9kV Seite. Sie können mit dem Quadrat des Übersetzungsverhältnisses auf die beiden anderen Spannungsebenen umgerechnet werden. Man kann die Impedanzen aber auch als bezogene Größen angeben. In diesem Fall sind die Bezugsgrößen, also Bezugsspannung und Bezugsleistung, auszuwählen und anzugeben, in unserem Fall z.B. 14,9kV und 15,0MVA. Hieraus ergibt sich die Bezugsimpedanz als Quotient von Bezugsspannung und Bezugsstrom, der über Bezugsleistung und Bezugsspannung indirekt gegeben ist,

$$Z_{Bezug} = \frac{14{,}9kV/\sqrt{3}}{\dfrac{15{,}0MVA/3}{14{,}9kV/\sqrt{3}}} = \frac{(14{,}9kV)^2}{15{,}0MVA} = 14{,}8\Omega$$

Damit sind die bezogenen Impedanzen in der Ersatzschaltung

$$\underline{Z}_1 = \frac{j0{,}890\Omega}{14{,}8\Omega} = j0{,}0601\,pu$$

$$\underline{Z}_2 = \frac{j0{,}130\Omega}{14{,}8\Omega} = j0{,}00878\,pu$$

$$\underline{Z}_3 = \frac{j1{,}48\Omega}{14{,}8\Omega} = j0{,}100\,pu$$

2.9 Dreiwicklungstransformator

Der Vollständigkeit halber sei erwähnt, daß es auch vorkommen kann, daß sich eine der Impedanzen mit negativem Wert ergibt. Physikalisch ist das schwer zu erklären, führt jedoch in der Rechnung rein formal gehandhabt zu richtigen Ergebnissen.

Beispiel 2.23: Dreiphasen-Dreiwicklungstransformator
Wicklungen 1/2/3: $60MVA / 40MVA / 20MVA$
$10kV / 110kV / 60kV$ $50Hz$
Daten der einphasigen Ersatzschaltung (Bild 2.56)
$\underline{Z}_1 = j20{,}6\Omega$ $\underline{Z}_2 = j13{,}3\Omega$ $\underline{Z}_3 = j27{,}8\Omega$
Bezugsspannung $110kV$, das bedeutet, daß alle Impedanzen auf die $110kV$ Seite umgerechnet sind. Die $10kV$ Seite ist die Speiseseite, die $110kV$ bzw. die $60kV$ Seite die Lastseite.

a) Auf der $110kV$ Seite wird eine Leistung von $\underline{S}_2 = (32{,}0 + j24{,}0)MVA$ abgenommen, die $60kV$ Seite ist unbelastet. Wie groß muß die Spannung auf der $10kV$ Seite sein, damit auf der $110kV$ Seite Nennspannung herrscht? Wie groß ist bei dieser Belastung die Spannung auf der $60kV$ Seite?

b) Wie groß ist bei einem dreipoligen satten Klemmenkurzschluß auf der $110kV$ Seite und Nennspannung auf der $10kV$ Seite der Kurzschlußstrom auf beiden Seiten, bezogen auf den jeweiligen Nennstrom, wenn die $60kV$ Seite unbelastet ist? Wie groß ist die Spannung auf der $60kV$ Seite? Nehmen Sie für den dem Kurzschluß vorausgehenden Lastfall Leerlauf an.

Lösung: a) Mit Hilfe der auf der $110kV$ Seite abgenommenen Leistung $\underline{S}_2 = \underline{U}_2 \cdot \underline{I}_2^* \cdot 3$ läßt sich der Strom auf der $110kV$ Seite berechnen.

$$\underline{I}_2 = \frac{\underline{S}_2^*/3}{\underline{U}_2^*}$$

$$\underline{I}_2 = \frac{(32{,}0 - j24{,}0)MVA/3}{110kV/\sqrt{3}} = 210A \cdot \underline{/-36{,}9^0}$$

Er fließt über die Impedanzen $\underline{Z}_1$ und $\underline{Z}_2$ der Ersatzschaltung und ruft an diesen einen Spannungsabfall hervor. Die Summe von Verbraucherspannung auf der $110kV$ Seite und diesem Spannungsabfall stellt die auf der Speiseseite nötige Spannung dar.

$$\underline{U}_1 = \underline{U}_2 + \underline{I}_2 \cdot (\underline{Z}_1 + \underline{Z}_2)$$

$$\underline{U}_1 = \frac{110kV}{\sqrt{3}} + 210A \cdot \underline{/-36{,}9^0} \cdot j(20{,}6 + 13{,}3)\Omega$$

$$\underline{U}_1 = 68{,}0kV \cdot \underline{/4{,}80^0} \text{ (LE)}$$

Diese Leiter-Erd-Spannung gilt für die 110kV Seite und muß noch mit dem Übersetzungsverhältnis auf die 10kV Seite umgerechnet werden.

$$\underline{U}_1 = 68{,}0kV \cdot \frac{10kV}{110kV} \cdot \underline{/4{,}80^0} = 6{,}18kV \cdot \underline{/4{,}80^0} \text{ (LE)}$$

Die nötige Leiter-Leiter-Spannung auf der 10kV Seite muß $6{,}18kV \cdot \sqrt{3} = 10{,}7kV$ sein.

Die Spannung auf der 60kV Seite unterscheidet sich von der auf der 110kV Seite durch den Spannungsabfall, den der Strom $\underline{I}_2$ an der Impedanz $\underline{Z}_2$ macht.

$$\underline{U}_3 = \underline{U}_2 + \underline{I}_2 \cdot \underline{Z}_2$$

$$\underline{U}_3 = \frac{110kV}{\sqrt{3}} + 210A \cdot \underline{/-36{,}9^0} \cdot j13{,}3\Omega = 65{,}2kV \cdot \underline{/1{,}96^0} \text{ (LE)}$$

Umgerechnet von der 110kV Seite auf die 60kV Seite

$$\underline{U}_3 = 65{,}2kV \cdot \frac{60kV}{110kV} \cdot \underline{/1{,}96^0} = 35{,}6kV \cdot \underline{/1{,}96^0} \text{ (LE)}$$

Die Leiter-Leiter-Spannung auf der 60kV Seite ist

$$U_3 = 35{,}6kV \cdot \sqrt{3} = 61{,}6kV$$

b) Der Kurzschlußstrom auf der 110kV Seite wird durch die Impedanzen $\underline{Z}_1$ und $\underline{Z}_2$ der Ersatzschaltung begrenzt.

$$\underline{I}_{K2} = \frac{110kV/\sqrt{3}}{j(20{,}6+13{,}3)\Omega} = 1{,}87kA \cdot \underline{/-90{,}0^0}$$

Der auf den Nennstrom der 110kV Seite bezogene Kurzschlußstrom ist

$$I_{K2} = \frac{1{,}87kA}{\dfrac{40MVA/3}{110kV/\sqrt{3}}} = 8{,}92\,pu$$

2.9 Dreiwicklungstransformator

Auf der 110kV Seite fließt danach der 8,92fache Nennstrom. Der auf der 10kV Seite fließende Kurzschlußstrom ist

$$I_{K1} = 1{,}87 kA \cdot \frac{110 kV}{10 kV} = 20{,}6 kA$$

Der auf den Nennstrom der 10kV Seite bezogene Kurzschlußstrom ist

$$I_{K1} = \frac{20{,}6 kA}{\dfrac{60 MVA/3}{10 kV/\sqrt{3}}} = 5{,}94\, pu$$

Die Beanspruchung der 10kV Wicklung des Transformators ist also nicht so schwer wie die der 110kV Wicklung. Die Spannung auf der 60kV Seite unterscheidet sich von der Spannung auf der 10kV Seite um den Spannungsabfall, den der Kurzschlußstrom an der Impedanz $\underline{Z}_1$ der Ersatzschaltung macht.

$$\underline{U}_3 = \underline{U}_1 - \underline{I}_{K2} \cdot \underline{Z}_1$$

$$\underline{U}_3 = \frac{110 kV}{\sqrt{3}} - 1{,}87 kA \cdot \underline{/-90{,}0^0} \cdot j20{,}6\Omega = 25{,}0 kV \cdot \underline{/0^0}\ (LE)$$

Umgerechnet von der 110kV Seite auf die 60kV Seite

$$\underline{U}_3 = 25{,}0 kV \cdot \frac{60 kV}{110 kV} \cdot \underline{/0^0} = 13{,}6 kV \cdot \underline{/0^0}\ (LE)$$

Die Spannung auf der 60kV Seite sinkt bei dem Kurzschluß auf der 110kV Seite auf die Leiter-Leiter-Spannung $13{,}6 kV \cdot \sqrt{3} = 23{,}6 kV$ ab.

3 Asynchronmaschine

Die Asynchronmaschine kann sowohl als Motor als auch als Generator eingesetzt werden. Der übliche Betrieb ist der Motorbetrieb. Nachteilig beim Asynchrongenerator ist, daß die Maschine zu ihrem Betrieb Blindleistung braucht. Das Netz, in dem Blindleistungsbedarf besteht, mit Blindleistung zu speisen, ist der Asynchrongenerator, anders als die Synchronmaschine, die als Generator in unseren Kraftwerken arbeitet, nicht in der Lage. Die Maschine, insbesondere in ihrer Ausführung mit Käfigläufer, zeichnet sich vor allen anderen elektrischen Maschinen durch einen außerordentlich einfachen Aufbau aus. Dieses einfachen Aufbaus wegen ist sie billiger und robuster als alle anderen elektrischen Maschinen. Aus diesem Grund setzt man, wenn man einen Motor braucht, nach Möglichkeit die Asynchronmaschine ein. Die Leistung von Asynchronmaschinen liegt in einem weiten Bereich, der etwa zwischen 1kW und 30MW liegt. Die Spannungen, für die die Maschinen gebaut wird, liegen zwischen der üblichen Spannung des Niederspannungsnetzes 400V und einigen kV. Die größten Maschinen arbeiten in unseren Wärmekraftwerken und treiben dort die Speisewasserpumpen an, die den beim Austritt aus der letzten Turbinenstufe im Kondensator zu Wasser kondensierten Dampf zum Kessel zurücktransportieren. Ein weiteres Einsatzgebiet von Maschinen sehr großer Leistung sind die Umformerwerke im deutschen Bahnnetz. Während die Frequenz im öffentlichen Dreiphasenwechselstromnetz $50 Hz$ ist, betreibt die Bahn aus historischen Gründen ein Einphasenwechselstromnetz mit einer Frequenz von $16 \frac{2}{3} Hz$. Dieses Netz wird von bahneigenen Kraftwerken gespeist. Da die Bahn aber auch Leistung aus dem öffentlichen Netz beziehen möchte, betreibt sie Umformer, das sind Maschinensätze, die aus einem großen Dreiphasen- oder Drehstromasynchronmotor und einem Einphasensynchrongenerator bestehen. Der Motor ist ans öffentliche Netz angeschlossen, der Generator speist das Bahnnetz. Auch die Antriebsmotoren der elektrischen Schienenfahrzeuge sind große Dreiphasenasynchronmotoren mit einer Leistung von einigen MW. Sie müssen drehzahlvariabel betrieben werden. Das ist beim Asynchronmotor nicht so ohne weiteres möglich, es sei denn, es steht eine Spannungsquelle mit variabler Frequenz zur Verfügung. Der Einphasenwechselstrom des Bahnnetzes wird im Triebfahrzeug zunächst gleichgerichtet und dann in einem Wechselrichter in Dreiphasenwechselstrom variabler Frequenz umgewandelt und dem Motor zugeführt. Auf diese Weise kann der Antrieb drehzahlvariabel betrieben werden. In Verbindung mit einem Frequenzumrichter dieser Art drehzahlvariabel betriebene Asynchronmaschinen werden bis hin zu den größten Leistungen zunehmend mehr eingesetzt und konkurrieren mit der in Verbindung mit einem Stromrichter drehzahlvariabel betriebenen Gleichstrommaschine. Die Entscheidung darüber, welcher Antrieb die günstigere Lösung darstellt, ist unter technischen und wirtschaftlichen Gesichtspunkten zu fällen.

3.1 Aufbau und Wirkungsweise der Asynchronmaschine

Wirkungsweise und Betriebseigenschaften der Asynchronmaschine lassen sich mit Hilfe eines einfachen Maschinenmodells erklären, das dem prinzipiellen Aufbau der Maschine entspricht.

3.1.1 Der Aufbau der Maschine

Im Prinzip besteht die Asynchronmaschine aus einem um seine Achse drehbar gelagerten eisernen Vollzylinder, der von einem feststehenden, ebenfalls eisernen Hohlzylinder konzentrisch umschlossen wird (Bild 3.1). Zwischen beiden Zylindern ist ein kleiner Luftspalt. Der drehbare Zylinder wird Rotor oder Läufer, der feststehende Stator oder Ständer genannt. Auf der inneren Mantelfläche des Stators werden, über den Umfang gleichmäßig verteilt, sechs Leiter untergebracht. Sie werden parallel zur Statorachse ausgerichtet und in Nuten gebettet. Die Mantelfläche des Rotors wird in gleicher Weise mit Leitern belegt.

Je zwei einander gegenüberliegende Statorleiter werden auf der Rückseite des Stators miteinander verbunden. Auf diese Weise entstehen drei Leiterschleifen oder Spulen. Wir bezeichnen den Anfang der ersten Spule mit U1, das Ende mit U2, den Anfang der zweiten Spule mit V1, das Ende mit V2 und schließlich den Anfang der dritten Spule mit W1 und das Ende mit W2. Aus der Lage der Anfänge der Spulen wird ersichtlich, daß die Spulen um jeweils 120° gegeneinander räumlich verdreht sind.

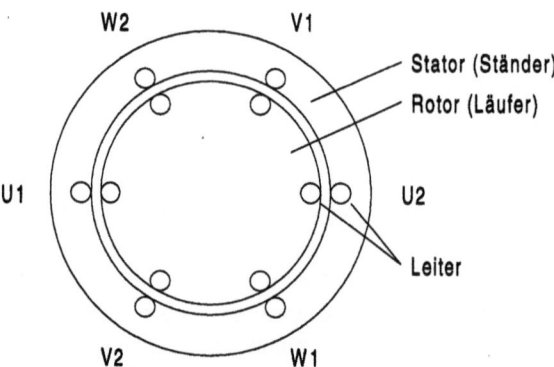

Bild 3.1 Prinzipieller Aufbau der Asynchronmaschine

3.1.2 Das Spannungsgleichgewicht auf der Statorseite

In Betrieb genommen wird die Maschine dadurch, daß an jede der drei Statorspulen eine sinusförmige Wechselspannung gelegt wird. Diese Wechselspannungen müssen gleich groß und von gleicher Frequenz, aber um jeweils 120° gegeneinander in der Phase verschoben sein. Spannungen dieser Art liefert das Dreiphasenwechselstrom- oder Drehstromnetz. Die Spannungen können entweder zwischen je einem Außenleiter und dem Neutralleiter oder zwischen je zwei Außenleitern abgegriffen werden.

Der Einfachheit halber betrachten wir zunächst die Verhältnisse, die sich ergeben, wenn wir nur an eine der Spulen, die Spule mit den Anschlüssen U1 und U2, Spannung legen (Bild 3.2). In guter Übereinstimmung mit den tatsächlichen Verhältnissen können wir annehmen, daß der ohmsche Widerstand dieser Spule – wie auch der der beiden anderen, hier nicht gezeichneten Spulen – vernachlässigbar klein ist. Wird nun an die Spule eine Wechselspannung gelegt, so bildet sich im Spuleninneren ein magnetischer Wechselfluß Φ aus, der so groß ist, daß er in der Spule eine Gegenurspannung U_{q1} induziert, die der angelegten Netzspannung U_1 das Gleichgewicht hält. Der Fluß eilt der Spannung um 90° nach. Zur Erzeugung des Flusses ist eine Durchflutung und damit ein Magnetisierungsstrom nötig. Der Magnetisierungsstrom I_μ ist mit dem Fluß in Phase.

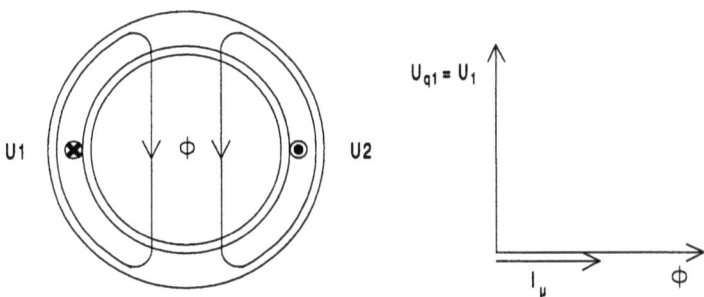

Bild 3.2 Das Zustandekommen des Spannungsgleichgewichts auf der Statorseite

Das Spannungsgleichgewicht kommt hier also in gleicher Weise wie beim idealen Transformator zustande. Während aber beim Transformator der magnetische Fluß nur in Eisen mit seiner guten magnetischen Leitfähigkeit verläuft, muß er bei der Asynchronmaschine zusätzlich zweimal einen Luftspalt mit seinem großen magnetischen Widerstand überqueren. Der Luftspalt hat zwar keinen Einfluß auf die Größe des magnetischen Flusses – diese hängt allein von der Höhe der angelegten Spannung ab – wirkt sich aber auf die zur Erzeugung des Flusses nötige Durchflutung bzw. den dazugehörigen Magnetisierungsstrom aus. Je größer der Luftspalt, desto größer der Durchflutungsbedarf bzw. der Magnetisierungsstrom. Damit wird verständlich, daß der Magnetisierungsstrom, der beim Transformator etwa 0,1 bis

10% des Nennstroms beträgt, bei der Asynchronmaschine mit etwa 20 bis 80% des Nennstroms erheblich größer ist. Wie beim Transformator nimmt auch bei der Asynchronmaschine der Magnetisierungsstrom mit zunehmender Maschinengröße ab. Das folgt aus den Wachstumsgesetzen für elektrische Maschinen.

3.1.3 Die Entstehung des Drehfeldes

Da die an den Spulen liegenden Spannungen um jeweils 120° gegeneinander in der Phase verschoben sind, sind auch die sie durchsetzenden magnetischen Wechselflüsse, die ihren Spannungen um 90° nacheilen, jeweils um 120° gegeneinander in der Phase verschoben. Sie sind zudem aber auch noch, wie ihre zugehörigen Spulen, um jeweils 120° gegeneinander räumlich verdreht. Diese Wechselflüsse nun überlagern sich. Das sich dabei ergebende Gesamtfeld ist ein Drehfeld, ähnlich dem Feld eines sich drehenden Stabmagneten, dessen Pole sich auf einer Kreisbahn bewegen. Man kann es nachweisen, wenn man den Rotor herausnimmt und in das Statorinnere eine drehbar gelagerte Magnetnadel so einführt, daß die Drehachse der Nadel mit der Statorachse zusammenfällt (Bild 3.3). Da sich die Nadel stets in Richtung des Feldes einstellt, wird sie von dem Drehfeld mitgenommen und dreht sich mit der gleichen Geschwindigkeit wie dieses. Zwischen der Drehfelddrehzahl und der Frequenz der an den Spulen liegenden Spannung besteht ein sehr einfacher Zusammenhang. Die Drehfelddrehzahl n_d entspricht der Frequenz f.

$$n_d = f \tag{3.1}$$

Für eine Frequenz von beispielsweise $50Hz$ gilt

$$n_d = 50s^{-1} = 3000\text{min}^{-1}$$

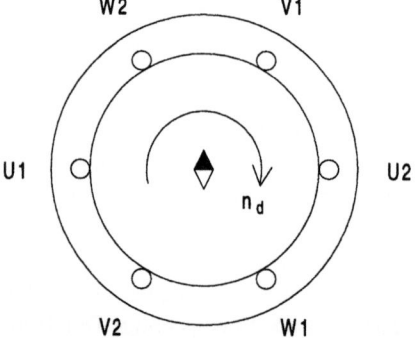

Bild 3.3 Nachweis des Drehfeldes in der Statorbohrung mit Hilfe einer drehbar gelagerten Magnetnadel

3.1 Aufbau und Wirkungsweise der Asynchronmaschine

Die Entstehung des Drehfeldes wird sichtbar, wenn wir für einige aufeinander folgende Zeitaugenblicke den zugehörigen Feldverlauf betrachten. Da die die Statorspulen durchsetzenden magnetischen Flüsse gleich groß und um jeweils 120° gegeneinander in der Phase verschoben sind, müssen auch die sie erzeugenden phasengleichen Magnetisierungsströme $i_{\mu U}$, $i_{\mu V}$ und $i_{\mu W}$ gleich groß und um jeweils 120° gegeneinander in der Phase verschoben sein (Bild 3.4). Für unsere Betrachtung greifen wir die Zeitaugenblicke heraus, in denen der Strom $i_{\mu U}$ Null ist oder seinen positiven oder negativen Scheitelwert erreicht. Festzulegen ist in diesem Zusammenhang, was wir unter einem positiven oder negativen Strom verstehen wollen. Wir vereinbaren, daß der Strom $i_{\mu U}$, der ja ein Wechselstrom ist, der seine Richtung periodisch ändert, positiv ist, wenn er am Spulenanfang U1 in die Spule eintritt und am Spulenende U2 aus dieser austritt. Fließt der Strom dagegen in anderer Richtung, d.h., tritt er am Spulenende U2 in die Spule ein und am Spulenanfang U1 aus dieser aus, so wollen wir ihn negativ nennen. Bei den beiden anderen Strömen verfahren wir entsprechend. Wir können nun unter Zuhilfenahme von Bild 3.4 für die verschiedenen Zeitaugenblicke die Stromrichtung für die Spulen und damit für die einzelnen Statorleiter angeben (Bild 3.5). Dabei kennzeichnen wir die Querschnitte der Leiter, in denen der Strom in den Stator hineinfließt, mit einem Kreuz und die Querschnitte der Leiter, in denen der Strom aus dem Stator herausfließt, mit einem Punkt. Die Querschnitte der Leiter, die gerade stromlos sind, bekommen keine Markierung. Für den Zeitaugenblick t_0 z.B. bedeutet das: Der Strom $i_{\mu U}$ ist Null, infolgedessen erhalten die Querschnitte der Leiter U1 und U2 keine Markierung. Der Strom $i_{\mu V}$ tritt, da er negativ ist, am Spulenende V2 in die Spule ein und am Spulenanfang V1 aus dieser aus. Daher wird der Querschnitt des Leiters V2 mit einem Kreuz, der des Leiters V1 mit einem Punkt gekennzeichnet. Der Strom $i_{\mu W}$ tritt, da er positiv ist, am Spulenanfang W1 in die Spule ein und am Spulenende W2 aus dieser aus. Aus diesem Grund wird der Querschnitt des Leiters W1 mit einem Kreuz und der des Leiters W2 mit einem Punkt markiert. Entsprechend wird für die anderen Zeitaugenblicke verfahren.

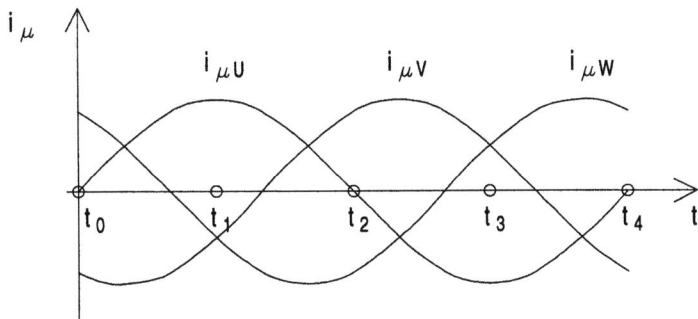

Bild 3.4 Magnetisierungsströme der Asynchronmaschine

Da der Feldverlauf allein von der Größe und Richtung der Ströme in den Statorleitern abhängt und unabhängig davon ist, ob die Leiter, wie hier, zu drei Spulen gehören oder aber zu einer einzigen, wollen wir von der Vorstellung ausgehen, daß die Leiter zu einer einzigen Spule gehören und können dann den Feldverlauf, der in etwa dem einer Zylinderspule entspricht, skizzieren (Bild 3.5).

Aus den Feldbildern wird ersichtlich, daß das Feld sich mit fortschreitender Zeit dreht und während der Dauer einer Periode der Netzspannung eine volle Umdrehung macht. Da bei einer Netzfrequenz von $50Hz$ die Anzahl der auf ein Zeitintervall von $1s$ entfallenden Perioden 50 ist, bedeutet das, daß das Drehfeld in diesem Zeitintervall 50 Umdrehungen macht. Die Drehfelddrehzahl ist also 50 Umdrehungen pro Sekunde (kurz: $50s^{-1}$) oder 3000 Umdrehungen pro Minute (kurz: $3000 min^{-1}$). Drehfelddrehzahl n_d und Netzfrequenz f stimmen danach überein: $n_d = f$.

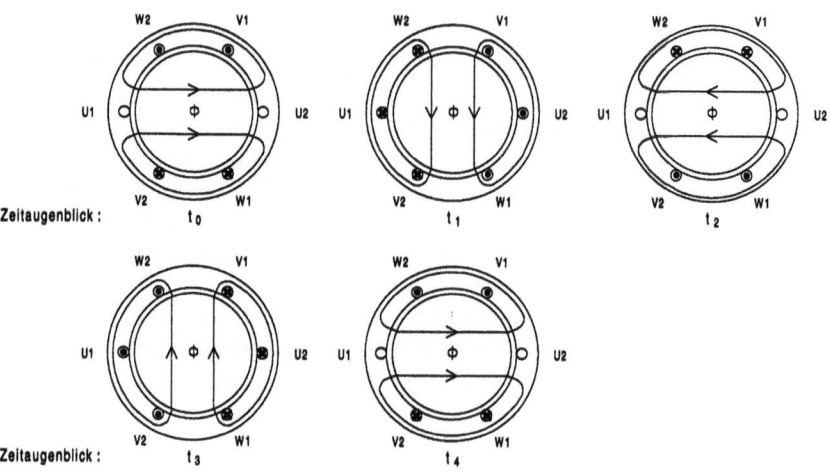

Bild 3.5 Richtung des Drehfeldes zu verschiedenen Zeitaugenblicken (siehe Bild 3.4)

Beispiel 3.1: In den USA und in Teilen von Japan ist die Netzfrequenz $60Hz$. Wie groß ist dort die Drehfelddrehzahl eines zweipoligen Drehfeldes?

Lösung: $n_d = f = 60s^{-1} = 3600 min^{-1}$

Dieser einfache Zusammenhang gilt allerdings nur solange das Drehfeld, wie in unserem Fall, zweipolig ist, wobei der Nordpol dort liegt, wo der magnetische Fluß aus dem Statoreisen austritt, und der Südpol dort, wo der magnetische Fluß wieder in das Statoreisen eintritt.

3.1 Aufbau und Wirkungsweise der Asynchronmaschine   233

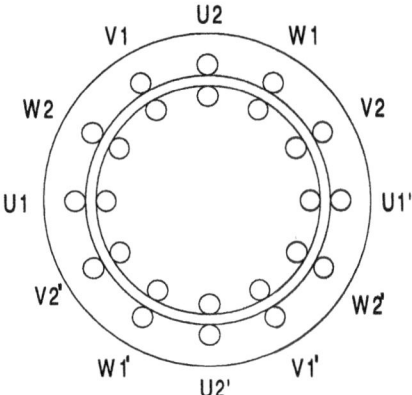

Bild 3.6 Vierpolige Asynchronmaschine

Ein vierpoliges Feld bekommen wir, wenn wir alle Statorleiter auf eine Hälfte des Statorumfangs zusammenschieben und auf der anderen, dadurch frei gewordenen Hälfte, noch einmal eine gleiche Anordnung von Leitern unterbringen (Bild 3.6). Während wir vorher drei Leiterschleifen oder Spulen hatten, haben wir jetzt deren sechs. Dabei werden einander entsprechende Spulen, z.B. die Spulen U, mit den Anschlüssen U1 und U2, und U', mit den Anschlüssen U1' und U2', entweder parallel oder in Reihe geschaltet. Am Klemmenbrett der Maschine findet man in beiden Fällen nur zwei Klemmen mit den Bezeichnungen U1 und U2. Ob sich dahinter die Parallel- oder Reihenschaltung zweier Spulen verbirgt, ist für den Betreiber der Maschine uninteressant. Skizzieren wir auch in diesem Fall unter Zuhilfenahme von Bild 3.4 für verschiedene Zeitaugenblicke den Feldverlauf (Bild 3.7),

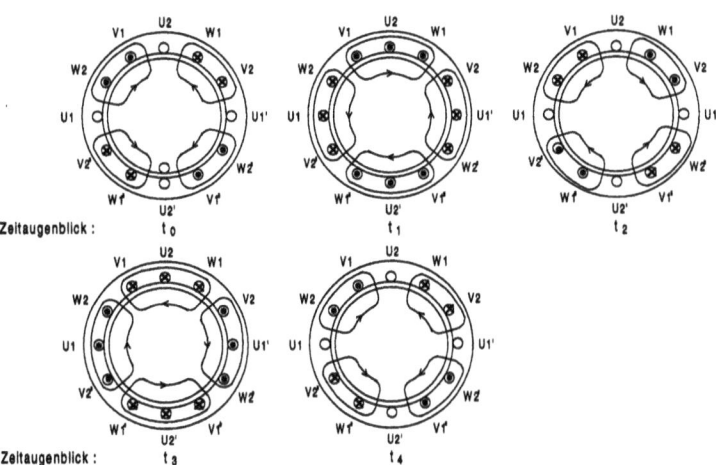

Bild 3.7 Vierpoliges Drehfeld zu verschiedenen Zeitaugenblicken (siehe Bild 3.4)

so ergibt sich, daß der magnetische Fluß immer an zwei Stellen aus dem Statoreisen austritt, es sind dies die beiden Nordpole, und an zwei Stellen in das Statoreisen eintritt, es sind dies die beiden Südpole des vierpoligen Feldes. Die Polfolge ist Nordpol-Südpol-Nordpol-Südpol. Fassen wir einen der Pole ins Auge, so stellen wir fest, daß er während der Dauer einer Periode der Netzspannung eine halbe Umdrehung macht und nicht eine volle, wie beim zweipoligen Feld. Die Drehfelddrehzahl ist also beim vierpoligen Feld nur noch halb so groß wie beim zweipoligen. Offenbar erhält man die Drehfelddrehzahl n_d, wenn man die Netzfrequenz f durch die Polpaarzahl p – beim zweipoligen Feld 1, beim vierpoligen Feld 2 – dividiert.

$$n_d = \frac{f}{p} \tag{3.2}$$

Beispiel 3.2: Wie groß ist die Drehfelddrehzahl eines vierpoligen Drehfeldes bei einer Netzfrequenz von $50Hz$ und bei einer Netzfrequenz von $60Hz$?

Lösung: Die Drehzahl eines vierpoligen Feldes bei einer Netzfrequenz von $50Hz$ ist

$$n_d = \frac{50Hz}{2} = 25s^{-1} = 1500 \text{min}^{-1}$$

bei einer Netzfrequenz von $60Hz$

$$n_d = \frac{60Hz}{2} = 30s^{-1} = 1800 \text{min}^{-1}$$

In der Tabelle sind die Drehfeldzahlen für eine Netzfrequenz von $50Hz$ und Polpaarzahlen von 1 bis 6 angegeben.

p	1	2	3	4	5	6
n_d / min^{-1}	3000	1500	1000	750	600	500

Üblich sind Polpaarzahlen bis etwa 25, in Ausnahmefällen bis etwa 50. Die Drehfelddrehzahl einer Maschine mit der Polpaarzahl 50 wäre bei $50Hz$

$$n_d = \frac{f}{p} = \frac{50Hz}{50} = 1s^{-1} = 60 \text{min}^{-1}$$

3.1.4 Das Drehfeld induziert in den Rotorleitern eine Spannung

Unseren weiteren Überlegungen legen wir eine zweipolige Maschine und eine Netzfrequenz von 50*Hz* zugrunde. Zur Vereinfachung der Betrachtung ersetzen wir den Stator mit seinen an Spannung liegenden Spulen durch einen mit Drehfelddrehzahl umlaufenden Magneten und erzeugen auf diese Weise das Drehfeld (Bild 3.8).

Das Drehfeld läuft über die Rotorleiter hinweg und induziert in jedem dieser Leiter eine Spannung. Es ist dies die Spannung, die entsteht, wenn ein gestreckter Leiter in einem Magnetfeld so bewegt wird, daß er dabei Feldlinien schneidet. In unserem Fall ruhen zwar die Leiter und das Feld bewegt sich, aber die Wirkung ist die gleiche. Es ist gleichgültig, ob das Feld mit Drehfelddrehzahl im Uhrzeigersinn rotiert oder der Rotor mit den Leitern mit gleicher Drehzahl im Gegenuhrzeigersinn. Entscheidend ist die relative Bewegung der Leiter zum Feld.

Die induzierte Leiterspannung U_q ist durch das Produkt der Flußdichte B am Ort des Leiters, der aktiven Leiterlänge l, d.i. die Länge des im Feld liegenden Leiteranteils, und der relativen Leitergeschwindigkeit v gegeben Gl. (1.1).

$$U_q = B \cdot l \cdot v$$

Voraussetzung für die Gültigkeit dieser Beziehung ist, daß Bewegungsrichtung und Feldrichtung einen rechten Winkel einschließen. Da die Feldlinien bei nicht zu großer Sättigung des Rotoreisens praktisch senkrecht in die Rotoroberfläche eintreten bzw. senkrecht aus dieser austreten und die Leiter sich infolgedessen bei ihrer relativen Bewegung zum Feld senkrecht zu den Feldlinien bewegen, ist diese Voraussetzung erfüllt (Bild 3.8).

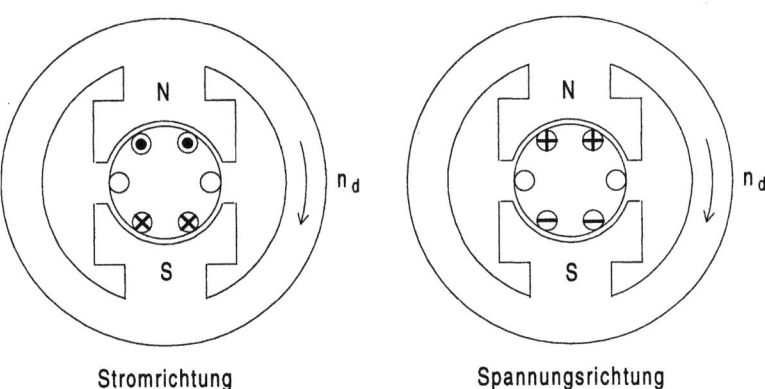

Bild 3.8 Ersatz des Stators mit seinem Drehfeld durch einen mit Drehfelddrehzahl n_d umlaufenden Magneten. Stromrichtung (● bzw. ✕) und Spannungsrichtung (+ bzw. -) in den Rotorstäben

Die Richtung der induzierten Leiterspannung wird über die Richtung des Stromes bestimmt, den diese Spannung zur Folge hätte, wenn die Leiterenden in geeigneter, noch zu besprechender Weise leitend miteinander verbunden werden. Relative Leiterbewegung, magnetisches Feld und Strom sind einander rechtsschraubig zugeordnet. Ausführlicher heißt das: Wenn man den Geschwindigkeitspfeil $\vec{v}$ für die relative Leiterbewegung auf dem kürzesten Weg in die Richtung des Flußdichtepfeils $\vec{B}$ dreht, dann gibt die Bewegung einer Rechtsschraube, das ist die normale Schraube, bei diesem Drehsinn die Richtung des Strompfeiles $\vec{I}$ an. Auf diese Weise ergibt sich für die Leiter (Bild 3.8) unter dem Nordpol, daß dort die Strompfeile aus dem Rotor herausweisen (Kennzeichnung durch einen Punkt, man sieht auf die Pfeilspitze), während unter dem Südpol die Strompfeile in den Rotor hineinweisen (Kennzeichnung durch ein Kreuz, man sieht auf das Pfeilgefieder). Die Leiter in den Pollücken liegen im feldfreien Raum. In ihnen wird infolgedessen keine Spannung induziert, es fließt daher auch kein Strom.

Mit der Richtung des Stromes ist auch die Richtung der induzierten Spannung bekannt. Da der im Magnetfeld bewegte Leiter einen Generator darstellt und außerhalb eines Generators der Strom vom Pluspol zum Minuspol, innerhalb des Generators aber vom Minuspol zum Pluspol fließt, ist das Leiterende, aus dem der Strom aus dem Leiter austritt, mit Plus und das Ende, in das der Strom in den Leiter eintritt, mit Minus zu kennzeichnen. Danach haben bei den unter dem Nordpol liegenden Leitern die vorderen, sichtbaren Leiterenden positive Polarität (Bild 3.8) und die hinteren, unsichtbaren Leiterenden negative Polarität. Unter dem Südpol ist es genau umgekehrt, dort haben die vorderen, sichtbaren Leiterenden negative Polarität und die hinteren, nicht sichtbaren Leiterenden positive Polarität.

Die vom Drehfeld in den Rotorleitern induzierte Spannung ist eine Wechselspannung. Jedesmal, wenn der Nordpol und der Südpol des Feldes an einem Leiter vorbeigegangen sind und der Vorgang sich zu wiederholen beginnt, ist eine Zeit verstrichen, die der Periodendauer der Wechselspannung entspricht. Da die Leiterspannung der örtlichen Flußdichte proportional ist, stellt ihre zeitliche Abhängigkeit ein getreues Abbild der räumlichen Flußdichteverteilung dar. Bei ausgeführten Maschinen ist diese Flußdichteverteilung sinusförmig. Man erreicht sie dadurch, daß man die gesamte innere Mantelfläche des Stators gleichmäßig mit Leitern belegt und diese in geeigneter, hier nicht geschilderter, Weise miteinander verbindet. Wir wollen im folgenden von der im Falle unseres einfachen Maschinenmodells nicht zutreffenden Annahme ausgehen, daß die Flußdichteverteilung räumlich sinusförmig ist und die in den Rotorleitern induzierte Spannung infolgedessen sinusförmig von der Zeit abhängt, d.h. eine sinusförmige Wechselspannung ist.

3.1.5 Der Rotor dreht sich

Noch arbeitet unsere Maschine nicht, d.h., der Rotor dreht sich nicht. Das ändert sich, wenn wir je zwei einander gegenüberliegende Rotorleiter sowohl auf der hinteren als auch auf der vorderen Stirnseite leitend miteinander verbinden (Bild 3.9). Auf diese Weise entstehen drei kurzgeschlossene Leiterschleifen oder Spulen. Die

3.1 Aufbau und Wirkungsweise der Asynchronmaschine

in den beiden Leitern einer jeden Spule vom Drehfeld induzierten Spannungen wirken gleichsinnig und treiben durch die Spule einen Strom. Infolgedessen sind die die Spulen bildenden Rotorleiter von Strom durchflossen (Bild 3.8). Auf die im Magnetfeld liegenden stromdurchflossenen Leiter wirken Kräfte. An jedem Leiter greift eine Kraft F an, die durch das Produkt von Leiterstrom I, örtlicher magnetischer Flußdichte B und aktiver Leiterlänge l gegeben ist Gl. (1.2).

$$F = I \cdot B \cdot l$$

Voraussetzung für die Gültigkeit dieser Beziehung ist, daß Stromrichtung und Feldrichtung einen rechten Winkel miteinander einschließen. Diese Voraussetzung ist erfüllt, da die magnetischen Feldlinien senkrecht in die Rotorfläche eintreten bzw. senkrecht aus dieser austreten. Die Richtung der Kraft ergibt sich aus der rechtsschraubigen Zuordnung von Strom, Feld und Kraft: Dreht man den Strompfeil $\vec{I}$ auf dem kürzesten Weg in die Richtung des Flußdichtepfeiles $\vec{B}$, so gibt die Bewegungsrichtung einer Rechtsschraube bei diesem Drehsinn die Richtung der Kraft $\vec{F}$ an. Danach greifen an den Rotorleitern tangential zum Rotorumfang wirkende Kräfte an. Diese Kräfte üben auf den Rotor ein im Umlaufsinn des Feldes wirkendes Drehmoment aus. Unter der Wirkung dieses Drehmomentes setzt sich der Rotor in Bewegung und läuft dem Drehfeld nach. Zu diesem Ergebnis hätten wir auch mit Hilfe der Lenz´schen Regel kommen können. Nach dieser muß das auf den Rotor wirkende Drehmoment so gerichtet sein, daß es seiner Entstehungsursache, d.i. die Bewegung des Feldes gegenüber dem Rotor, zu schwächen sucht. Das ist aber nur dann der Fall, wenn das Drehmoment im Umlaufsinn des Drehfeldes wirkt, denn nur dann wird bei hochlaufendem Rotor die Geschwindigkeit des Drehfeldes gegenüber dem Rotor verringert.

Beim Hochlauf des Rotors ändern sich mit der Drehzahl auch die in den Rotorleitern und damit in den Rotorleiterschleifen oder -spulen induzierten Spannungen, und zwar sowohl dem Betrag als auch der Frequenz nach. Das wollen wir uns näher ansehen.

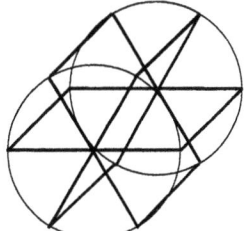

Bild 3.9 Je zwei einander gegenüberliegende Rotorleiter werden sowohl auf der hinteren als auch auf der vorderen Stirnseite des Rotors miteinander verbunden. Auf diese Weise entstehen drei kurzgeschlossene Leiterschleifen oder Spulen

Wir halten den Rotor zunächst fest. Dann läuft das Drehfeld mit einer Drehzahl von 3000 min^{-1} über die Rotorleiter hinweg. Die dabei in einem Leiter induzierte Spannung sei 30V. Lassen wir den Rotor los, so setzt er sich in Bewegung und die Drehzahl nimmt zu. Gleichzeitig nimmt jedoch die Geschwindigkeit des Drehfeldes gegenüber dem Rotor ab. Wenn der Rotor auf eine Drehzahl von 1000 min^{-1} hochgelaufen ist, läuft das Drehfeld nur noch mit einer Drehzahl von 3000 min^{-1} − 1000 min^{-1} = 2000 min^{-1} über die Rotorleiter hinweg. Die induzierte Leiterspannung ist

$$\frac{3000\,\text{min}^{-1} - 1000\,\text{min}^{-1}}{3000\,\text{min}^{-1}} \cdot 30V = 20V$$

Bei einer Rotordrehzahl von 2000 min^{-1} ist die Drehfelddrehzahl von den Leitern aus gesehen 3000 min^{-1} − 2000 min^{-1} = 1000 min^{-1} und die induzierte Leiterspannung

$$\frac{3000\,\text{min}^{-1} - 2000\,\text{min}^{-1}}{3000\,\text{min}^{-1}} \cdot 30V = 10V$$

Wenn sich der Rotor schließlich mit Drehfelddrehzahl dreht, dann schneiden die Leiter keine Feldlinien mehr, da sich das Drehfeld den Rotorleitern gegenüber nicht bewegt, und damit ist die induzierte Spannung Null.

$$\frac{3000\,\text{min}^{-1} - 3000\,\text{min}^{-1}}{3000\,\text{min}^{-1}} \cdot 30V = 0V$$

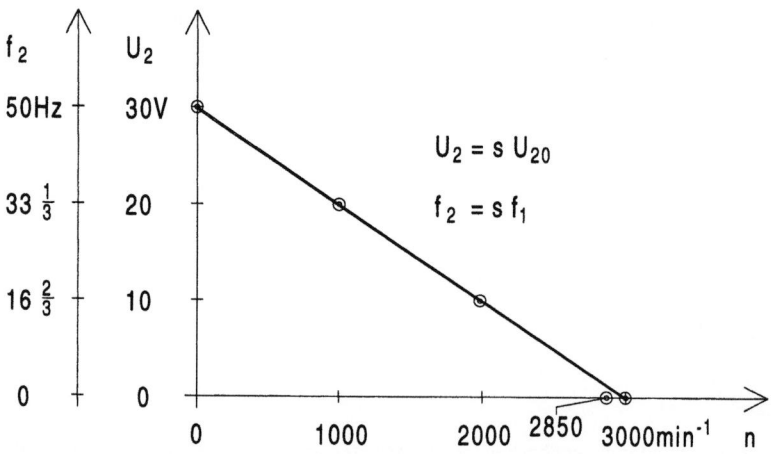

Bild 3.10 Rotorspannung U_2 und Rotorfrequenz f_2 in Abhängigkeit von der Rotordrehzahl n

3.1 Aufbau und Wirkungsweise der Asynchronmaschine

Nach alledem nimmt die in den Rotorleitern bzw. in den Rotorschleifen oder -spulen induzierte Spannung linear mit der Drehzahl ab (Bild 3.10).

Bei der Frequenz sind die Verhältnisse ähnlich. Bei festgehaltenem Rotor läuft das Drehfeld mit seinem Nordpol und mit seinem Südpol 3000mal in der Minute oder 50mal in der Sekunde über einen Rotorleiter hinweg. Die Frequenz der induzierten Leiterspannung ist dann $50 Hz$. Dreht sich der Rotor mit einer Drehzahl von $1000 min^{-1}$, dann läuft das Drehfeld (3000-1000)mal, d.i. 2000mal in der Minute über einen Leiter hinweg und die Frequenz der induzierten Spannung ist

$$\frac{3000 min^{-1} - 1000 min^{-1}}{3000 min^{-1}} \cdot 50 Hz = 33\frac{1}{3} Hz$$

Ist die Rotordrehzahl $2000 min^{-1}$, dann läuft das Drehfeld (3000-2000)mal, d.i. 1000mal in der Minute an einem Leiter vorbei und die Frequenz der Spannung ist

$$\frac{3000 min^{-1} - 2000 min^{-1}}{3000 min^{-1}} \cdot 50 Hz = 16\frac{2}{3} Hz$$

Wenn schließlich der Rotor mit Drehfelddrehzahl umläuft, werden die Leiter vom Drehfeld nicht mehr überholt. Die Frequenz der Rotorspannung ist dann Null.

$$\frac{3000 min^{-1} - 3000 min^{-1}}{3000 min^{-1}} \cdot 50 Hz = 0 Hz$$

Das bedeutet, daß auch die Frequenz der Rotorspannung, genauso wie deren Betrag, linear mit der Drehzahl abnimmt (Bild 3.10).

Mit der Rotorspannung nimmt bei hochlaufendem Rotor auch der Rotorstrom ab. Wenn der Rotor schließlich mit Drehfelddrehzahl umläuft, sind mit der Spannung auch der Strom und die an den Rotorleitern angreifenden Kräfte verschwunden. Das bedeutet, daß auf den Rotor kein Drehmoment mehr wirkt. Dieser Betriebszustand kann sich nur einstellen, wenn der Rotor reibungslos läuft. In Wirklichkeit sind jedoch stets Lager- und Luftreibung vorhanden und infolgedessen ist ein, wenn auch kleines, Antriebsmoment nötig. Es kommt dadurch zustande, daß der Rotor etwas langsamer umläuft als das Feld. Die dabei induzierte Rotorspannung muß einen so großen Rotorstrom zur Folge haben, daß ein Antriebsmoment in der Größe des Reibungsmomentes entsteht. Wird die bislang, sieht man von der Reibung ab, unbelastete Maschine belastet, z.B. dadurch, daß man sie an der Rotorwelle bremst, so fällt die Rotordrehzahl gegenüber der Drehfelddrehzahl weiter ab und zwar so weit, bis mit sinkender Drehzahl und wachsender Spannung der Strom so groß geworden ist, daß das mit dem Strom zunehmende Antriebsmoment so groß wie das Lastmoment ist.

Da Rotor und Drehfeld nicht synchron, d.h. mit gleicher Drehzahl, sondern mit unterschiedlicher Drehzahl oder asynchron umlaufen, hat die Maschine die Bezeichnung Asynchronmaschine bekommen. Neben dieser ist auch die Bezeichnung Induktionsmaschine üblich, die daher rührt, daß in den Rotorleitern Spannungen induziert werden bzw. durch Induktion entstehen.

In der Regel weicht die Drehzahl der Maschine, d.h. die Rotordrehzahl, nur wenig von der des Drehfeldes ab. Die Differenz zwischen der Drehfelddrehzahl n_d und der Rotordrehzahl n wird Schlupfdrehzahl genannt. Beträgt die Drehzahl unserer zweipoligen Maschine beispielsweise 2850 min^{-1}, so ist die Schlupfdrehzahl

$$n_d - n = 3000 \text{min}^{-1} - 2850 \text{min}^{-1} = 150 \text{min}^{-1}$$

Es ist üblich, die Schlupfdrehzahl nicht als absolute, sondern als bezogene Größe anzugeben. Bezugsdrehzahl ist die Drehfelddrehzahl. Die auf die Drehfelddrehzahl bezogene Schlupfdrehzahl nennt man den Schlupf s der Maschine.

$$s = \frac{n_d - n}{n_d} \tag{3.3}$$

Er ist bei unserer Maschine

$$s = \frac{3000 \text{min}^{-1} - 2850 \text{min}^{-1}}{3000 \text{min}^{-1}} = 0{,}0500 \triangleq 5{,}00\%$$

Übliche Schlupfwerte für Asynchronmotoren bei Nennlast oder Vollast sind 0,01 bis 0,10 bzw. 1 bis 10%, wobei die kleineren Werte für große Maschinen gelten.

Der Schlupf ist eine wichtige, den Betriebszustand der Asynchronmaschine kennzeichnende Größe. Mit seiner Hilfe läßt sich beispielsweise die bei einer bestimmten Maschinendrehzahl in den Rotorspulen induzierte Spannung nach Größe und Frequenz bestimmen. Die Größe der Rotorspannung U_2 erhält man, wenn man die Rotorstillstandsspannung U_{20}, d.i. die bei Stillstand des Rotors in den Rotorspulen induzierte Spannung, mit dem Schlupf s multipliziert.

$$U_2 = s \cdot U_{20} \tag{3.4}$$

Die Frequenz f_2 der Rotorspannung ergibt sich durch Multiplikation der Rotorstillstandsfrequenz f_{20}, d.i. die Rotorfrequenz bei Stillstand des Rotors, oder der gleich großen Netzfrequenz f_1 mit dem Schlupf s.

$$f_2 = s \cdot f_{20}$$

$$f_2 = s \cdot f_1 \tag{3.5}$$

3.1 Aufbau und Wirkungsweise der Asynchronmaschine

Von diesen Beziehungen haben wir, ohne sie zu kennen, bereits Gebrauch gemacht, als wir die Abhängigkeit der Rotorspannung und ihrer Frequenz von der Maschinendrehzahl untersucht haben (Bild 3.10).

Beispiel 3.3: Ein vierpoliger Asynchronmotor mit einer Nennleistung von 7,5 kW und einer Nenndrehzahl von 1400 min^{-1} hat eine Rotorstillstandsspannung von 120V. Er wird an einem Netz mit einer Frequenz von 50Hz betrieben. Wie groß sind Rotorspannung und -frequenz bei Nennlast?

Lösung: Die Drehfelddrehzahl einer vierpoligen Maschine, Polpaarzahl 2, ist bei einer Netzfrequenz von 50Hz

$$n_d = \frac{f}{p} = \frac{50 Hz}{2} = 25 s^{-1} = 1500 \text{min}^{-1}$$

Mit Hilfe des Schlupfes

$$s = \frac{n_d - n}{n_d} = \frac{1500 \text{min}^{-1} - 1400 \text{min}^{-1}}{1500 \text{min}^{-1}} = 0{,}0667 \triangleq 6{,}67\%$$

lassen sich die Rotorspannung

$$U_2 = s \cdot U_{20} = 0{,}0667 \cdot 120V = 8{,}00V$$

und die Rotorfrequenz

$$f_2 = s \cdot f_1 = 0{,}0667 \cdot 50 Hz = 3{,}34 Hz$$

berechnen.

Beispiel 3.4: Ein Asynchronmotor mit einer Nennleistung von 200kW und einer Nenndrehzahl von 888 min^{-1} arbeitet an einem Netz mit einer Frequenz von 60Hz. Die Rotorstillstandsspannung ist 400V. Wie groß ist die Polzahl der Maschine? Berechnen Sie für Vollast den Schlupf, die Rotorspannung und die Rotorfrequenz der Maschine.

Lösung: Für eine Netzfrequenz von 60Hz ergeben sich mit Hilfe von Gl. (3.2) die in der Tabelle für die Polpaarzahlen 1 bis 6 eingetragenen Drehfeldzahlen.

p	1	2	3	4	5
n_d / min^{-1}	3600	1800	1200	900	720

Da die Nenndrehzahl des Asynchronmotors nur wenig kleiner als seine Drehfelddrehzahl ist, ist die zur Nenndrehzahl 888 min^{-1} gehörende Drehfelddrehzahl 900 min^{-1}. Es handelt sich also um eine Maschine mit der Polpaarzahl 4, d.h. mit der Polzahl 8. Der Schlupf der Maschine ist

$$s = \frac{n_d - n}{n_d} = \frac{900 \text{min}^{-1} - 888 \text{min}^{-1}}{900 \text{min}^{-1}} = 0{,}0133 \triangleq 1{,}33\%$$

Wenn wir ihn mit dem Schlupf der Maschine im vorigen Beispiel vergleichen, finden wir bestätigt, daß größere Maschinen einen kleineren Schlupf haben als kleinere Maschinen. Mit dem Schlupf können wir die Rotorspannung und die Rotorfrequenz berechnen.

$$U_2 = s \cdot U_{20} = 0{,}0133 \cdot 400V = 5{,}33V$$

$$f_2 = s \cdot f_1 = 0{,}0133 \cdot 60Hz = 0{,}800Hz$$

Die Drehzahl der Maschine kann, außer mit einem Drehzahlmesser, auch mit einer sogenannten Schlupfspule ermittelt werden. Sie erlaubt eine beliebig genaue Feststellung der Drehzahl. Ihr Einsatz empfiehlt sich vor allem bei großen Maschinen mit kleinem Schlupf, bei denen die Drehzahl sehr nahe bei der Drehfelddrehzahl liegt. Ihre Wirkungsweise beruht darauf, daß in der Umgebung der Maschine nicht nur ein von der Statorwicklung herrührendes magnetisches Wechselfeld mit Netzfrequenz zu beobachten ist, sondern auch ein von der Rotorwicklung herrührendes magnetisches Wechselfeld mit Rotorfrequenz. In der zweckmäßigerweise in die Nähe der Maschinenwelle gebrachten Spule induzieren beide Felder eine Spannung. Schließt man an die Enden der Spule ein Drehspulinstrument mit dem Nullpunkt in Skalenmitte an, dann pendelt der Zeiger des Instruments im Takt der niedrigen Rotorfrequenz um den Nullpunkt in Skalenmitte, während er seiner Trägheit wegen den schnellen Schwingungen der Netzfrequenz nicht zu folgen vermag. Die Rotorfrequenz kann man durch Zählen der Zeigerausschläge in einem bestimmten Zeitintervall ermitteln. Je größer dieses Zeitintervall gewählt wird, desto genauer die Messung. Aus der so ermittelten Rotorfrequenz f_2 und der Netzfrequenz f_1 ergibt sich Gl. (3.5) der Schlupf der Maschine

$$s = \frac{f_2}{f_1}$$

3.1 Aufbau und Wirkungsweise der Asynchronmaschine

und daraus, auf Grund der Definition des Schlupfes Gl. (3.3), die Drehzahl der Maschine

$$n = n_d \cdot (1-s)$$

Bei der noch zu besprechenden Ausführung der Maschine mit Schleifringläufer kann das Drehspulinstrument auch so angeschlossen werden, daß es direkt den Strom in einer Rotorspule anzeigt.

3.1.6 Spannungs- und Durchflutungsgleichgewicht

Da das Drehfeld in den räumlich um jeweils 120° gegeneinander verdrehten Rotorspulen drei gleich große, um jeweils 120° gegeneinander in der Phase verschobene Spannungen induziert, werden die Spulen von drei gleich großen, um jeweils 120° gegeneinander in der Phase verschobenen Strömen durchflossen. Diese Ströme sind die Ursache für drei gleich große, räumlich um jeweils 120° gegeneinander verdrehte und zeitlich um jeweils 120° gegeneinander in der Phase verschobene magnetische Wechselflüsse. Diese überlagern sich zu einem Gesamtfeld, das ein Drehfeld ist. Das Rotordrehfeld läuft genauso schnell um wie das Statordrehfeld. Es hat zusätzlich zur Rotordrehzahl eine Drehzahl, die ihm auf Grund der Rotorfrequenz zukommt. Für eine zweipolige Maschine bei einer Netzfrequenz von $50 Hz$ beispielsweise ist bei einer Drehfelddrehzahl von $3000 min^{-1}$ und einer Rotordrehzahl von $2850 min^{-1}$ die Schlupfdrehzahl $3000 min^{-1} - 2850 min^{-1} = 150 min^{-1}$. Das Statordrehfeld läuft 150mal in einer Minute oder 2,5mal in einer Sekunde über die Rotorleiter hinweg. Die Rotorfrequenz ist demnach $2,5 Hz$. Das Rotordrehfeld dreht sich gegenüber dem Rotor in Umlaufrichtung des Rotors mit einer Drehzahl von $2,5 s^{-1}$ oder $150 min^{-1}$. Gegenüber dem Stator hat es eine Drehzahl von $2850 min^{-1} + 150 min^{-1} = 3000 min^{-1}$. Das Rotordrehfeld hat infolgedessen die gleiche Umlaufgeschwindigkeit wie das Statordrehfeld und überlagert sich diesem. Dadurch wird das ursprüngliche Drehfeld verändert. Das ist nur möglich, solange das Statordrehfeld durch einen mit Drehfelddrehzahl umlaufenden Magneten repräsentiert wird. Die tatsächliche Anordnung läßt eine Feldänderung nicht zu, da die Statorspulen an einer fest vorgegebenen Spannung liegen. Eine Änderung des Feldes würde eine Störung des Spannungsgleichgewichts auf der Statorseite bedeuten. Aus diesem Grund muß in den Statorspulen zusätzlich zum Magnetisierungsstrom ein Zusatzstrom fließen, der die Wirkung des Stroms in den Rotorspulen kompensiert. Die Wirkungsweise der Asynchronmaschine erinnert an die des Transformators an einem Netz mit fest vorgegebener Spannung. Beider Verhalten wird durch das Spannungsgleichgewicht auf der Eingangsseite und das sich zu seiner Wahrung einstellende Durchflutungsgleichgewicht, bei dem die Durchflutung herrührend vom Zusatzstrom auf der Eingangsseite genauso groß wie die Durchflutung herrührend vom Strom auf der Ausgangsseite ist, bestimmt.

3.1.7 Vor- und Nachteile des Asynchronmotors

Der Asynchronmotor hat einen denkbar einfachen Aufbau. Er ist deswegen billig und robust und bedarf praktisch keiner Wartung. Deswegen setzt man, wo immer man kann, diesen Motor ein. Nachteilig sind sein großer Anlaufstrom und sein kleines Anlaufmoment.

Die Gründe für das Auftreten eines großen Anlaufstroms sind einleuchtend. In der ersten Phase des Anlaufs, insbesondere bei noch stillstehendem Rotor, werden in den Rotorleitern große Spannungen induziert. Da die Leiter einen nur kleinen Widerstand haben, haben diese Spannungen große Ströme zur Folge. Große Ströme in den Rotorleitern aber haben große Ströme in den Statorspulen und damit im Netz, an das die Maschine angeschlossen ist, zur Folge, denn die Rotorströme allein würden das Drehfeld des Stators verändern und damit das Spannungsgleichgewicht auf der Statorseite stören. Gewahrt wird das Spannungsgleichgewicht dadurch, daß in den Spulen auf der Statorseite zusätzlich zu den zur Erzeugung des Magnetfeldes nötigen Magnetisierungsströmen Ströme fließen, die die Rotorströme in ihrer Wirkung auf das Drehfeld aufheben. Wir haben hier die gleichen Verhältnisse wie beim Transformator, der mit seiner Eingangsseite an einem Netz konstanter Spannung liegt. Auch beim Transformator wird das Spannungsgleichgewicht auf der Eingangsseite dadurch aufrecht erhalten, daß Ströme auf der Ausgangsseite durch Zusatzströme auf der Eingangsseite in ihrer Wirkung kompensiert werden, so daß der durch die Netzspannung vorgegebene magnetische Fluß im Eisenkern des Transformators unverändert bleibt. Der hohe Anlaufstrom ist im allgemeinen für den Motor ungefährlich. Den Elektrizitätsversorgungsunternehmen jedoch ist er ein Dorn im Auge. Denn die großen Anlaufströme bewirken einen großen Spannungsabfall im Netz und als Folge davon liegen alle Verbraucher während der Dauer des Anlaufs an verminderter Spannung.

Auf den ersten Blick unverständlich ist, daß bei großem Anlaufstrom nur ein kleines Anlaufmoment auftritt. Das erwartete große Anlaufmoment würde auftreten, wenn die Rotorleiter, wie bisher stillschweigend vorausgesetzt, nur ohmschen Widerstand hätten und sich auf Grund dessen die bisher angenommene Spannungs- und Stromverteilung ergäbe (Bild 3.8). Tatsächlich jedoch haben die Leiter auch Induktivität und damit induktiven Widerstand. Das kommt darin zum Ausdruck, daß sich um die Rotorleiter, da sie in Eisen gebettet sind, bei Stromfluß ein kräftiges Magnetfeld ausbildet. Um den Einfluß dieses induktiven Widerstandes zu studieren, wollen wir den Extremfall annehmen, daß die Rotorleiter nur induktiven Widerstand haben. Es eilen dann die in den Rotorleitern fließenden Ströme ihren jeweils zugehörigen Spannungen um 90° nach. Das bedeutet für die z.B. gerade unter den Polmitten liegenden Leiter (Bild 3.11), in denen ja die größte Spannung induziert wird, daß der Höchstwert des Stromes erst eine viertel Periode später oder, bei der betrachteten zweipoligen Maschine, nach einer Zeitdauer auftritt, in der sich das Magnetfeld und mit ihm die Spannungsverteilung räumlich um 90° gedreht hat. Dem Phasenverschiebungswinkel von 90° entspricht demnach eine räumliche Verschiebung der Stromverteilung in den Leitern gegenüber der Spannungsverteilung von ebenfalls 90°. Die auf die Rotorleiter wirkenden Kräfte und die zugehörigen Teil-

3.1 Aufbau und Wirkungsweise der Asynchronmaschine   245

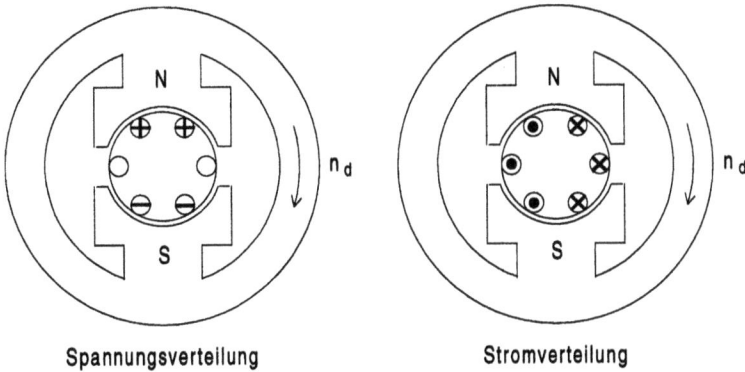

Bild 3.11 Spannungs- und Stromverteilung bei rein induktivem Widerstand der Rotorleiter. Die auf die stromdurchflossenen Leiter im Magnetfeld wirkenden Kräfte und die zugehörigen Teildrehmomente wirken gegensinnig. Das Gesamtdrehmoment ist Null.

drehmomente wirken gegensinnig. Das Gesamtdrehmoment ist Null. Wenn die Leiter nur Wirkwiderstand haben, sind Leiterspannungen und Leiterströme in Phase. Die Stromverteilung (Bild 3.12) stimmt mit der Spannungsverteilung überein. Die auf die Rotorleiter wirkenden Kräfte und die zugehörigen Teildrehmomente wirken gleichsinnig. Tatsächlich haben die Leiter sowohl Wirkwiderstand als auch induktiven Widerstand. Während des Anlaufs überwiegt der induktive Widerstand. Der induktive Widerstand ist der Frequenz proportional. Da die Rotorfrequenz mit zunehmender Rotordrehzahl abnimmt (Bild 3.10), nimmt der induktive Widerstand in gleichem Maß wie die Frequenz ab. Bei Synchronismus, d.h. einer Rotordrehzahl, die der Drehfelddrehzahl entspricht, ist der induktive Widerstand Null. Die Leiter haben dann nur noch Wirkwiderstand. Im normalen Betriebsbereich des Motors

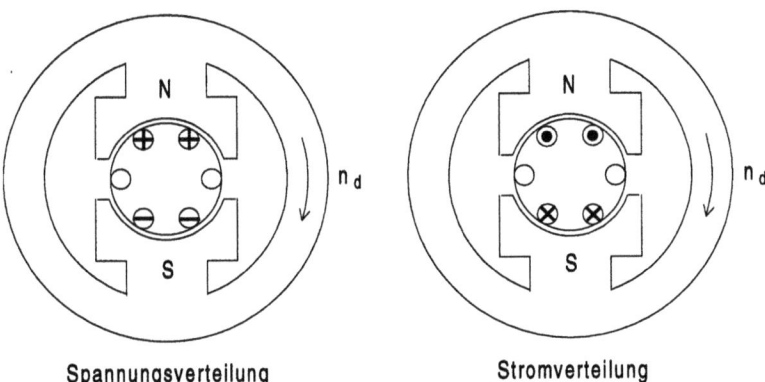

Bild 3.12 Spannungs- und Stromverteilung bei rein ohmschem Widerstand der Rotorleiter. Die auf die stromdurchflossenen Leiter im Magnetfeld wirkenden Kräfte und die zugehörigen Teildrehmomente wirken gleichsinnig.

zwischen Leerlauf und Nennbetrieb bzw. zwischen Drehfelddrehzahl und Nenndrehzahl ist der induktive Widerstand der Leiter praktisch bedeutungslos.

Beispiel 3.5: Sechspoliger Asynchronmotor $30 kW$ $975 \min^{-1}$ $50 Hz$. Der Wirkwiderstand der Rotorspulen ist $R_2 = 12,2 m\Omega$, der induktive Blindwiderstand der Rotorspulen bei Rotorstillstand ist $X_{20} = 99,0 m\Omega$. Die Rotorstillstandsspannung der Maschine beträgt $72,2 V$. Berechnen Sie den Spulenstrom für den ersten Augenblick des Anlaufs, d.h. bei Rotorstillstand, und bei Nenndrehzahl?

Lösung: Für den Rotorspulenstrom gilt allgemein

$$I_2 = \frac{U_2}{\sqrt{R_2^2 - X_2^2}}$$

oder ausführlicher

$$I_2 = \frac{s \cdot U_{20}}{\sqrt{R_2^2 + (s \cdot X_{20})^2}}$$

Für den ersten Augenblick des Anlaufs ist der Schlupf $s = 1$. Damit ist der Anlaufstrom in den Rotorspulen bzw. der Rotorstillstandsstrom

$$I_{20} = \frac{1,00 \cdot 72,2 V}{\sqrt{12,2^2 + (1,00 \cdot 99,0)^2} \, m\Omega} = 724 A$$

Die Spulenimpedanz ist $Z = 99,7 m\Omega$ und damit nur wenig größer als der induktive Widerstand. Der ohmsche Widerstand spielt hier praktisch keine Rolle. Wir hätten für den Anlauf in guter Näherung so rechnen können, als wenn die Spulen nur induktiven Widerstand haben.

Zur Ermittlung des Rotorstroms bei Nenndrehzahl muß zunächst der Schlupf für Nenndrehzahl berechnet werden.

$$s = \frac{1000 \min^{-1} - 975 \min^{-1}}{1000 \min^{-1}} = 0,0250 \triangleq 2,50\%$$

Damit ergibt sich für den Strom

$$I_2 = \frac{0,0250 \cdot 72,2 V}{\sqrt{12,2^2 + (0,0250 \cdot 99,0)^2} \, m\Omega} = 145 A$$

In diesem Fall ist die Spulenimpedanz $Z = 12,4 m\Omega$, also nur wenig größer als der Wirkwiderstand der Spulen. Die Spulen haben danach im normalen Betriebsbereich der Maschine praktisch nur ohmschen Widerstand.

Der Anlaufstrom in den Rotorspulen beträgt das $724A/145A$ = 4,99fache, also das rund 5fache des Rotorstroms bei Nennbetrieb. Da Ströme auf der Rotorseite Zusatzströme auf der Statorseite – zusätzlich zu den Magnetisierungsströmen – zur Folge haben, sind die Verhältnisse für die Statorseite und damit das Netz, an das die Maschine angeschlossen ist, ähnlich. Es fließt auch auf der Statorseite ein im Vergleich zum Nennstrom hoher Anlaufstrom.

3.2 Käfigläufer und Schleifringläufer

Die wichtigsten Kennlinien des Asynchronmotors sind die, die die Abhängigkeit des Drehmoments und des Stroms von der Drehzahl beschreiben.

3.2.1 Das Drehmoment

Die Kennlinie, die die Abhängigkeit des Drehmoments M von der Drehzahl n angibt (Bild 3.13), ist in ihrem Aussehen konstruktiv durch Ausbildung der Querschnittsform der Rotorleiter und der Querschnittsform der sie aufnehmenden Rotornuten stark beeinflußbar und zeigt die mannigfachsten Formen. Das Drehmoment, das der Motor im Augenblick des Anlaufs abgibt, ist das Anlaufmoment. Das größte Moment, daß er abgeben kann, ist das Kippmoment. Der Motor wird im Hinblick auf eine möglicherweise vorübergehend auftretende Überlast so ausgelegt, daß das Kippmoment mindestens etwa das Doppelte des Nennmoments beträgt. Es gibt Motoren, bei denen das Drehmoment beim Anlauf mit steigender Drehzahl zunächst abnimmt und dann erst ansteigt (Bild 3.15). Das dabei zwischen Stillstand und Kippdrehzahl auftretende kleinste Drehmoment wird Sattelmoment genannt.

Über die Drehzahl, die sich bei Betrieb des Motors einstellt, kann eine Aussage erst gemacht werden, wenn neben der Drehmoment-Drehzahl-Kennlinie des Antriebsmotors auch die Kennlinie der angetriebenen Arbeitsmaschine bekannt ist (Bild 3.14). Bedingung dafür, daß der Motor anläuft, ist, daß sein Anlaufmoment größer ist als das der Last. Der Überschuß des Antriebsmoments dient zur Beschleunigung des aus Motor und Arbeitsmaschine bestehenden Maschinensatzes. Der Maschinensatz läuft bis zu der Drehzahl hoch, bei der Gleichgewicht zwischen Antriebs- und Lastmoment besteht. Bei weiterem Anwachsen der Drehzahl würde das Lastmoment größer als das Antriebsmoment. Der Überschuß des Lastmomentes bewirkt eine Verzögerung, die Drehzahl nimmt ab und es stellt sich der ursprüngliche Gleichgewichtszustand ein. Der Arbeitspunkt ist stabil.

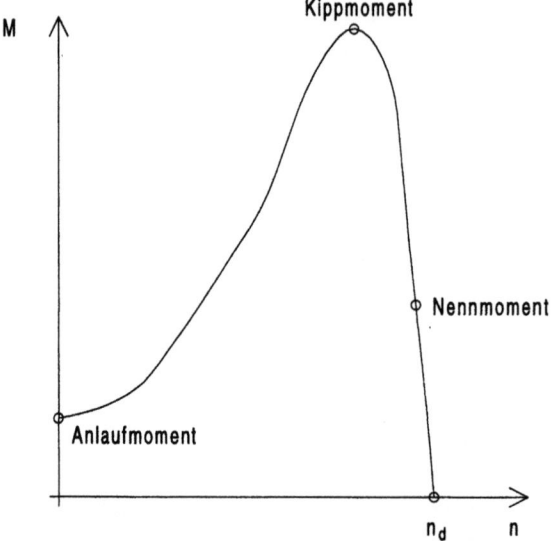

Bild 3.13 Asynchronmotor: Drehmoment in Abhängigkeit von der Drehzahl

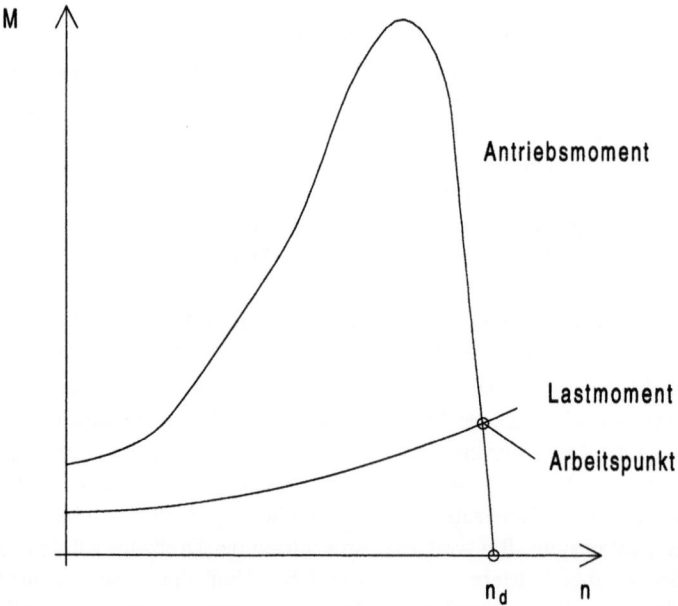

Bild 3.14 Gleichgewicht von Antriebsmoment und Lastmoment im Arbeitspunkt

3.2 Käfigläufer und Schleifringläufer

Hat die Drehmoment-Drehzahl-Kennlinie des Motors ein Sattelmoment, dann kann der Gleichgewichtszustand sich schon bei einer Drehzahl einstellen, die weit unter der Drehfelddrehzahl bzw. der nur wenig kleineren Nenndrehzahl des Motors liegt (Bild 3.15). Bei dieser Schleichdrehzahl ist der Motorstrom wesentlich höher als der Nennstrom. Der Motor erwärmt sich unzulässig. Ein Betrieb bei dieser Drehzahl ist nicht möglich.

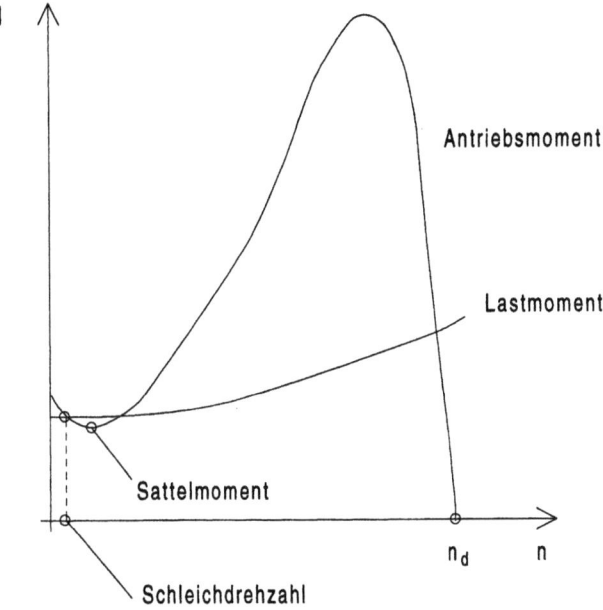

Bild 3.15 Motor läuft nicht hoch: Schleichdrehzahl. Betrieb mit Schleichdrehzahl wegen des dabei auftretenden hohen Stroms nicht zulässig.

Auch wenn ein Betrieb mit Vollast möglich ist, läuft der Motor u.U. nicht hoch, weil sein Anlaufmoment kleiner ist als das der Last (Bild 3.16). In diesem Fall läßt man den Motor, wenn möglich, mit Teillast anlaufen und belastet ihn erst nach erfolgtem Hochlauf voll.

Der übliche Betriebsbereich des Motors liegt auf dem praktisch geradlinig verlaufenden Teil der Drehmoment-Drehzahl-Kennlinie bei Drehzahlen, die oberhalb der zum Kippmoment gehörenden Kippdrehzahl zwischen der Drehfelddrehzahl im Leerlauf und der Nenndrehzahl bei Betrieb mit Nennmoment liegen (Bild 3.13). Stellt man diesen Teil der Kennlinie in der bei der Gleichstrommaschine üblichen Weise dar, indem man die Abhängigkeit der Drehzahl von der Belastung angibt (Bild 3.17), so erkennt man, daß der Asynchronmotor ein ähnliches Drehzahlverhalten wie der Gleichstromnebenschlußmotor oder der fremderregte Gleichstrommotor zeigt: Ausgehend vom Leerlauf mit Drehfelddrehzahl nimmt mit zunehmender Belastung die Drehzahl nur wenig ab. Bei Nennlast stellt sich die Nenndrehzahl der Maschine ein, die nur knapp unterhalb der Drehfelddrehzahl liegt und etwa 90 bis 99% der Drehfelddrehzahl beträgt, entsprechend einem Schlupf von 10 bis 1%. Der Statorstrom der Maschine wächst mit zunehmender Last vom Leerlaufstrom bei unbelasteter Maschine bis zum Nennstrom bei Nennlast an. Eine weitere Belastung der Maschine, bei der der Strom den Nennstrom überschreitet, ist im Hinblick auf die thermische Belastbarkeit der Maschine allenfalls kurzzeitig, aber nicht im Dauerbetrieb zulässig.

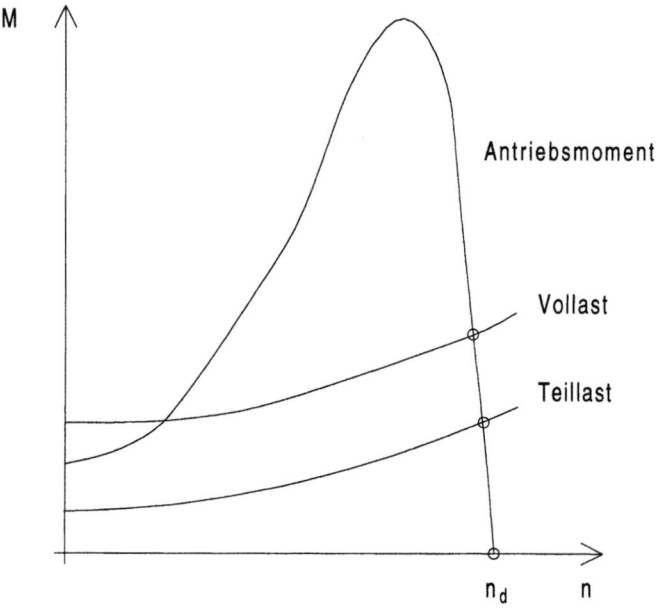

Bild 3.16 Der Motor läuft nur hoch, wenn er zunächst entlastet wird und erst nach erfolgtem Hochlauf voll belastet wird.

Wird bei einem Asynchronmotor, der als Kranmotor eingesetzt ist, die am Haken hängende Last vom Nennbetriebspunkt ausgehend erhöht, so wird bei sinkender Drehzahl schließlich der Kippunkt der Maschine mit Kippmoment und Kippdrehzahl erreicht. In diesem Betriebspunkt gibt der Motor das größtmögliche Drehmoment ab. Wird das Lastmoment durch Vergrößerung der am Haken hängenden Last darüberhinaus auch nur ein wenig vergrößert, so kommt es zum Drehzahlkollaps. Der Motor, der mit Kippdrehzahl gedreht hat, bleibt stehen. Anschließend kehrt sich die Drehrichtung des Motors um und die Last, die bislang gehoben wurde, sinkt ab.

3.2 Käfigläufer und Schleifringläufer

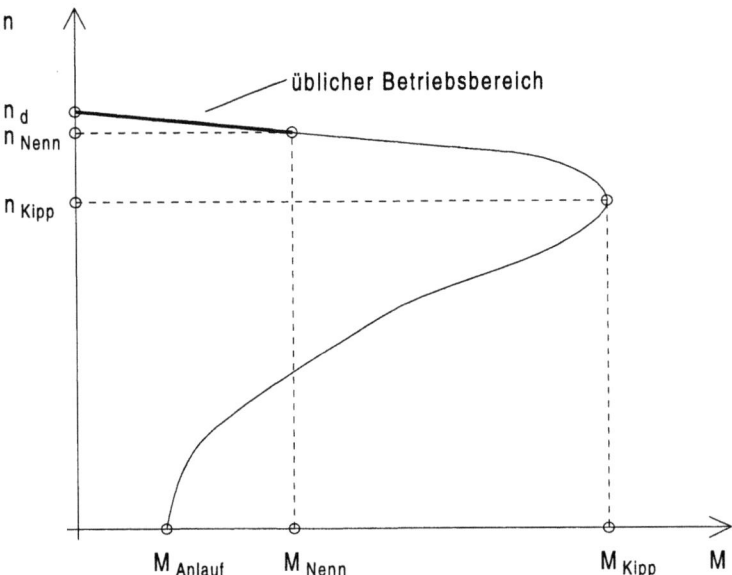

Bild 3.17 Belastungskennlinie des Asynchronmotors: Ausgehend vom Leerlauf mit Drehfelddrehzahl fällt mit zunehmender Belastung die Drehzahl nur wenig ab.

3.2.2 Der Strom

Die Kennlinie, die die Abhängigkeit des Motorstroms I_1 von der Drehzahl n beschreibt, zeigt für alle Asynchronmotoren das gleiche charakteristische Aussehen (Bild 3.18). Der Anlaufstrom beträgt das 2- bis 8fache des Nennstroms. Mit zunehmender Drehzahl nimmt der Strom ab. Der Leerlaufstrom beträgt 20 bis 80% des Nennstroms. Er ist umso kleiner, je größer die Maschine ist. Wegen des Luftspalts zwischen Stator und Rotor ist der Leerlaufstrom der Ayncronmaschine bedeutend größer als der des Transformators. Wie beim Transformator bemüht man sich, den aus Magnetisierung- und Eisenveruststrom bestehenden Leerlaufstrom möglichst klein zu machen. Der Magnetisierungsstrom wird wesentlich durch die Größe des Luftspalts beeinflußt. Dessen magnetischer Widerstand ist größer als der der magnetisch gut leitenden Eisenstrecke. Man macht den Luftspalt so klein, wie das aus mechanischen Gründen zu vertreten ist. Bei kleinen Maschinen ist der Luftspalt etwa 0,3*mm*, bei großen bis zu 3*mm* breit. Um den Eisenveruststrom klein zu halten, baut man Stator und Rotor aus voneinander isolierten Blechen mit Siliziumzusatz und schmaler Hystereseschleife auf.

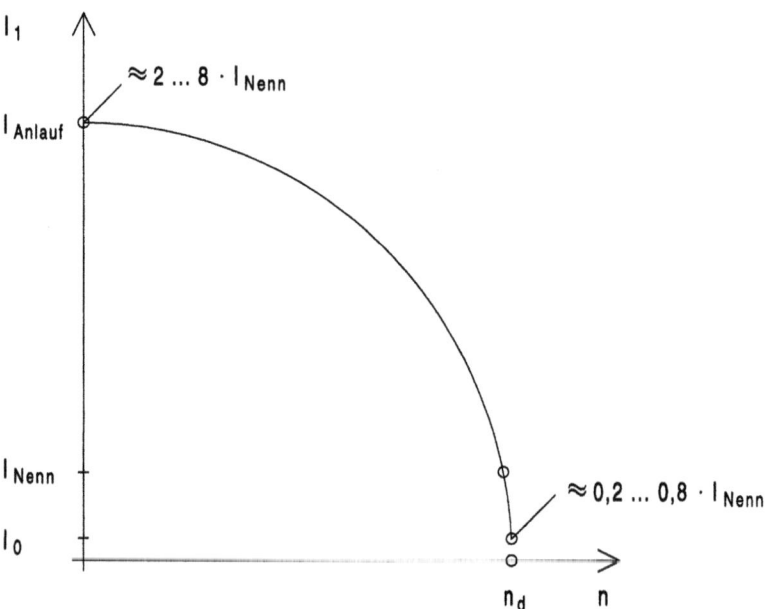

Bild 3.18 Statorstrom I_1 des Asynchronmotors in Abhängigkeit von der Drehzahl n

3.2.3 Käfigläufer

Bei der Verbindung der Rotorleiter sind wir in der Weise vorgegangen, daß wir jeweils zwei einander gegenüberliegende Leiter sowohl auf der vorderen als auch auf der hinteren Stirnseite des Rotors leitend miteinander verbunden haben (Bild 3.19a). Auf diese Weise entstanden drei kurzgeschlossene Leiterschleifen oder Spulen. Die Spannungen und Ströme der Spulen ändern sich nicht, wenn wir die Spulen in den Kreuzungspunkten der Verbindungsleiter auf der vorderen und hinteren Stirnseite des Rotors miteinander verbinden (Bild 3.19b). Wir gehen noch einen Schritt weiter und stellen uns vor, daß aus den beiden Verbindungspunkten Kreisscheiben von der Größe der Rotorstirnflächen werden (Bild 3.19c) und reduzieren diese schließlich zu Ringen mit einem Durchmesser, der dem Rotordurchmesser entspricht (Bild 3.19d). Auch dadurch ändert sich an den elektrischen Verhältnissen in den Spulen, die jetzt aus jeweils zwei einander gegenüberliegenden Leitern und den sie verbindenden leitenden Ringen bestehen, nichts. Das entstandene Gebilde sieht einem Käfig ähnlich. Ein Rotor, der mit einem solchen Gebilde ausgerüstet ist, wird Käfigläufer oder, da die Leiter durch die Ringe praktisch widerstandslos verbunden oder kurzgeschlossen sind, Kurzschlußläufer genannt.

Der Asynchronmotor mit Käfigläufer ist in der Einfachheit seiner Konstruktion kaum zu übertreffen. Der einfache Aufbau macht die Maschine billig und robust. Dieser guten Eigenschaften wegen ist der Käfigläufermotor so verbreitet wie sonst kein anderer Elektromotor. Nachteilig sind sein großer Anlaufstrom und sein kleines Anlaufmoment.

3.2 Käfigläufer und Schleifringläufer   253

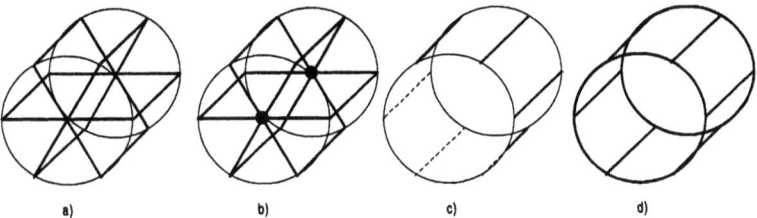

Bild 3.19 Entstehung der Käfigläuferwicklung aus drei kurzgeschlossenen Leiterschleifen

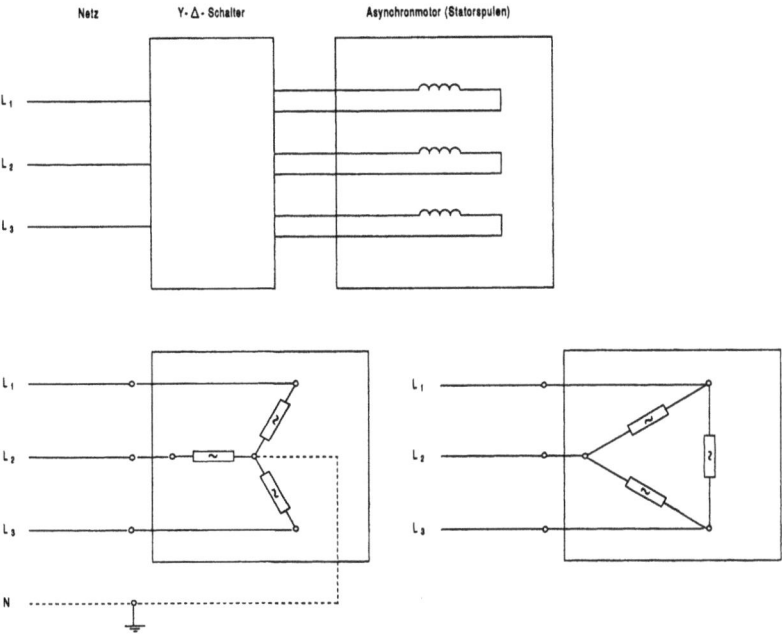

Bild 3.20 Stern-Dreieck-Schaltung

Wegen des Spannungsabfalls, den der große Anlaufstrom im Netz hervorruft, liegen alle Verbraucher während der Dauer des Anlaufs an verminderter Spannung. Da die Elektrizitätsversorgungsunternehmen bemüht sind, allen Kunden eine zeitlich konstante Spannung in Höhe der Nennspannung des Netzes zur Verfügung zu stellen, verlangen sie von einer bestimmten Motorleistung an, z.B. $5kW$, Maßnahmen zur Verringerung des Anlaufstroms. Grundsätzlich kann der Anlaufstrom dadurch verringert werden, daß man die Maschine mit verminderter Spannung anlaufen läßt. Eine der üblichen Maßnahmen besteht darin, daß man die drei Spulen der Statorwicklung während des Anlaufs in Stern schaltet und nach erfolgtem Hochlauf in Dreieck umschaltet (Bild 3.20). Beträgt die Impedanz einer Spule beim Anlauf beispielsweise $Z = 10\Omega$ und die Netzspannung $U = 400V$, so ist bei Sternschaltung der Spulen die an jeder Spule liegende Spannung $U/\sqrt{3} = 400V/\sqrt{3} = 231V$ und der durch die Spulen fließende Strom $I = 231V/10\Omega = 23{,}1A$. Dieser Strom fließt auch in den Leitern L1, L2 und L3 des Netzes. Bei Dreieckschaltung der Spulen liegt an jeder Spule eine Spannung von $U = 400V$ und der durch die Spulen fließende Strom ist $I_{Spule} = 400V/10\Omega = 40{,}0A$. In den Leitern des Netzes aber fließt der Strom $I = \sqrt{3} \cdot 40{,}0A = 69{,}3A$. Bei Sternschaltung beträgt danach der Anlaufstrom nur ein Drittel des Stroms bei Dreieckschaltung. Stern-Dreieck-Schaltung ist allerdings nur bei Motoren möglich, deren Wicklung bei normalem Betrieb in Dreieck geschaltet ist. Sie wird bei Motoren kleiner und mittlerer Leistung angewandt. Wirksam wird sie in der gewünschten Weise nur, wenn der Motor in Sternschaltung zunächst auf seine Enddrehzahl hochläuft und erst dann auf Dreieckschaltung umgeschaltet wird (Bild 3.21). Zu frühes Umschalten, im Extremfall unmittelbar nach Zuschalten aufs Netz, macht die Wirkung des Stern-Dreieck-Schalters zunichte. Bei großen Motoren wird der Anlaufstrom dadurch herabgesetzt, daß man dem Motor einen Transformator in Sparschaltung vorschaltet (Bild 3.22) und ihn bei verminderter Spannung hochlaufen läßt.

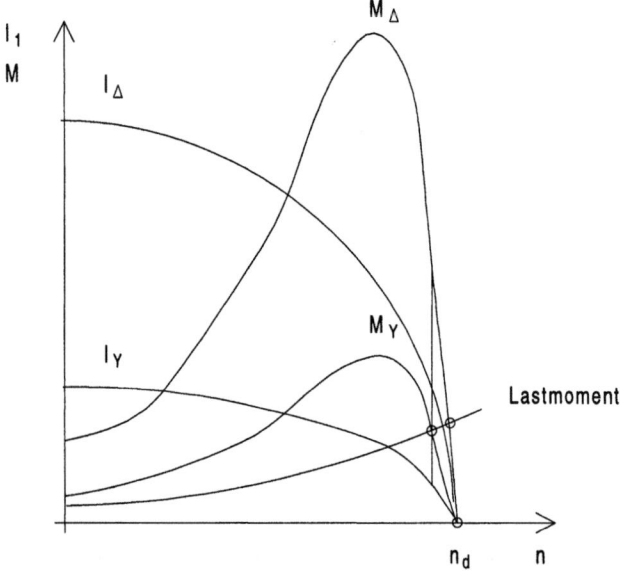

Bild 3.21 Stern-Dreieck-Schaltung: Hochlauf in Sternschaltung bis zur Enddrehzahl, dann Umschalten in Dreieckschaltung

Bei beiden Anlaßverfahren muß daran gedacht werden, daß mit der Spannung nicht nur der Anlaufstrom herabgesetzt wird, sondern auch das Drehmoment, daß, wie im Zusammenhang mit der Ersatzschaltung der Maschine noch gezeigt wird, quadratisch von der Spannung abhängt. Unter diesen Umständen ist zu prüfen, ob das Anlaufmoment, daß z.B. bei Stern-Dreieck-Schaltung nur 1/3 des Anlaufmomentes bei direktem Einschalten beträgt, ausreicht.

3.2 Käfigläufer und Schleifringläufer

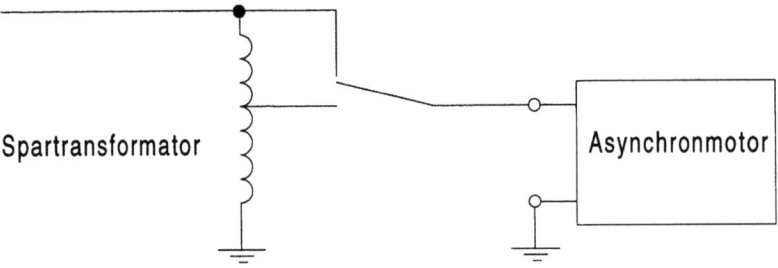

Bild 3.22 Spartransformator zur Begrenzung des Anlaufstroms (einphasige Darstellung)

Nachteilig beim Kurzschlußläufermotor ist neben dem hohen Anlaufstrom das kleine Anlaufmoment. Das Anlaufmoment ließe sich dadurch erhöhen, daß man den Wirkwiderstand der Rotorleiter bzw. -stäbe vergrößert. Verbunden damit wäre gleichzeitig eine Verminderung des Anlaufstroms. Eine Vergrößerung des Wirkwiderstands der Rotorstäbe jedoch ist gleichbedeutend mit einer Vergrößerung der Stromwärmeverlustleistung im Rotor und in Verbindung damit einer Verringerung des Wirkungsgrads der Maschine. Es war schwierig, einen vernünftigen Ausweg zu finden. Eine elegante Lösung wurde mit dem sogenannten Stromverdrängungsläufer gefunden. Man gibt dem Rotor anstelle von Rundstäben hohe schmale Stäbe mit rechteckförmigem Querschnitt (Bild 3.23a). Der so ausgestattete Rotor wird Hochstabläufer genannt. Wenn in dem Hochstab eine Gleichspannung induziert wird, wird er von einem Gleichstrom durchflossen. Der Strom verteilt sich gleichmäßig über die Querschnittsfläche des Stabs. Er kann in Stromfäden zerlegt gedacht werden. Jeder Stromfaden ist von einem Magnetfeld umgeben. Der magnetische Fluß überquert die Nut nur einmal. Er bildet sich auf dem Weg des geringsten Widerstands aus. Er schließt sich über das Eisen des Rotors. Die magnetische Leitfähigkeit des Eisens ist wesentlich höher als die des Hochstabs, der aus Aluminium oder Kupfer gefertigt ist, deren magnetische Leitfähigkeit mit der der Luft übereinstimmt. Der untere Stromfaden ist mit zwei Feldlinien verknüpft, der obere mit einer. Das bedeutet, das der untere Teil des Stabes eine höhere Induktivität und damit bei Wechselstrom einen größeren induktiven Widerstand hat als der obere. Das ist wichtig, denn in dem Stab wird nicht, wie bisher angenommen, eine Gleichspannung induziert, sondern eine Wechselspannung. Wegen des unterschiedlichen induktiven Widerstands verteilt sich der Strom nicht gleichmäßig über die Querschnittsfläche des Stabes. In dem unteren Stabteil fließt der geringere, in dem oberen der größere Stromanteil. Der Strom wird zum Luftspalt hin verdrängt. Daher der Name Stromverdrängungsläufer. Die ungleichmäßige Stromverteilung über die Querschnittsfläche des Stabes wirkt sich wie eine Erhöhung seines Wirkwiderstandes aus – und zwar umso mehr, je höher die Rotorfrequenz ist. Der Hochstab hat infolgedessen, wie gewünscht, beim Anlauf einen hohen Wirkwiderstand und nach beendetem Hochlauf einen niedrigen. Die Auswirkungen der Stromverdrängung – erhöhtes Anlaufmoment und verminderter Anlaufstrom verglichen mit dem praktisch stromverdrängungsfreien Rundstabläufer – lassen sich noch verstärken, wenn der Hochstab bei gleicher Höhe nach oben verjüngt wird. Man erhält auf diese Weise einen Keilstabläufer (Bild 3.23b).

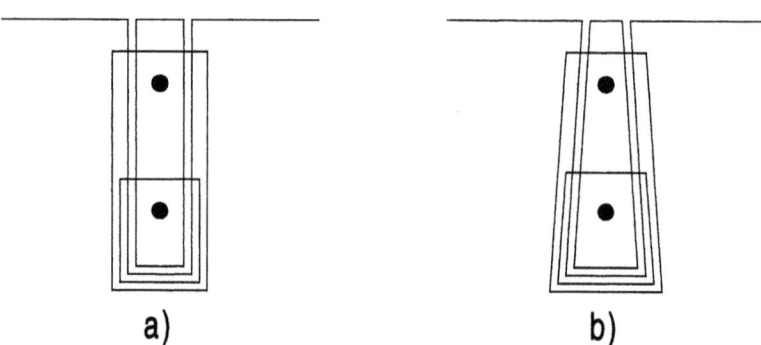

Bild 3.23 Rotorleiter einer Asynchronmaschine mit Stromverdrängung: a) Hochstabläufer b) Keilstabläufer. Der untere Stromfaden ist mit zwei magnetischen Flußlinien verknüpft, der obere mit einer.

Eine andere Form des Stromverdrängungsläufers erhält man, wenn man den Rotor mit zwei übereinanderliegenden Käfigen ausstattet (Bild 3.24). Da die Stäbe des inneren Käfigs eine größere Induktivität und damit einen größeren induktiven Widerstand haben als die des äußeren, fließt der Strom beim Anlauf vorzugsweise im äußeren Käfig. Nach dem Hochlauf wird die Verteilung des Stroms durch die Wirkwiderstände der beiden Käfige bestimmt. Die Auswirkungen der Stromverdrängung lassen sich dadurch verstärken, daß man den Stäben des äußeren Käfigs eine kleinere Querschnittsfläche und damit einen größeren ohmschen Widerstand gibt als denen des inneren Käfigs. Ein weiteres Mittel zur Erhöhung des Stromverdrängungseffekts besteht in der Wahl von Leitermaterial mit unterschiedlicher elektrischer Leitfähigkeit für die beiden Käfige. Der äußere Käfig bekommt dabei ein schlechter leitendes Material als der innere, z.B. wird der innere Käfig aus Kupfer, der äußere aus dem schlechter leitenden Messing gefertigt. Der Rotor mit zwei Käfigen wird Doppelkäfigläufer genannt. Die Drehmomentkennlinie $M = f(n)$ des Asynchronmotors mit Doppelkäfigläufer kann man sich durch Überlagerung der zu den beiden Käfigen gehörenden Drehmomentkennlininien entstanden denken (Bild 3.25): Zu jeder Drehzahl sind die den jeweiligen Käfigen zugeordneten Drehmomente zum Gesamtdrehmoment zu addieren. Charakteristisch für die dem inneren Käfig zugeordnete Drehmomentkennlinie ist, da die Stäbe sich durch geringen ohmschen Widerstand und große Induktivität auszeichnen, ein kleines Anlaufmoment. Da die Stäbe des äußeren Käfigs hohen ohmschen Widerstand und geringe Induktivität haben, ist kennzeichnend für die ihm zugeordnete Drehmomentkennlinie ein hohes Anlaufmoment.

3.2 Käfigläufer und Schleifringläufer 257

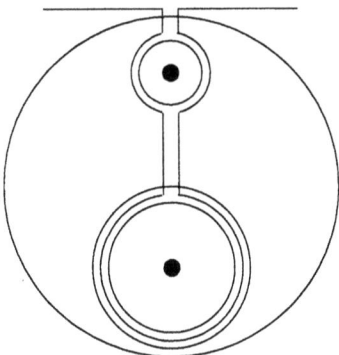

Bild 3.24 Asynchronmaschine mit Stromverdrängung: Doppelkäfigläufer. Der stromdurchflossene Stab des inneren Käfigs ist mit zwei magnetischen Flußlinien verknüpft, der stromdurchflossene Stab des äußeren Käfigs mit einer.

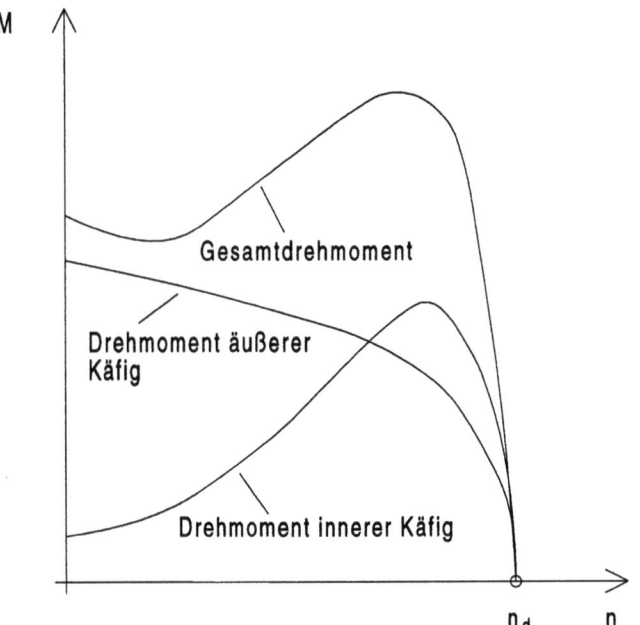

Bild 3.25 Die Drehmomentkennlinie eines Asynchronmotors mit Doppelkäfigläufer setzt sich aus den Drehmomentkennlinien für den inneren und äußeren Käfig zusammen.

Allen Käfigläufermotoren mit Stromverdrängung gemeinsam ist ein Anlaufmoment, das größer ist als das des Käfigläufermotors ohne Stromverdrängung (Bild 3.26). Käfigläufer baut man, abgesehen von Motoren kleiner Leistung bis etwa 10kW, fast nur als Stromverdrängungsläufer.

Der dreiphasige Asynchronmotor mit Käfigläufer hat eine ähnlich weite Verbreitung gefunden wie der Verbrennungsmotor. Sein Erfinder Michael von Dolivo-Dobrowolsky (1862-1919), der auch den Drehstromtransformator erfunden hat, wurde in der Nähe von St. Petersburg geboren, studierte zunächst am Polytechnikum in Riga Maschinenbau, dann an der Technischen Hochschule Darmstadt Elektrotechnik bei Professor Erasmus Kittler, der 1882 auf den weltweit ersten Lehrstuhl für Elektrotechnik berufen worden war. Als Mitarbeiter der AEG in Berlin, deren Chefelektriker er schließlich wurde, baute er 1889 einen ersten Versuchsmotor mit einer Leistung von knapp 100W. Als 1891 in einem ersten Großversuch anläßlich der Internationalen Elektrotechnischen Austellung in Frankfurt am Main die Überlegenheit des Dreiphasenwechselstroms gegenüber dem Gleichstrom bei der Übertragung elektrischer Energie nachgewiesen wurde, beteiligte sich die AEG daran unter anderem mit einem von ihm gebauten Motor mit einer Leistung von 75kW und einer Drehzahl von 600min^{-1}. In diesem Versuch wurde die elektrische Leistung von 230kW, die ein Wasserkraftgenerator in Lauffen am Neckar lieferte, über eine Entfernung von 175km mit einer Spannung von 15000V, die auf 25000V erhöht werden konnte, bei einer Frequenz von 40Hz mit einem Wirkungsgrad von 75% ins Frankfurter Ausstellungsgelände übertragen. Dort wurden 1000 Glühlampen und der Motor gespeist, der eine Pumpe für einen Wasserfall antrieb. Die Ausstellung erregte in aller Welt großes Aufsehen und namentlich aus den Vereinigten

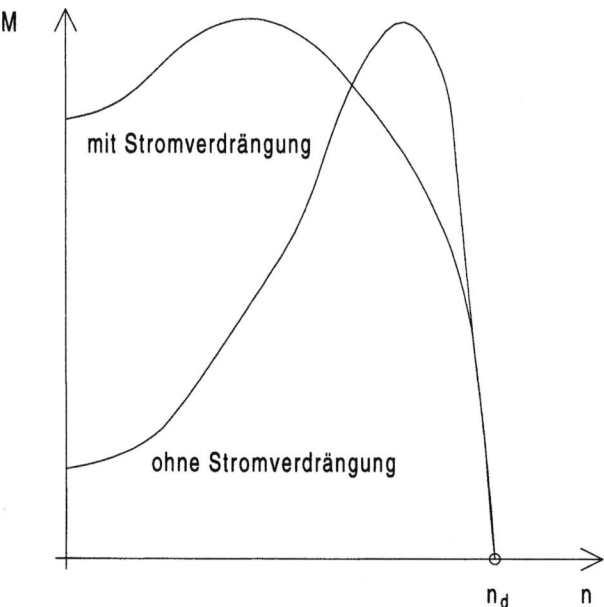

Bild 3.26 Abhängigkeit des Drehmoments M eines Asynchronmotors von der Drehzahl n für eine Maschine mit Stromverdrängung und eine Maschine ohne Stromverdrängung. Die Maschine mit Stromverdrängung hat ein höheres Anlaufmoment als die Maschine ohne Stromverdrängung.

Staaten von Amerika kamen Fachleute, um die Anlage zu begutachten. Nach der Ausstellung in Frankfurt versorgte das Wasserkraftwerk in Lauffen die Stadt Heilbronn, die damit die erste Stadt der Welt mit einem Drehstromnetz wurde. Das erste große Drehstromkraftwerk in den Vereinigten Staaten war das Wasserkraftwerk an den Niagarafällen, das ursprünglich für Einphasenwechselstrom entworfen, während des Baus auf Dreiphasenwechselstrom umgestellt und 1895 in Betrieb genommen wurde.

3.2.4 Schleifringläufer

Eine willkürliche Beeinflussung des Rotorwiderstandes während des Betriebs ist bei den bisher besprochenen Bauformen der Asynchronmaschine mit Käfigläufer nicht möglich, da der Käfig eine in sich geschlossene Wicklung darstellt. Beim Schleifringläufermotor dagegen besteht die Möglichkeit, den Widerstand der Rotorwicklung durch Zuschalten von Widerständen von außen zu verändern. Seine Rotorwicklung ist in gleicher Weise ausgeführt wie die Statorwicklung, besteht also beispielsweise bei einer zweipoligen Maschine aus drei um jeweils 120° gegeneinander verdrehten Leiterschleifen oder -spulen. Die Spulen können in Stern oder in Dreieck geschaltet werden. Üblich ist die Sternschaltung. Bei ihr werden die Enden der Spulen miteinander verbunden (Bild 3.27). Der so entstehende Sternpunkt wird im allgemeinen nicht nach außen geführt und ist deswegen nicht zugänglich. Die mit K, L und M bezeichneten Anfänge werden an drei Schleifringe geführt, die auf der Rotorwelle sitzen. An die Schleifringe angeschlossen sind über Bürsten drei gleich große in Stern geschaltete verstellbare ohmsche Widerstände. Durch Verstellen dieser Widerstände kann der Wirkwiderstand des Rotorkreises geändert werden. Beim Anlauf wird man den vollen Widerstand einstellen. Auf diese Weise wird der

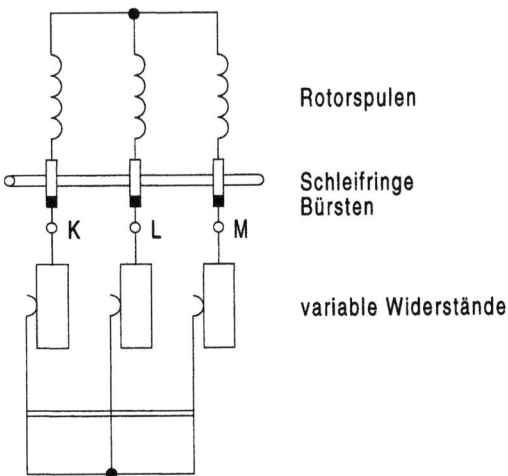

Bild 3.27 Rotorkreis der Asynchronmaschine mit Schleifringläufer

Anlaufstrom der Maschine herabgesetzt und das Anlaufmoment erhöht. Während des Hochlaufs wird der zusätzliche Widerstand bis zum Wert Null verstellt, bei dem die Rotorwicklung kurzgeschlossen ist. Motoren mit Schleifringläufer, die einen nicht so einfachen Aufbau wie die mit Käfigläufer haben und deswegen teurer sind, werden vor allem dann eingesetzt, wenn die Anlaufbedingungen schwierig sind, d.h. der Anlauf sich bei großem Trägheitsmoment der Last über ein langes Zeitintervall hinzieht. Bei einer Maschine mit Käfigläufer wird bei einem Schweranlauf wegen der großen Stromwärmeverlustleistung im Käfig die Wärmeabfuhr aus der Maschine problematisch. Anders beim Motor mit Schleifringläufer. Hier wird ein Teil der im Rotorkreis der Maschine auftretenden Stromwärmeverlustleistung in den ohmschen Widerständen außerhalb der Maschine umgesetzt.

3.2.5 Möglichkeiten der Drehzahlverstellung

Da die Drehfelddrehzahl eines Asynchronmotors von Netzfrequenz und Polpaarzahl abhängt Gl. (3.2)

$$n_d = f/p$$

liegt es nahe, die Drehzahl des Motors über die Frequenz zu verstellen. Die Drehfelddrehzahl entspricht der Leerlaufdrehzahl des Motors. Belastet man den Motor vom Leerlauf ausgehend, so fällt mit zunehmender Belastung die Drehzahl nur wenig ab (Bild 3.17). Die Drehzahlkennlinie, die die Abhängigkeit der Drehzahl vom Lastmoment $n = f(M)$ angibt, stellt in dem im Hinblick auf die Erwärmung der Maschine im stationären Betrieb zulässigen Bereich praktisch eine schwach geneigte Gerade dar. Stellt man die Drehzahlkennlinien für verschiedene Frequenzen dar, so erhält man ein Kennlinienfeld mit der Frequenz als Parameter, das aus schwach geneigten, einander parallelen Geraden besteht (Bild 3.28). Die für den Betrieb der Maschine nötige Spannung mit variabler Frequenz liefert ein Frequenzumrichter.

Eine weitere Möglichkeit, die Drehzahl des Asynchronmotors zu verstellen, besteht darin, den Stator mit Wicklungen unterschiedlicher Polpaarzahl auszurüsten. Von diesen Wicklungen ist jeweils eine in Betrieb. Auf diese Weise kann die Drehzahl allerdings nur stufig verstellt werden. Von der Möglichkeit der Drehzahlverstellung durch Variation der Polpaarzahl wird vorzugsweise bei Asynchronmotoren mit Käfigläufer Gebrauch gemacht. Dem Käfig ist keine bestimmte Polpaarzahl zugeordnet. Es stellt sich im Betrieb jeweils die Polpaarzahl des Stators ein. Anders beim Asynchronmotor mit Schleifringläufer. Hier muß bei mehreren Statorwicklungen mit unterschiedlicher Polpaarzahl auch der Rotor die entsprechenden Wicklungen mit jeweils drei Schleifringen und den zugehörigen Bürsten für jede Wicklung bekommen. Dieser Aufwand wird in der Regel nicht getrieben. Der bekannteste Vertreter unter den Asynchronmotoren mit der Möglichkeit der Drehzahlverstellung durch Variation der Polpaarzahl ist der Dahlandermotor mit zwei einstellbaren Polpaarzahlen, von denen die eine doppelt so groß ist wie die andere.

3.2 Käfigläufer und Schleifringläufer 261

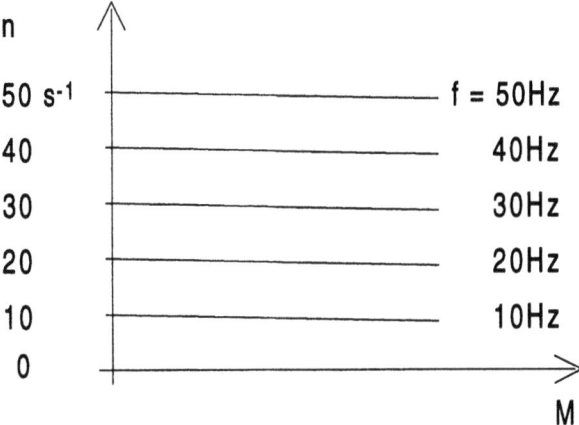

Bild 3.28 Belastungskennlinien eines über die Frequenz drehzahlgesteuerten 2poligen Asynchronmotors mit einer Nennfrequenz von 50*Hz*

Beim Asynchronmotor mit Schleifringläufer erlaubt der zusätzliche Widerstand im Rotorkreis nicht nur die Beeinflussung von Anlaufstrom und Anlaufmoment, sondern auch die Verstellung der Drehzahl. Dem Motor werde beispielsweise ein bestimmtes, von der Drehzahl unabhängiges Lastmoment abverlangt (Bild 3.29). Bei Vergrößerung des Rotorwiderstands nimmt der Rotorstrom ab. Das Antriebsmoment des Motors wird kleiner. Das Drehmomentgleichgewicht ist gestört. Die

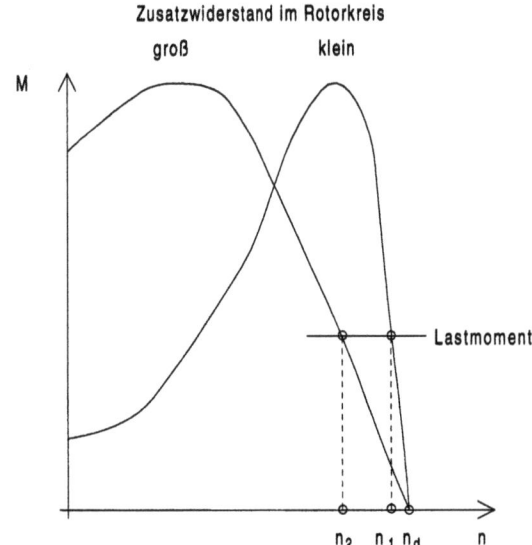

Bild 3.29 Drehzahlverstellung beim Asynchronmotor mit Schleifringläufer durch Verstellen des Zusatzwiderstands im Rotorkreis

Motordrehzahl sinkt. Damit steigen die im Rotor induzierte Spannung, der Rotorstrom und das Drehmoment. Es stellt sich die Drehzahl ein, bei der Motormoment und Lastmoment wieder im Gleichgewicht sind. Der neue Arbeitspunkt liegt bei einer niedrigeren Drehzahl. Der Verlauf der Drehmoment-Drehzahl-Kennlinie des Motors ist also vom Widerstand im Rotorkreis abhängig. Mit zunehmendem Widerstand wird das Kippmoment zu kleineren Drehzahlen hin verschoben. Die Höhe des Kippmoments ändert sich nicht. Nachteilig bei der Drehzahlverstellung durch einen Zusatzwiderstand im Rotorkreis ist das Auftreten zusätzlicher Stromwärmeverlustleistung in diesem Widerstand.

3.2.6 Drehrichtungsumkehr und Bremsen

Die Drehrichtungsumkehr des Asynchronmotors läßt sich in einfacher Weise bewerkstelligen. An den Netzanschlußklemmen sind lediglich zwei Anschlüsse zu vertauschen. Das Drehfeld der Maschine ändert dann seine Umlaufrichtung und damit ändert sich auch die Drehrichtung des Rotors.

Will man den Motor stillsetzen, so genügt die Unterbrechung der Verbindung zum Netz. Der Motor läuft dann aus. Dieser Auslauf dauert unter Umständen sehr lange. Eine wirkungsvolle Art der Bremsung besteht in einer Drehrichtungsumkehr durch Vertauschen zweier Netzanschlüsse, bei der man den Motor in der anderen Richtung nicht hochlaufen läßt, sondern im Augenblick des Stillstands vom Netz abschaltet.

3.3 Leistungsfluß des Asynchronmotors

Die von dem Asynchronmotor an der Welle abgegebene mechanische Leistung ist kleiner als die von der Maschine aus dem Netz aufgenommene elektrische Wirkleistung. Die Differenz stellt die Verlustleistung dar. Sie macht sich durch Erwärmung der Maschine bemerkbar und besteht aus der Stromwärmeverlustleistung in der Stator- und Rotorwicklung, aus der Eisenverlustleistung im Stator- und Rotoreisen und der Reibungsverlustleistung, die sich aus Lager- und Lufttreibung zusammensetzt, zu der bei der Asynchronmaschine mit Schleifringläufer noch die Bürstenreibungsverlustleistung hinzukommt. Die Eisenverlustleistung setzt sich aus Hysterese- oder Ummagnetisierungsverlustleistung und Wirbelstromverlustleistung zusammen. Die Hystereseverlustleistung wird durch Verwendung von Eisen mit schmaler Hystereseschleife klein gehalten, die Wirbelstromverlustleistung dadurch, daß Stator und Rotor aus gegeneinander isolierten, axial geschichteten Blechen aufgebaut werden, denen zur Herabsetzung der Leitfähigkeit Silizium zugesetzt wird.

Die Leistungsverhältnisse lassen sich durch ein Leistungsflußdiagramm übersichtlich darstellen (Bild 3.30). Der Motor nimmt aus dem Netz elektrische Wirkleistung P_{el} auf. Von dieser wird ein Teil als Stromwärmeverlustleistung im Kupfer (Cu) der Statorspulen P_{Cu1} umgesetzt, ein Teil als Eisenverlustleistung im Eisen (Fe) des Stators P_{Fe1}. Die verbleibende Leistung wird Drehfeld- oder Luftspalt-

3.3 Leistungsfluß des Asynchronmotors

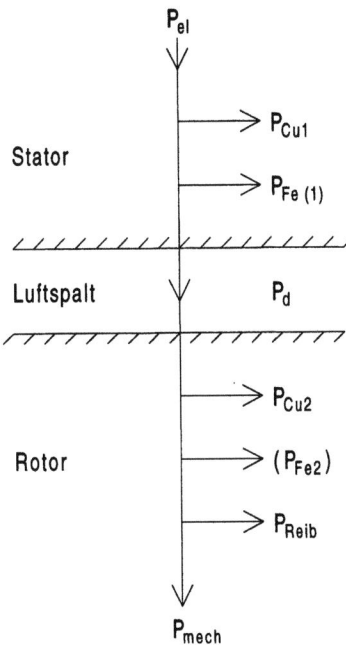

Bild 3.30 Leistungsfluß für den Motorbetrieb der Asynchronmaschine

leistung P_d genannt, weil sie durch das Drehfeld von der Statorseite über den Luftspalt auf die Rotorseite übertragen wird. Von der Drehfeldleistung wird ein Teil als Stromwärmeverlustleistung in der Rotorwicklung P_{Cu2} umgesetzt, ein Teil als Eisenverlustleistung im Eisen des Rotors P_{Fe2} und ein Teil als Reibungsverlustleistung P_{Reib}. Der Rest steht als mechanische Leistung an der Welle P_{mech} zur Verfügung.

Die Eisenverlustleistung im Rotor ist vernachlässigbar klein. Während das Drehfeld über das Statoreisen konstant mit Drehfelddrehzahl hinwegläuft, bewegt es sich gegenüber dem sich drehenden Rotor mit der belastungsabhängigen Schlupfdrehzahl. Beim Betrieb der Maschine zwischen Leerlauf und Nennlast ist diese und damit auch die Rotoreisenverlustleistung klein. Beim Anlauf ist wegen der dann auftretenden großen Ströme die Stromwärmeverlustleistung wesentlich größer als die Eisenverlustleistung. Aus diesem Grund ist die Eisenverlustleistung im Rotor vernachlässigbar klein und nur die Eisenverlustleistung im Stator P_{Fe1} spielt eine Rolle und wird deswegen als die Eisenverlustleistung der Maschine P_{Fe} bezeichnet.

Die Stromwärmeverlustleistung im Stator ist belastungsabhängig und läßt sich aus dem Statorspulenstrom und dem Statorspulenwiderstand ermitteln. Die Eisenverlustleistung ist belastungsunabhängig und da die Drehzahl und damit die Reibungsverlustleistung der Maschine im üblichen Betriebsbereich zwischen Leerlauf und Nennbetrieb sich nur wenig ändert und damit praktisch ebenfalls belastungsunabhängig ist, werden beide in der Regel zusammen ermittelt und zwar in einem Leerlaufversuch mit Nennspannung. Da bei Leerlauf an der Welle abgegebene mechanische Leistung sowie Rotorspannung und infolgedessen auch Rotorstrom und damit Rotorstromwärmeverlustleistung Null sind, erhält man die Eisen- und Reibungsverlustleistung $P_{Fe+Reib}$, indem man von der aus dem Netz im Leerlauf aufgenommenen Leistung P_0 die Statorstromwärmeverlustleistung P_{Cu1} abzieht.

$$P_{Fe+Reib} = P_0 - P_{Cu1} \tag{3.6}$$

Die Stromwärmeverlustleistung im Rotor läßt sich nur bei der Maschine mit Schleifringläufer durch Messung von Rotorstrom und Rotorspulenwirkwiderstand bestimmen. Bei der Maschine mit Käfigläufer kann die Rotorstromwärmeverlustleistung P_{Cu2}, wie im Zusammenhang mit der Ersatzschaltung der Maschine noch gezeigt wird, aus Schlupf s und Luftspaltleistung P_d berechnet werden.

$$P_{cu2} = s \cdot P_d \tag{3.7}$$

Die Luftspaltleistung P_d bekommt man, indem man von der aus dem Netz aufgenommenen Leistung P_{el} die Statorstromwärmeverlustleistung P_{Cu1} und die Eisenverlustleistung P_{Fe} abzieht.

$$P_d = P_{el} - P_{Cu1} - P_{Fe} \tag{3.8}$$

Das ist die exakte Vorgehensweise. Da in der Regel die Eisenverlustleistung zusammen mit der Reibungsverlustleistung ermittelt wird und allein nicht bekannt ist, wird nicht die Eisenverlustleistung P_{Fe} , sondern die Eisen- und Reibungsverlustleistung $P_{Fe+Reib}$ abgezogen.

$$P_d = P_{el} - P_{Cu1} - P_{Fe+Reib} \tag{3.9}$$

Das ist eine gute Näherung, von der in der Praxis häufig Gebrauch gemacht wird, da dann die getrennte Ermittlung von Eisen- und Reibungsverlustleistung nicht nötig ist.

Die Trennung von Eisen- und Reibungsverlustleistung ist möglich, wenn der Leerlaufversuch bei verschiedenen Spannungen gemacht wird. Dabei ist darauf zu achten, daß die Leerlaufdrehzahl nicht wesentlich von der Drehfelddrehzahl abweicht. Nur solange diese Bedingung erfüllt ist, liegt Leerlauf vor. Über der Netzspannung U_1 werden aufgetragen die im Leerlauf aus dem Netz aufgenommene Leistung P_0 und die nach Abzug der Statorstromwärmeverlustleistung P_{Cu1} daraus gewonnene Eisen- und Reibungsverlustleistung $P_{Fe+Reib} = P_0 - P_{Cu1}$ (Bild 3.31). Der Schnittpunkt beider Kennlinien mit der Ordinate gibt die Reibungsverlustleistung P_{Reib} an. Die Reibungsverlustleistung ist nicht von der Spannung, sondern nur von der Drehzahl abhängig und da diese konstant und so groß wie die Drehfeld-

3.3 Leistungsfluß des Asynchronmotors

drehzahl ist, ist auch die Reibungsverlustleistung konstant. Die Eisenverlustleistung dagegen wächst quadratisch mit der Spannung. Das gilt für die Wirbelstromverlustleistung genau, für die Hystereseverlustleistung und damit auch für die gesamte Eisenverlustleistung als Summe der beiden Anteile nur näherungsweise. Die Bestimmung des Schnittpunktes beider Kennlinien $P_0 = f(U_1)$ und $P_{Fe+Reib} = f(U_1)$ mit der Ordinate ist unsicher. Da zu kleineren Spannungen hin die Drehzahl merklich von der Drehfelddrehzahl abzuweichen beginnt und damit die Bedingung für Leerlauf nicht erfüllt ist, liegen Meßdaten hier nicht mehr vor und es muß in diesen Bereich hinein extrapoliert werden. Diese Extrapolation ist mehr oder weniger willkürlich und deswegen ist es besser, die Eisen- und Reibungsverlustleistung in Abhängigkeit vom Quadrat der Spannung darzustellen: $P_{Fe+Reib} = f(U_1^2)$. Diese Kennlinie stellt, wenigstens näherungsweise, eine Gerade dar und damit ist eine sichere Bestimmung der Reibungsverlustleistung möglich.

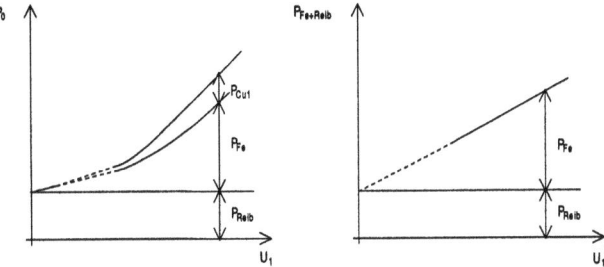

Bild 3.31 Trennung von Eisen- und Reibungsverlustleistung

Beispiel 3.6: Asynchronmotor $380V$ Y $50Hz$ $12,6A$. Statorwicklungswiderstand (Spulenwiderstand) $R_1 = 0,850\Omega$. Eisenverlustleistung $P_{Fe} = 192W$. Lager- und Luftreibung $P_{Reib} = 40W$. Die Maschine wird so belastet, daß sie ihren Nennstrom von $12,6A$ führt. Sie nimmt dabei eine Leistung von $6,75kW$ auf, die Drehzahl ist $1388\,min^{-1}$. Geben Sie den Leistungsfluß der Maschine an.

Lösung: Die aus dem Netz aufgenommene Leistung ist $P_{el} = 6,75kW$, die Stromwärmeverlustleistung in der Statorwicklung

$$P_{Cu1} = I_1^2 \cdot R_1 \cdot 3 = (12,6A)^2 \cdot 0,850\Omega \cdot 3 = 405W$$

und die Eisenverlustleistung $P_{Fe} = 192W$. Daraus ergibt sich die Drehfeld- oder Luftspaltleistung

$$P_d = P_{el} - P_{Cu1} - P_{Fe} = 6,75kW - 405W - 192W = 6,15kW$$

Mit ihr kann über den Schlupf die Stromwärmeverlustleistung in der Rotorwicklung berechnet werden. Der Schlupf ist

$$s = \frac{n_d - n}{n_d} = \frac{(1500 - 1388) \cdot \text{min}^{-1}}{1500 \, \text{min}^{-1}} = 0{,}0747$$

und die Stromwärmeverlustleistung im Rotor

$$P_{Cu2} = s \cdot P_d = 0{,}0747 \cdot 6{,}15 kW = 460 W$$

Die an der Motorwelle abgegebene mechanische Leistung ist

$$P_{mech} = P_d - P_{Cu2} - P_{Reib} = 6{,}15 kW - 460 W - 40 W = 5{,}65 kW$$

Stellen Sie fest, welchen Einfluß ein Abzug der Reibungsverlustleistung schon auf der Statorseite der Maschine auf den Leistungsfluß hat.

Die den Betrieb des Asynchronmotors bei Nennlast, Teillast und Überlast charakterisierenden Größen – an der Welle abgegebene mechanische Leistung, Drehzahl, Strom, Leistungsfaktor, Wirkungsgrad und Drehmoment – können durch Versuche ermittelt werden, bei denen der Asynchronmotor z.B. durch einen fremderregten Gleichstromgenerator oder einen selbsterregten Gleichstromnebenschlußgenerator belastet wird, der auf einen Widerstand arbeitet. Zwischen Netz und Maschine wird ein Stelltransformator mit verstellbarer Ausgangsspannung geschaltet, mit dessen Hilfe eine der Nennspannung der Maschine entsprechende Spannung eingestellt werden kann (Bild 3.32). Gemessen werden die Spannung U, der Statorstrom I und die von der Maschine aufgenommene Wirkleistung P.

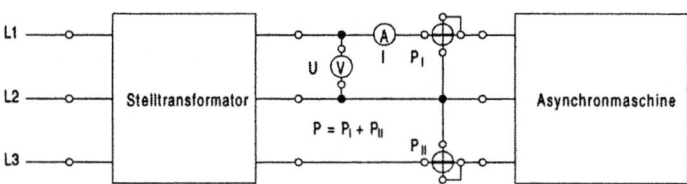

Bild 3.32 Versuchsschaltung

Im Zusammenhang mit Berechnungen zur Asynchronmaschine ist es empfehlenswert, sich die Maschine – unabhängig davon, ob es eine Maschine mit Käfig- oder Schleifringläufer ist, und unabhängig davon, ob die Statorspulen in Dreieck oder Stern geschaltet sind – als einen Kasten mit drei oder vier Anschlußklemmen vorzustellen (Bild 3.33). Die Klemmen werden mit den Leitern $L1$, $L2$ und $L3$ und, falls vorhanden, dem Neutralleiter N des Netzes verbunden. Wegen der symmetrischen Belastung des

3.3 Leistungsfluß des Asynchronmotors

Netzes durch die Maschine können wir uns auf die Betrachtung einer Phase des Netzes oder eines der drei Stromkreise mit den Hinleitern $L1$, $L2$ und $L3$ und dem gemeinsamen, in der Regel mit Erde verbundenen Rückleiter N beschränken und arbeiten mit der Leiter-Erd-Spannung U_1 und dem zugehörigen Leiterstrom I_1. Für die beiden übrigen Phasen oder Stromkreise sind die Leiter-Erd-Spannungen U_2 und U_3 und die zugehörigen Leiterströme I_2 und I_3, sieht man von einer Phasenverschiebung von 120° bzw. 240° ab, genauso groß wie in dem von uns betrachteten Stromkreis. Der gemeinsame Leiter N, in dem die Summe der Leiterströme fließen würde, ist bei ungestörtem Betrieb der Maschine stromlos – man denke an die Summe der drei Stromzeiger, die ein Dreibein mit drei gleich langen Beinen bilden, die jeweils einen Winkel von 120° einschließen – und folglich entbehrlich. Er muß deswegen, falls vorhanden, nicht unbedingt mit der Maschine verbunden werden und infolgedessen ist auch die vierte Anschlußklemme der Maschine entbehrlich. Dennoch ist im Hinblick auf die Anschaulichkeit die Vorstellung, daß die vierte Klemme vorhanden und mit dem Leiter N bzw. mit Erde als gemeinsamem Rückleiter verbunden ist, bei einer einphasigen Betrachtung der Maschine vorteilhaft. Gerechnet werden kann dann wie beim Einphasenwechselstrom. Die letztlich allein interessierende Dreiphasenleistung ergibt sich als das 3fache der Einphasenleistung.

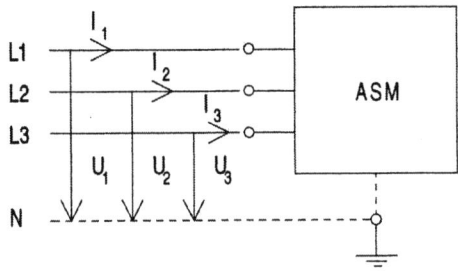

Bild 3.33 Asynchronmaschine (ASM) in allgemeiner Darstellung

Beispiel 3.7: Vierpoliger Asynchronmotor mit Käfigläufer $380V$ Y $50Hz$ $204A$. Leerlaufversuch mit Nennspannung zur Ermittlung der Eisen- und Reibungsverlustleistung: $I_0 = 61,2A$ $P_0 = 4,73kW$. Statorwicklungswiderstand (Spulenwiderstand) durch Strom-Spannungs-Messung mit Gleichstrom: $R_1 = 9,85 m\Omega$ bei 20°C. Belastungsversuche mit Nennspannung:

I_1 / A	75,5	102	133	167	204	245
P_{el} / kW	30,1	50,0	71,7	94,1	117	142
f_2 / Hz	0,0577	0,125	0,193	0,260	0,337	0,423

Die Drehzahl der Asynchronmaschine wird der Genauigkeit wegen nur bei größeren Schlupfwerten ($s \geq 0,05 \triangleq 5\%$) mit einem Drehzahlmesser direkt ermittelt, sonst, wie hier, über die mit einer Schlupfspule gemessene Rotorfrequenz.

Berechnen Sie für die eingestellten Lastpunkte die abgegebene mechanische Leistung P_{mech}, den Wirkungsgrad η, den Leistungsfaktor $\cos\varphi_1$, die Drehzahl n und das Drehmoment M. Stellen Sie in 3 Diagrammen die Belastungskennlinien des Asynchronmotors dar. Diagramm 1: $I_1 = f(P_{mech})$, $n = f(P_{mech})$, $s = f(P_{mech})$. Diagramm 2: $P_{el} = f(P_{mech})$, $P_{mech} = f(P_{mech})$, $\eta = f(P_{mech})$, $\cos\varphi = f(P_{mech})$. Durch die gleichzeitige Darstellung der aus dem Netz aufgenommenen elektrischen Leistung und der an der Welle abgegebenen mechanischen Leistung wird die Verlustleistung als Differenz der beiden Leistungen und ihre Abhängigkeit von der Belastung der Maschine sichtbar. Diagramm 3: $I_1 = f(n)$, $M = f(n)$.

Lösung: Die Berechnung wird für eine angenommene Betriebstemperatur der Maschine von 75°C gemacht. Der auf diese Temperatur umgerechnete Warmwiderstand der Statorwicklung ist

$$R_1(75^0 C) = R_1(20^0 C) \cdot \frac{235^0 C + 75^0 C}{235^0 C + 20^0 C} = 9{,}85 m\Omega \cdot 1{,}22 = 12{,}0 m\Omega$$

Die für alle eingestellten Lastpunkte konstante Eisen- und Reibungsverlustleistung der Maschine wird mit dem Kaltwiderstand berechnet, da sich dann ein größerer Wert ergibt als bei Rechnung mit dem Warmwiderstand und man infolgedessen auf der sicheren Seite liegt.

$$P_{Fe+Reib} = P_0 - P_{Cu1} = 4{,}73 kW - (61{,}2 A)^2 \cdot 9{,}85 m\Omega \cdot 3 = 4{,}62 kW$$

Stellvertretend für die anderen Lastpunkte, für die nur die Ergebnisse mitgeteilt werden, wird die Rechnung für den Nennbetriebspunkt der Maschine mit dem Nennstrom $I_1 = 204 A$ gemacht. Für die an der Welle abgegebene mechanische Leistung gilt

$$P_{mech} = P_{el} - P_{Fe+Reib} - P_{Cu1} - P_{Cu2}$$

Die aus dem Netz aufgenommene Leistung bei Nennlast ist $P_{el} = 117 kW$ und die Stromwärmeverlustleistung in der Statorwicklung

$$P_{Cu1} = (204 A)^2 \cdot 12{,}0 m\Omega \cdot 3 = 1498 W$$

Die Stromwärmeverlustleistung im Käfig wird über Schlupf und Drehfeldleistung

$$P_{Cu2} = s \cdot P_d$$

bestimmt. Dabei gilt mit Gl. (3.5)

3.3 Leistungsfluß des Asynchronmotors

$$f_2 = s \cdot f_1$$

für den Schlupf

$$s = \frac{f_2}{f_1} = \frac{0{,}337 Hz}{50 Hz} = 0{,}00674$$

und mit Gl. (3.9) für die Luftspaltleistung

$$P_d = P_{el} - P_{Fe+Reib} - P_{Cu1} = 117 kW - 4{,}62 kW - 1498 W = 111 kW$$

Daraus folgt für die Stromwärmeverlustleistung im Käfig

$$P_{Cu2} = 0{,}00674 \cdot 111 kW = 747 W$$

Für die mechanische Leistung der Maschine bei Nennbetrieb, d.i. die Nennleistung der Maschine, die auf dem Leistungsschild der Maschine als die Leistung der Maschine angegeben wird, ergibt sich damit

$$P_{mech} = 117 kW - 4{,}62 kW - 1498 W - 747 W = 110 kW$$

Der Wirkungsgrad der Maschine ist

$$\eta = \frac{P_{mech}}{P_{el}} = \frac{110 kW}{117 kW} = 0{,}940 \triangleq 94{,}0\%$$

Ihr Leistungsfaktor, für Nennbetrieb ebenfalls auf dem Leistungsschild angegeben, ist

$$\cos\varphi = \frac{P_{el}}{U \cdot I \cdot 3} = \frac{117 kW}{\frac{380 V}{\sqrt{3}} \cdot 204 A \cdot 3} = 0{,}871$$

Die Drehzahl n, das ergibt sich aus der Definition des Schlupfes s,

$$s = \frac{n_d - n}{n_d}$$

läßt sich mit der Drehfelddrehzahl n_d

$$n_d = \frac{f}{p} = \frac{50Hz}{2} = 25s^{-1} = 1500\,\text{min}^{-1}$$

und dem schon ermittelten Schlupf $s = 0{,}00674$ berechnen.

$$n = n_d \cdot (1-s) = 1500\,\text{min}^{-1} \cdot (1-0{,}00674) = 1490\,\text{min}^{-1}$$

Hier ist es die ebenfalls auf dem Leistungsschild der Maschine angegebene Nenndrehzahl der Maschine. Das an der Welle abgegebene Drehmoment wird als Quotient aus abgegebener mechanischer Leistung und Winkelgeschwindigkeit bzw. mit $2 \cdot \pi$ multiplizierter Drehzahl berechnet. Dabei ist darauf zu achten, daß die Drehzahl in der Grundeinheit Umdrehungen pro Sekunde eingesetzt wird, da sich nur dann das Drehmoment in der Grundeinheit $N \cdot m$ ergibt.

$$M = \frac{P_{mech}}{2 \cdot \pi \cdot n} = \frac{110kW}{2 \cdot \pi \cdot \frac{1490}{60} \cdot s^{-1}} = 705 N \cdot m$$

Die Ergebnisse für die übrigen Lastpunkte sind in der nachfolgenden Tabelle angegeben:

I_1 / A	75,5	102	133	167	204	245
P_{mech} / kW	25,2	44,9	66,2	88,0	110	134
η	0,839	0,898	0,923	0,935	0,940	0,944
$\cos\varphi_1$	0,606	0,745	0,819	0,856	0,871	0,881
n / min^{-1}	1498	1496	1494	1492	1490	1487
$M / N \cdot m$	161	287	423	563	705	861

3.4 Die Ersatzschaltung der Asynchronmaschine

So wie für den Transformator kann auch für die Asynchronmaschine eine Ersatzschaltung angegeben werden, die sich für das Netz wie die Maschine selbst verhält, deren Verhalten aber einfacher zu übersehen ist als das der Maschine. Mit Hilfe der Ersatzschaltung können nicht nur die zu einer bestimmten Drehzahl gehörenden Betriebsgrößen, sondern darüberhinaus alle interessierenden Belastungskennlinien berechnet werden.

3.4.1 Entwicklung der Ersatzschaltung

Bei der Entwicklung der Ersatzschaltung denken wir der Einfachheit halber an eine zweipolige Maschine (Bild 3.1). Belanglos dabei ist, ob die Maschine einen Schleifring- oder einen Käfigläufer hat. Der Schleifringläufer hat drei Spulen. Das gleiche gilt für den Käfigläufer, wenn wir von der Vorstellung ausgehen, daß jeweils zwei einander gegenüberliegende Rotorstäbe eine Spule bilden. Zur Nachbildung der Maschine genügt die Betrachtung eines Stromkreises oder einer Phase von Stator- und Rotorseite. Die Größen, die in dieser Phase auftreten, treten in gleicher Größe auch in den anderen Phasen auf, nur mit einer Phasenverschiebung von 120° bzw. 240°. Das Drehfeld der Maschine wirkt auf die Spulen bzw. Leiter der Maschine wie ein Wechselfeld.

3.4.1.1 Die Ersatzschaltung für die Rotorseite

Bei der Entwicklung der Ersatzschaltung beginnen wir mit der Rotorseite. Dazu müssen wir uns an die Abhängigkeit der Rotorspannung U_2 und der Rotorfrequenz f_2 von der Drehzahl n (Bild 3.10) bzw. vom Schlupf s Gln. (3.4/3.5) erinnern. Die Rotorspannung U_2 stellt bei der Maschine mit Käfigläufer die in einem Rotorstab, bei der Maschine mit Schleifringläufer die in einer Rotorspule induzierte Spannung dar. Stab bzw. Spule haben ohmschen Widerstand R_2 und Induktivität und damit induktiven Widerstand X_2, der das Produkt von Rotorkreisfrequenz $\omega_2 = 2 \cdot \pi \cdot f_2$ und Induktivität L_2 darstellt.

$$X_2 = 2 \cdot \pi \cdot f_2 \cdot L_2$$

Wegen der sich hieraus ergebenden Proportionalität zwischen induktivem Rotorwiderstand bzw. Rotorreaktanz X_2 und Rotorfrequenz f_2

$$X_2 \sim f_2$$

ist die Rotorreaktanz in gleicher Weise von der Drehzahl n abhängig wie die Rotorfrequenz (Bild 3.10). Sie nimmt linear mit der Drehzahl ab, beginnend mit der sogenannten Rotorstillstandsreaktanz X_{20} bei Rotorstillstand $n=0$ für eine Rotorfrequenz, die der Netzfrequenz f_1 entspricht, bis zum Wert Null bei einer Rotordrehzahl, die der Drehfelddrehzahl n_d entspricht, bei der die Rotorfrequenz Null ist. Mit Hilfe des Schlupfes s und der Rotorstillstandsreaktanz X_{20} läßt sich die Abhängigkeit der Rotorreaktanz X_2 von der Drehzahl in gleich einfacher Weise formulieren wie die Abhängigkeit der Rotorfrequenz von der Drehzahl Gl. (3.5)

$$X_2 = s \cdot X_{20}$$

Den Stab- bzw. Spulenstrom I_2 erhalten wir, wenn wir die durch das Drehfeld in dem Stab bzw. in der Spule induzierte Rotorspannung U_2, die das Produkt von

Schlupf s und Rotorstillstandsspannung U_{20} darstellt

$$U_2 = s \cdot U_{20},$$

durch den Wechselstromwiderstand oder die Impedanz von Stab bzw. Spule

$$Z = \sqrt{R_2^2 + (s \cdot X_{20})^2}$$

dividieren

$$I_2 = \frac{s \cdot U_{20}}{\sqrt{R_2^2 + (s \cdot X_{20})^2}}$$

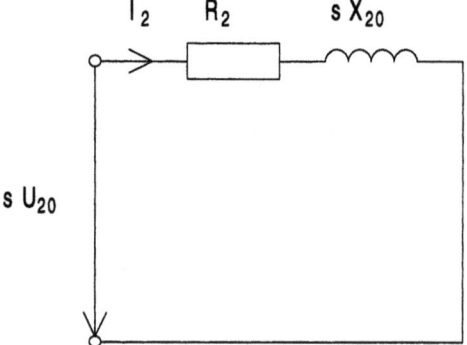

Bild 3.34 Ersatzschaltung für den Rotorkreis (nicht üblich)

Aufgrund dieses Ausdrucks für den Rotorstrom können wir eine Ersatzschaltung für die Rotorseite der Maschine angeben. Es ist dies die Reihenschaltung eines ohmschen Widerstands R_2 und einer induktiven Reaktanz $s \cdot X_{20}$, an der die Spannung $s \cdot U_{20}$ liegt (Bild 3.34).

Mit dieser Ersatzschaltung kann jeder Betriebszustand der Maschine auf der Rotorseite, gekennzeichnet durch eine bestimmte Drehzahl bzw. durch den dazugehörenden Schlupf s, simuliert werden. Dazu sind abhängig von der Drehzahl bzw. dem Schlupf, für die die Simulation vorgenommen werden soll, eine bestimmte Eingangsspannung und eine bestimmte Reaktanz einzustellen. Soll beispielsweise der erste Augenblick des Anlaufs der Maschine simuliert werden, für den die Drehzahl Null und der Schlupf $s = 1$ ist, so ist für die Eingangsspannung die Rotorstillstandsspannung U_{20} und für die Reaktanz die Rotorstillstandsreaktanz X_{20} einzustellen.

3.4 Die Ersatzschaltung der Asynchronmaschine   273

Für den Rotoranlaufstrom ergibt sich daraus

$$I_2 = \frac{U_{20}}{\sqrt{R_2^2 + X_{20}^2}}$$

Bei der Simulation des idealen Leerlaufs der Maschine, bei dem der Rotor mit Drehfelddrehzahl dreht und der Schlupf $s = 0$ ist, müssen Eingangsspannung und Reaktanz zu Null gemacht werden. Der Rotorstrom ist dann ebenfalls Null.

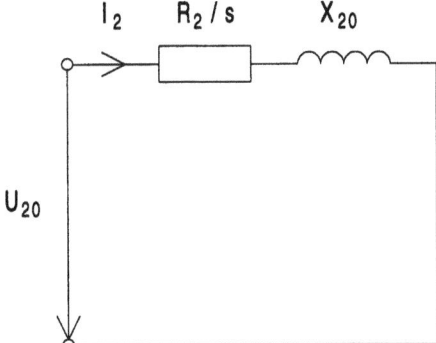

Bild 3.35 Ersatzschaltung für den Rotorkreis

Die angegebene Ersatzschaltung für die Rotorseite der Maschine ist nicht die übliche. Störend ist, daß zwei Größen, nämlich Eingangsspannung und induktiver Widerstand, schlupf- bzw. drehzahlabhängig sind. Zu der üblichen Ersatzschaltung kommen wir, wenn wir in dem Ausdruck für den Rotorstrom I_2 Zähler und Nenner mit $1/s$ multiplizieren.

$$I_2 = \frac{s \cdot U_{20}}{\sqrt{R_2^2 + (s \cdot X_{20})^2}} \cdot \frac{1/s}{1/s}$$

Für den Rotorstrom ergibt sich daraus

$$I_2 = \frac{U_{20}}{\sqrt{\left(\frac{R_2}{s}\right)^2 + X_{20}^2}}$$

Aus diesem, dem vorigen gleichwertigen, Ausdruck für den Rotorstrom ergibt sich die übliche Ersatzschaltung für die Rotorseite der Maschine (Bild 3.35): Die Reihenschaltung eines schlupf- bzw. drehzahlabhängigen Wirkwiderstands R_2/s und eines unveränderlichen induktiven Widerstands X_{20}, an der eine konstante Spannung U_{20} liegt.

Die Spannung entspricht der Rotorstillstandsspannung der Maschine, die Reaktanz der Rotorstillstandsreaktanz. Der Vorteil dieser Ersatzschaltung gegenüber der zunächst angegebenen liegt darin, daß hier nur eine Größe statt zweier schlupf- bzw. drehzahlabhängig ist. Sie ist der vorherigen gleichwertig, erkennbar daran, daß man mit ihr zu einem vorgegebenen Schlupf bzw. zu einer vorgegebenen Drehzahl zu den gleichen Stromwerten kommt, zum Beispiel für den ersten Moment des Anlaufs mit $s = 1$ oder für den idealen Leerlauf mit $s = 0$.

3.4.1.2 Die vollständige Ersatzschaltung

Die angegebene Schaltung ist eine Ersatzschaltung nur für die Rotorseite der Maschine. Sie muß, wollen wir eine Ersatzschaltung für die Rotor- und Statorseite der Maschine haben, noch ergänzt werden. Während die Rotorseite der Maschine im Leerlauf stromlos ist, fließt auf der Statorseite der Leerlaufstrom. Er besteht, wie der Leerlaufstrom des Transformators, aus einer Blindkomponente, die der Spannung des Netzes, an dem die Asynchronmaschine betrieben wird, um 90° nacheilt, und einer Wirkkomponente, die mit der Netzspannung in Phase ist. Die Blindkomponente dient der Erzeugung des magnetischen Flusses, die Wirkkomponente zur Deckung der Eisen- und Reibungsverlustleistung der Maschine. Ergänzen wir die Ersatzschaltung für die Rotorseite der Maschine durch die Parallelschaltung eines induktiven Widerstandes X_μ und eines Wirkwiderstandes $R_{Fe+Reib}$, die wir dem Eingang der Ersatzschaltung für die Rotorseite parallel schalten (Bild 3.36), so tragen wir diesen Verhältnissen Rechnung. Die Widerstände sind so zu bemessen, daß bei Netzspannung U_1 über den induktiven Widerstand X_μ ein Strom in der

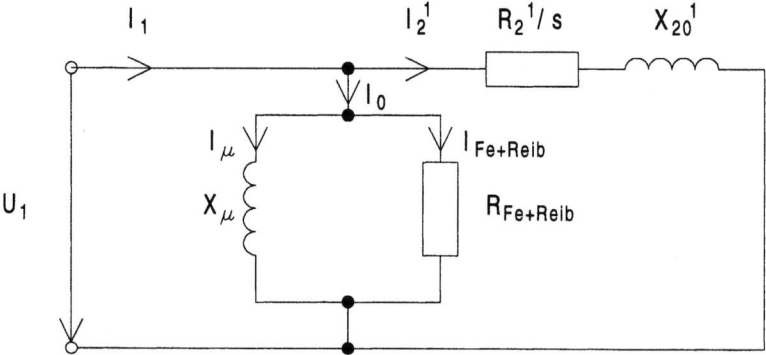

Bild 3.36 Ersatzschaltung der Asynchronmaschine bei widerstandsloser Statorwicklung

3.4 Die Ersatzschaltung der Asynchronmaschine 275

Größe des Magnetisierungsstroms I_μ der Maschine und über den Wirkwiderstand $R_{Fe+Reib}$ ein Strom in der Größe des Wirkstroms $I_{Fe+Reib}$ zur Deckung der Eisen- und Reibungsverlustleistung fließt. Der Magnetisierungsstrom und der Strom zur Deckung der Eisen- und Reibungsverlustleistung zusammen bilden den Leerlaufstrom I_0 der Maschine. Strom und Widerstände im Rotorzweig der Ersatzschaltung entsprechen jetzt nicht mehr den Originalgrößen (I_2, R_2/s, X_{20}), sondern stellen die von der Rotor- auf die Statorseite umgerechneten Größen (I_2^1, R_2^1/s, X_{20}^1) dar. Die Verhältnisse sind ähnlich denen beim Transformator.

Der Einfluß des ohmschen Widerstandes und des Streuflusses der Statorspulen – das ist der Anteil des Flusses, der nur mit der betreffenden Statorspule, nicht aber mit den Rotorspulen verknüpft ist – auf das Verhalten der Maschine wird dadurch berücksichtigt, daß man der bisher entwickelten Ersatzschaltung die Reihenschaltung eines ohmschen Widerstandes R_1 und eines induktiven Widerstandes X_1 vorschaltet (Bild 3.37). Für die so erhaltene Ersatzschaltung der Asynchronmaschine gilt ähnlich wie bei der Ersatzschaltung des Transformators, daß die Querimpedanzen (X_μ, $R_{Fe+Reib}$) wesentlich größer als die Längsimpedanzen (R_1, X_1, R_2^1, X_2^1) sind.

Die angegebene Ersatzschaltung gilt nur für stromverdrängungsfreie Maschinen, d.h. für Maschinen mit Käfigläufern, bei denen keine Stromverdrängung auftritt, und für Maschinen mit Schleifringläufer.

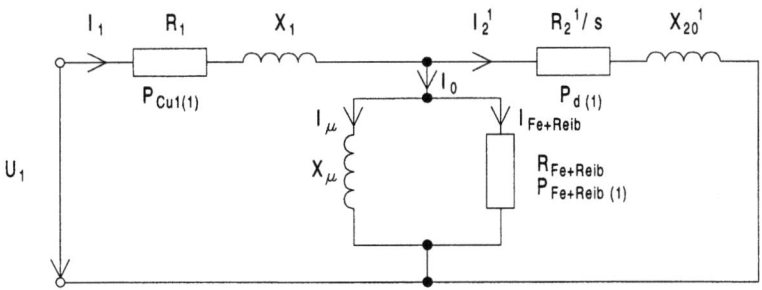

Bild 3.37 Vollständige Ersatzschaltung der Asynchronmaschine

Auch für die Maschine mit Stromverdrängung kann eine Ersatzschaltung angegeben werden. Bei der Maschine mit Doppelkäfigläufer beispielsweise ist dazu in der hier entwickelten Ersatzschaltung dem vorhandenen Rotorzweig ein weiterer parallel zu schalten. Jedem der beiden Käfige wird ein Rotorzweig zugeordnet.

3.4.2 Leistungsfluß und Ersatzschaltung

Die von der an Spannung liegenden einphasigen Ersatzschaltung (Bild 3.37) aufgenommene Wirkleistung wird in den Wirkwiderständen der Schaltung umgesetzt und entspricht der von der Maschine aufgenommenen einphasigen Wirkleistung $P_{el(1)}$. Angegeben wird und von Interesse ist im Zusammenhang mit der Maschine allerdings in der Regel nur die dreiphasige Leistung $P_{el(3)} = 3 \cdot P_{el(1)}$. Das gilt auch für die Teilleistungen, aus denen sich die Gesamtleistung zusammensetzt. Die in dem Wirkwiderstand R_1 umgesetzte Leistung entspricht der einphasigen Stromwärmeverlustleistung der Statorwicklung.

$$P_{Cu(1)} = I_1^2 \cdot R_1$$

In dem Wirkwiderstand $R_{Fe+Reib}$ wird eine Leistung umgesetzt, die der einphasigen Eisen- und Reibungsverlustleistung $P_{Fe+Reib(1)}$ der Maschine entspricht. Die im Wirkwiderstand R_2^1/s umgesetzte Leistung ist die einphasige Drehfeld- oder Luftspaltleistung, die durch das Drehfeld von der Statorseite über den Luftspalt auf die Rotorseite übertragen wird.

$$P_{d(1)} = (I_2^1)^2 \cdot \frac{R_2^1}{s}$$

Sie setzt sich aus der Stromwärmeverlustleistung auf der Rotorseite $P_{Cu2(1)}$ und der von der Maschine an der Welle abgegebenen mechanischen Leistung $P_{mech(1)}$ zusammen.

$$P_{d(1)} = P_{Cu2(1)} + P_{mech(1)}$$

Die Stromwärmeverlustleistung auf der Rotorseite ist

$$P_{Cu2(1)} = \left(I_2^1\right)^2 \cdot R_2^1$$

oder umgeformt

$$P_{Cu2(1)} = \left(I_2^1\right)^2 \cdot R_2^1 \cdot \frac{s}{s} = s \cdot \left(I_2^1\right)^2 \cdot \frac{R_2^1}{s} = s \cdot P_{d(1)}$$

Die Stromwärmeverlustleistung auf der Rotorseite läßt sich demnach als Produkt von Schlupf, und Drehfeldleistung ermitteln.

$$P_{cu2} = s \cdot P_d \qquad (3.10)$$

Der Schlupf kann durch eine Drehzahlmessung ermittelt werden. Die Luftspaltleistung erhält man, wenn man von der von der Maschine aus dem Netz aufgenommenen Wirkleistung die Stromwärmeverlustleistung in den Spulen der Stator-

3.4 Die Ersatzschaltung der Asynchronmaschine

wicklung und die in einem Leerlaufversuch ermittelte Eisenverlustleistung abzieht. Von Bedeutung ist diese Beziehung vor allem für Maschinen mit Käfigläufer, da bei diesen die Ermittlung der Stromwärmeverlustleistung in der in sich geschlossenen Rotorwicklung über Rotorstrom und Rotorwiderstand nicht möglich ist. Die an der Welle abgegebene mechanische Leistung der Maschine erhält man, wenn man von der Luftspaltleistung die Stromwärmeverlustleistung auf der Rotorseite abzieht.

$$P_{mech} = P_d - P_{Cu2} = P_d - s \cdot P_d$$

$$P_{mech} = P_d \cdot (1-s) \tag{3.11}$$

Mit Hilfe der mechanischen Leistung und der Drehzahl läßt sich das an der Welle abgegebene Drehmoment berechnen.

$$M = \frac{P_{mech}}{2 \cdot \pi \cdot n}$$

Machen wir von der eben gefundenen Beziehung für die mechanische Leistung Gebrauch und erinnern wir uns an die Definition des Schlupfes Gl. (3.3)

$$s = \frac{n_d - n}{n_d}$$

daraus

$$n = n_d \cdot (1-s) \tag{3.12}$$

so können wir für das Drehmoment auch schreiben

$$M = \frac{P_d \cdot (1-s)}{2 \cdot \pi \cdot n_d \cdot (1-s)}$$

oder

$$M = \frac{P_d}{2 \cdot \pi \cdot n_d} \tag{3.13}$$

Diese Beziehung für das Drehmoment hat gegenüber der ursprünglich angegebenen den Vorteil, daß sie auch zur Bestimmung des Anlaufmoments benutzt werden kann. Die ursprünglich angegebene Beziehung versagt hier, da im ersten Augenblick des Anlaufs an der Welle abgegebene mechanische Leistung und Drehzahl Null sind und sich damit für das Drehmoment ein unbestimmter Ausdruck ergibt.

Die Bestimmung des Drehmoments über Drehfeldleistung und Drehfelddrehzahl hat darüberhinaus den Vorteil, daß bei der Ermittlung des Drehmoments für verschiedene Betriebspunkte nur die Drehfeldleistung sich ändert, während die Drehfelddrehzahl eine konstante Größe darstellt.

Ausgehend von der eben entwickelten Ersatzschaltung für die Asynchronmaschine (Bild 3.37) wird gelegentlich eine Ersatzschaltung angegeben, bei der im Rotorzweig ein Widerstand R_2^1 liegt (Bild 3.38). Da der Gesamtwirkwiderstand im Rotorzweig R_2^1/s sein muß, ist diesem Widerstand R_2^1 noch ein Widerstand $\dfrac{R_2^1}{s} - R_2^1$ in Reihe zu schalten. Die im Widerstand R_2^1 umgesetzte Leistung entspricht der einphasigen Stromwärmeverlustleistung in der Rotorwicklung. Da die insgesamt im Rotorzweig umgesetzte Wirkleistung der einphasigen Drehfeld- oder Luftspaltleistung entspricht und diese sich aus Rotorstromwärmeverlustleistung und mechanischer Leistung zusammensetzt, muß die im Widerstand $\dfrac{R_2^1}{s} - R_2^1$ umgesetzte Leistung die an der Welle abgegebene einphasige mechanische Leistung sein.

$$P_{mech(1)} = (I_2^1)^2 \cdot \left(\frac{R_2^1}{s} - R_2^1 \right)$$

3.4.3 Berechnung des Betriebsverhaltens der Maschine mit Hilfe der Ersatzschaltung

Mit Hilfe der Ersatzschaltung (Bild 3.37) kann das Betriebsverhalten der Maschine berechnet werden. Dazu ist eine bestimmte Drehzahl anzunehmen. Zu dieser gehört ein bestimmter Schlupf. Mit ihm nimmt der Wirkwiderstand R_2^1/s auf der Rotorseite der Ersatzschaltung einen bestimmten Wert an. Am Anfang der Berechnung stehen die Ermittlung des Statorstroms nach Betrag I_1 und Phasenwinkel φ_1, woraus sich der Leistungsfaktor $\cos\varphi_1$ der Maschine ergibt, und die Ermittlung des Stroms I_2^1 im Rotorzweig. Mit dem Strom im Rotorzweig wird zunächst der Leistungsumsatz im Wirkwiderstand des Rotorzweigs berechnet. Er entspricht der einphasigen Drehfeld- oder Luftspaltleistung. Mit ihr kann das an der Welle der Maschine abgegebene Drehmoment angegeben werden.

$$M = \frac{P_d}{2 \cdot \pi \cdot n_d} = \frac{\left(I_2^1\right)^2 \cdot \dfrac{R_2^1}{s} \cdot 3}{2 \cdot \pi \cdot n_d}$$

Daraus ergibt sich die an der Welle abgegebene mechanische Leistung

$$P_{mech} = M \cdot 2 \cdot \pi \cdot n$$

3.4 Die Ersatzschaltung der Asynchronmaschine

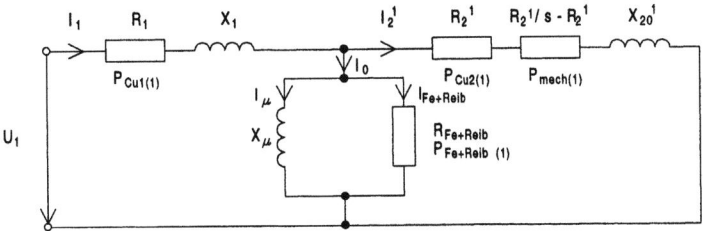

Bild 3.38 Eine Variante der Ersatzschaltung der Asynchronmaschine

Mit dieser und der aus dem Netz aufgenommenen Wirkleistung

$$P_{el} = U_1 \cdot I_1 \cdot \cos\varphi_1 \cdot 3$$

wird der Wirkungsgrad der Maschine bestimmt.

$$\eta = \frac{P_{mech}}{P_{el}}$$

Unter der Annahme verschiedener Drehzahlen können auf diese Weise nicht nur die Betriebsgrößen für einzelne Betriebspunkte berechnet werden, sondern auch die Belastungskennlinien der Maschine, die sich ergeben, wenn die genannten Größen in Abhängigkeit von z.b. der an der Welle abgegebenen mechanischen Leistung oder der Drehzahl oder auch in Abhängigkeit von einer anderen Größe dargestellt werden.

3.4.4 Die experimentelle Bestimmung der Ersatzschaltung

Die Daten der Ersatzschaltung der stromverdrängungsfreien Asynchronmaschine werden, ähnlich wie beim Transformator, durch einen Kurzschluß- und einen Leerlaufversuch sowie durch Messung des ohmschen Widerstands der Statorspulen ermittelt. Kurzschluß und Leerlauf stellen zwei extreme Belastungszustände dar. Vom Kurzschluß der Maschine spricht man im ersten Augenblick des Anlaufs, wenn die Drehzahl Null und der Schlupf Eins ist. Im idealen Leerlauf entspricht die Drehzahl der Maschine der Drehfelddrehzahl und der Schlupf ist Null, tatsächlich liegt die Drehzahl knapp unterhalb der Drehfelddrehzahl und der Schlupf ist nahezu Null. Für beide Belastungsfälle kann man, da in der Ersatzschaltung der Asynchronmaschine die Querimpedanzen (X_μ, $R_{Fe+Reib}$) wesentlich größer als die Längsimpedanzen (R_1, X_1, R_2^1, X_2^1) sind, eine vereinfachte Ersatzschaltung angeben. Im Kurzschlußfall ($s = 1$) macht man keinen großen Fehler bei der Nachbildung des Verhaltens der Maschine, wenn man den Querzweig aus der vollständigen Ersatzschaltung (Bild 3.37) heraustrennt. In der so vereinfachten Ersatzschaltung für den

Kurzschluß werden die Wirkwiderstände R_1 und R_2^1 zu einem Gesamtwirkwiderstand

$$R = R_1 + R_2^1$$

und die Reaktanzen X_1 und X_2^1 zu einer Gesamtreaktanz

$$X = X_1 + X_2^1$$

zusammengefaßt (Bild 3.39). Wir nehmen an, daß durch einen Kurzschlußversuch, d.h. durch eine Messung bei festgehaltenem Rotor, zusammengehörende Werte von Klemmenspannung U_K, Strom I_K und einphasiger Wirkleistungsaufnahme $P_{K(1)}$ für die vereinfachte Ersatzschaltung bekannt sind. Die Wirkleistung wird im Wirkwiderstand der Schaltung umgesetzt.

$$P_{K(1)} = I_K^2 \cdot R$$

Daraus folgt für diesen Widerstand

$$R = \frac{P_{K(1)}}{I_K^2}$$

Da der Wirkwiderstand der Statorseite R_1 durch eine Messung ermittelt werden kann, gilt für den auf die Statorseite umgerechneten Wirkwiderstand der Rotorseite

$$R_2^1 = R - R_1$$

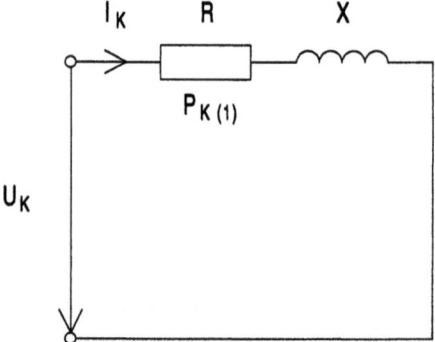

Bild 3.39 Vereinfachte Ersatzschaltung der Asynchronmaschine für den Kurzschluß bzw. den Anlauf

3.4 Die Ersatzschaltung der Asynchronmaschine

Die Reaktanz X der Schaltung ergibt sich aus deren Impedanz Z und Wirkwiderstand R

$$X = \sqrt{Z^2 - R^2} = \sqrt{\left(\frac{U_K}{I_K}\right)^2 - R^2}$$

Da eine Aufteilung der Gesamtreaktanz X auf die Statorreaktanz X_1 und die auf die Statorseite umgerechnete Rotorreaktanz $X_2{}^1$ nicht so ohne weiteres möglich ist, wird näherungsweise angenommen, daß die Teilreaktanzen zu gleichen Teilen an der Gesamtreaktanz beteiligt sind.

$$X_1 = X_2{}^1 = \frac{X}{2}$$

Diese Aufteilung mag willkürlich erscheinen. Sie ist dadurch gerechtfertigt, daß die Art der Aufteilung auf das mit Hilfe der Ersatzschaltung berechnete Betriebsverhalten der Maschine einen nur geringen Einfluß hat.

Im Leerlauffall ($s = 0$ bzw. $s \approx 0$) macht man bei der Nachbildung des Maschinenverhaltens keinen großen Fehler, wenn man den stromlosen oder nahezu stromlosen Rotorzweig mit den Widerständen $R_2{}^1/s$ und $X_{20}{}^1$ aus der vollständigen Ersatzschaltung (Bild 3.37) heraustrennt und die Widerstände R_1 und X_1 auf der Statorseite als vernachlässigbar klein gegenüber den Widerständen X_μ und $R_{Fe+Reib}$ des Querzweigs betrachtet. Auf diese Weise erhält man die vereinfachte Ersatzschaltung für den Leerlauf als Parallelschaltung von Magnetisierungsreaktanz X_μ und Wirkwiderstand $R_{Fe+Reib}$ zur Berücksichtigung der Eisen- und Reibungsverlustleistung der Maschine (Bild 3.40).

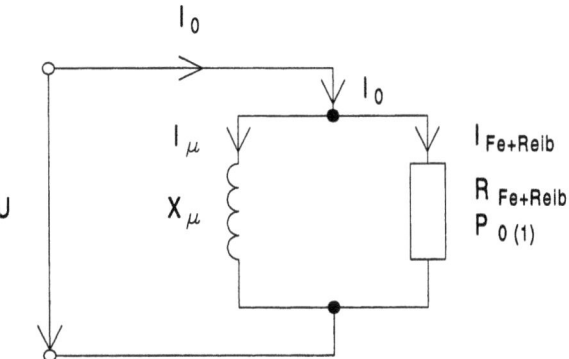

Bild 3.40 Vereinfachte Ersatzschaltung der Asynchronmaschine für den Leerlauf

Durch einen Leerlaufversuch mit Nennspannung sind die Klemmenspannung U, der Strom I_0, der dem Leerlaufstrom der Maschine entspricht, und die Leistungsaufnahme $P_{0(1)}$ der Schaltung, die näherungsweise der einphasigen Eisen- und Reibungsverlustleistung der Maschine entspricht, bekannt. Die von der Schaltung aufgenommene Wirkleistung wird im Wirkwiderstand der Schaltung umgesetzt.

$$P_{0(1)} = \frac{U^2}{R_{Fe+Reib}}$$

Daraus folgt für den Wirkwiderstand

$$R_{Fe+Reib} = \frac{U^2}{P_{0(1)}}$$

Der Strom zur Deckung der Eisen- und Reibungsverlustleistung, der über diesen Widerstand fließt, ist

$$I_{Fe+Reib} = \frac{U}{R_{Fe+Reib}}$$

Aus dem Zeigerdiagramm für die vereinfachte Ersatzschaltung der Asynchronmaschine für den Leerlauf (Bild 3.41) ergibt sich mit Hilfe des Leerlaufstroms I_0 und des Stroms $I_{Fe+Reib}$ zur Deckung der Eisen- und Reibungsverlustleistung der Magnetisierungsstrom

$$I_\mu = \sqrt{I_0^2 - I_{Fe+Reib}^2}$$

und mit diesem die Magnetisierungreaktanz

$$X_\mu = \frac{U}{I_\mu}$$

3.4.4.1 Der Kurzschlußversuch

Der Kurzschlußversuch wird bei festgehaltenem Rotor und damit unter Bedingungen gemacht, wie sie im ersten Augenblick des Anlaufs herrschen. Wie wir schon wissen, beträgt der Anlaufstrom der Maschine bei Nennspannung etwa das 2 bis 8fache des Nennstroms. Aus diesem Grund wird der Kurzschlußversuch nicht mit voller Spannung gemacht. Vielmehr wird mit Rücksicht auf die thermische Bela-

3.4 Die Ersatzschaltung der Asynchronmaschine

stung der Maschine die an die Maschine gelegte Spannung von Null an beginnend nur solange gesteigert, bis der Nennstrom fließt (Bild 3.32). Die zugehörige Spannung und die dabei aufgenommene Wirkleistung werden gemessen. Mit den so aufgenommenen Daten des Kurzschlußversuchs lassen sich die Widerstände der vereinfachten Ersatzschaltung für den Kurzschluß (Bild 3.39) berechnen.

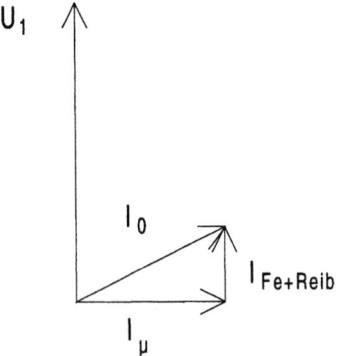

Bild 3.41 Zeigerdiagramm für die vereinfachte Ersatzschaltung der Asynchronmaschine für den Leerlauf

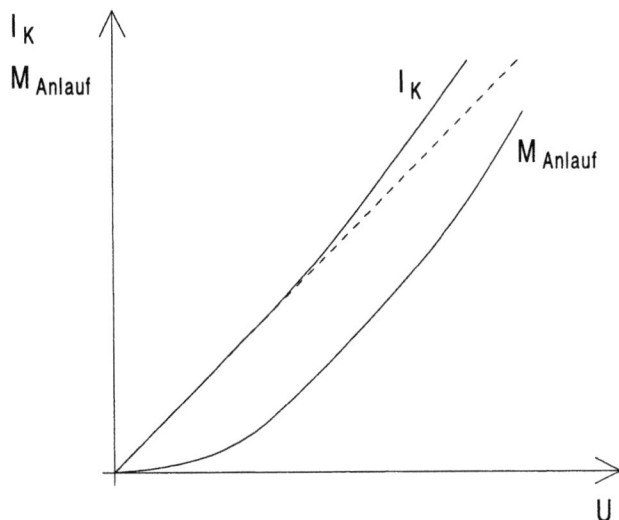

Bild 3.42 Kurzschlußkennlinien der Asynchronmaschine: Kurzschluß- bzw. Anlaufstrom und Anlaufmoment in Abhängigkeit von der Spannung

Macht man den Kurzschlußversuch nicht nur mit Nennstrom, sondern nimmt den Strom und die aufgenommene Wirkleistung in Abhängigkeit von der Spannung auf, so kann man die sogenannten Kurzschlußkennlinien der Maschine zeichnen (Bild 3.42). Man versteht darunter die Kennlinien, die die Abhängigkeit des Maschinenstroms I_K und des Anlaufmoments M_{Anlauf} von der Spannung U angeben: $I_K = f(U)$ und $M_{Anlauf} = f(U)$. Der Strom wächst linear mit der Spannung, ein Ergebnis, daß bei Kenntnis der Ersatzschaltung (Bild 3.37) zu erwarten ist. Durch Verlängerung der Kennlinie bis zur Nennspannung oder durch proportionales Umrechnen läßt sich der bei Nennspannung auftretende Anlaufstrom ermitteln. Er stellt eine wichtige Kenngröße der Maschine dar. Gelegentlich wächst der Strom jedoch stärker als proportional mit der Spannung. Das liegt daran, daß die Streureaktanzen X_1 und $X_2{}^1$ in der Ersatzschaltung stromabhängig sind, weil die zugehörigen Induktivitäten wie die Induktivität einer Spule mit Eisenkern stromabhängig sind. Die den Induktivitäten zugeordneten Streuflüsse, genauer gesagt, die Nutstreuflüsse, umfassen jeweils nur die Stator- bzw. Rotorleiter. Jeder im Stator- oder Rotoreisen in einer Nut eingebettete Leiter umgibt sich, wenn er von Strom durchflossen wird, mit einem magnetischen Fluß. Dieser Fluß überquert die Nut, die für ihn einen Luftspalt darstellt, da das Leitermaterial die gleiche magnetische Leitfähigkeit wie die Luft hat, und schließt sich über das Eisen mit seiner zunächst im Vergleich zur Luft sehr hohen magnetischen Leitfähigkeit (Bild 3.43). Mit zunehmendem Strom gerät das Eisen allmählich in die Sättigung, d.h., seine magnetische Leitfähigkeit nimmt ab, und damit wächst der magnetische Widerstand der Eisenstrecke, der bis dahin, verglichen mit dem der Nut, vernachlässigbar klein war. Der Streufluß wächst mit beginnender Sättigung des Eisens mit wachsendem Strom nicht mehr in gleichem Maß wie vorher, sondern zunehmend schwächer. Das ist gleichbedeutend mit abnehmender Leiterinduktivität und damit abnehmender Streureaktanz. Der dadurch bedingte überproportionale Stromanstieg mit der Spannung im Kurzschlußversuch (Bild 3.42) erschwert die Ermittlung des Anlaufstroms bei Nennspannung. Hat man den Kurzschlußversuch nur mit verminderter Spannung mit Nennstrom gemacht und ermittelt den Anlaufstrom unter der Annahme linearer Verhältnisse, so kann der so ermittelte Anlaufstrom erheblich unter dem tatsächlichen Wert liegen. Der tatsächliche Anlaufstrom kann das bis zu 1,5fache des unter der Annahme linearer Verhältnisse ermittelten Anlaufstroms betragen.

Das Anlaufmoment der Maschine kann aus Luftspaltleistung und Drehfelddrehzahl berechnet werden (Gl. 3.13).

$$M_{Anlauf} = \frac{P_d}{2 \cdot \pi \cdot n_d}$$

Im Kurzschlußversuch erhält man die Luftspaltleistung, wenn man von der aufgenommenen Leistung P_K die Stromwärmeverlustleistung in den Spulen der Statorwicklung abzieht. Reibungsverlustleistung tritt keine auf. Die Eisenverlustleistung ist, da sie etwa quadratisch von der Spannung abhängt und der Versuch mit gegenüber der Nennspannung stark verminderter Spannung gemacht wird, verglichen mit der Stromwärmeverlustleistung in der Statorwicklung vernachlässigbar klein.

3.4 Die Ersatzschaltung der Asynchronmaschine

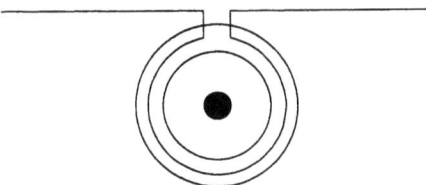

Bild 3.43 In Eisen eingebetteter stromdurchflossener Leiter: Der den Leiter umfassende magnetische Fluß überquert die Nut und schließt sich über das Eisen.

$P_d = P_K - P_{Cu1}$

Das für den Kurzschlußversuch mit Nennstrom ermittelte Anlaufmoment ist noch auf Nennspannung umzurechnen. In welcher Weise umzurechnen ist, ergibt sich aus der Ersatzschaltung der Asynchronmaschine (Bild 3.37). Eine Verdoppelung beispielsweise der Spannung an den Eingangsklemmen der Ersatzschaltung hat bei konstantem Schlupf, im Kurzschlußfall $s = 1$, eine Verdoppelung des Stroms in allen Zweigen der Schaltung zur Folge, so auch im Rotorzweig. Da die in dem Wirkwiderstand dieses Zweigs umgesetzte Leistung, die Drehfeldleistung, mit dem Quadrat des Stroms wächst, und dieser der Spannung proportional ist, kann man auch sagen, daß die Drehfeldleistung und das ihr proportionale Drehmoment Gl. (3.13) mit dem Quadrat der Spannung wachsen. Das für den Kurzschlußversuch mit Nennstrom ermittelte Anlaufmoment ist demnach quadratisch mit der Spannung auf Nennspannung umzurechnen.

3.4.4.2 Der Leerlaufversuch

Der Leerlaufversuch wird mit unbelasteter Maschine bei Nennspannung gemacht. Die Leerlaufdrehzahl liegt der Reibungsverluste wegen, die sich aus Lager- und Luftreibung zusammensetzen, zu denen bei der Maschine mit Schleifringläufer noch Bürstenreibungsverluste hinzukommen, ganz knapp unterhalb der Drehfelddrehzahl. Wollte man echte Leerlaufbedingungen herstellen, d.h. Lauf der Maschine mit Drehfelddrehzahl, so müßte man sie noch ein wenig antreiben, z.B. durch einen Gleichstrommotor, der mit Drehfelddrehzahl dreht. Der damit verbundene Aufwand lohnt in der Regel die Mühe nicht. Gemessen werden neben der Spannung der Leerlaufstrom I_0 und die im Leerlauf aufgenommene Wirkleistung P_0 (Bild 3.32). Mit diesen Daten des Leerlaufversuchs und dem Statorspulenwiderstand lassen sich die Daten der vereinfachten Ersatzschaltung für den Leerlauf (Bild 3.40) angeben.

Beispiel 3.8: Asynchronmaschine mit Schleifringläufer $380V$ Y $50Hz$ $12{,}6A$. Leerlaufversuch mit Nennspannung $380V$: $3{,}90A$ $270W$ 1498min^{-1}. Kurzschlußversuch mit Nennstrom $12{,}6A$: $130V$ $1{,}18kW$.

Statorwicklungswiderstand (Spulenwiderstand) durch Strom-Spannungs-Messung mit Gleichstrom: $R_1 = 1{,}28V/1{,}50A = 0{,}853\Omega$.

Ermitteln Sie die Daten der Ersatzschaltung der Asynchronmaschine. Wie groß sind der Anlaufstrom und das Anlaufmoment der Maschine?

Lösung: Der Lösungsgang entspricht dem zur Berechnung der Ersatzschaltung des Transformators, insbesondere des Drehstromtransformators. Auch für die Ersatzschaltung der Asynchronmaschine (Bild 3.37) gilt, daß, für $s = 1$, die Impedanzen des Längszweiges R_1, X_1, R_2^1 und X_2^1 wesentlich kleiner sind als die Impedanzen des Querzweiges $R_{Fe+Reib}$ und X_μ. Die Längsimpedanzen werden aus den Daten des Kurzschlußversuchs ermittelt, die Querimpedanzen aus den Daten des Leerlaufversuchs. Zur Ermittelung der Längsimpedanzen zeichnet man zweckmäßigerweise die vereinfachte Ersatzschaltung für den Kurzschluß oder Anlauf ($s = 1$). Sie ergibt sich, wenn man aus der vollständigen Ersatzschaltung den Querzweig heraustrennt und im Längszweig die Wirkwiderstände R_1 und R_2^1 zu einem Gesamtwirkwiderstand $R = R_1 + R_2^1$ und die Reaktanzen X_1 und X_2^1 zu einer Gesamtreaktanz $X = X_1 + X_2^1$ zusammenfaßt (Bild 3.39). In diese vereinfachte Ersatzschaltung für den Kurzschluß trägt man die Ergebnisse des Kurzschlußversuchs ein. Die an der Schaltung liegende Kurzschlußspannung ist die Leiter-Erd-Spannung $U_K = 130V/\sqrt{3}$, der dazu gehörende Kurzschlußstrom ist $I_K = 12{,}6A$. Von der im Kurzschlußversuch aufgenommenen dreiphasigen Wirkleistung $P_{K(3)} = 1{,}18kW$ wird im Wirkwiderstand R der einphasigen Ersatzschaltung die einphasige Wirkleistung $P_{K(1)} = 1{,}18kW/3$ umgesetzt. Mit diesen Daten läßt sich zunächst der Wirkwiderstand R der Schaltung, dann die Reaktanz X berechnen.

$$P_{K(1)} = I_K^2 \cdot R$$

daraus

$$R = \frac{P_{K(1)}}{I_K^2} = \frac{1{,}18kW/3}{(12{,}6A)^2} = 2{,}48\Omega$$

Die Reaktanz X der Schaltung ergibt sich aus deren Impedanz Z und Wirkwiderstand R

$$X = \sqrt{Z^2 - R^2} = \sqrt{\left(\frac{130V/\sqrt{3}}{12{,}6A}\right)^2 - (2{,}48\Omega)^2} = 5{,}42\Omega$$

Da der Wirkwiderstand R_1 für die Statorseite gemessen wurde, läßt sich der auf die Statorseite umgerechnete Rotorwirkwiderstand R_2^1 als Differenz von Gesamtwirkwiderstand R und Statorwirkwiderstand R_1 berechnen.

$$R = R_1 + R_2^1$$

3.4 Die Ersatzschaltung der Asynchronmaschine

daraus

$$R_2^1 = R - R_1 = 2{,}48\Omega - 0{,}853\Omega = 1{,}63\Omega$$

Die Anteile der Statorreaktanz X_1 und der auf die Statorseite umgerechneten Rotorreaktanz X_2^1 an der Längsreaktanz X lassen sich aus den Daten von Kurzschluß- und Leerlaufversuch nicht ermitteln. Aus diesem Grund ist es üblich, näherungsweise eine hälftige Aufteilung der Gesamtreaktanz auf die beiden Teilreaktanzen anzunehmen.

$$X_1 = X_2^1 = \frac{X}{2} = \frac{5{,}42\Omega}{2} = 2{,}71\Omega$$

Diese zunächst willkürlich erscheinende Aufteilung ist dadurch gerechtfertigt, daß das mit Hilfe der Ersatzschaltung berechnete Betriebsverhalten der Maschine nur in geringem Maß von der Art der Aufteilung der Gesamtreaktanz auf die Teilreaktanzen abhängt. Zur Ermittlung der Querimpedanzen zeichnet man zweckmäßigerweise die aus dem Querzweig der Ersatzschaltung (Bild 3.37) bestehende vereinfachte Ersatzschaltung für die leerlaufende ($s = 0$) Asynchronmaschine (Bild 3.40). In diese trägt man die Daten des Leerlaufversuchs ein. Die am Eingang der Schaltung liegende Nennspanung der Maschine ist die Leiter-Erd-Spannung $U = 380V/\sqrt{3}$. Dazu gehört der Leerlaufstrom $I_0 = 3{,}90A$. Von der im Leerlauf aufgenommenen dreiphasigen Wirkleistung $P_{0(3)}$ wird im Wirkwiderstand $R_{Fe+Reib}$ der einphasigen Ersatzschaltung die einphasige Wirkleistung $P_{0(1)} = 270W/3$ umgesetzt. Mit diesen Daten wird zunächst der Wirkwiderstand des Querzweiges berechnet.

$$P_{0(1)} = \frac{U^2}{R_{Fe+Reib}}$$

daraus

$$R_{Fe+Reib} = \frac{U^2}{P_{0(1)}} = \frac{\left(380V/\sqrt{3}\right)^2}{270W/3} = \frac{(380V)^2}{270W} = 535\Omega$$

Der Strom zur Deckung der Eisen- und Reibungsverlustleistung ist

$$I_{Fe+Reib} = \frac{U}{R_{Fe+Reib}} = \frac{380V/\sqrt{3}}{535\Omega} = 0{,}410A$$

Aus dem Zeigerdiagramm für die vereinfachte Ersatzschaltung der Asynchronmaschine für den Leerlauf (Bild 3.41) liest man für den Magnetisierungsstrom I_μ der Maschine ab

$$I_\mu = \sqrt{I_0^2 - I_{Fe+Reib}^2} = \sqrt{(3{,}90A)^2 - (0{,}410A)^2} = 3{,}88A$$

Für die Magnetisierungsreaktanz X_μ folgt daraus

$$X_\mu = \frac{U}{I_\mu} = \frac{380V/\sqrt{3}}{3{,}88A} = 56{,}5\Omega$$

Bei der Vereinfachung der Ersatzschaltung für den Leerlauf hätten wir nicht soweit gehen müssen, daß wir den Statorwirkwiderstand R_1 und die Statorstreureaktanz X_1 zu Null annehmen. Wir hätten uns vielmehr unter Berücksichtigung dieser Widerstände darauf beschränken können, den Rotorzweig mit den Widerständen R_2^1/s und X_2^1 aus der vollständigen Ersatzschaltung (Bild 3.37) herauszutrennen. Die Berechnung der Querwiderstände wäre dann etwas mühsamer gewesen. An ihrer Größe hätte sich dadurch nicht viel geändert. Die so erhaltene Ersatzschaltung gibt das Verhalten der Asynchronmaschine etwas genauer wieder als die hier ermittelte. Strenggenommen darf auch der Rotorzweig nicht entfernt werden, da die Leerlaufdrehzahl nicht der Drehfelddrehzahl bzw. Synchrondrehzahl entsprach und damit Schlupf und Rotorstrom nicht Null waren. Die mit der Berücksichtigung dieser Verhältnisse verbundene Mühe lohnt sich jedoch nicht.

Anlaufstrom und Anlaufmoment ergeben sich aus den Daten des Kurzschlußversuchs. Der Anlaufstrom der Maschine ist

$$I_{Anlauf} = 12{,}6A \cdot \frac{380V}{130V} = 36{,}8A \triangleq \frac{36{,}8A}{12{,}6A} = 2{,}92$$

Er beträgt demnach fast das 3fache des Nennstroms. Das Anlaufmoment wird mit Hilfe der Drehfeldleistung ermittelt, die sich als Differenz von im Kurzschlußversuch aufgenommener Wirkleistung und Stromwärmeverlustleistung in den Statorspulen ergibt

$$P_d = P_K - P_{Cu1} = 1{,}18kW - (12{,}6A)^2 \cdot 0{,}853\Omega \cdot 3 = 774W$$

Danach ist das Anlaufmoment unter den Bedingungen des Kurzschlußversuchs, d.h. bei $130V$

$$M_{Anlauf}(130V) = \frac{P_d}{2 \cdot \pi \cdot n_d} = \frac{774W}{2 \cdot \pi \cdot \frac{1500}{60}s^{-1}} = 4{,}93N \cdot m$$

3.4 Die Ersatzschaltung der Asynchronmaschine

und bei voller Spannung, d.h. Nennspannung 380V

$$M_{Anlauf}(380V) = M_{Anlauf}(130V) \cdot \left(\frac{380V}{130V}\right)^2 = 4{,}93N \cdot m \cdot 8{,}54$$

$$M_{Anlauf}(380V) = 42{,}1N \cdot m$$

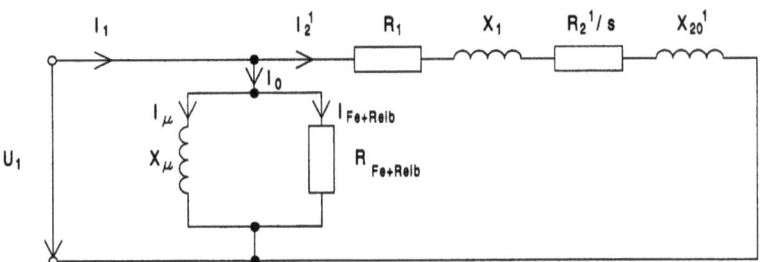

Bild 3.44 Vereinfachte Ersatzschaltung der Asynchronmaschine: Querzweig (Bild 3.37) an den Eingang der Schaltung verlegt.

3.4.5 Vereinfachte Ersatzschaltung für große Asynchronmaschinen

Eine Vereinfachung bei der Berechnung des Betriebsverhaltens der Asynchronmaschine mit Hilfe ihrer Ersatzschaltung (Bild 3.37) ergibt sich, wenn der Querzweig der Schaltung an den Eingang der Schaltung verlegt wird (Bild 3.44). Die damit verbundene Ungenauigkeit in der Nachbildung der Maschine ist umso geringer, je größer die Querimpedanzen X_μ und $R_{Fe+Reib}$ im Vergleich zu den Längsimpedanzen R_1, X_1, R_2^1 und X_{20}^1 sind. Dieses Vorgehen ist umso besser gerechtfertigt, je größer die Maschine ist, da bedingt durch die Wachstumsgesetze für elektrische Maschinen bei Asynchronmaschinen mit zunehmender Maschinenleistung der auf den Maschinennennstrom bezogene Leerlaufstrom abnimmt. Bei der Vereinfachung der Ersatzschaltung kann man bei großen Maschinen noch einen Schritt weiter gehen. Da der Statorwicklungswirkwiderstand R_1 im allgemeinen im Vergleich zu den übrigen Längsimpedanzen vernachlässigbar klein ist, kann man ihn weglassen. Es liegen dann im Rotorzweig nur der Wirkwiderstand R_2^1/s und die zu einer Summenreaktanz X zusammengefaßten Reaktanzen X_1 und X_{20}^1 von Stator und Rotor (Bild 3.45).

$$X = X_1 + X_{20}^1 \tag{3.14}$$

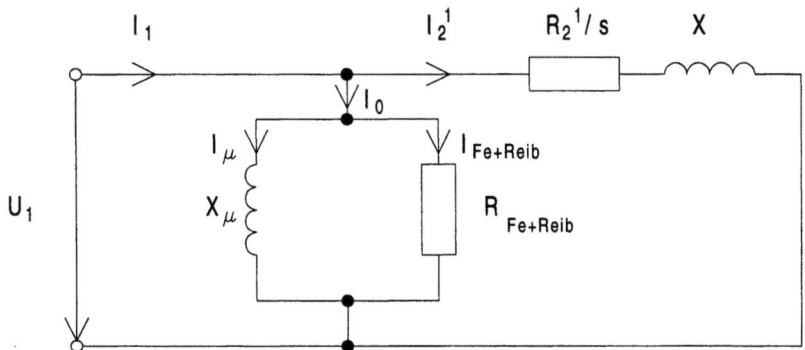

Bild 3.45 Ersatzschaltung für Asynchronmaschinen großer Leistung

Ein markanter Betriebspunkt in der Drehmoment-Drehzahl-Kennlinie ist der Kippunkt mit Kippmoment und Kippdrehzahl (Bild 3.13 bzw. 3.17). Beide Größen lassen sich mit Hilfe der Ersatzschaltung (Bild 3.45) ermitteln. Der Kippunkt ist durch maximales Drehmoment und auf Grund der Proportionalität zwischen Drehmoment und Drehfeldleistung Gl. (3.13) durch maximalen Leistungsumsatz im Wirkwiderstand R_2^1/s des Rotorzweiges gekennzeichnet, der ja der Drehfeldleistung entspricht. Die größte Leistung im Wirkwiderstand des Rotorzweiges wird umgesetzt, wenn dieser vom Schlupf bzw. der Drehzahl abhängige Widerstand so groß wie die im Rotorzweig liegende Reaktanz X Gl. (3.14) ist.

$$\frac{R_2^1}{s} = X \tag{3.15}$$

Der zugehörige Schlupf ist der Kippschlupf

$$s_{Kipp} = \frac{R_2^1}{X} \tag{3.16}$$

Mit Hilfe des Kippschlupfes läßt sich über die Luftspaltleistung das Kippmoment berechnen.

$$M_{Kipp} = \frac{P_{dKipp}}{2 \cdot \pi \cdot n_d} = \frac{(I_2^1)^2 \cdot \dfrac{R_2^1}{s_{Kipp}} \cdot 3}{2 \cdot \pi \cdot n_d}$$

$$M_{Kipp} = \frac{3}{2 \cdot \pi \cdot n_d} \cdot \frac{U_1^2}{\left(\dfrac{R_2^1}{s_{Kipp}}\right)^2 + X^2} \cdot \frac{R_2^1}{s_{Kipp}}$$

3.4 Die Ersatzschaltung der Asynchronmaschine

Da für den Kippunkt der Wirkwiderstand im Rotorzweig die gleiche Größe wie die Reaktanz hat Gl. (3.15)

$$\frac{R_2^1}{s_{Kipp}} = X \tag{3.17}$$

ergibt sich für das Kippmoment

$$M_{Kipp} = \frac{3}{2 \cdot \pi \cdot n_d} \cdot \frac{U_1^2}{2 \cdot X} \tag{3.18}$$

Danach hängt die Höhe des Kippmomentes nicht vom Rotorwirkwiderstand ab, wohl aber seine Lage, gekennzeichnet durch den Kippschlupf (Gl. 3.16) bzw. die zugehörige Kippdrehzahl (Bild 3.29).

Beispiel 3.9: Vereinfachte Ersatzschaltung (Bild 3.44) eines 4poligen Asynchronmotors mit Schleifringläufer $380V$ Y $50Hz$ $12,6A$:

$R_1 = 0,853\Omega$ $X_1 = X_2^1 = 2,71\Omega$ $R_2^1 = 1,63\Omega$

$X_\mu = 56,5\Omega$ $R_{Fe+Reib} = 535\Omega$

Für eine Drehzahl von $1390 \, min^{-1}$ sind zu ermitteln: Drehmoment, abgegebene mechanische Leistung, Statorstrom, Leistungsfaktor und Wirkungsgrad. Wie groß sind der Kippschlupf, die Kippdrehzahl und das Kippmoment des Motors?

Lösung: Der Schlupf der Maschine bei der angegebenen Drehzahl ist

$$s = \frac{n_d - n}{n_d} = \frac{1500 \, min^{-1} - 1390 \, min^{-1}}{1500 \, min^{-1}} = 0,0733$$

Daraus ergibt sich mit dem Rotorwirkwiderstand

$$\frac{R_2^1}{s} = \frac{1,63\Omega}{0,0733} = 22,2\Omega$$

der Strom im Rotorzweig

$$\underline{I}_2^1 = \frac{\underline{U}_1}{\left(R_1 + \frac{R_2^1}{s}\right) + j \cdot \left(X_1 + X_2^1\right)}$$

$$\underline{I}_2^1 = \frac{380V/\sqrt{3}}{(0{,}853 + 22{,}2)\Omega + j \cdot (2{,}71 + 2{,}71)\Omega} = 9{,}25A \cdot /\underline{-13{,}2^0}$$

Die Drehfeld- oder Luftspaltleistung ist

$$P_d = \left(I_2^1\right)^2 \cdot \frac{R_2^1}{s} \cdot 3 = (9{,}25A)^2 \cdot 22{,}2\Omega \cdot 3 = 5{,}70 kW$$

Mit ihr kann das Drehmoment des Motors berechnet werden.

$$M = \frac{P_d}{2 \cdot \pi \cdot n_d} = \frac{5{,}70 kW}{2 \cdot \pi \cdot \frac{1500}{60} s^{-1}} = 36{,}3 N \cdot m$$

Die vom Motor an der Welle abgegebene mechanische Leistung ist

$$P_{mech} = M \cdot 2 \cdot \pi \cdot n = 36{,}3 N \cdot m \cdot 2 \cdot \pi \cdot \frac{1390}{60} s^{-1} = 5{,}28 kW$$

Der Statorstrom setzt sich aus dem Leerlaufstrom und dem Strom im Rotorzweig zusammen

$$\underline{I}_1 = \underline{I}_0 + \underline{I}_2^1$$

Dabei stellt der Leerlaufstrom die Summe von Magnetisierungsstrom und Strom zur Deckung der Eisen- und Reibungsverlustleistung dar.

$$\underline{I}_0 = \underline{I}_\mu + \underline{I}_{Fe+Reib} = \frac{U_1}{j \cdot X_\mu} + \frac{U_1}{R_{Fe+Reib}}$$

$$\underline{I}_0 = \frac{380V/\sqrt{3}}{j \cdot 56{,}5\Omega} + \frac{380V/\sqrt{3}}{535\Omega} = 3{,}90A \cdot /\underline{-84{,}0^0}$$

Der Statorstrom ist

$$\underline{I}_1 = 3{,}90A \cdot /\underline{-84{,}0^0} + 9{,}25A \cdot /\underline{-13{,}2^0} = 11{,}2A \cdot /\underline{-32{,}5^0}$$

3.4 Die Ersatzschaltung der Asynchronmaschine

Der Betrag des Statorstroms ist demnach $I_1 = 11,2 A$ und der Leistungsfaktor

$$\cos\varphi = \cos(-32,5°) = 0,844$$

Der Wirkungsgrad als Quotient von an der Welle abgegebener mechanischer Leistung und aus dem Netz aufgenommener Wirkleistung ist

$$\eta = \frac{P_{mech}}{P_{el}} = \frac{P_{mech}}{U_1 \cdot I_1 \cdot \cos\varphi \cdot 3}$$

$$\eta = \frac{5,28 kW}{\frac{380V}{\sqrt{3}} \cdot 11,2A \cdot 0,844 \cdot 3} = 0,849 \triangleq 84,9\%$$

Die für Kippschlupf Gl. (3.16) und Kippmoment Gl. (3.18) abgeleiteten Ausdrücke gelten nur für große Maschinen, deren Statorwirkwiderstand vernachlässigbar klein ist und können hier nicht benutzt werden. Doch auch hier erreicht der Leistungsumsatz im schlupfabhängigen Rotorwirkwiderstand R_2^1/s (Bild 3.44), der der Drehfeldleistung entspricht, im Kippunkt seinen größten Wert. Die größtmögliche Leistung wird in diesem Widerstand umgesetzt, wenn für ihn gilt

$$\frac{R_2^1}{s} = \sqrt{R_1^2 + (X_1 + X_2^1)^2}$$

Der zugehörige Schlupf ist der Kippschlupf

$$s_{Kipp} = \frac{R_2^1}{\sqrt{R_1^2 + (X_1 + X_2^1)^2}}$$

$$s_{Kipp} = \frac{1,63\Omega}{\sqrt{0,853^2 + (2,71 + 2,71)^2}\,\Omega} = 0,297 \triangleq 29,7\%$$

Der schlupfabhängige Rotorwirkwiderstand ist dann

$$\frac{R_2^1}{s_{Kipp}} = \sqrt{0,853^2 + (2,71 + 2,71)^2}\,\Omega = 5,49\Omega$$

und der Strom im Rotorzweig

$$\underline{I}_2{}^1 = \frac{U_1}{\left(R_1 + \dfrac{R_2{}^1}{s_{Kipp}}\right) + j \cdot \left(X_1 + X_2{}^1\right)}$$

$$\underline{I}_2{}^1 = \frac{380V/\sqrt{3}}{(0{,}853 + 5{,}49)\Omega + j \cdot (2{,}71 + 2{,}71)\Omega} = 26{,}3A \cdot \underline{/-40{,}5^0}$$

Die Drehfeldleistung im Kippunkt ist

$$P_d = \left(I_2{}^1\right)^2 \cdot \frac{R_2{}^1}{s_{Kipp}} \cdot 3 = (26{,}3A)^2 \cdot 5{,}49\Omega \cdot 3 = 11{,}4kW$$

und das Kippmoment

$$M_{Kipp} = \frac{P_d}{2 \cdot \pi \cdot n_d} = \frac{11{,}4kW}{2 \cdot \pi \cdot \dfrac{1500}{60}s^{-1}} = 72{,}3N \cdot m$$

3.5 Das Kreisdiagramm der Asynchronmaschine

Das Kreisdiagramm der Asynchronmaschine zeigt in anschaulicher Form das Betriebsverhalten der Maschine. Es kann aus wenigen Versuchsdaten gewonnen werden. Aus dem Kreisdiagramm können nicht nur die einem bestimmten Betriebspunkt zugeordneten Betriebsgrößen, sondern alle das Betriebsverhalten der Maschine beschreibenden Kennlinien entnommen werden. Das ist allerdings etwas mühsam. Der Hauptverzug des Kreisdiagramms liegt darin, daß man sich mit seiner Hilfe in einfacher Weise einen Überblick über die gegenseitige Abhängigkeit aller interessierenden Betriebsgrößen machen kann. Es gilt nur für stromverdrängungsfreie Maschinen, also für Maschinen mit Schleifringläufer und für Maschinen mit Käfigläufer ohne Stromverdrängung, das sind Käfigläufer mit Rundstäben. Das Kreisdiagramm wurde von Alexander Heyland (1869-1943) entwickelt und in einer Veröffentlichung 1894 zum ersten Mal beschrieben. Heyland wurde in Iserlohn geboren und lebte nach einem Studium der Elektrotechnik in Deutschland als beratender Ingenieur in Brüssel. Im Zusammenhang mit dem Kreisdiagramm spricht

3.5 Das Kreisdiagramm der Asynchronmaschine

man auch vom Heyland-Kreis oder Ossanna-Kreis. Johann Ossanna (1870-1952) entwickelte das Heyland-Diagramm weiter. Er wurde im damals österreichischen Südtirol geboren, studierte in Graz, war in der Industrie tätig und wurde dann Professor für Elektrische Maschinen an der Technischen Hochschule München.

3.5.1 Die Impedanzortskurve für den Rotor

Das Kreisdiagramm der Asynchronmaschine kann aus deren Ersatzschaltung abgeleitet werden. Der Einfachheit halber wollen wir es zunächst für Maschinen großer Leistung entwickeln und greifen deswegen auf deren Ersatzschaltung (Bild 3.45) zurück. Wir beginnen mit dem Rotorzweig (Bild 3.46). Dessen Impedanz ist

$$\underline{Z}_2^1 = \frac{R_2^1}{s} + jX \qquad (3.19)$$

Stellt man den Impedanzzeiger in der Gauß'schen Zahlenebene dar, ausgehend von $\underline{Z}_2^1 = jX$ für einen Schlupf $s = \infty$, und läßt den Schlupf s Werte von Unendlich bis Null annehmen, dann wandert die Zeigerspitze auf einer Parallelen zur reellen Achse im Abstand X zu dieser (Bild 3.47). Die so erhaltene Kurve ist die Ortskurve der Rotorimpedanz mit dem Schlupf als Parameter. Durchläuft der Schlupf Werte von Null bis Unendlich, dann wird die Ortskurve von rechts aus dem Unendlichen kommen nach links bis zum Schnitt mit der imaginären Achse durchlaufen.

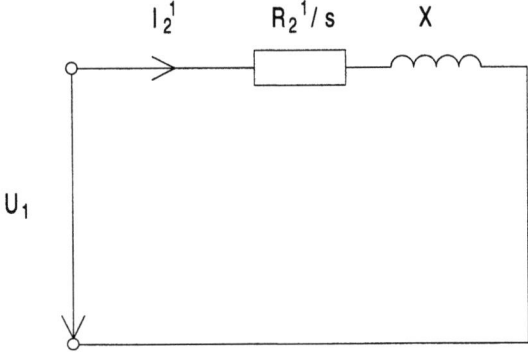

Bild 3.46 Ersatzschaltung für den Rotorkreis

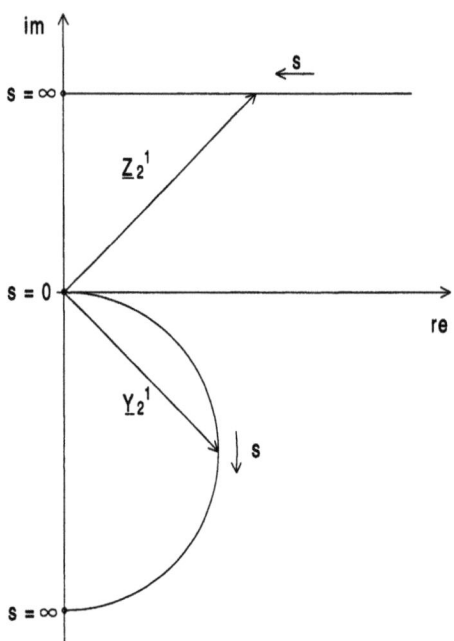

Bild 3.47 Ortskurven für die Impedanz und die Admittanz des Rotorzweiges

3.5.2 Die Admittanzortskurve für den Rotor

Der Kehrwert der Impedanz des Rotorzweiges ist die Admittanz oder der Leitwert des Rotorzweiges.

$$\underline{Y}_2^1 = \frac{1}{\underline{Z}_2^1} \tag{3.20}$$

Auch für die Admittanz läßt sich eine Ortskurve mit dem Schlupf als Parameter angeben (Bild 3.47). Dazu ist zu jedem Impedanzzeiger $\underline{Z}_2^1(s)$ der durch Kehrwertbildung oder Inversion Gl. (3.20) entstandene Admittanzzeiger $\underline{Y}_2^1(s)$ zu zeichnen und anschließend die Verbindung aller Admittanzzeigerspitzen durch eine Kurve herzustellen. Es ist dies die Ortskurve $\underline{Y}_2^1(s)$ für die Admittanz des Rotorzweiges mit dem Schlupf s als Parameter. Der Betrag oder die Länge des neuen Zeigers ergibt sich dabei als Kehrwert des Betrages oder der Länge des ursprünglichen Zeigers. Der Winkel des neuen Zeigers ist der des alten, aber mit umgekehrten Vorzeichen. Verfährt man in der beschriebenen Weise, dann geht die Impedanzortskurve, eine Gerade, in einen Halbkreis über. Dessen Lage und Durchmesser ergibt sich, wenn man für zwei ausgezeichnete Impedanzzeiger, nämlich den längsten und den kürzesten, die Inversion vornimmt. Dabei geht der längste Zeiger in den kürzesten über und der kürzeste in den längsten. Zum Impedanzzeiger mit der größten Länge gehört der Schlupf $s = 0$.

3.5 Das Kreisdiagramm der Asynchronmaschine

Dieser Zeiger ist unendlich lang und hat den Zeigerwinkel 0°. Bei der Inversion geht er in einen Zeiger mit der Länge Null und dem Zeigerwinkel 0° über. Es ist dies der Admittanzzeiger $\underline{Y}_2^1(s=0)$ für den Schlupf Null. Zum Impedanzzeiger mit der kleinsten Länge gehört der Schlupf $s=\infty$. Seine Länge ist X, sein Winkel +90°. Bei der Inversion geht er in einen Zeiger mit der Länge $1/X$ und dem Zeigerwinkel –90° über. Es ist dies der Admittanzzeiger $\underline{Y}_2^1(s=\infty)$ für unendlich großen Schlupf. Damit sind die Lage und der Durchmesser der einen Halbkreis darstellenden Ortskurve $\underline{Y}_2^1(s)$ der Rotoradmittanz mit dem Schlupf s als Parameter gegeben. Der Durchmesser dieses Halbkreises ist $1/X$. Die Ortskurve wird mit wachsendem Schlupf, von $s=0$ im Ursprung des Koordinatensystems ausgehend und bei $s=\infty$ auf der imaginären Achse endend, im Uhrzeigersinn durchlaufen.

3.5.3 Die Ortskurve für den Rotorstrom

Für den im Rotorzweig (Bild 3.46) fließenden Strom

$$\underline{I}_2^1 = \frac{\underline{U}_1}{\underline{Z}_2^1} = \underline{U}_1 \cdot \underline{Y}_2^1 \tag{3.21}$$

läßt sich ebenfalls eine Ortskurve angeben. Legt man den Zeiger für die am Rotorzweig liegende Spannung U_1 in die reelle Achse, dann ist $\underline{U}_1 = U_1$ eine rein reelle Größe und aus den Admittanzzeigern entstehen durch eine Maßstabsänderung die Stromzeiger. Dabei werden die Admittanzzeiger gestreckt oder gestaucht, je nachdem, wie der Strommaßstab gewählt wurde. Die Ortskurve für die Admittanz $\underline{Y}_2^1(s)$ geht dabei über in die Ortskurve für den Strom $\underline{I}_2^1(s)$ des Rotorzweiges. Die Stromortskurve ist ebenfalls ein Halbkreis (Bild 3.48). Der Durchmesser des

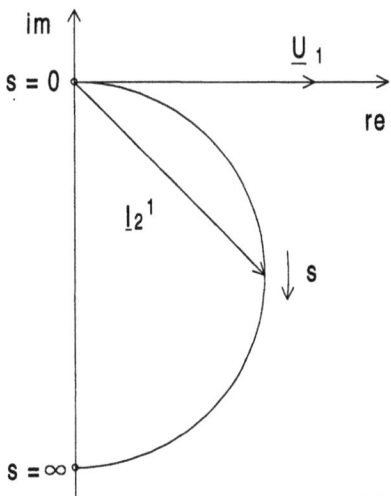

Bild 3.48 Ortskurve für den Rotorstrom

Halbkreises ist U_1/X. Die Stromortskurve wird mit wachsendem Schlupf s im Uhrzeigersinn durchlaufen. Im Zusammenhang mit dem Kreisdiagramm der Asynchronmaschine ist es üblich, das Koordinatensystem um 90° im Gegenuhrzeigersinn zu drehen (Bild 3.49).

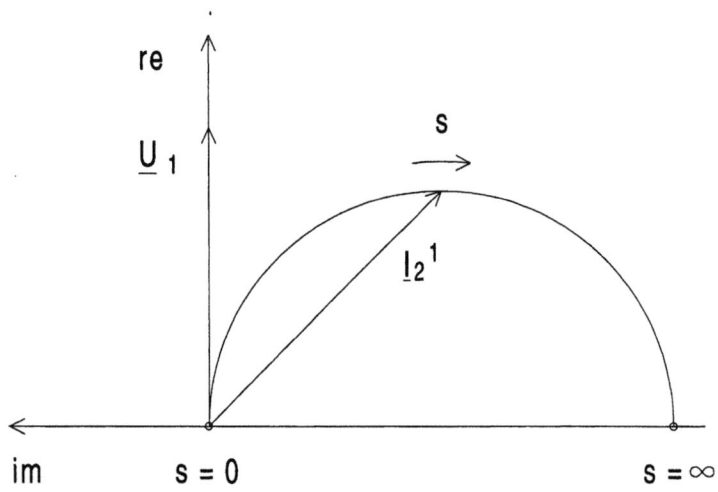

Bild 3.49 Ortskurve für den Rotorstrom in üblicher Darstellung

3.5.4 Das vereinfachte Kreisdiagramm für Maschinen großer Leistung

Ergänzt man die Ersatzschaltung für den Rotorzweig (Bild 3.46) dadurch, daß man ihr den Querzweig der vollständigen Ersatzschaltung parallel schaltet, so erhält man die für große Maschinen gültige vereinfachte Ersatzschaltung der Asynchronmaschine (Bild 3.45). Aus ihr ergibt sich die vor allem interessierende Stromortskurve $\underline{I}_1(s)$ für den Statorstrom. Der Statorstrom setzt sich aus dem konstanten Leerlaufstrom und dem belastungsabhängigen Strom im Rotorzweig zusammen.

$$\underline{I}_1 = \underline{I}_0 + \underline{I}_2^1 \tag{3.22}$$

Danach gewinnt man die Stromortskurve $\underline{I}_1(s)$ für den Statorstrom, wenn man die Stromortskurve $\underline{I}_2^1(s)$ für den Rotorstrom (Bild 3.49) parallel zu sich selbst um einen Weg verschiebt, der dem Leerlaufstromzeiger $\underline{I}_0$ entspricht (Bild 3.50). Auch die Stromortskurve für den Statorstrom ist ein Halbkreis. Mit wachsendem Schlupf wird dieser Halbkreis im Uhrzeigersinn durchlaufen. Im Leerlaufpunkt P_0 für $s = 0$ führt die Maschine den Leerlaufstrom $\underline{I}_0$, dessen Wirkkomponente I_{Fe} zur Deckung der Eisenverlustleistung der Maschine dient

$$P_{Fe} = U_1 \cdot I_{Fe} \cdot 3 \tag{3.23}$$

und dessen Blindkomponente der Magnetisierungsstrom I_μ ist.

3.5 Das Kreisdiagramm der Asynchronmaschine

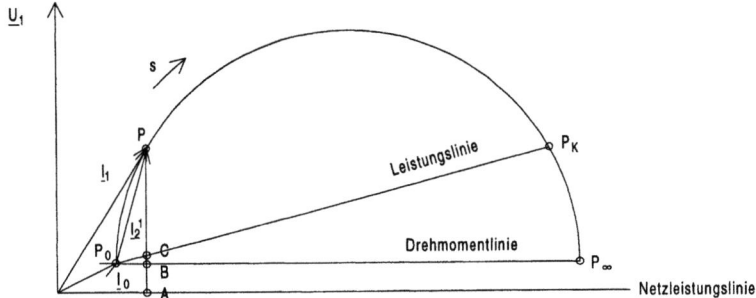

Bild 3.50 Kreisdiagramm für große Asynchronmaschinen

Wird der Motor vom Leerlauf ausgehend zunehmend belastet, so wandert die Spitze des Statorstromzeigers $\underline{I}_1$ auf der Stromortskurve nach oben. Dabei wird der Statorstrom I_1 zunehmend größer und der Phasenverschiebungswinkel zwischen der Netzspannung U_1 und dem Statorstrom zunehmend kleiner. Da beim Betrieb der Maschine im Hinblick auf die Blindleistungsverhältnisse ein möglichst kleiner Phasenverschiebungswinkel gewünscht wird, wird die Maschine meist so ausgelegt, daß der Nennbetriebspunkt in dem Punkt der Stromortskurve liegt, der sich als Berührungspunkt einer vom Ursprung aus an den Kreis gezeichneten Tangente ergibt. In diesem Punkt ist der Phasenverschiebungswinkel zwischen Netzspannung und Statorstrom am kleinsten und damit der Leistungsfaktor, der Kosinus dieses Winkels, am größten. Ein weiterer markanter Betriebspunkt ist der Kurzschluß-, Stillstand- oder Anlaufpunkt P_K der Maschine für $s = 1$. Der Strom, der zu diesem Betriebspunkt gehört, ist der Anlaufstrom der Maschine. Seine Wirkkomponente dient zur Deckung der Eisenverlustleistung und der Stromwärmeverlustleistung im Rotor.

Der Statorstrom I_1 für einen beliebigen Betriebspunkt P (Bild 3.50) hat bezüglich der Netzspannung U_1 eine Wirkkomponente, die mit der Spannung in Phase ist, und eine Blindkomponente, die gegen die Spannung um 90° im nacheilenden Sinn in der Phase verschoben ist. Nur der Wirkstrom trägt zur Wirkleistungsbildung bei. Ihm entspricht die Strecke $\overline{AP}$. Sie ist ein Maß für die Wirkleistung, die die Maschine aus dem Netz bezieht. Die Horizontale durch den Ursprung des Koordinatensystems wird Netzleistungslinie genannt. Die Parallele zur Netzleistungslinie durch den Leerlaufpunkt P_0 schneidet die Strecke $\overline{AP}$ im Punkt B. Der Strecke $\overline{AB}$ entspricht der Anteil des Wirkstroms, der zur Deckung der Eisenverluste im Stator nötig ist. Die Strecke ist ein Maß für die Eisenverlustleistung im Stator. Die Verbindungslinie von Leerlaufpunkt P_0 und Kurzschlußpunkt P_K schneidet die Strecke $\overline{AP}$ im Punkt C. Die Strecke $\overline{BC}$ stellt den Anteil des Wirkstroms dar, der zur Deckung der Verluste im Rotor nötig ist. Sie setzen sich aus der Stromwärme- und Eisenverlustleistung des Rotors zusammen. Die Eisenverlustleistung ist vernachlässigbar klein. Im Leerlauf ist sie ohnehin Null, da die Relativgeschwindigkeit des Drehfeldes gegenüber dem Rotor bei Leerlauf Null ist. Im üblichen Arbeitsbereich des Motors, d.h. bei einer Drehzahl knapp unterhalb der Drehfelddrehzahl, ist die Relativgeschwindigkeit des Drehfeldes gegenüber dem Rotor und damit auch die Rotorfrequenz so gering, daß die Eisenverlustleistung nicht ins Gewicht fällt. Bei Stillstand des Rotors schließlich ist wegen des großen Stroms die Stromwärmeverlustleistung so groß, daß die Eisenverlustleistung damit verglichen bedeutungslos ist. Nach all dem ist die Strecke $\overline{BC}$ ein Maß für die Stromwärmeverlustleistung im Rotor. Zur Bildung der an der Welle des Motors abgegebenen mechanischen Leistung, in der auch die Reibungsverlustleistung steckt, dient der Anteil des Wirkstroms, der durch die Strecke $\overline{CP}$ dargestellt wird. Diese Strecke ist ein Maß für die vom Motor abgegebene mechanische Leistung. Die Verbindungslinie von Leerlaufpunkt P_0 und Kurzschlußpunkt P_K heißt Leistungslinie. Die Strecke $\overline{BP}$ stellt den Teil des Wirkstroms dar, der zur Bildung der Drehfeld- oder Luftspaltleistung dient. Das ist die Leistung, die vom Drehfeld von der Statorseite über den Luftspalt auf die Rotorseite übertragen wird. Sie ergibt sich, wenn man von der aus dem Netz aufgenommenen Wirkleistung die Verlustleistung auf der Statorseite, bestehend aus Eisen- und Stromwärmeverlustleistung, abzieht. Bei größeren Maschinen kann von der Stromwärmeverlustleistung abgesehen werden. Die Verlustleistung auf der Statorseite ist dann nur Eisenverlustleistung. Unter dieser Voraussetzung ist die Strecke $\overline{BP}$ ein Maß für die Luftspaltleistung. Da das Drehmoment der Maschine der belastungsabhängigen Luftspaltleistung P_d proportional ist Gl. (3.13),

$$M = \frac{P_d}{2 \cdot \pi \cdot n_d}$$

wobei die Drehfelddrehzahl n_d eine konstante Größe darstellt, ist die Strecke $\overline{BP}$ auch ein Maß für das Drehmoment der Maschine. Die vom Leerlaufpunkt P_0 ausgehende Horizontale ist die Drehmomentlinie. Sie schneidet den Halbkreis im sogenannten Unendlichpunkt P_∞, dem der Schlupf $s = \infty$ zugeordnet ist. Noch unbekannt ist der dem Betriebspunkt P zugeordnete Schlupf s bzw. die dazugehörende Drehzahl n. Der Schlupf läßt sich mit Hilfe der dem Betriebspunkt zugeordneten mechanischen Leistung und Luftspaltleistung, die beide dem Diagramm entnommen werden, ermitteln Gl. (3.11).

$$P_{mech} = P_d \cdot (1-s) \rightarrow s = 1 - \frac{P_{mech}}{P_d}$$

Mit dem Schlupf ergibt sich für die Drehzahl Gl. (3.12)

$$n = n_d \cdot (1-s)$$

Das Diagramm zeigt, daß der Motor im Leerlauf, d.h. im Betriebspunkt P_0, kein Drehmoment und infolgedessen auch keine mechanische Leistung abgibt. Im Rotor tritt keine Stromwärmeverlustleistung auf. Die Leistung, die die Maschine aus dem Netz aufnimmt, dient ausschließlich zur Deckung der Eisenverluste. Beim Anlauf des Motors, d.h. im Betriebspunkt P_K, ist die abgegebene mechanische Leistung ebenfalls Null. Es tritt jedoch ein Drehmoment auf, das Anlaufmoment. Das Anlaufmoment ist umso größer, je größer die Stromwärmeverlustleistung im Rotor ist. Wenn ein großes Anlaufmoment gewünscht wird, muß die Leistungslinie mit der Drehmomentlinie einen großen Winkel einschließen. Im Hinblick auf den Wirkungsgrad der Maschine ist ein kleiner Winkel wünschenswert. Wenn die Leistungslinie mit der Drehmomentlinie zusammenfällt, ist der Wirkungsgrad zwar gut, aber das Anlaufmoment Null. Der Motor könnte, selbst wenn er vollkommen entlastet wäre, nicht selbst anlaufen. Die Leistungslinie muß vom Konstrukteur des Motors so gelegt werden, daß sie den Erfordernissen des Betriebes entspricht. Der Arbeitsbereich des Motors liegt zwischen dem Stillstandpunkt P_K und dem Leerlaufpunkt P_0. Das Drehmoment, daß der Motor bei Nennbetrieb abgibt, ist kleiner als das größte Moment, daß er abgeben kann, das Kippmoment. Im Betrieb treten Laststöße auf, die der Motor aufnehmen muß. Das Kippmoment soll aus diesem Grund wenigstens etwa doppelt so groß wie das Nennmoment sein.

3.5.5 Das allgemeingültige Kreisdiagramm

Dem bisher entwickelten Kreisdiagramm war eine vereinfachte, für Maschinen großer Leistung geltende Ersatzschaltung zugrunde gelegt worden, die sich aus der allgemeingültigen (Bild 3.37) ergibt, wenn der Querzweig an den Eingang der Schaltung verlegt wird (Bild 3.44) und der Statorwicklungswirkwiderstand als vernachlässigbar klein angenommen wird (Bild 3.45). Das Stromdiagramm für Maschinen kleiner und mittlerer Leistung ergibt sich aus der allgemeingültigen Ersatzschaltung der Maschine (Bild 3.37). In ihr bewirken der Statorwicklungswirkwiderstand R_1 und die Statorwicklungsstreureaktanz X_1, daß die an den Klemmen der Ersatzschaltung liegende Netzspannung $\underline{U}_1$ und die Spannung am Querzweig der Schaltung sich durch den Spannungsabfall an diesen Widerständen nach Betrag und Phase unterscheiden. Die Länge und Lage ihrer Zeiger weichen voneinander ab. Die Abweichung ist von der Belastung der Maschine abhängig. Sie ist jedoch so gering, daß sie im Kreisdiagramm nicht berücksichtigt wird. Das bedeutet, daß am Querzweig der Ersatzschaltung eine konstante, von der Belastung unabhängige, der Netzspannung $\underline{U}_1$ entsprechende Spannung liegt und damit ein konstanter, von der Belastung unabhängiger Leerlaufstrom $\underline{I}_0$ fließt. Der Statorwicklungswirkwiderstand bewirkt jedoch nicht nur einen Spannungsabfall, sondern auch das Auftreten einer belastungsabhängigen Stromwärmeverlustleistung in der Statorwicklung. Im Leerlauf der Maschine, Betriebspunkt P_0 mit dem Schlupf $s = 0$, dient der Wirkanteil des Leerlaufstroms (Bild 3.51) nicht allein zur Deckung der Eisenverlustleistung, sondern auch zur Deckung der Stromwärmeverlustleistung in der Statorwicklung.

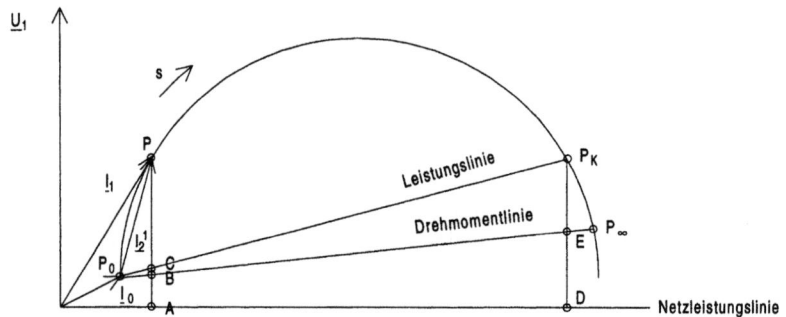

Bild 3.51 Kreisdiagramm der Asynchronmaschine

Der Abstand des Leerlaufpunktes P_0 von der Netzleistungslinie ist ein Maß für die Eisen- und Stromwärmeverlustleistung im Leerlauf. Der Abstand des Kurzschlußpunktes P_K von der Netzleistungslinie ist ein Maß für die Verlustleistung, die bei stillstehendem Rotor auftritt. Sie setzt sich aus der Eisen- und Stromwärmeverlustleistung des Stators und aus der Stromwärmeverlustleistung des Rotors zusammen. Wegen des großen Kurzschlußstroms ist die Eisenverlustleistung des Stators gegenüber der Stromwärmeverlustleistung des Stators vernachlässigbar klein. Die Stromwärmeverlustleistung läßt sich aus dem Statorkurzschlußstrom und dem ohmschen Statorwicklungswiderstand berechnen. Ihr entspricht eine Strecke. Diese Strecke wird auf der durch den Kurzschlußpunkt P_K gehenden Senkrechten zur Netzleistungslinie abgetragen, und zwar von der Netzleistungslinie aus, d.h. vom Punkt D. Man erhält auf diese Weise den Punkt E. Die Strecke $\overline{DE}$ stellt die Stromwärmeverlustleistung im Stator dar, die Strecke $\overline{EP_K}$ die Stromwärmeverlustleistung im Rotor. Die Gerade durch den Leerlaufpunkt P_0 und den Punkt E schneidet den Halbkreis im Unendlichpunkt P_∞ und ist die Drehmomentlinie. Für einen beliebigen Betriebspunkt P (Bild 3.51) stellt die Strecke $\overline{AB}$ die Eisen- und Stromwärmeverlustleistung im Stator, die Strecke $\overline{BC}$ die Stromwärmeverlustleistung im Rotor, die Strecke $\overline{CP}$ die an der Welle abgegebene mechanische Leistung einschließlich der Reibungsverlustleistung und die Strecke $\overline{BP}$ das Drehmoment dar.

3.5.6 Generatorbetrieb der Maschine

Wenn der Rotor, ausgehend vom Leerlauf der Maschine, bei dem der Rotor mit Drehfelddrehzahl umläuft, so angetrieben wird, daß seine Drehzahl größer als die des Drehfeldes wird, geht die Maschine in den Generatorzustand über. Der Schlupf s Gl. (3.3) ist jetzt negativ. Die Spitze für den Zeiger des Statorstroms bewegt sich mit zunehmender Drehzahl auf einem Kreis, den man bekommt, wenn man den bisher betrachteten Halbkreis zum Vollkreis ergänzt (Bild 3.52).

3.5 Das Kreisdiagramm der Asynchronmaschine

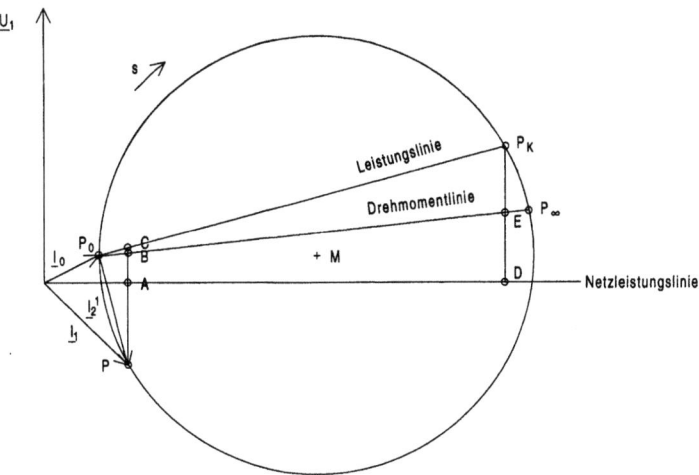

Bild 3.52 Vollständiges Kreisdiagramm der Asynchronmaschine

Für einen beliebigen Arbeitspunkt P bei Generatorbetrieb stellt die Strecke $\overline{CP}$ die dem Generator zugeführte mechanische Leistung dar, die Strecke $\overline{CB}$ die Stromwärmeverlustleistung im Rotor, die Strecke $\overline{BA}$ die Eisen- und Stromwärmeverlustleistung im Stator, die Strecke $\overline{AP}$ die ans Netz abgegebene elektrische Wirkleistung und die Strecke $\overline{BP}$ das Drehmoment, mit dem die Maschine angetrieben wird. Erst bei einem Phasenverschiebungswinkel zwischen Spannung U_1 und Strom I_1, der größer als 90° ist, gibt die Maschine Wirkleistung ans Netz ab. In der Regel wird die Asynchronmaschine als Motor betrieben. Als Generator wird sie vergleichsweise selten eingesetzt. Der Grund hierfür ist, daß die Maschine nicht nur im Motorbetrieb, sondern auch im Generatorbetrieb Blindleistung aufnimmt. Da ein ungestörter Netzbetrieb eine ausgeglichene Blindleistungsbilanz voraussetzt – abgenommene und eingespeiste Blindleistung müssen sich die Waage halten – muß die von den im Netz betriebenen Asynchronmotoren, Transformatoren, Stromrichtern und Leitungen aufgenommene Blindleistung auch zur Verfügung gestellt werden. Dazu aber ist der Asynchrongenerator, anders als die Synchronmaschine, nicht in der Lage.

3.5.7. Bremsbetrieb

Der Rotor kann auch gegen das Drehfeld gedreht werden. Man stelle sich einen Motor vor, der eine Last hebt, indem er ein Seil aufwindet, an dem die Last hängt. Die Last wird vergrößert. Die Drehzahl des Motors fällt ab, der Schlupf wird größer und damit das Drehmoment des Motors. Sobald das Lastmoment größer wird als das Kippmoment des Motors, bleibt der Motor stehen und beginnt rückwärts zu laufen. Sein Schlupf wird größer als 1, er wird theoretisch unendlich groß. Der zugehörige

Betriebspunkt ist der Unendlichpunkt P_∞. Der Maschine wird vom Netz elektrische Leistung, von der sinkenden Last mechanische Leistung zugeführt. Die Summe beider Leistungen tritt im Rotor der Maschine als Stromwärmeverlustleistung in Erscheinung. Die Maschine arbeitet als Bremse. Das von der Maschine entwickelte Drehmoment wirkt wie beim Motor im Umlaufsinn des Drehfelds, also dem Drehmoment der sinkenden Last entgegen.

Bremsbetrieb tritt aber auch in anderem Zusammenhang auf. Vertauscht man beim Asynchronmotor zwei Anschlüsse, dann kehrt man damit die Drehrichtung des Motors um. Auf diese Weise läßt sich aber nicht nur die Drehrichtung umkehren, sondern auch der Motor bremsen. Nach dem Vertauschen der Anschlüsse wird der Motor zunächst zunehmend langsamer und bleibt dann stehen, ehe er in der anderen Richtung hochläuft. Zum Stillsetzen wird er im Augenblick des Stillstands vom Netz abgeschaltet. Das ist wirkungsvoller als ein bloßes Abschalten vom Netz, nach dem unter Umständen eine erhebliche Zeit verstreicht, ehe der Motor zum Stillstand kommt. Unmittelbar nach dem Vertauschen zweier Anschlüsse ist der Schlupf ungefähr 2. Bei einem Motor mit beispielsweise der Polpaarzahl 1, der Nennfrequenz $50Hz$ und der Drehzahl $2850\,\text{min}^{-1}$ ist der Schlupf vor Vertauschen zweier Anschlüsse

$$s = \frac{n_d - n}{n_d} = \frac{3000\,\text{min}^{-1} - 2850\,\text{min}^{-1}}{3000\,\text{min}^{-1}} = 0{,}0500$$

und unmittelbar nach Vertauschen der Anschlüsse und damit verbunden der Drehrichtungsumkehr des Drehfeldes

$$s = \frac{n_d - n}{n_d} = \frac{-3000\,\text{min}^{-1} - 2850\,\text{min}^{-1}}{-3000\,\text{min}^{-1}} = 1{,}95$$

Geht der Drehrichtungsumkehr der Maschine Leerlauf mit einer Drehzahl, die der Drehfelddrehzahl der Maschine entspricht, voraus, so ist unmittelbar nach Einleiten der Drehrichtungsumkehr der Schlupf $s = 2$.

3.5.8 Experimentelle Ermittelung des Kreisdiagramms

Das Kreisdiagramm (Bild 3.52) wird durch einen Leerlauf- und einen Kurzschlußversuch ermittelt (Bild 3.32). Beim Leerlaufversuch wird an die Statorwicklung der unbelasteten Maschine eine Spannung in Höhe der Nennspannung gelegt. Gemessen werden der Strom und die Leistungsaufnahme der Maschine. Damit sind die Länge des Zeigers $\underline{I}_0$ für den Leerlaufstrom und der Winkel bekannt, den der Zeiger mit dem Spannungszeiger einschließt. Der Kurzschlußversuch wird bei festgehaltenem Rotor gemacht. Auch in diesem Fall werden Spannung, Strom und aufgenommene Leistung gemessen. Die Spannung an der Statorwicklung wird von Null

3.5 Das Kreisdiagramm der Asynchronmaschine

an beginnend so lange vergrößert, bis der Nennstrom der Maschine fließt. Der Kurzschlußstrom, d.h. der Strom, der bei Nennspannung fließen würde, wird unter der Annahme berechnet, daß Spannung und Strom bei Rotorstillstand einander proportional sind. Eine direkte Messung des Kurzschlußstroms ist nicht möglich, die Maschine würde sich zu stark erwärmen. Mit dem Wert des Kurzschlußstroms ist die Länge des Zeigers $\underline{I}_K$ bekannt. Der Winkel, den er mit dem Spannungszeiger einschließt, wird aus den Meßwerten für Spannung, Strom und Leistung bestimmt. Die Zeiger $\underline{I}_0$ und $\underline{I}_K$ geben die Lage der Punkte P_0 und P_K des Kreises an. Der Mittelpunkt M des Kreises liegt zum einen auf der Mittelsenkrechten zur Strecke $P_0 P_K$, zum anderen auf der Parallelen zur Netzleistungslinie durch den Punkt P_0. Der Schnittpunkt beider ist der Mittelpunkt. Von der angegebenen Konstruktion des Kreismittelpunktes wird bei größeren Maschinen Gebrauch gemacht. Bei kleineren Maschinen werden neben den Daten für den Leerlauf- und den Kurzschlußpunkt noch die Daten für einen beliebigen Lastpunkt aufgenommen. Damit sind drei Betriebspunkte des Kreises und damit der Kreis selbst bestimmt.

Beispiel 3.10: Vierpoliger Drehstromasynchronmotor mit Schleifringläufer $3000V\,\Delta$ $50Hz$ $200A$. Leerlaufversuch mit Nennspannung: $I_0 = 42{,}7A$ $P_0 = 18{,}8kW$. Kurzschlußversuch mit Nennstrom: $U_K = 652V$ $P_K = 28{,}1kW$. Statorwicklungswiderstand (Spulenwiderstand): $0{,}204\Omega$. Zeichnen Sie das Kreisdiagramm der Maschine mit dem Leerlaufpunkt und dem Stillstandspunkt sowie der Drehmomentlinie und der Linie für die mechanische Leistung. Ermitteln Sie mit Hilfe des Diagramms die Leistungsabgabe, das Drehmoment, den Leistungsfaktor, den Wirkungsgrad und die Drehzahl für Nennlast, d.h. Nennstrom, sowie Kippmoment, Kippschlupf und Kippdrehzahl.

Lösung: Der Kurzschluß- oder Anlaufstrom der Maschine ergibt sich mit Hilfe des Nennstroms der Maschine, der Spannung, bei der im Kurzschlußversuch der Nennstrom geflossen ist, und der Nennspannung der Maschine.

$$I_K = 200A \cdot \frac{3000V}{652V} = 200A \cdot 4{,}60 = 920A$$

Der Anlaufstrom der Maschine beträgt danach das 4,60fache des Nennstroms. Mit der Kenntnis des Anlaufstroms ist man in der Lage, den Strommaßstab festzulegen, aus dem sich dann der Leistungs- und Drehmomentmaßstab ergeben.

Strommaßstab: $10{,}0cm \,\widehat{=}\, 1000A \rightarrow 100 \cdot \dfrac{A}{cm}$

Leistungsmaßstab: $\dfrac{3000V}{\sqrt{3}} \cdot 100 \cdot \dfrac{A}{cm} \cdot 3 = 520 \cdot \dfrac{kW}{cm}$

Drehmomentmaßstab: $\dfrac{520 \cdot \dfrac{kW}{cm}}{2 \cdot \pi \cdot \dfrac{1500}{60 \cdot s^{-1}}} = 3{,}31 \cdot \dfrac{kNm}{cm}$

Die Daten des Leerlaufpunktes und des Kurzschlußpunktes sind

Leerlaufpunkt P_0 :

$I_0 = 42{,}7 A \triangleq 0{,}427 cm$

$\cos\varphi_0 = \dfrac{P_0}{U \cdot I_0 \cdot 3} = \dfrac{18{,}8 kW}{\dfrac{3000V}{\sqrt{3}} \cdot 42{,}7 A \cdot 3} = 0{,}0847 \rightarrow \varphi_0 = 85{,}1^0$

Kurzschlußpunkt P_K :

$I_K = 920 A \triangleq 9{,}20 cm$

$\cos\varphi_K = \dfrac{P_K}{U_K \cdot I_{Nenn} \cdot 3} = \dfrac{28{,}1 kW}{\dfrac{652V}{\sqrt{3}} \cdot 200 A \cdot 3} = 0{,}124 \rightarrow \varphi_K = 82{,}9^0$

Die Stromwärmeverlustleistung in der Statorwicklung im Kurzschlußpunkt P_K ist

$\left(\dfrac{I_K}{\sqrt{3}}\right)^2 \cdot R_1 \cdot 3 = \left(\dfrac{920A}{\sqrt{3}}\right)^2 \cdot 0{,}204\Omega \cdot 3 = 173 kW \triangleq 0{,}332 cm$

Mit diesen Daten wird das Kreisdiagramm gezeichnet. Aus dem Kreisdiagramm liest man ab für den

Nennbetrieb:

$P_{mech} = 1{,}75 cm \triangleq 910 kW$

$M = 1{,}78 cm \triangleq 5{,}89 kNm$

$\varphi = 23{,}0^0 \rightarrow \cos\varphi = 0{,}921$

3.5 Das Kreisdiagramm der Asynchronmaschine

Mit Hilfe der dem Kreisdiagramm für Nennbetrieb entnommenen Daten ergibt sich für den Wirkungsgrad der Maschine im Nennbetriebspunkt

$$\eta = \frac{P_{mech}}{P_{el}} = \frac{P_{mech}}{U \cdot I \cdot \cos\varphi \cdot 3} = \frac{910 kW}{\frac{3000V}{\sqrt{3}} \cdot 200A \cdot 0{,}921 \cdot 3} = 0{,}951 \triangleq 95{,}1\%$$

Die Nenndrehzahl der Maschine wird über den Nennschlupf ermittelt, der sich aus der an der Welle abgegebenen mechanischen Leistung und der Drehfeldleistung oder Luftspaltleistung berechnen läßt.

$$P_{mech} = P_d \cdot (1-s) \rightarrow s = 1 - \frac{P_{mech}}{P_d}$$

$$P_d = 1{,}78 cm \triangleq 926 kW$$

$$s = 1 - \frac{910 kW}{926 kW} = 0{,}0173$$

$$n = n_d \cdot (1-s) = 1500\,\text{min}^{-1} \cdot (1-0{,}0173) = 1474\,\text{min}^{-1}$$

Kippunkt:

$$M_{Kipp} = 4{,}26 cm \triangleq 14{,}1 kNm \rightarrow \frac{M_{Kipp}}{M_{Nenn}} = \frac{14{,}1 kNm}{5{,}89 kNm} = 2{,}39$$

$$s_{Kipp} = 1 - \frac{P_{mech}}{P_d}$$

$$P_{mech} = 3{,}86 cm \triangleq 2007 kW$$

$$P_d = 4{,}26 cm \triangleq 2215 kW$$

$$s_{Kipp} = 1 - \frac{2007 kW}{2215 kW} = 0{,}0939$$

$$n_{Kipp} = n_d \cdot (1 - s_{Kipp}) = 1500\,\text{min}^{-1} \cdot (1-0{,}0939) = 1359\,\text{min}^{-1}$$

3.6 Die Asynchronmaschine als Generator

Es wäre naheliegend, die Asynchronmaschine in ihrer Ausführung mit Käfigläufer ihrer Vorzüge wegen – einfacher Aufbau, billig, robust – nicht nur als Motor, sondern auch als Generator einzusetzen. Dem steht entgegen, daß die Maschine Blindleistung, die im Netz gebraucht wird, nicht zu liefern vermag, sondern vielmehr selber zu ihrem Betrieb, unabhängig davon, ob als Generator oder Motor, Blindleistung braucht. Deswegen stehen in unseren Kraftwerken Synchronmaschinen, die als Generator Wirkleistung ins Netz speisen und Blindleistung, je nach den Erfordernissen des Netzbetriebes, entweder ins Netz einspeisen oder, was seltener vorkommt, aus dem Netz aufnehmen. Nur gelegentlich werden Asynchronmaschinen im Generatorbetrieb eingesetzt, meist in kleineren Wasser- und Windkraftwerken. Als Generator arbeitet die Maschine entweder an einem Netz konstanter Spannung und Frequenz oder im Inselbetrieb. Beim Betrieb am Netz konstanter Spannung und Frequenz speist sie zusammen mit vielen Synchrongeneratoren das Netz und Spannung und Frequenz des Netzes lassen sich mit Hilfe des Asynchrongenerators nicht beeinflussen. In diesem Fall kann die Maschine ihren Blindleistungsbedarf aus dem Netz beziehen. Beim Inselbetrieb ist ein solches Netz nicht vorhanden. Der Asynchrongenerator speist alleine und nicht im Verbund mit anderen Generatoren einen oder mehrere Verbraucher. In diesem Fall muß den Klemmen der Maschine eine Kondensatorbatterie parallel geschaltet werden, die die zum Betrieb der Maschine nötige Blindleistung liefert. Die an den Klemmen des im Inselbetrieb arbeitenden Generators herrschende Spannung – Betrag und Frequenz – hängt von den Daten von Maschine und Kondensatorbatterie, von der Drehzahl der Antriebsmaschine und der Belastung ab, ist also, anders als beim Betrieb am Netz konstanter Spannung, beeinflußbar.

Unabhängig davon, ob die Maschine am Netz konstanter Spannung und Frequenz oder im Inselbetrieb arbeitet, ist der Leistungsfluß der Maschine (Bild 3.53). Er ist dem des Motorbetriebes ähnlich. Während aber im Motorbetrieb an den Klemmen der Maschine elektrische Wirkleistung aus dem Netz aufgenommen wird und mechanische Leistung an der Welle der Maschine abgegeben wird, wird der Maschine im Generatorbetrieb an der Welle von der Antriebsmaschine mechanische Leistung zugeführt und die Maschine gibt an ihren Klemmen elektrische Wirkleistung ab. Im Generatorbetrieb ist, so wie im Motorbetrieb, die abgegebene Leistung kleiner als die aufgenommene Leistung. Die Differenz stellt die in der Maschine auftretende Verlustleistung dar, die als Wärmeleistung an die Umgebung abgegeben wird.

Dem Generator wird an der Welle mechanische Leistung zugeführt (Bild 3.53). Von dieser sind als Verlustleistung abzuziehen die Reibungsverlustleistung und die Stromwärmeverlustleistung in der Rotorwicklung. Die dann verbleibende Leistung ist die Drehfeld- oder Luftspaltleistung, die durch das Drehfeld über den Luftspalt der Maschine von der Rotor- auf die Statorseite übertragen wird. Auf der Statorseite treten Eisen- und Stromwärmeverlustleistung in der Statorwicklung auf. Zieht man sie von der Luftspaltleistung ab, so erhält man die von der Maschine an den Klemmen abgegebene Wirkleistung.

3.6 Die Asynchronmaschine als Generator   309

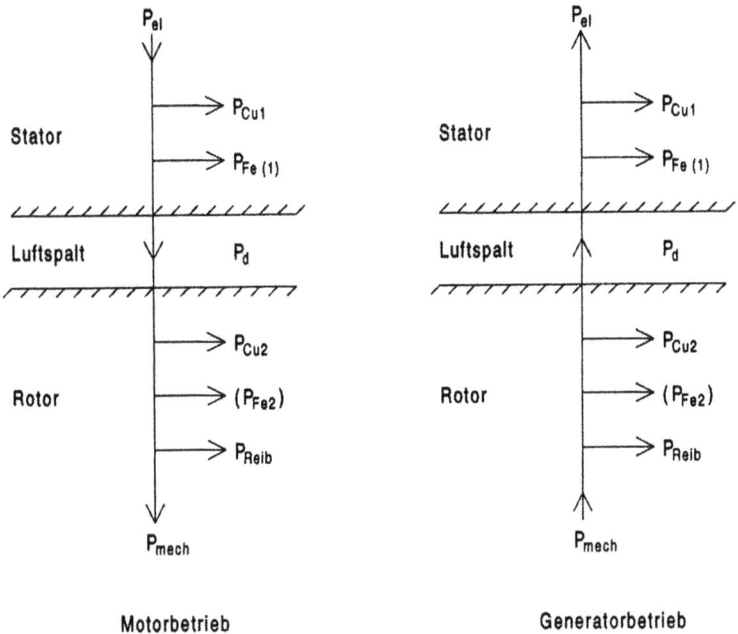

Bild 3.53 Leistungsfluß der Asynchronmaschine im Motor- und Generatorbetrieb

3.6.1 Die Asynchronmaschine als Generator am Netz konstanter Spannung und Frequenz

Soll die Maschine als Generator an einem Netz konstanter Spannung und Frequenz arbeiten, dann ist sie wie ein Motor ans Netz zu legen und arbeitet zunächst als Motor im Leerlauf mit einer Drehzahl, die knapp unterhalb der Drehfelddrehzahl liegt, und einem Strom, der dem Leerlaufstrom der Maschine entspricht. In den Generatorbetrieb wird die Maschine dadurch überführt, daß die Antriebsmaschine so beeinflußt wird, daß die Drehzahl über die Drehfelddrehzahl hinaus ansteigt. Bei einer Wasserturbine beispielsweise wäre dazu das zunächst geschlossene Ventil der Wasserturbine zunehmend zu öffnen. Es wird dann zunehmend mehr Wirkleistung ans Netz abgegeben. Dabei wächst der Maschinenstrom und es ist darauf zu achten, daß der Nennstrom der Maschine nicht überschritten wird. Ist die Antriebsmaschine beispielsweise ein fremderregter Gleichstrommotor, dann wird die Drehzahl des Maschinensatzes, bestehend aus Asynchronmaschine und Gleichstrommaschine, dadurch über die Drehfelddrehzahl hinaus vergrößert, daß entweder, wenn möglich, die Ankerkreisspannung vergrößert oder der Erregerstrom und damit der Erregerfluß verkleinert wird. Die sich beim Generatorbetrieb im einzelnen ergebenden Betriebsverhältnisse sind im Kreisdiagramm (Bild 3.52) anschaulich dargestellt und können dort abgelesen werden.

Beispiel 3.11: Asynchronmaschine mit Käfigläufer 220V Δ 50Hz 21,8A cos φ = 0,87 6kW 1390 min⁻¹. Leerlaufversuch mit Nennspannung 220V zur Ermittlung der Eisen- und Reibungsverlustleistung der Maschine: $I_0 = 7,47 A$ $n_0 = 1499 \text{min}^{-1}$ $P_0 = 268W$ (Schaltung Bild 3.32). Ermittlung des Statorwicklungswirkwiderstandes (Spulenwiderstand) durch eine Strom-Spannungs-Messung mit Gleichstrom: $R_1 = 2,71V/3,00A = 0,903\Omega$ (20°C).

Im Generatorbetrieb der Maschine (Schaltung ebenfalls Bild 3.32) werden folgende Daten gemessen: $U = 220V$ $I = 19,5A$ $n = 1584 \text{min}^{-1}$ $P_{el} = 5,63kW$. Geben Sie für den Generatorbetrieb mit den angegebenen Daten den Leistungsfluß an. Betriebstemperatur der Maschine 75°C. Wie groß ist der Wirkungsgrad des Generators im angegebenen Betriebspunkt? Welches Drehmoment muß die Antriebsmaschine liefern? Wie groß ist die von der Maschine im Leerlauf und bei der angegebenen Belastung im Generatorbetrieb aufgenommene Blindleistung?

Lösung: Eisen- und Reibungsverlustleistung aus den Daten des Leerlaufversuchs

$$P_{Fe+Reib} = P_0 - P_{Cu1} = 268W - \left(\frac{7,47A}{\sqrt{3}}\right)^2 \cdot 0,903\Omega \cdot 3 = 218W$$

Statorwicklungswirkwiderstand bei Betriebstemperatur

$$R_1(75°C) = 0,903\Omega \cdot \frac{235°C + 75°C}{235°C + 20°C} = 1,10\Omega$$

Stromwärmeverlustleistung in der Statorwicklung

$$P_{Cu1} = \left(\frac{19,5A}{\sqrt{3}}\right)^2 \cdot 1,10\Omega \cdot 3 = 418W$$

Luftspaltleistung

$$P_d = P_{el} + P_{Cu1} + P_{Fe+Reib} = 5,63kW + 418W + 218W = 6,27kW$$

Schlupf

$$s = \frac{n_d - n}{n_d} = \frac{1500\text{min}^{-1} - 1584\text{min}^{-1}}{1500\text{min}^{-1}} = -0,0560$$

Für die Stromwärmeverlustleistung im Rotor

3.6 Die Asynchronmaschine als Generator

$$P_{Cu2} = s \cdot P_d$$

würde sich bei negativem Schlupf ein physikalisch nicht zu interpretierender negativer Wert ergeben. Anders sieht das aus, wenn wir den Luftspaltleistungsfluß, der beim Motorbetrieb der Maschine von der Statorseite zur Rotorseite hin gerichtet ist, beim Generatorbetrieb mit umgekehrter Leistungsflußrichtung mit negativem Vorzeichen versehen.

$$P_{Cu2} = s \cdot P_d = (-0{,}0560) \cdot (-6{,}27 kW) = 351 W$$

Mechanische Leistung

$$P_{mech} = P_d + P_{Cu2} = 6{,}27 kW + 351 W = 6{,}62 kW$$

Wirkungsgrad

$$\eta = \frac{P_{el}}{P_{mech}} = \frac{5{,}63 kW}{6{,}62 kW} = 0{,}850 \hat{=} 85{,}0\%$$

Drehmoment der Antriebsmaschine

$$M = \frac{P_{mech}}{2 \cdot \pi \cdot n} = \frac{6{,}62 kW}{2 \cdot \pi \cdot \frac{1584}{60} s^{-1}} = 39{,}9 N \cdot m$$

Blindleistungsaufnahme

$$Q = \sqrt{S^2 - P^2} = \sqrt{(U \cdot I \cdot 3)^2 - P_{el}^2}$$

im Leerlauf

$$Q = \sqrt{\left(\frac{220 V}{\sqrt{3}} \cdot 7{,}47 A \cdot 3\right)^2 - (268 W)^2}$$

$$Q = \sqrt{(2{,}85 kVA)^2 - (0{,}268 kW)^2} = 2{,}83 k\,var$$

bei Generatorbetrieb mit einem Strom von $I = 19{,}5 A$

$$Q = \sqrt{\left(\frac{220V}{\sqrt{3}} \cdot 19{,}5A \cdot 3\right)^2 - (5{,}63kW)^2}$$

$$Q = \sqrt{(7{,}43kVA)^2 - (5{,}63kW)^2} = 4{,}85k \text{ var}$$

3.6.2 Die Asynchronmaschine als Generator im Inselbetrieb

Auch wenn kein Netz mit konstanter Spannung und Frequenz vorhanden ist, kann die Maschine als Generator Verbraucher mit Wirkleistung speisen. Dem Kreisdiagramm der Maschine (Bild 3.52) ist zu entnehmen, daß sie dazu Blindleistung braucht (Bild 3.54). Der bei Generatorbetrieb fließende Strom läßt sich in eine Wirkkomponente, die mit der Spannung in Phase ist, und in eine Blindkomponente, die der Spannung um 90° nacheilt, zerlegen. Die von der Maschine abgegebene einphasige Wirkleistung ist durch das Produkt von Leiter-Erd-Spannung und Wirkkomponente des Leiterstroms (Bild 3.33) gegeben. Entsprechendes gilt für die von der Maschine aufgenommene Blindleistung. Die einphasige Blindleistung ist durch das Produkt von Leiter-Erd-Spannung und Blindkomponente des Leiterstroms gegeben. Von Interesse sind nur die dreiphasigen Werte für die Leistungen, die sich aus den einphasigen durch Multiplikation mit dem Faktor 3 ergeben. Während der ein Netz mit vorgegebener Spannung speisende Asynchrongenerator die zu seinem Betrieb nötige Blindleistung aus dem Netz beziehen kann, muß dem im Inselbetrieb arbeitenden Generator eine Kondensatorbatterie parallel geschaltet werden, die die benötigte Blindleistung liefert (Bild 3.55). Die Kondensatoren dieser Batterie können entweder in Dreieck (Bild

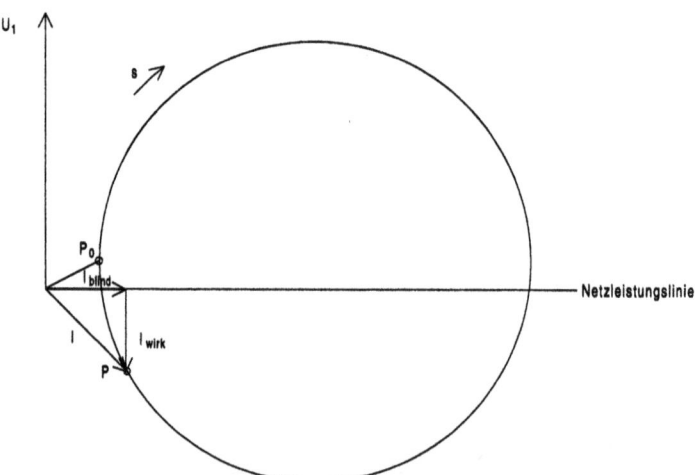

Bild 3.54 Asynchronmaschine im Generatorbetrieb: Der Strom läßt sich bezüglich der Spannung in eine Wirk- und eine Blindkomponente zerlegen.

3.6 Die Asynchronmaschine als Generator

3.55a) oder in Stern (Bild 3.55b) geschaltet sein. In Betrieb genommen wird der Generator dadurch, daß er durch seine Antriebsmaschine auf Drehfelddrehzahl gebracht wird. Dabei erregt er sich selbst auf Nennspannung, so, wie wir es schon vom selbsterregten Gleichstromgenerator her kennen. Voraussetzung dafür ist, daß remanenter Fluß, herrührend von einem vorherigen Betrieb der Maschine, vorhanden ist und die Kondensatorbatterie richtig bemessen ist. Richtig bemessen ist die Kondensatorbatterie, wenn ihr Strom I_C bei Nennspannung der Maschine dem Magnetisierungsstrom I_μ der Maschine bei Nennspannung, gemessen im Leerlauf, entspricht (Bild 3.56). Es ist dann die von der Kondensatorbatterie abgegebene Blindleistung $U \cdot I_C \cdot 3$ so groß wie die von der Maschine bei Leerlauf benötigte Blindleistung $U \cdot I_\mu \cdot 3$. Da der Magnetisierungsstrom I_μ der Maschine im allgemeinen nur wenig kleiner als ihr Leerlaufstrom I_0 ist, genügt es, in einem Leerlaufversuch mit Nennspannung den Leerlaufstrom der Maschine zu messen, um dann die Daten der Kondensatorbatterie ermitteln zu können.

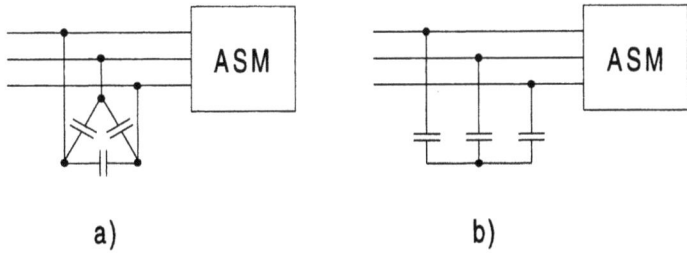

Bild 3.55 Asynchronmaschine (ASM): Generator im Inselbetrieb – die benötigte Blindleistung liefert eine Kondensatorbatterie, deren Kondensatoren in a) Dreieck b) Stern geschaltet sind.

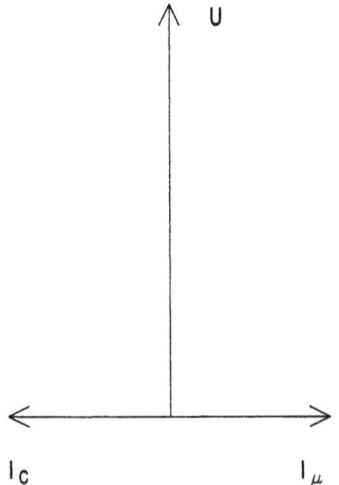

Bild 3.56 Selbsterregung des Asynchrongenerators im Inselbetrieb: Die von der Kondensatorbatterie abgegebene Blindleistung $U \cdot I_C \cdot 3$ ist so groß wie die von der Maschine bei Leerlauf benötigte Blindleistung $U \cdot I_\mu \cdot 3$.

Beispiel 3.12: Die Asynchronmaschine von Beispiel 3.11 soll als Generator im Inselbetrieb arbeiten. Geben sie die Daten der Kondensatorbatterie an, die den Klemmen der Maschine parallel zu schalten ist, wenn die Leerlaufspannung des Generators seiner Nennspannung entsprechen soll.

Lösung: Beim Betrieb am Netz nimmt die Maschine im Leerlauf aus dem Netz die Blindleistung

$$Q_0 = \sqrt{S_0^2 - P_0^2} = \sqrt{(U \cdot I_0 \cdot 3)^2 - P_0^2}$$

auf.

$$Q_0 = \sqrt{\left(\frac{220V}{\sqrt{3}} \cdot 7{,}47A \cdot 3\right)^2 - (268W)^2}$$

$$Q_0 = \sqrt{(2{,}85kVA)^2 - (0{,}268kW)^2} = 2{,}83k \text{ var}$$

Da der Leerlaufstrom in der Regel ein fast reiner Blindstrom ist, kann man auch einfacher rechnen, wenn man die Blindleistungsaufnahme als Produkt von Spannung und Leerlaufstrom – statt korrekt Magnetisierungsstrom – berechnet.

$$Q_0 \approx U \cdot I_0 \cdot 3 = \frac{220V}{\sqrt{3}} \cdot 7{,}47A \cdot 3 = 2{,}85k \text{ var}$$

Man begeht dabei keinen großen Fehler. Im Inselbetrieb ist der eben berechnete Blindleistungsbedarf der Maschine mit einer Kondensatorbatterie zu decken. Die einphasige Blindleistungsabgabe der Kondensatorbatterie ist durch den Quotienten des Quadrats der Spannung U, an der die Kondensatoren liegen, und des kapazitiven Widerstands X_C der Kondensatoren gegeben.

$$Q_{C(1)} = \frac{U^2}{X_C} \tag{3.24}$$

Die dreiphasige Blindleistungsabgabe ist

$$Q_C = 3 \cdot Q_{C(1)} = 3 \cdot \frac{U^2}{X_C} \tag{3.25}$$

3.6 Die Asynchronmaschine als Generator

Bei Dreieckschaltung der Kondensatoren liegt an jedem die Leiter-Leiter-Spannung, bei Sternschaltung die Leiter-Erd-Spannung. Der kapazitive Widerstand der Kondensatoren ergibt sich aus Gl. (3.25)

$$X_C = \frac{U^2}{Q_C/3}$$

und ist bei Dreieckschaltung der Kondensatoren

$$X_{C\Delta} = \frac{(220V)^2}{2{,}83k\,\text{var}/3} = 51{,}3\Omega$$

und bei Sternschaltung der Kondensatoren

$$X_{CY} = \frac{(220V/\sqrt{3})^2}{2{,}83k\,\text{var}/3} = 17{,}1\Omega$$

Daraus folgt mit Hilfe des kapazitiven Widerstandes

$$X_C = \frac{1}{2\cdot\pi\cdot f\cdot C}$$

für die Kondensatorkapazität

$$C = \frac{1}{2\cdot\pi\cdot f\cdot X_C}$$

bei Dreieckschaltung der Kondensatoren

$$C_\Delta = \frac{1}{2\cdot\pi\cdot 50Hz\cdot 51{,}3\Omega} = 62{,}0\mu F$$

bei Sternschaltung der Kondensatoren

$$C_Y = \frac{1}{2\cdot\pi\cdot 50Hz\cdot 17{,}1\Omega} = 186\mu F$$

Bei Dreieckschaltung der Kondensatoren muß jeder der Kondensatoren für $220V$ bemessen sein. Bei Sternschaltung der Kondensatoren muß jeder der Kondensatoren für $220V/\sqrt{3} = 127V$ bemessen sein.

Da auf der einen Seite zwischen dem Magnetisierungstrom bzw. dem nur wenig größeren Leerlaufstrom der Maschine und der Maschinenspannung ein Zusammenhang besteht, der durch die Magnetisierungskennlinie der Maschine beschrieben wird, und auf der anderen Seite zwischen dem Kondensatorstrom und der Kondensatorspannung ein Zusammenhang besteht, der durch eine Gerade beschrieben wird, deren Steigung durch den kapazitiven Widerstand der Kondensatorbatterie gegeben ist, stellt sich bei Parallelschaltung von Maschine und Kondensatorbatterie als Arbeitspunkt der Punkt ein, bei dem die Spannungen und Ströme von Maschine und Batterie übereinstimmen (Bild 3.57). Wird ausgehend von einem kapazitiven Widerstand der Kondensatorbatterie, bei dem sich die Maschine auf Nennspannung erregt, der kapazitive Widerstand zunehmend vergrößert, dann wird dabei die Leerlaufspannung der Maschine zunehmend kleiner. Bei unendlich großem kapazitivem Widerstand schließlich, erreichbar dadurch, daß man die Kondensatorbatterie abgeklemmt, erscheint an den Klemmen der Maschine nur noch die Remanenzspannung, die allenfalls einige wenige Prozent der Maschinennennspannung beträgt.

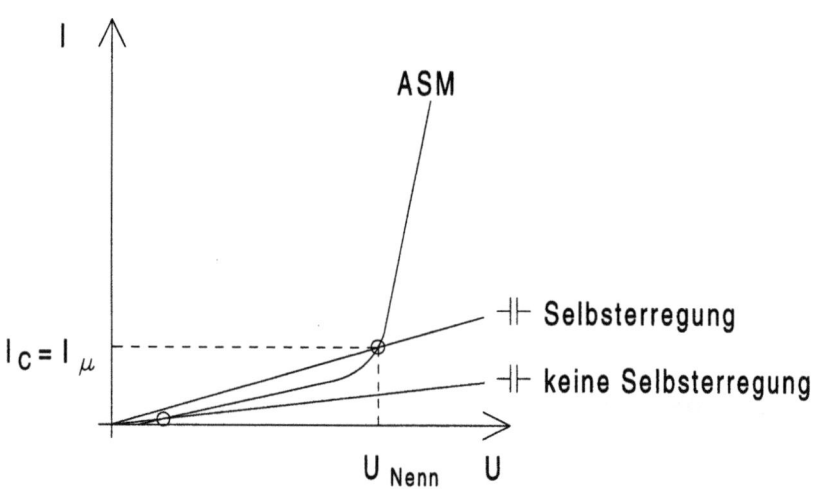

Bild 3.57 Magnetisierungskennlinie $I_\mu = f(U)$ bzw., mit dieser fast übereinstimmend, Leerlaufkennlinie $I_0 = f(U)$ der Asynchronmaschine (ASM), aufgenommen im Motorbetrieb, und Kondensatorkennlinie $I_C = f(U)$. Bei zu großem kapazitivem Widerstand bzw. zu kleiner Kapazität der Kondensatoren keine (nennenswerte) Selbsterregung.

3.6 Die Asynchronmaschine als Generator

Unangenehm beim Asynchrongenerator im Inselbetrieb ist, daß seine Klemmenspannung stark von der Belastung abhängt. Verständlich wird das, wenn man sich vor Augen hält, daß beim Inselbetrieb die Drehzahl durch die Antriebsmaschine vorgegeben konstant ist, der Schlupf bei zunehmender Belastung zunimmt und infolgedessen die Drehfelddrehzahl und damit die Frequenz der Klemmenspannung mit zunehmender Belastung abnehmen muß. Abnehmende Frequenz bedeutet aber zunehmender kapazitiver Widerstand der Kondensatorbatterie und damit abnehmende Leerlaufspannung der Maschine, was schließlich dazu führen kann, daß sich die Maschine ganz entregt und nur noch eine Spannung in Höhe der Remanenzspannung an ihren Klemmen erscheint (Bild 3.57). Auf diese Weise ergibt sich mit zunehmender Belastung bei rein ohmscher Last ein starker Abfall der Klemmenspannung gegenüber der Leerlaufspannung (Bild 3.58). Noch stärker ist dieser Abfall der Klemmenspannung bei rein induktiver Last. In der Praxis liegt häufig eine gemischt ohmsch-induktive Belastung vor, herrührend von rein ohmschen Verbrauchern wie Heizgeräten oder Beleuchtungsanlagen und Motoren, die eine ohmsch-induktive Last darstellen. Bei rein kapazitiver Last dagegen steigt mit zunehmender Belastung die Spannung an und damit besteht die Gefahr von elektrischen Durch- und Überschlägen in der vom Generator gespeisten Anlage. Erforderlich ist nach alldem eine Regelung der Generatorklemmenspannung nach Betrag und Frequenz.

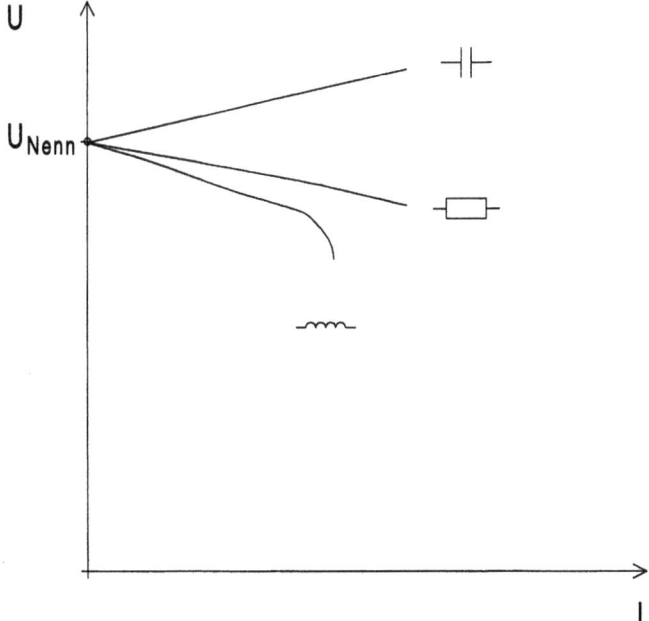

Bild 3.58 Belastungskennlinien $U = f(I)$ eines Asynchrongenerators im Inselbetrieb für $n = konst$ bei rein ohmscher, rein induktiver und rein kapazitiver Last

3.7 Blindstromkompensation bei der Asynchronmaschine

Die Asynchronmaschine braucht zu ihrem Betrieb, unabhängig davon, ob sie, wie üblich, als Motor, oder, was selten vorkommt, als Generator arbeitet, Blindleistung. Diese Blindleistung kann mit einer Kondensatorbatterie erzeugt werden, die den Klemmen der Maschine parallel geschaltet wird (Bild 3.59).

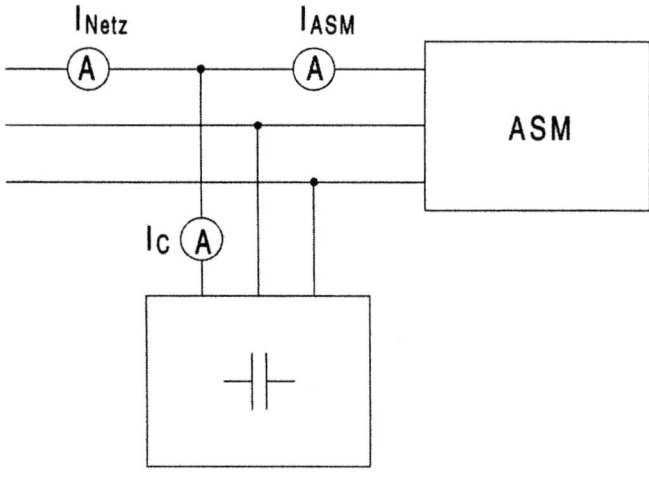

Bild 3.59 Speisung einer Asynchronmaschine (ASM) mit Blindleistung durch eine Kondensatorbatterie

Ein Bezug der Blindleistung aus dem Netz ist möglich, aber mit Nachteilen verbunden. Der der Blindleistung zugeordnete, der Spannung um 90° nacheilende Blindstrom trägt beim Motorbetrieb der Maschine nichts zu der an der Welle abgegebenen mechanischen Leistung bei, verursacht aber Stromwärmeverlustleistung in den Wicklungen der Maschine und im Netz und ist die Ursache von Spannungsabfällen an den Impedanzen des Netzes. Will man diese unangenehmen Begleiterscheinungen vermeiden, muß man die Blindleistung, die die Maschine zu ihrem Betrieb braucht, dort bereitstellen, wo sie gebraucht wird, nämlich am Ort der Maschine. Auf diese Weise kann durch Blindstrom im Netz verursachte Stromwärmeverlustleistung und durch Blindstrom verursachter Spannungsabfall im Netz vermieden werden. An den Blindleistungsverhältnissen in der Maschine selbst und damit zusammenhängend an der Stromwärmeverlustleistung in den Wicklungen der Maschine ändert das nichts. Durch die Kondensatorbatterie wird der der Klemmenspannung U der Maschine um 90° nacheilende oder induktive Blindstrom der Maschine I_{blind} für das Netz durch einen der Klemmenspannung um 90° voreilenden oder kapazitiven Blindstrom I_C kompensiert (Bild 3.60). In der Zuleitung zum Motor fließt der dem Wirkstrom des Motors I_{wirk} entsprechende Netzstrom I_{Netz}. Der Netzstrom I_{Netz} ist kleiner als der Motorstrom I_{ASM}.

3.7 Blindstromkompensation bei der Asynchronmaschine

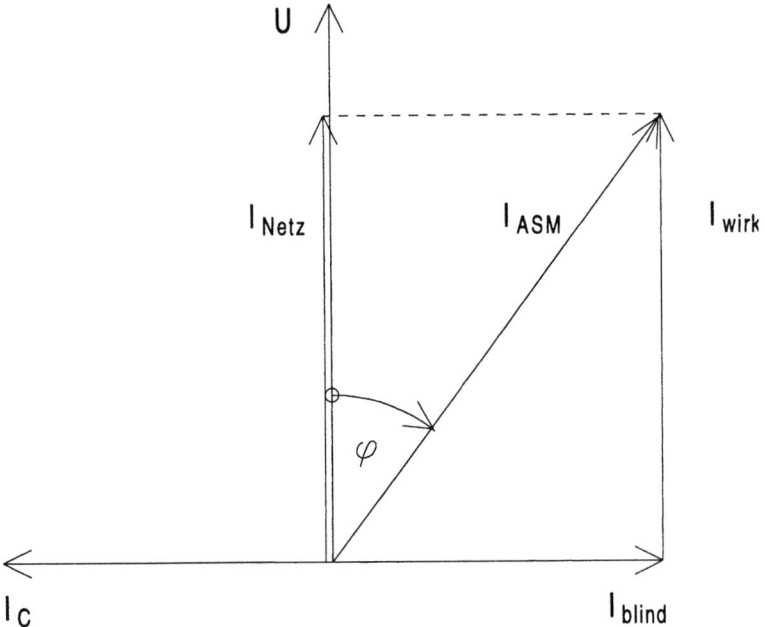

Bild 3.60 Blindleistungskompensation beim Asynchronmotor

Die Elektrizitätsversorgungsunternehmen lassen sich den Bezug von Blindleistung, wenn er ein gewisses Maß überschreitet, wegen der für den Netzbetrieb geschilderten Nachteile, Stromwärmeverlustleistung und Spannungsabfall, bezahlen. Deswegen ist unter technischen und wirtschaftlichen Gesichtspunkten zu entscheiden, ob kompensiert wird oder nicht.

Beispiel 3.13: Vierpoliger Drehstromasynchronmotor mit Schleifringläufer $3000V$ $\Delta\,50Hz$ $200A$ $\cos\varphi = 0{,}921$ $910kW$ $1474\,min^{-1}$. Die Nennbetriebsblindleistung des Motors soll kompensiert werden. Wie groß muß die Kapazität der Kompensationskondensatoren sein und für welche Spannung müssen sie bemessen sein bei a) Dreieckschaltung b) Sternschaltung?

Lösung: Der Motorstrom ist bei Nennbetrieb $I_{ASM} = 200A$. Der Wirkstrom ist

$$I_{wirk} = I_{ASM} \cdot \cos\varphi = 200A \cdot 0{,}921 = 184A,$$

der Blindstrom

$$I_{blind} = \sqrt{I_{ASM}^2 - I_{wirk}^2} = \sqrt{200^2 - 184^2}\,A = 77{,}9A$$

Bei Kompensation des Blindstroms fließt in der Zuleitung zum Motor nur der Wirkstrom $I_{Netz} = 184A$. Der Strom im Netz wird auf diese Weise auf $184A/200A = 0{,}920 \triangleq 92{,}0\%$ des Motorstroms verringert. Damit wird die mit dem Quadrat des Stromes wachsende Stromwärmeverlustleistung im Netz auf

$$(184A/200A)^2 = 0{,}846 \triangleq 84{,}6\%$$

der Stromwärmeverlustleistung bei unkompensiertem Betrieb verkleinert. Der Strom in der Zuleitung zur Kondensatorbatterie ist bei Kompensation des Blindstroms der Maschine genauso groß wie dieser.

$$I_C = I_{blind} = 77{,}9A$$

Mit diesem Strom ergibt sich für die von der Kondensatorbatterie abgegebene und von der Asynchronmaschine aufgenommene Blindleistung als Produkt von Spannung und Blindstrom zunächst einphasig

$$Q_{C(1)} = U \cdot I_C = \frac{3000V}{\sqrt{3}} \cdot 77{,}9A = 135k\,\text{var}$$

dann dreiphasig

$$Q_C = 3 \cdot Q_{c(1)} = 405k\,\text{var}$$

Diese Blindleistung wird von den Kondensatoren der Kondensatorbatterie produziert, deren Strom I und deren kapazitiver Widerstand X_C ist.

$$Q_C = I^2 \cdot X_C \cdot 3$$

Daraus ergibt sich für den kapazitiven Widerstand

$$X_C = \frac{Q_C/3}{I^2}$$

Bei Dreieckschaltung der Kondensatoren ist der Kondensatorstrom $77{,}9A/\sqrt{3}$, bei Sternschaltung $77{,}9A$. Danach ist der kapazitive Widerstand der Kondensatoren bei Dreieckschaltung der Kondensatoren

$$X_{C\Delta} = \frac{405k\,\text{var}/3}{\left(77{,}9A/\sqrt{3}\right)^2} = 66{,}7\Omega$$

3.7 Blindstromkompensation bei der Asynchronmaschine

und bei Sternschaltung

$$X_{CY} = \frac{405k \text{ var}/3}{(77,9A)^2} = 22,2\Omega$$

Da für den kapazitiven Widerstand eines Kondensators mit der Kapazität C gilt

$$X_C = \frac{1}{2 \cdot \pi \cdot f \cdot C}$$

ergibt sich daraus für die Kapazität eines Kondensators

$$C = \frac{1}{2 \cdot \pi \cdot f \cdot X_C}$$

Die Kapazität eines Kondensators ist bei Dreieckschaltung der Kondensatoren

$$C_\Delta = \frac{1}{2 \cdot \pi \cdot 50Hz \cdot 66,7\Omega} = 47,7\mu F$$

und bei Sternschaltung

$$C_Y = \frac{1}{2 \cdot \pi \cdot 50Hz \cdot 22,2\Omega} = 143\mu F$$

Bei Dreieckschaltung der Kondensatoren müssen diese für $3000V$ bemessen sein, bei Sternschaltung für $3000V/\sqrt{3} = 1732V$.

Wenn der laufende, kompensiert betriebene Motor durch Abschalten vom Netz außer Betrieb genommen wird, darf die Verbindung zur Kondensatorbatterie nicht weiter bestehen bleiben. Andernfalls würde sich die auslaufende Maschine selbst erregen, bei Kompensation der Leerlaufblindleistung auf Nennspannung, bei Kompensation der Blindleistung bei Nennbetrieb auf eine Spannung, die unter Umständen erheblich über der Nennspannung liegt. Nicht nur die Maschine ist dadurch gefährdet, sondern auch das Bedienungspersonal, das bei einer vom Netz abgetrennten Maschine davon ausgeht, daß die Maschinenklemmen spannungslos sind, und nicht damit rechnet, daß an den Klemmen eine Spannung in Höhe der Nennspannung oder gar eine weit höhere Spannung besteht. Dieser gefährliche Zustand hält so lange an, bis der Motor stillsteht, und bei großem Trägheitsmoment des Antriebs kann bis zum Stillstand eine längere Zeit verstreichen. Überspannungen können sich auch beim Anlassen eines mit einer Kondensatorbatterie verbundenen Motors mit einem Stern-Dreieck-Schalter in dem Zeitintervall ergeben, in dem der Motor beim Wechsel von der Stern- zur Dreieckschaltung seiner Statorspulen vom Netz getrennt ist. Bei dauerhafter Verbindung der Kondensatorbatterie mit dem Motor werden die Kondensatoren in der Regel so bemessen, daß allenfalls die Leerlaufblindleistung des Motors kompensiert wird. Damit ist Vorsorge dafür getroffen, daß die bei Selbsterregung an den Maschinenklemmen auftretende Spannung nicht größer als die Nennspannung der Maschine ist.

3.8 Die Asynchronmaschine am Netz variabler Frequenz

Dort, wo man mit einer Drehzahl auskommt und diese nicht unbedingt genau eingehalten werden muß, setzt man in der Regel den Asynchronmotor, wenn möglich in seiner Ausführung mit Käfigläufer, ein. Wenn die Drehzahl ständig in weitem Bereich zu verstellen ist, wie bei Walzwerksantrieben, Förderanlagen und Elektrofahrzeugen, wird die Gleichstrommaschine eingesetzt, insbesondere die fremderregte, deren Drehzahl sich in einfacher Weise über Ankerkreisspannung und Erregerfluß verstellen läßt. Diese klare Aufgabenteilung herrschte früher. Inzwischen stehen dank der Fortschritte auf dem Gebiet der Leistungselektronik Frequenzumrichter zur Verfügung, die es erlauben, insbesondere die Asynchronmaschine, aber auch den Synchronmotor durch Veränderung der Frequenz der speisenden Spannung und damit Veränderung der Drehfelddrehzahl drehzahlvariabel zu betreiben. Auf diese Weise sind der Gleichstrommaschine mächtige Konkurrenten erwachsen und es ist jeweils nach technischen und wirtschaftlichen Gesichtspunkten zu entscheiden, welcher der Maschinen der Vorzug zu geben ist.

Der Frequenzumrichter wird zwischen das Netz und die Asynchronmaschine geschaltet (Bild 3.61). Auf der Maschinenseite läßt sich die Frequenz der Spannung und damit die Drehfelddrehzahl der Maschine Gl. (3.2)

$$n_d = \frac{f}{p}$$

variieren, z.B. bei einer Nennfrequenz von $50Hz$ im Bereich von $0...60Hz$, und damit die Drehzahl der Maschine in weitem Bereich kontinuierlich verstellen (Bild 3.28). Dabei ist darauf zu achten, daß unterhalb der Nennfrequenz der Maschine die Spannung in gleichem Maß verringert wird wie die Frequenz. Das ist nötig, da der magnetische Fluß der Maschine, wie beim Transformator, der Netzspannung proportional und ihrer Frequenz umgekehrt proportional ist Gl. (2.9).

$$\hat{\Phi} \sim \frac{U}{f} \qquad (3.26)$$

3.8 Die Asynchronmaschine am Netz variabler Frequenz

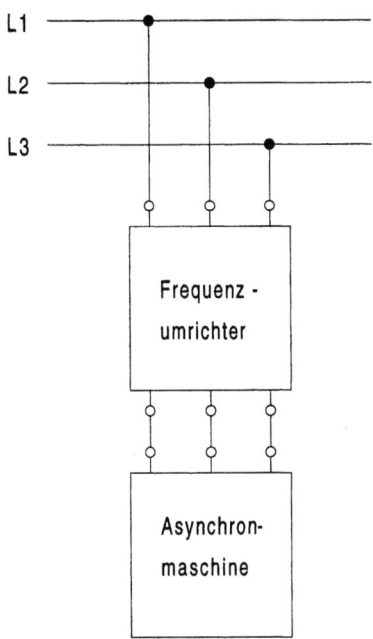

Bild 3.61 Drehzahlvariabler Betrieb der Asynchronmaschine mit einem Frequenzumrichter

Behielte man, ausgehend von Nennfrequenz und Nennspannung der Maschine, bei zunehmender Verkleinerung der Frequenz die Spannungshöhe bei, würde der magnetische Fluß der Maschine zunehmend größer. Bei Verkleinerung der Frequenz auf die Hälfte des Nennwertes beispielsweise würde der magnetische Fluß der Maschine doppelt so groß wie bei Nennbetrieb. Da die Maschine bei Betrieb unter Nennbedingungen etwa im Knie ihrer Magnetisierungskennlinie arbeitet, bedeutet das, daß sie bei weiterem Ansteigen des magnetischen Flußes tief in die Sättigung gerät und der zur Erzeugung des Flusses nötige Magnetisierungsstrom mächtig anwächst. Im Hinblick auf die Stromwärmeverlustleistung ist damit ein Betrieb der Maschine nicht mehr möglich. Umgehen läßt sich diese Schwierigkeit, wenn man ausgehend vom Betrieb mit Nennfrequenz und Nennspannung nicht nur die Frequenz, sondern auch die Spannung verkleinert, und zwar in gleichem Maß wie die Frequenz. Dann bleibt der magnetische Fluß der Maschine und damit auch der zur Erzeugung dieses Flusses nötige Magnetisierungsstrom konstant und so groß wie beim Betrieb unter Nennbedingungen, also bei Nennspannung und Nennfrequenz. Bei Vergrößerung der Frequenz der Speisespannung über die Nennfrequenz der Maschine hinaus wird die Spannung konstant in Höhe ihrer Nennspannung gehalten. Diese Vorgehensweise wird durch die Steuerkennlinie des Frequenzumrichters beschrieben. Sie gibt die Abhängigkeit der Frequenzrichterausgangsspannung von der Frequenz der Ausgangsspannung an (Bild 3.62).

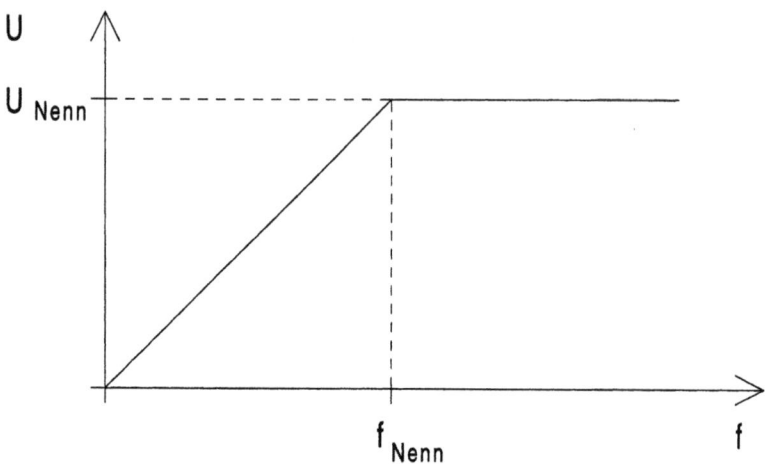

Bild 3.62 Steuerkennlinie des Frequenzumrichters

Ausgehend von der Frequenz Null mit der Ausgangsspannung Null steigt die Ausgangsspannung mit zunehmender Frequenz linear mit der Frequenz bis zur Nennspannung bei Nennfrequenz der Maschine an. Bei weiterer Vergrößerung der Frequenz bleibt die Ausgangsspannung des Frequenzumrichters konstant und hat die Größe der Nennspannung der Maschine.

Die Notwendigkeit, dem Frequenzumrichter die beschriebene Steuerkennlinie (Bild 3.62) zu geben, ergibt sich auch aus einer Betrachtung der Ersatzschaltung der Maschine (Bild 3.37). Die Reaktanzen der Maschine, für Nennfrequenz in einem Kurzschlußversuch mit Nennstrom und einem Leerlaufversuch mit Nennspannung ermittelt, sind frequenzabhängig und müssen, soll die Ersatzschaltung das Verhalten der Maschine bei anderen Frequenzen als der Nennfrequenz richtig wiedergeben, proportional mit der Frequenz von der Nennfrequenz auf die Betriebsfrequenz umgerechnet werden. Mit sinkender Frequenz nimmt dabei die Magnetisierungsreaktanz proportinal mit der Frequenz ab und damit bei unveränderter Spannung an den Eingangsklemmen der Ersatzschaltung der Magnetisierungsstrom ungefähr umgekehrt proportional mit der Frequenz zu, während in Wirklichkeit, wie schon beschrieben, bedingt durch den nichtlinearen Verlauf der Magnetisierungskennlinie der Maschine, der Magnetisierungsstrom weit stärker zunimmt. Insoweit gibt die Ersatzschaltung das Verhalten der Maschine nicht richtig wieder, da der nichtlineare Verlauf der Magnetisierungskennlinie mit der Annahme konstanter, spannungsunabhängiger Querimpedanzen nicht berücksichtigt wird. In diesem Zusammenhang spielt der Wirkwiderstand zur Berücksichtigung der Eisen- und Reibungsverlustleistung der Maschine eine untergeordnete Rolle, da er um etwa eine Größenordnung größer als die Magnetisierungsreaktanz ist und infolgedessen aus der Ersatzschaltung herausgetrennt werden kann, ohne daß sich dadurch wesentliche Änderungen für das Netz ergeben. Immerhin zeigt auch die Ersatzschaltung, daß eine bloße Verringerung der Frequenz wegen des dann zunehmenden

3.8 Die Asynchronmaschine am Netz variabler Frequenz

Magnetisierungsstroms einen Betrieb der Maschine unmöglich machen würde und dieser Schwierigkeit dadurch begegnet werden kann, daß die Eingangsspannung der Ersatzschaltung in gleichem Maß wie die Frequenz verringert wird, weil dann der Magnetisierungsstrom konstant bleibt.

Mit Hilfe der Ersatzschaltung können unter der Annahme einer bestimmten Drehzahl und damit eines bestimmten Schlupfes alle im Zusammenhang mit dem Betrieb der Maschine am Netz variabler Spannung und Frequenz interessierenden Größen berechnet werden. Werden der Reihe nach mehrere Drehzahlen angenommen, so können auf diese Weise die das Verhalten der Maschine beschreibenden Kennlinien ermittelt werden, z.B. die Abhängigkeit von Drehmoment und Statorstrom von der Drehzahl bei Motor- , Generator- und Bremsbetrieb oder für Motorbetrieb der Maschine die Abhängigkeit von Statorstrom, Drehzahl, aus dem Netz aufgenommener Wirkleistung, Wirkungsgrad und Leistungsfaktor von der an der Welle abgegebenen mechanischen Leistung.

4 Synchronmaschine

Wie alle drehenden elektrischen Maschinen kann auch die Synchronmaschine sowohl als Generator als auch als Motor betrieben werden. Ihr Haupteinsatzgebiet ist der Generatorbetrieb. Sie arbeitet als Generator in unseren Kraftwerken und speist unsere elektrischen Energienetze mit Wirkleistung. Die ans Netz angeschlossenen Verbraucher nehmen jedoch nicht nur Wirkleistung auf, sondern brauchen zu ihrem Betrieb zum Teil auch Blindleistung. Zu den Blindleistung aufnehmenden Verbrauchern gehören Asynchronmotoren, Transformatoren und Stromrichter. Diese Blindleistung vermag die Synchronmaschine zu liefern. Daneben ist sie aber auch in der Lage, Blindleistung aufzunehmen. Das wird insbesondere nachts in städtischen Kabelnetzen nötig, wenn die meisten Verbraucher vom Netz abgeschaltet sind und die Kabelleitungen, die bezüglich der Blindleistung wie Kondensatoren wirken, Blindleistung abgeben, für die es dann keine anderen Abnehmer als die Generatoren gibt. Synchrongeneratoren werden bis zu Leistungen von etwa $1500 MVA$ und Spannungen von etwa $30 kV$ gebaut. Als Motor wird die Maschine insbesondere dann eingesetzt, wenn ein Antrieb gebraucht wird, dessen Drehzahl belastungsunabhängig ist. Auch bei diesem Betrieb vermag sie Blindleistung abzugeben, was in Anbetracht der vielen Blindleistungsverbraucher im Netz höchst willkommen ist. Von zunehmender Bedeutung ist der Einsatz der Synchronmaschine in Verbindung mit einem Frequenzumrichter als drehzahlvariabler Antrieb bis hin zu den größten Leistungen. Synchronmotoren werden bis zu Leistungen von etwa $30 MW$ gebaut.

4.1 Aufbau und Wirkungsweise der Synchronmaschine

Aufbau und Wirkungsweise der Maschine werden anhand einer Modellmaschine erläutert.

4.1.1 Grundsätzlicher Aufbau

Der grundsätzliche Aufbau der Synchronmaschine ist einfach (Bild 4.1). Sie besteht aus einem eisernen Hohlzylinder, auf dessen Innenseite gleichmäßig verteilt sechs axial ausgerichtete Leiter untergebracht sind, und einem drehbar gelagerten Elektromagneten, der im Inneren des Hohlzylinders koaxial angeordnet ist. Der feststehende Hohlzylinder mit den Leitern stellt den Stator oder Ständer der Maschine dar. Den sich im Betrieb der Maschine drehenden, durch Gleichstrom erregten Elektromagneten nennt man den Rotor oder Läufer der Maschine oder auch das Polrad.

Die Leiter des Stators liegen in Nuten und sind gegen das Eisen elektrisch isoliert. Jeweils zwei einander gegenüberliegende Leiter werden auf der Rückseite miteinander verbunden. Auf diese Weise entstehen drei Leiterschleifen. Deren Anfänge werden mit U1,V1 und W1 bezeichnet, die Enden mit U2, V2 und W2. Die Leiterschleifen oder Spulen U1U2, V1V2 und W1W2 sind um jeweils 120° räumlich gegeneinander verdreht und bilden die Statorwicklung. Die gleichstromgespeiste Wicklung des Rotors ist die Erreger-, Rotor- oder Polradwicklung. Der Gleichstrom wird über auf der Rotorwelle sitzende Schleifringe und Bürsten zugeführt.

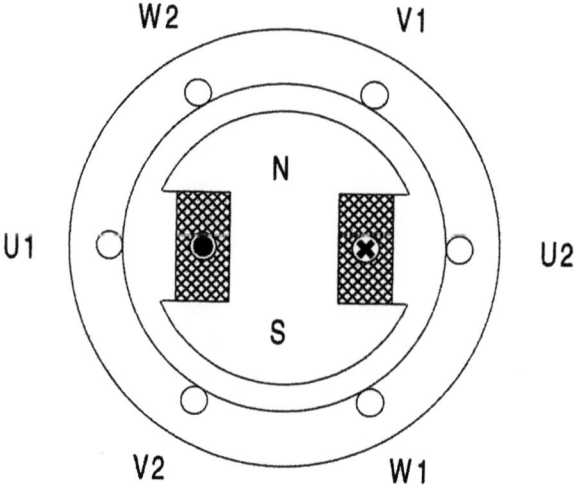

Bild 4.1 2polige Schenkelpolmaschine

4.1.2 Inselbetrieb und Betrieb am Netz kostanter Spannung und Frequenz

Dreht man den Rotor mit konstanter Geschwindigkeit, so werden in den drei Statorspulen drei gleich große, um jeweils 120° in der Phase verschobene Wechselspannungen induziert. Diese Spannungen kann man zur Versorgung von elektrischen Verbrauchern benutzen, z.B. zur Speisung eines Dreiphasen-Asynchronmotors, der zu seinem Betrieb drei gleich große, um jeweils 120° in der Phase gegeneinander verschobene Wechselspannungen braucht. Denkbar ist aber auch die Versorgung eines Dreiphasenwechselstrom- oder Drehstromnetzes, an das eine größere Anzahl von Verbrauchern angeschlossen ist. Wird dieses Netz nur von einem Synchrongenerator gespeist, so spricht man von Inselbetrieb. Dieser liegt zum Beispiel vor, wenn ein Notstromaggregat, bestehend aus einem Synchrongenerator, der von einem Verbrennungsmotor angetrieben wird, Verbraucher versorgt, nachdem das öffentliche Versorgungsnetz ausgefallen ist. Die Größe der Klemmenspannung des im

4.1 Aufbau und Wirkungsweise der Synchronmaschine

Inselbetrieb betriebenen Synchrongenerators kann über den Strom der Erregerwicklung, den Erregerstrom, eingestellt werden und hängt darüber hinaus von der Drehzahl der Antriebsmaschine ab. Die Frequenz der Spannung hängt allein von der Drehzahl ab.

Ganz anders sind die Verhältnisse bei einem Betrieb der Maschine an einem Drehstromnetz, das von einer sehr großen Zahl von Maschinen gespeist wird. Hier sind die Netzspannung und damit die Größe der Klemmenspannung und ihrer Frequenz fest vorgegeben und nicht mehr von der einzelnen Maschine her beeinflußbar. Man spricht in diesem Fall von einem Betrieb der Maschine an einem Netz konstanter Spannung und Frequenz. Von diesem Betrieb, der weit häufiger als der Inselbetrieb ist und insofern den Normalfall darstellt, soll im folgenden die Rede sein.

4.1.3 Drehfeld und Motorbetrieb

Die Verbindung zwischen dem Netz und der Maschine kann in zweierlei Weise vorgenommen werden. Entweder werden an die Statorspulen die Leiter-Erd- oder Phasenspannungen des Netzes gelegt, oder es werden an die Statorspulen die Leiter-Leiter- oder verketteten Spannungen gelegt. Die Wirkungsweise der Maschine ist unabhängig davon, wie die Spulen geschaltet werden. Entscheidend ist, daß in beiden Fällen an den Spulen drei gleich große, um jeweils 120° in der Phase verschobene Spannungen liegen.

Um die Verhältnisse im Hinblick auf die Erklärung der Wirkungsweise der Maschine zu vereinfachen, wollen wir zunächst annehmen, daß der Rotor der Maschine herausgenommen wird. Eine weitere Vereinfachung ergibt sich dadurch, daß wir symmetrische Verhältnisse haben. An allen drei Statorspulen liegen, sieht man von der Phasenverschiebung ab, gleiche Spannungen. Wir werden also auch, von der Phasenverschiebung abgesehen, gleiche Spulenströme und gleiche magnetische Flüsse, die die Spulen durchsetzen, haben und können uns infolgedessen auf die Betrachtung einer Spule oder eines Stromkreises bzw. einer Phase beschränken.

Wir legen in Gedanken z.B. an die Spule U1U2 eine Wechselspannung (Bild 4.2a). Die Spule habe keinen ohmschen Widerstand. Das ist in guter Übereinstimmung mit den Verhältnissen bei ausgeführten Maschinen. Deren ohmscher Spulenwiderstand ist so gering, daß er in seiner Wirkung vernachlässigt werden kann, wenn man sich nicht gerade für die in der Maschine auftretende Stromwärmeverlustleistung interessiert. Das Spannungsgleichgewicht, das verlangt, daß zu der angelegten Spannung ein gleich großer Spannungsabfall auftritt, kommt hier in der Weise zustande, daß sich in der Spule ein magnetischer Wechselfluß Φ ausbildet, der in ihr eine Spannung induziert, die genauso groß wie die angelegte Spannung ist. Der die Spule durchsetzende Fluß überquert die Statorbohrung, tritt dann in das Eisen des Stators ein, spaltet sich dort in zwei gleich große Teilflüsse auf, die sich nach dem Austritt aus dem Statoreisen wieder zum Gesamtfluß vereinigen. Die in der Spule induzierte Spannung wird Gegenurspannung genannt und hält der angelegten Spannung das Gleichgewicht.

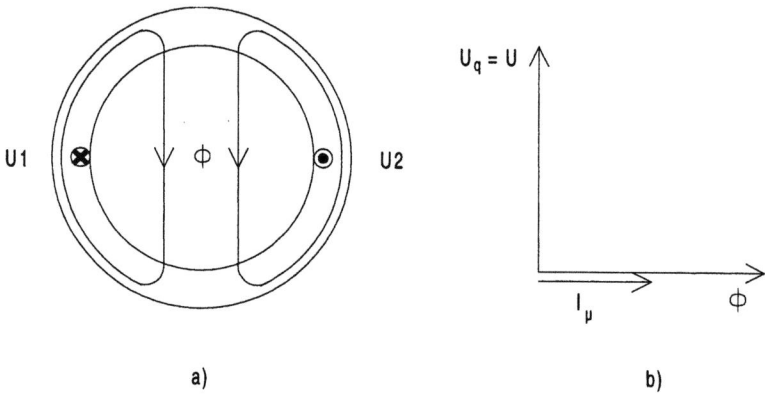

Bild 4.2 Das Zustandekommen des Spannungsgleichgewichts für eine an Wechselspannung gelegte Statorspule

Besonders übersichtlich lassen sich die Verhältnisse in einem Zeigerdiagramm darstellen (Bild 4.2b). Die Gegenurspannung oder Gegenquellenspannung U_q in Höhe der angelegten Netzspannung U wird von einem Wechselfluß Φ erzeugt, der – das folgt aus dem Induktionsgesetz – der Spannung proportional ist und ihr um 90° nacheilt. Zur Erzeugung des Flusses ist eine Durchflutung und damit verbunden ein Magnetisierungsstrom I_μ nötig, der mit dem Fluß in Phase ist und umso größer ist, je größer der magnetische Widerstand ist, den der Fluß vorfindet.

Da nicht nur an der Spule U1U2 eine Spannung liegt, sondern auch an den Spulen V1V2 und W1W2 gleich große Spannungen liegen, werden alle drei Spulen von gleich großen magnetischen Wechselflüssen durchsetzt, die wegen der räumlichen Anordnung der Spulen um jeweils 120° gegeneinander verdreht und wegen der Phasenverschiebung zwischen den Spannungen um jeweils 120° gegeneinander in der Phase verschoben sind. Das Gesamtfeld ergibt sich durch Überlagerung dieser Teilfelder. Es ist ein Feld zeitlich konstanter Größe, daß sich dreht. Man nennt es ein Drehfeld. Ein solches Feld läßt sich auch dadurch erzeugen, daß man z.B. eine drehbar gelagerte Magnetnadel in Rotation versetzt.

Wir wollen eine solche Magnetnadel dazu benutzen, um die Existenz des Drehfeldes in der Statorbohrung der Maschine nachzuweisen. Dazu bringen wir die Nadel so in die Statorbohrung hinein, daß ihre Achse mit der Statorbohrung zusammenfällt (Bild 4.3). Da sich die Nadel in Richtung des Feldes einstellt, dreht sich die Nadel und zwar mit einer Drehzahl n, die der Netzfrequenz f entspricht.

$$n = f \tag{4.1}$$

Bei einer Netzfrequenz von $50Hz$ ist die Drehzahl demnach $50s^{-1}$ oder 3000min^{-1}, bei $60Hz$, einer z.B. in den USA und Teilen Japans üblichen Frequenz, ist sie $60s^{-1}$ oder 3600min^{-1}. Bringen wir nun statt der Magnetnadel den Elektromagneten oder Rotor der Maschine in die Statorbohrung hinein (Bild 4.1), so dreht sich

4.1 Aufbau und Wirkungsweise der Synchronmaschine

auch dieser. Wir haben also einen Motor vor uns, dessen Drehzahl durch die Netzfrequenz vorgegeben ist. Wenn wir einmal annehmen, daß dieser Motor verlustlos arbeitet, d.h. keine Lager- und Luftreibung hat und Eisenverluste im Statoreisen und Stromwärmeverluste in den Spulen nicht auftreten, dann nimmt der Motor zunächst keine Wirkleistung aus dem Netz auf. Das ändert sich, sobald wir den Motor belasten, indem wir ihn an der Welle bremsen. Er nimmt dann eine Wirkleistung auf, die der abgegebenen mechanischen Leistung entspricht. Die Drehzahl ändert sich dabei nicht, wohl aber der Winkel zwischen der Achse des Statordrehfeldes und der Achse des Polrades, der Verbindungslinie zwischen den Polen des Rotors. Man nennt ihn den Polradwinkel der Maschine. Er ist bei unbelasteter Maschine, d.h. im Leerlauf, Null. Statordrehfeldachse und Polradachse haben in diesem Fall die gleiche Lage, sie sind deckungsgleich. Mit zunehmender Belastung wird die Polradachse gegen die Achse des Statordrehfeldes im nacheilenden Sinn verschoben und damit wächst der Polradwinkel. Die Frage, ob es eine obere Grenze für die Belastung gibt, wird durch den Versuch beantwortet. Man kann die Belastung solange steigern, bis der Polradwinkel einen Maximalwert erreicht, der abhängig von der Geometrie des Polrades und der Größe des Erregerstroms zwischen 45° und 90° liegt. Wenn man die Belastung darüber hinaus auch nur ein wenig vergrößert, bleibt das Polrad, daß sich bislang unabhängig von der Größe der Belastung mit Drehfelddrehzahl gedreht hat, plötzlich stehen. Der Motor ist außer Tritt gefallen oder gekippt, der Betrieb der Maschine ist instabil geworden. Mit anderen Worten: Wir haben die Stabilitäts- oder Kippgrenze überschritten. Das ist ein für die Maschine gefährlicher Betriebszustand, denn das Statordrehfeld läuft jetzt über die stillstehende Polradwicklung hinweg und induziert in dieser eine Wechselspannung, die einen Kurzschlußstrom zur Folge hat. Die Polradwicklung würde zerstört, wenn nicht durch Abschalten der Maschine vom Netz das Statorfeld zu Null gemacht würde. Im normalen Betrieb

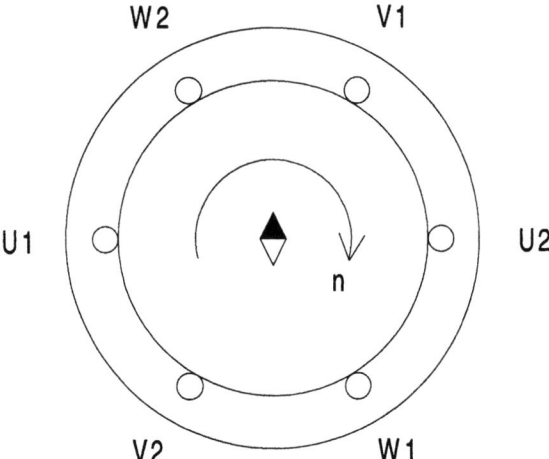

Bild 4.3 Nachweis des Drehfeldes in der Statorbohrung

wird in der Polradwicklung keine Spannung induziert, da Statordrehfeld und Polrad mit gleicher Geschwindigkeit drehen und infolgedessen die Relativgeschwindigkeit zwischen beiden Null ist.

4.1.4 Generatorbetrieb

Auch beim Versuch, das Polrad, ausgehend vom Ausgangszustand, bei dem keine Leistung aus dem Netz entnommen wird, zu beschleunigen statt zu bremsen, ändert sich die Drehzahl nicht. Der Rotor dreht sich, unabhängig davon wie stark wir auf ihn einwirken, stets genauso schnell wie das Drehfeld. Rotordrehzahl und Drehfelddrehzahl stimmen überein, sie sind synchron. Daher hat die Maschine ihren Namen. Anders als im eben geschilderten Motorbetrieb jedoch gibt die Maschine jetzt Wirkleistung ans Netz ab. Sie arbeitet als Generator. Da Generatoren in der Regel durch Dampf- oder Wasserturbinen angetrieben werden, müssen wir, wenn wir die Leistungsabgabe des Generators steigern wollen, durch zunehmendes Öffnen des Turbinenventils den Dampf- oder Wasserfluß vergrößern. Dabei wird die Polradachse im voreilenden Sinn gegen die Achse des Statordrehfeldes verschoben. Der Polradwinkel, der bei geschlossenem Ventil – ideale Verhältnisse vorausgesetzt, d.h. verlustlose Maschine – Null ist, wächst. Das Öffnen des Turbinenventils und damit die Vergrößerung der vom Generator ans Netz abgegebenen Leistung können wir nur so lange fortsetzen, bis der Polradwinkel einen Maximalwert erreicht hat, der wie beim Motorbetrieb abhängig von der Geometrie des Polrades und der Größe des Erregerstroms zwischen 45° und 90° liegt und bei gleichem Erregerstrom denselben Wert wie im Motorbetrieb hat. Wenn wir das Ventil jetzt noch ein wenig weiter öffnen, wird der Betrieb instabil. Die Drehzahl, die bis dahin konstant war, nimmt auf einmal zu. Der Generator geht durch, fällt außer Tritt oder kippt. Dieser Zustand ist für die Maschine nicht nur deswegen gefährlich, weil jetzt die zulässige Drehzahl, für die sie gebaut ist, überschritten wird, sondern auch, weil der Rotor schneller als das Statordrehfeld umläuft und damit eine Relativgeschwindigkeit zwischen beiden besteht. Infolgedessen wird durch das Statorfeld in der Rotorwicklung eine Wechselspannung induziert, die einen Kurzschlußstrom zur Folge hat. Auch in diesem Fall muß die Maschine sofort vom Netz getrennt werden. Außerdem muß das Ventil der Turbine geschlossen werden.

4.1.5 Dampf- und Wasserkraftgeneratoren

Der ein Netz mit einer Frequenz von $50 Hz$ speisende Generator muß mit einer Drehzahl von $50 s^{-1}$ oder 3000min^{-1} angetrieben werden. Dampf- und Gasturbinen liefern eine derart hohe Drehzahl, nicht dagegen Wasserturbinen. Man denke nur an ein Mühlrad, daß ja auch eine Wasserturbine ist. Für den Betrieb mit einer langsam laufenden Wasserturbine muß der Generator anders gebaut werden.

Bei der zweipoligen Maschine (Bild 4.1) laufen während der Dauer einer Periode der Netzspannung an einem Statorleiter ein Nordpol und ein Südpol vorbei. Wenn

4.1 Aufbau und Wirkungsweise der Synchronmaschine

das Polrad vier Pole bekommt mit der Polfolge Nordpol-Südpol-Nordpol-Südpol (Bild 4.4), laufen während der Dauer einer Periode der Netzspannung an einem Statorleiter ebenfalls ein Nordpol und ein Südpol vorbei, nur macht das Polrad dabei nicht mehr eine volle, sondern eine halbe Umdrehung, es dreht also nur noch halb so schnell, d.h. bei 50Hz mit $25s^{-1}$ oder $1500\,\text{min}^{-1}$. Allgemein gilt für die Abhängigkeit der Drehzahl n von der Netzfrequenz f, wenn wir, wie üblich, statt der Polzahl die Polpaarzahl p benutzen

$$n = \frac{f}{p} \tag{4.2}$$

Wasserkraftgeneratoren haben bis zu 100 Pole oder 50 Polpaare. Bei 50Hz ist die dazugehörende Drehzahl $1s^{-1}$ oder $60\,\text{min}^{-1}$.

Die gleiche Anzahl von Polen wie das Polrad muß auch das Statordrehfeld haben. In unserem Beispiel waren es vier. Erreicht wird das dadurch, daß die Statorleiter der zweipoligen Maschine (Bild 4.1) auf die Hälfte des Statorumfangs zusammengeschoben werden, wobei die rückwärtige Verbindung der Leiter bestehen bleibt, und auf der freiwerdenden Hälfte noch einmal die gleiche Anordnung von Leitern untergebracht wird (Bild 4.4). Die neu hinzugekommenen Leiter werden rückwärtig in gleicher Weise miteinander verbunden wie die ursprünglich vorhandenen. Statt der zunächst drei Leiterschleifen oder Spulen haben wir jetzt deren sechs. Einander entsprechende Spulen, z.B. U1U2 und U1'U2', werden in Reihe oder parallel geschaltet. Doch das ist für den Anwender belanglos. Ihm zugänglich sind nur die

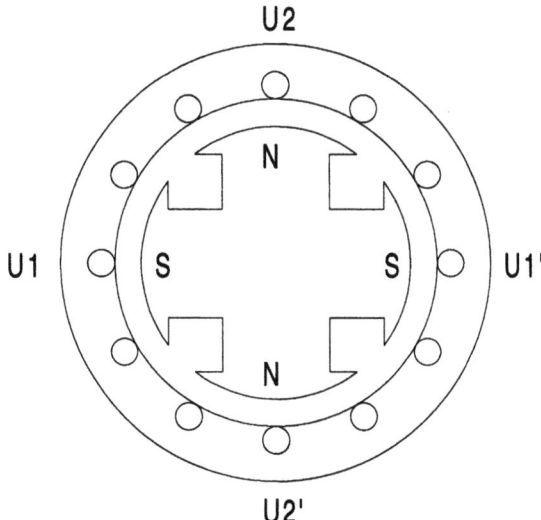

Bild 4.4 4polige Schenkelpolmaschine

Klemmen, an die die Reihen- oder Parallelschaltung angeschlossen ist, und die sind mit U1 und U2 bezeichnet. Ob sich hinter diesen Klemmen eine Reihen- oder Parallelschaltung verbirgt, ist für ihn uninteressant. Während für die zweipolige Maschine die Polfolge des Statordrehfeldes auf der Innenseite des Statorumfangs Nordpol-Südpol ist, ist sie für die vierpolige Maschine Nordpol-Südpol-Nordpol-Südpol, d.h. auf eine Stelle, an der Feldlinien aus dem Statoreisen austreten, Kennzeichen eines Nordpols, folgt immer eine Stelle, an der Feldlinien in das Eisen eintreten, Kennzeichen eines Südpols. Diese Pole laufen mit der gleichen Geschwindigkeit wie die Pole des Polrades um.

Die Stabilitätsgrenze der Maschine liegt unabhängig von der Polzahl bei einem Polradwinkel zwischen 45° und 90°. Dabei ist zu beachten, daß das ein elektrischer Winkel ist, dem nur bei der zweipoligen Maschine auch ein räumlicher Winkel zwischen 45° und 90° entspricht. Das wird verständlich, wenn man sich daran erinnert, daß es üblich ist, sinusförmig von der Zeit abhängige Größen sowohl in Abhängigkeit von der Zeit t als auch in Abhängigkeit vom elektrischen Winkel $\omega \cdot t$

$$\omega \cdot t = 2 \cdot \pi \cdot f \cdot t = 2 \cdot \pi \cdot \frac{1}{T} \cdot t$$

darzustellen (Bild 2.2). Der Periodendauer T in der einen Darstellungsweise entspricht in der anderen ein elektrischer Winkel von

$$\omega \cdot T = 2 \cdot \pi \cdot f \cdot T = 2 \cdot \pi \cdot \frac{1}{T} \cdot T = 2 \cdot \pi \triangleq 360^0$$

Es wurde schon festgestellt, daß unabhängig von der Polzahl der Maschine nach Ablauf einer Zeit, die einer Periodendauer oder einem Winkel von 360° elektrisch entspricht, an einem Statorleiter ein Nordpol und ein Südpol vorbeilaufen. Bei der zweipoligen Maschine hat sich der Rotor dabei um 360° räumlich, bei der vierpoligen Maschine um nur 180° räumlich gedreht. Allgemein gilt für den Zusammenhang zwischen räumlichem und elektrischem Winkel bei einer Maschine mit der Polpaarzahl p

$$\varphi_{räuml} = \frac{\varphi_{el}}{p}$$

Das bedeutet, daß der Winkel, der die Stabilitätsgrenze charakterisiert, bei der Angabe des elektrischen Winkels zwischen 45° und 90°, bei der Angabe des räumlichen Winkels dagegen zwischen $45^0/p$ und $90^0/p$ liegt. Für die vierpolige Maschine liegt die Stabilitätsgrenze bei einem Winkel zwischen $45,0^0/2 = 22,5^0$ und $90,0^0/2 = 45,0^0$ räumlich, für die 100polige zwischen $45,0^0/50 = 0,900^0$ und $90,0^0/50 = 1,80^0$ räumlich. Den Unterschied zwischen elektrischem und räumlichem Winkel hat man anschaulich vor sich, wenn man sich vergegenwärtigt, daß der

4.1 Aufbau und Wirkungsweise der Synchronmaschine

Abstand zwischen benachbarten gleichnamigen Polen einem elektrischen Winkel von 360° entspricht, während man den räumlichen Winkel unmittelbar vor sich sieht.

Die in Dampfkraftwerken arbeitenden Generatoren werden überwiegend zweipolig ausgeführt, da zum Antrieb schnellaufende Turbinen zur Verfügung stehen. Die bei den hohen Drehzahlen auftretenden Fliehkräfte lassen sich besser beherrschen, wenn der Elektromagnet der Maschine statt eines Eisenkörpers mit ausgeprägten Polen (Bild 4.1) einen Eisenkörper bekommt, der einen Kreiszylinder darstellt (Bild 4.5). Etwa 2/3 des Umfangs dieses Zylinders werden mit Leitern belegt, die axial ausgerichtet sind und in Nuten liegen. Die Leiter werden so miteinander verbunden, daß sie zwei Gruppen bilden, von denen die Leiter der einen Gruppe in einer Richtung und die der anderen Gruppe in der entgegengesetzten Richtung von Gleichstrom durchflossen werden. Aufgrund dieser Stromverteilung bildet sich ein magnetisches Feld aus, das dem einer Zylinderspule ähnlich ist, mit einem Nordpol, das ist die Stelle, an der magnetischer Fluß aus dem Rotoreisen austritt, und einem Südpol, das ist die Stelle, an der der magnetische Fluß wieder in das Rotoreisen eintritt. Die Maschine mit zylindrischem Rotor wird Vollpolmaschine genannt, die Maschine mit ausgeprägten Polen Schenkelpolmaschine.

Vollpolmaschinen werden nicht nur zweipolig, sondern auch vierpolig gebaut. Vierpolige Maschinen findet man vor allem in Kernkraftwerken. Kennzeichnend für diese Kraftwerke sind hohe Leistung und damit verbunden hoher Dampfdurchsatz durch die Turbine. Der Dampf tritt unter hohem Druck in die Turbine ein und verläßt sie mit niedrigem Druck. Daher ist das Durchflußvolumen am Ausgang der Turbine wesentlich größer als am Eingang. Sichtbar wird das dadurch, daß der Turbinenrotordurchmesser in Richtung des Dampfflusses zunimmt. Damit wachsen aber auch die Fliehkräfte. Sie lassen sich bei einer zweipoligen Synchronmaschine nicht

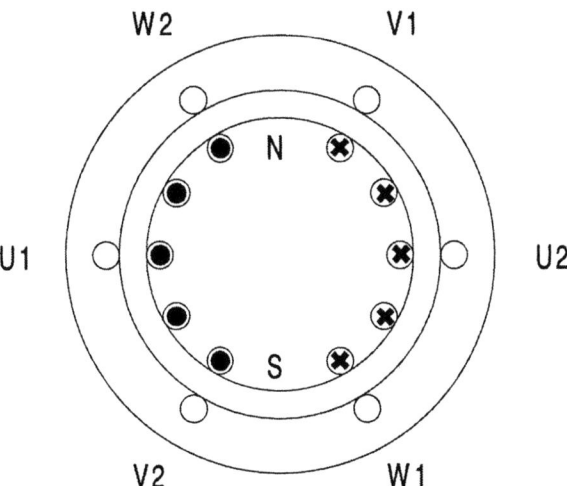

Bild 4.5 2polige Vollpolmaschine

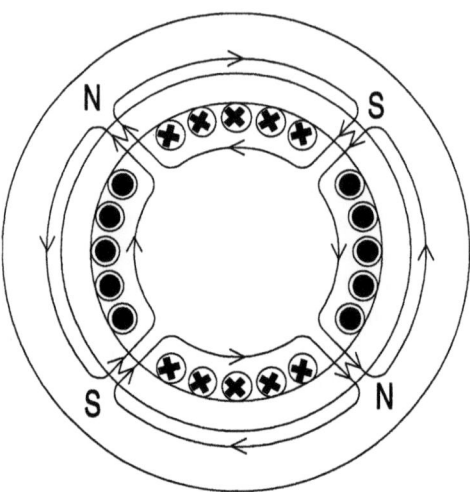

Bild 4.6 4polige Vollpolmaschine

mehr beherrschen, wohl aber bei einer vierpoligen mit ihrer nur halb so großen Drehzahl. Auch beim Rotor der vierpoligen Maschine sind etwa 2/3 des Umfangs mit Leitern belegt (Bild 4.6). Sie bilden vier Gruppen, wobei von Gruppe zu Gruppe die Richtung des in den Leitern fließenden Gleichstroms wechselt. Die Gruppen der Leiter, in denen der Strom vom Betrachter wegfließt, umgeben sich mit einem magnetischen Fluß, der im Uhrzeigersinn orientiert ist. Die Gruppen der Leiter, in denen der Strom auf den Betrachter zufließt, umgeben sich mit einem magnetischen Fluß, der im Gegenuhrzeigersinn orientiert ist. Mit dieser Überlegung ergeben sich die Stellen, an denen der magnetischen Fluß aus dem Rotoreisen austritt, es sind dies die beiden Nordpole, und die Stellen, an denen der Fluß in das Rotoreisen eintritt, es sind dies die beiden Südpole. Die Polfolge ist Nordpol-Südpol-Nordpol-Südpol.

Für Vollpolmaschinen liegt die Stabilitätsgrenze bei einem Polradwinkel von 90° elektrisch – das entspricht einem Polradwinkel von $90°/p$ räumlich, wobei p die Polpaarzahl der Maschine ist. Nur für die zweipolige Maschine mit der Polpaarzahl 1 stimmen elektrischer und räumlicher Polradwinkel überein.

Die obere Grenze für den Rotordurchmesser zweipoliger Maschinen großer Leistung liegt im Hinblick auf die auftretenden Fliehkräfte bei etwa $1,25 m$, die obere Grenze für die Rotorlänge im Hinblick auf dessen Durchbiegung bei etwa $7 m$. Bei den großen Wasserkraftgeneratoren niedriger Drehzahl sind die Verhältnisse ganz anders. Hier erreicht der Rotordurchmesser bei kleinerer Rotorlänge etwa $20 m$. Der Rotor hat die Form einer Scheibe. Im Wasserkraftwerk Itaipu an der Grenze zwischen Brasilien und Paraguay beispielsweise stehen 18 Generatoren mit einer Leistung von je $824 MVA$ und einem Nennleistungsfaktor von $\cos \varphi = 0,85$. Sie haben einen Rotordurchmesser von $16 m$ und eine Rotorlänge von $3,5 m$ bei einem Maschinenaußendurchmesser von $22 m$. Die Gesamtleistung des Kraftwerks ist $12600 MW$.

4.2 Ersatzschaltung der Vollpolmaschine

Die Ersatzschaltung der Synchronmaschine erlaubt es, das Verhalten der Maschine wesentlich einfacher zu übersehen, als das anhand der Maschine selbst möglich ist. Betrachtet man die Ersatzschaltung der Maschine von ihren Klemmen aus, so verhält sie sich genauso wie die von den Statorklemmen her betrachtete Maschine. Von den Klemmen aus ist nicht feststellbar, ob dahinter die Maschine oder die Ersatzschaltung liegt. Mit Hilfe der Ersatzschaltung kann das Betriebsverhalten der Maschine graphisch und rechnerisch in einfacher Weise untersucht werden.

4.2.1 Die Ersatzschaltung

Die Synchronmaschine hat zwei Wicklungen: die Statorwicklung, die aus den drei Spulen mit den Klemmen U1 und U2, V1 und V2 und W1 und W2 besteht, und die auf dem Rotor sitzende Erreger- bzw. Polrad- oder Rotorwicklung mit den Klemmen F1 und F2 (Bild 4.7).

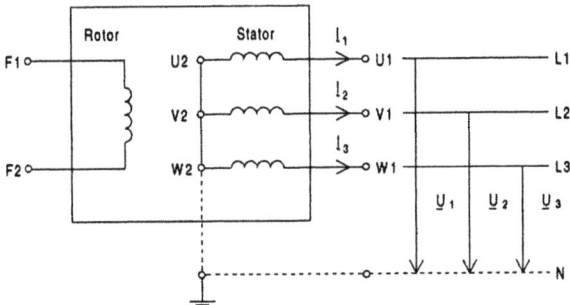

Bild 4.7 Synchronmaschine: Statorwicklung und Erregerwicklung

Die Statorspulen werden in der Regel in Sternschaltung ans Netz geschaltet, weil sie dann nicht für die Leiter-Leiter-Spannung oder verkettete Spannung des Netzes ausgelegt werden müssen, sondern für die kleinere Leiter-Erd-Spannung. Die Sternschaltung wird in der Weise vorgenommen, daß die Enden U2, V2 und W2 der Spulen zum gemeinsamen Sternpunkt verbunden werden und die Anfänge U1, V1 und W1 an die Leiter L1, L2 und L3 des Netzes angeschlossen werden. Der Sternpunkt kann mit dem, falls vorhanden, in der Regel geerdeten Neutralleiter N des Netzes verbunden werden, der dann als gemeinsamer Rückleiter für die drei Stromkreise des Dreiphasen-Wechselstromnetzes gilt. Auf diesen gemeinsamen Rückleiter kann aber auch verzichtet werden, selbst wenn er vorhanden ist, weil bei normalerweise vorliegender symmetrischer Belastung der Maschine die Summe der im gemeinsamen Rückleiter fließenden Leiterströme $\underline{I}_1$, $\underline{I}_2$ und $\underline{I}_3$ Null ist. Davon kann man sich leicht überzeugen, wenn man die zugehörigen Stromzeiger zeichnet und daran denkt, daß deren Längen gleich sind, die Zeiger aber um jeweils 120° gegeneinander verdreht sind. Die Summe der Zeiger ist Null. Das, was für den Effektivwert des Stroms im gemeinsamen Rückleiter gilt, gilt auch für den Augenblickswert. Bildet man in einem Liniendiagramm, in dem die drei Leiterströme i_1, i_2 und i_3 in Abhängigkeit von der Zeit t aufgetragen sind, für irgendeinen Zeitpunkt die Summe, so ergibt sich, daß diese stets Null ist. Der gemeinsame Rückleiter ist also entbehrlich und das Vorhandensein eines Neutralleiters für den Anschluß der Maschine nicht erforderlich.

Jede der Statorspulen der Maschine wirkt von ihren Klemmen aus betrachtet wie eine Spannungsquelle mit Innenwiderstand und kann infolgedessen durch eine solche ersetzt werden. Auf diese Weise erhält man die dreiphasige Ersatzschaltung der Maschine (Bild 4.8).

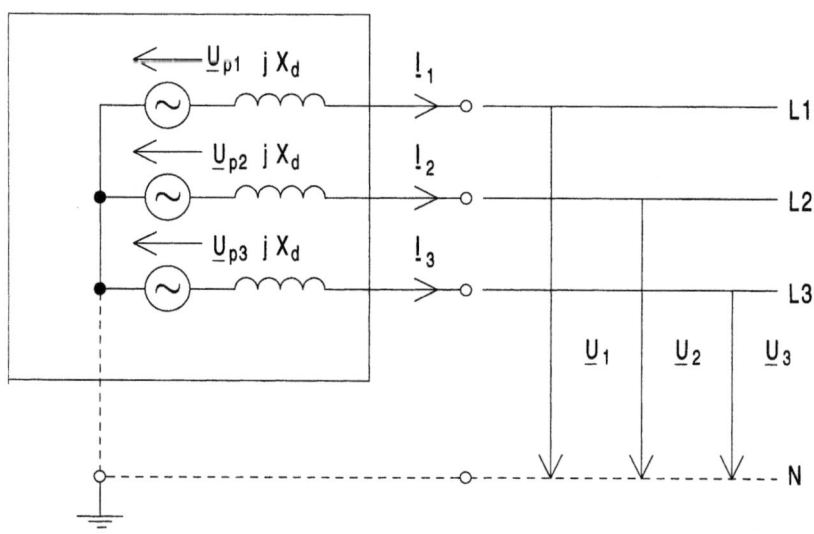

Bild 4.8 3phasige Ersatzschaltung der Synchronmaschine

Dabei entsprechen die Spannungen $\underline{U}_{p1}$, $\underline{U}_{p2}$ und $\underline{U}_{p3}$ der Spannungsquellen den in den Spulen durch das sich drehende gleichstromerregte Polrad induzierten Spannungen. Diese Spannungen sind vom Betrag U_p her gleich groß, aber um jeweils 120° in der Phase gegeneinander verschoben. Für die Innenwiderstände der Spannungsquellen gilt in der Regel, daß sie rein induktiv sind und ihr ohmscher Anteil vernachlässigbar klein ist.

Da die elektrischen Spannungen und Ströme für die drei Stromkreise oder Phasen der dreiphasigen Ersatzschaltung der Maschine – sieht man von den Phasenver-

4.2 Ersatzschaltung der Vollpolmaschine

schiebungen von jeweils 120° ab – gleich sind, beschränkt man sich auf die Betrachtung eines Stromkreises oder einer Phase und arbeitet mit der einphasigen Ersatzschaltung der Maschine und nennt diese die Ersatzschaltung der Maschine (Bild 4.9). Einschränkend ist allerdings hinzuzufügen, daß diese Ersatzschaltung nur für die Vollpolmaschine gilt und eine Ersatzschaltung auch nur für die Vollpolmaschine angegeben werden kann, nicht aber für die Maschine mit ausgeprägten Polen.

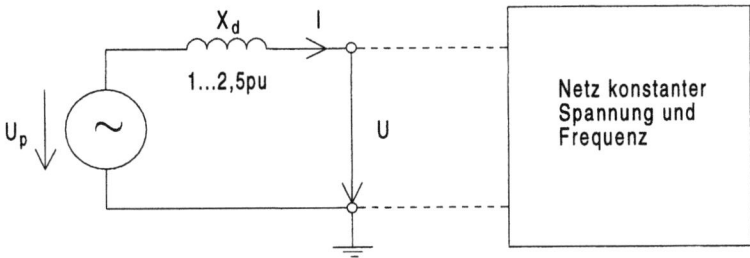

Bild 4.9 Ersatzschaltung der Synchronmaschine (gilt nur für Vollpolmaschine)

Die einphasige Ersatzschaltung der Maschine stellt demnach die Ersatzschaltung einer der drei Statorspulen, z.B. der mit den Klemmen U1 und U2 (Bild 4.5), bezüglich ihrer Klemmen dar. In dieser Ersatzschaltung (Bild 4.9) nennt man die Spannung $\underline{U}_p$ der Spannungsquelle die Polradspannung der Maschine, weil sie durch das sich drehende gleichstromerregte Polrad in der Spule induziert wird. Sie kann über den Erregerstrom der Erregerwicklung variiert werden. Die Polradspannung ist nur bei Leerlauf der Maschine, d.h. bei stromloser Statorspule, an den Klemmen der Spule zu messen. Bei Belastung der Maschine fließen in den drei Statorspulen drei gleich große, um jeweils 120° in der Phase gegeneinander verschobene Ströme. Sie sind die Ursache für ein magnetisches Drehfeld, das Statordrehfeld, das sich dem Feld des Polrades, dem Rotordrehfeld, überlagert. Nur die von dem resultierenden Gesamtdrehfeld in der betrachteten Spule induzierte Spannung $\underline{U}$ ist an deren Klemmen meßbar. Diese Erscheinung ist der von der Gleichstrommaschine her bekannten Feldschwächung durch Ankerrückwirkung vergleichbar. Je größer der Luftspalt der Maschine, desto kleiner die Rückwirkung des Statorstroms, da mit größer werdendem Luftspalt der magnetische Widerstand wächst, den die vom Statorstrom herrührende Durchflutung vorfindet. Die Rückwirkung des Statorstroms $\underline{I}$ auf die Klemmenspannung $\underline{U}$ wird in der Ersatzschaltung der Maschine durch eine induktive Reaktanz, die die Synchronreaktanz X_d der Maschine heißt, richtig wiedergegeben (Bild 4.9). Das ist – hier nicht abgeleitet – insofern einleuchtend, als sich in der Ersatzschaltung, wie bei der Spule, Polradspannung $\underline{U}_p$ und Klemmenspannung $\underline{U}$ nach Betrag und Phasenwinkel unterscheiden, und zwar in der Ersatzschaltung durch den Spannungsabfall $\underline{I} \cdot jX_d$, den der Statorstrom $\underline{I}$ an der Synchronreaktanz jX_d hervorruft. Nur im Leerlauf stimmen beide Spannungen überein. In der Ersatzschaltung der Maschine ist die Rückwirkung des Statorstroms auf die Klemmenspannung umso größer, je größer die Synchronreaktanz ist, bei der Maschine selbst ist die Rückwirkung des Statorstroms auf die Klemmenspannung umso größer, je kleiner der Luftspalt ist. Die Synchronreaktanz der Maschine ist ein Maß für die Rückwirkung des Statorstroms: je größer der Luftspalt der Maschine, desto kleiner die Rückwirkung des Statorstroms und, infolgedessen, umso kleiner die Synchronreaktanz der Maschine. Bei unendlich großem Luftspalt wäre die Synchronreaktanz der Maschine Null.

Die Synchronreaktanz wird in der Regel als bezogene Größe angegeben und liegt für ausgeführte Maschinen zwischen etwa 1,00 und 2,50 pu. Will man die Synchronreaktanz als absolute Größe haben, dann ist die bezogene Größe mit der Bezugsimpedanz zu multiplizieren, die sich als Quotient aus der Nennspannung als Leiter-Erd-Spannung und dem Nennstrom der Maschine ergibt. Dabei ist der Nennstrom der Maschine meist nur indirekt über die Nennleistung der Maschine bekannt. Hat beispielsweise ein $100 MVA$ Generator mit einer Nennspannung von $10 kV$ eine Synchronreaktanz von $X_d = 2,00\, pu$, so ist der Nennstrom dieses Generators

$$\frac{100 MVA / 3}{10 kV / \sqrt{3}} = 5,77 kA,$$

die Bezugsimpedanz

$$\frac{10 kV / \sqrt{3}}{5,77 kA} = 1,00 \Omega$$

und die Synchronreaktanz als absolute Größe

$$X_d = 2,00 \cdot 1,00 \Omega = 2,00 \Omega$$

4.2.2 Die Leerlaufkennlinie

Die die Ersatzschaltung charakterisierenden Größen sind die Polradspannung U_p und die Synchronreaktanz X_d (Bild 4.9). Im Zusammenhang mit der Polradspannung ist deren Abhängigkeit vom Erregerstrom, der in der Erreger- bzw. Polrad- oder Rotorwicklung fließt, von Interesse. Diese Abhängigkeit wird experimentell durch Aufnahme der Leerlaufkennlinie der Maschine ermittelt. Die Leerlaufkennlinie gibt die Abhängigkeit der Polradspannung U_p vom Erregerstrom I_E bei Nenndrehzahl n_{Nenn} an: $U_p = f(I_E)$ für $n = n_{Nenn}$. Zur Aufnahme der Kennlinie wird die Synchronmaschine durch eine Antriebsmaschine, z.B. einen Gleichstromnebenschlußmotor oder fremderregten Gleichstrommotor, auf Nenndrehzahl hochgefahren. Dann wird der Erregerstrom von Null an beginnend zu höheren Werten

4.2 Ersatzschaltung der Vollpolmaschine

hin verstellt, z.B. dadurch, daß die Erregerwicklung über einen verstellbaren Widerstand an eine Gleichspannungsquelle mit konstanter Spannung angeschlossen wird und dieser Widerstand zunehmend kleiner gemacht wird (Bild 4.10), oder dadurch, daß die Erregerwicklung an einen Gleichrichter mit verstellbarer Ausgangsspannung angeschlossen wird. Schon bei stromloser Erregerwicklung ist im allgemeinen eine Spannung zu messen, die einige wenige Prozent der Nennspannung beträgt. Es ist dies die Remanenzspannung der Maschine. Sie kommt dadurch zustande, daß das Polrad von einem früheren Betrieb der Maschine her noch einen magnetischen Restfluß, den Remanenzfluß, hat. Synchronmaschinen werden bis zu Spannungen von $30kV$ gebaut. Nimmt man für eine Maschine mit dieser Nennspannung eine Remanenzspannung von 1% oder $0{,}01pu$ an, so beträgt die bei unerregter Maschine an den Klemmen auftretende Spannung immerhin $300V$, kann also für den, der von dieser Spannung nichts weiß und annimmt, daß die Maschine spannungslos ist, gefährlich werden. Mit zunehmendem Erregerstrom wächst die Polradspannung zunächst annähernd proportional stark an, dann zunehmend schwächer, wobei die Kennlinie aber nicht in eine Horizontale einmündet, sondern in eine Gerade, deren Steigung, nachdem das Eisen der Maschine gesättigt ist, allein durch die magnetische Leitfähigkeit der Luft bestimmt wird. Insgesamt ergibt sich eine Kennlinie, die der Magnetisierungskennlinie der Maschine entspricht (Bild 4.11).

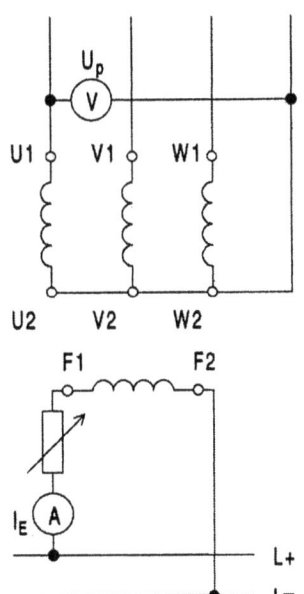

Bild 4.10 Schaltung zur Aufnahme der Leerlaufkennlinie der Synchronmaschine

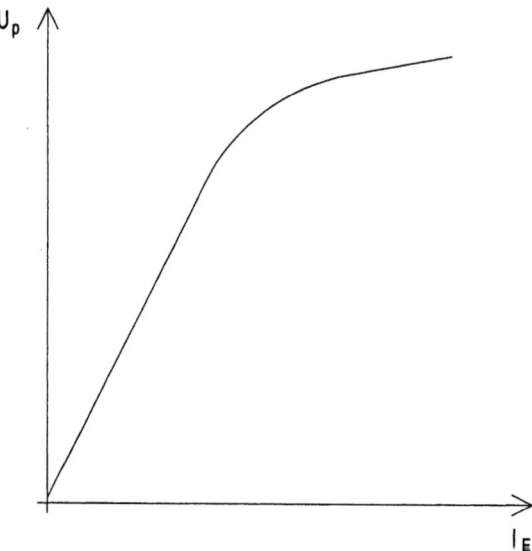

Bild 4.11 Leerlaufkennlinie der Synchronmaschine

4.2.3 Die Kurzschlußkennlinie

Das Verfahren zur experimentellen Ermittlung der Synchronreaktanz X_d der Maschine ergibt sich aus ihrer Ersatzschaltung. Sie stellt nichts anderes als die Ersatzschaltung einer Spannungsquelle mit Innenwiderstand dar. Deren Innenwiderstand kann theoretisch durch einen Leerlaufversuch, bei dem die Quellenspannung als Leerlaufspannung gemessen wird, und einen Kurzschlußversuch, bei dem der Kurzschlußstrom gemessen wird, bestimmt werden. Der Quotient von im Leerlauf gemessener Quellenspannung und im Kurzschluß gemessenem Kurzschlußstrom stellt den Innenwiderstand der Spannungsquelle dar. Entsprechend könnte bei der Synchronmaschine verfahren werden. Sie wäre auf Nenndrehzahl hochzufahren, der Erregerstrom wäre solange zu vergrößern, bis die Nennspannung erreicht ist, und dann wäre die Maschine dreipolig kurzzuschließen, wobei der Kurzschlußstrom gemessen wird. Der Quotient von Nennspannung und Kurzschlußstrom wäre die Synchronreaktanz der Maschine. In dieser Weise wird im Falle der Maschine nicht verfahren, da unmittelbar nach Eintritt des Kurzschlusses zunächst ein Ausgleichsvorgang stattfindet, bei dem ein sehr großer Kurzschlußstrom fließt. In der Ersatzschaltung der Maschine (Bild 4.9) tritt für die Dauer des Übergangsvorgangs an die Stelle der Synchronreaktanz X_d die viel kleinere sogenannte subtransiente Reaktanz X_d''. Sie ist um etwa eine Größenordnung kleiner als die Synchronreaktanz und liegt ungefähr zwischen 0,10 und 0,20 pu. Demnach kann der Anfangskurzschlußwechselstrom I_K'' im ungünstigsten Fall, rechnet man mit bezogenen Größen,

$$I_K'' = \frac{U_p}{X_d''} = \frac{1,00}{0,10} = 10\,pu \ ,$$

4.2 Ersatzschaltung der Vollpolmaschine

um den Faktor 10 größer als der Nennstrom der Maschine sein. Dieser Kurzschlußstrom würde die Maschine gefährden, zumal sich ihm noch ein Gleichstromglied überlagern kann, das, abhängig vom Augenblick des Kurzschlußeintritts, im ungünstigsten Fall dem Scheitelwert des Anfangskurzschlußwechselstroms entspricht. Der sich schließlich einstellende Dauerkurzschlußstrom dagegen wäre für die Maschine ungefährlich. Bei üblichen Synchronreaktanzen von etwa 1,00 bis 2,50 pu wäre der Dauerkurzschlußstrom im ungünstigsten Fall

$$I_K = \frac{U_p}{X_d} = \frac{1,00}{1,00} = 1,00\,pu \quad,$$

d.h., er entspräche dem Nennstrom der Maschine. Um die Synchronmaschine durch den hohen Anfangskurzschlußstrom nicht zu gefährden, wird der Kurzschlußversuch in der Weise vorgenommen, daß bei Nenndrehzahl und kurzgeschlossenen Statorwicklungsklemmen der Erregerstrom von Null an beginnend solange vergrößert wird, bis der Nennstrom fließt (Bild 4.12). Dabei wird die Abhängigkeit des Statorkurzschlußstromes I_K vom Erregerstrom I_E ermittelt. Die sie beschreibende Kennlinie ist die Kurzschlußkennlinie der Maschine: $I_K = f(I_E)$ für n_{Nenn}. Sie ist exakt eine Gerade und geht durch den Ursprung des Koordinatensystems (Bild 4.13). Wenn die Kurzschlußkennlinie nicht genau, sondern nur ungefähr durch den Ursprung des Koordinatensystems geht, so liegt das an der Remanenzspannung, die schon bei unerregter Maschine Ursache für einen kleinen Strom ist.

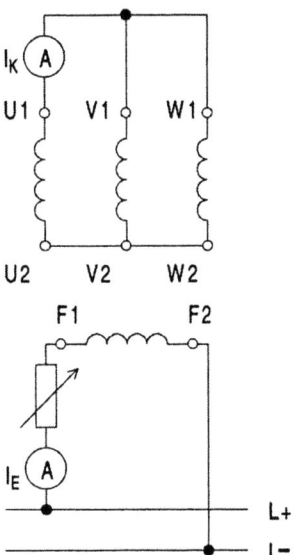

Bild 4.12 Schaltung zur Aufnahme der Kurzschlußkennlinie der Synchronmaschine

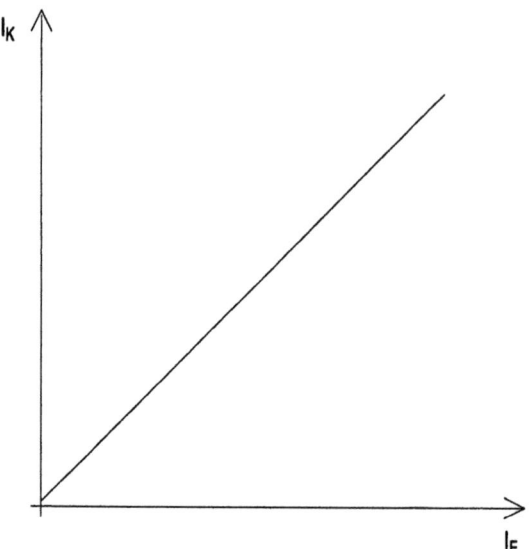

Bild 4.13 Kurzschlußkennlinie der Synchronmaschine

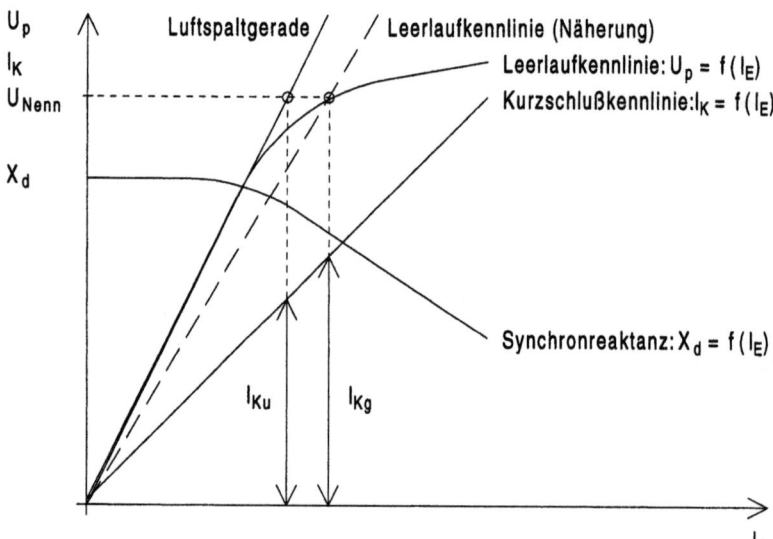

Bild 4.14 Ermittelung der Synchronreaktanz der Synchronmaschine mit Hilfe der Leerlauf- und Kurzschlußkennlinie

4.2.4 Die Synchronreaktanz

Die Synchronreaktanz X_d der Maschine erhält man mit Hilfe der im Leerlaufversuch aufgenommenen Leerlaufkennlinie und der im Kurzschlußversuch aufgenommenen Kurzschlußkennlinie dadurch, daß man zu ausgewählten Erregerströmen I_E den Quotienten von im Leerlaufversuch gemessener Polradspannung U_p und im Kurzschlußversuch gemesssenem Kurzschlußstrom I_K bildet:

$$X_d = \frac{U_p}{I_K}, \text{ Parameter } I_E \tag{4.3}$$

Die Synchronreaktanz der Maschine ist keine konstante Größe (Bild 4.14). Sie hängt vom Erregerstrom und damit vom Sättigungsgrad der Maschine ab. Geht man vom Erregerstrom Null aus, dann nehmen Spannung und Kurzschlußstrom zunächst einmal beide proportional mit wachsendem Erregerstrom zu. Das bedeutet, daß ihr Quotient, das ist die Synchronreaktanz, in diesem Bereich konstant ist. Sobald sich aber der Verlauf der Leerlaufkennlinie infolge zunehmender Sättigung des Eisens abflacht und damit die Spannung mit zunehmendem Erregerstrom nicht in dem gleichen Maß wie der Strom anwächst, wird der Quotient beider Größen zunehmend kleiner.

Die geschilderte Abhängigkeit der Synchronreaktanz vom Erregerstrom erschwert Aussagen im Zusammenhang mit dem Verhalten der Maschine. Die Verhältnisse werden einfacher, wenn man mit einem Mittelwert für die Synchronreaktanz arbeitet. Diesen Mittelwert erhält man, wenn man die Leerlaufkennlinie der Maschine durch eine durch den Ursprung gehende Gerade annähert (Bild 4.14). Üblich sind zwei Arten der Näherung. Bei der einen zeichnet man vom Ursprung ausgehend eine Gerade durch den Punkt der Leerlaufkennlinie, der der Nennspannung der Maschine zugeordnet ist, und erhält so die *Leerlaufkennlinie Näherung*. Bei der anderen zeichnet man ebenfalls vom Ursprung ausgehend eine Tangente an die Leerlaufkennlinie und erhält so die *Luftspaltgerade* der Maschine. Deren Name rührt daher, daß ihre Steigung mit der der Leerlaufkennlinie bei kleinen Erregerströmen übereinstimmt, die wesentlich durch den Luftspalt bestimmt wird, da das Eisen der Maschine noch ungesättigt ist und sein magnetischer Widerstand gegenüber dem des Luftspalts klein ist. Der Nennspannung der Maschine sind abhängig davon, welche der beiden Näherungen für die Leerlaufkennlinie man benutzt, unterschiedlich große Kurzschlußströme zugeordnet. Im Fall der *Leerlaufkennlinie Näherung* ist das der sogenannte *gesättigte Kurzschlußstrom* I_{Kg}, im Fall der *Luftspaltgeraden* der sogenannte *ungesättigte Kurzschlußstrom* I_{Ku}. Mit Hilfe des gesättigten Kurzschlußstroms ergibt sich die gesättigte Synchronreaktanz der Maschine als Quotient von Nennspannung als Leiter-Erd-Spannung und gesättigtem Kurzschlußstrom als Leiterstrom.

$$X_{dg} = \frac{U_{Nenn}}{I_{Kg}} \tag{4.4}$$

Die ungesättigte Synchronreaktanz erhält man als Quotient von Nennspannung als Leiter-Erd-Spannung und ungesättigtem Kurzschlußstrom als Leiterstrom.

$$X_{du} = \frac{U_{Nenn}}{I_{Ku}} \tag{4.5}$$

Die gesättigte Synchronreaktanz der Maschine ist wegen des größeren zugehörigen Kurzschlußstroms etwas kleiner als die ungesättigte. Von Fall zu Fall liefert bei Auswertungen mal die eine, mal die andere die genaueren Ergebnisse. Bevorzugt wird die gesättigte Reaktanz verwandt. Nicht immer ist bei Angabe der Reaktanz ersichtlich, ob es sich um die gesättigte oder ungesättigte handelt.

Die Synchronreaktanz der Maschine kann auch noch in anderer Weise ermittelt werden. Macht man von den Klemmen der Ersatzschaltung in die Ersatzschaltung hinein eine Widerstandsmessung, nachdem man die Polradspannung auf Null zurückgedreht oder kurzgeschlossen hat, so mißt man die Synchronreaktanz. In gleicher Weise ist bei der Maschine zu verfahren. Bei unerregter Maschine, deren Rotor mit Nenndrehzahl angetrieben wird, sodaß er synchron mit dem Drehfeld umläuft, wird über einen Stelltransformator die an der Statorwicklung liegende Spannung von Null beginnend solange vergrößert, bis die Nennspannung erreicht ist. Der dazugehörende Statorstrom wird gemessen. Dividiert man die Nennspannung als Leiter-Erd-Spannung durch den Statorstrom als Leiterstrom, so erhält man die gesättigte Synchronreaktanz der Maschine.

Beispiel 4.1: Dreiphasen-Synchronmaschine, Vollpolmaschine:

$3,8 kVA$ $380V$ $50 Hz$ $\cos\varphi = 0,8$ $1500 min^{-1}$

Leerlaufkennlinie $U_p = f(I_E)$ der Maschine, aufgenommen in einem Leerlaufversuch mit Nenndrehzahl:

I_E/A	1,69	1,60	1,50	1,40	1,30	1,20	1,10	1,00
U_p/V	269	266	261	258	251	245	237	229

I_E/A	0,900	0,800	0,700	0,600	0,500	0,480	0,00
U_p/V	220	208	188	168	149	140	1,30

Die angegebenen Spannungen sind Leiter-Erd-Spannungen.

Kurzschlußkennlinie $I_K = f(I_E)$ der Maschine, aufgenommen in einem Kurzschlußversuch mit Nenndrehzahl:

4.2 Ersatzschaltung der Vollpolmaschine

I_E/A	1,50	1,40	1,30	1,20	1,10	1,00	0,900	0,800
I_K/A	9,90	9,40	8,70	8,00	7,40	6,70	6,00	5,40

I_E/A	0,700	0,600	0,450
I_K/A	4,70	4,02	3,10

1. Ermitteln Sie die gesättigte und die ungesättigte Synchronreaktanz der Maschine und geben Sie sie als absolute und als bezogene Größe an.
2. Ermitteln Sie mit Hilfe der gesättigten Synchronreaktanz den Erregerstrom der Maschine für Generatorbetrieb mit Nennstrom und einem Leistungsfaktor von $\cos\varphi = 0,8$ induktiv. Wie groß ist bei diesem Erregerstrom die Leerlaufspannung der Maschine?

Lösung: Zu 1. Aus den Kennlinien (Bild 4.14) ergibt sich für die gesättigte Synchronreaktanz der Maschine

$$X_{dg} = \frac{220V}{6,00A} = 36,7\Omega$$

und für die ungesättigte Synchronreaktanz

$$X_{du} = \frac{220V}{4,80A} = 45,8\Omega$$

Die Bezugsimpedanz der Maschine ist

$$\frac{380V/\sqrt{3}}{\frac{3,8kVA/3}{380V/\sqrt{3}}} = \frac{(380V)^2}{3,8kVA} = 37,8\Omega$$

Damit sind die bezogenen Größen von gesättigter Synchronreaktanz

$$X_{dg} = \frac{36,7\Omega}{37,8\Omega} = 0,970\,pu$$

und ungesättigter Synchronreaktanz

$$X_{du} = \frac{45,8\Omega}{37,8\Omega} = 1,21\,pu$$

Zu 2. Zur Ermittelung des Erregerbedarfes der Maschine für den Nennbetrieb als Generator wird zunächst mit Hilfe der Ersatzschaltung der Maschine (Bild 4.9) die Polradspannung der Maschine berechnet. Dieser Polradspannung ist durch die *Leerlaufkennlinie Näherung* der gesuchte Erregerstrom zugeordnet. Der Nennstrom der Maschine ist

$$I = \frac{3{,}8kVA/3}{380V/\sqrt{3}} = 5{,}77A$$

Zum Nennleistungsfaktor $\cos\varphi = 0{,}8$ gehört ein Phasenverschiebungswinkel von $\varphi = 36{,}9^0$. Damit ergibt sich für die Polradspannung

$$\underline{U}_p = \underline{U} + \underline{I} \cdot j \cdot X_{dg}$$

$$\underline{U}_p = \frac{380V}{\sqrt{3}} + 5{,}77A \cdot \underline{/-36{,}9^0} \cdot j \cdot 36{,}7\Omega = 385V \cdot \underline{/26{,}1^0}$$

Die Polradspannung der Maschine ist $385V$ (LE), der Polradwinkel $26{,}1°$. Wegen des durch die *Leerlaufkennlinie Näherung* beschriebenen linearen Zusammenhangs zwischen Polradspannung und Erregerstrom kann der zu der Polradspannung gehörende Erregerstrom berechnet werden, nachdem der Leerlaufkennlinie der Maschine der zur Nennspannung $220V$ (LE) gehörende Erregerstrom von $0{,}900A$ entnommen wurde.

$$I_E = 0{,}900A \cdot \frac{385V}{220V} = 1{,}58A$$

Statt mit der gesättigten Synchronreaktanz hätten wir auch mit der ungesättigten Synchronreaktanz arbeiten können. Dann hätte sich eine etwas andere Polradspannung ergeben. Der nachfolgenden Ermittelung des Erregerstromes hätten wir statt der *Leerlaufkennlinie Näherung* die *Luftspaltgerade* der Maschine zugrunde legen müssen. Wird die Maschine bei Generatornennbetrieb vom Netz abgeschaltet, dann erscheint an ihren Klemmen nicht etwa eine Spannung von $385V$ (LE), sondern eine zum Erregerstrom $1{,}58A$ gehörende, der im Leerlaufversuch aufgenommenen Leerlaufkennlinie zu entnehmende Spannung. Sie beträgt $266V$ (LE) bzw. $\sqrt{3} \cdot 266V = 461V$ (LL).

4.3 Synchronisation

Wenn die Synchronmaschine an einem Netz konstanter Spannung und Frequenz betrieben werden soll, kann sie nicht so ohne weiteres ans Netz gelegt werden. Es ist darauf zu achten, daß beim Schließen des zwischen Maschine und Netz liegenden Schalters kein Stromstoß auftritt, der die Maschine gefährdet. Gefährlich sind die dabei stoßartig auftretenden gewaltigen elektromechanischen Kräfte. Am schonendsten wird die Maschine behandelt, wenn nach Schließen des Schalters kein Strom fließt. Wie das zu erreichen ist, erkennt man mit Hilfe der Ersatzschaltung der Maschine (Bild 4.15).

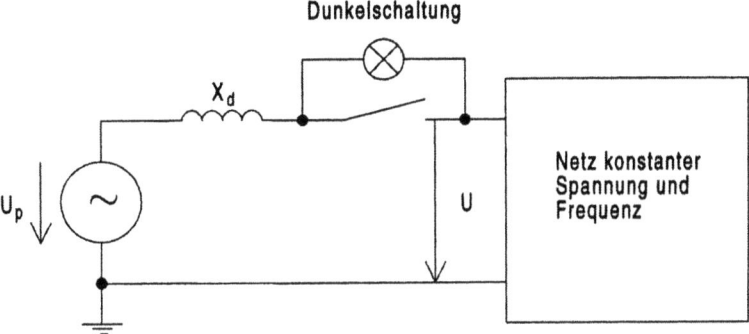

Bild 4.15 Synchronisation der Synchronmaschine

Die Maschine ist zunächst mit Hilfe ihrer Antriebsmaschine, z.B. einer Dampfturbine, auf Drehfelddrehzahl bzw. Nenndrehzahl hochzufahren. Würde sie dann unerregt ans Netz gelegt, so würde im ersten Augenblick, in dem an die Stelle der Synchronreaktanz die um etwa eine Größenordnung kleinere subtransiente Reaktanz der Maschine tritt, ein Anfangskurzschlußwechselstrom fließen, der das bis zu 10fache des Nennstroms der Maschine beträgt, dem sich je nach Zuschaltaugenblick noch ein Gleichstromglied überlagert, das im ungünstigsten Fall, nämlich beim Zuschalten im Nulldurchgang der Spannung, so groß wie der Scheitelwert des Anfangskurzschlußwechselstroms ist. Um das zu vermeiden, ist der Erregerstrom so einzustellen, daß Maschinenspannung und Netzspannung übereinstimmen. Beide werden mit je einem Spannungsmesser gemessen. Das würde bei Gleichspannung genügen, ist aber bei Wechselspannung nicht ausreichend. Zur vollständigen Beschreibung einer Wechselspannung müssen nicht nur der von einem Spannungsmesser angezeigte Betrag, sondern auch Frequenz und Phasenlage angegeben werden. In allen drei Größen müssen Maschinen- und Netzspannung übereinstimmen. Die Frequenzen lassen sich mit je einem Frequenzmesser feststellen. Auf die Messung der Netzfrequenz kann dabei verzichtet werden, da die

Elektrizitätsversorgungsunternehmen dafür sorgen, daß die Netzfrequenz sehr genau eingehalten wird. Abweichungen von der Netznennfrequenz liegen in der Größenordnung von ein Promille der Nennfrequenz. Auf die Messung der Frequenz der Maschinenspannung kann ebenfalls verzichtet werden, wenn die Drehzahl der Maschine mit Hilfe eines Drehzahlmessers überwacht wird. Solange der Drehzahlmesser die Nenndrehzahl der Maschine anzeigt, hat wegen der starren Kopplung zwischen Drehzahl und Frequenz Gl. (4.2) die Frequenz der Maschinenspannung ihren Nennwert. Schwierig erscheint die Feststellung gleicher Phasenlage von Maschinen- und Netzspannung. Daß die Einhaltung dieser Bedingung wichtig ist, erkennt man an dem Extremfall, daß Maschinen- und Netzspannung zwar nach Betrag und Frequenz übereinstimmen, zwischen ihnen aber eine Phasenverschiebung von 180° besteht. Dieser Extremfall der *Phasenopposition* ist für die Maschine besonders gefährlich, da die Spannung, die den nach Schließen des Schalters fließenden Strom treibt, als Differenz von Maschinen- und Netzspannung in diesem Fall mit dem doppelten Betrag der Leiter-Erd-Spannung ihren größten Wert hat. Die Einhaltung der Bedingung der Phasengleichheit, aber auch der der Betrags- und Frequenzgleichheit, läßt sich am einfachsten mit einem Spannungsmesser über der Schaltstrecke kontrollieren. Sobald Maschinen- und Netzspannung nach Betrag, Frequenz und Phasenlage gleich sind, ist die Spannung über der Schaltstrecke als Differenz dieser beiden Spannungen Null und der Spannungsmesser zeigt keine Spannung mehr an. Ersetzt man den Spannungsmesser durch eine Lampe, so verlischt diese, sobald alle Bedingungen erfüllt sind. Jetzt kann die Maschine durch Schließen des Schalters gefahrlos mit dem Netz verbunden werden. Die Parallelschaltung der Lampe zur Schaltstrecke heißt *Dunkelschaltung*. Nachteil der Dunkelschaltung ist ihre Unempfindlichkeit. Kleine Spannungen über der noch offenen Schaltstrecke werden nicht angezeigt: eine $230V$ Lampe beispielsweise leuchtet bei $23V$ nicht mehr. Deswegen ist die Schaltung jedoch nicht unbrauchbar. Der bei einer kleinen, von der Lampe nicht angezeigten Restspannung über der noch offenen Schaltstrecke auftretende Stromstoß nach Schließen des Schalters gefährdet die Maschine nicht. Die Angleichung der Maschinenspannung an die Netzspannung nennt man *Synchronisation*. Die für die stoßstromfreie Verbindung der Maschine mit dem Netz einzuhaltenden Bedingungen, die *Synchronisationsbedingungen*, sind dann erfüllt, wenn Maschinenspannung und Netzspannung übereinstimmen in

1. Betrag
2. Frequenz und
3. Phasenlage

Die parallel zur Schaltstrecke liegende Lampe muß für den Fall der Phasenopposition für die doppelte Nennspannung der Maschine bzw. des Netzes als Leiter-Erd-Spannung ausgelegt sein oder es müssen zwei Lampen mit einer Nennspannung, die der Maschinen- bzw. Netzspannung als Leiter-Erd-Spannung entspricht, in Reihe geschaltet werden.

4.3.1 Dunkelschaltung

Während man bei der einphasigen Ersatzschaltung der Maschine eine Schaltstrecke hat (Bild 4.15), hat man bei der dreiphasigen Maschine deren drei, für jeden Stromkreis oder jede Phase eine (Bild 4.16). Parallel zu jeder Schaltstrecke liegt eine Dunkellampe. Sobald alle drei Lampen gleichzeitig erloschen sind, sind die Synchronisationsbedingungen erfüllt und die Verbindung zum Netz kann durch Schließen des Schalters hergestellt werden. Die Synchronisation wird in der Weise vorgenommen, daß nach Hochfahren der Maschine auf Nenndrehzahl zunächst einmal mit Spannungsmessern auf der Maschinen- und Netzseite durch Verstellung des Erregerstromes der Maschine dafür gesorgt wird, daß Maschinen- und Netzspannung vom Betrag her übereinstimmen. Die Übereinstimmung in der Frequenz ist bereits gegeben, wenn die Maschine auf Nenndrehzahl hochgefahren wurde. Die gleiche Phasenlage wird durch Probieren gefunden. Dazu wird die Drehzahl der Antriebsmaschine solange mal ein wenig erhöht, mal ein wenig vermindert, bis alle drei Lampen, in der Regel nur kurzzeitig, erloschen sind. Dann ist durch beherztes Schließen des Schalters die Verbindung zum Netz herzustellen. Geschieht das nicht schnell genug, so ist unter Umständen der richtige Augenblick verpaßt und die Lam-

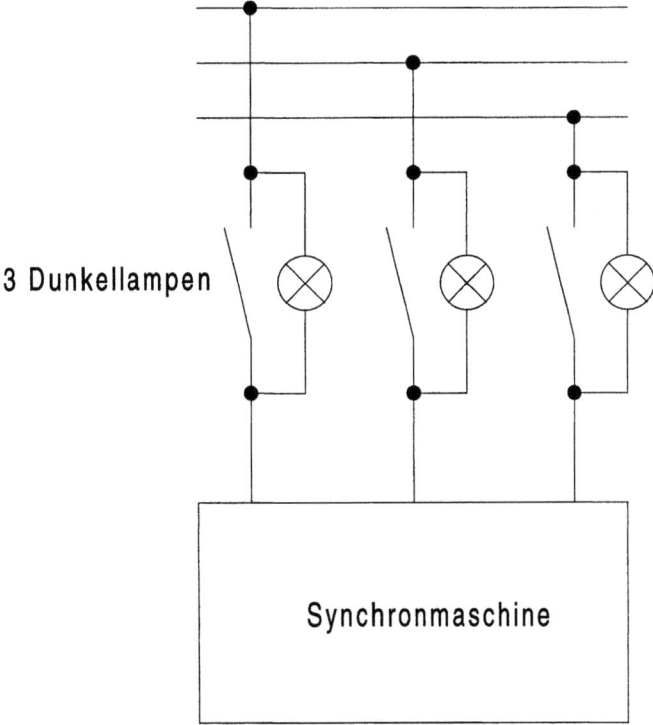

Bild 4.16 Synchronisation der Synchronmaschine: Dunkelschaltung

pen leuchten wieder hell auf. Daß dieses unter Umständen etwas langwierige, aber insbesondere bei großen Maschinen gewissenhaft vorzunehmende Verfahren des Synchronisierens in der Praxis automatisiert wird, versteht sich fast von selbst. Das Synchronisieren kann nur gelingen, wenn alle drei Lampen gleichzeitig aufleuchten und verlöschen und damit anzeigen, daß die Spannungen von Maschine und Netz die gleiche Phasenfolge haben (Bild 4.17). Leuchten sie nacheinander auf, so ist die Phasenfolge verkehrt und es müssen zwei Anschlüsse miteinander vertauscht werden. Daß bei unterschiedlicher Phasenfolge eine Übereinstimmung von Maschinen- und Netzspannung nicht zu erzielen ist, erkennt man daran, daß sich die von den Spannungszeigern gebildeten Dreibeine für Maschinen- und Netzspannung bei unterschiedlicher Phasenfolge, anders als bei gleicher Phasenfolge, nicht zur Deckung bringen lassen (Bild 4.18).

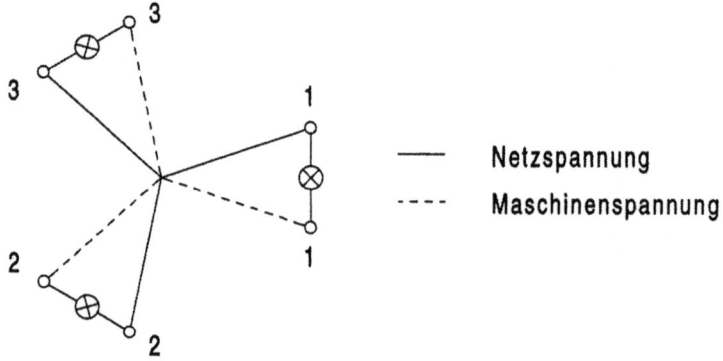

Bild 4.17 Synchronisation der Synchronmaschine: Maschinenspannung und Netzspannung haben gleiche Phasenfolge

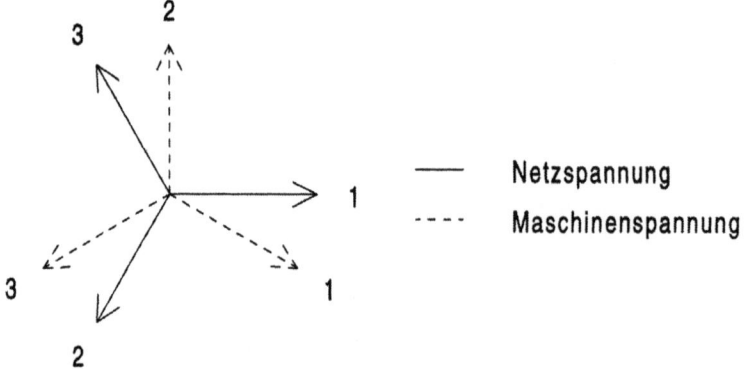

Bild 4.18 Synchronisation der Synchronmaschine: Maschinenspannung und Netzspannung haben unterschiedliche Phasenfolge

4.3.2 Gemischte Schaltung

Der unempfindlichen Dunkelschaltung wird häufig die empfindlichere gemischte Schaltung vorgezogen (Bild 4.19). Bei ihr wird die Erfüllung der Synchronisationsbedingungen dadurch angezeigt, daß eine Lampe, die Dunkellampe, dunkel ist, während die beiden anderen, die Hellampen, gleich hell brennen. Die Dunkellampe ist in Parallelschaltung mit den Enden einer Schaltstrecke verbunden, während die beiden Hellampen mit den beiden anderen Schaltstrecken verbunden sind, und zwar so, daß sie maschinenseitig mit jeweils einer und netzseitig mit jeweils der anderen Schaltstrecke verbunden sind. Solange die Phasenlage noch nicht richtig eingestellt ist, leuchten die Lampen nacheinander auf. Ordnet man die drei Lampen in einem Dreieck an, so wandert das Licht im Kreise herum. Aus dem Umlaufsinn des Hellwerdens der Lampen kann man erkennen, ob die Maschine zu langsam oder zu schnell läuft. Das ist ein weiterer Vorteil gegenüber der Dunkelschaltung.

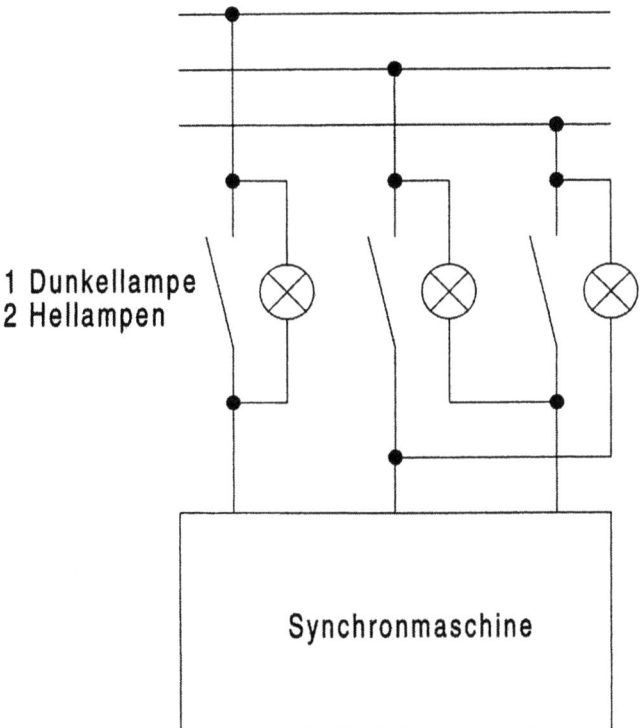

Bild 4.19 Synchronisation der Synchronmaschine: Gemischte Schaltung

4.4 Belastungseinstellung

Die Synchronmaschine kann als Motor oder als Generator betrieben werden. Im Motorbetrieb nimmt sie Wirkleistung aus dem Netz auf, im Generatorbetrieb gibt sie Wirkleistung ans Netz ab. Sie kann aber auch so betrieben werden, daß sie Blindleistung abgibt oder Blindleistung aufnimmt. Bei Blindleistungsabgabe verhält sie sich wie ein Kondensator – von einem Kondensator sagt man, daß er Blindleistung abgibt –, bei Blindleistungsaufnahme verhält sie sich wie eine Spule – von einer Spule sagt man, daß sie Blindleistung aufnimmt. Besteht im Netz Blindleistungsbedarf, wird man die Maschine so betreiben, daß sie Blindleistung abgibt. Blindleistungsbedarf haben alle Asynchronmotoren und Transformatoren im Netz sowie am Netz betriebene Stromrichter mit verstellbarer Ausgangsspannung. Leitungen geben, je nach Belastung, Blindleistung ab oder nehmen Blindleistung auf. Freileitungen geben bei Schwachlast Blindleistung ab, bei Starklast nehmen sie Blindleistung auf. Kabel geben bis zu ihrer thermischen Grenzlast wegen ihres verglichen mit Freileitungen großen Kapazitätsbelags nur Blindleistung ab. In einem städtischen Kabelnetz kann nachts, wenn fast alle Verbraucher abgeschaltet sind, der Fall auftreten, daß die Verbraucher weniger Blindleistung aufnehmen als die Leitungen produzieren. In diesem Fall wird im Netz Blindleistung erzeugt. Die Synchronmaschinen müssen dann so betrieben werden, daß sie Blindleistung aufnehmen.

Nachdem die Maschine synchronisiert und ans Netz gelegt worden ist, wird man sich fragen, in welchem Betriebszustand sie sich befindet. Ist sie Motor oder Generator, nimmt sie also Wirkleistung auf oder gibt sie Wirkleistung ab? Verhält sie sich wie ein Kondensator oder wie eine Spule, oder mit anderen Worten, gibt sie Blindleistung ab oder nimmt sie Blindleistung auf? Da nach Herstellung der Verbindung der Maschine mit dem Netz durch Schließen des zwischen beiden liegenden Schalters kein Statorstrom fließt, verhält sich die Maschine zunächst weder wie ein Motor oder ein Generator, noch wie ein Kondensator oder eine Spule. Man hat es in der Hand, sie so zu beeinflussen, daß sie sich bezüglich der Wirkleistung wie ein Motor oder ein Generator und bezüglich der Blindleistung wie eine Spule oder ein Kondensator verhält. Dabei hat man zwei Möglichkeiten der Einflußnahme. Man kann die Maschine entweder an der Welle mechanisch belasten oder antreiben oder man kann den Strom in der Erregerwicklung verkleinern oder vergrößern. Wird die Maschine, jeweils ausgehend vom statorstromlosen Zustand, mechanisch belastet bzw. gebremst, so geht sie in den Motorzustand über, wird sie mechanisch angetrieben, so geht sie in den Generatorzustand über, wird der Erregerstrom verkleinert, so nimmt sie Blindleistung auf, wird der Erregerstrom vergrößert, so gibt sie Blindleistung ab. Im folgenden werden zunächst die Wirkleistungs-, dann die Blindleistungsverhältnisse erörtert.

4.4.1 Wirkleistungsverhältnisse

Im Motorbetrieb nimmt die Maschine aus dem Netz Wirkleistung auf. Diese Leistung gibt sie, vermindert um die in der Maschine auftretende Verlustleistung, an der

Welle als mechanische Leistung ab. Im Generatorbetrieb wird der Maschine durch die Antriebsmaschine mechanische Leistung zugeführt. Diese Leistung, vermindert um die in der Maschine auftretende Verlustleistung, gibt sie an den Klemmen als elektrische Wirkleistung ans Netz ab. Aus den Wachstumsgesetzen für elektrische Maschinen ergibt sich, daß mit zunehmender Maschinengröße die auf die Nennleistung der Maschine bezogenen Kosten der Maschine abnehmen und der Wirkungsgrad zunimmt. Große Maschinen sind, bezogen auf die Leistung, billiger als kleine und arbeiten mit besserem Wirkungsgrad als diese. Dadurch besteht ein Anreiz, große Maschinen zu bauen. Synchronmaschinen sind in der Regel Maschinen großer Leistung. Das gilt nicht nur für Kraftwerksgeneratoren, sondern auch für Motoren. Ihr Wirkungsgrad ist so gut, daß er näherungsweise zu eins angenommen werden kann. Das bedeutet für den Kraftwerksgenerator, daß er die von der Turbine zugeführte mechanische Leistung als elektrische Wirkleistung an den Klemmen ans Netz abgibt. Durch zunehmendes Öffnen des Turbinenventils kann die zugeführte mechanische Leistung und damit die Wirkleistungsabgabe gesteigert werden. Will man umgekehrt die Wirkleistungsabgabe reduzieren, so muß das Turbinenventil gedrosselt werden. Mit zunehmender Belastung wächst, unabhängig davon, ob Generator- oder Motorbetrieb, der Polradwinkel der Maschine. Im Hinblick auf die Stabilität des Betriebes ist darauf zu achten, daß der maximal zulässige Polradwinkel nicht überschritten wird.

4.4.2 Blindleistungsverhältnisse

Zur Betrachtung der Blindleistungsverhältnisse wird die Ersatzschaltung der Maschine herangezogen (Bild 4.9). Wir führen die Netzspannung als Bezugsgröße ein und legen deren Zeiger in die reelle Achse der Gauß'schen Zahlenebene.

$$\underline{U} = U \cdot \underline{/0^0} = U$$

Da der elektrische Polradwinkel δ der Maschine nicht nur den Winkel zwischen Statordrehfeldachse und Polradachse, sondern auch den Phasenverschiebungswinkel zwischen Netzspannung und Polradspannung darstellt, ist der Zeiger der Polradspannung bei Generatorbetrieb der Maschine im voreilenden Sinn, bei Motorbetrieb im nacheilenden Sinn um den Polradwinkel gegen den Netzspannungszeiger verdreht.

$$\underline{U}_p = U_p \cdot \underline{/\delta}$$

Der Statorstrom der Maschine hängt von der Differenz von Polrad- und Netzspannung und von der Synchronreaktanz ab.

$$\underline{I} = \frac{\underline{U}_p - \underline{U}}{j \cdot X_d} = \frac{U_p \cdot \underline{/\delta} - U \cdot \underline{/0^0}}{j \cdot X_d} = \frac{U_p \cdot \underline{/\delta} - U}{j \cdot X_d} \tag{4.6}$$

Der Übersichtlichkeit und Einfachheit halber wird angenommen, daß die Maschine, nachdem sie synchronisiert und ans Netz gelegt worden ist, weder mechanisch angetrieben noch gebremst wird, oder, anders augedrückt, weder als Generator noch als Motor betrieben wird. Verändert wird lediglich der Erregerstrom. Das bedeutet, daß der Polradwinkel der Maschine und damit der Phasenverschiebungswinkel zwischen Netz- und Polradspannung unabhängig von der Größe des Erregerstroms stets Null ist. Der Statorstrom Gl. (4.6) ist bei diesem Betrieb ein reiner Blindstrom.

$$\underline{I} = \frac{U_p - U}{j \cdot X_d} \qquad (4.7)$$

Sein Phasenverschiebungswinkel gegenüber der Netzspannung ist unabhängig von der Größe des Erregerstromes und damit der Polradspannung stets 90°. Ist die Polradspannung größer als die Netzspannung, so eilt der Statorstrom der Netzspannung um 90° nach. Das Netz verhält sich in diesem Fall wie eine Spule, es nimmt Blindleistung auf. Das bedeutet für die Maschine, daß sie Blindleistung abgibt und sich damit wie ein Kondensator verhält. Ist die Polradspannung kleiner als die Netzspannung, so eilt der Statorstrom der Netzspannung um 90° voraus. Das Netz verhält sich in diesem Fall wie ein Kondensator und gibt Blindleistung ab. Für die Maschine bedeutet dies, daß sie Blindleistung aufnimmt und sich damit wie eine Spule verhält. Die Blindleistung abgebende Maschine wird als übererregt, die Blindleistung aufnehmende Maschine als untererregt bezeichnet. Ein Sonderfall des untererregten Betriebs der Maschine liegt vor, wenn der Erregerstrom und damit die Polradspannung Null ist, d. h. bei unerregter Maschine. In diesem Fall ist beim Betrachten der Ersatzschaltung der Maschine (Bild 4.9) offensichtlich, daß die Maschine sich für das Netz wie eine Spule mit einer induktiven Reaktanz, die der Synchronreaktanz der Maschine entspricht, verhält und Blindleistung aufnimmt, während das Netz Blindleistung abgibt.

Eine Synchronmaschine, die nur im reinen Blindleistungsbetrieb betrieben wird, wird Blindleistungsmaschine genannt und braucht keine Antriebsturbine. An dem fehlenden Antrieb ist sie zu erkennen.

Beispiel 4.2: Eine Blindleistungsmaschine $100 MVA$ $21,3 kV$ hat eine Synchronreaktanz $X_d = 1,00 pu$. Geben Sie den Statorstrom und die Blindleistung der Maschine, von der anzugeben ist, ob sie aufgenommen oder abgegeben wird, für folgende Einstellungen der Polradspannung an: a) $U_p = 0$ b) $U_p = 0,5 \cdot U$ c) $U_p = U$ d) $U_p = 2 \cdot U$

Lösung: Mit dem Statorstrom für reinen Blindleistungsbetrieb Gl. (4.7) und bei Rechnen mit bezogenen Größen, das am schnellsten zum Ziel führt, ergibt sich mit der Nennspannung $21,3 kV$ (Leiter-Leiter-Spannung) und der Nennleistung $100 MVA$ (dreiphasig) als Bezugsgrößen und daraus dem Bezugsstrom, dem Nennstrom der Maschine

4.4 Belastungseinstellung

$$\frac{100 MVA/3}{21{,}3 kV/\sqrt{3}} = 2{,}71 kA$$

a) $\underline{I} = \dfrac{0-1{,}00}{j \cdot 1{,}00} = 1{,}00\, pu \cdot \underline{/90^0} \mathrel{\hat=} 1{,}00 \cdot 2{,}71 kA \cdot \underline{/90^0} = 2{,}71 kA \cdot \underline{/90^0}$

Der Strom entspricht in seiner Größe dem Nennstrom der Maschine und ist im Hinblick auf die Netzspannung ein reiner Blindstrom. Da er mit dem Netzstrom identisch ist und der Netzspannung um 90° voreilt, verhält sich das Netz wie ein Kondensator und gibt Blindleistung ab. Das bedeutet, daß die Maschine Blindleistung aufnimmt. Die Maschine verhält sich für das Netz wie ein induktiver Widerstand von der Größe der Synchronreaktanz X_d der Maschine, was bei unerregter Maschine, $U_p = 0$, im Zusammenhang mit der Ersatzschaltung der Maschine (Bild 4.9) offensichtlich ist, und nimmt die Blindleistung

$$U \cdot I = U \cdot \frac{U}{X_d} = \frac{U^2}{X_d} = \frac{1{,}00^2}{1{,}00} = 1{,}00\, pu \mathrel{\hat=} 1{,}00 \cdot 100 MVA = 100 M\,var$$

auf. Das ist die größte Blindleistung, die die Maschine aufnehmen kann. Sie ist umso größer, je kleiner die Synchronreaktanz X_d der Maschine ist. Da die Synchronreaktanz umso kleiner ist, je größer der Luftspalt der Maschine ist, kann man auch sagen, daß die maximal von der Maschine aufnehmbare Blindleistung umso größer ist, je größer ihr Luftspalt ist. Mit größer werdendem Luftspalt steigt allerdings auch der Erregerbedarf der Maschine. Wir wollen die Leistung, die wir in sehr einfacher Form berechnet haben, noch in einer, losgelöst vom vorliegenden Sonderfall, allgemeingültigen Weise ermitteln, und zwar über die an den Klemmen der Maschine abgegebene Leistung.

$$\underline{S}_G = P_G + j \cdot Q_G = \underline{U} \cdot \underline{I}^*$$

$$\underline{S}_G = 1{,}00 \cdot \underline{/0^0} \cdot 1{,}00 \cdot \underline{/-90^0} = (0 - j1{,}00)\, pu \mathrel{\hat=} (0 - j1{,}00) \cdot 100 MVA$$

$$\underline{S}_G = (0 - j100) MVA$$

Das bedeutet: $P_G = 0$ und $Q_G = -100 M\,\text{var}$. Die Maschine gibt keine Wirkleistung ab. Die Blindleistungsabgabe ist negativ, d.h., die Maschine gibt keine Blindleistung ab, sie nimmt vielmehr Blindleistung auf, und zwar $100 M\,\text{var}$.

b) $\underline{I} = \dfrac{0{,}500-1{,}00}{j \cdot 1{,}00} = 0{,}500\, pu \cdot \underline{/90^0} \mathrel{\hat=} 0{,}500 \cdot 2{,}71 kA \cdot \underline{/90^0}$

$\underline{I} = 1,36 kA \cdot \underline{/-90^0}$

$\underline{S}_G = 1,00 \cdot 0,500 \cdot \underline{/-90^0} = (0 - j0,500) pu \mathrel{\hat=} (0 - j0,500) \cdot 100 MVA$

$\underline{S}_G = (0 - j50,0) MVA$

Das bedeutet: $P_G = 0$ und $Q_G = -50,0 M$ var. Die Maschine nimmt bei der vorgegebenen Einstellung der Polradspannung nur noch die Hälfte der Blindleistung auf, die sie maximal aufnehmen kann.

c) $\underline{I} = \dfrac{1,00 - 1,00}{j \cdot 1,00} = 0$

Die Maschine ist in dem Betriebszustand, in dem sie sich befindet, wenn sie synchronisiert und ans Netz gelegt worden ist. Da der Statorstrom Null ist, gibt die Maschine weder Wirk- oder Blindleistung ab, noch nimmt sie Wirk- oder Blindleistung auf.

d) $\underline{I} = \dfrac{2,00 - 1,00}{j \cdot 1,00} = 1,00 pu \cdot \underline{/-90^0} \mathrel{\hat=} 1,00 \cdot 2,71 kA \cdot \underline{/-90^0}$

$\underline{I} = 2,71 kA \cdot \underline{/-90^0}$

Der Strom entspricht dem Nennstrom der Maschine. Er eilt jetzt der Spannung des Netzes um 90° nach und da er mit dem Netzstrom identisch ist, bedeutet das, daß das Netz sich wie ein induktiver Widerstand verhält und Blindleistung aufnimmt. Wenn das Netz Blindleistung aufnimmt, gibt die Maschine Blindleistung ab.

$\underline{S}_G = 1,00 \cdot 1,00 \cdot \underline{/+90,0^0} = (0 + j1,00) pu \mathrel{\hat=} (0 + j1,00) \cdot 100 MVA$

$\underline{S}_G = (0 + j100) MVA$

Die Maschine gibt eine Blindleistung von $100 M$ var ab. Die maximal mögliche Blindleistungsabgabe wird durch die größtmögliche Polradspannung bestimmt. Da diese über den Erregerstrom eingestellt wird, begrenzt letztlich die thermische Belastbarkeit der Erregerwicklung die Blindleistungsabgabe der Maschine.

4.5 Das Stromdiagramm der Vollpolmaschine

Die Synchronmaschine wird vor allem als Kraftwerksgenerator eingesetzt. Kennzeichnend für den Generatorbetrieb ist, daß die Maschine an ihren Klemmen Wirkleistung ans Netz abgibt. Diese kann durch zunehmendes Öffnen des Turbinenventils vergrößert bzw. durch Drosseln des Ventils verkleinert werden. Die Blindleistungsverhältnisse der Maschine werden über den Erregerstrom eingestellt. Herrscht im Netz Blindleistungsbedarf, so muß der Erregerstrom so eingestellt werden, daß die Maschine Blindleistung abgibt, herrscht im Netz Blindleistungsüberschuß, so ist die Maschine über den Erregerstrom so einzustellen, daß sie Blindleistung aufnimmt. Bei der Belastungseinstellung der Maschine ist darauf zu achten, daß Belastungsgrenzen nicht überschritten werden. Es darf weder die Statorwicklung noch die Erregerwicklung zu warm werden. Außerdem ist darauf zu achten, daß der Betrieb der Maschine stabil bleibt, d.h., es ist darauf zu achten, daß der maximal zulässige Polradwinkel nicht überschritten wird. Die Verhältnisse lassen sich anhand des Stromdiagramms der Maschine anschaulich darstellen. Es wird aus dem Zeigerdiagramm der Maschine abgeleitet.

4.5.1 Das Zeigerdiagramm

Im Zeigerdiagramm der Maschine erscheinen die Zeiger aller in der Ersatzschaltung der Maschine auftretenden elektrischen Größen (Bild 4.9). Das sind die Klemmen- oder Netzspannung U, der Statorstrom I, der Spannungsabfall $I \cdot X_d$, den der Statorstrom an der Synchronreaktanz X_d der Maschine macht, und die Polradspannung U_p der Maschine.

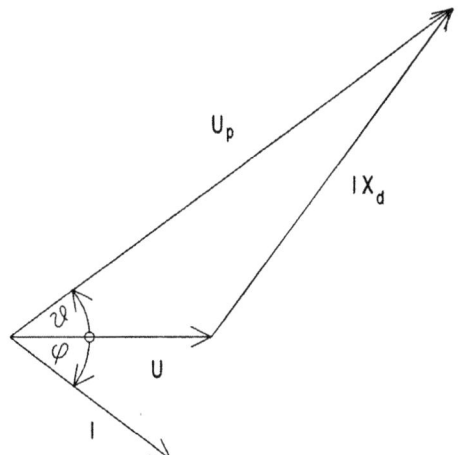

Bild 4.20 Zeigerdiagramm der Synchronmaschine für Nennbetrieb

Das Zeigerdiagramm wird für Nennbetrieb gezeichnet. Man beginnt zweckmäßigerweise mit dem Zeiger für die Klemmen- oder Netzspannung, die man als Bezugsgröße einführt, indem man ihren Phasenwinkel zu Null annimmt (Bild 4.20). Der Stromzeiger ist im nacheilenden Sinn zu zeichnen, da das Netz in der Regel wie eine ohmsch-induktive Last auf die Maschine wirkt. Im Hinblick auf die Blindleistungsverhältnisse bedeutet das, daß das Netz Blindleistung aufnimmt und die Maschine infolgedessen Blindleistung abgibt. Da das Zeigerdiagramm für Nennbetrieb gezeichnet wird, hat der Stromzeiger eine Länge, die dem Nennstrom der Maschine entspricht, und der Winkel zwischen Klemmenspannungs- und Stromzeiger einen Wert, der dem Nennleistungsfaktor der Maschine entspricht. Den Zeiger für die Polradspannung, die die Summe von Klemmenspannung und Spannungsabfall an der Synchronreaktanz darstellt, erhält man, indem man an die Spitze des Zeigers für die Klemmenspannung den Zeiger für den Spannungsabfall setzt. Da der Spannungsabfall dem ihn verursachenden Strom um 90° voreilt, ist der Zeiger für den Spannungsabfall so zu zeichnen, daß er um 90° im voreilenden Sinn gegen den Stromzeiger verdreht ist. Der Spannungsabfall an der Synchronreaktanz bei Nennbetrieb ist beträchtlich und in der Regel größer als die Nennspannung der Maschine. Das erkennt man sofort beim Rechnen mit bezogenen Größen. Bei Nennbetrieb ist der Strom $I = 1{,}00\,pu$ und da die Synchronreaktanz X_d der Maschine etwa zwischen 1,00 und $2{,}50\,pu$ liegt, liegt der Spannungsabfall an der Synchronreaktanz $I \cdot X_d$ bei Nennbetrieb etwa zwischen 1,00 und $2{,}50\,pu$, d.h. zwischen dem 1- und 2,5fachen Wert der Nennspannung der Maschine. Infolgedessen ist auch die Polradspannung U_p der Maschine bei Nennbetrieb in der Regel erheblich größer als die Maschinennennspannung. Nach außen jedoch treten Polradspannung und Spannungsabfall nicht in Erscheinung, es sei denn, die Maschine würde bei Nennbetrieb vom Netz abgeschaltet. Dann erscheint an den Klemmen der Maschine die Polradspannung. Da die Maschine für diese Spannung nicht bemessen ist, greift in diesem Fall der Spannungsregler der Maschine ein und führt die Spannung über den Erregerstrom auf die Nennspannung zurück. Der Winkel zwischen dem Zeiger für die Klemmenspannung U und dem Zeiger für die Polradspannung U_p stellt den elektrischen Polradwinkel ϑ der Maschine dar.

4.5.2 Das Stromdiagramm

Das Stromdiagramm der Maschine für Nennbetrieb ergibt sich aus dem Zeigerdiagramm der Maschine für Nennbetrieb (Bild 4.20). Dazu ist für das Spannungsdreieck im Zeigerdiagramm, dessen Seiten die Klemmenspannung U, den Spannungsabfall an der Synchronreaktanz $I \cdot X_d$ und die Polradspannung U_p darstellen, eine "Maßstabsänderung" vorzunehmen. Dividiert man diese Spannungen durch die Synchronreaktanz X_d der Maschine, so wird aus dem Spannungsdreieck ein ihm ähnliches Dreieck, dessen Seiten Ströme darstellen: das Stromdreieck mit den Seiten I, U/X_d und U_p/X_d (Bild 4.21).

Dabei ist I der Statorstrom für Nennbetrieb, U/X_d der Dauerkurzschlußstrom, der sich einstellt, wenn die Maschine auf Nennspannung erregt wird und dann

4.5 Das Stromdiagramm der Vollpolmaschine

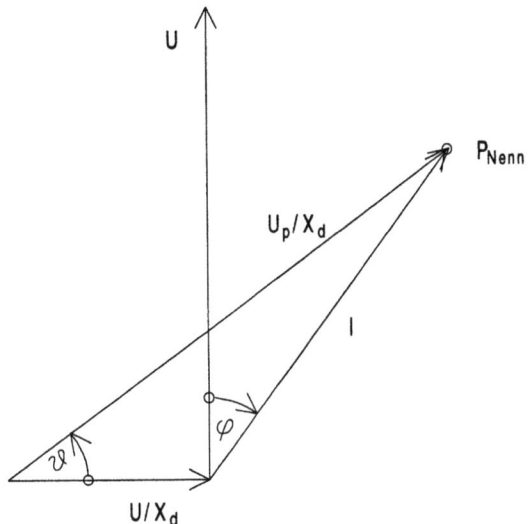

Bild 4.21 Stromdiagramm der Synchronmaschine für Nennbetrieb

dreipolig kurzgeschlossen wird, und U_p/X_d der Dauerkurzschlußstrom, der sich einstellt, wenn die Maschine für Nennbetrieb erregt wird und dann dreipolig kurzgeschlossen wird. Den Dauerkurzschlußströmen gehen in einem Übergangsvorgang um eine Größenordnung, d.h. um etwa den Faktor 10 größere Ströme voraus. Wegen der Ähnlichkeit von Spannungs- und Stromdreieck stellt der Winkel zwischen den Seiten U/X_d und U_p/X_d im Stromdreieck den Polradwinkel ϑ der Maschine dar. Da wir auch den Phasenverschiebungswinkel φ zwischen der Klemmenspannung U und dem Statorstrom I im Stromdiagramm sichtbar machen wollen, zeichnen wir vom Endpunkt von U/X_d ausgehend einen senkrecht zu U/X_d nach oben weisenden Zeiger beliebiger Länge. Es ist dies der Zeiger für die Klemmenspannung U der Maschine. Der Zeiger für die Klemmenspannung U schließt mit dem Stromzeiger I einen Winkel ein, der dem Phasenverschiebungswinkel φ zwischen Klemmenspannung und Statorstrom entspricht. Das leuchtet ein, wenn man das Stromdiagramm mit dem Zeigerdiagramm vergleicht, nachdem man im Zeigerdiagramm der Maschine (Bild 4.20) vom Endpunkt des Zeigers U ausgehend eine Senkrechte zum Zeiger U gezeichnet hat. Diese Senkrechte schließt mit dem Zeiger $I \cdot X_d$ den Phasenverschiebungswinkel φ ein, da Winkel, deren Schenkel senkrecht aufeinander stehen, gleich sind. Der Endpunkt des Statorstromzeigers im Stromdiagramm ist der Nennbetriebspunkt P_{Nenn} der Maschine.

Die Lage des Betriebspunktes der Maschine kann durch Verstellen des Turbinenventils und damit der zugeführten mechanischen Leistung und durch Verstellen des Erregerstromes verändert werden. Dabei bleibt im Stromdreieck des Stromdiagramms die Lage und Länge der Seite U/X_d unverändert, da die Klemmen- bzw. Netzspannung U und die Synchronreaktanz X_d der Maschine fest vorgegebene Größen sind, während sich die Lage und Länge der Seiten I und U_p/X_d ändert.

Mit der mechanischen Leistung ändert man die Wirkleistungsabgabe der Maschine und damit die Wirkkomponente des Statorstroms, d.i. die Komponente des Stroms I, die mit der Klemmenspannung U in Phase ist. Mit dem Erregerstrom ändert man die Polradspannung U_p und damit die Größe U_p/X_d. Man kann sich infolgedessen das Stromdreieck als ein Dreieck vorstellen, dessen Seite U/X_d ein starrer Stab ist und dessen Seiten I und U_p/X_d durch Gummibänder dargestellt werden, die an den Enden des starren Stabes befestigt sind und im Betriebspunkt P enden.

4.5.3 Die Belastungsgrenzen

Beim Spazierenführen des Betriebspunktes der Maschine in der Ebene des Stromdiagramms (Bild 4.21) ist darauf zu achten, daß Belastungsgrenzen nicht überschritten werden. Das sind die Erwärmungsgrenzen für die Stator- und Rotorwicklung und die Stabilitätsgrenze. Die Erwärmungsgrenze für die Statorwicklung ist ein Kreis um die Spitze des Zeigers U/X_d mit dem Radius I, der dem Nennstrom der Maschine entspricht (Bild 4.22).

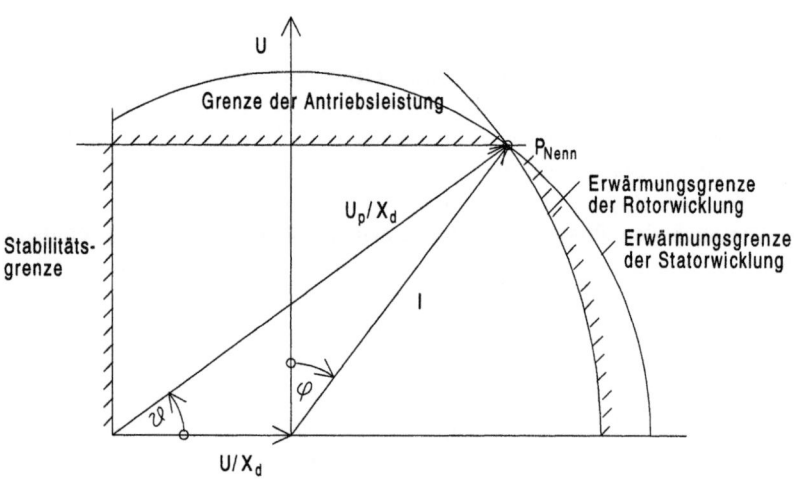

Bild 4.22 Stromdiagramm der Synchronmaschine für Nennbetrieb mit den Belastungsgrenzen

Da die Erregerwicklung der Maschine so ausgelegt ist, daß im Nennbetriebspunkt der im Hinblick auf die Erwärmung der Wicklung höchstzulässige Erregerstrom fließt, darf dieser darüberhinaus nicht vergrößert werden. Das bedeutet, daß auch die zu diesem Erregerstrom gehörende Polradspannung U_p und damit die dazugehörende Größe U_p/X_d nicht größer werden darf, als sie im Nennbetriebspunkt ist. Damit ergibt sich als Belastungsgrenze für die Erwärmung der Rotor-

4.5 Das Stromdiagramm der Vollpolmaschine

wicklung ein Kreis um den Anfangspunkt des Zeigers U/X_d mit dem Radius U_p/X_d. Schließlich darf der elektrische Polradwinkel der Maschine im Hinblick auf die Stabilität des Betriebes allenfalls 90° sein. Daraus ergibt sich die Stabilitätsgrenze der Maschine als Senkrechte durch den Anfangspunkt des Zeigers U/X_d. In der Regel ist die Turbine so ausgelegt, daß sie im Nennbetriebspunkt ihre maximale Leistung abgibt, d.h., daß in diesem Punkt das Ventil der Turbine vollkommen geöffnet ist. Das bedeutet, daß der Wirkstrom der Maschine – d.i. die Stromkomponente des Statorstroms I, die mit der Klemmenspannung U in Phase liegt und ein Maß für die der Maschine zugeführte mechanische Leistung ist – nicht größer werden kann als im Nennbetriebspunkt. Die dadurch für den Betrieb der Maschine vorgegebene Begrenzung der Wirkleistungsabgabe wird durch eine Horizontale durch den Nennbetriebspunkt der Maschine beschrieben. Diese Grenze ist keine Belastungsgrenze der Synchronmaschine, sondern durch die Antriebsmaschine vorgegeben. Der Maschinensatz bestehend aus Synchrongenerator und antreibender Turbine ist nun so zu betreiben, daß keine der angegebenen Belastungsgrenzen überschritten wird. Die über zugeführte mechanische Leistung und Erregerstrom eingestellten Betriebspunkte müssen innerhalb der Belastungsgrenzen liegen.

4.5.4 Belastungseinstellung im Stromdiagramm

Wenn man, ausgehend vom Nennbetriebspunkt P_{Nenn} (Bild 4.23), das Ventil der Antriebsturbine drosselt und damit die dem Generator zugeführte mechanische Leistung verringert, verringert man in gleichem Maß die vom Generator an den Klemmen abgegebene Wirkleistung und damit die Wirkkomponente des Statorstroms I, deren Produkt mit der Klemmenspannung U die einphasige Wirkleistung darstellt. Der Betriebspunkt der Maschine rutscht folglich nach unten. Die erste Ortslinie für den neuen Betriebspunkt ist die Horizontale in Höhe des neuen Wirkstroms. Die zweite Ortslinie für den neuen Betriebspunkt ist, da der Erregerstrom und damit die Polradspannung U_p und die Größe U_p/X_d unverändert geblieben sind, der Kreis um den Anfangspunkt des Zeigers U/X_d mit dem Radius U_p/X_d. Der neue Betriebspunkt P_1 ergibt sich als Schnittpunkt der beiden Ortslinien und liegt auf der Belastungsgrenze für die Erwärmung der Rotorwicklung. Wurde beispielsweise die zugeführte mechanische Leistung auf die Hälfte reduziert, so wurde damit auch die Wirkkomponente des Statorstroms auf die Hälfte herabgesetzt. Der neue Betriebspunkt liegt dann in Höhe des neuen Wirkstroms auf der Belastungsgrenze für die Erwärmung der Rotorwicklung. Dem Stromdiagramm ist zu entnehmen, daß dabei die Blindkomponente des Statorstroms I – d.i. die Komponente des Stroms, die gegen die Klemmenspannung um 90° in der Phase verschoben ist – zunimmt. Der Blindstrom eilt der Netzspannung U um 90° nach. Das bedeutet, daß das Netz sich bezüglich der Blindleistung wie eine Spule verhält, d.h. Blindleistung aufnimmt. Der Generator gibt dann Blindleistung ab. Die Drosselung des Ventils der Antriebsturbine hat also nicht nur eine Verkleinerung der vom Generator abgegebenen Wirkleistung bewirkt, sondern auch eine Vergrößerung der abgegebenen Blindleistung. Demnach besteht eine Wechselwirkung nicht nur zwischen der dem Generator zugeführten mechanischen Leistung und der Generatorwirkleistung, sondern auch eine, wenngleich schwächere, Wechselwirkung zwischen der mechanischen Leistung und der Generatorblindleistung.

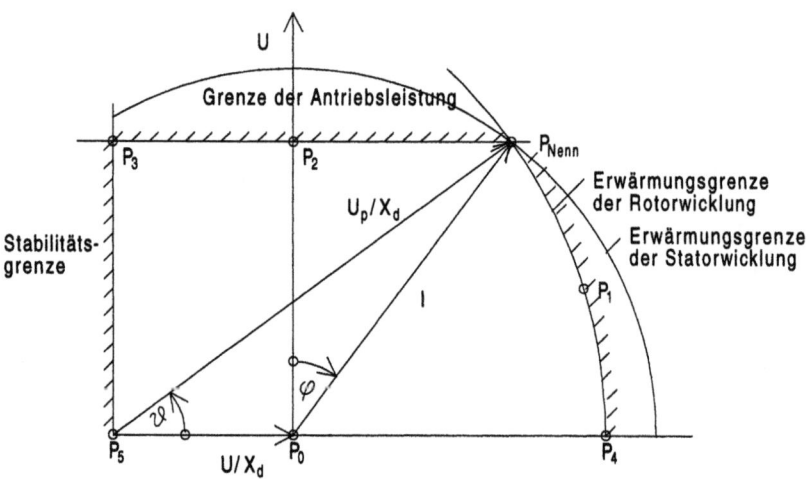

Bild 4.23 Belastungseinstellung der Synchronmaschine im Stromdiagramm

Wenn man, wiederum ausgehend vom Nennbetriebspunkt P_{Nenn} (Bild 4.23), den Erregerstrom und damit die Polradspannung U_p und die Größe U_p/X_d zunehmend kleiner macht, wandert der Betriebspunkt, da die Stellung des Turbinenventils und damit die Wirkkomponente des Statorstroms I nicht geändert wurde, auf einer Horizontalen nach links. Dabei wird die Blindkomponente des Statorstroms und damit die Blindleistungsabgabe der Maschine zunehmend kleiner. Wenn die Blindkomponente des Statorstroms schließlich Null ist (Betriebspunkt P_2), führt die Maschine nur noch Wirkstrom. Man bezeichnet sie dann als richtig erregt. In diesem Zustand gibt sie nur Wirkleistung ab. Vorher gab sie auch Blindleistung ab. Bei Blindleistungsabgabe wird sie als übererregt bezeichnet. Werden der Erregerstrom und damit die Polradspannung U_p und die Größe U_p/X_d ausgehend vom reinen Wirkleistungsbetrieb (Betriebspunkt P_2) der Maschine weiter verringert, dann wächst die Blindkomponente des Statorstroms I von Null an beginnend wieder an. Anders als vorher eilt der Blindstrom jetzt der Klemmen- oder Netzspannung U um 90° vor. Das Netz verhält sich infolgedessen bezüglich der Blindleistung für die Maschine wie ein Kondensator, d.h., es gibt Blindleistung ab. Für die Maschine bedeutet das, daß sie diese Blindleistung aufnimmt und sich infolgedessen für das Netz wie eine Spule verhält, von der man sagt, daß sie Blindleistung aufnimmt. Bei Blindleistungsaufnahme bezeichnet man die Maschine als untererregt. Bei der Verkleinerung des Erregerstroms und damit der Polradspannung U_p und der Größe

4.5 Das Stromdiagramm der Vollpolmaschine

U_p/X_d wird der elektrische Polradwinkel ϑ der Maschine zunehmend größer. Das bedeutet im Hinblick auf die Stabilität des Betriebes, daß die Verhältnisse mit kleiner werdendem Erregerstrom zunehmend ungünstiger werden. An der Stabilitätsgrenze angelangt (Betriebspunkt P_3), ist der elektrische Polradwinkel schließlich 90°. Eine weitere Verringerung des Erregerstroms würde dazu führen, daß die Drehzahl des Maschinensatzes bestehend aus Synchrongenerator und antreibender Turbine, die bislang der Drehfelddrehzahl der Synchronmaschine entsprach, über diese hinaus anwächst. Der Betrieb ist instabil geworden.

Wenn, wiederum ausgehend vom Nennbetriebspunkt P_{Nenn} (Bild 4.23), das Turbinenventil ganz geschlossen wird, ist die dem Generator an der Welle zugeführte mechanische Leistung Null und infolgedessen die vom Generator an den Klemmen abgegebene Wirkleistung und damit auch die Wirkkomponente des Statorstroms I Null. Erste Ortslinie für den neuen Betriebspunkt ist danach eine Horizontale in Höhe des Wirkstroms Null. Zweite Ortslinie für den neuen Betriebspunkt ist, da der Erregerstrom und damit die Polradspannung U_p und die Größe U_p/X_d nicht verändert wurden, der Kreis um den Anfangspunkt des Zeigers U/X_d mit dem Radius U_p/X_d. Der neue Betriebspunkt P_4 ergibt sich als Schnittpunkt der beiden Ortslinien und liegt auf der Erwärmungsgrenze für die Rotorwicklung. In diesem so eingestellten Betriebspunkt P_4 ist der Statorstrom I ein reiner Blindstrom. Die Synchronmaschine gibt in diesem Betriebspunkt die im Hinblick auf die thermische Belastbarkeit der Erregerwicklung größtmögliche Blindleistung ab. Diese Blindleistung ergibt sich, rechnet man mit bezogenen Größen, als Produkt von Klemmenspannung U und Statorstrom I. Rechnet man mit absoluten Größen, so stellt dieses Produkt die einphasige Blindleistung dar. Die Blindleistungsabgabe der Maschine ließe sich durch die Vergrößerung des Erregerstroms und damit der Polradspannung U_p und der Größe U_p/X_d vergrößern. Dabei würden jedoch nacheinander die Erwärmungsgrenzen für die Rotor- und Statorwicklung überschritten, was in Maßen allenfalls kurzzeitig, aber nicht im Dauerbetrieb zulässig ist. Eine Verkleinerung des Erregerstroms und damit der Polradspannung U_p und der Größe U_p/X_d ausgehend vom Betriebspunkt maximaler Blindleistungsabgabe (Betriebspunkt P_4) führt dazu, daß der Statorstrom I, der ein reiner Blindstrom ist, zunehmend kleiner wird. Damit wird auch die von der Maschine abgegebene Blindleistung zunehmend kleiner. Wenn der Statorstrom I schließlich Null ist, ist auch die Blindleistungsabgabe der Maschine Null. Der mit diesem Betriebspunkt P_0 erreichte Betriebszustand entspricht dem, der sich ergibt, wenn die Maschine synchronisiert und dann ans Netz gelegt wird. Der Statorstrom I ist dann Null und Polradspannung U_p und Klemmen- oder Netzspannung U sind dann gleich groß. Verkleinert man den Erregerstrom und damit die Polradspannung U_p und die Größe U_p/X_d weiter, so wächst der Statorstrom I, der nach wie vor ein reiner Blindstrom ist, jetzt aber der Klemmen- oder Netzspannung um 90° voreilt, von Null aus wieder an. Dabei nimmt die Maschine Blindleistung auf, verhält sich also wie eine Spule. Die maximal mögliche Blindleistungsaufnahme ist erreicht, wenn der Erregerstrom und damit die Polradspannung U_p und die Größe U_p/X_d Null sind (Betriebspunkt P_5). Gelegentlich wird die Synchronmaschine so betrieben, daß sie nur Blindleistung, nicht aber

Wirkleistung abgibt oder aufnimmt. Man spricht dann von reinem Blindleistungs- oder Phasenschieberbetrieb. Eine Maschine, die nur im Blindleistungsbetrieb eingesetzt wird, wird Blindleistungsmaschine genannt und ist daran zu erkennen, daß sie keinen Antrieb hat.

Beispiel 4.3: Turbogenerator – übliche Bezeichnung für Vollpolgenerator – am Netz konstanter Spannung und Frequenz. Nenndaten der Maschine: 150MVA 10,5kV $X_d = 1,60 pu$ $\cos\varphi = 0,800$ induktiv.

a) Geben Sie die einphasige Ersatzschaltung der Maschine an und zeichnen Sie das Zeigerdiagramm für Nennbetrieb.

b) Zeichnen Sie das Stromdiagramm der Maschine für Nennbetrieb mit den Belastungsgrenzen. Wie groß sind der dreipolige Dauerkurzschlußstrom bei Erregung auf Nennspannung und der dreipolige Dauerkurzschlußstrom bei Erregung für Nennbetrieb?

c) Stellen Sie mit Hilfe des Stromdiagramms fest, welche Wirk- und Blindleistung die Maschine abgibt, wenn jeweils ausgehend vom Nennbetriebspunkt

c1) die Dampfzufuhr zur Antriebsturbine so gedrosselt wird, daß diese nur noch 75% ihres ursprünglichen Momentes abgibt

c2) der Erregerstrom so verkleinert wird, daß die Polradspannung nur noch 75% ihres ursprünglichen Wertes beträgt.

Lösung: Das Rechnen mit bezogenen Größen ist zwar bequemer, dafür aber auch etwas unanschaulicher als das Rechnen mit absoluten Daten. Hier wird mit absoluten Größen gearbeitet.

a) Die an den Klemmen der Ersatzschaltung der Maschine (Bild 4.9) liegende Spannung ist die Leiter-Erd-Spannung $U = 10,5kV/\sqrt{3} = 6,06kV$. Der Nennstrom der Maschine ergibt sich, wollen wir so rechnen wie vom Einphasenwechselstrom her gewohnt, als Quotient von einphasiger Nennleistung und Leiter-Erdspannung

$$I = \frac{150MVA/3}{6,06kV} = 8,25kA$$

Die Bezugsimpedanz der Maschine als Quotient von Nennspannung und Nennstrom ist $6,06kV/8,25kA = 0,735\Omega$. Damit ist die Synchronreaktanz der Maschine als absolute Größe

$$X_d = 1,60 pu \triangleq 1,60 \cdot 0,735\Omega = 1,18\Omega$$

Zum Zeichnen des Zeigerdiagramms der Maschine werden der Phasenverschiebungswinkel zwischen Klemmenspannung und Strom für Nennbetrieb, der sich aus dem Nennleistungsfaktor ergibt,

$\cos\varphi = 0,800$

4.5 Das Stromdiagramm der Vollpolmaschine

daraus

$\varphi = 36{,}9^0$

und der Spannungsabfall an der Synchronreaktanz bei Nennstrom

$I \cdot X_d = 8{,}25 kA \cdot 1{,}18 \Omega = 9{,}70 kV$

gebraucht. Nach Festlegung eines geeigneten Spannungs- und Strommaßstabes, beispielsweise für die Spannung $1kV(LE) \triangleq 1cm$ und für den Strom $1kA \triangleq 1cm$, beginnt man beim Zeichnen des Zeigerdiagramms mit dem Zeiger für die Klemmen- bzw. Netzspannung U (Bild 4.20). Gegen diesen um den Phasenverschiebungswinkel φ im nacheilenden Sinn verdreht wird der Stromzeiger I gezeichnet. Der Zeiger für den Spannungsabfall an der Synchronreaktanz $I \cdot X_d$ wird von der Spitze des Klemmenspannungszeigers U ausgehend senkrecht zum Stromzeiger I abgetragen. Der Zeiger für die Polradspannung U_p stellt die Summe von Klemmenspannungszeiger U und Spannungsabfallzeiger $I \cdot X_d$ dar. Der Winkel zwischen dem Polradspannungszeiger U_p und dem Klemmenspannungszeiger ist der elektrische Polradwinkel δ der Maschine. Der Polradspannungszeiger U_p kann, zur Kontrolle der aus der Zeichnung abgelesenen Werte, mit Hilfe der Ersatzschaltung der Maschine (Bild 4.9) auch berechnet werden

$\underline{U}_p = \underline{U} + \underline{I} \cdot jX_d = 6{,}06kV \cdot \underline{/0^o} + 8{,}25kA \cdot \underline{/-36{,}9^0} \cdot j1{,}18\Omega$

$\underline{U}_p = 14{,}2kV \cdot \underline{/33{,}2^0}$

Die Polradspannung ist danach

$U_p = 14{,}2kV(LE) \triangleq \sqrt{3} \cdot 14{,}2kV = 24{,}6kV(LL) \triangleq \dfrac{24{,}6kV}{10{,}5kV} = 2{,}35\,pu$

und der Polradwinkel $\delta = 33{,}2^0$. Die Polradspannung wird in der Regel als Leiter-Leiter-Spannung (LL) oder verkettete Spannung und nicht als Leiter-Erd-Spannung (LE) angegeben. Sie beträgt hier das 2,35fache der Nennspannung der Maschine.

b) Zum Zeichnen des Stromdiagramms für Nennbetrieb (Bild 4.22) benötigen wir den Nennstrom der Maschine $I = 8{,}25 kA$ (s. Teil a des Beispiels), den Dauerkurzschlußstrom, der sich ergibt, wenn die Maschine auf Nennspannung $U = 6{,}06 kV$ (LE) erregt und dann dreipolig kurzgeschlossen wird

$\dfrac{U}{X_d} = \dfrac{6{,}06kV}{1{,}18\Omega} = 5{,}14kA \triangleq \dfrac{5{,}14kA}{8{,}25kA} = 0{,}623\,pu$

und den Dauerkurzschlußstrom, der sich einstellt, wenn die Maschine für Nennbetrieb erregt wird $U_p = 14{,}2kV$ (s. Teil a des Beispiels) und dann dreipolig kurzgeschlossen wird

$$\frac{U_p}{X_d} = \frac{14{,}2kV}{1{,}18\Omega} = 12{,}0kA \triangleq \frac{12{,}0kA}{8{,}25kA} = 1{,}45\,pu$$

Der Dauerkurzschlußstrom bei Erregung auf Nennspannung ist kleiner als der Nennstrom der Maschine. Er beträgt nur 62,3% des Nennstroms. Der Dauerkurzschlußstrom bei Erregung für Nennbetrieb dagegen ist größer als der Nennstrom und beträgt das 1,45fache von diesem. Vor dem Zeichnen des Stromdiagramms der Maschine für Nennbetrieb ist der Strommaßstab festzulegen, beispielsweise $1kA \triangleq 1cm$. Man beginnt mit dem Zeiger U/X_d, schlägt um dessen Anfangspunkt einen Kreis mit dem Radius U_p/X_d und um dessen Endpunkt einen Kreis mit dem Radius I. Der Schnittpunkt beider Kreislinien ist der Nennbetriebspunkt P_N der Maschine. Die Belastungsgrenze für die Erwärmung der Rotorwicklung ergibt sich als Kreis mit dem Radius U_p/X_d um den Anfangspunkt des Zeigers U/X_d. Die Belastungsgrenze für die Erwärmung der Statorwicklung ist der Kreis um den Endpunkt des Zeigers U/X_d mit dem Radius I. Die Stabilitätsgrenze ist die Senkrechte zum Zeiger U/X_d durch dessen Anfangspunkt und die Grenze für die Antriebsleistung erhält man als Parallele zum Zeiger U/X_d durch den Nennbetriebspunkt P_N der Maschine.

c) Im Nennbetriebspunkt P_N (Bild 4.22) gibt die Maschine eine Wirkleistung von

$$P = S \cdot \cos\varphi = 150 MVA \cdot 0{,}8 = 120 MW$$

und eine Blindleistung von

$$Q = \sqrt{S^2 - P^2} = \sqrt{150^2 - 120^2}\,MVA = 90{,}0M\,var$$

ab. Der Wirkleistung entspricht ein Wirkstrom von

$$I_{wirk} = \frac{120MW/3}{10{,}5kV/\sqrt{3}} = 6{,}60kA$$

und der Blindleistung ein Blindstrom von

$$I_{blind} = \frac{90{,}0M\,var/3}{10{,}5kV/\sqrt{3}} = 4{,}95kA$$

4.5 Das Stromdiagramm der Vollpolmaschine

Die den beiden einzustellenden Betriebspunkten zugeordneten Leistungen, Wirk- und Blindleistung, werden als Produkt von Klemmenspannung (LE) und Wirk- bzw. Blindkomponente des Stroms, beide abzulesen aus dem Diagramm, zunächst einphasig, dann, nach Multiplikation mit dem Faktor 3, dreiphasig ermittelt:

$$P = P_{(1)} \cdot 3 = U \cdot I_{Wirk} \cdot 3 = \frac{10{,}5kV}{\sqrt{3}} \cdot I_{Wirk} \cdot 3$$

$$Q = Q_{(1)} \cdot 3 = U \cdot I_{Blind} \cdot 3 = \frac{10{,}5kV}{\sqrt{3}} \cdot I_{Blind} \cdot 3$$

c1) Eine Drosselung der Dampfzufuhr zur Antriebsturbine derart, daß diese nur noch 75% ihres ursprünglichen Momentes abgibt, bedeutet, daß diese, da die Drehzahl des Maschinensatzes, bestehend aus Generator und Turbine, konstant ist, auch nur noch 75% ihrer ursprünglichen mechanischen Leistung abgibt. Da in diesem Zusammenhang die Verlustleistung der Maschine unbedeutend ist, wird damit auch die an den Klemmen des Generators abgegebene Wirkleistung und mit ihr der Wirkstrom auf 75% der ursprünglichen Größe reduziert. Erste Ortslinie für den neuen Betriebspunkt P_1 ist folglich die Horizontale im Abstand $0{,}75 \cdot 6{,}60kA = 4{,}95kA$, der dem neuen Wirkstrom entspricht, vom Zeiger U/X_d. Zweite Ortslinie für den neuen Betriebspunkt P_1 ist, da der Erregerstrom und damit die Polradspannung U_p und U_p/X_d nicht verändert wurden, der Kreis um den Anfangspunkt des Zeigers U/X_d durch den Nennbetriebspunkt P_{Nenn}. Für den Betriebspunkt P_1 entnimmt man aus dem Stromdiagramm für die Wirk- und Blindkomponente des Stroms I:

$I_{wirk} = 4{,}95kA$ und $I_{blind} = 5{,}83kA$

Damit ergibt sich für die im Betriebspunkt P_1 abgegebene Wirk- und Blindleistung

$$P = \frac{10{,}5kV}{\sqrt{3}} \cdot 4{,}95kA \cdot 3 = 90{,}0MW$$

$$Q = \frac{10{,}5kV}{\sqrt{3}} \cdot 5{,}83kA \cdot 3 = 106M\,var$$

c2) Wenn ausgehend vom Nennbetriebspunkt P_{Nenn} der Erregerstrom so verkleinert wird, daß die Polradspannung U_p und damit auch U_p/X_d nur noch 75% des ursprünglichen Wertes hat, bewegt sich der Betriebspunkt P der Maschine, da bei unveränderter Turbineneinstellung die Wirkleistungsabgabe der Maschine und damit die Wirkkomponente des Statorstroms unverändert bleibt, auf einer Horizontalen durch den Nennbetriebspunkt nach links. Für den neuen Betriebspunkt P_2 entnimmt man dem Stromdiagramm für die Wirk- und Blindkomponente des Stroms I:

$I_{wirk} = 6{,}60 kA$ und $I_{blind} = 1{,}08 kA$

Damit ergibt sich für die im Betriebspunkt P_2 abgegebene Wirk- und Blindleistung

$$P = \frac{10{,}5kV}{\sqrt{3}} \cdot 6{,}60 kA \cdot 3 = 120 MW$$

$$Q = \frac{10{,}5kV}{\sqrt{3}} \cdot 1{,}08 kA \cdot 3 = 19{,}6 M\,var$$

Beispiel 4.4: Turbogenerator am Netz konstanter Spannung und Frequenz. Nenndaten der Maschine: $125 MVA$ $10{,}5kV$ $\cos\varphi = 0{,}800$ induktiv $3000 \min^{-1}$ $50 Hz$ $X_d = 1{,}80 pu$

a) Zeichnen Sie das Stromdiagramm der Maschine für Nennbetrieb mit den Belastungsgrenzen.

b) Ausgehend vom Nennbetriebspunkt wird die Polradspannung verkleinert. Bei welcher Polradspannung gibt die Maschine nur Wirkleistung ab und wie groß ist dann der Statorstrom? Bei welcher Polradspannung wird die Stabilitätsgrenze erreicht und wie groß ist in diesem Fall der Statorstrom?

c) Wie groß ist die größte Blindleistung, die die Maschine im Phasenschieberbetrieb abgeben kann, und wie groß ist die größte Blindleistung, die die Maschine im Phasenschieberbetrieb aufnehmen kann?

Lösung: Hier wird von der Möglichkeit des Arbeitens mit bezogenen Größen Gebrauch gemacht, das schnell und einfach zum Ziel führt.

a) Zum Zeichnen des Stromdiagramms der Maschine für Nennbetrieb (Bild 4.23) werden gebraucht der Strom I bei Nennbetrieb

$I = 1{,}00$,

der dreipolige Dauerkurzschlußstrom, der fließt, wenn die Maschine auf Nennspannung $U = 1{,}00$ erregt ist und dann kurzgeschlossen wird,

$$\frac{U}{X_d} = \frac{1{,}00}{1{,}80} = 0{,}556,$$

4.5 Das Stromdiagramm der Vollpolmaschine

der hier nur wenig größer als der halbe Nennstrom ist, und der zum Nennleistungsfaktor $\cos\varphi = 0{,}800$ gehörende Phasenverschiebungswinkel zwischen Netzspannung U und dem Statorstrom I

$$\varphi = 36{,}9^0$$

Mit diesen Größen kann nach Festlegung eines geeigneten Maßstabes, z.B. $10cm \mathrel{\hat=} 1{,}00\,pu$, das Stromdiagramm mit den Belastungsgrenzen gezeichnet werden. Begonnen wird mit dem Zeichnen des Zeigers U/X_d. Von dessen Endpunkt ausgehend wird senkrecht nach oben weisend in beliebiger Länge der Zeiger U für die Netzspannung bzw. die Klemmenspannung der Maschine gezeichnet. Der Stromzeiger I wird an der Spitze des Zeigers U/X_d ansetzend so eingetragen, daß er gegen den Spannungszeiger um den Nennphasenverschiebungswinkel φ im nacheilenden Sinn verschoben ist. Auf diese Weise erhält man den Nennbetriebspunkt P_{Nenn} und den Zeiger U_p/X_d, der vom Anfang des Zeigers U/X_d ausgehend im Nennbetriebspunkt endet. Die Erwärmungsgrenze für die Rotorwicklung ergibt sich als Kreis um den Anfangspunkt für den Zeiger U/X_d mit dem Radius U_p/X_d, die Erwärmungsgrenze für die Statorwicklung als Kreis um den Endpunkt für den Zeiger U/X_d mit dem Radius I, die Stabilitätsgrenze als Senkrechte durch den Anfangspunkt des Zeigers U/X_d und die Grenze der Antriebsleistung als Horizontale durch den Nennbetriebspunkt P_{Nenn} der Maschine.

b) Für den Nennbetriebspunkt P_{Nenn} ergibt sich aus dem Stromdiagramm (Bild 4.23)

$$\frac{U_p}{X_d} = 1{,}40$$

und daraus

$$U_p = 1{,}40 \cdot X_d = 1{,}40 \cdot 1{,}80 = 2{,}52\,pu$$

Danach ist die Polradspannung als Leiter-Erd-Spannung

$$U_p = 2{,}52 \cdot \frac{10{,}5kV}{\sqrt{3}} = 15{,}3 kV\,(LE)$$

und als Leiter-Leiter-Spannung, und so in der Regel, ohne daß ausdrücklich darauf hingewiesen wird, angegeben

$$U_p = 2{,}52 \cdot 10{,}5 kV = 26{,}5 kV\,(LL)$$

Der Statorstrom im Nennbetriebspunkt ergibt sich als Quotient von einphasiger Nennleistung und Nennspannung der Maschine als Leiter-Erd-Spannung

$$I = \frac{125 MVA/3}{10,5kV/\sqrt{3}} = 6,87 kA$$

Im Nennbetriebspunkt gibt der Generator eine Wirkleistung von

$$P = S \cdot \cos\varphi = 125 MVA \cdot 0,800 = 100 MW$$

und eine Blindleistung von

$$Q = \sqrt{S^2 - P^2} = \sqrt{125^2 - 100^2}\, M\,\text{var} = 75,0 M\,\text{var}$$

ab. Wird, ausgehend vom Nennbetriebspunkt P_{Nenn}, die Polradspannung U_p über den Erregerstrom verkleinert, dann wandert der Betriebspunkt der Maschine, da die Stellung des Turbinenventils und damit die Wirkkomponente des Stroms I nicht verändert wurde, auf der Grenze für die Antriebsleistung nach links. Im Betriebspunkt P_2 (Bild 4.23) führt die Maschine nur Wirkstrom. Aus dem Diagramm ergibt sich für diesen Betriebspunkt, in dem nur Wirkleistung abgegeben wird,

$$\frac{U_p}{X_d} = 0,978$$

und daraus für die Polradspannung

$$U_p = 0,978 \cdot X_d = 0,978 \cdot 1,80 = 1,76\, pu \triangleq 1,76 \cdot 10,5 kV$$

$$U_p = 18,5 kV\,(LL)$$

Der Statorstrom in diesem Betriebspunkt ist

$$I = 0,805\, pu \triangleq 0,805 \cdot 6,87 kA = 5,53 kA$$

Eine Kontrollrechnung bestätigt dieses Ergebnis. Das Produkt von Nennspannung als Leiter-Erd-Spannung und diesem Strom, der ein reiner Wirkstrom ist, liefert zunächst die abgegebene einphasige und nach Multiplikation mit dem Faktor 3 die dreiphasige Wirkleistung, die die Maschine im Betriebspunkt P_2 abgibt.

$$P = \frac{10,5 kV}{\sqrt{3}} \cdot 5,53 kA \cdot 3 = 100 MW$$

4.5 Das Stromdiagramm der Vollpolmaschine

Sie stimmt, wie es sein muß, mit der bei Nennbetrieb abgegebenen überein. Die Stabilitätsgrenze wird im Betriebspunkt P_3 erreicht. In diesem Punkt sind, das ist aus dem Diagramm abzulesen,

$$\frac{U_p}{X_d} = 0{,}805$$

und daraus

$$U_p = 0{,}805 \cdot X_d = 0{,}805 \cdot 1{,}80 = 1{,}45\,pu \,\hat{=}\, 1{,}45 \cdot 10{,}5 kV$$

$$U_p = 15{,}2 kV\,(LL)$$

und

$$I = 0{,}978\,pu \,\hat{=}\, 0{,}978 \cdot 6{,}87 kA = 6{,}72 kA$$

c) Im reinen Blindleistungsbetrieb mit maximaler Blindleistungsabgabe und maximaler Blindleistungsaufnahme wird die Maschine in den Betriebspunkten P_4 und P_5 betrieben (Bild 4.23). Für den Betriebspunkt maximaler Blindleistungsabgabe P_4 liest man aus dem Diagramm ab: $I = 0{,}848$. Damit ergibt sich für die maximale Blindleistungsabgabe

$$Q_{ab\,max} = U \cdot I = 1{,}00 \cdot 0{,}848 = 0{,}848\,pu \,\hat{=}\, 0{,}848 \cdot 125 MVA$$

$$Q_{ab\,max} = 106 M\,var$$

Für den Betriebspunkt maximaler Blindleistungsaufnahme P_5 liest man aus dem Diagramm ab: $I = 0{,}560$. Damit ergibt sich für die maximale Blindleistungsaufnahme

$$Q_{auf\,max} = U \cdot I = 1{,}00 \cdot 0{,}560 = 0{,}560\,pu$$

$$\hat{=}\, 0{,}560 \cdot 125 MVA = 70{,}0 M\,var$$

Berechnet man diese zur Kontrolle mit Hilfe der Ersatzschaltung der Maschine (Bild 4.9), indem man $U_p = 0$ setzt, so kommt man zu dem praktisch gleichen Wert.

$$Q_{auf\,max} = \frac{U^2}{X_d} = \frac{1{,}00^2}{1{,}80} = 0{,}556\,pu$$

Die Abweichung des graphisch gefundenen von dem genaueren rechnerisch gefundenen Wert ist nur gering und beträgt weniger als 1%.

Beispiel 4.5: Vierpoliger Turbogenerator am Netz konstanter Spannung und Frequenz. Nenndaten der Maschine: $1600 MVA$ $27000V$ $50Hz$ $\cos\varphi = 0{,}800$ induktiv $X_d = 2{,}10 pu$

a) Geben Sie das Ersatzschaltbild der Maschine an und zeichnen Sie das Zeigerdiagramm für Nennbetrieb.

b) Berechnen Sie das von der Turbine zu liefernde Nenndrehmoment.

c) Zeichnen Sie das Stromdiagramm des Generators für Nennbetrieb mit den Belastungsgrenzen.

d) Stellen Sie anhand des Stromdiagramms fest, ob ein Betrieb mit Nennstrom und $\cos\varphi = 0{,}700$ induktiv oder ein Betrieb mit Nennstrom und $\cos\varphi = 0{,}900$ induktiv möglich ist. Falls Überlast vorliegt, ist anzugeben, welche Belastungsgrenzen überschritten werden.

Lösung: Es wird mit bezogenen Größen gearbeitet.

a) Im Ersatzschaltbild der Maschine (Bild 4.9) ist die Klemmenspannung $U = 1{,}00$. Zum Zeichnen des Zeigerdiagramms für Nennbetrieb (Bild 4.20) werden neben der Klemmenspannung der Nennstrom $I = 1{,}00$ sowie der zum Nennleistungsfaktor $\cos\varphi = 0{,}800$ gehörende Phasenverschiebungswinkel $\varphi = 36{,}9^0$ benötigt. Der Spannungsabfall an der Synchronreaktanz bei Nennbetrieb ist

$$I \cdot X_d = 1{,}00 \cdot 2{,}10 = 2{,}10$$

Nachdem diese Größen bekannt sind, kann ein zum Zeichnen des Zeigerdiagramms geeigneter Maßstab, z.B. $1{,}00 \mathrel{\hat=} 5cm$, gewählt werden. Addiert man zu dem Netz- oder Klemmenspannungszeiger U den gegen den Stromzeiger I um 90^0 im voreilenden Sinn verdrehten Zeiger $I \cdot X_d$, so erhält man den Zeiger für die Polradspannung U_p und damit auch den Polradwinkel δ der Maschine als Phasenverschiebungswinkel zwischen der Polradspannung und der Netzspannung: $U_p = 2{,}82 pu \mathrel{\hat=} 2{,}82 \cdot 27000V = 76{,}1 kV(LL)$ und $\delta = 36{,}6^0$.

b) Bei Nennbetrieb gibt die Maschine an ihren Klemmen eine Wirkleistung von

$$P = S \cdot \cos\varphi = 1600 MVA \cdot 0{,}800 = 1280 MW$$

ab. Diese Leistung muß ihr – die Verlustleistung ist bei einer Maschine dieser Größe in diesem Zusammenhang vernachlässigbar klein – an der Welle von der Antriebsturbine als mechanische Leistung zugeführt werden. Da die mechanische Leistung das Produkt von Drehmoment M und Winkelgeschwingigkeit $\omega = 2 \cdot \pi \cdot n$ ist, wobei n die Drehzahl der Maschine Gl. (4.2) ist

$$n = \frac{f}{p} = \frac{50Hz}{2} = 25s^{-1} = 1500\,\text{min}^{-1},$$

gilt für das Nenndrehmoment

$$M = \frac{P}{2 \cdot \pi \cdot n} = \frac{1280MW}{2 \cdot \pi \cdot 25s^{-1}} = 8,15 \cdot 10^6 Nm = 8,15 MNm$$

c) Zum Zeichnen des Stromdiagramms für Nennbetrieb mit den Belastungsgrenzen (Bild 4.22) werden benötigt der dreipolige Dauerkurzschlußstrom, der fließt, wenn die Maschine auf Nennspannung erregt ist und dann kurzgeschlossen wird

$$\frac{U}{X_d} = \frac{1,00}{2,10} = 0,476$$

und der Statorstrom für Nennbetrieb, der Nennstrom der Maschine, $I = 1,00$ sowie der schon aus Teil a) bekannte Nennphasenverschiebungswinkel zwischen Netzspannung und Statorstrom $\varphi = 36,9^0$. Mit diesen Größen kann das Stromdiagramm nach Festlegung eines passenden Maßstabs, z.B. $1,00 \triangleq 10cm$, gezeichnet werden.

d) Zum Leistungfaktor $\cos\varphi = 0,700$ gehört ein Phasenverschiebungswinkel von $\varphi = 45,6^0$. Zeichnet man einen Stromzeiger mit der dem Nennbetrieb entsprechenden Länge 1,00, der gegen den Netzspannungszeiger im nacheilenden Sinn um 45,6° verdreht ist, so stellt man fest, daß dessen Spitze jenseits des erlaubten Betriebsbereichs liegt und die Erwärmungsgrenze für die Rotorwicklung überschritten ist. Ein Betrieb in diesem Betriebspunkt ist allenfalls kurzzeitig möglich. Zum Leistungsfaktor $\cos\varphi = 0,9$ gehört ein Phasenverschiebungswinkel von $\varphi = 25,8^0$. Die Spitze des zugehörigen Stromzeigers der Länge 1,00 liegt ebenfalls außerhalb der Belastungsgrenzen der Maschine. Da die Turbine in der Regel im Nennbetriebspunkt bei vollkommen geöffnetem Turbinenventil ihre maximale Leistung abgibt, kann in diesem Fall der Betriebspunkt nicht eingestellt werden, weil die Grenze für die Antriebsleistung überschritten ist.

4.6 Berechnung des Betriebsverhaltens der Vollpolmaschine

Mit Hilfe der Ersatzschaltung der Synchronmaschine (Bild 4.9) lassen sich analytische Beziehungen ableiten, die es erlauben, die von der Maschine im Generatorbetrieb abgegebene Wirk- und Blindleistung zu berechnen. Für die im Generatorbetrieb an den Klemmen abgegebene Leistung gilt

$$\underline{S}_G = \underline{U} \cdot \underline{I}^* \tag{4.8}$$

Hierin ist $\underline{U}$ die Klemmenspannung der Maschine oder Netzspannung und $\underline{I}^*$ der zum Maschinenstrom $\underline{I}$ konjugiert komplexe Ausdruck. Formuliert man für einen Umlauf in der Ersatzschaltung – z. B. im Uhrzeigersinn herum, mit den angegebenen Zählpfeilen – Summe der Spannungen gleich Null mit der Polradspannung $\underline{U}_p$, dem Spannungsabfall $\underline{I} \cdot j \cdot X_d$ an der Synchronreaktanz der Maschine und der Klemmen- oder Netzspannung $\underline{U}$, so ergibt sich

$$-\underline{U}_p + \underline{I} \cdot j \cdot X_d + \underline{U} = 0$$

Hieraus folgt für den Strom

$$\underline{I} = \frac{\underline{U}_p - \underline{U}}{j \cdot X_d}$$

und damit für den konjugiert komplexen Ausdruck für den Strom

$$\underline{I}^* = \frac{\underline{U}_p^* - \underline{U}^*}{-j \cdot X_d}$$

Für die Klemmenleistung ergibt sich daraus mit Gl. (4.8)

$$\underline{S}_G = \underline{U} \cdot \frac{\underline{U}_p^* - \underline{U}^*}{-j \cdot X_d} \tag{4.9}$$

Führt man die Klemmen- oder Netzspannung als Bezugsgröße ein und legt deren Zeiger in die reelle Achse, so ist

$$\underline{U} = U \cdot \underline{/0^0} = U \tag{4.10}$$

und

$$\underline{U}^* = U \tag{4.11}$$

Da im Generatorbetrieb der Maschine die Polradspannung der Klemmen- oder Netzspannung um den Polradwinkel δ voreilt, ist

$$\underline{U}_p = U_p \cdot \underline{/\delta}$$

und

4.6 Berechnung des Betriebsverhaltens der Vollpolmaschine

$$\underline{U}_p{}^* = U_p \cdot \underline{/-\delta} = U_p \cdot [\cos(-\delta) + j \cdot \sin(-\delta)]$$

$$\underline{U}_p{}^* = U_p \cdot (\cos\delta - j \cdot \sin\delta) \tag{4.12}$$

Setzt man die für $\underline{U}$, $\underline{U}_p{}^*$ und $\underline{U}^*$ gefundenen Ausdrücke aus den Gl. (4.10), (4.12) und (4.11) in Gl. (4.9) für die Klemmenleistung ein, so erhält man nach Trennung in Real- und Imaginärteil

$$\underline{S}_G = \frac{U_p \cdot U}{X_d} \cdot \sin\delta + j \cdot \frac{U_p \cdot U \cdot \cos\delta - U^2}{X_d} \tag{4.13}$$

Der Realteil stellt die vom Generator abgegebene Wirkleistung

$$P_G = \frac{U_p \cdot U}{X_d} \cdot \sin\delta \tag{4.14}$$

dar, während der Imaginärteil die vom Generator abgegebene Blindleistung

$$Q_G = \frac{U_p \cdot U \cdot \cos\delta - U^2}{X_d} \tag{4.15}$$

darstellt. Im folgenden werden die mit den Gl. (4.14) und (4.15) gefundenen Ausdrücke für die Generatorwirk- und -blindleistung diskutiert.

4.6.1 Generator- und Motorbetrieb

Wenn die Maschine synchronisiert und ans Netz gelegt worden ist, sind Polradspannung und Netzspannung zunächst gleich und der Polradwinkel ist Null. Das bedeutet, daß die Maschine weder Wirkleistung Gl. (4.14) noch Blindleistung Gl. (4.15) abgibt. Das Ventil der den Generator antreibenden Turbine ist dabei nur unmerklich geöffnet, da zum Antrieb des leerlaufenden Generators lediglich eine im Vergleich zur Nennleistung der Maschine vernachlässigbar kleine Antriebsleistung zur Deckung der Eisen- und Reibungsverlustleistung nötig ist. Wenn ausgehend von diesem Zustand das fast geschlossene Ventil der Turbine zunehmend geöffnet wird, wird die von der Turbine an den Generator abgegebene mechanische Leistung vom Generator an den Klemmen als Wirkleistung ins Netz gespeist. Dabei sind wegen des guten Wirkungsgrades der Maschine mechanische Leistung und elektrische Wirkleistung praktisch gleich – zumindest bei großen Maschinen, um die es sich bei Kraftwerksgeneratoren zumeist handelt. Der Polradwinkel Gl. (4.14) wird mit zunehmender Öffnung des Turbinenventils und damit anwachsender mechanischer

Leistung und gleich großer elektrischer Wirkleistung größer. Für die Blindleistungsabgabe Gl. (4.15) bedeutet das, daß sie negativ wird. Die Maschine gibt also, wenn sie nach dem Synchronisieren ans Netz geschaltet bei unverändertem Erregerstrom und damit unveränderter Polradspannung zur Wirkleistungsabgabe veranlaßt wird, nicht Blindleistung ab, sondern nimmt Blindleistung auf und ist demnach untererregt. Da in der Regel Blindleistungsabgabe erwünscht ist, muß in diesem Fall die Polradspannung über den Erregerstrom vergrößert werden. Dabei ändert sich an der vom Generator abgegebenen Wirkleistung nichts, da sie allein von der Stellung des Turbinenventils abhängt. Ändern würde sich dabei aber der Polradwinkel Gl. (4.14). Er muß bei unveränderter Wirkleistung nach einer Vergrößerung der Polradspannung kleiner werden und damit wird der Betrieb der Maschine stabiler. Umgekehrt bedeutet, geht man von einer bestimmten Generatorwirkleistungsabgabe aus, eine Verkleinerung der Polradspannung ein Größerwerden des Polradwinkels und damit eine Minderung der Stabilität. Die unerregte Maschine, für die die Polradspannung Null ist, kann keine Wirkleistung abgeben Gl. (4.14). Das gleiche gilt, wenn infolge eines Klemmenkurzschlusses die Klemmenspannung Null ist. Die größtmögliche Wirkleistung Gl. (4.14) gibt der Generator ab, wenn er an der Stabilitätsgrenze arbeitet, d.h., wenn der Polradwinkel 90° elektrisch ist.

$$P_{G\max} = \frac{U_p \cdot U}{X_d} \tag{4.16}$$

Wird, an der Stabilitätsgrenze angelangt, durch weiteres Öffnen des Turbinenventils der Versuch gemacht, den Generator zu einer noch größeren Wirkleistungsabgabe zu veranlassen, so schlägt dieser Versuch fehl. Bei einem über 90° elektrisch anwachsenden Polradwinkel wird die Generatorwirkleistung wieder kleiner, während die dem Generator über die Turbinenwelle zugeführte mechanische Leistung weiter anwächst. Das bis dahin vorhandene Gleichgewicht von elektrischer Wirkleistung auf der einen Seite und mechanischer Leistung auf der anderen Seite ist jetzt gestört. Die zugeführte mechanische Leistung ist größer als die abgegebene elektrische Wirkleistung. Der entstandene Leistungsüberschuß bewirkt eine zeitliche Änderung der kinetischen Energie des Maschinensatzes bestehend aus Generator und Turbine. Der Maschinensatz, der bis zum Erreichen der Stabilitätsgrenze mit der durch Netzfrequenz und Polpaarzahl des Generators vorgegebenen Drehfelddrehzahl drehte, geht jetzt durch, d. h., die Drehzahl steigt über die Nenndrehzahl an. Das ist ein gefährlicher Betriebszustand nicht nur im Hinblick auf die auftretenden Fliehkräfte, sondern auch im Hinblick auf den kurzschlußartigen Wechselstrom im Erregerkreis des Generators, der dadurch entsteht, daß das Polrad jetzt, anders als vorher, eine Relativgeschwindigkeit gegenüber dem Statordrehfeld hat, infolge derer in der Erregerwicklung eine Wechselspannung induziert wird, für die der Erregerkreis praktisch einen Kurzschluß darstellt. Der Kurzschlußstrom würde die Erregerwicklung zerstören, wenn die Maschine nicht schnellstens vom Netz genommen und damit das Drehfeld beseitigt würde. Außerdem muß nach dem Verlust der Stabilität das Ventil der Antriebsturbine sofort geschlossen werden, damit die

4.6 Berechnung des Betriebsverhaltens der Vollpolmaschine

Drehzahl des Maschinensatzes nicht unzulässig ansteigt. Um die Wahrscheinlichkeit für das Auftreten der geschilderten Gefahren klein zu halten, hält man beim Betrieb des Generators einen nicht zu kleinen Abstand zur Stabilitätsgrenze ein. Übliche Polradwinkel bei Nennbetrieb liegen zwischen etwa 30° und 45° elektrisch. Die größtmögliche Wirkleistungsabgabe des Generators Gl. (4.16) hängt von der Maschinennennspannung bzw. Netzspannung, der Polradspannung und der Synchronreaktanz ab. Im Betrieb läßt sich nur die Polradspannung variieren. Je größer sie ist, desto größer ist die größtmögliche Wirkleistungsabgabe. Da die Polradspannung durch Vergrößerung des Erregerstroms erhöht wird, wird dem durch die thermische Belastbarkeit der Erregerwicklung eine Grenze gesetzt. Die Synchronreaktanz des Generators wird vom Konstrukteur der Maschine durch die Wahl der Luftspaltbreite festgelegt. Im Hinblick auf eine möglichst große maximale Wirkleistungsabgabe sollte die Synchronreaktanz möglichst klein sein, d.h., die Luftspaltbreite sollte möglichst groß sein. Damit verbunden wäre aber ein sehr großer Erregerbedarf zur Erzeugung einer bestimmten Polradspannung. Hier wird ein Kompromiß geschlossen. Er sieht so aus, daß die Synchronreaktanz bei ausgeführten Maschinen zwischen etwa $1,00 pu$ und $2,50 pu$ liegt.

Die Synchronmaschine kann sowohl als Generator als auch als Motor betrieben werden. Im Generatorbetrieb gibt sie Wirkleistung ans Netz ab. Im Motorbetrieb nimmt sie Wirkleistung aus dem Netz auf. Synchronisiert und ans Netz gelegt wird die Maschine in den Generatorbetrieb überführt, indem sie im Sinne einer Drehzahlerhöhung, d.h. beschleunigend beeinflußt wird und dabei das Polrad um den vom antreibenden Moment abhängigen Polradwinkel im voreilenden Sinn gegenüber dem Drehfeld verschoben wird. Hierbei ändert sich die Drehzahl, sieht man von einem Ausgleichsvorgang im Zusammenhang mit der Einstellung des Polradwinkels ab, nicht. In den Motorbetrieb wird die Maschine nach Synchronisation und Herstellung der Verbindung zum Netz überführt, indem sie im Sinne einer Drehzahlminderung, d.h. bremsend beeinflußt wird und dabei das Polrad um den vom Bremsmoment abhängigen Polradwinkel im nacheilenden Sinn gegen das Drehfeld verschoben wird. Auch hierbei ändert sich die Drehzahl, sieht man von einem Übergangsvorgang im Zusammenhang mit der Einstellung des Polradwinkels ab, nicht. Der Polradwinkel ist nicht nur der elektrische Winkel zwischen der Polradachse und dem Drehfeld, sondern auch der Phasenverschiebungswinkel zwischen der Polrad- und der Klemmen- oder Netzspannung. Generatorbetrieb liegt vor, wenn die Polradspannung der Netzspannung voreilt. Der Polradwinkel ist dann positiv. Motorbetrieb liegt vor, wenn die Polradspannung der Netzspannung nacheilt. Der Polradwinkel ist dann negativ. Beim Übergang vom Generator- zum Motorbetrieb wechselt der Polradwinkel demnach sein Vorzeichen und damit wechselt auch die Wirkleistungsabgabe Gl. (4.14) ihr Vorzeichen. Im Generatorbetrieb ist die Wirkleistungsabgabe der Maschine positiv, im Motorbetrieb ist sie negativ. Im Motorbetrieb wird Wirkleistung nicht mehr abgegeben, sondern aufgenommen. Gegenüber dem wegen seines einfachen Aufbaus billigen und robusten Asynchronmotor hat der Synchronmotor den Vorteil, daß er so betrieben werden kann, daß er, je nach den Erfordernissen des Netzes, Blindleistung abgibt oder aufnimmt, während die Asynchronmaschine physikalisch bedingt Blindleistung immer aufnimmt. Die für den Betrieb der Asynchronmaschine benötigte Blindleistung liefern entweder Synchronmaschinen oder Kondensatoren.

4.6.2 Blindleistungsabgabe und Blindleistungsaufnahme

Die vom Synchrongenerator abgegebene Blindleistung Gl. (4.15) ist positiv, solange gilt

$$U_p \cdot U \cdot \cos\delta - U^2 > 0 \qquad (4.17)$$

Die Maschine gibt dann Blindleistung ab, d.h., sie verhält sich vom Standpunkt des Netzes aus gesehen bezüglich der Blindleistung wie ein Kondensator. Das Netz nimmt diese Blindleistung auf und verhält sich bezüglich der Blindleistung wie eine Spule. Die Blindleistung abgebende Maschine wird als übererregt bezeichnet. Da Asynchronmaschinen, Transformatoren und gesteuerte Stromrichter zu ihrem Betrieb Blindleistung brauchen, werden Synchrongeneratoren in der Regel so betrieben, daß sie Blindleistung abgeben, d.h. übererregt. Die vom Synchrongenerator abgegebene Blindleistung Gl. (4.15) ist negativ, sobald gilt

$$U_p \cdot U \cdot \cos\delta - U^2 < 0 \qquad (4.18)$$

Die Maschine nimmt dann Blindleistung auf und verhält sich vom Standpunkt des Netzes aus gesehen bezüglich der Blindleistung wie eine Spule. Das Netz gibt diese Blindleistung ab und verhält sich bezüglich der Blindleistung wie ein Kondensator. Die Blindleistung aufnehmende Maschine wird als untererregt bezeichnet. Untererregt wird z.B. ein Generator betrieben, der nachts, wenn fast alle Verbraucher abgeschaltet sind, ein ausgedehntes städtisches Kabelnetz speist. Dieses Netz stellt mit seiner Kapazität einen Kondensator dar, der Blindleistung abgibt. Der Generator muß so betrieben werden, daß er die Blindleistung aufnimmt, d.h. untererregt. Andernfalls kann es zu Spannungserhöhungen im Netz kommen. Ein Sonderfall des untererregten Betriebs der Maschine liegt vor, wenn der Erregerstrom und damit die Polradspannung zu Null gemacht wird Gl. (4.15). Die Maschine wirkt dann auf das Netz wie eine Spule mit einer Reaktanz, die der Synchronreaktanz der Maschine entspricht (Bild 4.9). Ermittelt man unter diesen Betriebsbedingungen durch Messung den Maschinenstrom I als Leiterstrom und die Netzspannung U als Leiter-Erd-Spannung, so stellt der Quotient von Spannung und Strom die Synchronreaktanz X_d der Maschine dar.

$$X_d = \frac{U}{I} \qquad (4.19)$$

4.6 Berechnung des Betriebsverhaltens der Vollpolmaschine

Die Blindleistungsverhältnisse der Maschine Gl. (4.15) sind bei sonst gleichen Bedingungen unabhängig davon, ob der Polradwinkel δ positiv oder negativ ist, d.h. unabhängig davon, ob die Maschine als Generator oder Motor arbeitet. Ein Sonderfall liegt vor, wenn die Maschine so betrieben wird, daß sie weder Generator noch Motor ist, und nur die Blindleistung verstellt wird. In diesem Fall spricht man von reinem Blindleistungs- oder Phasenschieberbetrieb. Im reinen Blindleistungsbetrieb wirkt die Maschine je nach Größe des eingestellten Erregerstromes und damit der Polradspannung auf das Netz wie ein Kondensator oder eine Spule, deren Reaktanz stufenlos und schnell variiert werden kann. Eine im reinen Blindleistungsbetrieb eingesetzte Maschine ist an der fehlenden Antriebsturbine zu erkennen.

Beispiel 4.6: Dreiphasen-Synchrongenerator, Vollpolmaschine, am Netz konstanter Spannung und Frequenz. Daten der Maschine: $400 MVA \quad 20kV \quad 50Hz$ $X_d = 1,00\,pu$

Der Polradwinkel ist 30°. Der Erregerstrom der Maschine ist so eingestellt, daß für die Polradspannung gilt: $U_p = 1,25\,pu \,\hat{=}\, 1,25 \cdot 20kV = 25kV$. Zu berechnen sind die Wirk- und Blindleistungsabgabe des Generators.

Lösung: Gerechnet wird mit bezogenen Daten. Mit Gl. (4.14) ergibt sich für die Wirkleistungsabgabe

$$P_G = \frac{1,25 \cdot 1,00}{1,00} \cdot \sin 30^0 = 0,625\,pu \,\hat{=}\, 0,625 \cdot 400 MVA = 250 MW$$

und mit Gl. (4.15) für die Blindleistungsabgabe

$$Q_G = \frac{1,25 \cdot 1,00 \cdot \cos 30^0 - 1,00^2}{1,00} = 0,0825\,pu \,\hat{=}\, 0,0825 \cdot 400 MVA$$

$Q_G = 33,0 M\,\text{var}$

Beispiel 4.7: Ein Turbogenerator – so bezeichnet man große zwei- und vierpolige Vollpolgeneratoren – speist ein starres Netz., d.h. ein Netz, dessen Spannung und Frequenz von der Maschine aus nicht beeinflußt werden können. Die Netzspannung ist $U = 1,00\,pu$, stimmt also mit der Maschinennennspannung überein. Die Synchronreaktanz der Maschine ist $X_d = 1,00\,pu$.

Die Maschine wird zunächst übererregt mit einer Polradspannung von $U_p = 1,50\,pu$ so betrieben, daß sie eine Wirkleistung von $P_G = 0,250\,pu$ abgibt. Wie groß sind unter diesen Bedingungen der Polrad- oder Lastwinkel der Maschine, sowie Blindleistungsabgabe und Scheinleistung?

a) Vom Ausgangszustand der Maschine ausgehend wird das Ventil der Dampfturbine so verstellt, daß das Turbinendrehmoment um 100% zunimmt.
Wie groß sind Wirk- und Blindleistungsabgabe der Maschine und ihr Polradwinkel?

b) Vom Ausgangszustand der Maschine ausgehend wird der Erregerstrom so verstellt, daß die Polradspannung um 20% zunimmt.
Berechnen Sie den Polrad- oder Lastwinkel der Maschine sowie ihre Blindleistungsabgabe.

Lösung: Für die von der Maschine abgegebene Wirkleistung gilt Gl. (4.14)

$$P_G = \frac{U_p \cdot U}{X_d} \cdot \sin \delta$$

Hierin sind alle Größen bis auf den Polradwinkel bekannt. Dieser ergibt sich aus

$$\sin \delta = \frac{P_G \cdot X_d}{U_p \cdot U} = \frac{0{,}250 \cdot 1{,}00}{1{,}50 \cdot 1{,}00} = 0{,}167$$

Daraus folgt für den Polradwinkel selbst

$$\delta = 9{,}59^0$$

Für die Blindleistungsabgabe der Maschine gilt Gl. (4.15)

$$Q_G = \frac{U_p \cdot U \cdot \cos \delta - U^2}{X_d} = \frac{1{,}50 \cdot 1{,}00 \cdot \cos 9{,}59^0 - 1{,}00^2}{1{,}00} = 0{,}479$$

Die Scheinleistung der Maschine ist

$$\underline{S}_G = P_G + j \cdot Q_G = 0{,}250 + j \cdot 0{,}479 = 0{,}540 \underline{/62{,}4^0}$$

Danach wird die Maschine mit einem Leistungsfaktor von

$$\cos \varphi = \cos 62{,}4^0 = 0{,}463$$

betrieben und führt dabei den 0,540fachen Nennstrom.

a) Mit dem Turbinenmoment nimmt bei starrer, durch die Netzfrequenz vorgegebener Drehzahl auch die von der Maschine abgegebene Wirkleistung um 100% zu

4.6 Berechnung des Betriebsverhaltens der Vollpolmaschine

und beträgt

$P_G = 0{,}500$

Für den sich neu einstellenden Polradwinkel gilt

$$\sin\delta = \frac{P_G \cdot X_d}{U_p \cdot U} = \frac{0{,}500 \cdot 1{,}00}{1{,}50 \cdot 1{,}00} = 0{,}333$$

$\delta = 19{,}5^0$

Die Blindleistungsabgabe der Maschine ist

$$Q_G = \frac{U_p \cdot U \cdot \cos\delta - U^2}{X_d} = \frac{1{,}50 \cdot 1{,}00 \cdot \cos 19{,}5^0 - 1{,}00^2}{1{,}00} = 0{,}414$$

Es besteht demnach nicht nur eine Wechselwirkung zwischen dem Antriebsmoment des Generators und der an seinen Klemmen abgegebenen Wirkleistung, sondern auch eine, wenn auch schwache, Wechselwirkung zwischen dem Antriebsmoment und der Blindleistung.

b) Die neue Polradspannung ist

$U_p = 1{,}20 \cdot 1{,}50 = 1{,}80$

Daraus folgt für den Polradwinkel

$$\sin\delta = \frac{P_G \cdot X_d}{U_p \cdot U} = \frac{0{,}250 \cdot 1{,}00}{1{,}80 \cdot 1{,}00} = 0{,}139$$

$\delta = 7{,}98^0$

Die Blindleistungsabgabe des Generators ist

$$Q_G = \frac{U_p \cdot U \cdot \cos\delta - U^2}{X_d} = \frac{1{,}80 \cdot 1{,}00 \cdot \cos 7{,}98^0 - 1{,}00^2}{1{,}00} = 0{,}783$$

Die Blindleistungsverhältnisse der Maschine werden demnach vor allem über den Erregerstrom bzw. die von ihm abhängige Polradspannung beeinflußt. Die

Wirkleistungsabgabe des Generators ist gegenüber dem Ausgangszustand unverändert, da hier das Antriebsmoment nicht verändert wurde.

$P_G = 0,250$

Mit ihr haben wir den Polradwinkel berechnet.

Beispiel 4.8: Ein Turbogenerator speist über eine verlustlose Leitung, deren Betriebskapazität vernachlässigt werden kann, ein Netz konstanter Spannung, $U = 1,00\,pu$, und Frequenz. Die Polradspannung des Generators ist $U_p = 1,35\,pu$ seine Synchronreaktanz ist $X_d = 0,900\,pu$. Die Leitungsimpedanz ist $\underline{Z}_L = j \cdot 0,150\,pu$. Bezugsgrößen sind die Nenndaten der Maschine.

Welche Wirkleistung kann im Hinblick auf die Stabilität der Energieübertragung maximal in das Netz eingespeist werden? Wie groß sind dabei der Maschinenstrom, die Klemmenspannung der Maschine und die Blindleistungsflüsse am Anfang und Ende der Leitung?

Lösung: Bei Hochspannungsfreileitungen ist der ohmsche Widerstand wesentlich kleiner als der induktive und kann deswegen häufig, wenigstens näherungsweise, vernachlässigt werden – so auch hier. Vom Netz aus gesehen wirkt der Generator mit der zwischengeschalteten Leitung wie ein Generator, dessen Synchronreaktanz sich aus der Synchronreaktanz der Maschine $X_d = 0,900\,pu$ und der Impedanz der Leitung $X_L = 0,150\,pu$ zusammensetzt.

$X = X_d + X_L = 0,900 + 0,150 = 1,05$

Für die vom Generator ans Netz abgegebene Wirk- und Blindleistung können infolgedessen die früher abgeleiteten Beziehungen Gl. (4.14) und (4.15) übernommen werden, wenn die Synchronreaktanz der Maschine X_d durch die Summenreaktanz X von Synchronreaktanz und Leitungsreaktanz ersetzt wird.

$$P_G = \frac{U_p \cdot U}{X} \cdot \sin\delta$$

$$Q_G = \frac{U_p \cdot U \cdot \cos\delta - U^2}{X}$$

In diese Summenreaktanz geht auch die Längsimpedanz des dem Generator in der Regel nachgeschalteten Transformators ein, die bei großen Transformatoren praktisch rein induktiv ist. Die Spannung U entspricht, wie bislang, der Netzspannung, nicht aber der Klemmenspannung des Generators, die wir U_G nennen wollen. Die im Hinblick auf die Stabilität der Energieübertragung maximal übertragba-

4.6 Berechnung des Betriebsverhaltens der Vollpolmaschine

re Leistung wird bei einem Lastwinkel von $\delta = 90°$ zwischen Polradspannung U_P der Maschine und Netzspannung U erreicht.

$$P_{G\,max} = \frac{U_p \cdot U}{X} = \frac{1{,}35 \cdot 1{,}00}{1{,}05} = 1{,}29$$

Der dabei fließende Strom I ist, wenn wir die bislang benutzten Zählpfeilrichtungen für Spannung und Strom beibehalten (Bild 4.9) und die Netzspannung U als Bezugsgröße mit dem Phasenwinkel 0° einführen,

$$\underline{I} = \frac{\underline{U}_p - \underline{U}}{j \cdot X} = \frac{1{,}35 \cdot \underline{/90{,}0°} - 1{,}00 \cdot \underline{/0°}}{j \cdot 1{,}05} = 1{,}60 \cdot \underline{/36{,}5°}$$

Die bei diesem Betrieb vom Netz aufgenommene Leistung ist

$$\underline{S} = \underline{U} \cdot \underline{I}^* = 1{,}00 \cdot \underline{/0°} \cdot 1{,}60 \cdot \underline{/-36{,}6°} = 1{,}29 - j0{,}952$$

Das bedeutet, daß das Netz bei diesem Betrieb 1,29 Einheiten Wirkleistung aus der Leitung aufnimmt und, wegen des negativen Vorzeichens, 0,952 Einheiten Blindleistung an die Leitung abgibt. Die Generatorklemmenspannung U_G erhalten wir, wenn wir zur Netzspannung U den Spannungsabfall auf der Leitung hinzuaddieren.

$$\underline{U}_G = \underline{U} + \underline{I} \cdot j \cdot X_L = 1{,}00 \cdot \underline{/0°} + 1{,}60 \cdot \underline{/36{,}5°} \cdot j \cdot 0{,}150$$

$$\underline{U}_G = 0{,}878 \cdot \underline{/12{,}7°}$$

Danach ist die Klemmenspannung des Generators bei diesem Betrieb $U_G = 0{,}878$ und damit kleiner als die Netzspannung. Die vom Generator an den Klemmen abgegebene Leistung ist

$$\underline{S}_G = \underline{U}_G \cdot \underline{I}^* = 0{,}878 \cdot \underline{/12{,}7°} \cdot 1{,}60 \cdot \underline{/-36{,}5°} = 1{,}29 - j0{,}567$$

Der Generator gibt 1,29 Einheiten Wirkleistung ab und nimmt, wegen des negativen Vorzeichens, 0,567 Einheiten Blindleistung auf. Der Generator ist, da er Blindleistung aufnimmt, untererregt. Da die Leitung verlustlos ist, stimmen vom Generator abgegebene Klemmenwirkleistung und vom Netz aufgenommene Wirkleistung überein. Die Differenz zwischen der vom Netz an die Leitung abgegebenen Blindleistung und der vom Generator aufgenommenen Blindleistung ist

$$\Delta Q = 0{,}952 - 0{,}567 = 0{,}385$$

und stellt den Blindleistungsverbrauch der Leitung dar.

$$Q_{Verl} = I^2 \cdot X_L = 1{,}60^2 \cdot 0{,}150 = 0{,}384$$

Der Generator wäre bei den angegebenen Betriebsbedingungen überlastet, da der Statorstrom $I = 1{,}60$ das 1,60fache des Nennstroms beträgt.

Da die mit zunehmender Leitungslänge ebenfalls zunehmende Leitungsreaktanz zu einer Minderung der Übertragungskapazität $P_{G\,max}$ führt, sieht man sich von einer Leitungslänge von etwa $1000km$ an aufwärts gezwungen, die Energieübertragung mit Gleichstrom zu machen, bei dem es ein Stabilitätsproblem nicht gibt und die Übertragungskapazität der Leitung allein durch die thermische Belastbarkeit der Leitung gegeben ist. Bei einer solchen Hochspannungsgleichstromübertragung HGÜ speist der Generator das Netz über einen Maschinentransformator und einen Gleichrichter am Anfang der Übertragungsleitung und einen Wechselrichter und Transformator am Ende der Leitung. Von einer solchen Hochspannungsgleichstromübertragung wird beispielsweise dann Gebrauch gemacht, wenn es darum geht, ein großes Wasserkraftwerk mit einem weit entfernt gelegenen Verbraucherzentrum zu verbinden.

Beispiel 4.9: Ein Generator speist über eine Leitung Verbraucher (Bild 4.24). Die Synchronreaktanz des Generators ist $X_d = 0{,}18$. Bezugsdaten sind nicht die Nenndaten der Maschine, sondern willkürlich gewählte. Die Leitung kann durch ein π-Glied nachgebildet werden, dessen Längsimpedanz $\underline{Z}_l = j \cdot 0{,}05$ ist und dessen Querimpedanzen je $\underline{Z}_q = -j \cdot 3{,}00$ sind. Die den Verbrauchern zur Verfügung gestellte Spannung soll unabhängig von der von diesen in Anspruch genommenen Leistung $U_2 = 1{,}00$ sein. Berechnen Sie für die beiden folgenden Belastungsfälle die über den Erregerstrom einzustellende Klemmenspannung des Generators und die von der Maschine an den Klemmen abgegebene Leistung.

a) Die Verbraucher nehmen eine Leistung von $\underline{S}_V = 5{,}00 + j4{,}00$ ab.

b) Nachts wird von den Verbrauchern praktisch keine Leistung abgenommen: $\underline{S}_V = 0$.

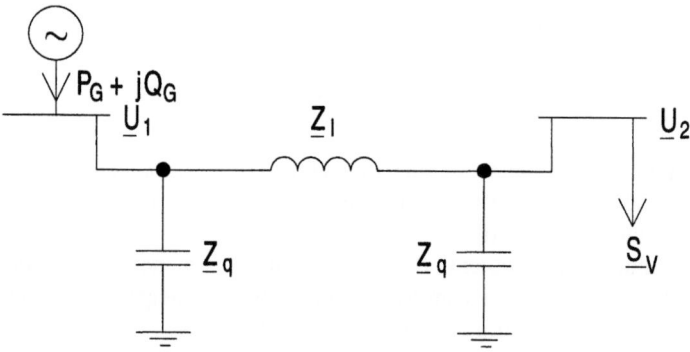

Bild 4.24 Energieübertragung

4.6 Berechnung des Betriebsverhaltens der Vollpolmaschine

Lösung: Mit der Verbraucherleistung $\underline{S}_V = \underline{U}_2 \cdot \underline{I}_2^*$ wird zunächst der Verbraucherstrom berechnet

$$\underline{I}_2 = \frac{\underline{S}_V^*}{\underline{U}_2^*}$$

Dieser bildet zusammen mit dem über das rechte Querglied der Leitungsnachbildung fließenden Strom

$$\underline{I}_{q2} = \frac{\underline{U}_2}{\underline{Z}_q}$$

den über die Längsimpedanz der Leitung fließenden Strom $\underline{I}_l = \underline{I}_2 + \underline{I}_{q2}$. Er ist die Ursache für einen Spannungsabfall $\Delta \underline{U} = \underline{I}_l \cdot \underline{Z}_l$ an der Längsimpedanz. Die Summe von Verbraucherspannung und Spannungsabfall stellt die Generatorklemmenspannung $\underline{U}_1 = \underline{U}_2 + \Delta \underline{U}$ dar. Mit ihrer Hilfe kann der über das linke Querglied der Leitungsnachbildung fließende Strom

$$\underline{I}_{q1} = \frac{\underline{U}_1}{\underline{Z}_q}$$

berechnet werden. Zusammen mit dem über die Längsimpedanz der Leitung fließenden Strom stellt er den Generatorstrom $\underline{I}_1 = \underline{I}_l + \underline{I}_{q1}$ dar, mit dessen Hilfe die vom Generator an den Klemmen abgegebene Leistung $\underline{S}_G = \underline{U}_1 \cdot \underline{I}_1^*$ berechnet werden kann. Die Polradspannung der Maschine unterscheidet sich von der Klemmenspannung durch den Spannungsabfall, den der Generatorstrom an der Synchronreaktanz macht: $\underline{U}_p = \underline{U}_1 + \underline{I}_1 \cdot jX_d$. Bei den Berechnungen wurde die Verbraucherspannung als Bezugsgröße mit dem Phasenwinkel 0° eingeführt: $\underline{U}_2 = 1,00 \cdot \angle 0^0$.

Zu a) $\underline{U}_1 = 1,21 \cdot \angle 12,0^0$, $\underline{S}_G = 4,99 + j5,12$, $\underline{U}_p = 2,10 \cdot \angle 32,7^0$. Der Spannungsabfall auf der Leitung ist beträchtlich. Das rührt daher, daß die von den Verbrauchern benötigte Blindleistung über die Leitung bezogen wird. Blindleistung sollte dort bereitgestellt werden, wo sie gebraucht wird. Hier wäre es im Hinblick auf die Spannungshaltung günstiger, die von den Verbrauchern benötigte Blindleistung durch eine Kondensatorbatterie oder eine im Phasenschieberbetrieb betriebene Synchronmaschine am Leitungsende einzuspeisen. Die vom Generator abgegebene Blindleistung ist größer als die von den Verbrauchern in Anspruch genommene. Die Differenz stellt die in der Leitung verbrauchte Blindleistung dar. In der induktiven Längsreaktanz der Leitung wird Blindleistung verbraucht, die kapazitiven Querreaktanzen geben Blindleistung ab. Insgesamt wird in der Leitung mehr Blindleistung verbraucht als erzeugt. Die vom Generator abgegebene Wirkleistung stimmt praktisch mit der von den Verbrauchern in Anspruch genommenen überein. Das muß so sein, da hier angenommen wurde, daß in der Leitung keine Wirkverlustleistung auftritt.

Zu b) $\underline{U}_1 = 0{,}983 \cdot \underline{/0^0}$, $\underline{S}_G = 0 - j0{,}650$, $\underline{U}_p = 0{,}864 \cdot \underline{/0^0}$. Bei Schwachlast muß die Klemmenspannung des Generators verringert werden. Wäre sie in ursprünglicher Größe (Fall a) aufrechterhalten worden, wäre es im Netz, insbesondere bei den Verbrauchern am Ende der Leitung, zu Überspannungen mit der Gefahr von elektrischen Durch- und Überschlägen gekommen. Wie stark der Erregerstrom zu verringern ist, ergibt sich besonders deutlich beim Vergleich der Polradspannungen für beide Lastfälle. Mit der Verringerung der Polradspannung wächst die Gefahr, daß der Generatorbetrieb unstabil wird. Wirkleistung gibt der Generator nicht ab, da von den Verbrauchern keine in Anspruch genommen wird und Wirkverlustleistung im Netz nicht auftritt. Die Blindleistung wird – das ergibt sich aus dem negativen Vorzeichen – nicht abgegeben, sondern aufgenommen. Es ist dies die Blindleistung, die in den kapazitiven Reaktanzen der Leitung erzeugt wird.

4.7. Die Schenkelpolmaschine

Wasserkraftgeneratoren sind Schenkelpolmaschinen. Die Theorie der Schenkelpolmaschine ist wegen der über dem Umfang des Rotors nicht konstanten Luftspaltbreite komplizierter als die der Vollpolmaschine, bei der die Luftspaltbreite konstant ist. Eine Ersatzschaltung gibt es für die Schenkelpolmaschine nicht. Analytische Beziehungen lassen sich aus dem Zeigerdiagramm der Maschine ableiten. Sie werden hier ohne Ableitung angegeben.

Im Zusammenhang mit der Vollpolmaschine wurde festgestellt, daß die Synchronreaktanz der Maschine durch die Größe des Luftspalts bestimmt wird: je größer der Luftspalt, desto kleiner die Synchronreaktanz der Maschine. Da bei der Schenkelpolmaschine die Luftspaltbreite sich über dem Rotorumfang ändert, ist die Synchronreaktanz der Maschine keine konstante Größe, sondern von der Stellung des Polrades abhängig. Zur näheren Betrachtung der Verhältnisse bei der Schenkelpolmaschine wollen wir von den einfacheren Verhältnissen bei der Vollpolmaschine ausgehen.

4.7.1 Die Synchronreaktanz der Vollpolmaschine

Bei der Vollpolmaschine kann die Synchronreaktanz beim Betrieb der Maschine am Netz konstanter Spannung und Frequenz ermittelt werden. Dazu wird die Maschine synchronisiert und ans Netz gelegt. Anschließend wird der Erregerstrom zu Null gemacht. Für die unerregte, leerlaufende Maschine – sie ist weder Generator noch Motor – stellt der Quotient von Netzspannung U (Leiter-Erd-Spannung) und Leiterstrom I die Synchronreaktanz X_d der Maschine dar Gl. (4.19).

$$X_d = \frac{U}{I}$$

4.7 Die Schenkelpolmaschine

Das wird offensichtlich, wenn man sich die Ersatzschaltung der Maschine (Bild 4.9) ins Gedächtnis zurückruft, in der bei unerregter Maschine die vom Erregerstrom abhängige Polradspannung U_p Null ist. Legt man an die Schaltung die Spannung U, dann fließt der Strom I. Der Quotient von Spannung und Strom stellt die Synchronreaktanz X_d der Maschine dar.

Die Synchronreaktanz der Maschine kann, zumindest in einem Gedankenexperiment, auch in einem einphasigen Stillstandsversuch ermittelt werden. Dazu ist an eine der drei Statorspulen eine Wechselspannung zu legen, die von Null an beginnend bis Nennspannung verstellt wird. Dividiert man die Nennspannung U durch den zugehörigen Strom I, so erhält man die Synchronreaktanz X_d der Maschine Gl. (4.19). Richtige Werte erhält man allerdings nur dann, wenn sichergestellt ist, daß bei diesem Stillstandsversuch der die Statorspule und damit auch den Rotor durchsetzende magnetische Wechselfluß nicht die Ursache von Stömen auf der Rotorseite wird. Denn, ähnlich wie beim Transformator, hätten Ströme auf der Rotorseite Zusatzströme auf der Statorseite und damit eine Verfälschung der Messung zur Folge. Sie wird ausgeschlossen, wenn bei der Messung die Erregerwicklung offen ist. Außerdem darf die Maschine keine Dämpferwicklung haben. Das ist eine Käfigwicklung, wie sie auch die Asynchronmaschine mit Käfig- oder Kurzschlußläufer hat. Die Dämpferwicklung hat die Aufgabe, bei Laständerungen, bei denen sich der Last- oder Polradwinkel in einem Übergangsvorgang ändert, auftretende Polradschwingungen zu dämpfen. Diese Dämpfung kommt dadurch zustande, daß bei der Schwingbewegung des Rotors gegenüber dem Drehfeld in den Käfigstäben Spannungen induziert werden, die Ströme zur Folge haben. Auf die stromdurchflossenen Käfigstäbe wirken nach der Lenz´schen Regel Kräfte, die ihrer Ursache, das ist die Pendelbewegung, entgegenwirken. Über eine Dämpferwicklung verfügen fast alle Synchronmaschinen. Mit diesem Dämpferkäfig kann die Maschine auch ohne Antriebsmaschine unerregt als Asynchronmaschine aus dem Stillstand bis zu einer Drehzahl hochlaufen, die knapp unterhalb der Drehfelddrehzahl liegt. Wird bei dieser Drehzahl der Erregerstrom von Null an beginnend vergrößert, fällt die Maschine von selbst in den Synchronismus, bei dem der Rotor genau mit Drehfelddrehzahl dreht. Dieser Selbstanlauf ist für den Motorbetrieb der Maschine von Bedeutung.

Die Umsetzung des Gedankenexperiments zur Ermittlung der Synchronreaktanz in einen wirklichen Versuch scheitert daran, daß der die Statorspule und damit auch den Rotor durchsetzende magnetische Wechselfluß nicht nur die Ursache von Strömen in dem in der Regel vorhandenen Dämpferkäfig, sondern auch im Rotoreisen ist.

4.7.2 Die Reaktanzen der Schenkelpolmaschine

Das zur Ermittlung der Synchronreaktanz der Vollpolmaschine gemachte Gedankenexperiment läßt sich auch mit der Schenkelpolmaschine machen. Dabei würde man wegen der unterschiedlichen Luftspaltbreite, anders als bei der Vollpolmaschine, je nach Stellung des Polrades jeweils eine andere Synchronreaktanz mes-

Messung der

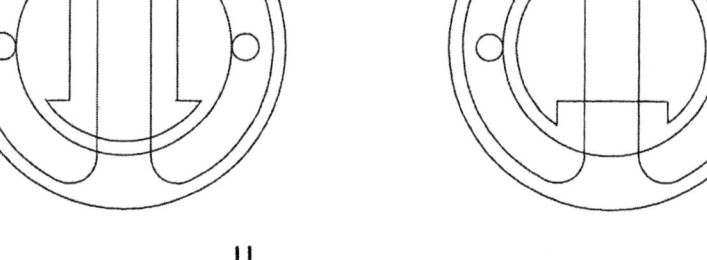

Bild 4.25 Messung der Längs- und Querreaktanz einer Schenkelpolmaschine

sen. Gemessen werden die Reaktanz, bei der Polradachse und magnetisches Wechselfeld die gleiche Richtung haben – es ist dies die Längsreaktanz X_d der Maschine – und die Reaktanz, bei der die Polradachse quer zum Magnetfeld liegt – es ist dies die Querreaktanz der Maschine (Bild 4.25). Die Längsreaktanz der Maschine erhält man, wenn man die an die Statorspule gelegte Spannung U durch den bei Längsstellung des Polrades gemessenen Spulenstrom I_d dividiert.

$$X_d = \frac{U}{I_d} \tag{4.20}$$

Die Querreaktanz der Maschine erhält man, wenn man die an die Statorspule gelegte Spannung U durch den bei Querstellung des Polrades gemessenen Spulenstrom I_q dividiert.

$$X_q = \frac{U}{I_q} \tag{4.21}$$

Da der bei Querstellung des Polrades fließende Strom größer als der bei Längsstellung des Polrades fließende Strom ist, ist die Querreaktanz der Maschine kleiner als die Längsreaktanz.

$$I_q > I_d \rightarrow X_q < X_d$$

4.7 Die Schenkelpolmaschine

Die Vorgehensweise bei der Messung der Reaktanzen ist aus den schon im Zusammenhang mit der Vollpolmaschine genannten Gründen eine etwas andere als im Gedankenexperiment.

4.7.3 Messung der Reaktanzen der Schenkelpolmaschine

Die Reaktanzen der Schenkelpolmaschine werden in ähnlicher Weise ermittelt wie die Synchronreaktanz der Vollpolmaschine. Die Maschine mit Schenkelpolläufer wird durch eine Antriebsmaschine, z.B. einen Gleichstrommotor, auf Nenndrehzahl gebracht, synchronisiert und ans Netz gelegt. Anschließend wird der Erregerstrom zu Null gemacht. Sorgt man nun durch Verstellen der Drehzahl der Antriebsmaschine dafür, daß der Rotor etwas schneller oder etwas langsamer als das Drehfeld der Maschine umläuft, dann ändert sich ständig die Lage der Polradachse gegenüber dem Drehfeld und damit der Statorstrom. Er hat, wenn Drehfeld und Polradachse zusammenfallen, seinen kleinsten Wert, und nimmt, wenn die Polradachse quer zum Drehfeld steht, seinen größten Wert an. Stellt man durch Messung neben der Netzspannung U den kleinsten Stromwert I_d bei Längsstellung des Polrades und den größten Stromwert I_q bei Querstellung des Polrades fest, dann kann man die Längsreaktanz als Quotient von Netzspannung und kleinstem Stromwert Gl. (4.20) und die Querreaktanz als Quotient von Netzspannung und größtem Stromwert Gl. (4.21) berechnen. Bei dem Versuch muß die Erregerwicklung offen sein. Damit bei Querstellung des Polrades zum Drehfeld der Statorstrom seinen Nennwert nicht überschreitet, sollte der Versuch, wenn nötig, mit einer gegenüber der Nennspannung der Maschine reduzierten Spannung gemacht werden.

Auch bei der Vollpolmaschine mißt man bei Querstellung des Polrades eine kleinere Reaktanz als in Längsstellung. Ursache hierfür sind die parallel zur Rotorachse verlaufenden Nuten an der Rotoroberfläche, in denen die Leiter der Erregerwicklung untergebracht sind. Sie bewirken eine Aufweitung des Luftspalts im Bereich der Rotorleiter, die etwa 2/3 des Rotorumfangs belegen. Aus diesem Grund wird auch für die Vollpolmaschine eine Querreaktanz X_q angegeben. Sie ist nur wenig kleiner als die Längsreaktanz X_d.

4.7.4 Wirkleistung und Blindleistung

Für die Wirkleistung P_G und die Blindleistung Q_G der Maschine im Generatorbetrieb gilt – das kann aus dem hier nicht besprochenen Zeigerdiagramm der Maschine abgeleitet werden –

$$P_G = \frac{U_p \cdot U}{X_d} \cdot \sin\delta + \frac{U^2}{2}(\frac{1}{X_q} - \frac{1}{X_d}) \cdot \sin 2\delta \qquad (4.22)$$

$$Q_G = \frac{U_p \cdot U \cdot \cos\delta - U^2}{X_d} - \frac{U^2}{2}(\frac{1}{X_q} - \frac{1}{X_d})(1 - \cos 2\delta) \qquad (4.23)$$

Ein Sonderfall liegt vor, wenn Querreaktanz und Längsreaktanz gleich sind.

$X_q = X_d$

Diese Bedingung gilt für die Vollpolmaschine. Es ergeben sich dann die für diese Bauform der Maschine im Zusammenhang mit der Berechnung des Betriebsverhaltens der Vollpolmaschine schon abgeleiteten Beziehungen für die Wirk- und Blindleistung Gl. (4.14/4.15).

$$P_G = \frac{U_p \cdot U}{X_d} \cdot \sin\delta$$

$$Q_G = \frac{U_p \cdot U \cdot \cos\delta - U^2}{X_d}$$

Der Ausdruck für die Wirkleistungsabgabe der Schenkelpolmaschine Gl. (4.22) läßt erkennen, daß die Stabilitätsgrenze der Synchronmaschine, abhängig von der Geometrie des Rotors und dem Grad der Erregung, bei einem Polradwinkel zwischen 45° und 90° elektrisch liegt. Bei einer unerregten Schenkelpolmaschine, $U_p = 0$, ist der Polradwinkel, bei dem die Stabilitätsgrenze erreicht ist, 45°, bei einer Vollpolmaschine 90°. Die Schenkelpolmaschine kann, anders als die Vollpolmaschine, auch unerregt, $U_p = 0$, an den Klemmen im Generatorbetrieb ($\delta > 0°$) Wirkleistung abgeben und im Motorbetrieb ($\delta < 0°$) Wirkleistung aufnehmen. Maschinen mit ausgeprägten Polen aber ohne Erregerwicklung, sogenannte Reluktanzmaschinen, werden als Motoren bis zu Leistungen von etwa $100 kW$ eingesetzt.

Beispiel 4.10: Ein Schenkelpolgenerator liegt am Netz konstanter Spannung und Frequenz. Seine Längsreaktanz ist $X_d = 1,00 pu$ und seine Querreaktanz $X_q = 0,600 pu$. Der Polrad- oder Lastwinkel ist $\delta = 30°$. Die Maschine ist so erregt, daß die Polradspannung so groß wie die Netzspannung ist: $U_p = U = 1,00 pu$. Wie groß sind Wirk- und Blindleistung, die der Generator ans Netz abgibt?

Lösung: Mit den Gl. (4.22) und (4.23) ergibt sich

$$P_G = \frac{1,00 \cdot 1,00}{1,00} \cdot \sin 30° + \frac{1,00^2}{2}\left(\frac{1}{0,600} - \frac{1}{1,00}\right) \cdot \sin 2 \cdot 30°$$

4.7 Die Schenkelpolmaschine

$$P_G = 0{,}500 + 0{,}289 = 0{,}789\,pu$$

$$Q_G = \frac{1{,}00 \cdot 1{,}00 \cdot \cos 30^0 - 1{,}00^2}{1{,}00}$$

$$-\frac{1{,}00^2}{2}\left(\frac{1}{0{,}600} - \frac{1}{1{,}00}\right) \cdot (1 - \cos 2 \cdot 30^0)$$

$$Q_G = -0{,}134 - 0{,}167 = -0{,}301\,pu$$

Der Generator würde demnach, wenn er beispielsweise eine $100MVA$ Maschine wäre, eine Wirkleistung von $0{,}789 \cdot 100MVA = 78{,}9MW$ und eine Blindleistung von $-0{,}301 \cdot 100MVA = -30{,}1M$ var ans Netz abgeben, d.h. eine Blindleistung von $30{,}1M$ var aus dem Netz aufnehmen. Die Maschine ist demnach untererregt. Als Vollpolmaschine, $X_d = X_q = 1{,}00\,pu$, würde der Generator eine geringere Wirkleistung, nämlich nur $0{,}500 \cdot 100MVA = 50{,}0MW$, abgeben und die abgegebene Blindleistung wäre $-0{,}134 \cdot 100MVA = -13{,}4M$ var, d.h., als Vollpolmaschine nähme der Generator $13{,}4M$ var Blindleistung aus dem Netz auf. Die nicht erregte Vollpolmaschine, $U_p = 0$, kann im Generatorbetrieb Wirkleistung nicht abgeben. Anders die Schenkelpolmaschine. Sie würde im unerregten Zustand bei dem angegebenen Polradwinkel eine Wirkleistung von $0{,}289 \cdot 100MVA = 28{,}9MW$ abgeben. Die abgegebene Blindleistung wäre $-1{,}17 \cdot 100MVA = -117M$ var, die Maschine würde folglich $117M$ var Blindleistung aus dem Netz aufnehmen. Sie wäre damit, was den Statorstrom anbelangt, überlastet.

Beispiel 4.11: Schenkelpol-Synchrongenerator am Netz konstanter Spannung und Frequenz. Maschinendaten: $21MVA$ $10kV$ $50Hz$ $250\,\text{min}^{-1}$ $X_d = 1{,}00\,pu$ $X_q = 0{,}700\,pu$

Berechnen Sie die Kennlinien, die die vom Generator abgegebene Wirkleistung in Abhängigkeit vom Polrad- oder Lastwinkel angeben, Parameter die Polradspannung. Die Polradspannung ist im Bereich Null bei unerregter Maschine bis zu doppelter Nennspannung zu variieren.

Lösung: Als Beispiel wird die vom Generator bei einem Polradwinkel von $\delta = 30^0$ und einer Polradspannung $U_p = 1{,}00\,pu$, die der Nennspannung entspricht, abgegebene Wirkleistung nach Gl. (4.22) berechnet.

$$P_G = \frac{1{,}00 \cdot 1{,}00}{1{,}00} \cdot \sin 30^0 + \frac{1{,}00^2}{2} \cdot \left(\frac{1}{0{,}700} - \frac{1}{1{,}00}\right) \cdot \sin 2 \cdot 30^0$$

$$P_G = 0{,}500 + 0{,}186 = 0{,}686\,pu \triangleq 0{,}686 \cdot 21MVA = 14{,}4MW$$

4.8 Der Kurzschluß

Bei einem Kurzschluß im Netz läßt sich anhand des zeitlichen Verlaufs des Kurzschlußstroms feststellen, ob ein Kraftwerk in der Nähe der Kurzschlußstelle liegt. Kraftwerksferne Kurzschlußströme zeichnen sich durch zeitlich konstante oder nahezu konstante Scheitelwerte aus. Bei Kurzschlüssen in der Nähe eines Kraftwerks nimmt der Scheitelwert des Kurzschlußstroms nach Kurzschlußeintritt mit der Zeit deutlich ab und erreicht schließlich einen stationären Endwert.

4.8.1 Verlauf des Kurzschlußstroms

Besonders deutlich ausgeprägt ist die Erscheinung des mit der Zeit abklingenden, einen stationären Endwert erreichenden Kurzschlußstroms, wenn der Kurzschluß direkt an den Klemmen des Kraftwerksgenerators, eines Synchrongenerators, auftritt (Bild 4.26).

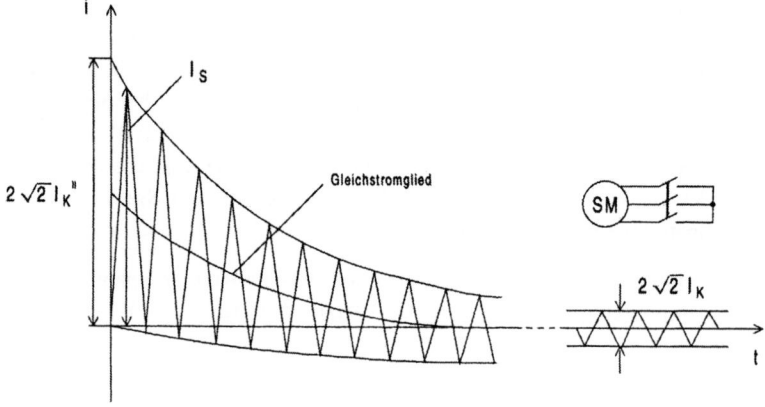

Bild 4.26 Kurzschlußstrom eines Synchrongenerators

Gefürchtet ist der zwar seltene, aber wegen der dabei auftretenden Beanspruchungen gefährliche dreipolige Kurzschluß. Daß die Maschine der dabei auftretenden starken elektrodynamischen Belastung gewachsen ist, muß der Hersteller durch einen Versuch nachweisen. Dazu wird der Generator, nachdem er durch einen Antrieb, z.B. einen Gleichstrommotor, auf Nenndrehzahl gebracht wurde, im Leerlauf auf Nennspannung erregt und dann dreipolig kurzgeschlossen. Der Anfangskurzschlußwechselstrom oder subtransiente Kurzschlußwechselstrom ist um etwa eine Größenordnung, d.h. den Faktor Zehn größer als der sich schließlich einstellen-

4.8 Der Kurzschluß

de Dauerkurzschlußstrom. Den subtransienten Kurzschlußwechselstrom erhält man, wenn man an die die zeitliche Abhängigkeit des Kurzschlußstroms beschreibende Kurve die durch die beidseitigen Scheitelwerte gehenden Einhüllenden zeichnet und bis zum Kurzschlußbeginn hin verlängert. Zu Kurzschlußbeginn haben die Hüllkurven einen Abstand voneinander, der dem doppelten Scheitelwert des subtransienten Kurzschlußwechselstroms entspricht: $2 \cdot \sqrt{2} \cdot I_K^{"}$. Angegeben wird der Effektivwert $I_K^{"}$ des subtransienten Kurzschlußwechselstroms. Er ist für die Auswahl der Leistungsschalter maßgebend, deren Aufgabe es ist, auftretende Kurzschlußströme abzuschalten. Mit vom Kurzschlußbeginn an fortschreitender Zeit wird der Abstand der Hüllkurven kleiner und erreicht schließlich einen Abstand, der dem doppelten Scheitelwert des Dauerkurzschlußstroms entspricht: $2 \cdot \sqrt{2} \cdot I_K$. Der Dauerkurzschlußstrom I_K ist maßgebend für die thermische Belastung der Maschine. Abhängig von dem Zeitaugenblick des Kurzschlußeintritts treten in den drei Zuleitungen zum Generator neben dem Kurzschlußwechselstrom unterschiedlich große Gleichstromglieder auf, die exponentiell mit der Zeit mit einer Zeitkonstanten abklingen, die durch die Induktivität und den ohmschen Widerstand der Kurzschlußbahn gegeben ist. Am größten ist das Gleichstromglied, wenn, wie im Zusammenhang mit dem Kurzschlußverhalten des Transformators bereits erläutert, der Kurzschluß im Spannungsnulldurchgang einer Phase auftritt. Bei Eintritt des Kurzschlusses im Spannungsmaximum tritt kein Gleichstromglied auf. Wir wollen den ungünstigsten Fall betrachten, bei dem der Kurzschluß im Augenblick des Spannungsnulldurchgangs auftritt (Bild 4.26). Das Gleichstromglied hat dann zu Beginn des Kurzschlusses die Größe der Amplitude des Anfangskurzschlußwechselstroms $\sqrt{2} \cdot I_K^{"}$ und der Kurzschlußstrom wächst von Null an beginnend bis zu einem Höchstwert, dem Stoßkurzschlußstrom an, der im äußersten Fall das doppelte des Scheitelwerts des subtransienten Kurzschlußwechselstroms beträgt:

$$I_S = 2 \cdot \sqrt{2} \cdot I_K^{"} \tag{4.24}$$

Der Stoßkurzschlußstrom ist für die Stärke der mechanischen Beanspruchung der Maschine durch Stromkräfte maßgebend.

4.8.2 Die Reaktanzen der Maschine

Im Kurzschlußfall tritt in der einphasigen Ersatzschaltung der Maschine (Bild 4.9) an die Stelle der synchronen Reaktanz X_d zunächst die viel kleinere subtransiente Reaktanz $X_d^{"}$. Sie wird mit Ablauf der Zeit durch die größere transiente Reaktanz $X_d^{'}$ abgelöst, die schließlich in die Synchronreaktanz X_d der Maschine übergeht. Gemessen werden die Reaktanzen dadurch, daß man die Maschine auf Nennspannung U erregt, dann dreipolig kurzschließt und den Verlauf des Kurzschlußstroms aufzeichnet. Der Quotient von eingestellter Leiter-Erd-Spannung und subtransientem Kurzschlußwechselstrom stellt die subtransiente Reaktanz dar, die um etwa eine Größenordnung, d.h. den Faktor 10 kleiner als die Synchronreaktanz ist.

$$X_d{''} = \frac{U}{I_K{''}} \approx 0{,}1\dots0{,}2\,pu$$

Der Quotient von eingestellter Leiter-Erd-Spannung und transientem Kurzschlußwechselstrom stellt die transiente Reaktanz dar, die ebenfalls um etwa eine Größenordnung kleiner als die Synchronreaktanz, aber größer als die subtransiente Reaktanz ist.

$$X_d{'} = \frac{U}{I_K{'}} \approx 0{,}2\dots0{,}4\,pu$$

Der Quotient von eingestellter Leiter-Erd-Spannung und Dauerkurzschlußstrom schließlich stellt die Synchronreaktanz dar.

$$X_d = \frac{U}{I_K} \approx 1\dots2{,}5\,pu$$

4.8.3 Die Lenz´sche Regel

Eine ins einzelne gehende Erklärung für das Kurzschlußverhalten der Maschine ist schwierig und nicht beabsichtigt. Das Kurzschlußverhalten der Maschine wird durch die Lenz´sche Regel bestimmt. Sie wurde von Heinrich Lenz (1804-1865) angegeben, der im damals zaristischen Dorpat in Estland geboren wurde, an der dortigen Universität zunächst Theologie, dann Physik studierte, an einer Weltumsegelung teilnahm und nach vorübergehender Tätigkeit an der Dorpater Universität Professor für Physik an der Universität in St. Petersburg wurde und zuletzt deren Rektor war. Er befaßte sich mit der Elektrizitätslehre. Nebenbei war er Lehrer mehrerer russischer Großfürsten und -fürstinnen.

Um wenigstens eine ungefähre Vorstellung von den Vorgängen in der Synchronmaschine bei einem Kurzschluß zu geben, wird eine Anordnung betrachtet, die aus einem Kurzschlußring und einem Dauermagneten besteht (Bild 4.27). Bewegt man den Dauermagneten mit einer bestimmten Geschwindigkeit v auf den Kurzschlußring zu, dann wird in dem Kurzschlußring eine Spannung induziert. Die Ursache für diese Spannung ist der sich zeitlich ändernde, vom Ring umfaßte magnetische Fluß.

$$u = \frac{d\Phi}{dt}$$

4.8 Der Kurzschluß

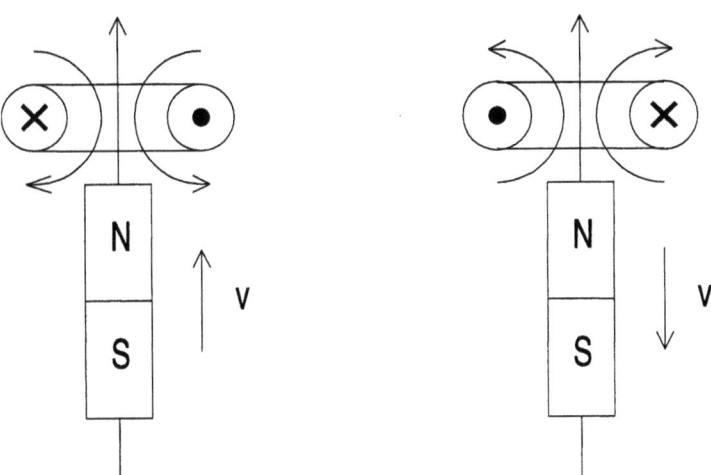

Bild 4.27 Lenz'sche Regel: Der Strom im Kurzschlußring sucht die Ursache seiner Entstehung – das ist die zeitliche Änderung des magnetischen Flusses – zu schwächen

Die Spannung hat einen sich im Ring ausbildenden Kurzschlußstrom zur Folge. Die Richtung des Kurzschlußstroms läßt sich nach der Lenz'schen Regel bestimmen.

Der vom Ring umfaßte magnetische Fluß wächst mit zunehmender Annäherung des Magneten. Der Kurzschlußstrom bildet sich so aus, daß er seiner Ursache, das ist die zeitliche Zunahme des Flusses, entgegenzuwirken sucht. Dazu muß der vom Strom herrührende Fluß im Ringinneren den Fluß des Magneten schwächen, d.h. diesem entgegengerichtet sein. Die dazugehörende Stromrichtung läßt sich beispielsweise nach der Rechtsschraubenregel bestimmen. Danach muß der Kurzschlußstrom auf der linken Seite des Rings von dem Betrachter wegfließen ($\times$) und auf der rechten Seite des Rings auf ihn zufließen ($\circ$). Anders ist es, wenn der Magnet aus dem Ringinnern mit der Geschwindigkeit v entfernt wird (Bild 4.27). Dann nimmt der Fluß im Ringinneren ab. Es wird eine Spannung induziert und als Folge davon fließt ein Kurzschlußstrom. Auch in diesem Fall bildet sich der Kurzschlußstrom so aus, daß er seiner Ursache, das ist die zeitliche Flußabnahme, entgegenzuwirken sucht. Dazu muß der Kurzschlußstrom so fließen, daß der von ihm herrührende magnetische Fluß im Ringinneren den vom Dauermagneten herrührenden Fluß zu stärken sucht. Das ist der Fall, wenn der Kurzschlußstrom auf der linken Ringseite auf den Betrachter zufließt ($\circ$) und auf der rechten Ringseite von ihm wegfließt ($\times$).

4.8.4 Die Zeitkonstanten der Maschine

Die Maschine hat drei Wicklungen (Bild 4.28).

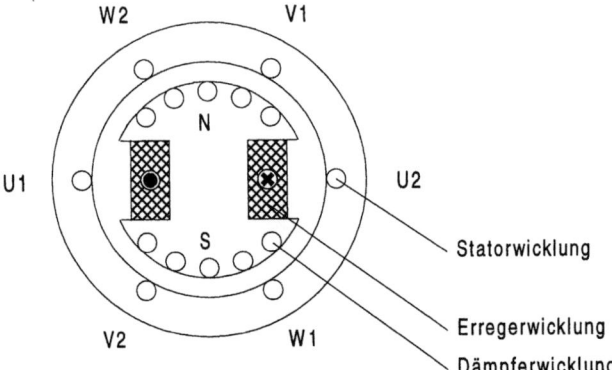

Bild 4.28 Die Wicklungen der Synchronmaschine

Die Statorwicklung, die aus drei Spulen besteht, die Erregerwicklung und die Dämpferwicklung, die ähnlich aufgebaut wie der Käfig einer Asynchronmaschine, die Aufgabe hat, bei Lastwinkeländerungen, bei denen sich der neue Polradwinkel in einem Übergangsvorgang einstellt, die Polradbewegung zu dämpfen, und bei Motorbetrieb der Maschine zusätzlich den Anlauf als Asynchronmaschine möglich macht. Unmittelbar nach Eintritt des Kurzschlusses sind alle Wicklungen am Kurzschlußvorgang beteiligt. In allen Wicklungen fließen auf Grund des Lenz'schen Gesetzes Ausgleichsströme, die bestrebt sind, den magnetischen Fluß, den die Wicklungen vor Eintritt des Kurzschlusses umfaßt haben, aufrecht zu erhalten. Da alle Wicklungen mit ohmschem Widerstand behaftet sind, klingen diese Ströme mit der Zeit exponentiell ab, wobei die im magnetischen Feld gespeicherte Energie in den Wicklungen in Stromwärme umgesetzt wird. In der Dämpferwicklung ist der Ausgleichsstrom am schnellsten abgeklungen. Die diesen Vorgang charakterisierende Zeitkonstante ist die subtransiente Zeitkonstante T_d'' mit einer Dauer von wenigen Perioden der Netzspannung: $T_d'' \approx 0{,}03...0{,}08s$. Wenn der Ausgleichsstrom in der Dämpferwicklung abgeklungen ist, geht der subtransiente in den transienten Kurzschlußwechselstrom über. Dieser dauert so lange an, bis der Ausgleichsstrom in der Erregerwicklung abgeklungen ist. Die dafür maßgebende Zeitkonstante ist die transiente Zeitkonstante T_d', die in der Größenordnung einer Sekunde liegt: $T_d' \approx 1...2{,}5s$. Nach Abklingen des Ausgleichsstroms in der Erregerwicklung geht der transiente Kurzschlußwechselstrom in den Dauerkurzschlußstrom über. Die Zeitkonstante des Gleichstromgliedes T_a ist die Zeitkonstante der Statorwicklung und beträgt Bruchteile einer Sekunde: $T_a \approx 0{,}1...0{,}4s$.

4.8.5 Kurzschlußberechnung

Behandelt wird hier, da er in der Regel die schwerste Belastung darstellt, der dreipolige Kurzschluß, also eine symmetrische Belastung der Maschine, bei der wir

4.8 Der Kurzschluß

mit der einphasigen Ersatzschaltung der Maschine arbeiten können. Von besonderem Interesse ist der im ersten Augenblick des Kurzschlusses auftretende subtransiente Kurzschlußwechselstrom. Zu seiner Berechnung ist in der bisher benutzten Ersatzschaltung (Bild 4.9) die Synchronreaktanz X_d der Maschine durch die subtransiente Reaktanz X_d'' zu ersetzen (Bild 4.29).

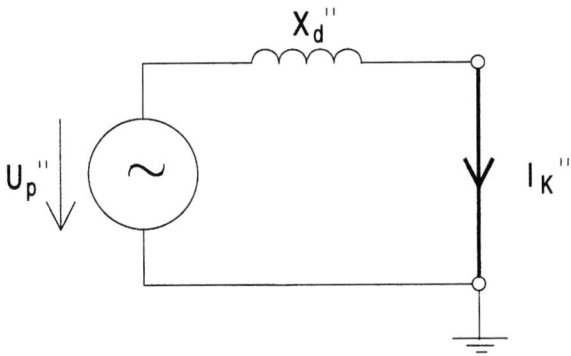

Bild 4.29 Einphasige Ersatzschaltung der Synchronmaschine zur Berechnung des 3poligen subtransienten Kurzschlußwechselstroms

Die im normalen ungestörten Betrieb der Maschine vor Eintritt des Kurzschlusses wirksame Polradspannung $\underline{U}_p$ ist nach Eintritt des Kurzschlusses durch die sogenannte Polradspannung hinter der subtransienten Reaktanz $\underline{U}_p''$ zu ersetzen. Die Polradspannung $\underline{U}_p''$ hinter der subtransienten Reaktanz ergibt sich als Summe der Klemmenspannung $\underline{U}$ der Maschine vor Eintritt des Kurzschlusses und des Spannungsabfalles $\underline{I} \cdot jX_d''$, den der Strom $\underline{I}$ der Maschine vor Eintritt des Fehlers an der subtransienten Reaktanz jX_d'' der Maschine macht.

$$\underline{U}_p'' = \underline{U} + \underline{I} \cdot jX_d'' \qquad (4.25)$$

Der subtransiente Kurzschlußwechselstrom der Maschine ist

$$\underline{I}_K'' = \frac{\underline{U}_p''}{jX_d''} \qquad (4.26)$$

In der Regel interessiert nur der Betrag des subtransienten Kurzschlußwechselstroms.

$$I_K'' = \frac{U_p''}{X_d''} \qquad (4.27)$$

Mit dem subtransienten Kurzschlußwechselstrom lassen sich der größtmögliche Stoßkurzschlußstrom Gl.(4.24) und der größtmögliche Augenblickswert des Gleichstromgliedes in Höhe des Scheitelwerts $\sqrt{2}\cdot I_K''$ des subtransienten Kurzschlußwechselstroms berechnen.

In gleicher Weise wie der subtransiente Kurzschlußwechselstrom werden auch der transiente Kurzschlußwechselstrom und der Dauerkurzschlußstrom der Maschine berechnet. Im Falle des transienten Kurzschlußwechselstroms treten in der Ersatzschaltung der Maschine (Bild 4.29) an die Stelle der subtransienten Reaktanz X_d'' die transiente Reaktanz X_d' und an die Stelle der Polradspannung U_p'' hinter der subtransienten Reaktanz die Polradspannung U_p' hinter der transienten Reaktanz.

$$\underline{U}_p' = \underline{U} + \underline{I} \cdot jX_d' \tag{4.28}$$

Im Falle des Dauerkurzschlußstroms treten in der Ersatzschaltung der Maschine (Bild 4.29) an die Stelle der subtransienten Reaktanz X_d'' die Synchronreaktanz X_d der Maschine und an die Stelle der Polradspannung U_p'' hinter der subtransienten Reaktanz die Polradspannung U_p hinter der Synchronreaktanz.

$$\underline{U}_p = \underline{U} + \underline{I} \cdot jX_d \tag{4.29}$$

Der transiente Kurzschlußwechselstrom ist

$$I_K' = \frac{U_p'}{X_d'} \tag{4.30}$$

und der Dauerkurzschlußstrom

$$I_K = \frac{U_p}{X_d} \tag{4.31}$$

Beispiel 4.12: An den Klemmen einer Vollpolmaschine, die als Generator an einem Netz konstanter Spannung und Frequenz arbeitet, tritt ein dreipoliger Kurzschluß auf. Berechnen Sie den subtransienten und den transienten Kurzschlußwechselstrom und den Dauerkurzschlußstrom des Generators. Wie groß sind der dazugehörende größtmögliche Stoßkurzschlußstrom und der größtmögliche Augenblickswert des Gleichstromgliedes?

Daten der Maschine: $100 MVA$ $10,0 kV$ $50 Hz$ $\cos\varphi = 0,800$ induktiv

$$X_d'' = 0,200 \quad X_d' = 0,400 \quad X_d = 2,00$$

4.8 Der Kurzschluß

Gehen Sie bei der Ermittelung der gesuchten Größen von zwei Lastfällen aus: Unmittelbar vor Kurzschlußeintritt a) hat die Maschine unter Nennbedingungen gearbeitet b) wurde die Maschine im Leerlauf betrieben.

Lösung: Der Einfachheit halber rechnen wir mit bezogenen Größen.
a) Die Polradspannung hinter der subtransienten Reaktanz ist Gl. (4.25)

$$\underline{U}_p'' = \underline{U} + \underline{I} \cdot jX_d''$$

die hinter der transienten Reaktanz Gl. (4.28)

$$\underline{U}_p' = \underline{U} + \underline{I} \cdot jX_d'$$

und die hinter der Synchronreaktanz Gl. (4.29)

$$\underline{U}_p = \underline{U} + \underline{I} \cdot jX_d$$

Unter Nennbedingungen ist der Strom $I = 1,00$. Zum Nennleistungsfaktor $\cos\varphi = 0,800$ gehört ein Phasenverschiebungswinkel von $\varphi = 36,9°$. Mit der Klemmenspannung $\underline{U} = 1,00 \cdot \underline{/0}$ vor Fehlereintritt als Bezugsgröße ist die Polradspannung hinter der subtransienten Reaktanz

$$\underline{U}_p'' = 1,00 \cdot \underline{/0°} + 1,00 \cdot \underline{/-36,9°} \cdot j0,200 = 1,13 \cdot \underline{/8,13°}$$

die Polradspannung U_p' hinter der transienten Reaktanz

$$\underline{U}_p' = 1,00 \cdot \underline{/0°} + 1,00 \cdot \underline{/-36,9°} \cdot j0,400 = 1,28 \cdot \underline{/14,5°}$$

und die Polradspannung hinter der Synchronreaktanz

$$\underline{U}_p = 1,00 \cdot \underline{/0°} + 1,00 \cdot \underline{/-36,9°} \cdot j2,00 = 2,72 \cdot \underline{/36,0°}$$

Mit dem Nennstrom der Maschine $\dfrac{100 MVA/3}{10,0 kV/\sqrt{3}} = 5,77 kA$, der der Bezugsstrom ist, ist der subtransiente Kurzschlußwechselstrom Gl. (4.27)

$$I_K'' = \frac{U_p''}{X_d''} = \frac{1,13}{0,200} = 5,65 \mathrel{\hat{=}} 5,65 \cdot 5,77 kA = 32,6 kA$$

der transiente Kurzschlußwechselstrom Gl. (4.30)

$$I_K' = \frac{U_p'}{X_d'} = \frac{1,28}{0,400} = 3,20 \triangleq 3,20 \cdot 5,77 kA = 18,5 kA$$

und der Dauerkurzschlußstrom Gl. (4.31)

$$I_K = \frac{U_p}{X_d} = \frac{2,72}{2,00} = 1,36 \triangleq 1,36 \cdot 5,77 kA = 7,85 kA$$

Der größtmögliche Stoßkurzschlußstrom Gl. (4.24) ist

$$I_S = 2 \cdot \sqrt{2} \cdot I_K'' = 2 \cdot \sqrt{2} \cdot 5,65 = 16,0 \triangleq 16,0 \cdot 5,77 kA = 92,3 kA$$

und der größtmögliche Augenblickswert des Gleichstromgliedes

$$\sqrt{2} \cdot I_K'' = \sqrt{2} \cdot 5,65 = 7,99 \triangleq 7,99 \cdot 5,77 kA = 46,1 kA$$

b) Wenn die Maschine vor Kurzschlußeintritt im Leerlauf ($I = 0$) betrieben wurde, sind die Polradspannungen hinter den Maschinenreaktanzen alle 1,00. Der subtransiente Kurzschlußwechselstrom Gl. (4.27) ist

$$I_K'' = \frac{U_p''}{X_d''} = \frac{1,00}{0,200} = 5,00 \triangleq 5,00 \cdot 5,77 kA = 28,9 kA$$

der transiente Kurzschlußwechselstrom Gl. (4.30) ist

$$I_K' = \frac{U_p'}{X_d'} = \frac{1,00}{0,400} = 2,50 \triangleq 2,50 \cdot 5,77 kA = 14,4 kA$$

und der Dauerkurzschlußstrom Gl. (4.31) ist

$$I_K = \frac{U_p}{X_d} = \frac{1,00}{2,00} = 0,500 \triangleq 0,500 \cdot 5,77 kA = 2,89 kA$$

Der größtmögliche Stoßkurzschlußstrom Gl. (4.24) ist

$$I_S = 2 \cdot \sqrt{2} \cdot I_K'' = 2 \cdot \sqrt{2} \cdot 5,00 = 14,1 \triangleq 14,1 \cdot 5,77 kA = 81,6 kA$$

und der größtmögliche Augenblickswert des Gleichstromgliedes

$$\sqrt{2} \cdot I_K'' = \sqrt{2} \cdot 5{,}00 = 7{,}07 \triangleq 7{,}07 \cdot 5{,}77 kA = 40{,}8 kA$$

4.9 Inselbetrieb

Der übliche Betrieb der Synchronmaschine ist der als Generator an einem Netz konstanter Spannung und Frequenz, bei dem der Generator zusammen mit vielen anderen Generatoren das Netz speist und Spannung und Frequenz des Netzes durch die Maschine nicht oder nur kaum merklich beeinflußt werden können. Der Inselbetrieb, bei dem ein Generator allein ein Netz speist und die Spannung, Spannungsbetrag und Frequenz, über den Erregerstrom und die Drehzahl beeinflußbar ist, ist vergleichsweise selten. Synchrongeneratoren, von einem Verbrennungsmotor angetrieben, werden zum Beispiel als Notstromaggregat eingesetzt, wenn infolge einer Störung das öffentliche Netz ausgefallen ist und wichtige Verbraucher weiter zu versorgen sind, und arbeiten dann im Inselbetrieb. Im Inselbetrieb, für den wir einen drehzahlstarren Antrieb annehmen wollen, ist die Klemmenspannung der Maschine nicht mehr konstant, sondern belastungsabhängig, es sei denn, sie wird spannungsgeregelt betrieben. In diesem Zusammenhang interessieren die Belastungskennlinien der Maschine, die angeben, in welcher Weise bei konstantem Erregerstrom die Klemmenspannung von der Belastung abhängt. Weiter interessieren im Hinblick auf einen spannungsgeregelten Betrieb der Maschine die Regulierkennlinien, die angeben, in welcher Weise in Abhängigkeit von der Belastung der Erregerstrom eingestellt werden muß, damit die Klemmenspannung konstant bleibt. Belastungs- und Regulierkennlinien können durch Versuch oder Rechnung ermittelt werden. Die Berechnung der Kennlinien wird mit Hilfe der Ersatzschaltung der Maschine vorgenommen (Bild 4.30).

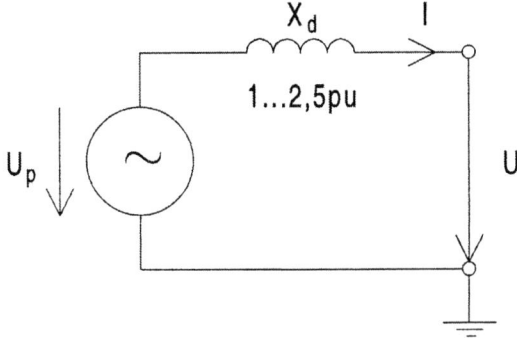

Bild 4.30 Einphasige Ersatzschaltung der Vollpolsynchronmaschine

4.9.1 Belastungskennlinien

Die Belastungskennlinien der Maschine geben an, in welcher Weise bei konstantem Erregerstrom I_E und damit konstanter Polradspannung U_p, die der Nennspannung der Maschine entspricht, die Klemmenspannung U von der Belastung, für die der Strom I bei konstantem Leistungsfaktor $\cos\varphi$ ein Maß ist, abhängt: $U = f(I)$ für $U_p = 1{,}00$, Parameter Leistungsfaktor $\cos\varphi$. Mit Hilfe der Ersatzschaltung kann das Zeigerdiagramm der Maschine gezeichnet werden (Bild 4.20). Besonders einfache Verhältnisse ergeben sich bei rein ohmscher, rein induktiver und rein kapazitiver Last (Bild 4.31).

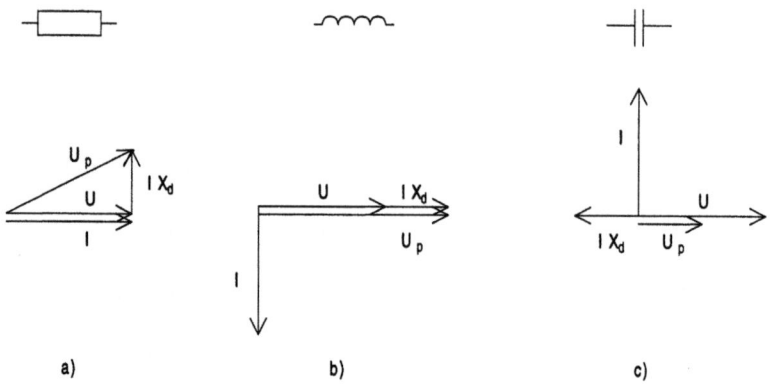

Bild 4.31 Zeigerdiagramm des Synchrongenerators bei a) rein ohmscher b) rein induktiver und c) rein kapazitiver Last

Aus den Zeigerdiagrammen für diese Sonderfälle, die das Verhalten der Maschine auch im allgemeinen Lastfall vorauszusagen erlauben, liest man für den Fall rein ohmscher Last (Bild 4.31a) ab

$$U = \sqrt{U_p^2 - (I \cdot X_d)^2} \qquad (4.32)$$

für den Fall rein induktiver Last (Bild 4.31b)

$$U = U_p - I \cdot X_d \qquad (4.33)$$

und für den Fall rein kapazitiver Last (Bild 4.31c)

$$U = U_p + I \cdot X_d \qquad (4.34)$$

4.9 Inselbetrieb

Beispiel 4.13: Ermitteln Sie für einen Vollpolsynchrongenerator mit einer Synchronreaktanz von $X_d = 2{,}00$ die Belastungskennlinien für rein ohmsche, rein induktive und rein kapazitive Last und stellen Sie sie in einem Diagramm dar.

Lösung: Die Belastungskennlinien des Generators (Bild 4.32) zeigen, daß die Klemmenspannung der Maschine stark von der Belastung abhängt. Im Leerlauf herrscht an den Klemmen der Maschine Nennspannung. Bei rein ohmscher und bei rein induktiver fällt mit zunehmender Belastung die Klemmenspannung stark ab. Bei halbem Nennstrom schließlich ist die Klemmenspannung Null, weil der Spannungsabfall an der Synchronreaktanz so groß wie die eingestellte Polradspannung ist. Bei rein kapazitiver Last wächst mit zunehmender Belastung die Klemmenspannung und erreicht bei halbem Nennstrom den Wert der doppelten Nennspannung der Maschine.

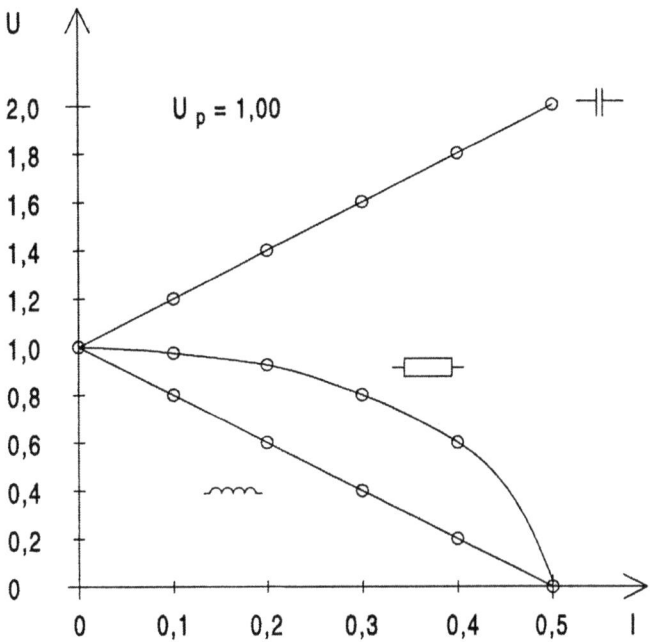

Bild 4.32 Belastungskennlinien eines Vollpolsynchrongenerators mit einer Synchronreaktanz von $X_d = 2{,}00$ für rein ohmsche, rein induktive und rein kapazitive Last.

Nicht nur für die angegebenen Sonderfälle, sondern auch für den allgemeinen Lastfall lassen sich die Belastungskennlinien berechnen. Denkt man sich bei der

Darstellung des Zeigerdiagramms (Bild 4.20) den Zeiger für die Klemmenspannung U als Bezugsgröße in die reelle Achse der Gauß'schen Zahlenebene gelegt, dann liest man für einen beliebigen Lastfall ab

$$U = \sqrt{U_p^2 - (\text{Im}\,\underline{I} \cdot jX_d)^2} - \text{Re}\,\underline{I} \cdot jX_d \qquad (4.35)$$

Beispiel 4.14: Berechnen Sie für den Synchrongenerator von Beispiel 4.13 für eine Belastung mit $I = 0{,}250$ und einem Leistungsfaktor von $\cos\varphi = 0{,}800$ induktiv die Klemmenspannung.

Lösung: Dem Leistungsfaktor von $\cos\varphi = 0{,}800$ induktiv entspricht ein Phasenverschiebungswinkel von $\varphi = 36{,}9^0$. Damit ergibt sich für den Spannungsabfall an der Synchronreaktanz

$$\underline{I} \cdot jX_d = 0{,}250 \cdot \underline{/-36{,}9^0} \cdot j \cdot 2{,}00 = 0{,}300 + j \cdot 0{,}400$$

Die Klemmenspannung des Generators Gl. (4.35) ist

$$U = \sqrt{1{,}00^2 - 0{,}400^2} - 0{,}300 = 0{,}617$$

Sie beträgt bei der angenommenen schwachen Belastung nur gut 60% der Nennspannung der Maschine.

Die Belastungskennlinien des Synchrongenerators (Bild 4.32) zeigen, daß wegen der starken Abhängigkeit der Klemmenspannung von der Belastung ein ungeregelter Betrieb der Maschine praktisch nicht in Frage kommt.

4.9.2 Regulierkennlinien

Im Hinblick auf einen spannungsgeregelten Betrieb der Maschine sind die Regulierkennlinien von Interesse, die angeben, in welcher Weise in Abhängigkeit von der Belastung, für die der Strom I bei konstantem Leistungsfaktor $\cos\varphi$ ein Maß ist, der Erregerstrom I_E bzw. die Polradspannung U_p eingestellt werden muß, damit die Klemmenspannung U konstant und so groß wie die Nennspannung ist: $U_p = f(I)$ für $U = 1{,}00$, Parameter Leistungsfaktor $\cos\varphi$. Polradspannung und Erregerstrom sind abhängig davon, ob man mit der gesättigten oder der ungesättigten Reaktanz der Maschine rechnet, durch die *Leerlaufkennlinie Näherung* oder die *Luftspaltgerade* linear miteinander verknüpft (Bild 4.14). Bezugsgröße für die Polradspannung ist die Nennspannung der Maschine, Bezugsgröße für den Erregerstrom ist der Erregerstrom, der auf Grund der jeweiligen Kennlinie – *Leerlaufkennlinie Näherung* oder *Luftspaltgerade* – der Nennspannung zugeordnet ist.

4.9 Inselbetrieb

Auch hier sind die Verhältnisse bei rein ohmscher, rein induktiver und rein kapazitiver Last besonders einfach (Bild 4.31). Aus den Zeigerdiagrammen für diese Sonderfälle liest man für die Polradspannung für den Fall rein ohmscher Last (Bild 4.31a) ab

$$U_p = \sqrt{U^2 + (I \cdot X_d)^2} \tag{4.36}$$

für den Fall rein induktiver Last (Bild 4.31b)

$$U_p = U + I \cdot X_d \tag{4.37}$$

und für den Fall rein kapazitiver Last (Bild 4.31c)

$$U_p = U - I \cdot X_d \tag{4.38}$$

Beispiel 4.15: Ermitteln Sie für einen Vollpolsynchrongenerator mit einer Synchronreaktanz von $X_d = 2{,}00$ die Regulierkennlinien für rein ohmsche, rein induktive und rein kapazitive Last und stellen Sie sie in einem Diagramm dar.

Lösung:

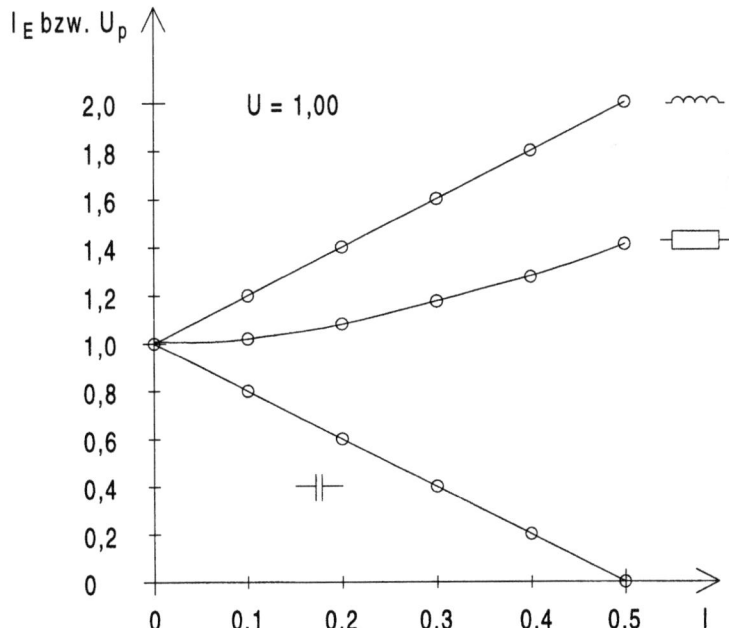

Bild 4.33 Regulierkennlinien eines Vollpolsynchrongenerators mit einer Synchronreaktanz von $X_d = 2{,}00$ für rein ohmsche, rein induktive und rein kapazitive Last.

Die Regulierkennlinien zeigen, daß man, wenn man eine konstante, der Nennspannung entsprechende Klemmenspannung haben will, bei rein ohmscher und rein induktiver Last mit zunehmender Belastung den Erregerstrom bzw. die Polradspannung vergrößern, bei rein kapazitiver Last den Erregerstrom bzw. die Polradspannung verringern muß. Bei rein kapazitiver Last läßt sich die Klemmenspannung nur bis zu einer Belastung mit halbem Nennstrom konstant halten.

Für einen beliebigen Lastfall ergibt sich aus Gl. 4.35 für die Polradspannung

$$U_p = \sqrt{(U + \operatorname{Re}\underline{I} \cdot X_d)^2 + (\operatorname{Im}\underline{I} \cdot j \cdot X_d)^2} \qquad (4.39)$$

Damit können die Regulierkennlinien nicht nur für Sonderfälle, sondern auch im allgemeinen Lastfall berechnet werden.

Beispiel 4.16: Berechnen Sie für den Synchrongenerator von Beispiel 4.15 für eine Belastung mit $I = 0{,}25$ und einem Leistungsfaktor von $\cos\varphi = 0{,}800$ induktiv die Polradspannung, die eingestellt werden muß, wenn die Klemmenspannung der Nennspannung der Maschine $U = 1{,}00$ entsprechen soll.

Lösung: Im Beispiel 4.14 hatten wir gefunden

$$\underline{I} \cdot jX_d = 0{,}250 \cdot \underline{/-36{,}9^0} \cdot j \cdot 2{,}00 = 0{,}300 + j \cdot 0{,}400$$

Das eingesetzt in Gl. (4.39) ergibt

$$U_p = \sqrt{(1{,}00 + 0{,}300)^2 + 0{,}400^2} = 1{,}36$$

Es muß also, wenn bei der angegebenen Belastung an den Klemmen der Maschine Nennspannung herrschen soll, eine Polradspannung eingestellt werden, die um 36% über der Nennspannung liegt.

Die Regulierkennlinien der Maschine gelten nicht nur für den Inselbetrieb der Maschine, sondern auch für den Betrieb am Netz konstanter Spannung und Frequenz und geben dort an, in welcher Weise abhängig vom Belastungsstrom I der Erregerstrom I_E bzw. die zugehörige Polradspannung U_p eingestellt werden muß, wenn die Maschine mit einem bestimmten Leistungsfaktor $\cos\varphi$ betrieben werden soll.

5 Einphasenwechselstrommotoren

Motoren kleiner Leistung, sogenannte Kleinmotoren mit einer Leistung von weniger als etwa 1kW, werden häufig für den Betrieb mit Einphasenwechselspannung gebaut. Ihre prinzipielle Wirkungsweise ist je nach Maschinenart die einer Gleichstrom-, einer Asynchron- oder einer Synchronmaschine. Der Wirkungsgrad ist im Vergleich zu dem der bislang betrachteten Maschinen in der Regel gering. In Anbetracht der kleinen Leistung und in Anbetracht dessen, daß der Motor möglichst billig sein soll, nimmt man im allgemeinen einen schlechten Wirkungsgrad in Kauf.

5.1 Universalmotor

Will man einen Gleichstrommotor auch mit Einphasenwechselspannung betreiben, dann kommt dafür nur der Reihenschlußmotor in Frage. Das Drehmoment einer Gleichstrommaschine ist durch das Produkt einer Maschinenkonstanten, des Erregerflusses und des Ankerkreisstromes gegeben. Im Fall des Betriebes mit Gleichspannung sind Erregerfluß und Ankerstrom und infolgedessen auch das Drehmoment zeitunabhängige, konstante Gleichgrößen.

$$M = k_m \cdot \Phi \cdot I_A \tag{5.1}$$

Anders sind die Verhältnisse beim Betrieb mit Wechselspannung. Hier sind Erregerfluß und Ankerkreisstrom sich periodisch mit der Zeit ändernde Wechselgrößen. Infolgedessen ist auch das Drehmoment eine zeitabhängige Größe. Man erhält den Wert des Drehmoments für einen bestimmten Zeitaugenblick, wenn man für diesen Zeitaugenblick das Produkt der Maschinenkonstanten und der Augenblickswerte von Erregerfluß und Ankerkreisstrom bildet.

$$m = k_m \cdot \varphi \cdot i_A \tag{5.2}$$

Für den Betrieb von Interesse ist nicht so sehr der Augenblickswert, als vielmehr der Mittelwert des Drehmoments. Bei einer Phasenverschiebung von 90° zwischen dem Erregerfluß und dem Ankerkreisstrom entsteht ein zwischen Null und einem

Höchstwert in der einen und einem gleich großen Höchstwert in der anderen Richtung periodisch mit der Zeit schwankendes Pendelmoment, das mal in der einen Richtung, mal in der anderen Richtung wirkt und dessen Mittelwert Null ist (Bild 5.1). Das sind angenähert die Verhältnisse bei einem mit Einphasenwechselspannung betriebenen Gleichstromnebenschlußmotor, bei dem der Erregerstrom und damit der Erregerfluß wegen der großen Induktivität der Nebenschlußerregerwicklung mit ihren vielen Windungen dünnen Drahtes der Netzspannung wesentlich stärker nacheilt als der Ankerkreisstrom. Die sich dadurch ergebende große Phasenverschiebung zwischen Erregerfluß und Ankerkreisstrom bewirkt, daß der Gleichstromnebenschlußmotor beim Betrieb mit Einphasenwechselspannung bei einem bestimmten Ankerkreisstrom und einem bestimmten Erregerfluß ein vergleichsweise nur geringes Drehmoment entwickelt. Wesentlich günstiger sind die Verhältnisse beim Betrieb eines Gleichstromreihenschlußmotors mit Einphasenwechselspannung. Hier ist infolge der Reihenschaltung von Anker- und Erregerwicklung der Ankerwicklungsstrom gleichzeitig auch der Erregerstrom und damit sind Anker- und Erregerstrom und damit auch der Erregerfluß phasengleich (Bild 5.2). Das Drehmoment, daß der Motor in diesem Fall entwickelt, ist zwar zeitlich ebenfalls nicht konstant. Es schwankt periodisch zwischen dem Wert Null und einem Maximalwert. Aber es hat stets die gleiche Richtung. Das mittlere Drehmoment, das die Gleichstrommaschine, unabhängig davon, ob mit Neben- oder Reihenschlußerregerwicklung, beim Betrieb mit Einphasenwechselspannung entwickelt, ist durch das Produkt einer Maschinenkonstanten, des Effektivwerts des Erregerflusses, des Effektivwerts des Ankerstroms und des Kosinus des Phasenverschiebungswinkels zwischen Erregerfluß und Ankerstrom gegeben.

$$M = k_m \cdot \Phi \cdot I_A \cdot \cos\varphi \tag{5.3}$$

Der Phasenverschiebungswinkel ist beim Nebenschlußmotor relativ groß und damit das mittlere Drehmoment klein. Beim Reihenschlußmotor dagegen ist der

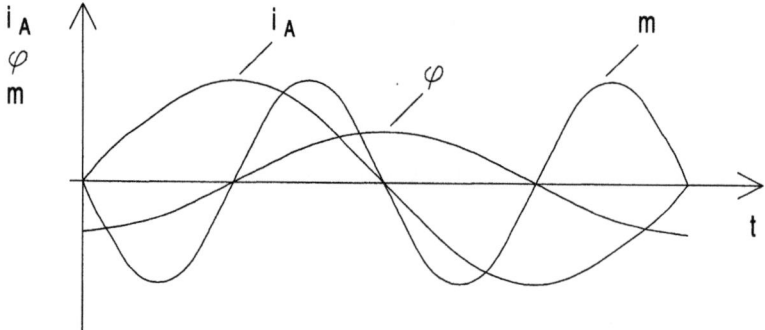

Bild 5.1 Zeitlicher Verlauf des Drehmoments m bei einem Nebenschlußmotor, für den der Extremfall angenommen wurde, daß Ankerkreisstrom i_A und Erregerfluß φ um eine viertel Periode oder 90° gegeneinander in der Phase verschoben sind.

5.2 Asynchronmotor

Phasenverschiebungswinkel durch die Reihenschaltung von Anker- und Erregerwicklung Null. Deswegen werden Gleichstrommaschinen mit Einphasenwechselspannung nur als Reihenschlußmaschinen betrieben.

Der Stator des Gleichstomreihenschlußmotors, der mit Einphasenwechselspannung betrieben werden soll, muß, da er von einem Wechselfluß durchsetzt wird, zur Minderung der Wirbelstromverlustleistung aus voneinander isolierten Blechen aufgebaut werden. Der so konstruierte Motor wird wegen seiner Eignung sowohl für den Betrieb mit Einphasenwechselspannung als auch für den Betrieb mit Gleichspannung Universalmotor genannt. Das Verhalten des Universalmotors beim Betrieb mit Wechselspannung entspricht praktisch dem des mit Gleichspannung betriebenen Gleichstromreihenschlußmotors. Die Drehzahl ist stark von der Belastung abhängig. Mit zunehmender Belastung fällt die Drehzahl merklich ab, mit zunehmender Entlastung nimmt sie deutlich zu. Die Gefahr, daß die Drehzahl dabei unzulässig hoch wird, besteht nicht, da Lager- und Luftreibung die Drehzahl in der Regel auf zulässige Werte begrenzen. Eingesetzt wird der Universalmotor z.B. zum Antrieb von Staubsaugern, Mixern, Kaffeemühlen, Handwerkzeugen, wie Bohrern und Schleifmaschinen, sowie Rasenmähern.

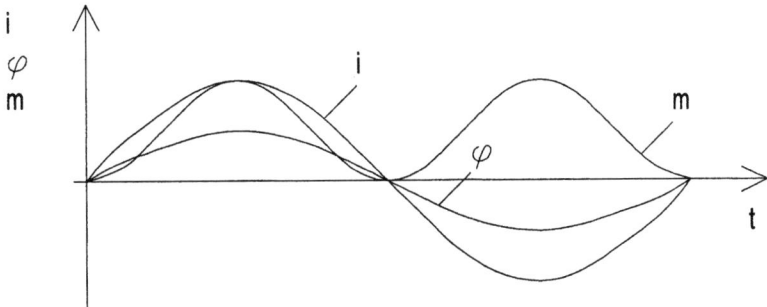

Bild 5.2 Drehmomentbildung beim Reihenschlußmotor: Zeitliche Verläufe von Motorstrom i, Erregerfluß φ und Drehmoment m

5.2 Asynchronmotor

Asynchronmotoren werden nicht nur dreiphasig, sondern auch einphasig gebaut. Der Einphasenmotor hat im Stator 1 Leiterschleife oder Spule (Bild 5.3). Der Rotor ist ein Kurzschlußläufer. Es wird angenommen, daß der Wirkwiderstand der Statorspule vernachlässigbar klein ist. Wenn die Spule an der sinusförmig von der Zeit abhängigen Spannung u eines Netzes liegt, muß zur Wahrung des Spannungsgleichgewichts in der Schleife durch Induktion eine ebenfalls sinusförmige, gleich große Gegenurspannung u_q entstehen (Bild 5.4).

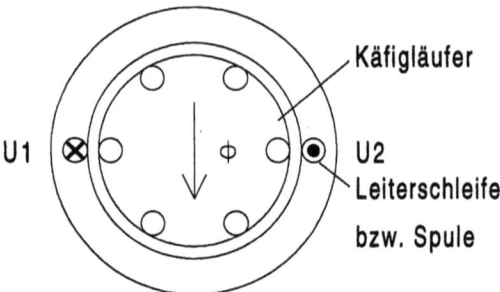

Bild 5.3 Einphasenasynchronmotor

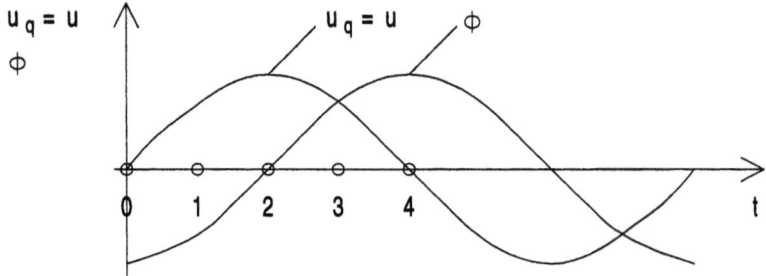

Bild 5.4 Widerstandslose Statorspule: Der Netzspannung u hält eine Gegenurspannung u_q das Gleichgewicht, die dadurch entsteht, daß sich in der Spule ein magnetischer Wechselfluß Φ ausbildet.

Dazu bildet sich in der Schleife ein sinusförmig von der Zeit abhängender magnetischer Fluß Φ aus, der der Gegenurspannung um 90° nacheilt. Das magnetische Feld ist ein Wechselfeld. Während beim Drehfeld die Richtung des Feldes sich ständig ändert, bleibt sie beim Wechselfeld unverändert. Das Drehfeld kann symbolisch durch einen mit konstanter Winkelgeschwindigkeit rotierenden Pfeil konstanter Länge dargestellt werden. In entsprechender Weise läßt sich das Wechselfeld durch einen stillstehenden pulsierenden Pfeil darstellen, einen Pfeil, dessen Länge und Richtungssinn sich periodisch ändern (Bild 5.5).

Aus dieser Darstellungsweise ergibt sich in anschaulicher Weise, daß ein Wechselfeld in zwei gleich große gegenläufige Drehfelder zerlegt werden kann. Die Drehfelder laufen mit einer Winkelgeschwindigkeit ω, die der Kreisfrequenz $\omega = 2 \cdot \pi \cdot f$ des Wechselfeldes entspricht, um. Ihre Amplitude ist halb so groß wie die des Wechselfeldes. Wäre nur das im Uhrzeigersinn rotierende Drehfeld da, liefe der Rotor im Uhrzeigersinn. Tatsächlich existieren beide Drehfelder. Beiden Drehfeldern ist eine Drehmoment-Drehzahl-Kennlinie zugeordnet (Bild 5.6). Das Verhalten der Maschine wird durch eine Kennlinie bestimmt, die durch Überlagerung

5.2 Asynchronmotor

Zeitaugenblick (siehe Bild 5.4)	Wechselfeld	gegenläufige Drehfelder
0	↑	I ⇈ II
1	↑	I ↖ ↗ II
2	○	I ← → II
3	↓	I ↙ ↘ II
4	↓	I ⇊ II

Bild 5.5 Ein Wechselfeld läßt sich in zwei gegenläufige Drehfelder zerlegen

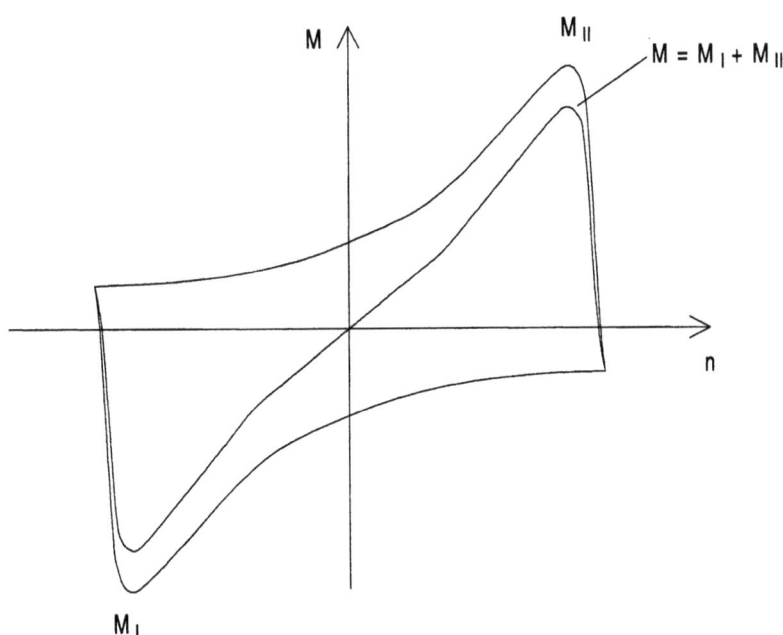

Bild 5.6 Das Drehmoment M des Anwurfmotors ergibt sich als Summe von zwei Teildrehmomenten M_I und M_{II}, die von gegenläufigen Drehfeldern herrühren. Das Anlaufmoment ist Null. Der Motor kann allein nicht anlaufen. Er muß angestoßen werden und läuft dann in der Richtung weiter, in der er angestoßen wurde.

der Einzelkennlinien entsteht. Dabei ergibt sich, daß das Anlaufmoment des Motors Null ist. Der Motor kann allein nicht anlaufen. Er muß angestoßen werden und läuft dann in der Richtung weiter, in der er angestoßen wurde. Man nennt einen solchen Motor einen Anwurfmotor.

Der Anwurfmotor hat keine große praktische Bedeutung. Man braucht einen Motor, der selbstständig anläuft. Dazu rüstet man den Stator mit einer zusätzlichen Wicklung aus, einer Anlauf- oder Hilfswicklung. Haupt- und Hilfswicklung sind räumlich um 90° gegeneinander verdreht (Bild 5.7). Sie werden von Strömen durchflossen, die um 90° gegeneinander in der Phase verschoben sind. Jeder der Ströme ist mit einem Wechselfeld verknüpft. Die Wechselfelder sind räumlich um 90° gegeneinander verdreht und zeitlich um 90° gegeneinander in der Phase verschoben. Sie überlagern sich zu einem Gesamtfeld (Bild 5.8). Das Gesamtfeld ist ein Drehfeld. Haupt- und Hilfswicklung werden in Parallelschaltung ans Netz angeschlossen.

Die gewünschte Phasenverschiebung von 90° zwischen den Wicklungsströmen und damit den Feldern kann man dadurch zu erreichen versuchen, daß man in Reihe mit der Hilfswicklung einen ohmschen Widerstand schaltet, so daß der Hilfswicklungszweig vorwiegend ohmschen und der Hauptwicklungszweig vorwiegend induktiven Widerstand hat. Man kann aber auch von vornherein dafür sorgen, daß die Hauptwicklung bei kleinem ohmschen Widerstand eine große induktive Reaktanz und die Hilfswicklung bei großem ohmschen Widerstand eine kleine induktive Reaktanz bekommt. Da die Hilfswicklung nur für den Anlauf gebraucht wird, kann sie nach dem Hochlauf des Motors abgeschaltet werden, z.B. durch einen Zentrifugalschalter. Auf diese Weise kann die beim Betrieb der Maschine in der Hilfswicklung auftretende Verlustleistung und die durch diese bedingte Erwärmung der Maschine vermieden werden. Auf der anderen Seite verteuert der Schalter den Antrieb und macht ihn störanfälliger. Üblich sind beide Ausführungen des Antriebs, die mit und die ohne Schalter. Der beschriebene Motor ist ein Einphasenmotor mit Widerstandshilfsphase (Bild 5.9). Da bei ihm die gewünschte Phasenverschiebung zwischen dem Strom der Haupt- und Hilfswicklung von 90° nicht annähernd erreicht wird, ist sein Anlaufmoment gering.

In dieser Hinsicht günstiger sind die Verhältnisse beim Kondensatormotor. Bei ihm wird die Phasenverschiebung zwischen den Wicklungsströmen und damit den Feldern mit einem Kondensator erreicht, der mit der Hilfswicklung in Reihe geschaltet wird (Bild 5.10).

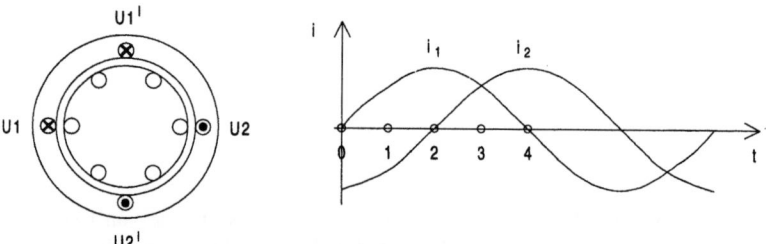

Bild 5.7 Einphasenmotor mit Hauptwicklung U1U2, die vom Strom i_1 durchflossen wird, und Hilfswicklung U1'U2', die vom Strom i_2 durchflossen wird.

5.2 Asynchronmotor

Zeitaugenblick (siehe Bild 5.7)	Wechselfeld Hauptwicklung	Wechselfeld Hilfswicklung	resultierendes Drehfeld
0	•	→	→
1	↓	→	↘
2	↓	•	↓
3	↓	←	↙
4	•	←	←

Bild 5.8 Zwei zeitlich gegeneinander in der Phase um 90° verschobene und räumlich gegeneinander um 90° verdrehte Wechselfelder überlagern sich zu einem Drehfeld.

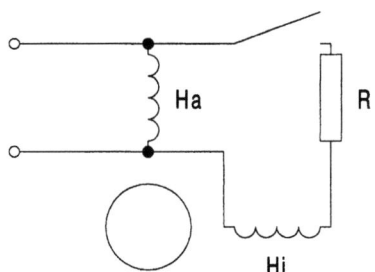

Bild 5.9 Einphasenmotor mit Widerstandshilfsphase.

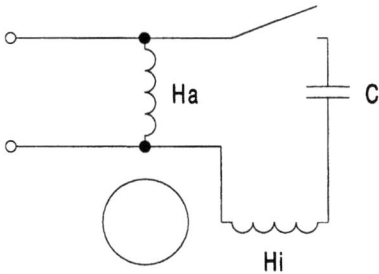

Bild 5.10 Einphasenmotor mit Kondensatorhilfsphase (Kondensatormotor)

Mit ihm sind ein Phasenverschiebungswinkel von 90° und damit ein höheres Anlaufmoment als beim Motor mit Widerstandshilfsphase möglich. Wegen des Kondensators ist der Kondensatormotor teurer als der Motor mit Widerstandshilfsphase. Auch beim Kondensatormotor kann die Hilfswicklung lediglich während des Anlaufs eingeschaltet sein. Sie kann aber auch während des Betriebes eingeschaltet bleiben. Dann trägt der Kondensator gleichzeitig zur Verbesserung des Leistungsfaktors der Maschine bei.

Beim Spaltpolmotor dreht sich der Rotor zwischen den Polen eines Wechselstrommagneten, dessen Pole gespalten sind, wobei um jeweils eine Polhälfte ein in sich geschlossener stromleitender Ring, ein Kurzschlußring, gelegt ist (Bild 5.11). Der von der an Wechselspannung liegenden Erregerwicklung des Motors ausgehende magnetische Fluß teilt sich auf die Polhälften auf. Die beiden Teilflüsse sind räumlich gegeneinander verdreht. Damit ist eine der Bedingungen für die Entstehung eines Drehfeldes erfüllt, wenn auch nur in unvollkommener Weise, weil der Winkel zwischen den Feldern nicht 90°, sondern kleiner ist. Die Voraussetzung für die Erfüllung der zusätzlichen Bedingung, daß die Teilflüsse zeitlich gegeneinander in der Phase verschoben sind, wird durch Anbringen der Kurzschlußringe erfüllt. Der Strom im Kurzschlußring ist nach der Lenz´schen Regel immer so gerichtet, daß er seiner Ursache, d.i. die zeitliche Änderung des ihn durchsetzenden magnetischen Flusses, entgegenzuwirken sucht. Nimmt der Erregerfluß und damit der Fluß neben dem Kurzschlußring zu, so fließt im Kurzschlußring ein Strom, der einer Flußzunahme im Kurzschlußring entgegenzuwirken sucht, indem er den vom Kurzschlußring umfaßten Fluß schwächt (Bild 5.12, Zeitintervalle 1 und 4). Nimmt der Erregerfluß und damit der Fluß neben dem Kurzschlußring ab, so bildet sich im Kurzschlußring ein Strom aus, der der Abnahme des vom Kurzschlußring umfaßten Fluß entgegenzuwirken sucht, indem er ihn stärkt (Bild 5.12, Zeitintervalle 2 und 3). Auf diese Weise ergibt sich, daß der Fluß im Kurzschlußring dem Fluß neben dem

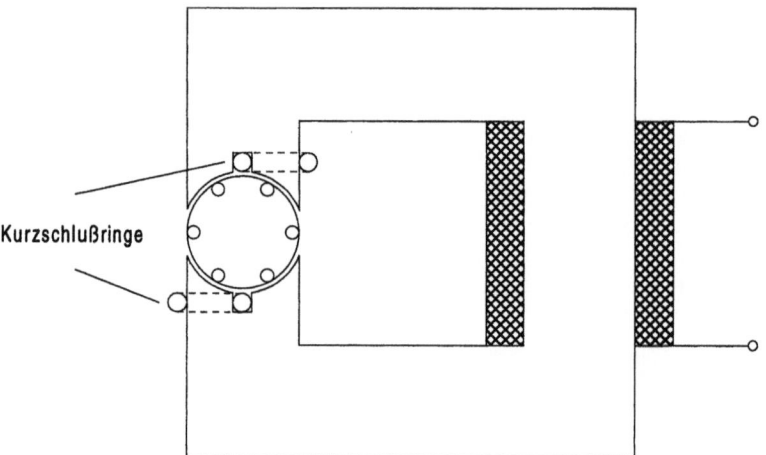

Bild 5.11 Spaltpolmotor

5.3 Synchronmotor

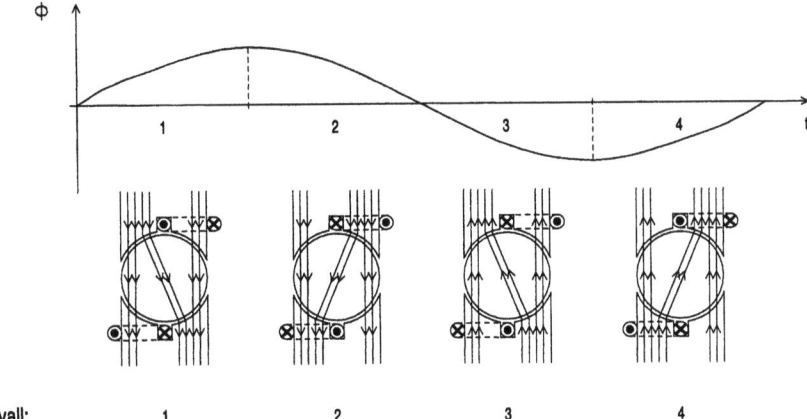

Bild 5.12 Entstehung des Drehfeldes bei einem Spaltpolmotor. Der sich im Kurzschlußring ausbildende Strom ist immer so gerichtet, daß er seiner Ursache, das ist die zeitliche Änderung des Erregerflusses Φ, entgegenzuwirken sucht.

Kurzschlußring mit einer zeitlichen Verzögerung folgt. Demnach besteht eine zeitliche Phasenverschiebung zwischen den Teilflüssen. Das sich ausbildende Feld ist ein Drehfeld.

5.3 Synchronmotor

Wenn bei den besprochenen Ausführungen des Einphasenasynchronmotors der Kurzschlußläufer gegen einen Läufer mit ausgeprägten Polen ausgetauscht wird, wie er von der Dreiphasensynchronmaschine her bekannt ist (Bild 5.13), entsteht aus dem Asynchronmotor ein Synchronmotor, dessen Drehzahl konstant und allein durch die Frequenz der Speisespannung und die Polpaarzahl der Maschine gegeben ist Gl. (4.2). Eine Erregerwicklung ist nicht erforderlich, da, wie wir gesehen haben, auch die unerregte Maschine im Generatorbetrieb Wirkleistung abgeben kann und im Motorbetrieb Wirkleistung aufnehmen und damit an der Welle mechanische Leistung abgeben kann Gl. (4.22). Die Maschine mit einem Polrad mit ausgeprägten Polen, aber ohne Erregerwicklung wird Reluktanzmaschine genannt. Bei ihr nimmt der Rotor eine Stellung ein, bei der der magnetische Fluß einen möglichst kleinen Widerstand vorfindet. Damit die Maschine von alleine anlaufen kann, werden über den Rotorumfang verteilt axial ausgerichtete Leiter in Nuten untergebracht, deren Enden auf der vorderen und hinteren Stirnseite durch Kurzschlußringe miteinander verbunden werden. Auf diese Weise entsteht die von der Asynchronmaschine her bekannte Käfig- oder Kurzschlußwicklung. Mit dieser Wicklung läuft die Maschine, ans Netz gelegt, als Asynchronmotor bis in die Nähe der Drehfelddrehzahl hoch und wird dann in den Synchronismus gezogen, d.h., sie nimmt dann die Drehfelddrehzahl an und arbeitet als Synchronmaschine mit starrer Drehfelddrehzahl. Wird die Maschine dabei überlastet und ihr eine Leistung abverlangt, die größer als ihre Kippleistung ist, so geht der Synchronismus verloren und die Maschine geht wieder in den asynchronen Betrieb über und arbeitet als Asynchronmaschine. Reluktanzmaschinen werden einphasig bis zu einer Leistung von etwa 1kW, dreiphasig bis zu einer Leistung von etwa 100kW gebaut.

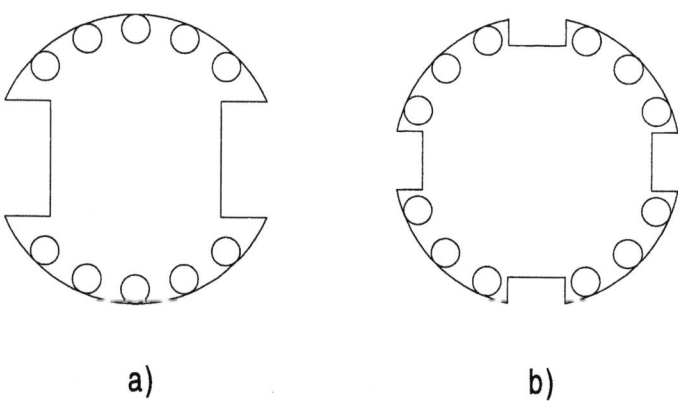

a)   b)

Bild 5.13 Reluktanzläufer mit Käfigwicklung für den Anlauf: a) zweipolig b) vierpolig

Literatur

Von der angegebenen Literatur ist nicht mehr alles im Buchhandel erhältlich. Ältere Werke sind in der Regel nur noch antiquarisch zu erwerben oder stehen in Bibliotheken, insbesondere Hochschulbibliotheken. Dennoch wurde auch diese ältere Literatur in die folgende Aufstellung aufgenommen, weil sie es ihrer Darstellungsform wegen verdient hat und deswegen zu Unrecht nicht mehr auf dem Buchmarkt angeboten wird.

[1] AEG-Hilfsbuch, 2 Bände, Hüthig Heidelberg 1972. (Gibt einen Überblick über das gesamte Gebiet der Elektrotechnik mit ausführlicher Darstellung des Einsatzes elektrischer Maschinen als Antrieb und in der Energieversorgung. Die Darstellung enthält zahlreiche Fotos, die einen Eindruck vom Aussehen der beschriebenen Geräte vermitteln. Auch wenn die dargestellten Geräte nicht immer dem neuesten Stand der Dinge entsprechen, sind die Bände dennoch lesenswert).

[2] Alger, Philip L.: Induction machines. Synthesis and basic properties. Taylor & Francis 1995. (Umfassende Darstellung der Asynchronmaschine.).

[3] BBC-Generator-Schutzeinrichtungen, Druckschrift D GEA 40042 D (ohne Datumsangabe).

[4] Bergtold, Fritz / Kirsch, Konrad: Die Elektrotechnik, 2 Bände, Franz Steiner Wiesbaden 1962. (Die im Zusammenhang mit [1] gegebene Beschreibung gilt auch für dieses Werk. Die elektrischen Maschinen werden in sehr einfacher, aber gründlich durchdachter Form und ohne unzulässige Vereinfachungen beschrieben. Die Darstellung ist insbesondere Lesern zu empfehlen, die sich in das Gebiet der elektrischen Maschinen einarbeiten und einen schnellen Überblick erhalten wollen.).

[5] Bödefeld, Theodor / Sequenz, Heinrich: Elektrische Maschinen, Eine Einführung in die Grundlagen, Springer-Verlag Wien 1971. (Sehr ausführliche Beschreibung der elektrischen Maschinen.).

[6] Boveri, Theodor / Wasserrab, Theodor (Herausgeber): Elektrische Energietechnik, Fischer-Lexikon Technik 3, Fischer Frankfurt Main Hamburg 1963. (Eine sehr empfehlenswerte Darstellung des Gesamtgebietes der elektrischen Energietechnik mit ausführlicher Darstellung der elektrischen Maschinen. Das Buch vermittelt einen umfassenden Überblick und ist gut zu lesen. Es ist von mehreren Fachleuten geschrieben.).

[7] Chatelain, Jean: Machines Electriques, Presses polytechniques romandes, Lausanne 1983. (Ausführliche, mit zahlreichen Zeichnungen und Fotos

[8] Drehstrom-Asynchronmotoren, AEG-Telefunken-Handbücher Band 1, AEG-Telefunken Berlin 1965. (Eine empfehlenswerte, handliche, alle praktischen Belange der Maschine beschreibende Darstellung.).

[9] Drehstromtechnik heute und morgen, ETG-Fachbericht 35, VDE-Verlag Berlin Offenbach 1991.

[10] Elgerd, Olle; Patrick Van Der Puiji: Electric Power Engineering, Kluwer Academic Publishers 1997. (Anregend geschriebene Darstellung der elektrischen Energietechnik unter Berücksichtigung der elektrischen Maschinen als Bausteine in der Antriebstechnik und in elektrischen Energieversorgungsnetzen. Behandelt werden u. a. die Synchronmaschine und ihr Betrieb am Netz, der Leistungstransformator, der Gleichstrommotor und der Asynchronmotor.).

[11] Energiewelten: CD. Frankfurt: Informationszentrale der Elektrizitätswirtschaft, 2000. (Informationssoftware, die auf der Basis verschiedener Multimedia-Techniken die Themen Erzeugung, Verteilung und Anwendung elektrischer Energie behandelt.).

[12] Fink, Donald, G. / Beaty, H. Wayne / Beaty, Wayne: Standard Handbook for Electrical Engineers, McGraw-Hill Professional Publishing 1997. (Gibt zu allen Gebieten der elektrischen Energietechnik unter besonderer Berücksichtigung der Verhältnisse in den USA Auskunft. Geschildert werden auch geschichtliche Entwicklungen.).

[13] Fischer, Rolf: Elektrische Maschinen Hanser Fachbuchverlag 2003. (Das in Deutschland wohl am meisten verbreitete Buch zu den elektrischen Maschinen. Erscheint in immer wieder neuen aktualisierten Auflagen. Hat ein sehr ausführliches, den neuesten Stand der Dinge wiedergebendes Literaturverzeichnis, das auch Zeitschriftenaufsätze enthält. Mehr Handbuch mit dem Charakter eines ausführlichen Nachschlagewerks als ausführlich erklärendes Lehrbuch.).

[14] Fitzgerald, A. E., / Kingsley, Charles / Umans, Stephen: Electric machinery, McGraw-Hill Education 2002. (Vor allem in den USA verbreitetes und bekanntes Lehrbuch).

[15] Fuest, Klaus; Döring, Peter: Elektrische Maschinen und Antriebe: Lehr- und Arbeitsbuch. Vieweg 2004. (Dieses Buch hat eine weite Verbreitung gefunden. Die Verfasser haben sich um eine nicht zu theoretische Darstellung bemüht. Sie ist gelegentlich etwas ungenau.).

[16] Gärtner, Rudolf: Die Reaktanzen der Synchronmaschine in anschaulicher Darstellung, Bull. SEV 58 (1967) 16. (Eine sehr verdienstvolle Darstellung, die sich um eine einfache und anschauliche Beschreibung bemüht, wie sie sonst in der Literatur nicht zu finden ist.).

[17] Gärtner, R.: Regelung in der elektrischen Energieversorgung, Regelungstechnik 1965, Heft 2. (Anschauliche Darstellung des Betriebs der Synchronmaschine an einem großen Netz. Beschrieben werden, illustriert durch Zahlenbeispiele, der Zusammenhang zwischen Wirkleistung und Frequenz und der Zusammenhang zwischen Blindleistung und Spannung.).

[18] Gleichstrommaschinen, AEG-Telefunken-Handbücher Band 2, AEG-Telefunken Berlin 1972. (Umfassende und dabei kompakte Darstellung der Maschine und des Maschinenbetriebs unter vorzugsweise praktischen Gesichtspunkten).
[19] Jäger, Kurt (Herausgeber): Lexikon der Elektrotechniker, VDE-Verlag Berlin Offenbach 1996. (Sehr lesenswerte und unterhaltsam geschriebene Geschichte der Elektrotechnik in Biographien.).
[20] Janus, Rudolf: Transformatoren, VWEW Verlag Frankfurt Main 1993. (Straffe Zusammenfassung all dessen, was man beim Betrieb von Transformatoren in einem elektrischen Energienetz eines Energieversorgungsunternehmens wissen muß).
[21] Kahnt, Rudolf: Entwicklung der Hochspannungstechnik – 100 Jahre Drehstromübertragung, Elektrizitätswirtschaft Jg. 90 (1991), Heft 11. (Enthält im vorliegenden Zusammenhang mit den elektrischen Maschinen interessante Ausführungen zum Transformator.).
[22] Kosow, Irving L.: Electric machinery and transformers, Prentice-Hall 1991. (Der Verfasser schildert in leicht verständlicher Weise Aufbau, Betrieb und Untersuchung elektrischer Maschinen. Das Buch enthält viele Rechenbeispiele und erklärende Zeichnungen).
[23] Kümmel, F.: Elektrische Antriebstechnik, 3 Bände (Teil 1: Maschinen 1986, Teil 2: Leistungsstellglieder 1986, Teil 3: Antriebsregelung – feldorientiert geregelte Drehstromantriebe – Busvernetzungen 1998), VDE Verlag Berlin Offenbach. (Ausführliche Darstellung der elektrischen Antriebstechnik.).
[24] Moderne Energie für eine neue Zeit. Die Drehstromübertragung Lauffen a. N. – Frankfurt a. M. 1891. ZEAG Zementwerk Lauffen – Elektrizitätswerk Heilbronn AG 1991. (Die Veröffentlichung enthält historisch interessante Ausführungen zur weltweit ersten Übertragung elektrischer Energie über eine große Entfernung und über die dabei eingesetzten elektrischen Maschinen.).
[25] Moeller, Franz / Vaske, Paul: Elektrische Maschinen und Umformer Teil 1 (Aufbau, Wirkungsweise und Betriebsverhalten), Teubner Stuttgart 1970. (Früher weit verbreitetes Lehrbuch.).
[26] Mohan, Ned / Undeland, Tore M. / Robbins, William P.: Power Electronics, John Wiley and Sons 2003. (Elektrische Maschinen werden vielfach in Verbindung mit leistungselektronischem Gerät betrieben. Das Buch stellt eine gute Einführung in die Leistungselektronik und ihre Anwendungen dar.).
[27] Nelles, Dieter / Tuttas, Christian: Elektrische Energietechnik, Teubner Stuttgart 1998. (Das Buch gibt, schnell überflogen, einen umfassenden und interessanten Einblick in die elektrische Energietechnik und die eingesetzten elektrischen Maschinen. Leider zeigt sich bei näherem Hinsehen, daß die gegebenen Erklärungen vielfach sehr formal oder oberflächlich sind.).
[28] Nürnberg, Werner; Hanitsch, Rolf: Die Prüfung elektrischer Maschinen, Springer Berlin 2001. (Eingehende Darstellung der Versuche bei der Prüfung elektrischer Maschinen.).
[29] Oeding, Dietrich; Oswald, Bernd R.: Elektrische Kraftwerke und Netze, Springer-Verlag Berlin 2004. (Das Buch enthält lesenswerte Abschnitte zum Transformator und zur Synchronmaschine).

[30] Philippow, E.: Taschenbuch der Elektrotechnik Band 2, Starkstromtechnik, Verlag Technik Berlin 1965. (Umfassendes Handbuch zur elektrischen Energietechnik.).
[31] Plettner, Bernhard: Abenteuer Elektrotechnik. Siemens und die Entwicklung der Elektrotechnik seit 1945, Piper München Zürich 1994. (Schilderung eines ehemaligen Vorstandsvorsitzenden der Firma Siemens, der, von Haus aus Ingenieur der elektrischen Energietechnik, eine lesenswerte Darstellung der Entwicklung der Elektrotechnik gibt. In diesem Zusammenhang werden Kraftwerke und die darin eingesetzten Maschinen, Transformatoren und Antriebe beschrieben).
[32] Prassler, Hans / Priess, Adolf: Aufgabensammlung zur Starkstromtechnik, Bibliographisches Institut Mannheim 1967. (Das Büchlein enthält eine Aufgabensammlung mit Lösungen zur elektrischen Energietechnik mit Aufgaben zur Gleichstrommaschine, zu Stromrichtern, Transformatoren, Asynchronmaschinen und zu Synchronmaschinen beim Betrieb am starren Netz und im Inselbetrieb.).
[33] Rentzsch, Herbert: Elektromotoren, ABB Fachbuch, 1992. (Ein umfassendes zweisprachig, deutsch und englisch, abgefaßtes Handbuch, in dem nach allgemeinen Grundlagen die Asynchronmaschine, die Gleichstrommaschine und die Synchronmaschine und alles, was im Zusammenhang mit deren Betrieb von Bedeutung ist, beschrieben wird.).
[34] Rüdenberg, Reinhold: Elektrische Schaltvorgänge, Springer Berlin Heidelberg New York 1974. (Ein ausführliches, grundlegendes Werk über die elektrischen Schaltvorgänge.).
[35] Rüdenberg, Reinhold: Elektrische Wanderwellen, Springer Berlin Göttingen Heidelberg 1962. (Ausführliche Darstellung.).
[36] Sattelberg, Kurt: Vom Elektron zur Elektronik. Eine Geschichte der Elektrizität, Elitera Berlin 1971. (Das Buch ist den an der Geschichte der Elektrotechnik Interessierten zu empfehlen. Es ist unterhaltsam geschrieben.).
[37] Schaefer, Helmut: Elektrische Kraftwerkstechnik, Springer Berlin Heidelberg New York 1979. (Enthält u. a. lesenswerte Abschnitte zu Generatoren und Transformatoren und deren Betrieb.).
[38] Schulze-Buxloh, Walter: Elektrische Energieverteilung, 2 Bände, Girardet Essen, 1981. (Enthält Ausführungen zur Synchronmaschine und zu Transformatoren verbunden mit vielen Rechenbeispielen mit Lösung.).
[39] Siemens, Georg: Der Weg der Elektrotechnik, Geschichte des Hauses Siemens, 2 Bände, 1961, Karl Alber Freiburg München. (Eine sehr anregend geschriebene und sehr zu empfehlende Geschichte der Elektrotechnik. Das Buch besticht dadurch, daß technische Sachverhalte nur mit Worten anschaulich erklärt und sehr einprägsam beschrieben werden.).
[40] Spring, Eckhard: Elektrische Energienetze. Energieübertragung und -verteilung. VDE Verlag Berlin Offenbach 2003. (Das Buch enthält u. a. Kapitel zur Synchronmaschine und zum Transformator. Auch der geregelte Betrieb der Synchronmaschine, Wirkleistungsbilanz und Frequenz sowie Blindleistungsbilanz und Spannung, wird, gestützt durch Simulationsergebnisse und in Verbindung mit einer physikalischen Interpretation, geschildert.).

Literatur

[41] Starkstromtechnik, Lichttechnik, Hütte IV A , Wilhelm Ernst Berlin 1957. (Handbuch zur elektrischen Energietechnik, in dem u. a. auch die elektrischen Maschinen beschrieben werden.).

[42] Strigel, Robert; Helmchen, G.: Elektrische Stoßfestigkeit, Springer Berlin Göttingen Heidelberg 1985. (Grundlegendes Buch zu den durch Gewitter- und Schaltüberspannungen auftretenden Beanspruchungen von elektrischen Betriebsmitteln, insbesondere den in elektrischen Energienetzen eingesetzten Transformatoren, und deren Prüfung auf Stoßspannungsfestigkeit.).

[43] Synchronmaschinen, AEG-Telefunken-Handbücher Band 12, AEG-Telefunken Berlin 1970. (Behandelt werden die Konstruktion, die Wirkungsweise und der Betrieb der Maschine an großen Netzen und im Inselbetrieb.).

[44] Vidmar, Milan: Die Transformatoren, Birkhäuser Basel Stuttgart 1956. (Eines der besten Bücher zum Transformator. Anregend geschrieben. Man liest das Buch mit Vergnügen, was man von technischer Literatur nur selten behaupten kann. Der Verfasser geht allen Dingen kritisch auf den Grund. Nichts wird als selbstverständlich hingenommen.).

[45] Vidmar, Milan: Vorlesungen über die wissenschaftlichen Grundlagen der Elektrotechnik, Julius Springer Berlin 1928. (Ein sehr anregend geschriebene Übersicht über die Grundlagen der Elektrotechnik.).

[46] Vidmar, Milan: Wirkungsweise elektrischer Maschinen, Julius Springer Berlin 1928. (Ein Überblick über die elektrischen Maschinen mit Betonung der physikalischen Vorstellungen und der Zusammenhänge der verschiedenen Maschinenarten mit dem Transformator).

Das sehr umfangreiche, vom VDE-Verlag herausgegebene VDE-Vorschriftenwerk und die ebenfalls vom VDE-Verlag herausgegebenen IEC Publikationen wurden hier im einzelnen nicht aufgeführt. Es gibt auch ausgewählte Zusammenstellungen. Im Zusammenhang mit dem hier behandelten Stoff ist von besonderem Interesse die VDE-Auswahl für den Elektromaschinenbau. Einen Überblick kann man sich z. B. über die Internet-Anschrift des Verlags www.vde-verlag.de verschaffen. In diesem Zusammenhang sei nachdrücklich auf das Internet als Quelle für aktuelle Informationen verwiesen. Lohnend sind Blicke auf die Seiten des VDE Verband der Elektrotechnik Elektronik Informationstechnik (www.vde.de) und seiner Fachgesellschaften, insbesondere der ETG (Energietechnische Gesellschaft), der Vereinigung Deutscher Elektrizitätswerke VDEW (www.strom.de) und des Verbandes der Netzbetreiber (www.vdn-berlin.de), Nachfolgeorganisation der DVG Deutsche Verbundgesellschaft (dvg-heidelberg.de), der Industrie und der Hochschulen. Hier wird man u. a. über den aktuellen Stand der Technik und Forschungs- und Entwicklungsvorhaben unterrichtet. Hat man eine Internet-Anschrift, so erschließen sich einem über diese häufig weitere. Der Zusammenschluß der Betreiber des westeuropäischen Verbundnetzes UCTE (Union für die Koordination des Transports elektrischer Energie) ist unter der Adresse www.ucte.org zu finden. Die dem VDE in Deutschland entsprechende Organisation in den USA ist das Institute of Electrical and Electronics Engineers (www.IEEE.org).

Sachverzeichnis

Anfangskurzschlußwechselstrom 342f., 394 ff.
Anker 22 ff.
Ankerfeld 71
Ankerrückwirkung
   Gleichstrommaschine 71 ff.
   Synchronmaschine 339
Ankerwicklung 22 ff., 75 f.
Anlaßverfahren
   Asynchronmaschine 253 ff., 259 f.
   Gleichstrommaschine 50, 58, 66
Anlaßwiderstand
   Asynchronmaschine 259 ff.
   Gleichstrommaschine 50, 58, 66
Anlaufmoment
   Asynchronmaschine 244 ff., 247 ff., 252 ff., 259 f., 282 ff.
   Gleichstrommaschine 53, 66
Anlaufstrom
   Asynchronmaschine 244, 251 ff., 259 f., 282 ff.
   Gleichstrommaschine 50, 66
Anwurfmotor 414
Asynchronmaschine 227
   Anlaßverfahren 253 ff., 259 f.
   Anlaufmoment 244 ff., 247 ff., 252 ff., 259 f., 282 ff.
   Anlaufstrom 244, 251 ff., 259 f., 282 ff.
   Anwurfmotor 414
   Aufbau 228, 252 ff., 259 f.
   Belastungskennlinie 249 ff., 317
   Betrieb am Netz variabler Frequenz 322
   bezogene Größe 240, 247, 250 f., 282
   Blindstromkompensation 318

Bremsen 262, 303
Dolivo-Dobrowolsky, Michael von 258
Doppelkäfigläufer 256 f.
Drehfeld 230
Drehfelddrehzahl 230, 234
Drehfeldleistung 262 ff., 275 ff., 300 ff.
Drehmoment 247
Drehrichtungsumkehr 262
Drehzahlverstellung 260
Durchflutungsgleichgewicht 243
Einphasenasynchronmotor 411
Einphasenmotor mit Kondensatorhilfsphase 414
Einphasenmotor mit Widerstandshilfsphase 414
Einphasenwechselstrommotor 409, 411
Eisenverlustleistung 262 ff., 274 ff., 298 ff.
Ersatzschaltung 270
Frequenzumrichter 322 ff.
Frequenzumrichter, Steuerkennlinie 323
Generator 302, 308
Heyland, Alexander 294
Hochstabläufer 255 f.
Hystereseverlustleistung 262
Inselbetrieb 312
Käfigläufer 247, 252
Keilstabläufer 256
Kippmoment 247 ff., 262, 290 ff.
Klemmenbezeichnungen 228, 233, 259
Kondensatormotor 414
Kreisdiagramm 294

Kurzschluß 282 ff., 304 f.
Kurzschlußkennlinien 282 ff.
Kurzschlußstrom 282 ff., 304 f.
Kurzschlußversuch 282, 304 f.
Läufer 228, 247, 252, 259
Leerlaufstrom 251
Leerlaufversuch 285
Leistungsfluß 262, 275, 308 ff.
Lenz'sche Regel 237, 416 f.
Luftspalt 251
Luftspaltleistung 262 ff., 275 ff., 300 ff.
magnetische Felder 243, 275, 284 f.
magnetischer Streufluß 275, 284 ff.
Magnetisierungskennlinie 316 f., 323 ff.
Magnetisierungsstrom 251, 274 ff., 298 ff., 313, 316, 323 ff.
Motorbetrieb 228, 247, 262, 270, 294, 318, 322
Ossanna, Johann 295
Polpaarzahl 234
Reibungsverlustleistung 262 ff., 274 ff., 300 ff., 308 ff.
Rotor 228, 247, 252, 259
Rotorfrequenz 235 ff.
Rotorspannung 235 ff.
Rotorstillstandsspannung 240
Rotorstromwärmeverlustleistung 260, 262 ff., 299 ff., 308 ff.
Sattelmoment 249
Schleichdrehzahl 249
Schleifringläufer 247, 259
Schlupf 240
Schlupfdrehzahl 240
Selbsterregung 313, 316, 321 f.
Spaltpolmotor 416 f.
Spannungsgleichgewicht 229, 243
Ständer 228
Stator 228
Statorstromwärmeverlustleistung 262 ff., 275 f., 301 ff., 308 ff.
Statorwicklung 228, 233 f.
Stern-Dreieck-Schaltung 253 f.
Streureaktanz 275, 284

Strom 251
Stromverdrängung 255 ff.
Stromwärmeverlustleistung 262 ff., 275 ff., 299 ff., 308 ff.
Ummagnetisierungsverlustleistung 262
Wirbelstromverlustleistung 262
Wirkungsgrad 267 ff., 279, 310 f.
Wirkungsgradmaximum 93, 157
Wirkungsweise 228
Aufbau
  Asynchronmaschine 228, 252 ff., 259 f.
  Gleichstrommaschine 21, 69 ff.
  Synchronmaschine 327
  Transformator 104, 186, 205, 216, 218
ausgeprägte Pole, Synchronmaschine 335

Belastungseinstellung, Synchronmaschine 354, 363
Belastungsgrenzen, Synchronmaschine 362
Belastungskennlinie
  Asynchronmaschine 249 ff., 317
  Gleichstrommaschine 28, 29, 35, 41, 44, 47, 62, 63, 74, 411
  Synchronmaschine 404
Betrieb am Netz variabler Frequenz
  Asynchronmaschine 322
  Synchronmaschine 5, 327
bezogene Größen
  Asynchronmaschine 240, 247, 250 f., 282
  Gleichstrommaschine 13 f., 30 f., 47 f.
  Synchronmaschine 340 ff., 356 ff., 360, 366 ff., 370 ff., 381 ff., 392 ff., 400 ff., 405 ff.
  Transformator 148, 151 ff., 160 ff.
Blathy 103
Blindleistungsverhältnisse, Synchronmaschine 327, 355, 380, 391

Blindstromkompensation,
   Asynchronmaschine 318
Bremsen, Asynchronmaschine 262,
   303
Bürsten, Gleichstrommaschine 17 ff.,
   21 ff., 69 ff.
Bürstenfeuer 27, 69 ff.
Bürstenübergangsverlustleistung
   81 ff.

Dämpferwicklung 398, 417
Dampfkraftgenerator 332
Dauerkurzschlußstrom
   Synchronmaschine 343, 360 ff.,
      394 ff.
   Transformator 152 f., 170 ff.
Deri 103
Dolivo-Dobrowolsky,
   Michael von 258
Doppelkäfigläufer 256
Doppelschlußgenerator 43
Doppelschlußmotor 62 ff., 74 f.
Doppel-T-Anker 23
Drehfeld
   Asynchronmaschine 230
   Einphasenwechselstrommaschine
      412 ff.
   Synchronmaschine 329
Drehfelddrehzahl
   Asynchronmaschine 230, 234
   Einphasenwechselstrommotor 412
   Synchronmaschine 330, 333
Drehfeldleistung 262 ff., 275 ff.,
   300 ff.
Drehmoment
   Asynchronmaschine 247
   Gleichstrommaschine 52, 63 f.
   Synchronmaschine 374 f.
Drehrichtungsumkehr
   Asynchronmaschine 262
   Gleichstrommaschine 94 ff.
Drehstromspartransformator 213
Drehstromtransformator 184
Drehzahlverstellung
   Asynchronmaschine 260

Gleichstrommaschine 46 ff., 57 f.,
   66, 94 ff.
Synchronmaschine 5, 327
Dreiphasenwechselstromspartransformator 213
Dreiphasenwechselstromtransformator 184
Dreiwicklungstransformator 218
Dunkelschaltung 351
Durchflutungsgleichgewicht
   Asynchronmaschine 243
   Transformator 111

Einphasenasynchronmotor 411
Einphasenmotor mit Kondensatorhilfsphase 414
Einphasenmotor mit Widerstandshilfsphase 414
Einphasenwechselstrommotor
   Asynchronmotor 409, 411
   Synchronmotor 409, 417
   Universalmotor 409
Einsatz Gleichstrommaschine,
   Beispiele 94
Einschaltstromstoß, Transformator
   170
Eisenverlustleistung
   Asynchronmaschine 262 ff.,
      274 ff., 298 ff.
   Gleichstrommaschine 76 ff.
   Transformator 115, 147 ff.,
      215 f.
Eisenverluststrom, Transformator
   119 ff., 131 ff., 148 f., 217
Elektrofahrzeug 95 ff.
elektromechanische Energiewandlung 5
   Generatorbetrieb 6, 14
   Motorbetrieb 9, 14
Erregerfeld, Gleichstrommaschine
   22 f., 26 ff., 69 ff.
Erregerstrom
   Gleichstrommaschine 31 f., 34 ff.,
      57, 60 ff.
   Synchronmaschine 340 ff.

Erregerwicklung
  Gleichstrommaschine 22, 26, 75 f.
  Synchronmaschine 327 f., 335 f.,
    337 f., 362, 398
Ersatzschaltung
  Asynchronmaschine 270
  Gleichstrommaschine 10 f., 15 f.
  Synchronmaschine 337
  Transformator 130

Faraday, Michael 103
Feldschwächung 73 ff.
Feldsteller 57 f., 66
Fördermaschine 98
fremderregter Generator 29
  Belastungskennlinie 29 f.
  Leerlaufkennlinie 31 f.
  Magnetisierungskennlinie 31 f.
fremderregter Motor 45
Frequenzumrichter 322 ff.
Frequenzumrichter, Steuerkennlinie
  323

Gegenverbundschaltung 43 ff., 63, 75
gemischte Schaltung 353
Generator
  Asynchronmaschine 302, 308
  Gleichstrommaschine 6, 14, 17, 28,
    73 ff., 82 ff., 94 ff.
  Synchronmaschine 332, 377, 391,
    403
Gleichstromgenerator 6, 14, 17, 28,
    73 ff., 82 ff., 94 ff.
  Doppelschlußgenerator 43
  fremderregter Generator 29, 82 ff.,
    94 ff.
  Nebenschlußgenerator 34
  Reihenschlußgenerator 40
Gleichstromglied
  Synchronmaschine 395, 398
  Transformator 172
Gleichstrommaschine 5
  Anker 22 ff.
  Ankerfeld 71
  Ankerrückwirkung 71 ff.
  Ankerwicklung 22 ff., 75 f.

Anlaßwiderstand 50, 58, 66
Anlaufmoment 53, 66
Anlaufstrom 50, 66
Aufbau 21, 69 ff.
Bürsten 17 ff., 21 ff., 69 ff.
Bürstenfeuer 27, 69ff.
Bürstenübergangsverlustleistung
  81 ff.
Doppelschlußgenerator 43
Doppelschlußmotor 62 ff., 74 f.
Doppel-T-Anker 23
Drehmoment 52
Drehzahlverstellung 46 ff., 57 f.,
  66, 94 ff.
Einphasenwechselstrommotor
  409 ff.
Einsatz, Beispiele 94
Eisenverlustleistung 76 ff.
Elektrofahrzeug 95 ff.
elektromechanische Energiewand-
  lung 5
Erregerfeld 22 f., 26 ff., 69 ff.
Erregerstrom 31 f., 34 ff., 57, 60 ff.
Erregerwicklung 22, 26, 75 f.
Feldschwächung 73 ff.
Feldsteller 57 f., 66
Fördermaschine 98
fremderregter Generator 29, 82 ff.,
  94 ff.
fremderregter Generator, Belastungskennlinie 29 f.
fremderregter Generator, Leerlaufkennlinie 31 f.
fremderregter Generator, Magnetisierungskennlinie 31 f.
fremderregter Motor 45
fremderregter Motor mit zusätzlicher Reihenschlußerregerwicklung 74 f.
Gegenverbundschaltung 43 ff., 63,
  75
Gleichstromgenerator 6, 14, 17, 28,
  73 ff., 82 ff., 94 ff.
Gleichstrommotor 9, 14, 19, 45,
  73 ff., 82 ff., 94 ff.
Grundform 16

Sachverzeichnis

Hefner-Alteneck, Friedrich 25
Hystereseverlustleistung 77 ff.
Joch 22, 26 ff.
Klemmenbezeichnungen 22 ff., 75
Kollektor 17 ff., 21 ff., 69 ff.
Kommutator 17 ff., 21 ff., 69 ff.
Kompensationswicklung 73, 75 f.
Kompoundgenerator 43
Kranantrieb 10, 54, 66, 98
Kupferverlustleistung 76, 82 ff.
Läufer 22 ff.
Leerlaufversuch 31 f., 84 f.
Leistungsfluß 82
Leiterschleife 22
Lenz'sche Regel 73
long shunt 44 f.
magnetische Felder 69
Nebenschlußgenerator 34
Nebenschlußmotor 57
Nebenschlußmotor mit zusätzlicher
 Reihenschlußerregerwicklung
 74 f.
neutrale Zone 27, 69 ff.
Pacinotti, Antonio 25
Pole 21 ff., 72
Polschenkel 23, 26
Polschuh 23, 26
Reibungsverlustleistung 81, 82 ff.
Reihenschlußgenerator 40
Reihenschlußmotor 60
Reihenschlußmotor mit zusätzlicher
 Nebenschlußerregerwicklung
 62 f.
Ringanker 23
Rotor 22 ff.
Rundfeuer 75
Selbsterregung 33 ff.
short shunt 44 f.
Siemens, Werner von 23, 34
Spannungsgleichgewicht 45 f., 62,
 94 ff.
Ständer 21 ff.
Stator 21 ff.
Stromverdrängung 82
Stromwärmeverlustleistung 76,
 82 ff.

Stromwender 18 ff., 21 ff., 69 ff.
Stromwendung 27, 69 ff.
Trommelanker 26
Ummagnetisierungsverlustleistung
 77
Universalmotor 409
Verbundschaltung 43 ff., 62 f., 74 f.
Verluste 76
Walzantrieb 100
Wendepolwicklung 72, 75 f.
Wheatstone, Charles 34
Wirbelstromverlustleistung 79
Wirkungsgrad 76, 83
Wirkungsgradmaximum 91 ff.
Wirkungsweise 5 ff.
Zusatzverlustleistung 81 f.
Gleichstrommotor 9, 14, 19, 45,
 73 ff., 82 ff., 94 ff.
 Doppelschlußmotor 62 ff., 74 f.
 fremderregter Motor 45
 fremderregter Motor mit zusätzli-
  cher Reihenschlußerreger-
  wicklung 74 f.
 Nebenschlußmotor 57
 Nebenschlußmotor mit zusätzlicher
  Reihenschlußerregerwicklung
  74 f.
 Reihenschlußmotor 60
 Reihenschlußmotor mit zusätzlicher
  Nebenschlußerregerwicklung
  62 f.
Grundform der Gleichstrommaschine
 16
Hauptreaktanz 217
Hefner-Alteneck, Friedrich 25
Heyland, Alexander 294
Hochstabläufer 255 f.
Hystereseverlustleistung
 Asynchronmaschine 262
 Gleichstrommaschine 77 ff.
 Transformator 115 ff.

idealer Transformator 104
Inselbetrieb
 Asynchronmaschine 312
 Synchronmaschine 328, 403

Joch
  Gleichstrommaschine 22, 26 ff.
  Transformator 124

Käfigläufer 247, 252
Keilstabläufer 256
Kippgrenze 331 f., 334 f., 363 ff., 378 f., 392 f.
Kippmoment 247 ff., 262, 290 ff.
Klemmenbezeichnungen
  Asynchronmaschine 228, 233, 259
  Gleichstrommaschine 32 ff., 75
  Synchronmaschine 337
Kollektor 17 ff., 21 ff., 69 ff.
Kommutator 17 ff., 21 ff., 69 ff.
Kompensationswicklung 73, 75 f.
Kompoundgenerator 43
Kondensatormotor 414
Kranantrieb 10, 54, 66, 98
Kreisdiagramm 294
Kupferverlustleistung
  Asynchronmaschine 262 ff., 275 ff., 299 ff., 309 ff.
  Gleichstrommaschine 76, 82 ff.
  Transformator 123
Kurzschluß
  Asynchronmaschine 282 ff., 304 f.
  Synchronmaschine 342 ff., 394
  Transformator 150 ff., 170 ff., 208 ff.
Kurzschlußberechnung, Synchronmaschine 398
Kurzschlußkennlinie, Synchronmaschine 342
Kurzschlußkennlinien
  Asynchronmaschine 282 ff.
  Transformator 151 f.
Kurzschlußspannung 151 ff., 208 ff.
Kurzschlußstrom
  Asynchronmaschine 282 ff., 304 f.
  Synchronmaschine 342 ff., 394 ff.
  Transformator 152 f., 170 ff., 208 ff.
Kurzschlußversuch
  Asynchronmaschine 282, 304 f.

  Synchronmaschine 342 ff., 394 ff.
  Transformator 150

Längsreaktanz 389
Läufer
  Asynchronmaschine 228, 247, 252, 259
  Gleichstrommaschine 22 ff.
  Synchronmaschine 327, 333, 335
Leerlaufkennlinie
  Gleichstrommaschine 31 f.
  Synchronmaschine 340
Leerlaufkennlinien, Transformator 149 f.
Leerlaufstrom
  Asynchronmaschine 251
  Transformator 120 f., 147 ff.
Leerlaufversuch
  Asynchronmaschine 285
  Gleichstrommaschine 31 f., 84 f.
  Synchronmaschine 340 f.
  Transformator 147
Leistungsfluß
  Asynchronmaschine 262, 275, 308 ff.
  Gleichstrommaschine 82
Leiterschleife 22
Lenz, Heinrich 396
Lenz'sche Regel
  Asynchronmaschine 237, 416 f.
  Gleichstrommaschine 73
  Synchronmaschine 396
long shunt 44 f.
Luftspalt
  Asynchronmaschine 251
  Synchronmaschine 340, 357
Luftspaltleistung 262 ff., 275 ff., 300 ff.

magnetische Felder
  Asynchronmaschine 243, 275, 284 f.
  Gleichstrommaschine 69
  Synchronmaschine 339 f.
  Transformator 124 f.
magnetischer Hauptfluß 124 f.

magnetischer Streufluß
  Asynchronmaschine 275, 284 f.
  Transformator 124
Magnetisierungskennlinie
  Asynchronmaschine 316 f., 323 ff.
  Gleichstrommaschine 31 f.
  Synchronmaschine 341 f.
  Transformator 150
  Magnetisierungsreaktanz 217
Magnetisierungsstrom
  Asynchronmaschine 251, 274 ff.,
    298 ff., 313, 316, 323 ff.
  Transformator 107, 110, 112 ff.,
    120 ff., 131 ff., 149 f., 217
  Maschinentransformator 187 f.
Motorbetrieb
  Asynchronmaschine 228, 247, 262,
    270, 294, 318, 322
  Gleichstrommaschine 9, 14, 19, 45,
    73 ff., 82 ff., 94 ff.
  Synchronmaschine 329, 377, 391,
    417

Nebenschlußgenerator 34
Nebenschlußmotor 57
Nebenschlußmotor mit zusätzlicher
  Reihenschlußerregerwicklung 74 f.
Netzkupplungstransformator 187 f.
neutrale Zone 27, 69 ff.

Ossanna, Johann 295

Pacinotti, Antonio 25
Parallelbetrieb, Transformatoren 175
Pole, Gleichstrommaschine 21 ff., 72
Polpaarzahl
  Asynchronmaschine 234
  Synchronmaschine 333
Polrad 327, 333, 335 f.
Polradspannung 339 ff., 359 ff., 399 f.
Polradspannung hinter der subtransienten Reaktanz 399
Polradspannung hinter der transienten Reaktanz 400
Polradwicklung 327, 335 f., 337, 362, 398

Polradwinkel 331 f., 334 f.
Polschenkel 23, 26
Polschuh 23, 26

Querreaktanz 389

Reaktanzen, Messung 388, 391, 395
realer Transformator 115
Regulierkennlinie 406
Reibungsverlustleistung
  Asynchronmaschine 262 ff.,
    274 ff., 300 ff., 308 ff.
  Gleichstrommaschine 81, 82 ff.
Reihenschlußgenerator 40
Reihenschlußmotor 60
Reihenschlußmotor mit zusätzlicher
  Nebenschlußerregerwicklung 62 f.
Reluktanzmaschine 392, 417 f.
Ringanker 23
Rotor
  Asynchronmaschine 228, 247, 252,
    259
  Gleichstrommaschine 22 ff.
  Synchronmaschine 327, 333, 335 f.
Rotorfrequenz 235 ff.
Rotorspannung 235 ff.
Rotorstillstandsspannung 240
Rotorstromwärmeverlustleistung 260,
  262 ff., 299 ff., 308 ff.
Rotorwicklung, Synchronmaschine
  327, 335 f., 337, 362, 398
Rundfeuer 75

Sattelmoment 249
Schenkel 124
Schenkelpolmaschine 335, 388
Schleichdrehzahl 249
Schleifringläufer 247, 259
Schlupf 240
Schlupfdrehzahl 240
Selbsterregung
  Asynchronmaschine 313, 316,
    321 f.
  Gleichstrommaschine 33 ff.
short shunt 44 f.
Siemens, Werner von 23, 34

Spaltpolmotor 416
Spannungsgleichgewicht
  Asynchronmaschine 229, 243
  Gleichstrommaschine 45 f., 62, 94 ff.
  Synchronmaschine 329 f.
  Transformator 104, 205 ff.
Spannungswandler 103, 109, 181
Spartransformator 205
Stabilität 331 f., 334 f., 363 ff., 378 f., 392
Stabilitätsgrenze 331 f., 334 f., 363 ff., 378 f.
Ständer
  Asynchronmaschine 228
  Gleichstrommaschine 21 ff.
  Synchronmaschine 327 f.
Stator
  Asynchronmaschine 228
  Gleichstrommaschine 21 ff.
  Synchronmaschine 327 f.
Statorstromwärmeverlustleistung 262 ff., 275 f., 301 ff., 308 ff.
Statorwicklung
  Asynchronmaschine 228, 233 f.
  Synchronmaschine 327 f., 337 f.
Stern-Dreieck-Schaltung 253 f.
Stoßkurzschlußstrom
  Synchronmaschine 395
  Transformator 170
Stoßspannung 181
Streureaktanz
  Asynchronmaschine 275, 284
  Transformator 125, 153, 216 f.
Strom, Asynchronmaschine 251
Stromdiagramm, Vollpolmaschine 359, 360
Stromkräfte
  Synchronmaschine 395
  Transformator 150 f., 171, 173
Stromverdrängung
  Asynchronmaschine 255 ff.
  Gleichstrommaschine 82
Stromwandler 103, 112, 181

Stromwärmeverlustleistung
  Asynchronmaschine 262 ff., 275 ff., 299 ff., 308 ff.
  Gleichstrommaschine 76, 82 ff.
  Transformator 123, 215 f.
Stromwender 18 ff., 21 ff., 69 ff.
Stromwendung 27, 69 ff.
subtransiente Reaktanz 342, 395 f., 399 ff.
subtransiente Zeitkonstante 398
subtransienter Kurzschlußwechselstrom 342, 395, 398 ff.
Synchronisation 349
Synchronmaschine 327
  Anfangskurzschlußwechselstrom 342 f., 394 ff.
  Aufbau 327
  ausgeprägte Pole 335
  Belastungseinstellung 354, 363,
  Belastungsgrenzen 362
  Belastungskennlinie 404
  Berechnung des Betriebsverhaltens 375, 391 ff.
  Betrieb am Netz konstanter Spannung und Frequenz 327
  Betriebsverhalten, Berechnung 375, 391 ff.
  bezogene Größe 340 ff., 356 ff., 360, 366 ff., 370 ff., 381 ff., 392 ff., 400 ff., 405 ff.
  Blindleistungsverhältnisse 355, 380, 391
  Dämpferwicklung 398, 417
  Dampfkraftgenerator 332
  Dauerkurzschlußstrom 343, 360 ff., 394 ff.
  Drehfeld 329
  Dunkelschaltung 351
  Einphasenwechselstrommotor 409, 417
  Erregerwicklung 327, 335 f., 337 f., 362, 398
  Ersatzschaltung 337
  gemischte Schaltung 353
  Generatorbetrieb 332, 377, 391, 403

Gleichstromglied 395, 398,
Inselbetrieb 328, 403
Kippgrenze 331 f., 334 f., 363 ff.,
  378 f., 392 f.
Klemmenbezeichnungen 337
Kurzschluß 342 ff., 394
Kurzschlußberechnung 398
Kurzschlußkennlinie 342
Kurzschlußstrom 342 ff., 394 ff.
Kurzschlußversuch 342 ff., 394 ff.
Längsreaktanz 389
Läufer 327, 333, 335 f.
Leerlaufkennlinie 340
Leerlaufversuch 340 f.
Lenz, Heinrich 396
Lenz'sche Regel 396
Luftspalt 340, 357
magnetische Felder 339 f.
Magnetisierungskennlinie 341 f.
Motorbetrieb 329, 377, 391, 417
Polpaarzahl 333
Polrad 327, 333, 335 f.
Polradspannung 339 ff., 359 ff.,
  399 f.
Polradspannung hinter der subtransienten Reaktanz 399
Polradspannung hinter der transienten Reaktanz 400
Polradwicklung 327, 335 f.,337,
  362, 398
Polradwinkel 331 f., 334 f.
Querreaktanz 389
Reaktanzen, Messung 388, 391,
  395
Regulierkennlinie 406
Reluktanzmaschine 392, 417 f.
Rotor 327, 333, 335 f.
Rotorwicklung 327, 335 f., 337,
  362, 398
Schenkelpolmaschine 335, 388
Spannungsgleichgewicht 329 f.
Stabilität 331 f., 334 f., 363 ff.,
  378 f., 392
Stabilitätsgrenze 331 f., 334 f.,
  363 ff., 378 f.

Ständer 327 f.
Stator 327 f.
Statorwicklung 327 f., 337 f.
Stoßkurzschlußstrom 395
Stromdiagramm, Vollpolmaschine
  359, 360
Stromkräfte 395
subtransiente Reaktanz 342, 395 f.,
  399 ff.
subtransiente Zeitkonstante 398
subtransienter Kurzschlußwechselstrom 342, 395, 398 ff.
Synchronisation 349
Synchronreaktanz 345, 388
transiente Reaktanz 395 f., 400 ff.
transiente Zeitkonstante 398
transienter Kurzschlußwechselstrom
  398 ff.
Turbogenerator 366, 381
Verluste 355
Vollpolmaschine 335
Wasserkraftgenerator 332
Wirkleistungsverhältnisse 354, 391
Wirkungsgrad 157, 216, 355
Wirkungsgradmaximum 93, 157
Wirkungsweise 327
Zeigerdiagramm, Vollpolmaschine
  359
Zeitkonstante des Gleichstromgliedes 398
Zeitkonstanten 398
Synchronreaktanz 345, 388

Transformator 103
  Betrieb 147
  bezogene Größen 148, 151 ff.,
    160 ff.
  Blathy 103
  Dauerkurzschlußstrom 152 f.,
    170 ff.
  Deri 103
  Dolivo-Dobrowolsky, Michael von
    258
  Drehstromspartransformator 213
  Drehstromtransformator 184

Dreiphasenwechselstromspartransformator 213
Dreiphasenwechselstromtransformator 184
Dreiwicklungstransformator 218
Durchflutungsgleichgewicht 111
Einschaltstromstoß 170
Eisenverlustleistung 115, 147 ff., 215 f.
Eisenverluststrom 119 ff., 131 ff., 148 f., 217
Ersatzschaltung 130
Faraday, Michael 103
Gleichstromglied 172 f.
Hauptreaktanz 217
Hystereseverlustleistung 115 ff.
idealer Transformator 104
Joch 124
Kupferverlustleistung 123
Kurzschluß 150 ff., 170 ff., 208 ff.
Kurzschlußkennlinien 151 f.
Kurzschlußspannung 151 ff., 208 ff.
Kurzschlußstrom 152 f., 170 ff., 208 ff.
Kurzschlußversuch 150
Leerlaufkennlinien 149 f.
Leerlaufstrom 120 f., 147 ff.
Leerlaufversuch 147
magnetische Felder 124 f.
magnetischer Hauptfluß 124 f.
magnetischer Streufluß 124
Magnetisierungsreaktanz 217
Magnetisierungskennlinie 150
Magnetisierungsstrom 107, 110, 112ff., 120 ff., 131 ff., 149 f., 217
Maschinentransformator 187 f.
Netzkupplungstransformator 187 f.
Parallelbetrieb 175
realer Transformator 115
Schenkel 124
Spannungsgleichgewicht 104
Spannungswandler 103, 109, 181
Spartransformator 205
Stoßkurzschlußstrom 170
Stoßspannung 181

Streureaktanz 125, 153, 216 f.
Stromkräfte 150 f., 171, 173
Stromwandler 103, 112, 181
Stromwärmeverlustleistung 123, 215 f.
Transformatorbank 186 f.
Übersetzungsverhältnis 147 f.
Ummagnetisierungsverlustleistung 115 ff., 119
Untersuchung 147
Verteilertransformator 187 f.
Wachstumsgesetze 213
Wanderwellenverhalten 178
Wirbelstromverlustleistung 117 ff.
Wirkungsgrad 155
Wirkungsgradmaximum 156
Wirkungsweise 104 ff., 115 ff.
Zeitkonstante des Gleichstromgliedes 172, 175
Zickzackschaltung 187 f.
Zipernowsky 103
Transformatorbank 186 f.
transiente Reaktanz 395 f., 400 ff.
transiente Zeitkonstante 398
transienter Kurzschlußwechselstrom 398 ff.
Trommelanker 26
Turbogenerator 366, 381

Übersetzungsverhältnis 147 f.
Ummagnetisierungsverlustleistung
  Asynchronmaschine 262
  Gleichstrommaschine 77
  Transformator 115 ff., 119
Universalmotor 409

Verbundschaltung 43 ff., 62 f., 74 f.
Verluste 215 ff.
  Asynchronmaschine 262 ff., 275 ff., 294 ff., 309 ff.
  Gleichstrommaschine 76
  Synchronmaschine 355
  Transformator 115 ff., 130 ff., 147 ff., 181 ff., 207 ff., 213 ff.
Verteilertransformator 187 f.
Vollpolmaschine 335

Sachverzeichnis

Wachstumsgesetze 213
Walzantrieb 100
Wanderwellenverhalten, Transformator 178
Wasserkraftgenerator 332
Wendepolwicklung 72, 75 f.
Wheatstone, Charles 34
Wirbelstromverlustleistung
 Asynchronmaschine 262
 Gleichstrommaschine 79
 Transformator 117 ff.
Wirkleistungsverhältnisse, Synchronmaschine 354, 391
Wirkungsgrad 157, 216
 Asynchronmaschine 267 ff., 279, 310 f.
 Gleichstrommaschine 76, 83
 Synchronmaschine 355
 Transformator 155, 207 ff.
Wirkungsgradmaximum 33, 157

 Gleichstrommaschine 91 ff.
 Transformator 156 f.
Wirkungsweise
 Asynchronmaschine 228
 Gleichstrommaschine 5 ff.
 Synchronmaschine 327
 Transformator 104 ff., 115 ff.

Zeigerdiagramm, Vollpolmaschine 359
Zeitkonstante des Gleichstromgliedes
 Synchronmaschine 398
 Transformator 172, 175
Zeitkonstanten, Synchronmaschine 398
Zickzackschaltung 187 f.
Zipernowsky 103
Zusatzverlustleistung 81 f.

MIX
Papier aus verantwortungsvollen Quellen
Paper from responsible sources
FSC® C105338

If you have any concerns about our products,
you can contact us on
ProductSafety@springernature.com

In case Publisher is established outside the EU,
the EU authorized representative is:
**Springer Nature Customer Service Center GmbH
Europaplatz 3, 69115 Heidelberg, Germany**

Printed by Libri Plureos GmbH
in Hamburg, Germany